地质灾害风险管理理论方法与实践

张茂省　薛　强　贾　俊　徐继维等　著

科　学　出　版　社

北　京

内 容 简 介

本书是一本理论基础全面、技术方法系统及应用实例丰富的地质灾害学专业书籍。本书内容包括3篇11章，以国际上流行的地质灾害风险管理体系为纲，基于作者多年从事地质灾害风险调查与评价实践，系统总结了国际地质灾害风险管理理论与技术方法，实录了不同地区地质灾害风险调查评价方法与结果。此外，本书还提出了健全我国地质灾害防治体系建议，认为地质灾害早期识别是风险管理的前提，系统总结了风险早期识别技术方法，阐述了面向地质灾害隐患点、场地和区域三种工况的风险评价方法。

本书可供地质灾害、自然灾害、水工环地质、岩土工程、城市地质、国土空间规划与用途管制、生态修复等领域的工程技术人员、教学与科研人员、政府管理人员参考，也可供大中专院校学生参考。

图书在版编目(CIP)数据

地质灾害风险管理理论方法与实践／张茂省等著．—北京：科学出版社，2021.6

ISBN 978-7-03-067076-2

Ⅰ.①地…　Ⅱ.①张…　Ⅲ.①地质灾害-风险管理-研究　Ⅳ.①P694

中国版本图书馆CIP数据核字（2020）第241556号

责任编辑：张井飞　韩　鹏　柴良木／责任校对：王　瑞

责任印制：吴兆东／封面设计：图阅盛世

科学出版社 出版

北京东黄城根北街16号

邮政编码：100717

http://www.sciencep.com

北京中科印刷有限公司 印刷

科学出版社发行　各地新华书店经销

*

2021年6月第 一 版　开本：787×1092　1/16

2024年1月第二次印刷　印张：25 3/4

字数：611 000

定价：348.00元

（如有印装质量问题，我社负责调换）

序

受太平洋板块、印度洋板块和亚欧板块运动影响，我国地质条件复杂，构造活动强烈，是世界上受地质灾害影响最严重的国家之一。新中国成立以来，我国高度重视地质灾害防治工作，发挥了体制机制优势，防灾减灾成效显著。同时，我国地质灾害防治能力总体还比较薄弱，亟待全面提升。提升我国地质灾害综合防治能力需要树立灾害风险管理和综合减灾理念，具体做好三个坚持和三个转变：坚持以人民为中心和安全发展，坚持以防为主和防抗救相结合，坚持常态减灾和非常态救灾相统一；努力实现从注重灾后救助向注重灾前预防转变，从减少灾害损失向减轻灾害风险转变，从应对单一灾种向综合减灾转变。

20 世纪 80 年代以来，我国先后在全国有计划地开展了大江大河和重要交通干线沿线地质灾害专项调查、以地质灾害为主的省（自治区、直辖市）环境地质调查（1：500000）、全国山地丘陵区的县（市）地质灾害调查与区划（1：100000）、全国高易发区地质灾害详细调查（1：50000）等工作，通过一系列递进式调查评价工作，初步摸清了我国地质灾害发育分布情况，划分了地质灾害易发区和危险区，建立了群测群防体系，显著减轻了地质灾害损失。但随着我国社会经济迅速发展，滑坡、崩塌、泥石流灾害呈加剧趋势，截至 2019 年底，全国在册地质灾害隐患点 252185 处，其中，滑坡 116544 处，崩塌 101976 处，泥石流 33665 处，是世界上地质灾害最发育的国家之一。但我们必须清醒地认识到，还有很多尚未识别的重大地质灾害隐患点并不在册，造成近年来发生的灾害大多不在隐患点编目和监测之中，严重危害人民群众生命财产安全和社会经济可持续发展。下一步我国地质灾害调查评价以及综合防治管理工作应该做些什么和如何去做，迫切需要一个新的解决方案。

自 1983 年以来，张茂省研究员先后参加了秦巴山区铁路沿线地质灾害专项调查、陕西省环境地质调查、蓝田县地质灾害调查与区划试点、延安市宝塔区地质灾害详细调查及风险评价试点、西气东输管线地质灾害危险性评估、陕西省重要城镇地质灾害调查与风险评价试点，以及一些国家重点基金和重点研发项目，积累了多年野外调查和科学研究成果，带领团队编著了《地质灾害风险管理理论方法与实践》一书。该书提出了健全我国地质灾害防治体系应借鉴国际地质灾害风险管理理念，认为下一步突发性地质灾害调查评价工作应围绕新型城镇化建设和乡村振兴战略，开展山地丘陵区大比例尺地质灾害风险调查与评价；提出早期识别是风险管理的前提，应充分运用 InSAR、LiDAR、AI 等新技术、新方法，解决地质灾害隐患在哪里的问题，将防灾减灾重点前移到地质灾害的早期识别和风险评价环节，变被动救灾为主动防灾。该书还系统介绍了国际地质灾害风险管理理论和技术方法，总结了地质灾害早期识别的技术路径，从地质灾害隐患点、场地和区域三种工况论述了地质灾害风险评价方法，并实录了典型山地城镇地质灾害风险评估实例。

我相信该书的出版是地质调查成果服务经济社会的一个亮点，对于健全我国地质灾害防治体系，推动新时期地质灾害调查评价工作，提升地质灾害隐患早期识别和风险管控能力，实现从被动救灾向主动防灾，从减少灾害损失向减轻灾害风险转变将起到积极的推进作用。

中国科学院院士
2020 年 7 月 28 日

前　　言

我国幅员辽阔，地质构造复杂，地质环境脆弱，地质灾害频发，是世界上地质灾害类型最全和影响最严重的国家之一。我国地质灾害防治能力总体较弱，提高地质灾害防治能力，是实现“两个一百年”奋斗目标、实现中华民族伟大复兴中国梦的必然要求，是关系人民群众生命财产安全和国家安全的大事，只有建立高效科学的地质灾害防治体系，提高全社会地质灾害防治能力，才能有力保障人民群众生命财产安全和国家安全。我国已初步建成了地质灾害综合防治体系，包括调查评价、监测预警、综合治理、应急防治4个体系。

地质灾害风险管理是20世纪80年代末发展，90年代初流行起来的一种灾害管理体系，欧美发达国家及我国香港地区大多采用灾害风险管理体系。地质灾害风险管理作为科学有效的管理体系，受到我国政府管理人员和教学科研人员高度重视。自2005年中国地质调查局水文地质环境地质部主任殷跃平教授率团参加在加拿大温哥华举办的滑坡风险管理国际会议，并翻译和内部编印《滑坡风险评估论文集》以来，在中国地质调查局水文地质环境地质部历任领导的鼎力支持下，西安地质调查中心相继开展了多个与风险管理相关的地质调查及科研项目研究，还主办或承办了十余次与地质灾害风险管理相关的国际性、全国性学术交流会和高级研讨班。作者长期进行的地质灾害风险调查评价、培训材料翻译编辑、聆听名家讲座以及国际合作研究等工作为本书的编写打下了坚实的基础。为推广国际地质灾害风险管理理论与技术方法，推进我国山地丘陵区大比例尺地质灾害风险调查与评价，加强地质灾害早期识别和风险评价环节，摸清灾害风险底数，变被动救灾为主动防灾，变减少灾害损失为减轻灾害风险，变应对单一灾种为综合减灾，全面提升防灾减灾能力，我们在以往翻译培训材料和地质灾害风险调查评价实践的基础上，主要依托陕西省重要城镇地质灾害调查与风险评价（1∶10000）项目，面向从事地质灾害防治一线工作的工程技术人员和政府管理人员的应用，总结编辑了地质灾害风险管理基本理论、技术方法、最新研究进展以及典型山区城镇地质灾害风险评估实例。

本书共分3篇。第一篇在系统介绍国际地质灾害风险管理理论与技术方法的基础上，讨论并提出健全和完善我国地质灾害防治体系的建议。其中，第1章地质灾害基本知识，简要系统介绍了自然灾害，地质灾害，滑坡、崩塌、泥石流灾害的概念、分类、分级、特征以及我国地质灾害防治体系建设内容；第2章地质灾害风险管理术语，讨论和辨析了风险与灾害风险、地质灾害风险、地质灾害风险评估、地质灾害风险管理等相关概念的由来、演化、基本属性及特征，最后给出了地质灾害风险管理术语的定义；第3章地质灾害风险管理体系，介绍了澳大利亚地质力学学会（AGS）、温哥华滑坡风险管理国际会议、欧洲Safeland计划总结的地质灾害风险管理框架，论述了面向国土空间规划的风险管理体系，对比分析了我国与国际地质灾害风险管理之间的异同点和存在的薄弱环节，提出了新时期健全我国地质灾害防治体系建议；第4章，围绕地质灾害风险分析（早期识别）、风险评估和风险管理三个环节阐述了地质灾害风险管理的主要内容。第二篇认为地质灾害隐患早期识别是风险管理的前提，在地质分析的基础上，应充分运用 InSAR、LiDAR、无人机航测、贴近摄影测量、三维激光扫描、AI 等新技术、新方法，解决地质灾害发生在哪里的问题，将防灾减灾重点前移到地质灾害的早期识别和风险评价环节，摸清地质灾害风险底数，变被动救灾为主动防灾。结合我国国情和目前实施的调查评价工作，在早期识别的基础上，提出了面向地质灾害隐患点、场地和区域三种工况的风险评估。其中，第 5 章地质灾害早期识别技术方法，从传统、现代和人工智能三个方面系统总结了地质灾害隐患早期识别技术方法，探讨了地质灾害隐患早期识别的关键技术及难点；第 6 章地质灾害隐患点风险评估，按照滑坡、崩塌、泥石流三种灾害分别阐述了灾害发生概率、滑坡空间影响概率和承灾体时空概率、易损性、价值等风险要素的定量和定性估算方法；第 7 章场地地质灾害风险评估，针对规划或拟开发的建设用地、村（社）、学校、医院、重要工程设施、重要风景名胜区和重点文物保护点等重要场地，阐述了不同类型或同一类型的几个地质灾害隐患风险分析和评估方法；第 8 章区域地质灾害风险评估，面向国土空间规划与用途管控，从源头有效防控地质灾害风险，阐述了区域地质灾害易发性、危险性和风险评价与区划的流程及技术方法。第三篇通过陕西省陕南秦巴山地山阳县、旬阳县、紫阳县，陕北黄土高原绥德县、清涧县 5 个县城区地质灾害风险调查与评估试点工作，形成了山区城镇地质灾害风险评估成果。其中，第 9 ~ 第 11 章分别实录了绥德县、清涧县、山阳县 3 个县城区地质灾害风险调查与评估的做法及结果。

地质调查的过程就是不断探索和研究的过程。本书成果和观点是在一系列国家地质灾害调查项目实施过程中逐步形成的。在地质灾害调查项目的立项论证和组织实施过程中，原国土资源部寿嘉华、贠小苏、汪民副部长，地质环境司和科技与国际合作司李烈荣、姜建军、关凤峻、高平、柳源、薛佩瑄、熊自立、胡杰、李明路、马岩、何凯涛、赵财胜、沈伟志等领导，中国地质调查局孟宪来、钟自然、王学龙、李金发、严光生、王昆、李海清等局领导给予不少关心与支持，项目前期工作是在中国地质调查局水文地质环境地质部殷跃平、武选民、张作辰、吴登定、张二勇、姜义、张开军、李晓春等领导的大力支持与具体指导下完成的，后期得到了水文地质环境地质部历任领导文冬光、郝爱兵、邢丽霞、李铁峰、石菊松、林良俊、乐琪浪、胡秋韵、曹佳文等一如既往的支持与帮助，还得到国家自然资源督查西安局窦敬丽局长，原陕西省国土资源厅雷明雄、董普选、汤鹏超等副厅长和魏雄斌、席孟刚、孙新文、周新民、王雁林等处长，原甘肃省国土资源厅陈汉、钟义等副厅长和蔡桂星、金玉虎、徐东、王景辉等处长，原青海省国土资源厅与地质矿产勘查开发局高学忠局长和刘红星、严维德、刘德良等领导的大力支持和协助。在此对各位领导的支持与帮助表示衷心的感谢！

长安大学彭建兵院士，张勤、赵法锁、范文、李同录、卢全中等教授，中国地质大学（武汉）唐辉明、胡新丽、王亮清等教授，成都理工大学黄润秋、许强、裴向军、吴礼舟等教授，兰州大学孟兴民、马金辉、岳东霞等教授和陈冠、张毅等副教授，西北大学王家鼎、谢婉丽、谷天峰等教授，中国水利水电科学研究院陈祖煜院士、于沭高级工程师，中国地质科学院地质力学研究所吴树仁、张永双、谭成轩、张春山等研究员，中国地质调查局发展研究中心杨建锋研究员、王尧副研究员，陕西省地质调查院王双明院士，荀润祥、洪增林、黄建军、宁奎斌、张晓团、范立民、左文乾、罗乾州等教授，甘肃省地质环境监测院黎志恒、赵成、张举、余志山、郭富赟等教授，青海省地质环境监测总站与环境地质勘查局赵家绪、徐伟林、吕宝仓、周宝、李小林、罗银飞等教授等在共同承担项目过程中给予了大力支持与帮助；延安市人民政府刘晓军副市长，延安市自然资源局杜喜平局长、靳东副局长、滑延幸科长，原延安市国土资源局孙民生副局长，榆林市自然资源和规划局、商洛市自然资源局、安康市自然资源局以及山阳县、旬阳县、紫阳县、绥德县和清涧县等地方政府部门为项目的实施提供了优质的保障条件，在此对各位专家、教授和领导的辛勤付出表示衷心的感谢！

中国地质调查局西安地质调查中心历任领导李向主任、樊钧主任、李文渊主任、杜玉良书记、李志忠主任、徐学义总工程师、郭兴华副主任、王香萍副主任、王洪亮副主任、侯光才副总工程师，以及王涛副主任、丰成友副主任、刘新海副主任、唐金荣副主任、蔺志永副主任等给予了鼎力支持与指导，地质灾害团队朱桦、徐友宁、唐亚明、孙萍萍、董英、校培喜、黄玉华、魏兴丽、王佳运、聂浩刚、张睿、武文英、孙巧银、李清、胡炜、程秀娟、李林、曾磊、朱立峰、毕俊擘、张成航、冯卫、李政国、刘洁、陈社斌、于国强、王根龙、乔耿彪、李珂、裴赢等同事与作者在工作中一起出野外，讨论问题，出谋划策。成果的形成凝聚着各位领导和同事的心血，在此对各位领导和同事的支持与协作表示衷心的感谢！

本书是在以往项目研究与培训材料的基础上，主要依托陕西省重要城镇地质灾害调查与风险评价（1∶10000）项目成果，在新型冠状病毒肺炎疫情居家弹性工作期间，由张茂省研究员组织，通过再学习、再探索、再创新、再集成编著而成，内容包括3篇。其中，前言和绪论由张茂省编写，第一篇由张茂省、徐继维编写，第二篇由张茂省、贾俊、薛强、徐继维编写，第三篇由薛强、贾俊、张茂省、高波、张建龙等编写，全书由张茂省统稿，薛强负责编排和图表清绘工作。

地质灾害风险管理体系框架与流程、计算公式以及风险减缓措施等已得到了国际业界广泛认可，但风险量化与评价中还存在很多疑难问题，这些难点尚处于探索和研究之中，加之作者水平有限，书中难免有疏漏和不足之处，请同行专家和读者给予批评指正。

作　者

2020年3月31日

目　　录

第二篇　地质灾害早期识别与风险评估方法

第三篇　山区城镇地质灾害风险评估实践

绪　论

0.1 研究背景

1. 防灾减灾形势与需求

2018 年 10 月 10 日中央财经委员会第三次会议研究提高我国自然灾害防治能力和川藏铁路规划建设问题。会议指出，我国是世界上自然灾害影响最严重的国家之一。我国自然灾害防治能力总体还比较弱，提高自然灾害防治能力，是实现“两个一百年”奋斗目标、实现中华民族伟大复兴中国梦的必然要求，是关系人民群众生命财产安全和国家安全的大事，也是对我们党执政能力的重大考验，必须抓紧抓实。这次会议透露出如下的信息：一是坚持以防为主、防抗救相结合；二是形成各方齐抓共管、协同配合的自然灾害防治格局；三是坚持以人为本，生态优先，人与自然和谐相处；四是推进自然灾害防治体系和防治能力现代化；五是实施灾害风险调查和重点隐患排查、自然灾害监测预警信息化等工程，提高多灾种和灾害链综合监测、风险早期识别和预报预警能力等。

2014 年 3 月 17 日，中共中央、国务院印发了《国家新型城镇化规划（2014—2020 年)》，该规划是新时期指导全国城镇化健康发展的宏观性、战略性、基础性规划，它的颁布和实施，对建设中国特色新型城镇、全面建成小康社会、加快推进社会主义现代化具有重大现实意义和深远历史意义。我国丘陵山区面积占陆域面积的 69%，丘陵山区人口约占全国总人口的 45%，山区城镇化、新农村建设、乡村振兴、脱贫攻坚在我国具有重要的战略意义。近年来，随着山区城镇化和新农村建设的加快，特别是山区城镇建设规模的扩张，造成重大人员伤亡和经济财产损失的地质灾害频发。山区城镇建设受到发展空间狭小、城镇建设用地紧缺的限制，“向山拓展、向沟发展”成为山区城镇化发展的必然趋势，坡脚开挖、削山造地、坡面堆载等活动不可避免地会引发大量地质灾害。在新型城镇化过程中，如何因地制宜，科学高效地防范和规避地质灾害的发生，是摆在我们面前迫切需要解决的重大问题。

在我国已有地质灾害防治四大体系和以往调查评价的基础上，如何借鉴国际地质灾害风险管理的理论和技术方法，健全和完善我国地质灾害防治体系，有效推进山区城镇化中的地质灾害调查评价工作，全面提高地质灾害防治能力，实现从注重灾后救助向注重灾前预防转变，从减少灾害损失向减轻灾害风险转变，从应对单一灾种向综合减灾转变，已成为迫切需要解决的问题。

2. 国际交流合作与培训

风险管理是一门新兴的学科，始于 20 世纪 40 年代，形成于 50 年代，普及于 70 年代。

地质灾害风险管理是80年代末发展，90年代初流行起来的一种管理体系，它包括风险识别、风险评价以及风险减缓措施制订与实施的全过程，是防灾减灾的有效途径，欧美发达国家及我国香港地区大多采用滑坡风险管理体系。

2005年5~6月，由殷跃平研究员任团长，吴登定、郑万模、金维群、张茂省为团员的中国地质调查局代表团，参加了由国际滑坡协会（ICL）在加拿大温哥华组织召开的首届滑坡风险管理国际会议，会后在殷跃平团长的倡导下，组织翻译了会议论文集中的27篇主要论文，形成《滑坡风险评估论文集》，对国际滑坡风险管理的基本理论、方法、经验等进行了全面介绍，并在中国地质调查局内部编辑印发。之后，中国地质调查局连续举办了多期滑坡风险评价培训班，部署实施了一系列地质灾害风险调查与评价项目，开启了地质调查系统地质灾害风险管理探索与推广之路。

自2006年起，中国地质调查局连续多年在中国地质大学（武汉）举办全国地质灾害详细调查培训班，邀请香港特别行政区政府土木工程拓展署专家做了地质灾害风险管理讲座。2006年5月，应王思敬院士和殷跃平研究员联合邀请，国际工程地质与环境协会（IAEG）名誉主席Marcel Arnould教授来到陕西，考察了延安及西安地区的黄土滑坡，Marcel Arnould教授和王思敬院士分别做了专题讲座。

2008年7月，在陈祖煜院士指导下，借第十届国际滑坡与工程边坡会议在西安召开的契机，由中国地质调查局主办，西安地质调查中心承办了滑坡风险评价培训班，国际著名土力学和边坡工程专家Morgenstern教授、西班牙Catalonia大学Corominas教授和中国水利水电科学研究院陈祖煜院士受邀做系列讲座，会议组织翻译和编印《滑坡风险分析和风险管理培训班讲义》，着重介绍了滑坡灾害的风险识别、风险分析、风险评价等风险管理方面的最新进展和成功实例。

2010年2月，在殷跃平教授指导下，由中国地质调查局主办，西安地质调查中心在西安承办了国际滑坡风险管理高级研讨班，国际滑坡协会主席Sassa Kyoji教授、印度尼西亚Gadjah Mada大学Dwikorita Karnawati教授、美国地质调查局Edwin Lynn Harp研究员、挪威岩土工程研究所（NGI）自然灾害部主任Anders Solheim教授、日本岛根大学汪发武教授等5位国际专家受邀分别就滑坡风险评价与防治做了系统讲座。

2012年以来，依托自然资源部黄土地质灾害重点实验室组织召开了四届黄土地质灾害风险防控国际研讨会，2019年中国地质调查局西安地质调查中心与英国拉夫堡大学、朴次茅斯大学、Winter责任有限公司，美国亚利桑那大学，以及我国兰州大学等共同签署共建“黄土地质灾害风险防控国际联合研究中心”合作协议书。英国拉夫堡大学Tom Dijkstra教授、美国亚利桑那大学Tian-Chyi Jim Yeh教授、英国朴次茅斯大学Andy Gibson、我国台湾地区云林科技大学温志超教授等20位学者围绕黄土地质灾害早期识别、黄土地质灾害形成机理、黄土地质灾害监测预警、地质灾害风险评价以及地质灾害综合防控5个核心内容，广泛交流在黄土地质灾害领域取得的研究成果和最新进展，深入探讨黄土地质灾害防灾减灾新理论、新技术、新方法等学术前沿问题。

2009年，中国地质调查局西安地质调查中心与挪威岩土工程研究所（NGI）签署了

《中挪地质灾害风险减缓合作研究协议》，在甘肃黑方台地区实施了为期3年的地质灾害风险调查与评价国际合作研究。2011年，又与美国科罗拉多矿业大学卢宁教授签订了《非饱和黄土特性及其灾害机理研究》，引进了一批非饱和土测试仪器，开展了黄土水敏性与黄土地质灾害国际合作研究。

3. 调查历程与项目支撑

20世纪80～90年代，我国先后在全国有计划地开展了大江大河和重要交通干线沿线地质灾害专项调查、以地质灾害为主的省（自治区、自辖市）环境地质调查（1∶500000）。1999年开始，国土资源部组织开展了约2000个县的准1∶100000丘陵山区县（市）地质灾害调查与区划。2005年，中国地质调查局在陕西延安、四川丹巴和云南新平部署开展1∶50000地质灾害调查试点，2006年开始在全国推行。2009年地质灾害严重的省份普遍认识到1∶50000地质灾害调查的重要性，自发组织开展了各省1∶50000地质灾害调查工作。多期地质灾害调查基本摸清了我国丘陵山区滑坡、崩塌、泥石流灾害底数，有力地支撑了地质灾害防治管理工作。

有了1∶50000地质灾害调查的基础，下一步我国地质灾害调查评价应该向哪个方向发展？需要做哪些预研究及试点工作？新型城镇化建设和乡村振兴战略的实施对地质灾害调查评价工作提出了更新、更高的要求，亟待针对山区城镇化、新农村建设、乡村振兴、脱贫攻坚的防灾减灾和生态文明建设需求，开展大比例尺山区城镇地质灾害风险调查与评价，夯实山区城镇生态文明建设和高质量发展的基础。

在中国地质调查局水文地质环境地质部历任领导的鼎力支持下，西安地质调查中心相继组织开展了西北黄土高原地质灾害详细调查和西北黄土高原地质灾害详细调查与关键技术研究两个计划项目以及西部黄土区地质灾害调查工程，与风险管理直接相关的工作项目主要有：延安市宝塔区地质灾害详细调查与风险管理示范、陕西省特大型滑坡调查与风险评价、甘肃省白龙江流域城镇地质灾害调查与风险评价（1∶10000）、青海省西宁市地质灾害调查与风险评价（1∶10000）、陕西省重要城镇地质灾害调查与风险评价（1∶10000）等地质调查项目。

同时还承担国家重点研发计划项目“黄土滑坡失稳机理、防控方法研究与防治示范”，实施了国家自然科学基金重点项目“黄土水敏性的力学机制及致滑机理”、国家自然科学基金应急管理项目“基于风险的地质环境承载力理论与评价方法研究”，参与了国家自然科学基金重点项目“黄土高原淤地坝风险孕育机理与溃决仿真、预警分析及抗冲加固技术研究”，承担了“十一五”国家科技支撑计划项目专题“延安市宝塔区地质灾害风险评估与管理示范研究”等科研项目。

长期的地质灾害风险调查评价与研究工作为本书的编写打下了坚实的基础。尤其是陕西省重要城镇地质灾害调查与风险评价（1∶10000）项目的实施，对国际地质灾害风险管理理论与技术方法进行了系统研究，并以陕西省陕南秦巴山地山阳县城区、旬阳县城区、紫阳县城区，陕北黄土高原绥德县城区、清涧县城区5个山区城镇为对象，开展了大比例尺山区城镇地质灾害风险调查与评估实践，探索建立了一套山区城镇地质灾害风险调查与评估技术方法，为开展全国山区城镇地质灾害风险调查与评价工作提供技术示范。

0.2 国际滑坡风险管理理念

1. 滑坡风险管理兴起

法国现代管理之父 Henri Fayol 于 1916 年提出风险管理的理念，随后风险管理逐步演变为一门学科并形成独立的理论体系，最早多应用于企业安全管理。20 世纪 80 年代，风险管理出现在地质灾害领域；1994 年，美国完成 1：24000 的滑坡危险性区划；1995 年，法国完成 1：25000 滑坡风险区划；1997 年，第一次滑坡风险管理学术会议在夏威夷召开，标志着风险管理在地质灾害领域“扬帆起航”；1999 年，意大利相继完成 1：25000 滑坡危险性区划，1：5000、1：2000 滑坡风险区划；2005 年，国际学术会议 Landslide Risk Management 在加拿大举行，风险管理理论迎来了地质灾害领域发展的里程碑，此次会议是地质灾害风险管理由定性向半定量化的转折点；如今，各国对于地质灾害风险管理已基本形成符合本国实际情况的理论体系与技术方法，地质灾害风险管理也在半定量向定量化转变的道路上稳步前进。Varnes（1984），Whitman（1984），Einstein（1988，1997），Fell（1994），Leroi（1996），Wu 等（1996），Fell 和 Hartford（1997）等的著作中都记录了这些发展变化。

2. 滑坡风险管理理念

管理指为保证一个单位或部门运转而实施的一系列计划、组织、协调、控制和决策的行为。在地质灾害领域，风险管理指从风险评估到风险控制的完整过程，通过对相关政策、程序以及经验的系统运用，来对地质灾害风险进行识别、分析、评价、减缓和监测。从根本目的出发，各国学者总结出 5 个简单而普适的问题诠释风险管理的理念：

（1）哪种灾害可能发生？

（2）发生的可能性有多大？

（3）产生的后果是什么？

（4）后果有多严重？

（5）现在可以做什么？

3. 滑坡风险管理框架

风险管理的实质是在寻找前述 5 个问题的答案。尽管人们对风险管理的方法还存在一些分歧，但风险评估和风险管理的内容与流程却达成了一致，并随着时间的推移日益丰富和完善。2005 年，国际学术会议中，Fell 等总结了滑坡风险管理的框架，同时会议还指出地质灾害风险管理是风险分析（识别）、风险评估和风险管理三个互为关联和部分重叠的过程，并将风险管理的流程划分为危险特征、危险性分析、风险分析、风险评价、风险减缓和控制 5 个部分，代表国际上广泛使用的一个管理流程框架。

4. 滑坡风险计算公式

财产的年风险可按照下式计算：

$$R_{(prop)} = P_{(L)} \times P_{(T:L)} \times P_{(S:T)} \times V_{(prop:S)} \times E \quad (0.2.1)$$

式中，$R_{(prop)}$为财产年损失；$P_{(L)}$为地质灾害发生年概率；$P_{(T:L)}$为地质灾害到达承灾体概率；$P_{(S:T)}$为承灾体时空概率；$V_{(prop:S)}$为财产易损性；E为承灾体价值。

个人年死亡概率可以用下式计算：

$$P_{(LOL)} = P_{(L)} \times P_{(T:L)} \times P_{(S:T)} \times V_{(D:T)} \quad (0.2.2)$$

式中，$P_{(LOL)}$为单人年死亡概率；$V_{(D:T)}$为人员易损性。其他定义同上。

在受险对象暴露于一系列可能发生滑坡的斜坡面前时，在这些情况下，式（0.2.1）和式（0.2.2）应表示如下：

$$R_{(prop)} = \sum_{1}^{n} (P_{(L)} \times P_{(T:L)} \times P_{(S:T)} \times V_{(prop:S)} \times E) \quad (0.2.3)$$

$$P_{(LOL)} = \sum_{1}^{n} (P_{(L)} \times P_{(T:L)} \times P_{(S:T)} \times V_{(D:T)}) \quad (0.2.4)$$

式中，n代表滑坡灾害的次数。

5. 滑坡风险区划图比例尺

国际滑坡和工程边坡联合技术委员会编制的《土地利用规划滑坡易发性、危险性、风险区划指南》，汇总了滑坡编目、易发性、危险性和风险区划图的比例尺和它们各自的适用情况（表0.1）。地质灾害区划图应有一个恰当的比例尺以反映特定区划精度所需的信息。

表0.1　滑坡区划图比例尺及适用范围

比例尺大小	比例尺范围	适用情况举例	区划面积
小	<1∶100000	为普通公众和政策制订者提供信息而做的滑坡编目和易发性区划	>10000km^2
中	1∶100000～1∶25000	为区域性发展或大型工程建设而做的滑坡编目和易发性区划；为当地土地利用规划所做的低精度的危险性区划	1000～10000km^2
大	1∶25000～1∶5000	为当地土地利用规划所做的滑坡编目、易发性和危险性区划；为区域性发展所做的中到高精度的危险性区划；为当地土地利用规划和大型工程、公路、铁路建设详细规划阶段所做的低到中精度的风险区划	10～1000km^2
详细	>1∶5000	为当地、特定场址以及大型工程、公路、铁路设计阶段所做的中到高精度的危险性和风险区划	几公顷至几十平方千米

0.3　国际滑坡风险管理进展

1. 法国

从20世纪70年代开始，法国编制了比例尺为1∶25000的全国性滑坡特征图。1982年提出了基于防灾目标的PER计划，局部地区编制了更详细的1∶10000或1∶5000滑坡图，为城市土地利用服务。1995年又提出风险预防规划（PPR），法国共有36000个城镇，其中21000个存在一定的地质灾害风险，而5000个处于高风险之中，城市和农村分别以1∶10000和1∶25000的比例尺进行填图，到2005年底已完成了这5000个高风险城镇的风险预防规划。根据风险预防规划，土地划分为禁止建筑的红色区域，以及采取预防措施后可以进行建筑的蓝色区域。针对已有建筑，有需要采取防治措施的，必须在五年内完成，否则由州政府强制执行。

2. 美国

1994年，美国加利福尼亚州的Northbridge地震引发了约1万km^2的11000多处滑坡，基于此，美国编制了详细的滑坡目录，并建立了地震与滑坡的相关关系。利用Arc-info地理信息系统，在1∶24000的地质底图上划分了以10m为单元的栅格，依据Newmark持续变形理论，将土体强度参数、数字高程模型与地震峰值加速度等动态模型相结合，得到每个单元格的滑坡位移量，再与Northbridge地震数据相校正，可得到破坏概率分布曲线，利用此概率函数就可预测不同地震条件下滑坡破坏概率的空间分布，形成了滑坡危险区划图。加利福尼亚州政府规定，在危险区内的任何发展都必须遵守各种公共政策。

3. 意大利

在1999～2000年的两年时间里，意大利完成了全国的1∶25000滑坡泥石流危险性区划图，总面积约30万km^2。在此基础上又选择局部做了更深入的调查，以更大比例尺（1∶5000、1∶2000）和定量的地质灾害风险评价方法形成了风险区划图，用于土地利用规划优化。

4. 安道尔

1989年，安道尔政府颁布法令，提出在该国大部分地区开展比例尺为1∶25000的滑坡和洪灾危险性编图。政府管理部门应用这种图批准建筑许可证和设计防治工程。1998年又通过了城市土地利用规划法，根据这项法律，政府又推动了几项编图工作，其中包括1∶5000滑坡编图。这项编图工作采用数字地面模型（DTM）和松散层数据，可以更精确地识别潜在滑坡区，提高滑坡风险评价的准确性。同时还启动了旨在减少岩崩灾害的控制计划，划定了禁止开发区和可开发区。分界线是依据崩塌体的能量确定的，通过在GIS系统中将每个潜在岩崩的坍落角斜线与水平地面的交点轨迹连起来，可划分出危险区界线。安道尔政府将此图用于新开发项目的审批，在分界线上部的区域还修建了防崩塌的格栅以保护建筑物。

5. 中国香港地区

1977年，中国香港地区成立土木工程拓展署土力工程处（GEO）。两年后，启动了岩土工程区域研究计划（GASP），包括区域性滑坡灾害调查（比例尺1∶20000）和地段性滑坡灾害调查（比例尺1∶2500）。区域性滑坡灾害调查主要基于航片解译、地面调查和已有的岩土勘察信息进行，将中国香港划分为7个亚区，每个亚区面积在50～100km^2。地段性滑坡灾害调查分为两个阶段。第一阶段于1977年开始，编目了大约8500个人工切坡和2000个填土边坡。第二阶段于90年代中期开始，重新对边坡进行了编目，识别了大约

57000 个边坡，采用定量的风险评价方法，对全部边坡进行分级评价。地段性的滑坡灾害调查，区划结果更为精细，分区面积一般在 2 ~ 4km^2。

6. 欧洲 Safeland 计划

欧盟于 2009 年 5 月启动了针对全部欧盟成员国的地质灾害风险评估与风险管理技术方法及应用的综合科技规划项目“Safeland”（Living with landslide risk in Europe：Assessment, effects of global change, and risk management strategies），是欧盟委员会第七届科研技术发展框架项目。Safeland 计划由挪威岩土工程研究所（NGI）国际地质灾害研究中心组织实施，共有欧盟 12 个成员国 27 个科研机构以及中国、美国、印度、日本等国家众多科研人员参与，旨在开发适用于地方、区域和社会尺度的定量风险评估与管理的工具和战略，在欧洲建立滑坡风险评估的标准，提高滑坡灾害预测和确定危险与风险区的能力。欧洲 Safeland 计划总结了定量风险分析（QRA）框架，将风险管理框架分为风险评估（包括分析和评价）和风险控制两个部分。QRA 的步骤：危险识别，危险评估，承灾体编目和暴露，易损性评估及风险估算。

0.4　对我国地质灾害防治管理的启示

我国地质条件复杂，地质灾害发生频率高，造成损失重。1949 年以来，党和政府高度重视自然灾害防治，发挥中国特色社会主义制度集中力量办大事的政治优势，取得举世公认的成效。同时，我国自然灾害防治能力总体较弱，防灾减灾救灾体制机制有待完善，还存在灾害信息共享和防灾减灾救灾资源统筹不足、重救灾轻减灾思想比较普遍、防灾减灾宣传教育不够普及等问题。只有建立高效科学的自然灾害防治体系，提高全社会自然灾害防治能力，才能为保护人民群众生命财产安全和国家安全提供有力保障。

1. 健全和完善我国地质灾害防治体系

国际滑坡风险管理流程细分为危险特征、危险性分析、风险分析、风险评价、风险减缓和控制 5 个部分，也可以归并为风险分析（早期识别）、风险评估和风险管理 3 个互为关联且部分重叠阶段。我国地质灾害综合防治体系包括调查评价、监测预警、综合治理和应急防治 4 个体系。二者对比，不难发现，我国地质灾害综合防治体系的调查评价体系，相当于国际滑坡风险管理流程的 5 个部分中前 4 部分，风险分析、风险评估和风险管理 3 个阶段中的前 2 个阶段，而监测预警、综合治理和应急防治 3 个体系相当于国际滑坡风险管理流程的最后 1 个阶段——风险管理。从管理环节上看国际滑坡风险管理体系比我国地质灾害综合防治体系更加突出了地质灾害前期分析和预防，暴露出我国地质灾害综合防治体系尚存在注重灾后救助而轻视灾前预防，注重减少灾害损失而轻视减轻灾害风险等问题。很有必要借鉴国际滑坡风险管理理论和技术方法，健全和完善我国地质灾害防治体系，将防灾减灾重点前移到地质灾害的早期识别和风险评价环节，夯实调查评价基础，掌握灾害风险底数，形成以防为主、防抗救相结合的防治体系，变被动救灾为主动防灾，推进防治体系和防治能力现代化。

2. 加强大比例尺地质灾害风险调查评价

纵观发达国家地质灾害调查与风险评估历程，20 世纪 70 ~ 80 年代大多已完成了全国范围的 1∶24000，或 1∶10000 比例尺地质灾害调查与风险评价工作，2000 年以前，基本完成了 1∶10000，或 1∶5000 比例尺地质灾害调查与风险评价工作，部分国家及我国的香港地区甚至完成了 1∶2000 比例尺地质灾害风险调查与评价工作。

我国大陆地区于 20 世纪 70 ~ 80 年代主要开展了大江大河及主要交通干线沿线地质灾害调查，90 年代以省为单元开展了以地质灾害为主的 1∶500000 比例尺区域环境地质调查，1999 年国土资源部成立以后，开展了准 1∶100000 比例尺丘陵山区县（市）地质灾害调查与区划，完成了地质灾害高易发区 1∶50000 滑坡崩塌泥石流灾害调查，仅在甘肃省白龙江流域和陕西省开展了部分城镇 1∶10000 比例尺地质灾害风险调查与评价试点，调查技术方法和精度明显落后于发达国家和我国的香港地区，调查资料仅能开展地质灾害易发性评价，达不到风险评价的要求，地质灾害防治基础十分薄弱。

地质灾害的调查精度应与风险管理尺度相匹配。我国幅员辽阔，县级是我们国家最基本的行政管理层次，地质灾害的防治主要依靠县级自然资源主管部门来落实。建议围绕新型城镇化、乡村振兴和新农村建设，兼顾基础设施和重大工程建设，开展山区城镇、拟规划振兴的乡村 1∶10000，或 1∶5000 比例尺地质灾害风险调查与评价，夯实地质灾害防治基础，并划定宜建区和禁建区。在禁建区内禁止规划和建设新的工业与民用建筑，对禁建区内已有的工业与民用建筑采取搬迁避让，或工程治理措施，确保人员与财产安全。

3. 形成齐抓共管和协同配合的防治格局

（1）地质灾害风险管理是一项复杂的工作，它不是一个纯技术决策问题，而是集技术决策、政府管理（政策）、社会参与、法律制定及成本核算、效益分析等为一体的综合决策行为，是地质灾害管理的有效手段。完全杜绝地质灾害发生是不可能的，地质灾害引起的风险将永远存在，要想主动有效地预防和减轻地质灾害，建议借鉴国际地质灾害风险管理的理念，充分发挥自然资源、应急等部门职责，推进地质灾害防治管理法制建设，建立常态化多部门协作、数据资料共享的地质灾害防治长效协调机制，提高统筹协调能力，形成齐抓共管、协同配合的地质灾害防治格局，构建适合我国国情的地质灾害风险管理体系。

（2）将我国建设用地地质灾害危险性评估改为面向国土空间规划与用途管制地质灾害风险评估，提高评估的针对性和准确性。

（3）加强基层自然资源部门地质灾害防治专业技术人员的配置，增强地方自主防灾减灾能力和地质灾害早期识别能力，强化汛前排查、汛中巡查、汛后核查、应急演练、宣传培训、专业指导工作，提升群测群防监测和应急避险能力。

（4）充分发挥自然资源部职责，在《地质灾害防治条例》（国务院令第 394 号）的基础上，结合自然资源开发利用和保护、国土空间规划、国土空间管制与利用和生态修复管理，将地质灾害风险评价与区划结果纳入国土空间规划的编制中去，并使之形成法定程序，逐步制定地质灾害或自然灾害防治法，建立法律约束机制，从源头管控地质灾害风险。

4. 依靠科技创新提升地质灾害防治水平

加强科技创新驱动，全面提升地质灾害早期识别、风险评估、监测预警、应急防治和综合防治水平。

（1）研究隐蔽性地质灾害成灾背景–诱发机制–成灾特征，运用InSAR、LiDAR、无人机航测、贴近摄影测量、三维激光扫描等新技术、新方法，建立早期识别关键技术，破解地质灾害发生概率、灾害链等分析评估难题，加强极端降雨、地震等异常条件下的地质灾害风险评估，提升地质灾害隐患识别和风险评估水平。

（2）加强滑坡灾害监测预警研究，充分运用5G、物联网、空天地监测与智能感知等技术，建立基于地质灾害发生机理和演化过程的专业监测预警技术，结合搬迁避让和工程治理，逐步将群测群防网络体系转变为专群结合、重点地区以专业监测预警为主的网络体系，全面提高监测预警水平。

（3）基于滑坡灾害形成机理与演化过程控制理论，开展地质灾害防治结构体系设计与施工关键技术创新，破解地质灾害应急防治、综合防治中的卡脖子技术。

（4）在大数据和人工智能高速发展的背景下，运用大数据、云计算、物联网、人工智能等现代信息技术，建立一套基于大数据和智能算法的地质灾害综合防控技术方法体系，为地质灾害防控提供全新的解决方案，全面提升地质灾害全流程信息化水平、信息管理效能及公共信息服务能力。

5. 建立地质灾害防治责任分担长效机制

我国在地质灾害防治管理中采取了一系列卓有成效的措施，取得了令人瞩目的成就。完全杜绝地质灾害发生是不可能的，地质灾害引起的风险将永远存在，要想主动有效地预防和减轻地质灾害，只能对地质灾害进行风险管理。在地质灾害风险评估的基础上，引入地质灾害保险制度，大胆探索并逐步建立地质灾害防治责任分担的长效机制。

6. 实现人与自然及地质灾害体和谐相处

滑坡、崩塌、泥石流除造成灾害，引起人员伤亡和经济损失外，其堆积体还是山区难得的地形较平缓的土地资源。对这些较稳定的堆积体进行土地综合治理，或泥石流疏导，仍可将其作为山区城镇和村庄建设用地，或耕作用地。在国土空间规划、土地整治及开发利用中，应坚持以人为本，生态优先，发挥灾害体资源优势，避免单纯的地质灾害治理工程，加强崩滑堆积体生态修复与土地开发利用，实现人与自然及地质灾害体和谐相处。做好以下几个结合：

（1）边坡治理中的削坡–弃渣–压脚与土地整理中的形成平台–土地综合开发利用相结合。

（2）建（构）筑物的桩基础设计–施工与滑坡工程治理中的抗滑桩设计–施工相结合。

（3）滑坡治理工程中的滑坡防水–滑坡排水与移民搬迁安置点的地面排水–地下排水工程相结合。

（4）滑坡治理工程中的生物工程措施与生态环境修复工程相结合。

（5）地质灾害治理工程与土地开发利用招拍挂结合，用土地开发经费解决或补偿地质灾害治理经费的不足。

（6）利用岩土工程新技术、新方法解决岩土问题与土地整治工程兴利避害相结合等。

0.5 地质灾害风险调查评价工作

1. 研究思路

依托地质矿产调查评价专项“陕西省重要城镇地质灾害调查”，以陕西省陕南秦巴山区和陕北黄土高原地区典型山区城镇为研究对象，运用现代工程地质学、岩土工程学、水文地质学、地质灾害及风险管理学等领域的新理论和新方法，以无人机航测、InSAR、LiDAR、三维激光扫描、工程地质测绘、工程地质钻探、背包式浅层钻探、现代信息技术、现代测试技术以及数值模拟分析等现代地质灾害风险早期识别手段，开展大比例尺山区城镇地质灾害风险调查与评估，识别危及城镇安全的地质灾害隐患，并逐一对其进行风险评估，总结山区城镇地质灾害调查与风险评估技术方法，为开展全国山区城镇地质灾害调查工作提供技术支撑和示范，支撑山区城镇地质灾害防治和国土空间规划及用途管制。

具体的研究技术路线如图 0.1 所示。

2. 目标任务

总体目标：山区城镇地质灾害调查主要以县为单元，在充分收集已有资料的基础上，以 InSAR、三维地形扫描、高精度遥感调查、工程地质测绘和地质灾害隐患点勘查为主要早期识别手段，围绕山区城镇化、乡村振兴和新农村建设，兼顾基础设施和重大工程建设，开展 1∶10000、1∶5000 或更大比例尺的地质灾害风险调查与评价，查明区内地质灾害类型特征、发育现状、分布规律及其形成的地质环境条件，探索地质灾害发生的过程和形成机制；逐坡、逐沟识别地质灾害隐患，分析地质灾害隐患可能的变形破坏模式、运移路径和致灾范围，并对其危害程度进行评估；开展地质灾害易发性、危险性和风险评估，划定宜建区和禁建区，提出面向国土空间规划和用途管制的风险管理的对策建议，为山区城镇规划建设和地质灾害风险管理提供科学依据。总结山区城镇地质灾害风险调查与评估技术方法，为开展全国山区城镇地质灾害风险调查与评价工作提供技术示范。其主要任务如下。

（1）开展山区城镇地质灾害形成条件调查，分析滑坡、崩塌、泥石流形成条件及其类型特征、发育现状与分布规律，编制城镇灾害地质条件图。

（2）对山区城镇已发生的滑坡、崩塌、泥石流等地质灾害点进行 1∶10000～1∶2000 比例尺工程地质测绘。了解其分布范围、规模、地质结构特征、影响因素和诱发因素等，对其复活的可能性和风险进行评估，并提出复活性地质灾害风险管理建议。

（3）开展山区城镇地质灾害早期识别，对山区城镇潜在的滑坡、崩塌、泥石流等地质

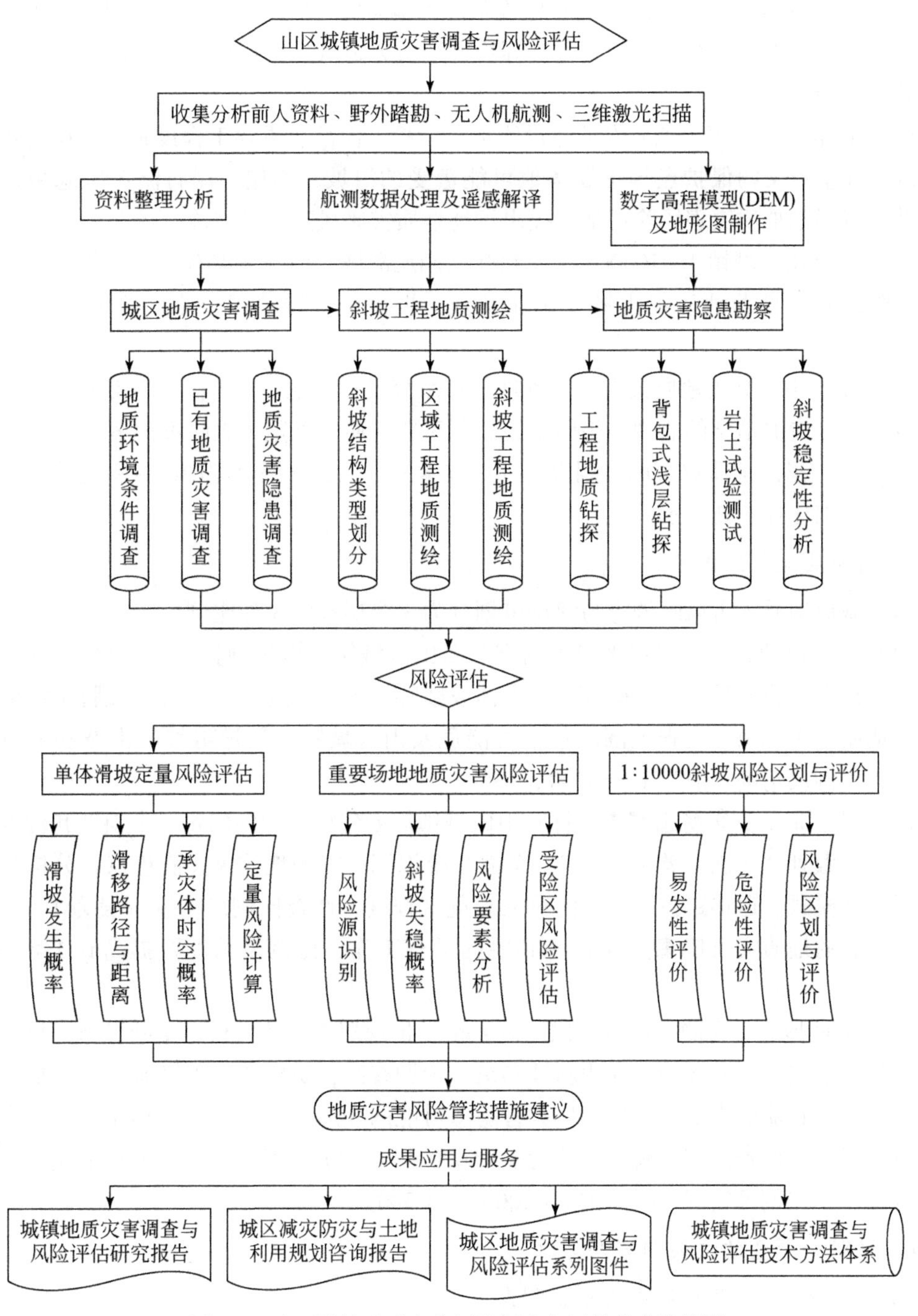

图 0.1　山区城镇地质灾害风险调查与评估技术路线图

灾害隐患点进行工程地质勘查，分析斜坡失稳的可能性或破坏概率、泥石流暴发频率、滑移速度与滑距、运移路径或轨迹、影响范围，调查影响范围内的承灾体及其易损性和时空概率，进行地质灾害隐患点风险评估，提出地质灾害隐患点风险管理建议。

（4）对山区城镇所处的区域地质环境条件和地质灾害隐患进行调查，对重点山区城镇遭受高速远程滑坡、泥石流及其灾害链等特大地质灾害风险进行评估，提出区域地质灾害风险减缓措施。

（5）对重要的村镇、拟开发的建设用地、学校、医院、重要工程设施、厂矿、重要风景名胜区和重点文物保护点等重要场地可能遭受的滑坡、崩塌、泥石流灾害隐患进行调查，并进行场地地质灾害风险评估，提出场地地质灾害风险减缓措施。

（6）开展山区城镇1：10000～1：2000比例尺滑坡、崩塌、泥石流灾害易发性、危险性和风险区划，推荐地质灾害搬迁避让新址，提出山区城镇国土空间规划与用途管制建议。

（7）建立山区城镇地质灾害风险管理信息系统及重大地质灾害隐患专业监测网，协助当地政府建立专群结合的监测预警网络，编制重要地质灾害隐患点防灾预案。

（8）总结形成地质灾害风险调查与评估技术方法，为开展全国山区城镇地质灾害风险调查与评价工作提供技术示范。

3. 调查层次与比例尺

山区城镇地质灾害风险调查与评价可划分为3个层次的3种比例尺。

（1）区域高速远程地质灾害隐患调查。以山区城镇、拟规划振兴的乡村、基础设施、重大工程建设、旅游景点、厂矿等为承灾体或威胁对象，识别和调查可能威胁承灾体的高速远程地质灾害隐患，调查范围应包括可能危及山区城镇的最远滑坡的山坡和泥石流沟头，调查比例尺精度一般为1：50000。

（2）城区地质灾害隐患调查。针对山区城镇规划建设范围内的每一个斜坡和沟谷逐一开展调查，做到“一坡（沟）一卡”，全面系统识别可能的地质灾害隐患点，分析其可能的变形破坏模式、运移路径、威胁的对象和危害程度，调查比例尺精度一般为1：10000；对于风险高的地质灾害隐患点应投入必要的勘察工作，比例尺精度可提高到1：2000～1：500。

（3）场地地质灾害隐患调查。以山区乡镇、拟规划振兴的乡村、基础设施、重大工程建设、旅游景点、厂矿等场地周边斜坡和沟谷为调查区，识别和调查可能产生变形破坏的斜坡和发生泥石流的沟谷，分析地质灾害隐患可能的变形破坏模式、运移路径、致灾范围及其危害程度，调查比例尺精度一般为1：5000～1：2000；对于风险高的场地应投入必要的勘察工作，比例尺精度可提高到1：2000～1：500。

4. 识别和调查的主要内容与方法

（1）区域高速远程地质灾害隐患调查。

识别和调查的主要内容：调查类型包括高速远程滑坡、泥石流、复合型灾害链等地质灾害，调查内容包括高速远程地质灾害形成条件、运移路径、危害范围、威胁对象及其易损性等。

识别和调查的主要方法：在已有地质灾害调查与评价的基础上，结合遥感解译和InSAR技术，分析地形地貌、地质结构、诱发因素等成灾条件，识别可能产生高速远程滑坡、泥石流、复合型灾害链的斜坡和沟谷，再通过实地调查核实评价产生高速远程地质灾害的可能性。

（2）城区地质灾害隐患调查。

识别和调查的主要内容：以城镇周边斜坡和沟谷为单元，逐坡、逐沟开展地质灾害隐患调查，调查内容包括地形地貌、地质构造、工程地质岩组、易崩易滑地层、斜坡结构、软弱层、风化程度、岩体结构、地表水与地下水、沟谷特征、气候条件、植被生态、土地利用状况、人类工程活动等地质灾害形成的环境条件，以及已有地质灾害，重点识别可能的地质灾害隐患点的类型、分布范围、规模、形态、活动状态、变形迹象与活动历史、运动形式和路径、影响因素和诱发因素、威胁对象及其易损性等。

识别和调查的主要方法：城区地质灾害隐患调查前应首先开展无人机航空摄影测量，获取城镇周边斜坡和沟谷高精度遥感影像、数字地形图、数字高程模型（DEM）等数据，并基于 DEM 数据分别提取城镇周边斜坡坡度、坡高、坡向和坡型等参数，为城区地质灾害风险调查与评价提供高精度的基础地形资料。对斜坡和沟谷内已发生的滑坡、崩塌、泥石流等地质灾害点，逐一进行工程地质测绘，分析评价其诱发因素、形成机理、成灾模式、稳定性、危险性和风险；对不稳定斜坡段和疑似地质灾害隐患区，逐一进行工程地质测绘和必要的勘察，分析地质灾害隐患可能的发育分布特征、失稳概率、诱发因素、可能的变形破坏模式、运移路径、致灾范围、危险性和风险；对风险高的地质灾害隐患点，可采用 InSAR、LiDAR、三维激光扫描、地球物理探测、深部位移监测、诱发因素监测等技术方法开展动态监测。

（3）场地地质灾害隐患调查。

识别和调查的主要内容：以山区乡镇、拟规划振兴的乡村、基础设施、重大工程建设、旅游景点、厂矿等场地周边斜坡和沟谷为调查区开展地质灾害隐患调查，调查内容包括场地内地质灾害及其隐患的类型、分布范围、发育特征、规模、形态、地质结构特征、岩土体结构及物理力学性质、滑动面或软弱结构面位置、活动状态、活动历史、运动形式及路径、影响因素和诱发因素、人类活动方式、承灾体类型及数量、承灾体易损性与时空概率等。

识别和调查的主要方法：对场地内已发生的滑坡、崩塌、泥石流等地质灾害点，逐一进行工程地质测绘，分析评价其诱发因素、形成机理、成灾模式、稳定性、危险性和风险；对不稳定斜坡段和疑似地质灾害隐患区，逐一进行工程地质测绘和必要的勘察，分析地质灾害隐患发育分布特征、失稳概率、诱发因素、可能的变形破坏模式、运移路径、致灾范围、危险性和风险，同时采用 InSAR、LiDAR、三维激光扫描、地球物理探测、深部位移监测、诱发因素监测等技术方法开展动态监测，进一步识别和掌握地质灾害隐患变形发展过程。

山区城镇地质灾害识别和调查的主要内容与方法见表 0.2。

表 0.2　山区城镇地质灾害识别和调查的主要内容与方法

调查层次	比例尺精度	主要内容	主要方法
区域高速远程地质灾害隐患调查	1∶50000	识别和调查高速远程滑坡、泥石流、复合型灾害链等地质灾害的形成条件、运移路径、危害范围、威胁对象及其易损性	遥感解译、InSAR 监测、地面调查
城区地质灾害隐患调查	1∶10000	以城镇周边斜坡和沟谷为单元，逐坡、逐沟开展地质灾害隐患识别和调查	无人机航测、InSAR 监测、LiDAR、三维激光扫描、地面调查、工程地质测绘、勘察、动态监测
场地地质灾害隐患调查	1∶5000～1∶2000	识别和调查拟规划振兴的乡村、重大工程建设等重要场地周边斜坡和沟谷内的地质灾害及其隐患	无人机航测、InSAR 监测、LiDAR、三维激光扫描、地面调查、工程地质测绘、勘察、动态监测

5. 主要成果

2005 年以来，引入国际滑坡风险管理理念与技术方法，通过一系列地质灾害风险调查评估，尤其是陕西省重要城镇地质灾害调查项目的实施，取得了以下主要成果：

（1）对比分析了地质灾害风险管理实质和薄弱环节，提出了进一步健全和完善我国地质灾害防治体系建议。地质灾害风险管理的本质是建立和运行科学、高效的管理体系，提高地质灾害综合防治能力。目前我国地质灾害防治能力总体较弱，还存在灾害信息共享和防灾减灾救灾资源统筹不足、重救灾轻减灾思想比较普遍、重管控轻预防的管理体系普遍运行、防灾减灾宣传教育不够普及等问题。总结形成了适合我国国情的地质灾害风险调查评价理论与技术方法，建议借鉴国际地质灾害风险管理的理念、流程和标准，按照“预防为主，防治救结合”的指导思想，加强早期识别与风险评价环节，进一步健全和完善我国地质灾害防治管理体系，实现被动救灾和减小灾害损失向主动防灾和减轻灾害风险的转变。

（2）在陕西省陕南秦巴山地山阳县城区、旬阳县城区、紫阳县城区，陕北黄土高原绥德县城区、清涧县城区 5 个山区城镇完成了大比例尺滑坡风险调查与评估，为当地防灾减灾、国土空间规划与用途管制和生态文明建设等提供了科学依据。

（3）提出地质灾害风险早期识别是风险管理的基础和前提，从传统、现代和智能三个方面系统总结了地质灾害隐患早期识别技术方法，尤其是基于 InSAR、LiDAR、无人机航测、贴近摄影测量、三维激光扫描等新技术、新方法。结合我国国情和目前实施的调查评价工作，系统总结形成了面向地质灾害隐患点、场地和区域三种工况的地质灾害风险评价技术方法。

（4）以地质灾害风险是否可接受及接受程度为切入点和判别标准，提出基于风险的地质环境容许承载力和极限承载力概念，将承载力状态判别为安全承载、容许超载和不可接受超载 3 个等级，构建了地质环境承载力评价流程和评价技术方法，为地质环境承载力评价提供新的理论与关键技术，为国土空间“三条红线”的划定提供依据。

（5）提出了基于人工智能的地质灾害风险防控体系建设框架。根据所依据的数据资料将地质灾害早期智能识别方法归纳为图像识别、形变识别、位移识别、内因识别、诱因识别等方法（图0.2）。

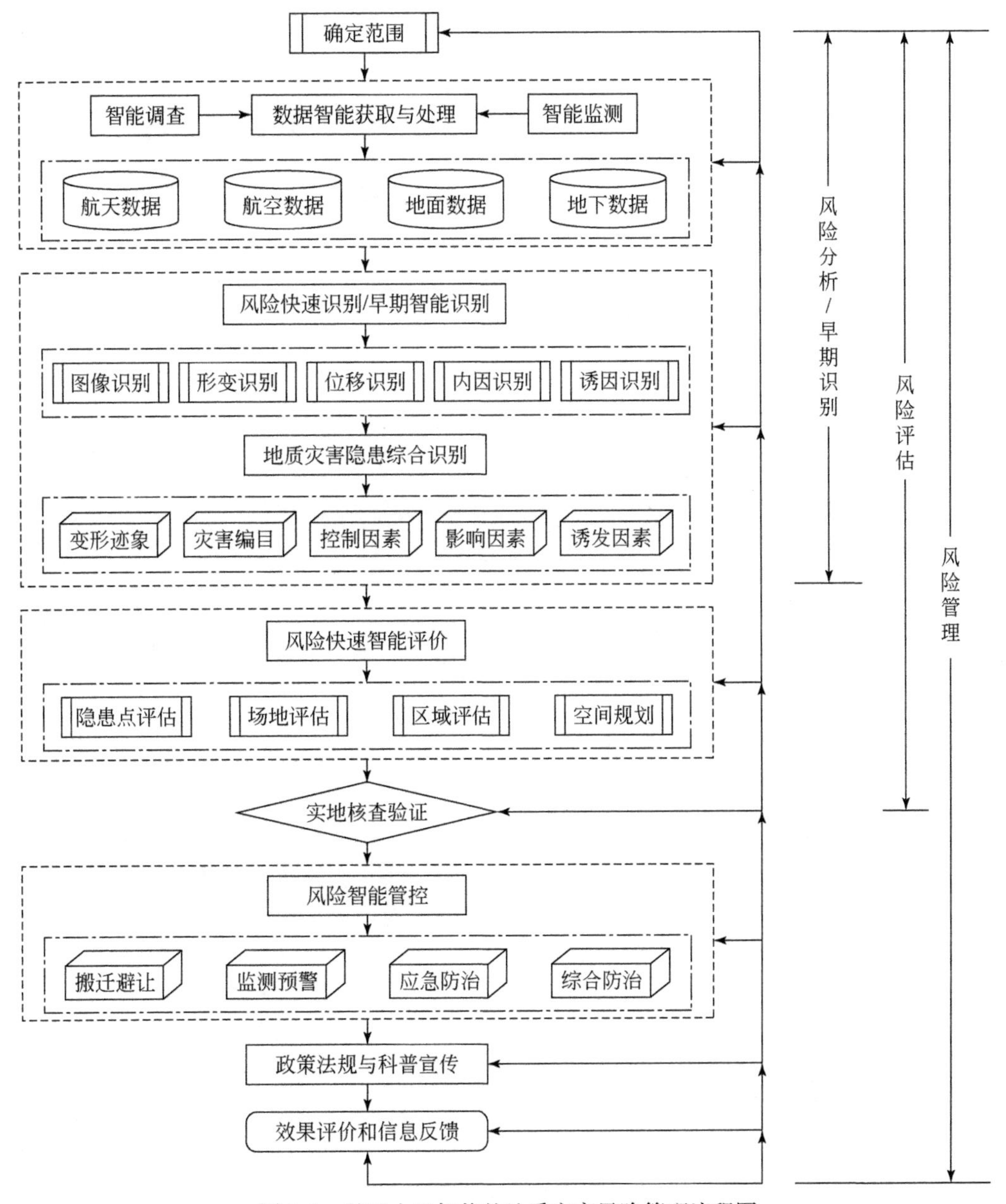

图0.2　基于人工智能的地质灾害风险管理流程图

(6) 通过实施一系列地质灾害调查评价项目，推进了西北地区地质灾害领域人才培养与业务团队建设，创建了陕西省“三秦学者”创新团队，支撑了自然资源部黄土地质灾害重点实验室和黄土崩滑灾害野外科学观测站建设，助推了陕西省水资源与环境工程技术研究中心发展，在西北地区地质灾害防治及十余起重大地质灾害应急处置中发挥了重要的技术支撑作用，防灾减灾效果显著。

第一篇　地质灾害风险管理基本理论

随着人类工程活动加剧和极端气候频繁出现，滑坡、崩塌、泥石流等地质灾害日趋严重。人们希望阻止地质灾害的发生，但是“树欲静而风不止”，就目前的科技水平而言，在造山—夷平的地质作用和地质过程中，通过工程治理，完全制止斜坡重力侵蚀作用下发生滑坡、崩塌、泥石流等地质灾害是不可能的。既然无法完全阻止滑坡、崩塌、泥石流的发生，那么，如何避免地质灾害发生而造成人员伤亡和财产损失？由于地质灾害具有隐蔽性、复杂性和高度的不确定性，用确定性的思维和数学模型难以刻画甚至逼近客观实际，需要用随机的方法对地质灾害发生的可能性做出合理分析和估计。地质灾害风险管理的本质是对未来不确定性灾害事件做出合理的和在一定置信度内的预测，并根据风险的可接受程度实施减轻或转移等风险管理措施，从而降低地质灾害带来的风险。地质灾害风险管理衍生于金融保险业的风险分析，流行于20世纪90年代末，虽然是一门新兴的学科，但风险管理因其注重地质灾害风险的早期识别与评价，注重定量化和半定量化评价，注重与需求对应的调查评价比例尺与精度，管理体系具有很强的系统性和科学性，而成为防灾减灾的有效途径和抓手，在欧美发达国家得到广泛应用。

尽管人们对地质灾害风险管理中的某些指标量化与评估方法、允许标准、防控措施等存在着分歧，但地质灾害风险管理体系的框架与流程、主要内容与策略措施却得到了普遍认同，并随着时间的推移日益丰富和完善。

本篇在系统介绍地质灾害基本知识、地质灾害风险管理术语、地质灾害风险管理体系和地质灾害管理内容的基础上，分析了地质灾害风险管理的实质和存在的薄弱环节，提出了健全我国地质灾害防治体系建议。国际滑坡风险管理对健全和完善我国地质灾害防治体系，实现从注重灾后救助向注重灾前预防转变，从减少灾害损失向减轻灾害风险转变，从应对单一灾种向综合减灾转变具有重要的启示和借鉴意义。我国地质灾害综合防治体系包括调查评价、监测预警、综合治理和应急防治4个体系。从管理环节上看，国际地质灾害风险管理体系比我国地质灾害综合防治体系更加突出了地质灾害前期分析和预防。从调查评价环节上看，我国地质灾害调查评价比例尺与精度总体较低，定量化评价不够，缺乏评价标准阈值，与国际地质灾害风险管理相关术语还不尽一致。从调查评价结果应用上看，在国土空间规划中尚未得到充分运用，在从规划源头防控地质灾害风险等方面还有很大提升空间。

第1章　地质灾害基本知识

1.1　自 然 灾 害

1.1.1　自然灾害概念

灾害是对能够给人类和人类赖以生存的环境造成破坏性影响的事件总称。通常把以自然变异为主因的灾害称为自然灾害，如地震、山体崩塌、滑坡、火山、风暴潮、海啸等；把以人为影响为主因的灾害称为人为灾害，如人为引起的火灾、交通事故等。

自然灾害是灾害的一种，影响自然灾害灾情大小的因素有三个：一是孕育灾害的环境（孕灾环境），二是导致灾害发生的因子（致灾因子），三是承受灾害的客体（承灾体，或受灾体）。

自然灾害既具有自然属性，还具有社会属性。一方面，自然的异变可以是环境自身的改变，亦可以是人类活动诱发，还可以是自然异变与人类活动共同诱发；另一方面，人类既是环境破坏的始作俑者，又是承受灾害造成的损失的客观载体。自然界中无时无地都在发生灾害，这种自然异变给人类的生产和生活都直接或间接地造成了消极影响。因此，自然灾害在人类社会发展的进程中扮演着重要角色，是人类无法避免的永久性课题。

自然灾害是指给人类生存带来危害或损害人类生活环境的自然现象，包括干旱、洪涝、台风、冰雹、暴雪、沙尘暴等气象灾害，火山、地震灾害、山体崩塌、滑坡、泥石流等地质灾害，风暴潮、海啸等海洋灾害，森林草原火灾和重大生物灾害等［《自然灾害灾情统计 第1部分：基本指标》（GB/T 24438.1—2009）］。也有将自然灾害定义为自然异常变化造成的人员伤亡、财产损失、社会失稳、资源破坏等现象或一系列事件。

纵观自然灾害的本质与现有定义，可以将自然灾害定义为由于环境异变，或人类活动，或二者共同作用诱发而对人类和人类赖以生存的环境造成破坏性影响的现象或事件。

1.1.2　自然灾害分类

按照自然灾害形成过程的长短，自然灾害可以分为突发性自然灾害和缓发性（或缓变性、渐进性）自然灾害。突发性自然灾害形成时间短，多则几天少则几秒，如火山爆发、地震、崩塌、滑坡、泥石流、洪水、飓风、暴雨等；缓发性自然灾害形成时间长，通常需要几年甚至更长时间，如地面沉降、土地沙漠化、水土流失、环境恶化等。

按照自然灾害发生的因果关系，自然灾害可以划分为原生灾害、次生灾害与衍生灾害。将自然灾害的灾害链中最早发生的灾害称为原生灾害；而由原生灾害诱发的灾害则称为次生灾害。自然灾害导致的人类生存条件发生改变而衍生出一系列其他灾害，这些灾害泛称为衍生灾害。

我国原国家科委国家计委国家经贸委自然灾害综合研究组将自然灾害分为八大类：气象灾害、海洋灾害、洪水灾害、地质灾害、地震灾害、农作物生物灾害、森林生物灾害和森林火灾。

（1）气象灾害：指大气对人类的生命财产和生态环境等造成的直接或间接的损害，主要包括暴雨、雨涝、干旱、干热风、高温、热浪、热带气旋、冷害、冻害、冻雨、结冰、雪害、雹害、风害、龙卷风、雷电、浓雾、沙尘暴、低空风切变等19种。

（2）海洋灾害：指海洋自然环境发生异常或激烈变化，导致在海上或海岸发生的灾害，主要包括风暴潮、灾害性海浪、海冰、海啸、赤潮、厄尔尼诺现象等6种。

（3）洪水灾害：凡超过江河、湖泊、水库、海洋等容水场所的承纳能力，造成水量剧增或水位急涨的水文现象，由此给人类正常生活、生产活动及生态环境带来的损失和祸患，主要包括山洪、融雪洪水、冰凌洪水、溃坝洪水等4种。

（4）地质灾害：指由各种地质作用或人类活动形成的灾害性地质事件，主要包括滑坡、崩塌、泥石流、地面沉降、地裂缝、地面塌陷等6种。

（5）地震灾害：指由地震直接或间接造成的人畜伤亡、财产损失及生态环境破坏的灾害，主要包括构造地震、陷落地震、矿山地震、水库地震等4种。

（6）农作物生物灾害：由农作物生物引发的人畜伤亡和财产损失的灾害，主要包括农作物病害、农作物虫害、农作物草害、鼠疫等4种。

（7）森林生物灾害：指由昆虫、病原体、啮齿动物或杂草等林业有害生物直接或间接地危害森林中的木本植物，进而损害森林生态系统的整体结构或功能，带来严重的经济、社会和生态等损失，主要包括森林病害、森林虫害、森林鼠害等3种。

（8）森林火灾：指失去人为控制，在林地内自由蔓延和扩展，对森林、森林生态系统和人类带来一定危害和损失的林火行为，包括地表火、林冠火、地下火等3种。

自然灾害既有单一因素诱发的，也有几种因素并发的，或者一种灾害同时引起多种不同的灾害。因此，自然灾害的类型要根据所要研究的问题而定。

1.1.3 自然灾害特征

自然灾害具有以下特征：

（1）自然灾害具有广泛性与地域性。自然灾害发生的广泛性指无论是高山海洋还是丘陵高原，地上还是地下、城市还是农村，只要有人类活动，自然灾害就有可能发生。同时自然灾害的发生又受孕灾环境的限制，具有地域性和地域特色，如山区多发生滑坡、崩塌、泥石流地质灾害，海洋多发生海浪、海冰、海啸等海洋灾害。

（2）自然灾害具有不重复性和周期性。自然灾害发生的过程以及造成的后果是不可逆的，因此自然灾害具有不重复性。同时自然灾害的诱因如降雨、板块运动等具有一定的周期性，因此自然灾害又具有一定的周期性。

（3）自然灾害具有频繁性和不确定性。全球每年发生的自然灾害数不胜数，且随着全球气候变化，极端事件发生次数呈现增加的趋势。同时自然灾害的发生时间、地点和规模等的不确定性也一直存在。

（4）自然灾害具有不可消除性和可减轻性。环境的不断变化和人类活动的不断加剧，以致自然灾害永远无法消除。同时随着人类科技的进步与对环境变化认知的不断加深，预防及治理自然灾害的手段措施不断增加，自然灾害造成的影响是可以减轻的。

（5）自然灾害具有联系性。表现为区域之间具有联系性和灾害之间具有联系性两个方面。也就是说，某些自然灾害可以互为条件，形成灾害群或灾害链。例如，火山活动就是一个灾害群或灾害链。火山活动可以导致火山爆发、冰雪融化、泥石流、大气污染等一系列灾害。

（6）各种自然灾害所造成的危害具有严重性。例如，全球每年发生里氏7级以上足以造成惨重损失的强烈地震约15次，全球每年干旱、洪涝两种灾害造成的经济损失达数百亿美元。

我国是世界上受自然灾害影响最严重的国家之一，具有以下六个特点：一是灾害分布点多面广，局部地区受灾严重。二是南方春汛夏汛明显，北方洪涝异常偏重。三是台风频繁密集登陆，影响范围跨度较大。四是风雹灾害局地较重，干旱灾情明显偏轻。五是西部地震频繁发生，低温雪灾连袭北方。六是贫困地区灾频灾重，灾贫叠加效应显著。

1.1.4　自然灾害综合风险普查

2020年6月8日，《国务院办公厅关于开展第一次全国自然灾害综合风险普查的通知》（国办发〔2020〕12号）发布。

（1）普查目的和意义。全国自然灾害综合风险普查是一项重大的国情国力调查，是提升自然灾害防治能力的基础性工作。通过开展普查，摸清全国自然灾害风险隐患底数，查明重点地区抗灾能力，客观认识全国和各地区自然灾害综合风险水平，为中央和地方各级人民政府有效开展自然灾害防治工作、切实保障经济社会可持续发展提供权威的灾害风险信息和科学决策依据。

（2）普查对象和内容。普查对象包括与自然灾害相关的自然和人文地理要素。普查涉及的自然灾害类型主要有地震灾害、地质灾害、气象灾害、水旱灾害、海洋灾害、森林和草原火灾等。普查内容包括主要自然灾害致灾调查与评估，人口、房屋、基础设施、公共服务系统、三次产业、资源和环境等承灾体调查与评估，历史灾害调查与评估，综合减灾资源（能力）调查与评估，重点隐患调查与评估，主要灾害风险评估与区划以及灾害综合风险评估与区划。

（3）普查时间安排。2020年为普查前期准备与试点阶段。2021～2022年为全面调查、评估与区划阶段，完成全国自然灾害风险调查和灾害风险评估，编制灾害综合防治区划图，汇总普查成果。

（4）普查组织和实施。普查工作要按照“全国统一领导、部门分工协作、地方分级负责、各方共同参与”的原则组织实施。应急部会同有关部门制定普查总体方案，建立普查的技术和标准体系，做好技术指导、培训、质量控制、信息汇总和分析，充分利用专业第三方力量和已有信息资源，建设全国自然灾害风险基础数据库，形成全国普查系列成果。

1.2　地质灾害

1.2.1　地质灾害概念

地质灾害属于自然灾害的一种类型，是地球岩石圈地壳表层在大气圈、水圈和生物圈相互作用和影响下，地质环境或地质体由于自然地质作用或人为地质作用，而引发山体滑坡、崩塌、泥石流、地面塌陷、地裂缝、地面沉降等损害或破坏人类生命、物质财富或生态环境的灾害事件。

《地质灾害防治条例》所称的地质灾害：包括自然因素或者人为活动引发的危害人民生命和财产安全的山体崩塌、滑坡、泥石流、地面塌陷、地裂缝、地面沉降等与地质作用有关的灾害。

在地球内动力、外动力或人为地质动力作用下，地球发生异常能量释放、物质运动、岩土体变形位移以及环境异常变化等，危害人类生命财产、生活与经济活动或破坏人类赖以生存与发展的资源、环境的现象或过程。不良地质现象具有威胁对象或造成损害就转变为地质灾害，是指自然地质作用和人类活动造成的恶化地质环境，降低了环境质量，直接或间接危害人类安全，并给社会和经济建设造成损失的地质事件。地质灾害是指在自然因素或者人为因素的作用下形成的对人类生命财产、环境造成破坏和损失的地质现象。

2004 年，中华人民共和国地质矿产行业标准《地质灾害分类分级（试行)》采用的地质灾害的定义，侧重于地质灾害发生结果的评估等级。其定义为：地质灾害（geological disaster）是地球在内动力、外动力或人类工程动力作用下，发生的危害人类生命财产、生产生活活动或破坏人类赖以生存与发展的资源与环境的不幸的地质事件。这种地质灾害主要包括地震、火山、崩塌、滑坡、泥石流、地面塌陷、地裂缝、地面沉降，其次包括煤层自燃、矿井突水、水土流失、土地沙漠化等。

从以上对地质灾害概念的讨论得出，地质灾害的内涵主要包括两个方面的内容：一方面，强调致灾的动力条件，即地质灾害形成的动力条件是地质作用。以地质动力活动或地质环境异常变化为主要成因，在地球内动力、外动力或人为地质动力作用下，地球发生异常能量释放、物质运动、岩土体变形位移以及环境异常变化等。另一方面，强调灾害事件的后果。地质灾害的后果对人类生命财产和生存环境产生损毁，危害人类生命财产、生活与经济活动或破坏人类赖以生存与发展的资源、环境。自然地质作用和人类活动造成地质环境恶化，降低了环境质量，直接或间接危害人类安全，并给社会和经济建设造成损失。

推荐定义：地质灾害（geological hazard/geological disaster）是指在自然或人为因素的作用下形成的，对人类生命、财产及生态环境造成破坏和损失的地质作用或现象。

1.2.2　地质灾害分类

1. 段永侯（1997）分类方案

20 世纪末期，按照地质灾害的物质组成、动力作用、破坏形式及破坏速率，将中国地质灾害划分为 10 大类 38 种（表 1.1）。

表 1.1　中国地质灾害主要类型（段永侯，1997）

序号	类型	亚类	序号	类型	亚类
1	地震与火山	构造地震	6	矿山与地下工程灾害	坑道突水
		火山地震			坑道陷落
		诱发地震			瓦斯突出与爆炸
2	斜坡岩土位移	滑坡			煤层自燃
		崩塌			岩爆
		泥石流	7	特殊岩土灾害	湿陷性黄土
3	地面变形	地面沉降			膨胀土
		地面塌陷			淤泥土
		地裂缝			冻土
		砂土液化			红土
4	土地退化	水土流失	8	水土环境异常	地方病
		沙漠化			土体农药污染
		盐碱化	9	地下水变异	地下水位升降
		冷浸田			水质污染
5	海洋（岸）动力灾害	海面升降	10	河湖（水库）灾害	塌岸
		海水入侵			淤积
		海岸侵蚀			渗漏
		港口淤积			浸没
		风暴潮			溃决

2.《地质灾害分类分级（试行）》（DZ 0238—2004）标准分类方案

地质灾害分类体系采用三级分类体系，把地质灾害按照灾类、灾型、灾种三级层次进行划分或归类。灾类为一级结构、灾型为二级结构、灾种为三级结构。地质灾害分级指标要反映地质灾害的基本属性特征和主要灾情特点，分级的级次数量和不同级次的差幅适当，要能恰如其分地反映不同种类、不同强度地质灾害的成灾差异。地质灾害分类方案如下。

地质灾害的类型按致灾地质作用的性质和发生处进行划分。划分为地球内动力活动灾害类、斜坡岩土体运动（变形破坏）灾害类、地面变形破裂灾害类、矿山与地下工程灾害类、河湖水库灾害类、海洋及海岸带灾害类、特殊岩土灾害类、土地退化灾害类共 8 类地质灾害。

按成灾过程的快慢划分灾型。从灾害发生过程看，对人类影响最严重的是灾害的活动过程。根据灾害活动过程把地质灾害划分为突变型地质灾害和缓变型地质灾害两类。突然发生的，并在较短时间内完成灾害活动过程的地质灾害为突变型地质灾害。发生、发展过程缓慢，随时间延续累进发展的地质灾害为缓变型地质灾害。

突变型地质灾害包括：地震灾害、火山灾害、崩塌灾害、滑坡灾害、泥石流灾害、地面塌陷灾害、地裂缝灾害、矿井突水灾害、冲击地压灾害、瓦斯突出灾害、围岩岩爆及大变形灾害、河岸坍塌灾害、管涌灾害、河堤溃决灾害、海啸灾害、风暴潮灾害、海面异常升降灾害、黄土湿陷灾害、砂土液化灾害共19个灾种。

缓变型地质灾害包括：地面沉降灾害、煤层自燃灾害、矿井热害、河湖港口淤积灾害、水质恶化灾害、海水入侵灾害、海岸侵蚀灾害、海岸淤进灾害、软土触变灾害、膨胀土胀缩灾害、冻土冻融灾害、土地沙漠化灾害、土地盐渍化灾害、土地沼泽化灾害、水土流失灾害共15个灾种（表1.2）。

表1.2　地质灾害分类

序号	灾类	灾型	灾种
1	地球内动力活动灾害类	突变型	地震灾害（原生灾害、次生灾害）、火山灾害
		缓变型	
2	斜坡岩土体运动（变形破坏）灾害类	突变型	崩塌灾害（危岩、高边坡）、滑坡灾害（土体滑坡、岩体滑坡）、泥石流灾害（泥流、泥石流、水石流）
		缓变型	
3	地面变形破裂灾害类	突变型	地面塌陷灾害（岩溶塌陷、采空塌陷）、地裂缝灾害（构造地裂缝、非构造地裂缝）
		缓变型	地面沉降灾害
4	矿山与地下工程灾害类	突变型	矿井突水灾害、冲击地压灾害、瓦斯突出灾害、围岩岩爆及大变形灾害
		缓变型	煤层自燃灾害、矿井热害
5	河湖水库灾害类	突变型	河岸坍塌灾害、管涌灾害、河堤溃决灾害
		缓变型	河湖港口淤积灾害、水质恶化灾害
6	海洋及海岸带灾害类	突变型	海啸灾害、风暴潮灾害、海面异常升降灾害
		缓变型	海水入侵灾害、海岸侵蚀灾害、海岸淤进灾害
7	特殊岩土灾害类	突变型	黄土湿陷灾害、砂土液化灾害
		缓变型	软土触变灾害、膨胀土胀缩灾害、冻土冻融灾害
8	土地退化灾害类	突变型	
		缓变型	土地沙漠化灾害、土地盐渍化灾害、土地沼泽化灾害、水土流失灾害

3. 国务院《地质灾害防治条例》

该条例所称地质灾害，包括自然因素或者人为活动引发的危害人民生命和财产安全的山体崩塌、滑坡、泥石流、地面塌陷、地裂缝、地面沉降等与地质作用有关的灾害。

1.2.3　地质灾害特征

地质灾害具有以下主要特征：

（1）地质灾害的地域性与群发性。地质灾害是一种地质现象，受孕灾环境控制，表现为不同地域的地质环境条件不同，发生的地质灾害类型与特征迥异，具有明显的地域性；受地震、暴雨等致灾因子影响，同一致灾因子可能导致短时间内在某一区域大量发生地质灾害，具有明显的群发性。

（2）地质灾害的随机性和周期性。地质灾害发生是各种不利因素耦合的结果，具有高度的随机性，且其过程以及造成的后果是不可逆的；地质灾害的某些致灾因子具有一定的周期性，导致地质灾害具有一定的周期性。

（3）地质灾害的成因多元性与原地复发性。不同地质灾害的成因可能不同，同一种类型的地质灾害也不尽相同，单一地质灾害的成因也可能由多种因素叠加而成，地质灾害成因具有多元性。受地质条件、诱发因素等影响，地质灾害还具有原地复发性，例如泥石流周期性暴发、滑坡复活等。

（4）地质灾害的突发性与渐进性。地质灾害的前兆一般不明显，且从启动到结束时间一般较短，因此地质灾害具有突发性。同时，地质灾害的形成受地质环境条件影响，地质环境演化是一个漫长渐进的过程，地质灾害具有渐进性。

（5）地质灾害具有频繁性和不确定性。随着全球气候变化、人类活动频率和强度的增加，地质灾害发生次数和规模呈现增加的趋势，气候变化和人为诱因日渐显著。地质灾害的发生时间、地点和规模等的不确定性也一直存在。

（6）地质灾害具有不可消除性和可减轻性。地质构造运动、地质环境演变，以及人类发展对地质环境的改造致使地质灾害无法完全消除。随着科技进步，人类对环境变化认知的不断加深，风险管理措施的不断增加，部分灾害风险可防可控，地质灾害造成的影响可逐渐降低。

1.3　滑坡、崩塌、泥石流

1.3.1　相关概念

滑坡是指斜坡上的土体或者岩体，受河流冲刷、地下水活动、雨水浸泡、地震、人工切坡、堆载等因素影响，在重力作用下，沿着一定的软弱面或者软弱带，整体地或者分散地顺坡向下滑动的自然现象。运动的岩（土）体称为滑坡体，或变位体、滑移体，未移动的下伏岩（土）体称为滑床（《中国水利百科全书》，2006年）。

滑坡：地质体在重力作用下，沿地质软弱结构面向下滑动。滑坡通常具有双重含义，指重力滑动过程，或重力滑动的地质体和堆积体。国际上，滑坡（landslide）是斜坡向下滑动、崩落和流动的统称。

崩塌：地质体从高陡坡呈自由落体加速崩落，具有明显的拉断和倾覆现象。

泥石流：山区沟谷或坡面在降雨、融冰、决堤等自然和人为因素作用下发生的一种挟带大量泥、沙、石等固体物质的流体。

地质灾害链：启动失稳、运动迁移、堆积停留全过程具有成灾类型和模式转化特征的地质灾害，包括山体滑坡灾害—碎屑流灾害—堰塞湖堵江灾害—堰塞湖溃决灾害等类型。

不稳定斜坡：具备地质灾害发生的地质环境条件或已经有变形迹象，未来可能发生滑坡、崩塌、坡面泥石流的斜坡地带。能判断其变形破坏模式的，则确定为潜在滑坡、潜在崩塌或潜在坡面泥石流。

地质灾害隐患：未来可能发生滑坡、崩塌或泥石流等，并具有威胁对象，或可能造成损失的不稳定斜坡或沟谷，以及它们的影响区域。

复合型地质灾害：由滑坡、崩塌、碎屑流和泥石流等组合而成的地质灾害，具有滑动、倾倒、流动等特征。

危岩：被多组不连续结构面切割分离，稳定性差，可能以滑移、倾倒或坠落等形式产生崩塌的地质体。

1.3.2　常见分类

1. 滑坡国际分类

滑坡国际分类主要由 Varnes（1978）提出，并与合作者不断完善。按照滑坡的运动类型，可以分为崩塌、倾倒、滑动、扩展、流动（图 1.1），以及复合型六种。按照滑坡的物质类型可以分为岩体和土体两种类型。1978 年 Varnes 根据运动类型与物质类型对滑坡进行了组合分类（表 1.3）。1996 年 Cruden 和 Varnes 对历史滑坡统计数据进行分析归纳，按照滑坡速度进行了分类（表 1.4）。21 世纪后，人们对基于 Varnes 的滑坡分类进行了进一步的划分，将滑坡分类扩充至 32 类（表 1.5）。

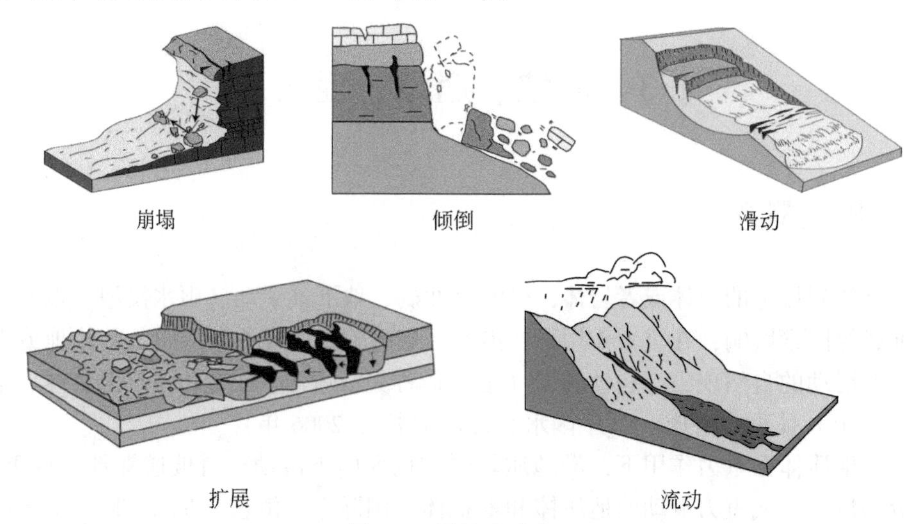

图 1.1　滑坡运动类型

表 1.3　滑坡分类（Varnes，1978）

运动类型		物质类型		
		岩体	土体	
			以粗粒为主	以细粒为主
崩塌		岩石崩塌	岩屑崩落	泥土崩落
倾倒		岩石倾倒	岩屑倾倒	泥土倾倒
滑动	旋转	岩滑	岩屑滑动	泥土滑动
	平直			
扩展		岩展	岩屑扩展	泥土扩展
流动		石流（深部蠕变）	泥石流	泥流
			土体蠕变	
复合型		两种或两种以上主要运动形式的组合		

表 1.4　滑坡速度分类（Cruden and Varnes，1996）

速度分类	描述	速度/(mm/s)	典型速度	人类反应
7	极快	$>5\times10^{3}$	>5m/s	无
6	很快	$5\times10^{1}\sim5\times10^{3}$	3m/min~5m/s	无
5	快	$5\times10^{-1}\sim5\times10^{1}$	1.8m/h~3m/min	撤退
4	中	$5\times10^{-3}\sim5\times10^{-1}$	13m/month~1.8m/h	撤退
3	慢	$5\times10^{-5}\sim5\times10^{-3}$	1.6m/a~13m/month	维护
2	很慢	$5\times10^{-7}\sim5\times10^{-5}$	16mm/a~1.6m/a	维护
1	极慢	$<5\times10^{-7}$	<16mm/a	无

表 1.5　国际滑坡分类（Hungr et al.，2014）

运动类型	物质类型	
	岩体	土体
崩塌	岩石崩塌	巨石/碎屑/淤泥崩落
倾倒	岩石块体倾倒 岩体弯曲倾倒	砾石/砂/淤泥倾倒
滑动	岩体旋转滑动 岩体平移滑动 岩体楔形滑动 岩体复合滑动 岩体不规则滑动	黏土/淤泥旋转滑动 黏土/淤泥平移滑动 砾石/砂/碎屑滑动 黏土/淤泥复合滑动

续表

运动类型	物质类型	
	岩体	土体
扩展	岩展	砂/淤泥液化扩展 敏感黏土扩展
流动	石流	砂/淤泥/碎屑干流 砂/淤泥/碎屑湿流 敏感黏土流动 碎屑流 泥流 泥石流 碎屑崩流 土流 洪流
斜坡变形	山体斜坡变形 岩体斜坡变形	土体斜坡变形 土体蠕变 土体变动

2. 滑坡综合分类法

滑坡分类体系具有明显的层次性和复杂的系统性（图 1. 2）。

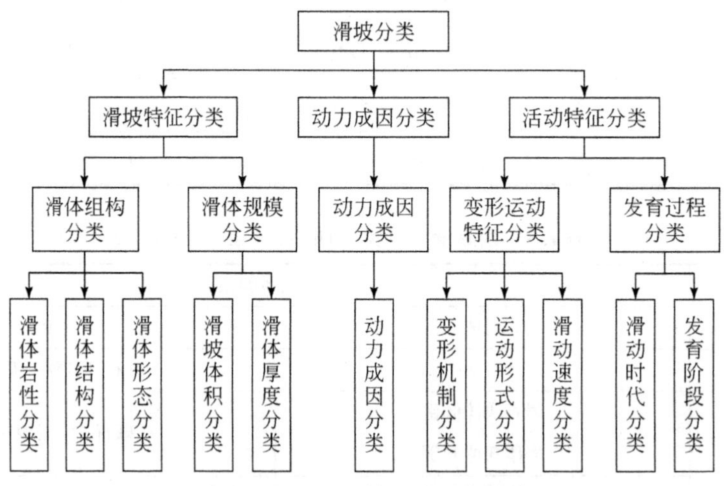

图 1. 2　综合性滑坡分类体系（刘广润等，2002）

滑体岩性分类：包括粗分的岩体滑坡和土体滑坡，或再细分的层状岩体滑坡、块状岩体滑坡和碎裂岩体滑坡等；土体滑坡可细分为黏性土滑坡、碎石土滑坡、黄土滑坡。

滑体结构分类：指滑面形成之后以滑动面为主导的滑体结构分类（包括滑动面与岩层层面的关系、滑动面上下的岩土体接触关系和滑动面的层数以及滑体分区、分段性等）。例如，按滑面与岩层层面的关系分为顺层滑坡和切层滑坡；按滑床的性质分为层间滑动和界面滑动（土体滑坡的土质土床和土质岩床）；按滑面层数分为单层、双层及多层滑动；滑体的分区分段性。滑动面未形成之前仍按坡体结构分类。坡体结构分类即指滑动面形成之前，按岩体结构面与斜坡坡面之间的组合关系进行的分类。

滑体形态分类：按滑体平、剖面形态进行的分类。

滑坡体积分类：按体积大小进行的分类。

滑体厚度分类：按厚度大小进行的分类。

动力成因分类：按天然动力和人为动力划分的6种动力成因类型。

变形机制分类：包括概括性划分的推动式滑坡和牵引式滑坡以及较具体划分的蠕滑拉裂、滑移弯曲、弯曲拉裂等。

运动形式分类：指剧动式滑动与渐进式滑动或平推式滑动与转动式滑动等。

滑动速度分类：按滑动速率分类的极慢至极快等7个等级。

滑动时代分类：按现代滑坡、老滑坡、古滑坡、埋藏滑坡的分类。

发育阶段分类：按滑坡新生性和复活性及其演进阶段的分类，将新生性滑坡（即首次滑坡）和复活性（即再次滑坡）皆作孕育阶段、滑动阶段、滑后阶段的分类，或进一步对滑动阶段的再分类，如蠕滑阶段、匀滑阶段、加速阶段、破坏阶段等（刘广润等，2002）。

3.《滑坡防治工程勘查规范》(GB/T 32864—2016)

作者在编制《滑坡崩塌泥石流灾害调查规范（1∶50000)》(DZ/T 0261—2014）和《滑坡防治工程勘查规范》(GB/T 32864—2016）时，汇总了国内外按不同因素的滑坡分类方案。为便于风险分析与量化，将不同地质灾害主要分类方案列于表1.6～表1.10。

表1.6　滑坡物质和结构因素分类

类型	亚类	特征描述
堆积层（土质）滑坡	滑坡堆积体滑坡	由前期滑坡形成的块碎石堆积体，沿下伏基岩或体内滑动
	崩塌堆积体滑坡	由前期崩塌等形成的块碎石堆积体，沿下伏基岩或体内滑动
	崩滑堆积体滑坡	由前期崩滑等形成的块碎石堆积体，沿下伏基岩或体内滑动
	黄土滑坡	由黄土构成，大多发生在黄土体中，或沿下伏基岩面滑动
	黏土滑坡	由具有特殊性质的黏土构成，如昔格达组、成都黏土等
	残坡积层滑坡	由基岩风化壳、残坡积土等构成，通常为浅表层滑动
	人工填土滑坡	由人工开挖堆填弃渣构成，次生滑坡
岩质滑坡	近水平层状滑坡	由基岩构成，沿缓倾岩层或裂隙滑动，滑动面倾角≤10°
	顺层滑坡	由基岩构成，沿顺坡岩层滑动
	切层滑坡	由基岩构成，常沿倾向山外的软弱面滑动。滑动面与岩层层面相切，且滑动面倾角大于岩层倾角
	逆层滑坡	由基岩构成，沿倾向坡外的软弱面滑动，岩层倾向山内，滑动面与岩层层面相反
	楔体滑坡	在花岗岩、厚层灰岩等整体结构岩体中，沿多组弱面切割成的楔形体滑动

续表

类型	亚类	特征描述
变形体	危岩体	由基岩构成，受多组软弱面控制，存在潜在崩滑面，已发生局部变形破坏
	堆积层变形体	由堆积体构成，以蠕滑变形为主，滑动面不明显

表 1.7　滑坡其他因素分类

有关因素	名称类别	特征说明
滑体厚度	浅层滑坡	滑坡体厚度在 10m 以内
	中层滑坡	滑坡体厚度在 10～25m 之间
	深层滑坡	滑坡体厚度在 25～50m 之间
	超深层滑坡	滑坡体厚度超过 50m
运动形式	推移式滑坡	上部岩层滑动，挤压下部产生变形，滑动速度较快，滑体表面波状起伏，多见于有堆积物分布的斜坡地段
	牵引式滑坡	下部先滑，使上部失去支撑而变形滑动，一般速度较慢，多具上小下大的塔式外貌，横向张性裂隙发育，表面多呈阶梯状或陡坎状
发生原因	工程滑坡	切脚或加载等人类工程活动引起的滑坡，还可细分如下。 （1）工程新滑坡：由于开挖坡体或建筑物加载所形成的滑坡； （2）工程复活古滑坡：原已存在的滑坡，由于工程扰动引起复活的滑坡
	自然滑坡	自然地质作用产生的滑坡
现今活动程度	活动滑坡	发生后仍继续活动的滑坡，或暂时停止活动，但在近年内活动过的滑坡
	不活动滑坡	发生后已停止发展
发生年代	新滑坡	现今正在发生滑动的滑坡
	老滑坡	全新世以来发生滑动，现今整体稳定的滑坡
	古滑坡	全新世以前发生滑动的滑坡，现今整体稳定的滑坡
滑体体积 $V/10^4m^3$	小型滑坡	$V<10$
	中型滑坡	$10\leqslant V<100$
	大型滑坡	$100\leqslant V<1000$
	特大型滑坡	$1000\leqslant V<10000$
	巨型滑坡	$V\geqslant 10000$

表 1.8　崩塌规模等级

等级	巨型	特大型	大型	中型	小型
体积 $V/10^4m^3$	$V\geqslant 1000$	$1000>V\geqslant 100$	$100>V\geqslant 10$	$10>V\geqslant 1$	$V<1$

表 1.9　崩塌形成机理分类及特征

类型	岩性	结构面	地形	受力状态	起始运动形式
倾倒式崩塌	黄土、直立或陡倾坡内的岩层	多为垂直节理、陡倾坡内—直立层面	峡谷、直立岸坡、悬崖	主要受倾覆力矩作用	倾倒
滑移式崩塌	多为软硬相间的岩层	有倾向临空面的结构面	陡坡通常大于55°	滑移面主要受剪切力	滑移
鼓胀式崩塌	黄土、黏土、坚硬岩层下伏软弱岩层	上部垂直节理，下部为近水平的结构面	陡坡	下部软岩受垂直挤压	鼓胀伴有下沉、滑移、倾斜
拉裂式崩塌	多见于软硬相间的岩层	多为风化裂隙和重力拉张裂隙	上部突出的悬崖	拉张	拉裂
错断式崩塌	坚硬岩层、黄土	垂直裂隙发育，通常无倾向临空面的结构面	大于45°的陡坡	自重引起的剪切力	错断

表 1.10　泥石流分类

分类指标	分类	特征
水源类型	暴雨型泥石流	由暴雨因素激发形成的泥石流
	溃决型泥石流	由水库、湖泊等溃决因素激发形成的泥石流
	冰雪融水型泥石流	由冰、雪消融水流激发形成的泥石流
	泉水型泥石流	由泉水因素激发形成的泥石流
地貌部位	山区泥石流	峡谷地形，坡陡势猛，破坏性大
	山前区泥石流	宽谷地形，沟长坡缓势较弱，危害范围大
流域形态	沟谷型泥石流	流域呈扇形或狭长条形，沟谷地形，沟长坡缓，规模大，一般能划分出泥石流的形成区、流通区和堆积区
	山坡型泥石流	流域呈斗状，无明显流通区，形成区与堆积区直接相连，沟短坡陡，规模小
物质组成	泥流	由细粒径土组成，偶夹砂砾，黏度大，颗粒均匀
	泥石流	由土、砂、石混杂组成，颗粒差异较大
	水石流	由砂、石组成，粒径大，堆积物分选性强
固体物质提供方式	滑坡泥石流	固体物质主要由滑坡堆积物组成
	崩塌泥石流	固体物质主要由崩塌堆积物组成
	沟床侵蚀泥石流	固体物质主要由沟床堆积物侵蚀提供
	坡面侵蚀泥石流	固体物质主要由坡面或冲沟侵蚀提供
流体性质	黏性泥石流	层流，有阵流，浓度大，破坏力强，堆积物分选性差
	稀性泥石流	紊流，散流，浓度小，破坏力较弱，堆积物分选性强
发育阶段	发育期泥石流	山体破碎不稳，日益发展，淤积速度递增，规模小
	旺盛期泥石流	沟坡极不稳定，淤积速度稳定，规模大
	衰败期泥石流	沟坡趋于稳定，以河床侵蚀为主，有淤有冲，由淤转冲
	停歇期泥石流	沟坡稳定，植被恢复，以冲刷为主，沟槽稳定

续表

分类指标	分类	特征
暴发频率 n /(次/a)	极高频泥石流	$n \geqslant 10$
	高频泥石流	$1 \leqslant n < 10$
	中频泥石流	$0.1 \leqslant n < 1$
	低频泥石流	$0.01 \leqslant n < 0.1$
	间歇性泥石流	$0.001 \leqslant n < 0.01$
	老泥石流	$0.0001 \leqslant n < 0.001$
	古泥石流	$n < 0.0001$
堆积物体积 $V/10^4 m^3$	特大型泥石流	$V \geqslant 50$
	大型泥石流	$20 \leqslant V < 50$
	中型泥石流	$2 \leqslant V < 20$
	小型泥石流	$V < 2$

1.3.3　地质灾害分级

1. 《地质灾害分类分级（试行）》（DZ 0238—2004）

地质灾害分级以一次灾害事件造成的伤亡人数和直接经济损失两项指标把地质灾害灾度等级划分为特大灾害、大灾害、中灾害、小灾害 4 级。潜在地质灾害根据直接威胁人数和灾害期望损失值亦划分为相应的 4 级灾害（表 1.11）。

表 1.11　地质灾害灾度等级分级

指标		特大灾害（Ⅰ级灾害）	大灾害（Ⅱ级灾害）	中灾害（Ⅲ级灾害）	小灾害（Ⅳ级灾害）
伤亡人数	死亡/人	>100	10～100	1～10	0
	重伤/人	>150	20～150	5～20	<5
直接经济损失/万元		>1000	500～1000	50～500	<50
直接威胁人数/人		>500	100～500	10～100	<10
灾害期望损失/(万元/a)		>5000	1000～5000	100～1000	<100

注：经济损失值为 90 年不变价格

2. 《地质灾害防治条例》（2003 年）

该条例所称地质灾害，包括自然因素或者人为活动引发的危害人民生命和财产安全的山体崩塌、滑坡、泥石流、地面塌陷、地裂缝、地面沉降等与地质作用有关的灾害。地质灾害按照人员伤亡、经济损失的大小，分为以下四个等级。

特大型：因灾死亡 30 人以上或者直接经济损失 1000 万元以上的。

大型：因灾死亡 10 人以上 30 人以下或者直接经济损失 500 万元以上 1000 万元以下的。

中型：因灾死亡3人以上10人以下或者直接经济损失100万元以上500万元以下的。

小型：因灾死亡3人以下或者直接经济损失100万元以下的。

1.4　我国地质灾害防治体系

我国是世界上受自然灾害影响最严重的国家之一，围绕地质灾害防治体系建设，提升地质灾害防治能力，我国先后修订并颁布《地质灾害防治条例》（2003年）和《国务院关于加强地质灾害防治工作的决定》（2011年），要求将“以人为本”的理念贯穿于地质灾害防治工作各个环节，以保护人民群众生命财产安全为根本，以建立健全地质灾害调查评价体系、监测预警体系、防治体系、应急体系为核心，强化全社会地质灾害防范意识和能力，科学规划，突出重点，整体推进，全面提高我国地质灾害防治水平。同时，《全国地质灾害防治“十三五”规划》再次明确我国灾害防治管理应进一步完善调查评价、监测预警、综合治理、应急防治四个体系。完善的内容主要如下。

1.4.1　调查评价体系

完善地质灾害调查评价体系的内容主要包括加强地质灾害详细调查、全面开展地质灾害“三查”和深化重点地区地质灾害调查与风险评价。

加强地质灾害详细调查。在已完成1∶50000地质灾害详细调查的基础上，完成山地丘陵区以县（市、区）为单元的1∶50000崩塌滑坡泥石流调查工作、1∶50000岩溶地面塌陷综合地质调查、地面沉降重点防治区及地面沉降地裂缝综合地质调查。

全面开展地质灾害“三查”。地质灾害易发区各级地方政府组织国土资源及相关部门，按照职责分工开展地质灾害汛前排查、汛中巡查、汛后复查的年度“三查”工作。其中，在山地丘陵县（市、区），重点开展崩塌、滑坡和泥石流为主的“三查”工作；在其他地区重点开展地面塌陷、地裂缝的“三查”工作。

深化重点地区地质灾害调查与风险评价。在国家战略经济区（带）、重大工程所在区域、集中连片贫困地区、重点流域等地质灾害重点防治区，开展1∶50000地质灾害风险调查。在受地质灾害隐患威胁严重的城镇、人口聚集区，部署开展重点集镇的1∶10000地质灾害风险调查工作。在重点集镇周边，开展滑坡、泥石流等重大地质灾害隐患点的勘察。

1.4.2　监测预警体系

完善地质灾害监测预警体系的内容主要包括健全完善全国地质灾害气象预警预报体系、构建专群结合的地质灾害监测预警网络和完善地面沉降地裂缝监测网络。

健全完善全国地质灾害气象预警预报体系。加强国家、省、市、县四级地质灾害气象预警预报工作，实现山地丘陵县（市、区）全覆盖。加强与有关部门突发事件预警系统信息对接和协调联动，加强与水利、气象等部门的合作，推进地质灾害调查、监测数据和监测预警信息共享，完善会商和预警联动机制，进一步提高地质灾害预警信息发布针对性和时效性。

构建专群结合的地质灾害监测预警网络。推广网格化管理等先进典型经验，进一步完善全覆盖的地质灾害群测群防监测网络。对调查、巡查、排查、复查中发现的所有崩塌、滑坡、泥石流和地面塌陷等地质灾害隐患建立群测群防制度，明确群测群防员，给予经济补助，配备必要的监测仪器设备，充分利用移动互联网等通信技术，形成监测数据智能采集、及时发送和自动分析的监测预警系统。健全和完善全国地质灾害专业监测网络，充分发挥专业队伍监测作用，对威胁城镇、重大工程所在区域、交通干线及其他重要设施的地质灾害隐患，布设专业监测仪器进行实时监测。建立重点防治区地质灾害专业监测机构，完善专业监测队伍驻守制度，构建群测群防与专业监测有机融合的监测网络。

完善地面沉降地裂缝监测网络。健全完善长江三角洲、华北平原、汾渭盆地、珠江三角洲及沿海地区等地面沉降重点防治区的地面沉降监测网络，进一步完善京津冀协同发展区、长江经济带等重大战略区、铁路、高速公路、南水北调、油气管网等重大工程区域的地面沉降监测网络。推进国土、水利、规划、建设等部门的监测网络数据共享。

1.4.3　综合治理体系

完善地质灾害综合治理体系的内容主要包括继续实施地质灾害搬迁避让、加大地质灾害工程治理力度和严格控制地下水开采。

继续实施地质灾害搬迁避让。对不宜采用工程措施治理的、受地质灾害威胁严重的居民点，结合易地扶贫搬迁、生态移民等任务，充分考虑“稳得住、能致富”的要求，实行主动避让，易地搬迁。

加大地质灾害工程治理力度。选择威胁人口众多、财产巨大，特别是威胁县城、集镇的地质灾害隐患点开展工程治理，基本完成已发现的威胁人员密集区重大地质灾害隐患的工程治理。完成特大型泥石流沟、特大型及大型崩塌滑坡、中小型地质灾害隐患点的工程治理。

严格控制地下水开采。在地面沉降、地裂缝灾害比较严重的长江三角洲、华北平原和汾渭盆地等区域，严格控制地下水开采，实施地下水超采区综合治理，实现地下水合理开发利用和地面沉降风险可控。

1.4.4　应急防治体系

完善地质灾害应急防治体系的内容主要包括从健全应急机构与队伍和加强应急值守与处置两方面入手。

健全应急机构与队伍。推动地质灾害重点防治区的市（地、州）、县（市、区）全面建立地质灾害应急管理机构和专业技术指导机构，统筹协调区域内地质灾害应急能力建设。在重点防治区全面推行专业技术队伍包县、包乡提供服务。加强地质灾害应急专业人才培养，推进基层地质灾害应急处置和救援队伍建设，配备应急车辆等必要的应急装备，提升应急处置能力。

加强应急值守与处置。加强应急值守队伍建设，完善应急值守工作制度，提高信息报送的时效性、准确性，及时发布地质灾害预警信息和启动应急响应，提高应急值守信息化和自动化水平。完善地质灾害应急预案，提高应急处置流程的科学化、标准化、规范化水平。

第2章　地质灾害风险管理术语

2.1　风险与灾害风险

2.1.1　由来及概念

“风险”一词的由来主要有两种说法。一种观点认为，在远古时期，渔民祈祷让神灵保佑自己在打鱼捕捞时能够风平浪静，因为他们深深地体会到“风”给他们带来的无法预测、无法确定的危险，“风”即意味着“险”，因此有了“风险”一词。另一种观点则认为“风险”（risk）是舶来词，risk 的语源是意大利古语“riscare”，从意大利语的“risque”演变而来。现代意义上的风险一词越来越被概念化，已经大大超越了“遇到危险”的狭义含义，而且与人类的决策和行为后果联系越来越紧密，“风险”一词已成为人们生活中出现频率很高的词汇（张茂省和唐亚明，2008）。

风险是不确定性结果的一种度量，是指出现生命伤亡与财产损失的可能性。从时间维度对风险进行学理层面的研究始于19世纪后期。风险概念最早由美国学者 Haynes 提出，1895年出版的著作 *Risk as an Economic Factor* 中将风险定义为“损害或损失的可能性”（Haynes，1895）。1901年，美国学者 A. H. Willet 在其博士论文《风险与保险的经济理论》中，将风险定义为“关于不愿发生的事件发生的不确定性之客观体现”，这个定义强调了风险的客观性及其本质属性上的“不确定性”。1921年，美国经济学家 F. H. Knight 在其名著 *Risk，Uncertainty and Profit* 中区分了风险与不确定性，强调风险是“可测定的不确定性”，而一般不确定性则是“不可测定的”。1964年，美国的 Williams 和 Hens 在其著作《风险管理与保险》中进一步提出风险是“客观的状态”，而不确定性却是“认识风险者的主观判断”，风险是“在给定情况下，在特定时期内发生结果的偏差”。1983年，日本学者武井勋在其著作《风险理论》中指出“风险是在特定环境和特定时期内自然存在的导致经济损失的变化”，并总结归纳出风险的3个基本特征：①风险与不确定性有差异；②风险是客观存在的；③风险可以被测算。1987年，美国学者 D. F. Cooper 和英国学者 C. B. Chapman 在 *Risk Analysis for Large Projects：Model，Method and Cases* 中将风险定义为“由于在从事某项特定活动过程中存在的不确定性而产生的经济或财务的损失、自然破坏或损伤的可能性”。

风险理论引入灾害科学领域始于20世纪80年代末，不同研究者从不同角度对灾害风险进行了重新定义和描述。Wilson 和 Grouch（1987）认为，风险具有对可能造成的损失及损害程度大小的不确定性。Maskrey（1989）认为，风险是某一自然灾害发生后所造成的总损失。Morgan 和 Henrion（1990）认为，风险是可能受到灾害影响和损失的暴露性。

United Nations，Department of Humanitarian Affairs（1991）定义的自然灾害风险是在一定的区域和给定的时段内，由于某一自然灾害而引起的人民生命财产和经济活动的期望损失值。Smith（1996）把灾害风险定义为某一自然灾害发生的概率。Tobin（1997）提出风险是某一灾害发生的概率和期望损失的乘积。Crichton（1999）认为灾害风险是损失的概率，取决于3个因素：致灾因子、易损性和暴露性。Downing等（2001）认为灾害风险是在一定时间和区域内某种致灾因子可能导致的损失（死亡、受伤、财产损失、对经济的影响），其中致灾因子是一定时间和区域内的一个危险事件，或者一个潜在破坏性现象出现的概率。

虽然灾害风险的定义随着时间的推移在不断地丰富变化，但其核心内容基本一致，即灾害风险主要取决于灾害发生的概率和期望损失。2005年，在温哥华滑坡风险管理国际会议上，Fell等（2005）提出的灾害风险定义得到了学术界的广泛认可，即灾害风险是指生命、健康、财产或环境所遭受的不利影响的可能性和严重程度的大小。

2.1.2 属性与特征

2.1.2.1 风险属性

人们重视风险，起因于风险的基本属性。风险的基本属性包括自然属性和社会属性。

1. 自然属性

灾害风险的自然属性是指自然界运动的客观规律本身所固有的风险属性。自然界中的规则运动为人类的生存和发展提供了条件，然而，它的不规则运动却为人类的生命财产带来损失，如地震、洪水、风暴、台风、泥石流等，这就是人类赖以生存的地球所面临的自然风险。之所以称其为自然灾害，是因为它们是自然界运动的一部分，当其与人们的生命财产联系在一起时就构成了灾害风险。它们虽然遵循一定的运动规律，但由于人们对其认识和了解很少，从而认为它们的发生是不规则的，是难以准确预测的。另外，由于破坏力巨大，即便人类认识了它，也无法采取适当的措施来控制灾害风险的损失程度。这就构成了灾害风险的自然属性。

自然属性也即危险性。风险是由客观存在的自然现象所引起的，大自然是人类生存、繁衍生息的基础。自然界通过地震、洪水、雷电、暴风雨、滑坡、泥石流、海啸等运动形式给人类的生命安全和经济生活造成损失，对人类构成风险。风险的自然属性实际就是灾害的强度问题，它是灾害的空间、时间、规模、运移距离和速度等的函数。自然界的运动是有规律的，人们可以发现、认识和利用这些规律，降低风险事故发生的概率，或避免暴露，减少损失的程度。

2. 社会属性

灾害风险的社会属性首先体现在一些灾害是社会因素运动的结果，如私有财产中的盗窃风险、财产委托代理中的道德风险、原子能利用中产生的核污染风险，以及社会冲突、战争、暴力等导致人们生命财产遭受损失的风险等。其次体现在风险的结果由社会承担，虽然绝大多数风险所产生的损失从表面上看仅影响个人或家庭，或一个单位，或局部地区，但就整个社会来看，总有一部分财产丧失。另外，有时个人或单位无力承受的损失就必然会寻求社会分担，于是出现了保险机构和慈善机构等社会共担风险的组织。这就构成了灾害风险的社会属性。社会属性可以造成灾害风险的扩大或者减弱。

社会属性也即危害性。风险是在一定社会环境下产生的，不同的社会环境下，风险的内容不同。风险事故的发生与一定的社会制度、技术条件、经济条件和生产力等都有一定的关系。风险的社会属性主要涉及承灾体的人和财产，实质是灾害产生后果。

2.1.2.2 风险特征

风险的特征包括客观性、普遍性、不确定性、具有损失性、可预测性以及可变性等。

1. 客观性

风险是一种不以人的意志为转移，独立于人的意识之外的客观存在。因为无论是自然界的物质运动，还是社会发展的规律，都是由事物的内部因素所决定，由超过人们主观意识所存在的客观规律所决定。灾害发生既有随机性，又具有可预测性。随机性包括灾害的不确定性、人员与资产分布的不确定性、防灾措施运用的不确定性等多方面，其中又以地质灾害的不确定性为主。灾害的发生受地貌、气象、岩土体性质等多种因素控制，而岩土体性质随机性决定了灾害在时空分布上的随机性；可预测性是指灾害发生发展的过程是有规律性的。人们只能在一定的时间和空间内改变风险存在和发生的条件，降低风险发生的频率和损失程度，但是，从总体上说，风险是不可能彻底消除的。正是风险的客观存在，决定了风险管理存在的必要条件。

2. 普遍性

人类历史就是与各种风险相伴的历史。自从人类出现后，就面临着各种各样的风险，如自然灾害、疾病、伤残、死亡、战争等。随着科学技术发展、生产力提高、社会进步、人类进化，又产生了新的风险，且风险事故造成的损失也越来越大。在当今社会，风险无处不在、无时不有。正是由于这些普遍存在的对人类社会生产和人们的生活构成威胁的风险，才有了风险管理存在的必要和发展可能。

3. 不确定性

风险是不确定的，否则，就不能称为风险。风险的不确定性主要表现在风险发生空间的不确定性、风险发生时间的不确定性和风险发生损失程度的不确定性。

（1）风险发生空间的不确定性。

灾害具有明显的空间分异特征，具体表现在两个方面：一是不同地区面临不同类型的、不同强度的灾害威胁，同一地区同一灾害发生的位置、规模、速度、路径、威胁的范围也是不确定的；二是不同地区财产密度及其易损性差异也很大。即使同样规模的灾害出现在不同地区，造成的灾情也会有很大的不同。总之，灾害风险具有发生空间的不确定性。

（2）风险发生时间的不确定性。

灾害发生在时间上具有随机性，灾害何时发生至今都是学者致力研究的主要问题。灾害发生时间的随机性反映了风险发生时间的不确定性。

(3) 风险发生损失程度的不确定性。

风险是客观、普遍的，但是，人员及交通工具的流动性，财产的密度及其易损性的不同，导致某一具体风险损失是不确定的，是一种随机现象。

4. 具有损失性

只要风险存在，就一定有产生损失的可能，这种损失有些是可以用经济指标来反映的，如财产损失、房屋倒塌、生命线工程的中断等，但有许多损失是不能或难以用经济指标来反映的，如滑坡灾害造成的人员伤亡、心理恐惧、社会混乱及生态环境恶化等。如果风险发生之后不会有损失，那么就没有必要研究风险了。风险的存在，不仅会造成人员伤亡，而且会造成生产力破坏、社会财富损失和经济价值减少，因此人们才会寻求应对风险的方法。

5. 可预测性

风险虽然是偶然的，不可预知的，但通过大量调查研究会发现，风险往往呈现出明显的规律性。根据以往大量资料，利用概率论和数理统计的方法可测算风险事故发生的概率及其损失程度，并且可构造出损失分布的模型，成为风险估测的基础。

6. 可变性

人类社会自身进步和发展的同时，也创造和发展了风险。尤其是当代高新科学技术的发展和应用，使风险的发展性更为突出。风险会因时间、空间因素的不断变化而不断发展变化。

风险的可变性是指在一定条件下，风险具有可转化的特性。世界上任何事物都是互相联系、互相依存、互相制约的，而任何事物都处于变动和变化之中，这些变化必然会引起风险的变化。例如，科学发明和文明进步，都可能使风险因素发生变动。

灾害的灾情是孕灾环境、致灾因子、承灾体三者相互作用的结果，而孕灾环境、致灾因子、承灾体三要素都是在变化的。例如，经济发展导致财产密度增大，但同时抗灾能力也在提高。灾害风险总处于动态之中。灾害风险的可变性表明通过人们的努力（转移、减轻、避免或预测等）是可以在一定程度上降低灾害风险的。

2.2　地质灾害风险

地质灾害风险属于灾害风险的一种，其定义在 1984 年联合国教育、科学及文化组织的一项研究计划中由美国著名滑坡专家 Varnes 提出，随后得到国际地质灾害研究领域的全面认同，成为对灾害风险评估的基本模式，同时也是当今国际上最具有代表性和权威性的地质灾害风险的基本定义。地质灾害风险（geological disaster risk）就是地质灾害破坏产生不良后果的可能性，包括地质灾害发生破坏的可能性及其产生的后果（损失）两个方面。我们将地质灾害破坏的可能性概括为危险性，将地质灾害产生的后果（损失）概括为危害性。

2.2.1　危险性

“危险”一词在古代有两种解释：其一，亦作“危崄”，艰危险恶，不安全，即有可能导致灾难或失败。《韩非子 · 有度》：外使诸侯，内耗其国，伺其危险之陂以恐其主。险，亦作“崄”。汉匡衡《汉书 · 郊祀志第五下》：劳所保之民，行危险之地，难以奉神灵而祈福祐。《醒世恒言 · 隋炀帝逸游召谴》：欲泛孟津，又虑危险。其二，指险恶、险要之地。《列子 · 黄帝》：夫至信之人，可以感物也……岂但履危险，入水火而已哉？《南史 · 垣护之传》：楷怆然许之，厚为之送，于是间关危险，遂得至乡。在地质灾害中，危险/威胁（danger）指可导致灾害的自然现象，根据自然体的几何、力学以及其他特征来描述。危险可以是正在发生的（如缓慢蠕动的斜坡），也可以是潜在的（如危岩现象）。

危险性一词早期多出现于环境问题，指接触某一种污染物时，发生不良效应的预期频率（联合国人类环境会议筹备委员会，1971 年）。在地质灾害领域，危险性表示对导致潜在不良后果的状况进行定性或定量的度量，可以采用极低—极高或不可能—确定等来定性描述，即可能性，也可以是用介于 0 和 1 之间的数值来定量的表征，即概率。

可能性：在给定一系列数据、假设和信息条件下，一个事件发生的条件概率，也作为概率和频率的一种定性描述。

随着对研究的进一步深入，人们对危险性的理解逐步加深，频率与概率逐渐成了危险性研究的主题。

频率：是一种可能性的度量，可表示为在给定时间内某一事件发生的次数。

绝对频率表达为同一地点或所建立的适当地貌单元（如斜坡、洪积扇）内观测的滑坡事件数量。它既包括首次斜坡失稳的重复出现，也包括休眠滑坡的复活以及活动滑坡的加速（涌动）。严格地讲，首次斜坡失稳的出现不太可能是一个重复事件，一旦斜坡失稳，产生新失稳的条件就会改变，将来的滑坡不会出现相同的概率，即沿着同样的轨迹或在同一地点累积。相对频率可表示为所观测滑坡事件的数量与单元面积（或长度）的比值。间接频率是发生的间接度量。

概率：又称或然率、机会率或可能性，是不确定性程度的一个度量。这个值在 0（不可能）和 1（确定）之间。它是对不确定量，或是对未来不确定事件发生的可能性的一种估计。概率有两种解释：

（1）统计学上的频率或比率，像掷硬币那种重复试验可能出现的结果。它也包含了总体变量的概念。这个数字（数值）称作客观存在或者相对频率概率，因为它存在于真实世界中，原则上可以通过试验得出。

（2）主观概率（可信度），是通过诚实地、公正地、毫无偏见地考虑所有可靠的信息，而获得的对信念、判断，或一个结果可信性的定量测定值。主观概率受对一个过程的理解程度，评价判断，或定量和定性信息的影响。它会因认识的变化而随时变化。

年超出概率（AEP）：任一年中估计超出某一事件固定量级的概率。

时间概率（temporal probability）：给定诱因的地质灾害发生概率。

空间概率（spatial probability）：给定区域发生地质灾害的概率。

到达概率（reach probability）：滑坡运动到既定距离的概率。

规模/体积概率（size/volume probability）：边坡具有给定的规模或体积的概率。

2.2.2　危害性

“危害”一词在古代有两种解释。其一，危险灾害。《荀子·荣辱》：荣辱之大分，安危利害之常体……材悫者常安利，荡悍者常危害。《韩非子·奸劫弑臣》：人焉能去安利之道而就危害之处哉？《汉书·西域传上·罽宾国》：险阻危害，不可胜言。其二，使受破坏、伤害。《后汉书·孔融传》：而怨毒渐积，志相危害，闻之怃然，中夜而起。《南史·垣护之传》：元徽末，苍梧凶狂，恒欲危害高帝。

在地质灾害中，危害是自然或者人为环境中对生命财产以及资源环境或活动产生不利影响并达到造成灾害程度的罕见的或极端的事件（张梁和张业成，1994）。

危害性一词多出现在法律领域，如社会危害性。在地质灾害领域中，危害性（consequence）指定性或定量地反映地质灾害发生所导致的后果或潜在后果，一般用财产损失、建筑物破坏及人员伤亡等指标来表征。

受险对象：某一地区内可能遭受危险影响的人员、建筑物、工程设施、基础设施、环境面貌以及经济活动等。在国际研究中，采用暴露（exposure）来表征可能受到地质灾害影响的人、建筑、财产、系统或其他元素。而在国内研究中，通常采用承灾体（elements at risk）来表述，即在一个地区内可能受到地质灾害威胁的人口、建筑、工程、经济活动、公共服务设施、基础设施以及环境等。

随着研究的不断深入，危害性的表征不仅仅局限于受灾对象（暴露或承灾体）的划定，受灾对象的受损程度也越发受到研究者的关注。因此，易损性的概念出现在地质灾害领域。

易损性（vulnerability）一词来自拉丁语动词 vulnerare，意为暴露于自然或人为威胁而遭受的伤害，在 20 世纪 60 年代末至 70 年代被提出，基本释义为系统在回应刺激的时候容易受到的伤害。易损性本质上是一个基于灾害危险（事件）与承灾体相互关系的概念，是以还原论思想为基础的。在国外，易损性最早出现在 Burton 等编著的《环境灾害》一书中，在该书中它指的是遭受自然灾害的破坏和损害。这一概念含义比较宽泛，关注的主题是自然灾害条件的分布、人类占用的灾害地带和灾害可能带来的损失度。Blaikiels 定义的易损性就是个人或群体预见、处理、抵御灾害和从灾害中恢复的能力的特征，它涉及自然或社会灾害威胁人们生活程度的各种因素。Tobin（1997）定义易损性为“潜在的损失”，Deylel 等（1998）认为易损性是指“人类居住地对自然灾害影响的敏感性”，Panizza（1996）将易损性解释为“在给定地区存在的所有人和物由于自然灾害而趋于损失的总价值”。1992 年联合国公布了易损性的定义：一定强度的潜在损害现象可能造成的损失程度。这一定义已逐步为国际机构和广大学者所认同。国际土力学与岩土工程协会（ISSMGE）认为“易损性同时依赖于灾害事件和承灾体而存在”，将灾害易损性定义为“位于灾害威胁范围内的单个或多个承灾体的损失程度”。在国内，李辉霞认为区域易损性是指区域容易受到伤害或损伤的程度大小，也就是区域对灾害的承受能力。另有学者对滑坡易损性有两类不尽相同的认识：其一，认为易损性指滑坡灾害发生造成的财产损失的后果，主要涉及承载对象的经济价值以及人员数量，用经济损失和人员伤亡数量表示；其二，认为易损性是指滑坡灾害以一定的强度发生而对承灾体所造成的损失程度，不是指灾害损失后果，用0～1表示。

理论上，承灾体易损性与其本身的自然性质、构成材料及制作工艺过程有关，使其改变的原始变量是科技进步和资源、环境自身的演化，分类包括物质易损性和社会易损性。物质易损性研究提高了人们对灾害危险地区的重视，社会易损性研究则强调了人们对灾害的回应能力。易损性指地质灾害影响区内单个或者一系列承灾体的受损程度，用0（没有损失）和1（完全损失）之间的数字来表征。对于财产，是损坏的价值与财产总值的比率；对于人员，是在地质灾害影响范围内作为承灾体的人的死亡概率。

2.3 地质灾害风险评估

2.3.1 概念与演化

评价，古语中指衡量、评定其价值。宋代王栐《燕翼诒谋录》卷五：今州郡寄居，有丁忧事故数年不申到者，亦有申部数年，而部中不曾改正榜示者，吏人公然评价，长贰、郎官为小官时皆尝有之。金代元好问《为橄子醵金》诗之一：明珠评价敌连城，弃掷泥涂意未平。清代黄六鸿《福惠全书·杂课·牛驴杂税》：牛驴牲畜，烟包布花酒曲等税，交易之所收也，例有牙行经纪，评价发货。评估通常是对某一事物的价值或状态进行定性定量地分析说明和评价的过程，而评价本质上是一个判断的处理过程。因此，评估包含评价环节。

在地质灾害中，风险评价是对所做的估算和判断进行决议的阶段，为了确定风险管理的范围，在这一阶段中，应明确或含蓄地考虑所估计到的风险以及相关的社会、环境和经济后果。通过影响地质灾害的因素指标定量化反映评估区地质灾害的主要特点和总体风险水平、破坏损失程度，然后按计算的地质灾害期望损失值分成不同等级风险区。风险评估则是决定目前的风险是否是可以容许的，或者现有的风险控制措施是否是可行的过程，包含了风险分析与风险评价。

早期的风险评估应用于金融领域，多用于金融保险业。20世纪90年代联合国公布了自然灾害风险的评估方法，提出并完成了以降低地质灾害造成的损失30%为目标的十年计划（IDNDR），随后进入了“国际减灾战略”（ISDR）的第二阶段。在全球和洲际尺度上，联合国和一些地区间合作组织已经开展了广泛的灾害风险评估项目。从2001年开始，联合国环境规划署（UNEP）以各国家的统计数据为基础，发布了全球风险和脆弱度指数逐年趋势（GRAVITY）评估报告，对不同国家灾害风险类型的识别和主要灾害风险的评估分析模型、脆弱度指标做出了阐述。2004年，联合国开发计划署（UNDP）和联合国环境规划署（UNEP）合作开展了“灾害风险指标”（DRI）计划，创建了两个易损性指标（相对易损性和社会-经济易损性指标），对全球灾害进行风险评估，发表了题为《降低灾害风险：对发展的挑战》的全球报告（Pelling et al.，2004）。2001～2004 年，美国纽约市哥伦比亚大学和 ProVention Consortium 联盟共同完成了“自然灾害风险热点计划”，提出了 3 个灾害风险指标（死亡风险、总的经济损失风险和$\frac{\text{经济损失}}{\text{GDP}}$的风险），编制了全球多灾种亚国家级灾害风险图，发表了题为《自然灾害热点：全球风险分析》《自然灾害热点：案例研究》的报告（Dilley et al.，2005；Arnold et al.，2006）。2002～2004 年，美国纽约市哥伦比亚大学、美洲开发银行（IADB）、拉丁美洲和加勒比经济委员会（ECLAC）合作开展了旨在进行灾害风险研究的“美洲计划”，构建了 4 个表达国家级灾害的风险指数（灾害赤字指数、地方灾害指数、普适易损性指数和风险管理指数），提出了亚国家级和城市级风险与易损性评估指标体系（Cardona et al.，2005）。2007 年，ProVention Consortium 联盟与 UNDP 正式启动了“全球风险识别计划”（Global Risk Identification Programme，GRIP），集风险识别、评估为一体，目标是为世界各国降低灾害风险提供决策服务，并在莫桑比克、斯里兰卡、土耳其、亚美尼亚、老挝和厄瓜多尔等国开展了改善风险管理与决策的项目。2009 年，国际全球环境变化人文因素计划（International Human Dimensions Programme on Global Environmental Change，IHDP）在德国波恩正式启动了以我国专家学者为主导的新一轮国际核心科学计划——综合风险防范（Integrated Risk Governance，IRG），其目标是建立满足可持续发展需要的综合灾害风险科学体系，重点关注不同时空尺度上气候变化与各类自然环境灾害发生的内在联系，以及灾害链风险评价模型的改进和灾害风险情景模拟工具的完善，并强调通过案例比较研究来总结综合风险防范的范式，提高人类防范各类新兴风险及各种灾害不确定性的能力（史培军等，2012）。

2.3.2　内容与过程

从地质灾害风险评估的逻辑过程看，评估是分析和评价的过程。因此，与之相对的地质灾害风险评估的过程包括风险分析和风险评价。

1. 风险分析

分析的定义与普通词典一样，即“对任何实体进行详细的测试检查，以便了解其属性或其本质特征”。

风险分析是在风险识别的基础上，对各个风险项目的性质进行分析，主要内容是对危险发生的可能性或失效概率和发生危险后的严重程度与损失情况进行计算。在风险识别的基础上，通过整理和分析所收集的数据资料，采用专家评估法、概率统计法、层次分析法等，分析和计算危险发生的概率和后果的严重性。风险分析是对风险的概率和后果的量化，即利用可用的信息去定性估计灾害对个人、群体、财产或环境造成的风险大小，具体包括：确定分析范围和灾害影响范围、危险识别和评估、风险估算、估计危险发生的概率、风险因子的易损性估计、结果识别、风险估算。

滑坡编目（landslide inventory）：某一单体滑坡的位置、类型、体积、活动性、发生日期、地质环境条件及诱发因素等数据信息的登记和编录。

定性风险分析（qualitative risk analysis）：使用文字叙述或者数字等级量表等形式对潜在结果进行描述，分析这些结果发生的可能性。

定量风险分析（quantitative risk analysis）：对概率、易发性及潜在结果进行基于数量上的评价分析，得出风险的量化结果。

风险估算（risk estimation）：确定所分析的灾害对生命、健康、财产或环境风险级别度量的过程，具体包括：灾害发生频率分析、危害分析及其二者的合成计算。

2. 风险评价

风险评价指对风险的衡量，是价值和评定进入决策阶段，包括显性的或者隐性的，此阶段需要考虑风险估算和相关的社会、环境、经济后果的重要性，以便决定管理风险的其他策略。衡量需要一定的标准或准则，确定什么程度的灾害风险是可以接受的、什么程度的灾害风险是不可以接受的将是风险评估与管理的前提，由此提出了风险允许标准的概念。

1969 年，Starr 试图通过风险与效益的对比回答“怎样的安全才是安全”这一问题，为风险允许标准的研究奠定了基础；最早有关灾害风险允许标准的文献是 1974 年英国的 *Health and Safety at Work etc. Act 1974*，文献中指出了 ALARP（as low as reasonable practicable）准则，即在合理可行的情况下尽可能降低风险，如果在进行成本效益分析后发现所需费用与可降低的风险不匹配时，风险才可以被容忍；1976 年，Lowrance 在 *Of Acceptable Risk：Science and the Determination of Safety* 中，提出一个事物的风险只有低到可接受时，该事物才是安全的；1981 年，Fischhoff 的 *Acceptable Risk* 一书被认为是可接受风险研究的起点，风险（包括自然灾害风险）的可接受程度与对风险的认识程度、甘愿冒险的程度、风险的可控程度、灾害是否具有毁灭性以及恐惧心理等几个因素有关；1989 年，Reid 提出通过风险比较和成本效益分析进行风险评估；1994 年，Fell 提出了地质灾害风险允许标准的可接受风险准则和可容忍风险水平的影响因素；1997 年，国际地质科学联合会（IUGS）列出了在考虑风险评估标准时一些常用的普通原则；2008 年，Fell 给出了滑坡灾害风险允许标准的定义；2009 年，风险允许标准的定义由联合国国际减灾战略（UNISDR）提出，即风险允许标准是一个社会或社区在现有社会、经济、政治和环境条件下可以接受的潜在损失，这是目前国际上较为主流的定义。

风险允许标准一般由可接受风险（acceptable risk，在现有社会、经济、技术、政治和环境条件下人们认为可以接受或不得不接受的潜在损失）、不可接受风险（unacceptable risk，在现有社会、经济、技术、政治和环境条件下人们认为无法接受的潜在损失）和可容忍风险（tolerable risk，介于可接受风险与不可接受风险之间，风险减缓措施的实施不切实际或风险减缓的效益与成本相差太大的风险区间）三个风险区间构成，各区间风险水平的分割点由相应的临界风险值来确定。世界不同国家、地区或行业所制订的风险允许标准不尽相同。

地质灾害风险评估是通过考虑已估算风险的重要性和随之伴生的社会、环境及经济效益，将价值和可容许风险评判标准纳入决策，判定潜在的风险是否可以容许以及目前的风险控制措施是否完备。如果得出否定结果，则评价可替代的风险控制方案是否合理或是否将要实施。对所做的估算和判断进行决议的阶段，为了确定风险管理的范围，应明确或含蓄地考虑所估计到的风险以及相关的社会、环境和经济后果。

生命个体风险（individual risk to life）：处于地质灾害影响区或与地质灾害危害有密切联系的可识别的个人生命风险。它是现存的危险附加在单个人身上的风险增量，是假设危险体不存在情况下个体生命背景风险基础上增加的。

社会风险（societal risk）：具体的风险发生所引起的大范围或大规模的风险损害。这种结果规模太大，会引起相当的社会或者政治反应。

易发性（susceptibility）：发生地质灾害的可能性或难易程度，主要依据地质环境条件和一个地区内现有或潜在的地质灾害数量和规模来判定。它是对一个地区内现有或潜在地质灾害的类型、体积（或面积）和空间分布的定性或定量评价，与时间无关。在易发性评价中要考虑现有的和潜在的地质灾害，但不考虑时间维度，可用地质灾害的点密度、线密度、面密度或体密度来表征。

危险性区划（hazard zoning）：给定时间内发生特定强度的地质灾害且具有明显时间特征的地形细化区域。地质灾害危险性填图应该包括发生地质灾害的区域和地质灾害到达区域。

风险区划（risk zoning）：指根据研究区危险性特征，并参考区域承灾能力及社会经济状况，把灾害划分为不同风险等级的区域。

2.4　地质灾害风险管理

2.4.1　概念与演化

管理指为保证一个单位或部门运转而实施的一系列计划、组织、协调、控制和决策的行为。科学管理之父 Frederick Winslow Taylor 曾指出管理即明确你要某个人做什么，同时要他采用最优、最合理的方式去做的行为。诺贝尔奖获得者 Herbert A. Simon 对管理的定义则是“管理就是制定决策”。风险管理的理念在 1916 年由法国现代管理之父 Henri Fayol 提出，随后风险管理逐步演变为一门学科并形成独立的理论体系，最早多应用于企业安全管理。1964 年，威廉姆斯首次提出风险管理的准确定义。1970 年以来，各种风险研究协会相继成立。1975 年，著名期刊 *Risk Management* 正式出版；1978 年，日本成立了风险管理学会；1980 年，美国成立了风险分析协会（The Society for Risk Analysis）；1983 年，美国风险与保险管理协会颁布“101 条风险管理准则”，成为各国风险管理的一般准则，标志着风险管理的发展进入一个新的阶段；1986 年，欧洲 11 国成立“欧洲风险研究会”，同年 10 月风险管理国际学术研讨会在新加坡召开，标志着风险管理在亚太地区发展。与此同时，风险管理技术也在众多大型工程建设项目中得到成功运用与实践。

在地质灾害中，风险管理（risk management）指从风险评估到风险控制的完整过程，通过对相关政策、程序以及经验的系统运用，来对地质灾害风险进行识别、分析、评价、减缓和监测。风险可接受时，就保持该状态，并获得最大效益；当认定风险不可接受时，则采取相应措施降低风险（例如规避、满足效益优先原则前提下治理、系统功能转化等），并跟踪监控措施对于降低风险的效果，反馈信息到风险评价和风险管理系统，实现动态的风险控制。

20 世纪 80 年代，风险管理出现在地质灾害领域范畴内；1994 年，美国完成 1 : 24000 的地质灾害危险性区划；1995 年，法国完成 1 : 25000 地质灾害风险区划；1997 年，第一次地质灾害风险管理学术会议在夏威夷召开，标志着风险管理在地质灾害领域“扬帆起航”；1999 年，意大利相继完成 1 : 25000 危险性区划，1 : 5000、1 : 2000 风险区划；2005 年，国际学术会议“Landslide Risk Management”在加拿大举行，风险管理理论迎来了地质灾害领域发展的里程碑，此次会议是地质灾害风险管理由定性化向半定量化的转折点。我国以《地质灾害防治条例》和《国务院关于加强地质灾害防治工作的决定》（2011 年）为主，逐步推进着地质灾害风险管理的研究。

2.4.2　内容与过程

风险总是存在的。作为管理者会采取各种措施减小风险事件发生的可能性，或者把可能的损失控制在一定的范围内，以避免在风险事件发生时带来难以承担的损失。管理学中控制是根据组织的计划和事先规定的标准，监督检查各项活动及其结果，并根据偏差调整行动或调整计划，使计划和实际相吻合，保证目标实现。其目的在于限制偏差的累积以及防止新偏差出现和适应环境的变化。风险管理中，风险控制指的是风险管理者采取各种措施和方法，消灭或减少风险事件发生的各种可能性，或者减少风险事件发生时造成的损失。如果说风险评估是一个主要由专业技术人员及相关理论与方法构成的技术过程，则风险控制是一个集专业技术人员、行政管理人员、社会公众及法规体系、规章制度等为一体的风险决策与控制过程。风险控制（risk control/risk treatment）：为了控制风险所实施和执行的举措，以及对这些举措的定期再评价。四种基本方法是：风险回避、损失控制、风险转移和风险保留。

风险管理是为了减小潜在危害和损失，对不确定性进行系统管理的方法和做法，包括风险分析和评价，以及实施控制、减轻和转移风险的战略和具体行动。风险管理在企业管理中得到广泛应用，以减少投资决策中的风险。对于企业来说，它们所面对的风险包括财产损毁、法律责任、员工伤害和财务风险等。而在灾害经济学中，我们关注的是灾害风险及其管理问题。灾害风险管理是“风险管理”概念的延伸，针对的是与灾害风险相关的问题。灾害风险管理的目的是通过防灾、减灾和备灾活动与措施，来避免、减轻或者转移致灾因子带来的不利影响。具体来说，灾害风险管理是利用各种手段，实施一定的战略、政策和措施，提高应对能力，减轻致灾因子带来的不利影响和降低致灾可能性的系统过程。灾害风险管理贯穿于整个灾害发生、发展的全过程。风险管理（risk management）：是风险评估及风险控制的完整过程，通过对相关政策、程序以及经验的系统运用，来对风险进行识别、分析、评价、减缓和监测。风险缓解：运用相关技术和管理方法来减小风险发生的可能性，或是降低可能发生结果的严重程度，或者两种方法都使用以减小风险。

根据风险管理控制的作用以及阶段的不同，可将地质灾害风险管理控制分为两个不同的类型，分别为期望型灾害风险管理（prospective disaster risk management）和补偿型灾害风险管理（compensatory disaster risk management）。期望型灾害风险管理应该是与可持续发展规划相结合，即在设计发展规划阶段和项目实施时，针对发展与灾害之间的关系进行分析，研究发展是否可能减轻或加重易损性和灾害等未来潜在影响；补偿型灾害风险管理，也称纠正型灾害风险管理。补偿型灾害风险管理伴随着整个发展过程，其工作重点是减轻目前已存在的社会易损性和地质灾害危险性。通常，补偿型政策的对象是目前的风险，而期望型灾害风险管理对于减轻中长期的灾害风险则是必需的。

地质灾害风险管理过程综合示意图如图 2.1 所示。

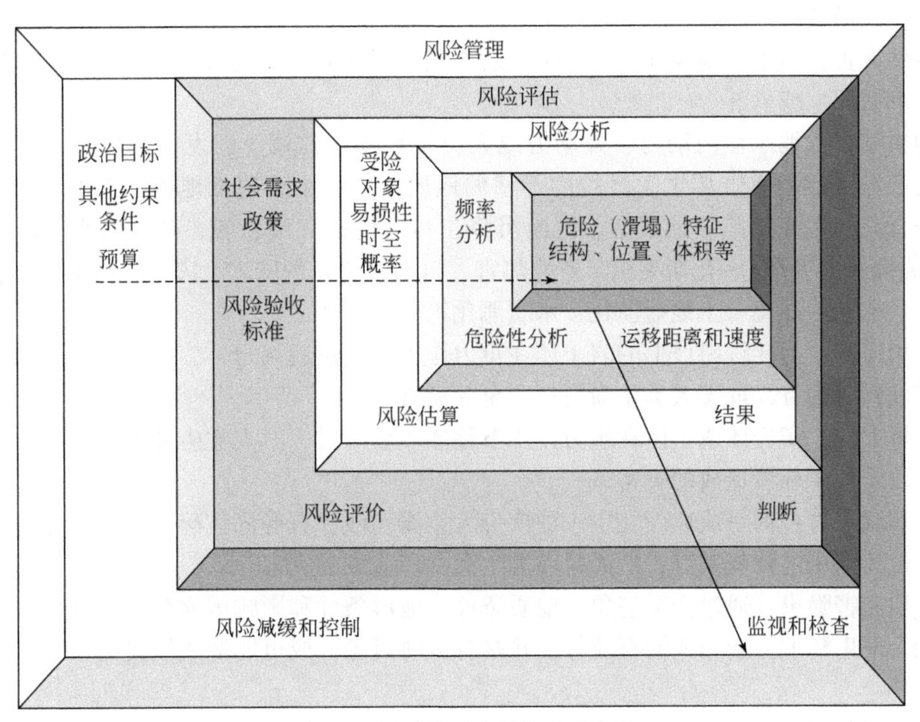

图 2.1　风险管理过程综合示意图

风险识别包括说明灾害的特征（分类、大小、速率、结构、位置以及运移距离等），以及相应的发生频率（年发生概率）。

风险分析包括危险性分析和结果分析。结果分析包括识别和量化受险对象（财产、人口），以及它们的时空概率，财产或是生命健康的易损性，最终完成风险估算。

风险评价是根据风险分析和估算的结果，与风险允许标准进行对比。

风险评估是决定风险评价结果是否是可容许的，或者现有的风险控制措施是否是可行的过程。

风险管理是根据风险评估的结论，通过建立持续监测和预警系统，制定撤退方案或是转移风险等方法，考虑如何减缓风险，包括可承受的风险，减小风险发生的可能性、减轻风险发生的后果等，并制定一套风险缓解方案和可以实施的调整控制措施。风险管理还包括对风险结果的监测，并根据需要进行反馈和复查。

2.5　地质灾害风险管理术语

为明确和统一有关地质灾害风险的术语与名词，参考国际土力学与岩土工程协会（ISSMGE）风险评估与管理技术委员会（TC32）、IUGS Working Group on Landslides 和 Committee on Risk Assessment（1997），以及英国（BS8444）、澳大利亚/新西兰（AS/NZS4360）、加拿大（CAN/CSA-Q634-91）和澳大利亚（Australian Geomechanics Society，2007）等国家规范及我国地质灾害分类标准，将地质灾害风险研究中的主要术语和名词的定义与扩展描述如下。

自然灾害：由于环境异变，或人类活动，或二者共同作用而对人类和生态环境造成破坏性影响的现象或事件。

地质灾害：地球在内动力、外动力或人类工程动力作用下，发生的危害人类生命财产、生产生活活动或破坏生态环境的不幸的地质事件，主要包括地震、火山、崩塌、滑坡、泥石流、地面塌陷、地裂缝、地面沉降，其次包括煤层自燃、矿井突水、冲击地压（围岩岩爆及大变形）、瓦斯突出、矿井热害、海水入侵、特殊岩土灾害、水土流失、土地沙漠化、土地沼泽化、土地盐渍化、水质恶化等。

崩塌灾害：指陡峻斜坡上的岩土体在重力作用下突然脱离母体，迅速崩落滚动，而后堆积在坡脚或沟谷，危害人类生命财产安全的灾害。

滑坡灾害：指岩体或土体在重力作用下整体顺坡下滑，对人类生命财产和各项社会经济活动以及资源环境造成的灾害。

泥石流灾害：沟谷或坡面发生一种挟带大量泥、沙、石等固体碎屑物质，并有强大冲击力和破坏作用的特殊洪流，从而对人类生命财产造成的灾害。

地质灾害隐患：通过变形迹象、地质条件、地形条件和影响因素分析与调查，初步推测可能会发生滑坡、崩塌或泥石流等，并具有威胁对象，或可能造成损失的不稳定斜坡或沟谷。

地面沉降灾害：在自然和人为作用下发生的幅度较大，速率较大的地表高程下降的地质活动对社会经济和环境造成的危害。

地面塌陷灾害：因自然动力或人为动力造成地表浅层岩土体向下陷落，在地面形成陷坑且对社会经济和环境造成的灾害。

地裂缝灾害：地表岩土体在自然或人为因素作用下，产生开裂并在地面形成一定长度和宽度裂缝的地质现象，当这种现象发生在人类活动区对人类产生危害时，称为地裂缝灾害。

风险：对生命、健康、财产或是环境产生不利影响的概率和严重程度的量值。定量地说，风险=危险性×潜在的价值损失。它还可以表达为不利事件发生的概率乘以事件发生的结果。

地质灾害风险：地质灾害破坏产生不良后果的可能性，包括地质灾害发生破坏的可能性及其产生的后果（损失）两个方面。

危险性：表示对导致潜在不良后果的状况进行定性或定量的度量，可以采用极低—极高或不可能—确定等来定性描述，即可能性，也可以用介于 0 和 1 之间的数值来定量地表征，即概率。

可能性：在给定一系列数据、假设和信息条件下，一个事件发生的条件概率，也作为概率和频率的一种定性描述。

频率：是一种可能性的度量，可表示为在给定时间内某一事件发生的次数（参见可能性和概率）。

绝对频率：同一地点或所建立的适当地形单元（如斜坡、洪积扇）内观测的滑坡事件数量。

相对频率：所观测灾害事件的数量与单元面积（或长度）的比值。

间接频率：地质灾害发生的间接度量。

概率：确定性程度的一个度量。这个值在 0（不可能）和 1（确定）之间，是对不确定量，或是对未来不确定事件发生的可能性的一种估计。概率有如下两种解释。

（1）统计学上的频率或比率，像掷硬币那种重复试验可能出现的结果。它也包含了总体变量的概念。这个数字数值称作客观存在或者相对频率概率，因为它存在于真实世界中，原则上可以通过试验得出。

（2）主观概率（可信度），通过诚实地、公正地、毫无偏见地考虑所有可靠的信息，而获得的对信念、判断，或一个结果可信性的定量测定值。主观概率受对一个过程的理解程度，评价判断，或定量和定性信息的影响。它会因认识的变化而随时变化。

时间（空间）概率：危险发生时，该地区受险对象被影响的概率。

年超出概率（AEP）：任一年中估计超出某一事件固定量级的概率。

时间概率：给定诱因的地质灾害发生概率。

空间概率：给定区域发生地质灾害的概率。

到达概率：地质灾害运动到既定距离的概率。

规模/体积概率：边坡具有给定的规模或体积的概率。

危害性（后果）：地质灾害发生所导致的后果或潜在后果，一般用财产损失、建筑物破坏及人员伤亡等指标来表征。

危险（威胁）：可导致灾害的自然现象，根据自然体的几何、力学以及其他特征来描述。危险可以是正在发生的（如缓慢蠕动的斜坡），也可以是潜在的（如危岩现象）。危险或迹象是不包含任何预测的。

承灾体：（受险对象、暴露）：某一地区内受危险影响的人员、建筑物、工程设施、基础设施、环境面貌以及经济活动等，是可能受到地质灾害影响的人、建筑、财产、系统或其他元素。

易损性：地质灾害影响区内单个或者一系列承灾体损失的程度，用 0（没有损失）和 1（总损失）之间的数字来表征。对于财产，是损坏的价值与财产总值的比率；对于人员，是在地质灾害影响范围内作为承灾体的人的死亡概率。

风险分析：利用可用的信息去估计灾害对个人、群体、财产或环境造成的风险，包括确定分析范围、危险识别、估计危险发生的概率、风险因子的易损性估计、结果识别、风险估算等步骤。

滑坡编录：某一单体滑坡的位置、类型、体积、活动性、发生日期、地质环境条件及诱发因素等数据信息的登记和编录。

滑坡强度：有关滑坡破坏性力量的系列空间分布参数。这些参数可定量或定性描述，可能包括最大滑动速度、总的位移、差异位移、滑坡体厚度、单位宽度的峰值滑移量、单位面积的动能。

定性风险分析：使用文字叙述或者数字等级量表等形式对潜在结果进行描述，分析这些结果发生的可能性。

定量风险分析：对概率、易发性及潜在结果进行基于数量上的评价分析，得出风险的量化结果。

风险估算（估计）：确定所分析的灾害对生命、健康、财产或环境风险级别度量的过程，具体包括灾害发生频率分析、危害分析及二者的合成计算。

风险评价：对所做的估算和判断进行决议的阶段，为了确定风险管理的范围，在这一阶段中，应明确或含蓄地考虑所估计的风险以及相关的社会、环境和经济后果。

风险评估：决定目前的风险是否是可以容许的，或者现有的风险控制措施是否是可行的过程。如果得出否定结果，那么替代的风险控制方案是否合理或是切实可行。风险评估包括风险分析和风险评价两个阶段。

风险允许标准：一个社会或社区在现有社会、经济、政治和环境条件下可以接受的潜在损失。

可容许风险：为保证一定的净利益，社会能够生活在某一范围内的风险。它是一个不容忽视和需要保持关切的风险范围，如果可能的话，应进一步减小其程度。

可接受的风险：从人员或者工程的角度，在不考虑风险管理的情况下，公众准备承担的风险。社会有理由不需要考虑花费来降低这类风险。

生命个体风险：处于地质灾害影响区或与地质灾害危害有密切联系的可识别的个人生命风险，是现存的危险附加在单个人身上的风险增量，是假设危险体不存在情况下在个体生命背景风险基础上增加的。

社会风险：具体的风险发生所引起的大范围或大规模的风险损害。这种结果规模太大，会引起相当的社会或者政治反映。

生命损失：处于风险之中的人员考虑地质灾害危险性、人员时空概率和易损性的生命损失的年概率。

财产损失：考虑承灾体、时空概率和易损性的给定损失水平的概率或者财产年损失的大小。

区划：根据实际或潜在地质灾害易发性、危险性、风险以及适用的有关危险性的分级准则，对工作区进行同类型分类和合并。

易发性（脆弱性）：发生地质灾害的可能性或难易程度，主要依据地质环境条件和一个地区内现有或潜在的地质灾害数量和规模来判定，是一个地区内现有或潜在地质灾害的类型、体积（或面积）和空间分布的定性或定量评价，与时间无关。在易发性评价中要考虑现有的和潜在的地质灾害，但不考虑时间维度，可用地质灾害的点密度、线密度、面密度或体密度来表征。

风险区划：指在危险性区划的基础上，考虑承灾体的时间和空间分布概率和易损性，评估对人员（年伤亡概率）、财产（年损失概率），以及环境价值（年损失概率）的可能损坏。

风险控制：为了控制风险所实施和执行的举措，以及对这些举措的定期评价。

风险管理：通过对相关政策、程序以及经验的系统运用，来对风险进行识别、分析、评价、减缓和监测。

风险缓解：运用相关技术和管理方法来减小风险发生的可能性，或是降低可能发生结果的严重程度，或者两种方法都使用以减小风险。

第3章　地质灾害风险管理体系

3.1　国际地质灾害风险管理体系

风险管理是一门新兴的学科，始于20世纪40年代，形成于50年代，普及于70年代，发展于80年代末，流行于90年代末。20世纪70年代，大多数正式用在城市规划和公路斜坡管理灾害危害划分上的风险评估和管理原则都是定性的。80年代以后，特别是到了90年代，在单个斜坡的管理、管线管理、海底斜坡以及大多数区域斜坡风险管理方面，都开始应用定量的方法。

Varnes（1984），Whitman（1984），Einstein（1988，1997），Fell（1994），Leroi（1996），Wu等（1996），Fell和Hartford（1997）等的著作中记录了风险管理的发展变化。我国香港、美国、加拿大等相继在20世纪90年代至21世纪初提出针对地质灾害风险管理的理论体系。

针对地质灾害风险管理的目的，各国学者总结了5个简单而具有普遍意义的问题：

（1）哪种灾害可能发生？

（2）发生的可能性有多大？

（3）产生的后果是什么？

（4）后果有多严重？

（5）现在可以做什么？

风险管理的实质是在寻找这5个问题的答案。

尽管人们对地质灾害风险管理中的某些指标量化与评估方法、允许标准、防控措施等存在着分歧，但地质灾害风险管理体系的框架与流程、主要内容与策略措施却是得到了普遍承认，并随着时间的推移日益丰富和完善。在地质灾害风险管理体系不断完善的进程中，具有代表性的有澳大利亚地质力学学会、温哥华滑坡风险管理国际会议、欧洲Safeland计划提出的管理体系，以及面向国土空间规划的风险管理。这些管理体系都是围绕风险管理的5个实质性问题而架构，总体目标一致，框架及内容大同小异。

3.1.1　澳大利亚地质力学学会

2000年，澳大利亚地质力学学会（AGS）提出了风险管理的框架，将风险管理划分为风险分析、风险评价与风险控制三个部分，流程分为范围确定、危险识别、风险估算、风险评价、风险控制。

1. 范围确定

为保证风险分析的准确性，同时避免错误理解，事先确定分析范围是很重要的。

（1）是分析单个场所（如被切断的公路处或是一个建筑物），还是多个场所（如一条公路上多个被切割的地段）？分析土地利用规划区，还是“整个区域风险评估”？例如，为了制定政策和确定优先减缓行动方案，一个地方行政区内所有公路上的切割斜坡都要被研究。

（2）地理范围。注意要力求完整，应考虑到滑坡对不在调查场地的下坡上部的影响，也应该分析滑坡对坡下部分的影响。

（3）只是对财产损失进行分析，还是也要包括对生命和健康损失的潜在评估？

2. 危险识别

危险识别需要根据地质灾害（危险）特征，了解灾害的过程以及这些阶段与地貌、地质、水文、断裂与滑动机制、气候和植被状况。

（1）对潜在的滑坡进行分类。

（2）估计每一个潜在滑坡体的自然概况，包括所处位置、区域范围以及体积。

（3）估计可能的驱动机制，所涉及物质的自然特征，如抗剪强度、孔隙水压力，以及滑动机制。

（4）在滑坡事故发生的前提下，推测可能的运移距离、运移路径、运动深度和速率，考虑滑动的力学机制，并估算滑坡可能危及受险对象所在区域的概率。

（5）确认检测到的可能的事前预警信号。

应该制作地质灾害的列表。场所外的危险也必须和场所内的危险一同考虑，因为向上的和向下的滑坡都可能影响到受险对象。在风险分析时必须全面描述和考虑所有的危险（如从小范围的高频事件到大范围的低频事件）。经常出现的都是规模较小但是频率较高的风险。地区的发展计划也应考虑在内，因为这些发展可能改变自然的面貌进而影响潜在危险发生的频率。

在崩塌滑坡方面受过训练、富有经验的土木工程技术人员参与风险分析过程很重要，因为在分析不同滑坡时有所遗漏或过低/过高的估算常常左右着分析的结果。

3. 风险估算

风险估算包含频率分析、后果分析与风险计算三个部分。

1）频率分析

地质灾害频次可根据下列情况表述（IUGS Working Group on Landslides and Committee on Risk Assessment，1997）：

（1）在研究区内某种特征的地质灾害在一年内的发生数量；

（2）在给定期限内（如一年内）特定的斜坡可能经历滑坡的概率；

（3）驱动力在概率或是在可能性上超过了阻力，在分析中，通过考虑临界孔隙水的压力被超出的年概率来决定风险发生的频率；

（4）对于识别和描述过影响分析的各种类型的滑坡，都应该做上述工作。

2）后果分析

后果分析包括：

（1）识别和定量分析包括财产和人口在内的受险对象；

（2）估算受险对象的时空概率；

（3）根据财产损失率和生命/健康损害率，估算受险对象的易损性。

3）风险计算

风险可以以多种方式计算：

（1）年风险（期望值），可表示为财产年损失或人员年死亡概率。

（2）频率-结果组合（*f*-*N*）：如对于财产，年最小破坏概率、年中等破坏概率、年最大破坏概率；对于生命风险，年死亡 1 人、5 人、100 人等的概率。

（3）累计频率-结果组合（*F*-*N*），如年死亡概率或是更多人数死亡概率。

4. 风险评价

风险评价包括将风险分析的结果与价值判断和风险允许标准相比较，从而决定此风险是否是可以容许的。其评价过程考虑政治、法律、环境、政策和社会因素，是做出判断的一种方法。风险评价的主要目标通常是决定是否接受或控制风险和设置优先级。在风险分析的基础上，与可接受和可容忍风险（包括财产和生命）进行比较，讨论控制方案和风险管理过程。同时，需要考虑风险叠加、风险的局限性和效率等。

风险估算比较复杂，不应该用绝对值来考虑，要从财产损失和生命损失两个方面考虑，分别与风险允许标准相比较。而且，风险允许标准本身没有绝对的界限。社会表示了一个大范围的容许风险，风险标准只是社会在风险评估中的一个普遍观点的数学表达。采用几种风险允许标准尺度常会很有用，比如 *F*-*N*、个人和社会风险，以及风险减缓措施考虑后的单个生命拯救成本和最大合理成本等。必须认识到定量风险评估只是决策过程中的一个考虑因素。社会和管理者在评估过程中也要考虑政治、社会和法律问题，并且可能会与受灾害影响的公众商量。

5. 风险控制

风险控制是评估过程的结束标志。它是由决策者决定是否接受风险或是否需要更详细的研究。风险分析可以为指导决策者提供背景资料或可接受的限制，但应该是讨论的，不是决定。部分专家建议可以识别选项和控制风险的方法。

风险控制的方法包括接受风险、避免风险、降低可能性、降低损失、风险转移及延后决定。

在确定了风险控制的方法后，仍需对灾害进行监测与回顾，监测风险控制方法是否有效。

风险管理框架如图 3.1 所示。

3.1.2　温哥华滑坡风险管理国际会议

2005 年加拿大温哥华滑坡风险管理国际会议中，滑坡风险管理的框架被进一步明确，Fell 等提出风险管理包括风险分析、风险评估和风险管理三个互为关联和部分重叠的过程（图 3.2），并将风险管理的流程分为危险特征、危险性分析、风险分析、风险评价及风险减缓和控制 5 个部分。

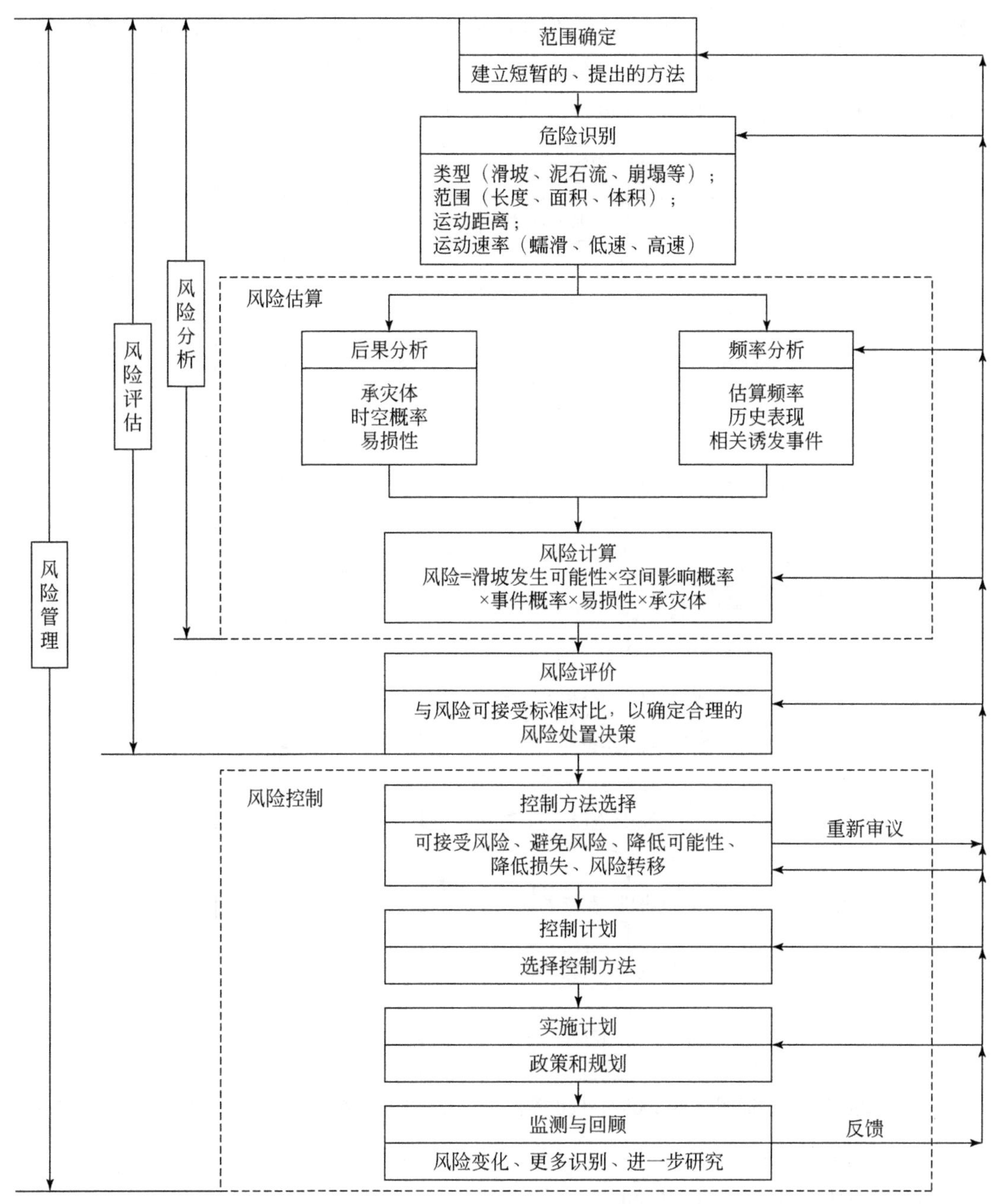

图 3.1　风险管理框架［据 2000 年澳大利亚地质力学学会（AGS）］

风险分析包括危险性分析和结果分析。危险性分析包括说明滑坡的类别、位置、体积、速度、滑移距离等有关特征以及相应的发生概率。结果分析包括识别和量化承灾体（含财产、人口）及其时空概率和易损性。

风险评估是经过风险分析确定风险大小后，对照风险可接受标准、风险允许标准、不可接受标准，进行风险接受与否的判断或接受程度大小的判断，并给出判断结果。

风险管理是根据风险评估的结论，通过建立持续监测和预警系统，制定撤退方案或是转移风险等方法，考虑如何减缓风险，包括可承受的风险，减小风险发生的可能性、减轻风险发生的后果等，并制定一套风险缓解方案和可以实施的调整控制措施。风险管理还包括对风险结果的监测，并根据需要进行反馈和复查。

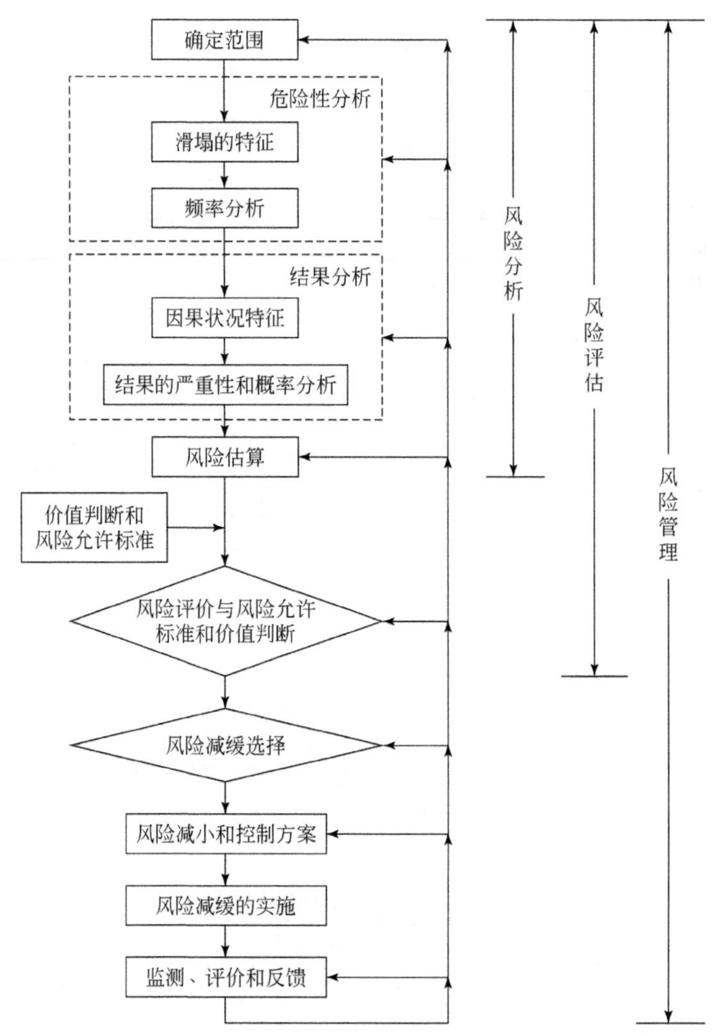

图 3.2　风险管理框架简图（据 2005 年 Fell 等在加拿大温哥华滑坡风险管理国际会议提出的方案）

3.1.3　欧洲 Safeland 计划

2014 年欧洲 Safeland 计划总结了定量风险分析（QRA）框架，将风险管理框架分为风险评估和风险控制两个部分。风险评估包括风险分析和风险评价。风险分析的步骤：危险识别、危险评估、承灾体编目和暴露、易损性评估及风险估算。每个步骤都要求包含空间元素，风险分析时还要求空间数据及地理信息系统的管理。

危险评估是一个多危险的方法，因为地质灾害的类型多，且每一种类型都具有不同的特点、诱发因素、时间、空间及规模概率。同时，滑坡发生时常伴有其他灾害发生。Corominas

等（2014）提出了多危险的滑坡风险评价框架（图 3.3）。流程分为以下 9 个步骤。

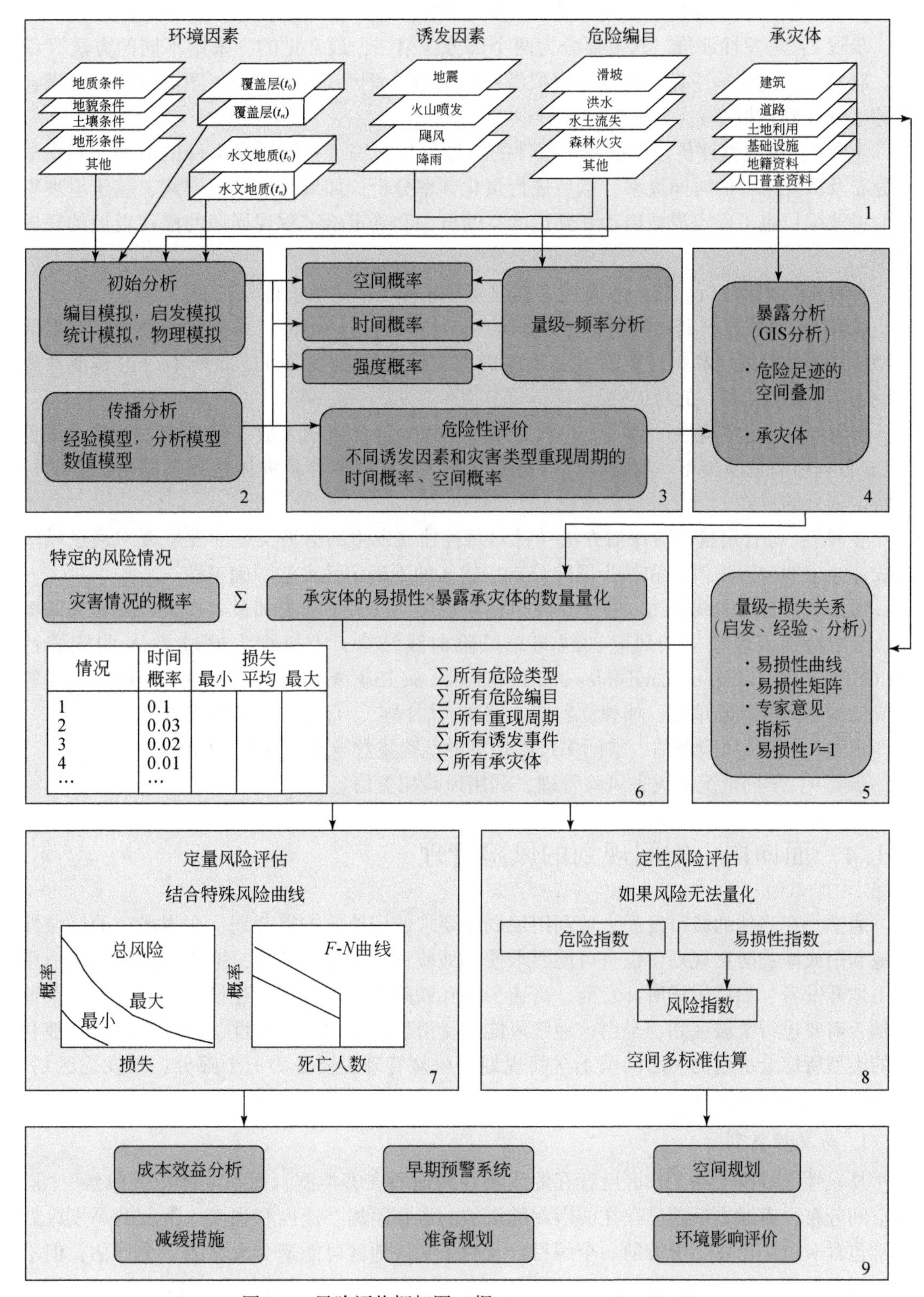

图 3.3　风险评价框架图（据 Corominas et al.，2014）

步骤1：灾害识别。处理录入多危险的风险评估数据，以易发性区划图所需数据为主，包括环境因素（启动条件、运动距离）、诱发因素、危险编目及承灾体相关数据。

步骤2：易发性评价。其主要分为两个部分，第一，最常见的，采用不同的方法（编目、启发式、统计学、确定模型）模拟潜在的初始易发区；第二，成果图展示模拟的潜在到达区域（到达概率）。

步骤3：危险性评价。依据基于事件的滑坡编目，编目相同诱发事件的滑坡。列出滑坡分布及诱发事件的时间概率，然后进行量化频率分析。如果增加其他因素，基于滑坡事件的滑坡编目也可确定滑坡启动和到达的空间概率和确定给定重现周期的潜在滑坡的规模概率。

步骤4：暴露分析。覆盖危险性区划图和GIS环境中的承灾体分布图。

步骤5：易损性。其主要是依据专家意见、经验数据、指标、易损性等级分析或数值模型、易损性曲线、易损性矩阵，主要评价承灾体的物理易损性，此处不讨论其他形式（社会、环境和经济）的易损性。

步骤6：结合危险性、易损性、承灾体性质和数量（包括人数、建筑物数量或经济价值），依据所有危险类型、危险编目、诱发事件、重现周期和承灾体估算不同情况下的每个特定部分的风险。

步骤7：综合定量风险评估方法（针对每种独立发生的滑坡类型的发生概率通过风险曲线标绘出期望损失值）和基于风险分析中输入的不确定性表达不确定性。

通过两种损失曲线表达：每个诱发事件重现周期的最小损失和最大损失，或相关的概率。某个特别区域独立的风险曲线与总风险曲线结合，人口损失通过 F-N 曲线表达（IUGS Working Group on Landslides and Committee on Risk Assessment，1997）。风险曲线的构成依据不同的基础单元，如独立斜坡、路段、居民点、直辖市、区域或省份。

步骤8：定性风险评估。空间多尺度估算的危险指数与易损性指数的结合。

步骤9：不同情况下灾害风险管理，利用风险相关信息。

3.1.4　面向国土空间规划的风险管理

通常，在当地的城市发展土地利用规划中要求使用地质灾害区划，在省或市的区域性土地利用或减灾防灾规划中也有可能要求使用地质灾害区划。此外，地质灾害区划还适用于土地开发者，如游乐场所开发商、高速公路和铁路等基础设施的建设部门等。在一个地区是否需要进行滑坡区划，是由该地区可能遭受滑坡影响的严重程度、规模，以及土地利用的类型所综合决定的。面向国土空间规划的风险管理主要分为三个部分：易发性区划、危险性区划及风险区划。

1. 易发性区划

易发性区划涉及在工作区已存在的或潜在的地质灾害类型、面积或体积（量级），以及空间分布，有时也反映已存在或潜在的滑坡的滑移距离、速度和强度。滑坡的易发区划通常包含对过去已发生滑坡的一个编目以及对未来该地区可能遭受滑坡的一个评估，但不包括对滑坡发生概率（年概率）的评估。在一些情况下，易发性区划可能会超出工作区外，因区内的滑坡可能会滑移到区外，区外的滑坡也可能会滑移到区内，从而造成危险和风险。因此，对斜坡可能的破坏方向和滑坡可能的滑移影响范围做一个评估是必需的。

定性的易发性评价完全依靠专业人员的主观判断，进行区划时野外地貌学方法确定的不稳定因素毫无疑问地要被考虑进去。定量的易发性评价结果可以是绝对值也可以是相对值。数据处理技术可以计算出各因素对滑坡发生的相对权重，并找到一个最能解释现有滑坡空间分布规律的因素组合。用这种方法计算出来的滑坡易发性等级可以对先前的等级进行修正（如再次分级为高易发、中易发和低易发）。绝对的易发性评价可以使用确定性方法，如斜坡稳定性模型。使用定量的地质灾害易发性分级术语有利于比较不同地区的易发性，相对易发性仅仅适用于工作区内部，在不同的地区，相对易发性代表的绝对值可能有很大差异。相对的易发性区划往往是在高易发区内地质灾害的数量最多，因而总是试图使这类区划面积最小。另外，在高易发区内，即使灾害密度没有被评价，地质灾害的易发程度也是最高的。

2. 危险性区划

危险性区划是在易发性区划结果的基础上，对潜在的地质灾害确定一个估计概率（如年概率）。它包含所有可能影响工作区的地质灾害，因为对一个圈定的斜坡工作区而言，上部可能有灾害自上而下滑移到工作区范围之内，下部可能有灾害下滑影响到工作区斜坡。危险性可以表示为特定体积滑坡发生的概率，或特定类型、体积和速度（可能距滑坡体远近而不同）的灾害发生的概率，或在某些情况下表示为特定强度的灾害发生的概率，这里的强度指的是动力强度，对岩崩和碎屑流非常有用（如纵向位移×速度）。

危险性分级的方式取决于灾害的类型，对小型滑坡或岩崩来说，危险性被表述为评价线段每单位长度内每年发生滑坡的数量（线密度），或评价区域内每单位面积每年发生滑坡的数量（面密度），或评价区域某一深度范围内每单位体积每年发生滑坡的数量（体密度）；对大型滑坡来说，危险性被表述为滑坡滑动的年概率，或滑坡滑移超过某一距离的年概率，或滑坡内破裂带超过某一长度的年概率。

3. 风险区划

风险区划是在危险性区划的基础上，考虑承灾体的时间和空间分布概率与易损性，评估对人员（年伤亡概率）、财产（年损失概率），以及环境价值（年损失概率）的可能损坏。

对于不同种类的滑坡没有一个特定的方法能够确定它的可能破坏结果和可能的滑移距离。实际上，环境地质条件（如坡角、地层岩性、地下水位等）对于每个滑坡机理都是不同的。正因如此，对于一个地区应单独进行不同种类的滑坡（如岩崩、浅层小规模滑坡、深层大规模滑坡等）的易发性、危险性和风险区划，并提供相应的不同种类的成果图件做减灾防灾的建议或法定依据。同样地，对于自然斜坡和人工边坡也应分别做区划。这些图件也有可能合为一个，在这种情况下应该注意到，具有不同类型、体积、强度和发生概率的滑坡可能具有相同的危险性。

区划被用于区域性的、当地的和特定点上的土地发展规划。区划结果通常以以下一种或几种形式表现：滑坡编目、易发性、危险性、风险、相应的报告。区划的类型、详细程度和区划图的比例尺取决于应用目的和许多其他的因素。

不同使用目的的区划类型、区划精度和区划图比例尺，适用于城镇开发中的土地利用规划，也广泛适用于其他用途。在进行危险性和风险区划之前，首先进行易发性区划是恰当的。区划分阶段进行有利于更好地控制工作流程，并可以事先圈定需进一步做工作的区域而节省费用。

3.2 地质灾害风险管理体系对比分析

3.2.1 国际地质灾害风险管理的对比

前已述及，风险管理是一门新兴学科，在发展过程中，各国政府和学者围绕哪种灾害可能发生、发生的可能性有多大、产生的后果是什么、后果有多严重、现在可以做什么等5个基本问题，不断探索和完善科学、高效的地质灾害风险管理体系，由于研究的问题和目标一致，各国地质灾害风险管理体系形成了很多共识与相同之处。由于不同国家、不同学者切入点和侧重点的不同，各国风险管理体系也存在一些差异。

1. 各国风险管理体系的相同之处

（1）目标一致。地质灾害风险管理的目标都是建立科学、高效的管理体系，提高地质灾害防治能力，避免和降低地质灾害风险。地质灾害风险管理是地质学、灾害学与风险管理科学交叉融合而相对独立的理论体系，地质灾害风险管理是一项复杂的工作，它不是一个纯技术决策问题，而是集技术决策、政府管理（政策）、社会参与、法律制定及成本核算、效益分析等为一体的综合决策行为，是地质灾害管理的高级阶段。其目的是运用法律、行政、经济、技术等手段，实现减灾社会化、科学化、信息化，调动全社会力量，预防治理地质灾害，最大限度地保护人员生命财产安全，减轻灾害损失。

（2）术语及风险允许标准基本形成共识。各国对风险、危险性、危害性、可能性、概率、承灾体、易损性、风险评估、容许风险、风险控制、风险管理、个体生命风险、社会风险等相关术语基本达成共识，同时英国健康与安全执行局（Health and Safety Executive，HSE）、荷兰社区规划部与我国香港岩土工程办公室都采用ALARP原则划定风险允许标准。

（3）框架与流程基本一致。国际地质灾害风险管理体系虽然对某些指标量化与评估方法、允许标准、防控措施等存在着分歧，但地质灾害风险管理体系的框架与流程、主要内容与策略措施却是得到了普遍承认。澳大利亚地质力学学会、温哥华滑坡风险管理国际会议、欧洲Safeland计划提出的管理体系，以及面向国土空间规划的风险管理体系都需要通过以下几个步骤才能完成：确定范围、风险识别、易发性评价、危险性评价、承灾体、易损性、风险估算、风险评价、风险控制。

（4）预防为主的指导思想一致。国际地质灾害风险管理的框架和流程侧重点都在于风险分析与风险评价，将风险早期识别与分析作为地质灾害风险管理的基础和前提，而对风险控制的要求相对较少。

2. 各国风险管理体系的不同之处

地质灾害风险管理体系的框架与流程、主要内容与减缓措施得到了各国政府和学者的普遍承认，澳大利亚地质力学学会、温哥华滑坡风险管理国际会议、欧洲 Safeland 计划提出的管理体系，以及面向国土空间规划的风险管理的体系与流程对照见表 3.1。

表 3.1　地质灾害风险管理体系流程对照表

<table>
<tr><th>流程</th><th>澳大利亚地质力学学会</th><th>温哥华滑坡风险管理国际会议</th><th>欧洲 Safeland 计划</th><th colspan="3">面向国土空间规划的风险管理</th></tr>
<tr><td>确定范围</td><td rowspan="7">风险分析</td><td rowspan="3">危险特征</td><td rowspan="8">风险评估</td><td rowspan="3">易发性区划</td><td rowspan="4">危险性区划</td><td rowspan="9">风险区划</td></tr>
<tr><td>风险识别</td></tr>
<tr><td>易发性评价</td></tr>
<tr><td>危险性评价</td><td>危险性分析</td><td rowspan="6"></td></tr>
<tr><td>承灾体</td><td rowspan="3">风险分析</td><td rowspan="5"></td></tr>
<tr><td>易损性</td></tr>
<tr><td>风险估算</td></tr>
<tr><td>风险评价</td><td>风险评价</td><td>风险评价</td></tr>
<tr><td>风险控制</td><td>风险控制</td><td>风险控制</td><td>风险控制</td></tr>
</table>

（1）澳大利亚地质力学学会（AGS）是国际上较早提出风险管理框架的机构，温哥华滑坡风险管理国际会议与欧洲 Safeland 计划是在其基础上的细化与改进。

（2）风险管理划分的不同，澳大利亚地质力学学会（AGS）是按照风险分析、风险评价与风险控制划分为三个独立部分，温哥华滑坡风险管理国际会议是按照危险特征、危险性分析、风险分析、风险评价、风险控制划分为五个独立部分，欧洲 Safeland 计划仅划分了风险评估与风险控制两个独立部分，而面向国土空间规划的风险管理是按照易发性区划、危险性区划、风险区划三个互为关联和部分重叠的部分划分。

（3）澳大利亚地质力学学会、温哥华滑坡风险管理国际会议、欧洲 Safeland 计划提出的地质灾害风险管理体系主要侧重隐患点和小范围，而面向国土空间规划的风险管理侧重风险填图与区划，且多以易发性、危险性区划为主，风险区划多停留在风险评价层面。

（4）澳大利亚地质力学学会、温哥华滑坡风险管理国际会议、欧洲 Safeland 计划提出的地质灾害风险管理体系可以实现定性与定量风险评价，而面向国土空间规划的风险管理多数以定性评价为主。

3. 国际地质灾害风险管理的薄弱环节

（1）国际地质灾害风险管理方法相对单一。国际地质灾害风险管理的目标主要是对客观地质灾害风险的管理与控制，因此国际地质灾害风险管理的管理技术及方法主要侧重于结果控制，在风险的分析方法上着重采用成本效益分析、效用分析、决策分析等。风险管理还主要是通过预警、工程治理和规避三种方式，这就导致对风险的分散能力相对有限。

（2）国际地质灾害风险管理的实质理论是阶段论。国际地质灾害风险管理强调风险管理从风险识别、风险分析、风险评价流程式管理，这就导致风险管理过程的风险沟通和风险反馈十分有限，风险管理的互动性与灵活性相对较差。

（3）国际地质灾害风险管理理论具有一定程度的被动性。国际地质灾害的风险管理往往是对部分地质灾害风险的管理，而不是全部风险因素的识别、分析、控制，同时对部分地质灾害风险的分布状况要求较高，因而风险管理对象的选择性较强，国际地质灾害风险管理也未能延伸到社会风险管理的领域。在地质灾害风险管理中，风险管理与社会、政府等还没有实现有效的结合，多数还停留在地质灾害的理论研究层面，而很少有政府人员参与。

（4）国际地质灾害风险管理的协同效应和管理效率还相对较低。国际地质灾害风险管理着重于单个或小范围损失风险的分离管理，缺乏对关联风险与集合风险的整体化管理的策略和技术。由于受不同国家发展程度的制约，还不能将风险通过经济价值一概而论。

3.2.2 风险管理与我国地质灾害防治体系

《全国地质灾害防治“十三五”规划》明确我国灾害防治管理应进一步完善调查评价、监测预警、综合治理、应急防治四大体系。

1. 与国际地质灾害风险管理体系相同之处

（1）管理目标一致。运用法律、行政、经济、技术等手段，实现减灾社会化、科学化、信息化，调动全社会力量，预防治理地质灾害，最大限度地保护人员生命财产安全，减轻灾害损失。将“以人为本”的理念贯穿于地质灾害防治工作各个环节，以保护人民群众生命财产安全为根本，以建立健全地质灾害防治体系为核心，强化全社会地质灾害防范意识和能力，科学规划，突出重点，整体推进，全面提高我国地质灾害防治水平。

（2）管理的主要内容基本一致，都包括地质灾害的调查、评价和风险控制。

2. 与国际地质灾害风险管理体系不同之处

（1）侧重点不同。国际地质灾害风险管理的框架和流程侧重于风险分析与风险评价，将早期识别、风险分析作为地质灾害风险管理的基础和前提，而对风险控制的要求相对较少，更好地体现了“预防为主”的指导思想。我国地质灾害综合防治体系包括调查评价体系、监测预警体系、综合治理体系和应急防治体系 4 个递进的过程。国际地质灾害风险管理流程 5 个阶段中的前 4 项，风险分析、风险评估和风险管理 3 个过程中的前 2 项，相当于我国地质灾害综合防治体系的调查评价体系，从环节上看国际地质灾害风险管理体系比我国地质灾害综合防治体系更加突出了地质灾害前期预防，而我国地质灾害防治体系更加注重后期管理。

（2）术语及风险允许标准不一致。各国对风险管理相关术语基本达成共识，且风险允许标准划定原则一致。从 1999 年 12 月 1 日起我国推行了建设用地地质灾害危险性评估制度。我国推行的地质灾害危险性评估制度借鉴了国际上一些发达国家地质灾害风险评估的经验与教训，在防止地质灾害发生，避免和减轻地质灾害造成的损失，维护人民生命和财产安全，促进经济和社会的可持续发展方面起到了积极的作用。但是经过几年的实施，也暴露一些不足，尤其是在地质灾害易发性、危险性等概念方面，与国际上相关的概念和名词术语有一定差异。

滑坡与地质灾害：国际标准中的“landslide”是指岩石、碎屑物，或土质沿斜坡向下的运动，包括了滑动型、崩塌型和泥石流型；我国地质灾害分类分级标准中的地质灾害是泛指造成危害的地质现象，包括了八大类，突发型和缓变型两个类型，34 种。建设用地地质灾害危险性评估的灾种主要包括崩塌、滑坡、泥石流、地面塌陷、地裂缝及地面沉降等 6 种。国际标准中的“landslide”相当于我国使用的滑坡、崩塌和泥石流。

地质灾害危险性：国际标准中的危险性（harzard）是指一种具引发危害的可能性，强调的是在一个给定期限内滑坡发生的可能性，但并未考虑威胁对象。我国的地质灾害危险性是指发生地质灾害且造成人员伤亡和（或）经济损失的可能性，既涉及了灾害的发生及强度，又考虑了威胁的对象，其概念综合了国际标准中的危险性和风险。国内外对危险性采用的术语完全一致，但其定义的内涵却相差很大。

地质灾害危险性评估与风险评价：我国实施的建设用地地质灾害危险性评估是指对工程建设可能诱发、加剧地质灾害和工程建设本身可能遭受地质灾害危害程度的估量，评估内容包括工程建设可能诱发、加剧地质灾害的可能性，工程建设本身可能遭受地质灾害危害的危险性，拟采取的防治措施等。国际标准中的风险（risk）是指生命、健康、财产或环境所遭受的不利影响的可能性和严重程度的大小。风险评价包括风险分析和风险评价两个阶段，风险分析包括危险识别、灾害发生概率估计、承灾体估计、承灾体时空概率估计、易损性估计、风险计算等过程；风险评价是用风险分析结果与风险允许标准对比，以决定目前的风险是否是可以容许的，或者现有的风险控制措施是否是可行的。

（3）行为模式不同。我国地质灾害防治体系是由政府部门（国务院）提出，是一种政府行为，具有社会主义国家集中力量办大事的体制机制优势。而国际地质灾害风险管理是由科研机构提出，属于一种学术行为。地质灾害风险管理是一项复杂的工作，它不是一个纯技术决策问题，而是集技术决策、政府管理（政策）、社会参与、法律制定及成本核算、效益分析等为一体的综合决策行为，是地质灾害管理的有效手段。我国地质灾害防治是一项政府行为，是利用风险评估来提高政策的针对性和准确性。

3.3　基于风险管理的我国地质灾害防治体系建设

3.3.1　我国地质灾害防治体系的薄弱环节

2018 年 10 月 10 日，中央财经委员会第三次会议研究提高我国自然灾害防治能力和川藏铁路规划建设问题。会议指出，我国是世界上自然灾害影响最严重的国家之一。新中国成立以来，党和政府高度重视自然灾害防治，发挥我国社会主义制度能够集中力量办大事的政治优势，防灾减灾救灾成效举世公认。同时，我国自然灾害防治能力总体还比较弱。会议强调，提高自然灾害防治能力，要坚持党的领导，形成各方齐抓共管、协同配合的自然灾害防治格局；坚持以人为本，切实保护人民群众生命财产安全；坚持生态优先，建立人与自然和谐相处的关系；坚持预防为主，努力把自然灾害风险和损失降至最低；坚持改革创新，推进自然灾害防治体系和防治能力现代化；坚持国际合作，协力推动自然灾害防治。我国现行的地质灾害防治体系与党中央要求还有一定差距，与国际地质灾害风险管理相比还有需要进一步完善的薄弱环节。

（1）地质灾害防治体系有待进一步完善。坚持预防为主的指导思想落实不到位，地质灾害防治四个体系建设的环节有重监测预警、综合治理、应急防治等管控措施实施，轻调查评价（早期识别、风险评估、防控措施选择）的倾向，且重救灾轻减灾思想比较普遍。

（2）数据资料汇交与共享机制不够完善。各级政府自然资源、应急、水利等部门，地质调查、地震、气象等事业单位，以及地勘单位资料信息共享机制不够健全，缺乏资料汇交机制，尚未建成统一、共享的自然灾害大数据库。

（3）过度应急造成的资源浪费现象时有发生。我国社会主义公有制集中力量办大事的体制优势十分明显，能够短时间内，集中各方力量，快速反应，应急处理各种重大而复杂的极端事件，但是，有时也会出现过度应急现象，造成人力和财力等资源浪费。

（4）地质灾害防治科技创新和防治能力现代化有待提高，包括地质灾害形成机理、成灾模式及防治的基础理论，基于5G、物联网、智能感知等新技术的早期识别、风险评估、监测预警、应急处置、技术装备等技术方法。

（5）地质灾害防治术语和评价标准与国际接轨不够，给国际交流与合作带来不便。

3.3.2　对我国地质灾害防治体系的启示与建议

我国是一个地质环境脆弱，地质灾害多发的国家，随着经济社会的发展和生活水平的提高，对人民生命财产安全和居住环境提出了更高的要求。只有发挥我国特色社会主义新型举国体制优势，顺应国际潮流，借鉴国际地质灾害风险管理的理念与方法，突出地质灾害的防范和事前管理，构建符合我国国情的高效的、科学的地质灾害防治体系，全面提高地质灾害防治能力，最大限度地减轻、规避地质灾害带来的风险，才能确保人民群众生命财产安全。

（1）发挥我国社会主义公有制体制优势，突出地质灾害的防范和事前管理，健全我国地质灾害防治体系，全面提高地质灾害防治能力，最大限度地减轻和规避地质灾害带来的风险。

地质灾害风险管理的宗旨是通过建立和运行科学高效的管理体系，提高地质灾害综合防治能力。中央财经委员会第三次会议提出了明确的指导思想和目标任务：牢固树立“四个意识”，紧紧围绕统筹推进“五位一体”总体布局和协调推进“四个全面”战略布局，坚持以人民为中心的发展思想，坚持以防为主、防抗救相结合，坚持常态救灾和非常态救灾相统一，强化综合减灾、统筹抵御各种自然灾害。要坚持党的领导，形成各方齐抓共管、协同配合的自然灾害防治格局；坚持以人为本，切实保护人民群众生命财产安全；坚持生态优先，建立人与自然和谐相处的关系；坚持预防为主，努力把自然灾害风险和损失降至最低；坚持改革创新，推进自然灾害防治体系和防治能力现代化；坚持国际合作，协力推动自然灾害防治。

我国地质灾害防治体系以最大限度避免和减少人员伤亡及财产损失为目标，划分为调查评价、监测预警、综合治理、应急防治四大体系。国际地质灾害风险管理是以朝着减小地质灾害风险到人们可以接受的，甚至是可以容忍的这个极限为目标，涵盖了风险分析、风险评估和风险管理三个互为关联和部分重叠的过程。二者具有共同的目标，但侧重点有所不同，由此可以取长补短，形成基于风险管理的我国地质灾害防治体系。目前我国地质灾害防治能力总体较弱，还存在灾害信息共享和防灾减灾救灾资源统筹不足、重救灾轻减灾思想比较普遍、重管控（监测预警、应急处置、工程治理）轻预防（早期识别、风险评估、防控措施选择）的管理体系普遍运行、防灾减灾宣传教育不够普及等问题。建议借鉴国际地质灾害风险管理的理念、流程和标准，按照“以防为主，防治救相结合”的指导思想，加强早期识别与风险评价环节，进一步健全我国地质灾害防治管理体系（图 3.4），改变被动救灾为主动有效地预防和减轻灾害。

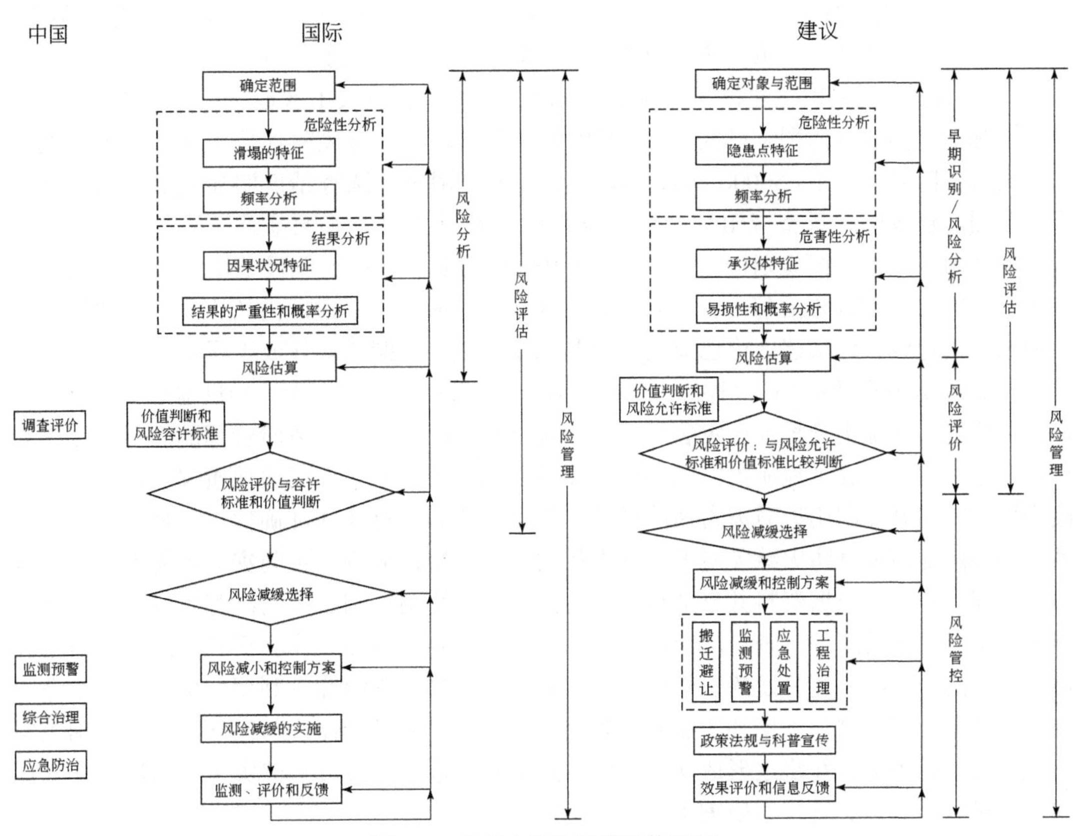

图 3.4　地质灾害防治管理体系图

建议的我国地质灾害防治管理体系包括早期识别/风险分析、风险评估和风险管控三个递进而又部分重叠的阶段。与原体系相比，突出和加强了地质灾害调查评价体系，将原来的监测预警、应急防治和综合治理纳入风险管控环节，融入风险管理阶段，体现了“以防为主，防治救相结合”的指导思想。

早期识别/风险分析：包含确定对象与范围、危险性分析、危害性分析及风险估算四个部分，内容与国际地质灾害风险管理基本一致。其中，对确定对象与范围进行了进一步界定，划分为单体、重要场地和区域三种主要类型。单体就是针对某一个具体的滑坡、崩塌或泥石流，根据灾害特征确定评估范围；重要场地主要指学校、医院、乡村、重大工程建设场地、重要名胜风景区、厂矿等场地；区域主要指面向国土空间规划与用途管制，在县域、城镇、重要乡村以及省、市、重要经济区等范围开展评估。首先明确所需的空间尺度，从而拟定研究采用的初步方法等。

风险评估：是在早期识别的基础上，针对单体或重要场地采用单体风险估算方法进行风险估算或风险叠加估算，而对于区域则采用风险区划的方式进行风险估算，将风险估算结果与风险允许标准进行对照，进一步确定风险是否可以接受，进行风险评价，并评估现有防灾减灾措施是否适应，内容基本与国际地质灾害风险管理一致。

风险管理：在风险评估的基础上，若风险评价结果为不可接受风险，结合我国现行地质灾害防治体系，对风险减缓与控制方案进行的细化，主要包括：搬迁避让、监测预警、应急处置、工程治理、政策法规与科普宣传、效果评价和信息反馈等。

（2）围绕新型城镇化建设和乡村振兴战略，开展大比例尺山区地质灾害风险调查与评价。国际上大多数发达国家已完成 1∶10000 地质灾害调查与风险评价工作，我国在地质灾害高易发区开展了 1∶50000 滑坡崩塌泥石流灾害调查，调查精度明显偏低，防治基础十分薄弱。建议围绕新型城镇化、乡村振兴和新农村建设，兼顾基础设施和重大工程建设，开展山区城镇、拟规划振兴的乡村 1∶10000 或 1∶5000 比例尺地质灾害调查与风险评价，夯实地质灾害防治基础，并划定宜建区和禁建区。在禁建区内禁止规划和建设新的工业与民用建筑，对禁建区内已有的工业与民用建筑采取搬迁避让或工程治理措施。

（3）充分发挥政府部门职责，借鉴国际地质灾害风险管理理念，推进地质灾害防治管理法制建设，从源头管控地质灾害风险。一是借鉴国际地质灾害风险管理的理念、流程和标准，进一步健全我国地质灾害防治管理体系。二是将我国建设用地地质灾害危险性评估改为国土空间开发利用地质灾害风险评估，提高评估的针对性和准确性。三是加强基层自然资源部门地质灾害防灾减灾专业技术人员的配置，增强地方自主防灾减灾能力。建立常态化多部门协作、数据资料共享的地质灾害防治长效协调机制，提高统筹协调能力。强化汛期和重点地区的巡查排查、应急演练、宣传培训、专业指导工作，提升群测群防监测和应急避险能力。四是充分发挥自然资源部职责，结合自然资源开发利用和保护、国土空间规划、国土空间管制与利用和生态修复管理，将地质灾害风险评价与区划结果纳入国土空间规划的编制中去，并将之形成法定程序，逐步制定地质灾害或自然灾害防治法，建立法律约束机制，从源头管控地质灾害风险。

（4）加强科技创新驱动，全面提升地质灾害早期识别、预警预报和综合防治水平。一是研究隐蔽性地质灾害成灾背景–诱发机制–成灾特征，建立早期识别关键技术，加强极端降雨、地震等异常条件下的地质灾害风险评估。二是加强地质灾害监测预警研究，建立基于地质灾害发生机理和演化过程的专业监测预警技术，结合搬迁避让和工程治理，逐步将群测群防网络体系转变为专群结合，重点地区和重大地质灾害隐患以专业监测预警为主的网络体系。三是基于地质灾害形成机理与演化过程控制理论，开展地质灾害防治结构体系设计与施工关键技术创新，破解地质灾害应急处置、治理工程中的“卡脖子”技术。四是研发基于大数据和智能技术的地质灾害综合防控技术方法体系，为地质灾害防控提供全新的解决方案。

（5）推行地质灾害风险管理，引入地质灾害保险制度，建立地质灾害防治责任分担的长效机制。我国在地质灾害防治管理中采取了一系列卓有成效的措施，取得了令人瞩目的成就。但我国（不含香港地区）的地质灾害风险管理还处于刚刚起步的阶段。地质灾害风险管理是一项复杂的工作，它不是一个纯技术决策问题，而是集技术决策、政府管理（政策）、社会参与、法律制定及成本核算、效益分析等为一体的综合决策行为。完全杜绝地质灾害发生是不可能的，地质灾害引起的风险将永远存在，要想主动有效地预防和减轻地质灾害，只能对地质灾害进行风险管理，并在地质灾害风险评估的基础上，引入地质灾害保险制度，逐步建立地质灾害防治责任分担的长效机制。

（6）发挥地质灾害堆积体的资源优势，加强对地质灾害堆积体生态修复与土地开发利用。滑坡、崩塌、泥石流等除造成灾害、引起人员伤亡和经济损失外，其堆积体还是山区难得的地形较平缓的土地资源。对这些较稳定的堆积体进行生态修复、土地综合整治、泥石流疏导，则可将其作为山区城镇和村庄建设用地，或耕作用地。在地质灾害治理工程中，应做好以下几个结合：一是地质灾害治理工程与国土空间规划、土地利用整治工程、生态环境修复工程紧密结合；二是边坡治理中的削坡-弃渣-压脚与土地整理中的形成平台-土地综合开发利用相结合；三是建（构）筑物的桩基础设计-施工与滑坡工程治理中的抗滑桩设计-施工相结合；四是滑坡治理工程中的滑坡防水-滑坡排水与移民搬迁安置点的地面排水-地下排水工程相结合；五是滑坡治理工程中的生物工程措施与生态环境修复工程相结合；六是利用岩土工程新技术新方法解决岩土问题与土地整治工程兴利避害相结合等。

第4章　地质灾害风险管理内容

地质灾害风险管理旨在运用法律、行政、经济、技术等手段，实现减灾社会化、科学化、信息化，调动全社会力量，防治地质灾害，最大限度地降低地质灾害对人们生活的影响。国际滑坡风险管理主要内容包括危险特征、危险性分析、风险分析、风险评价、风险减缓和控制5个部分，也可以归纳为风险分析、风险评估和风险管理3个互为关联且部分重叠阶段。本章按照风险分析、风险评估和风险管理3个阶段对国际滑坡风险管理的主要内容进行阐述。

滑坡风险评估的定义为：它是一个就现存的风险是否可以承受，现有的减灾措施是否充分具有推荐性的意见做决定的过程，如果不可行，其他可供选择的减灾措施是否合理，能否在将来付诸实施。风险评估包括风险分析和风险评价两个部分。财产的年风险和个人年死亡概率分别按照公式：$R_{(\mathrm{prop})}=P_{(\mathrm{L})}\times P_{(\mathrm{T:L})}\times P_{(\mathrm{S:T})}\times V_{(\mathrm{prop:S})}\times E$ 和 $P_{(\mathrm{LOL})}=P_{(\mathrm{L})}\times P_{(\mathrm{T:L})}\times P_{(\mathrm{S:T})}\times V_{(\mathrm{D:T})}$ 计算，公式的前两项表征地质灾害的危险性，后三项或后两项表征灾害的后果，即地质灾害受险对象（承灾体）的危害性。所以，风险分析部分按照危险性和危害性的分析与量化分别论述，具体内容则是围绕计算公式中的每一项进行展开。

4.1　风 险 分 析

4.1.1　确定分析范围

风险分析主要是通过各种手段进行地质灾害风险识别与量化，是地质灾害风险评估和管理的基础（张茂省等，2011，2013）。为保证风险分析能够围绕需求、聚焦问题、做的是政府或委托方等所关心的事，同时避免错误理解，事先确定分析范围是很重要的。分析范围不只是分析评价的地理范围，还包含了风险评价的内容、精度、法律责任等更广泛的含义（图4.1）。如何确定分析范围？国际滑坡风险评估与管理体系提出了从以下10个方面进行的考虑（Fell et al.，2005）：

（1）是分析单个场所（如被切断的公路处或一个建筑物），还是多个场所（如一条公路上多个被切割的地段）？是土地利用规划区，还是整个区域风险评估？如为了制定政策和确定优先减缓行动方案，一个地方行政区内所有公路上的切割斜坡都要被研究。

（2）地理范围。要力求完整，应考虑到地质灾害对不在调查场地的下坡上部的影响，也应该分析地质灾害对坡下部分的影响。

（3）是否只是对财产损失和毁坏进行分析，还是也要包括对生命和健康损失的潜在评估？

（4）作为分析基础的土木工程和地质研究的程度，这些基础将决定风险分析的水平。

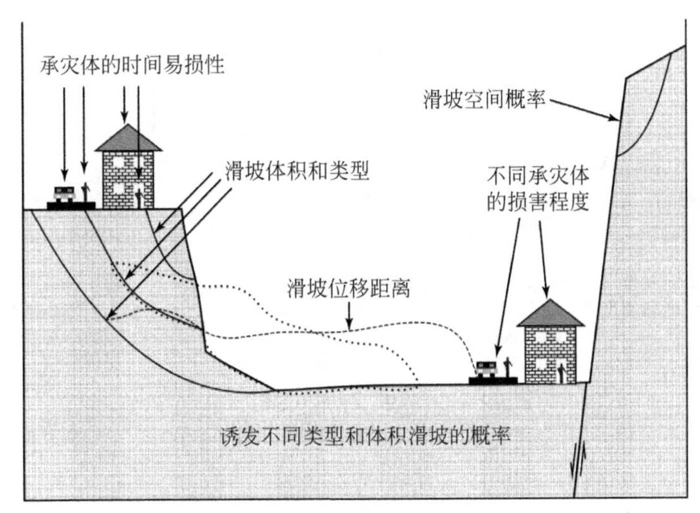

图4.1　滑坡风险分析示意图（据 Fell et al.，2005）

（5）表征滑坡、估算滑坡频率和结果的方法。

（6）是进行定量分析还是进行定性分析？

（7）确定使用怎样的验收标准，谁来决定，通过哪些步骤，以及相关人员（业主、公众、管理者、风险分析师等）参与的程度。

（8）分析中操作（如土地进入）和金融方面的限制。

（9）所有当事者的法律责任。

（10）风险分析最终结果的属性——报告和图件，以及如何与相关利益者相互交流。

4.1.2　危险性分析与量化

危险性分析是指识别和表征潜在地质灾害，并估算其相应时间与空间发生频率的过程。危险性分析受地质灾害识别或调查技术方法及比例尺的影响。危险性评价方法可以通过两种观点来体现（图4.2）。

一种观点是考虑影响滑坡的易灾性和激发因素。在易灾性方面，对于不同地质条件、斜坡坡度和类型、高差、地质技术特征、植被度、气候和地下水类型及其特征，特定时段内发生地质灾害的危险性或发生滑坡的概率是可以计算的。在激发因素方面，主要分析地震、降雨、地下水位变化和火山活动等激发因素（Wilson and Wieczorek，1995）。近年趋于用相关手册来确定易灾性和激发因素。

另一种观点是危险性评价方法考虑调查比例尺，同时考虑部分与总的、单项与区域等因素。部分与总的研究用频次（率）方法、启发式方法、统计方法和确定性方法等。在频次（率）方法中，滑坡发生的概率由历史记录确定。启发式方法，与专家关于易灾性和激发因素的意见相关。传统的多因素统计分析方法形成统计方法的基础。通过对地形条件和滑坡进行多元回归或逻辑回归和判别式分析确定发生滑坡的概率。确定性方法局限于在假设无限边坡条件下的均衡模型。部分与总的方法要求查明过去滑坡的总量（详细编目）。

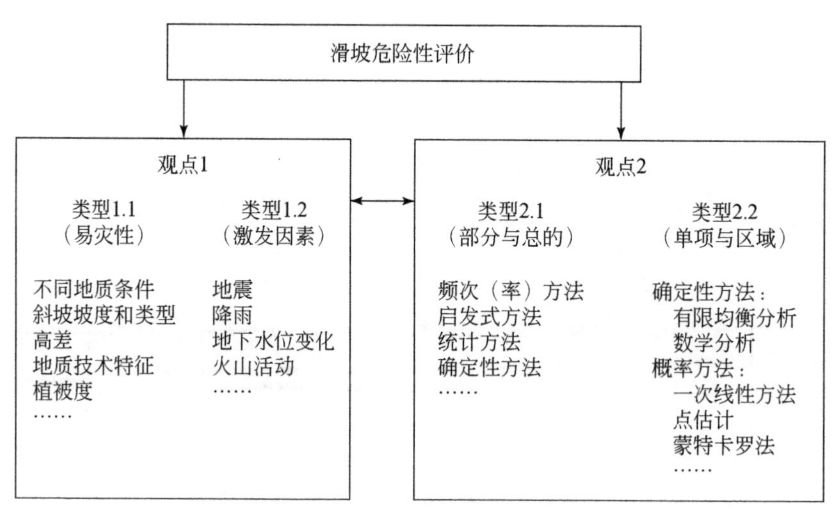

图 4.2　滑坡危险性评价方法

这些方法涉及制图和空间分析，要求用地理信息系统（GIS）和遥感（RS）方法，并假设下列条件中的一个或多个条件：过去和现在滑坡的地点是未来滑坡的地点；未来滑坡具有与过去和现在滑坡的一样的条件；只有考虑的影响因素决定过去和现在滑坡的分布。单项与区域研究是基于确定性方法（有限均衡分析，数学分析）和概率方法［一次线性方法，点估计，蒙特卡罗（Monte Carlo）法］对单项边坡进行稳定性分析。组成要素相互联系（图 4.2），从新引进的关联方面出发，先进的滑坡危险性评价方法将进一步发展。

4.1.2.1　隐患识别与表征

1. 隐患识别与表征的内容

国际滑坡风险评估与管理体系推荐的风险识别（即隐患识别）与表征的内容参考文献 Fell 等（2005）。描述地质灾害隐患特征需要了解地质灾害的过程以及这些阶段与地形地貌、地质、水文、断裂与滑动机制、人类活动、气候和植被状况。了解了这些信息我们就可以进行如下工作。

（1）对潜在的地质灾害进行辨识与分类：像 Varnes（1984）提出、Cruden 和 Varnes（1996）调整的分类方案，Hungr 等（2014）进一步完善的国际滑坡分类方案比较合适。Hungr 等（2005）认为，关于滑坡灾害的评价的基本问题是“滑坡的特征是什么”。一些滑坡发生得缓慢而具有韧性，以一种连续的或者间歇的方式移动，它们的延伸距离可以很长（如土石流），但是这种缓慢的速度可以降低风险，如可以将其加固或者撤离人员以避危险。而别的滑坡表现出很大的脆性，意味着在一个缓慢变形的起始阶段后或在突然加载（如地震）后，它们突然加速并获得一个极高的速度，速度可达 5m/s 或更大，超过了一个人的奔跑速度，这样的滑坡被称为“灾难性的滑坡”。怎样去辨别一个潜在滑坡是否可以成为一个高速滑移的滑坡呢？解决这个问题的三个可行的方法包括从经验上获得和对照以前事例而得到的判断方法，基于监测结果的经验方法以及基于极限平衡和应力应变分析的分析方法，在这些方法中，没有哪一种方法可以是精确无误的，在大多数情况下，专家们尽量综合这三种方法。

（2）估计每一个潜在地质灾害体的自然概况，包括所处位置、区域范围以及体积。

（3）估计可能的驱动机制，所涉及物质的自然特征，如斜坡地质结构、岩土体类型及其工程地质性质、地下水活动与孔隙水压力，以及诱发因素和滑动机制。后者对了解滑坡发生频率是至关重要的。

（4）假如滑坡事故发生的话，推测可能的运移距离、运移路径、运动深度和速率，考虑滑动的力学机制，并估算滑坡可能危及承灾体所在地区的概率。

（5）确认检测到的可能的事前预警信号。

应该制作地质灾害相关列表。场所外的危险也必须和场所内的危险一同考虑，因为滑坡向上和向下都可能影响到各自的承灾体。在风险分析时必须全面描述和考虑所有的危险（如从小范围的高频事件到大范围的低频事件）。经常出现的都是规模较小但是频率较高的风险。地区的发展计划也应该考虑在内，因为这些发展可能改变自然的面貌进而影响潜在危险发生的频率。

在崩塌滑坡方面受过训练、富有经验的土木工程技术人员参与风险分析过程很重要，因为在分析不同滑坡时有所遗漏或是过低/过高估算常常左右着分析的结果。

2. 风险分析需要解答的问题

无论是天然的斜坡还是人工边坡，在对其进行现场调查时，都应具有明确的目标，并找出一系列需要解答的问题。国际学者给出了一些有待解答的问题的例子（表4.1）。

表4.1　在进行斜坡稳定性和滑坡调查中需要考虑的因素

1. 地形	1.1　滑坡源头和可能的运移路线 1.2　自然因素和人类活动对地形的影响和时限
2. 地质背景	2.1　区域地层、结构、历史（如冰川作用、海平面升降） 2.2　当地的地层、斜坡的运动、结构及历史 2.3　斜坡及毗连地区地貌特征
3. 水文地质	3.1　区域上的以及当地的地下水运移模式 3.2　滑体内部和周边的水压 3.3　每季度和每年内地下水压与降雨量、降雪量和融雪量、温度、流水量以及水库水位的关系 3.4　自然和人类活动的影响 3.5　地下水化学特征和来源 3.6　地下水压力的年超出概率（AEP）
4. 活动历史记录	4.1　速度、总位移量以及表面运动向量 4.2　当前的所有运动及其与水文地质和其他自然与人类活动的关系 4.3　以往活动的证据和滑动的影响范围，如在滑坡大坝、天然的滑动挡板以及切割和填埋破坏体内侧所堆积的湖相沉积 4.4　斜坡或者毗邻斜坡活动的地貌学或历史学证据
5. 滑体或是潜在滑体的工程地质表征	5.1　活动阶段（破坏前、破坏后、复活、活动） 5.2　活动的分类（如活动、流动） 5.3　物质因素（分类、结构、体积变化、饱和度）

续表

6. 滑体或是潜在滑体的滑动机制和规模	6.1 底面、其他界面和内部断裂面的构形 6.2 滑体是现存滑体的一部分还是一个大的滑体 6.3 滑动的范围、体积 6.4 滑动机制是否合理
7. 剪切的力学特征和破裂面的强度	7.1 与地层、结构、先前存在的破裂面的关系 7.2 流水剪切还是非流水剪切 7.3 初次剪切还是复活剪切 7.4 萎缩还是膨胀 7.5 饱和或是部分饱和 7.6 破坏前后的强度，压张特征
8. 稳定性评估	8.1 对水文、地震以及人为影响的现行可能的安全补偿因素 8.2 破坏的年超出概率（AEP）（安全因子≤1）
9. 变形和运移距离评估	9.1 破坏前可能的变形 9.2 破坏后的运移距离和速度 9.3 快速滑动的可能性

3. 风险分析适用的方法

并不是所有的现场调查方法都适用于各种类型的斜坡或调查的所有阶段，由此罗列了对于某些典型斜坡问题所适用的方法（表 4.2）。

表 4.2　现场调查方法对斜坡类型的适用程度

现场调查方法	自然斜坡			人工边坡				
	小/浅	中型	大型	现存挖方	现存填方	新的挖方	新的填方	松软黏土
地形测绘与调查	A	A	A	A	A	A	A	A
区域地质	A	A	A	A	A	A	A	A
工程区地质编图	B	B	A	A	A	A	A	A
编制地貌图	A	A	A	B	B	B	B	B
卫星影像解译	D	D	C	D	D	D	D	D
航空照片解译	A	B	A	C	C	C	C	C
历史记录	A	B	B	A	B	B（2）	B（2）	B（2）
确定以往活动时间	B	C	B	D	D	D	D	D
地球物理方法	C	C	B	C	C	C	D	C
槽探和坑探	B	A	B	B	B	B	B	C
钻探	C	A	A	C	B	B	B	A
井下检查	C	B	B	C	D	C	D	D
竖井和隧道	D	C	B	D	D	D	D	D
现场重度和渗透性测试	C（3）	C（3）	C（4）	D	B（3）	C	C	A（3）

续表

现场调查方法	自然斜坡			人工边坡				
	小/浅	中型	大型	现存挖方	现存填方	新的挖方	新的填方	松软黏土
监测孔隙压力、降雨量等	C	A	A	A	A	C	C	A (5)
监测位移量	C	B	A	B	B	B (5)	C (5)	A (5)
实验测试	C	A	B	B	B	B	C	A
稳定性的反向分析	C	B	A	C	B	B (2)	C (2)	A (2)

注：(1) A-非常适用，B-适用，C-可能适用，D-不使用；(2) 在相似地区；(3) SPT-标准贯入试验，CPT-静力触探试验，CPTU-孔压静力触探试验；(4) 渗透性；(5) 建设期间

由此可以看出：

(1) 对于天然的浅层滑坡，主要依赖地质、地形、地貌及历史资料，无须详细地进行钻探、取样、实验测试和分析。

(2) 对于天然的中等滑坡，同样强调利用地质、地貌和历史资料，但更重要的是要进行地下的勘探、取样、孔隙压力的监控以及实验室的测试。

(3) 对于大型的滑坡，要更加强调对形变和地下水压的监控，不把重点放在实验测试上，而注重用反向分析来评估其强度。

(4) 对于现存的挖填处，主要依靠地形、地质、地貌和历史资料。对于大型建筑物，要更多开展地下调查、取样以及实验测试。

(5) 对于新的挖填处，主要根据处于相同条件下建筑的表现情况，以及对历来的建筑的监控。在识别现存的天然滑坡时应包含对地貌的研究，这一点非常重要。

(6) 对处于松软黏土层上的提防和断面，应将重点放在地层及其强度上，可以通过现场的测试、严格的钻探、取样和实验测试得到。

4. 滑坡风险分析与稳定性分析区别

无论是基于确定性方法的斜坡稳定性评价，还是基于不确定性方法的滑坡风险评价，都需要分析滑坡的大小（大致的体积、面积、深度）、斜坡上可能发生滑坡的位置、滑坡可能运移的速度和距离，但两种方法有着本质的差异（图4.3）。

对于确定性方法主要需要关注的有：几何形状、地质、水文地质，剪切强度，孔隙压力，什么是假定的稳定性和敏感性因子。

对于基于不确定性方法主要需要关注的有：斜坡的几何形状、地质状况、水文地质状况，位置，大小，滑动的概率有多大，什么是滑动机制，滑动的距离、速度，是否有预警信号，滑坡体是否会到达房屋，滑坡体多大，到达速度多快。

4.1.2.2　频率分析与计算

对地质灾害发生频率的分析是危险性风险中的关键和难点。地质灾害频率评估方法主要包括以下8种（Picarelli et al.，2005）：①地质灾害历史记录的评估；②将地质灾害历史记录与地质地貌相关联；③将地质灾害历史记录与地貌地质、几何学及其他相关因素相关联（多变量分析）；④将地质灾害历史记录与降雨强度和持续时间、斜坡形态及其他因素

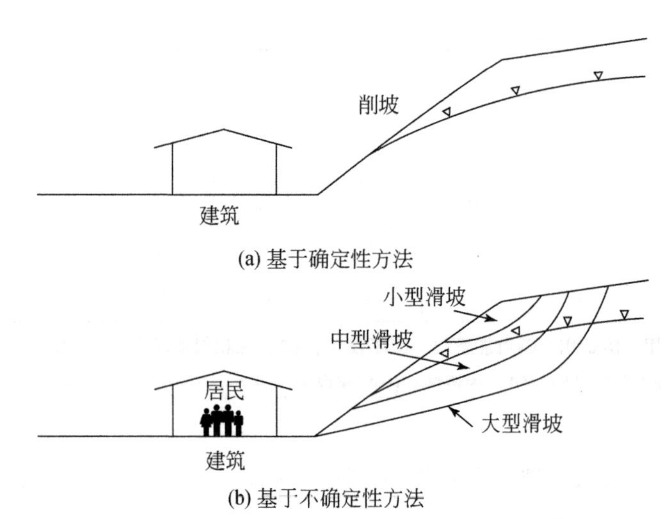

图 4.3　基于确定性方法与基于不确定性方法对比

相关联；⑤将地质灾害历史记录与降雨量、斜坡形态和工程地质特征、滑动相关联；⑥模拟地质灾害的压力水平与降雨量的关系，将其与滑动相关联；⑦事件树方法，包括对专家意见的采用；⑧正式的概率或可靠性估算方法。

1. 地质灾害历史记录的评估

1）挖方和填方数据的简单分析

这种方法最简单的形式包括在相关地区（公路或铁路沿线）记录一年内发生滑坡的次数。再进一步扩展，既要包含滑动的类型，如是在自然斜坡还是在人工斜坡上，或者是在挖方和填方处，还要包括滑坡的特征，如滑坡的体积以及面积。Chowdhury 和 Flentje（1998）探讨了系统地使用数据库来记录这些数据的方法。

只有在挖方或者填方处具有相似的地形、一样的地质和气候条件的情况下，该方法才有效。这通常需要搜集该公路或铁路段的相关资料，因为其他地区的资料不能被用在别处。

这种方法是估算滑坡年平均概率的有效方式，但是通常不区分个体滑坡，也不容许将滑坡与触发因素（如降雨量）相关联。这种方法需要有代表性的长期的记录。即便如此，在评估时也存在困难，因为触发事件（如降雨）和滑坡次数、植被发展变化的影响，水的流动和流出之间不是线性关系。然而，它是评估小型滑坡的有效方法（如公路的挖方和填方），并且是对复杂方法的一个检验。

有关人工边坡滑坡（如在挖方处的岩落、公路填方处的破裂）的以往资料可以通过道路的保养记录、报纸报道、道路的改造文件以及交通事故记录获得，也可以通过检查（如对填方的斜坡检查）来发现滑动的迹象。对于自然斜坡，遥感影像是有效的资料来源，Ho（2004）说明了利用不同时期的影像的方法。

2）规模-频率关系

空间地质灾害数据库可用于建立地质灾害规模-频率关系，数据库包括聚集在同一时间的一个地质灾害集；一定时间段内地质灾害发生的记录；地质灾害发生率的连续编目；

单一事件（暴雨或地震）触发的地质灾害群；一系列历史及史前的地质灾害（Picarelli et al., 2005）。

规模-频率关系在地震学中有着悠久的历史，地震级数和累积频率间的幂律关系已被观测到（Gutenberg-Richter 幂律）。这种关系可表达为

$$\lg N = a - bM \tag{4.1.1}$$

式中，N 为级数等于或大于 M 的地震事件的累积数量；a 和 b 为常数。

这种关系在滑坡领域的早期分析（Hovius et al., 1997；Pelletier et al., 1997）发现，规模相对滑坡数量的累积频率比例不变，并呈幂律分布。这种关系的线性部分段服从幂律并表达为

$$N_E = C\,A_L^{-\beta} \tag{4.1.2}$$

式中，N_E为规模等于或大于 A 的滑坡事件的累积数量；A_L为滑坡规模（通常表达为它的大小：体积或面积）；C 和 β 为常数。

规模通常表达为地质灾害大小，如面积（km^2）；频率（这里为非累积）表达为每年的事件数量。但是，这种关系在双对数坐标系下不是纯粹的直线（图 4.4）。在小型地质灾害（通常小于 $10000m^2$）部分呈负相关（曲线的平直部分），这意味着小型地质灾害的观测数量低于上述关系的期望值，其暗示了这种负相关是在遥感影像上不能侦测小型地质灾害而导致滑坡记录的不完整性（截尾）（Hungr et al., 1999；Stark and Hovius, 2001）。但是，负相关也可能发生在大型地质灾害中（Guzzetti et al., 2002；Malamud et al., 2004），因此，应该探究其他原因以解释这种现象。Hovius 等（2000）认为肯定存在某种类型的物理限制来证明小型地质灾害中的负相关，这种类型的限制仍然不太清楚。例如，Guthrie 和 Evans（2004）提出降雨诱发的地质灾害需要最小的体积，对大型地质灾害来说，可能存在某些物理限制和地形饱和（滑坡越大，支撑其体积的地形位置越少）。我们也必须考虑到，如在泥石流情形下，活动沉积物的有效性可影响滑坡事件规模的上界。

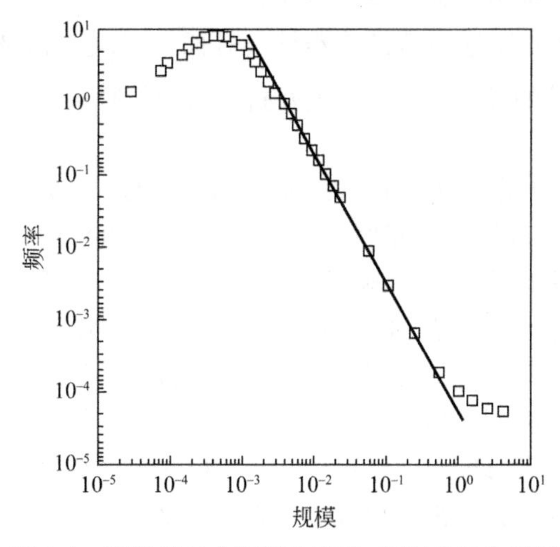

图 4.4　滑坡编目中观测的规模-频率关系典型图

2. 将地质灾害历史记录与地质地貌相关联

这种方法是 1980 年由 Varnes 提出的，目前仍具有应用价值。

（1）在曾经发生滑坡的地方，极有可能再次发生滑坡。

（2）在曾经发生滑坡时的地貌地质环境和压力条件下，极有可能再次发生滑坡。

这种方法是至关重要和具有价值的，如果应用良好，校正历史数据，可以有理有据地评价滑坡地质灾害。在使用中仍然存在着一些问题，包括技术的可靠性不足、绘图人员的经验不足，以及实地研究的缺乏，如地面观察的缺乏、地下信息的采集不足，也存在着这些方法没有基础前提支持的情况，如岩屑搬运消耗了物质来源，使得进一步搬运的可能性减小，甚至为 0。

3. 将地质灾害历史记录与地貌地质、几何学及其他相关因素关联（多变量分析）

地貌、地质和滑坡记录可以扩展包括其他因素，如坡角、坡体排水、斜坡年龄，地面水、不稳定性证据及其历史记录等，并提供包括这些数据的记录。

将潜在滑坡地区的特征与已发生滑坡地区的对应特征进行对比。首先选择最重要的特征，用基于 GIS 的方法进行严格归类和评价，对其提出质疑和分析。例如，不同的地质单元可以按照破坏感受性划分，同样，也可以按照斜坡斜度、地貌学和其他因素进行划分。

通常以前的认识、研究和在精确的地理区域的专业经验，使得在给定某区域发生的滑坡进行至关重要的“主题”的正确选择变得容易。

Finlay（1996）和 Fell 等（1996）利用我国香港土木工程拓展署土力工程处（GEO）的数据对香港的 3000 个滑坡进行了斜坡工程多元分析。这种方式利用了过去十年间斜坡性能的检定因素，对个别斜坡发生滑坡的可能性进行了评价。

为了划分补救工作（Koirala and Watkins，1988）的优先等级，对斜坡类型进行划分的多种方案是这项研究的一种形式。尽管如此，仍然经常有些因素是基于判断的，不能正确地校准和精确化，也就不能对可能性进行量化。

4. 将地质灾害历史记录与降雨强度和持续时间、斜坡形态及其他因素相关联

这种方法将历史滑坡的发生与降雨强度及持续时间相联系，在农村地区用于描述引发大范围滑坡的降雨。

Lumb（1975），Brand 等（1984），Premchitt 等（1994）发展了这种方法，他们将香港引发滑坡的降雨强度和自然斜坡相联系。和 Kim 等（1992）的方法相同，这些方法有很大的提高，它可以确定什么样的降雨条件会引发大范围的滑坡，这样就能建立预警系统，在适当时候让人们撤出高危地区。Fell 等（1988）对 Newcastle 郊区的降雨进行了分析，并且针对以前的降雨对大量的运算法则进行了评价，将滑坡事件（大型深层滑坡）与 20 小时降雨和以前发生的降雨相联系。降雨强度用来评价在特定区域的这类滑坡发生的频率。这些现存滑坡都极有可能复活，这种方法可以对那些被确定的滑坡发生滑动的平均概率进行严格评价。同样，在香港，斜坡居住人口是已知的，在每个斜坡上，大致分配滑坡的平均发生率是完全可能的。

这些方法都有各自的用处，但是不能区别居住人口所在的不同斜坡上滑坡发生的可能性。同样，这些方法应该进行仔细完善以确定关键降雨期和前期降雨量。研究发现，对于

自然和人工斜坡上相对较小、较浅层的滑坡，每小时的降雨强度是影响其最重要的因素。前期降雨量的影响并不重要，但是Fell等（1988）在他们的研究中发现，预报最好包括每小时的降雨量、大型深层滑坡30～60天的前期降雨量。

Finlay（1996）对这种方法进行了扩展，他利用我国香港土木工程拓展署土力工程处的滑坡记录，将滑坡数量与降雨强度、时间和前期降雨量联系起来，并且非常详细地叙述了降雨数据（包括每5分钟和15分钟的降雨数据）。

滑坡与降雨为非线性关系，而且只有极少数暴雨事件可以对其产生显著影响，这使得预测滑坡成为一种不确定的推测。但是，降雨增强是滑坡发生的关键特征。

5. 将地质灾害历史记录与降雨量、斜坡形态和工程地质特征、滑坡相关联

国际学者总结了地面斜坡、滑动潜在深度以及与降雨和浸润有关承压的方法。这些方法可以明显地对适当的模拟滑坡进程进行虚拟，但过于简化了分析中控制计算结果。更深入的问题是，可解析的模式有时候不能真实地模拟滑坡机理，只能真实地模拟滑动面，而非对斜坡非常关键的原始岩屑运移。

事实上，不管成功的模拟有多么复杂，现实中的斜坡都包括植物根须、根须孔洞、裂隙、不同深度的土壤。

在原位试验中，通过对降雨影响的研究，利用人工降雨来减少变量的无常性，同时总结相应于降水的滑坡的变化，以及斜坡原物质的密度。根据建立在地质构造基础上的模型，来预测滑坡的移动。

6. 模拟地质灾害的压力水平与降雨量的关系，将其与滑动相关联

这种方法对于一个独立的影响因素，是比较理想化的。但是，事实上，任何模式要达到精确结果都是困难的。因为有各种影响因素：复杂的渗透过程、斜坡土壤和岩土的异质性以及从底部渗出的地下水。很显然，对长时期内的计算是有必要的，这样可以对一系列降雨和压力条件，包括干旱期过后的强降雨体验认知。

此外，强调重点和其他机理因素在很大的程度上可以影响滑坡发生之前和滑坡发生过程中的压力水平特点（Bromhead and Dixon，1984），或者可以对现有滑坡做出反应。

在研究隐藏滑坡灾害与现有滑坡的界限时，利用贝叶斯定理或者从一开始就利用监控程序、模式和基于可能性模式的仿真来观测现存滑坡，以更新所需的新的监控信息来进行概率评价，这些都应是优先选择的工具。近期也有人提出基于地貌学和“景观演化重建”的观点。

7. 事件树方法，包括对专家意见的采用

事件树法是根据专家打分或经验用“树枝节点”来表征由某些地质因素或诱发因素引起的多个事件链，以追溯岩土体破坏的过程和评价灾害的发生概率。

事件树分析采用逻辑模型识别灾害初始事件并确定其概率，然后再次识别下一事件，以此类推，形成“树枝”状的图形（图4.5）。通过追溯岩土体破坏过程的事件因素，确定分支节点的概率，最终地质灾害的发生概率为各个分支节点概率的简单乘积。

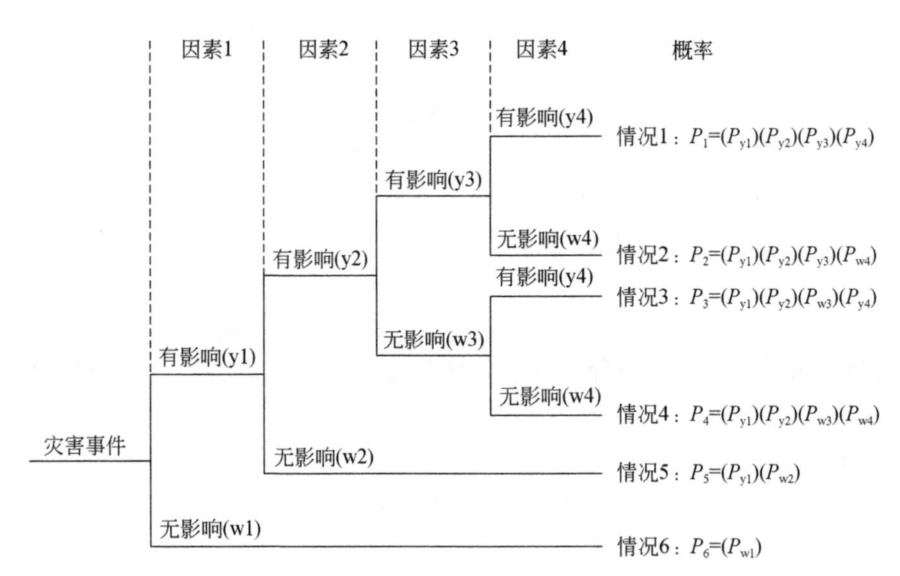

图 4.5　事件树评价方法

8. 正式的概率或可靠性估算方法

斜坡失稳的概率假定为安全系数小于其平均值的概率，有一些方法已应用到评估这个概率上，如一次二阶矩（first-order-second moment，FOSM）法、点评估法或蒙特卡罗法（Wu et al.，1996）。这些方法考虑了输入参数的不确定性。滑动区的空间分布概率通过斜坡稳定性的 FOSM 方程或其他分布函数结合数字高程模型来获取（Haneberg，2004；Wu and Abdel-Latif，2000）。这些方法的实现需要很大的计算工作量，同时也可通过使用失稳机理（即无限斜坡）和水文条件的简化假设将其推广到区域层面。这些方法通常反映了确定输入参数的不确定性，它需要调查斜坡的稳定条件，但并不包括频率在时间上出现的随机性（Romeo et al.，2006）。

1）蒙特卡罗法

蒙特卡罗法，又称统计试验法或随机抽样技巧法。它适用于随机变量的概率密度分布形式已知或符合假定的情况，在目前可靠度计算中，是一种相对精确的方法。随着计算机技术的不断发展，蒙特卡罗法在工程中的应用将越来越广。

蒙特卡罗法是从概率的角度出发来求解失效概率的，首先对影响可靠度的随机变量进行大量随机抽样，然后将这些抽样值逐个代入功能函数，累计功能函数值小于零的个数，由此确定失效频率。根据定义，某事件的概率可以用大量试验中该事件发生的频率来估算，因此如果抽样次数达到一定值时，得到的失效频率将逼近可靠度分析的失效概率。但是应用蒙特卡罗法，抽样随机性的可靠性和样本数目的大小都是影响该失效概率精度的主要因素。

抽样的随机性是通过产生随机数的方法来完成。这通常要分两步进行：首先产生在开区间（0，1）上的均匀分布随机数；然后在此基础上变换成给定分布的随机数。

产生随机数的方法一般是利用随机数表、物理方法和数学方法。其中，数学方法以其速度快、计算简单和可重复性等优点而被人们广泛地使用。随着对随机数的不断研究和改进，人们已提出了各种数学方法，如取中法、加同余法、乘同余法、混合同余法和组合同余法。上述方法中，乘同余法更具有统计性质优良、周期长等特点。

（1）选择适当的参数。将参数 a、b、c 和初始值 x_0 代入公式：

$$x_{i+1}=(a x_i+b)(\mathrm{mod}c) \tag{4.1.3}$$

式中，x、a、b、c 均为正整数。

式（4.1.3）表示以 c 为模数的同余式，即（ax_i+b）除以 c 后得到的余数，记为 x_{i+1}。

（2）对 x_{i+1} 进行换算。将 x_{i+1} 除以 c 后，即可得标准化的随机数 u_{i+1}，即

$$u_{i+1}=x_{i+1}/c \tag{4.1.4}$$

将 x_{i+1} 作为初值，重复（1）和（2），得到随机数序列 $\{u\}$。

目前可靠度计算中，一般常用正态分布和对数正态分布。因此，下面着重介绍这二种分布函数随机数的产生。

（3）正态分布的处理。这种分布应用极广，因此对于这种变量的模拟，已发展了很多方法。其中坐标变换法产生随机数的速度较快、精度较高。

设随机数 u_i 和 u_{i+1} 是（0，1）区间中的两个均匀随机数，则可用下列变换得到标准正态分布 N（0，1）的两个随机数 x_i^* 和 x_{i+1}^*：

$$\left.\begin{aligned} x_i^*&=(-2\ln u_i)^{1/2}\cos(2\pi u_{i+1}) \\ x_{i+1}^*&=(-2\ln u_i)^{1/2}\sin(2\pi u_{i+1}) \end{aligned}\right\} \tag{4.1.5}$$

如果随机变量 X 服从一般正态分布 $N(m_x, \sigma_x)$，则其随机数 x_i 和 x_{i+1} 算式变成：

$$\left.\begin{aligned} x_i&=x_i^*\sigma_x+m_x \\ x_{i+1}&=x_{i+1}^*\sigma_x+m_x \end{aligned}\right\} \tag{4.1.6}$$

（4）对数正态分布的处理。对数正态分布变量的随机数可以由正态分布随机数转化而来。假设随机变量 X 服从对数正态分布，则随机变量 $Y=\ln X$ 服从正态分布。Y 的标准差和变异系数可以由 X 的标准差和变异系数求得，然后根据上面介绍的方法求得 Y 的随机数 y，则 X 的随机数为 $x_i=\exp(y_i)$。

（5）样本数目的大小。抽样样本数目 N 的大小是影响失效概率计算精度的重要因素，建议用95%的置信度以保证用蒙特卡罗法解题的允许误差 ε。

$$\varepsilon=[2(1-P_F)/(N\cdot P_F)]^{1/2} \tag{4.1.7}$$

式中，P_F 为预先估计的失效概率。

由式（4.1.7）可见，样本数目 N 越大，误差 ε 越小。因此，要达到一定的精度，N 的取值必须足够大。为简便起见，建议：

$$N\geqslant 100/P_F \tag{4.1.8}$$

P_F 一般是一个很小的数，这就要求计算次数很多。例如，工程结构的失效概率一般在0.1%以下，因此，要求计算次数达十万次以上，这对计算方法就提出了新的要求。为此，目前正在研究如何在计算次数不太多的情况下得到满足精度要求的 P_F 值的方法。

2）一次二阶矩法

通常情况下，由于边坡系统存在着大量的不确定性因素，包含在功能函数中的随机变量的概率分布形式很难确定。随机变量的一阶矩（均值）和二阶矩（方差）比较容易获

得。一次二阶矩法就是在这种背景下提出的。此法只根据随机变量均值和标准差的数学模型去求解可靠度。

该方法将功能函数 $g(X)=g(x_1, x_2, \cdots, x_n)$ 在某点 $X^*=(x_1^*, x_2^*, \cdots, x_n^*)$ 用 Taylor 级数展开，使之线性化，然后计算功能函数在点 $X^*=(x_1^*, x_2^*, \cdots, x_n^*)$ 的均值和标准差，然后求解可靠度，因此称为一次二阶矩法。

首先我们来研究随机变量相互独立的情况。

对于一组相互独立的随机变量 $x_i(i=1, 2, \cdots, n)$，引入标准变量 z_i：

$$z_i=\frac{x_i-\mu_{x_i}}{\sigma_{x_i}} \tag{4.1.9}$$

式中，μ_{x_i}，σ_{x_i} 分别为 x_i 的均值和标准差。

把功能函数 $g(X)=g(x_1, x_2, \cdots, x_n)$ 在某点 $X^*=(x_1^*, x_2^*, \cdots, x_n^*)$ 用 Taylor 级数展开，得

$$g(X)=g(x_1^*, x_2^*, \cdots, x_n^*)+\sum_{i=1}^{n}(x_i-x_i^*)\frac{\partial g}{\partial x_i}\bigg|_{X^*}+\sum_{i=1}^{n}\frac{(x_i-x_i^*)^2}{2}\frac{\partial^2 g}{\partial x_i^2}\bigg|_{X^*}+\cdots \tag{4.1.10}$$

略去二阶小量得

$$g(X)=g(x_1^*, x_2^*, \cdots, x_n^*)+\sum_{i=1}^{n}(x_i-x_i^*)\frac{\partial g}{\partial x_i}\bigg|_{X^*} \tag{4.1.11}$$

式中，$\frac{\partial g}{\partial x_i}\bigg|_{X^*}$ 为 $g(X)=g(x_1, x_2, \cdots, x_n)$ 在点 $X^*=(x_1, x_2, \cdots, x_n)$ 对 x_i 一阶偏导数值。

注意到 $X^*=(x_1, x_2, \cdots, x_n)$ 为破坏面或者极限状态函数上的一点，因此：

$$g(x_1^*, x_2^*, \cdots, x_n^*)=0 \tag{4.1.12}$$

把式（4.1.12）代入式（4.1.11）中得

$$g(X)=\sum_{i=1}^{n}(x_i-x_i^*)\frac{\partial g}{\partial x_i}\bigg|_{X^*} \tag{4.1.13}$$

在结构可靠度分析中，对功能函数 g 往往采用线性化后的式（4.1.13），而不直接用原来的公式，原因是线性化后的 g，无论求解均值或方差都容易得多。

由式（4.1.9）得

$$x_i=z_i\sigma_{x_i}+\mu_{x_i} \tag{4.1.14}$$

同样：

$$\frac{\partial g}{\partial x_i}=\frac{\partial g}{\partial z_i}\frac{\partial z_i}{\partial x_i}=\frac{1}{\sigma_{x_i}}\frac{\partial g}{\partial z_i} \tag{4.1.15}$$

如果随机变量 $x_i(i=1, 2, \cdots, n)$ 的均值 $\mu_{x_i}(i=1, 2, \cdots, n)$ 和方差 $\sigma_{x_i}(i=1, 2, \cdots, n)$ 已知，且服从正态分布，把式（4.1.14）和式（4.1.15）代入式（4.1.12）得

$$g(X)=\sum_{i=1}^{n}(z_i-z_i^*)\frac{\partial g}{\partial z_i}\bigg|_{Z^*} \tag{4.1.16}$$

$g(X)$ 的均值为

$$\mu_g = -\sum_{i=1}^{n} z_i^* \frac{\partial g}{\partial z_i}\bigg|_{Z^*} \tag{4.1.17}$$

$g(X)$ 的标准差 σ_g 为

$$\sigma_g = \sqrt{\sum_{i=1}^{n}\left(\frac{\partial g}{\partial z_i}\bigg|_{Z^*}\right)^2} \tag{4.1.18}$$

由此可见，可靠度指标 β 为

$$\beta = \frac{\mu_g}{\sigma_g} = -\frac{\sum_{i=1}^{n} z_i^* \frac{\partial g}{\partial z_i}\bigg|_{Z^*}}{\sqrt{\sum_{i=1}^{n}\left(\frac{\partial g}{\partial z_i}\bigg|_{Z^*}\right)^2}} \tag{4.1.19}$$

定义：

$$Z^* = (z_1^*, z_2^*, \cdots, z_n^*)^{\mathrm{T}} \tag{4.1.20}$$

$$G^* = \left(\frac{\partial g}{\partial z_1}\bigg|_{z_1^*}, \frac{\partial g}{\partial z_2}\bigg|_{z_2^*}, \cdots, \frac{\partial g}{\partial z_n}\bigg|_{z_n^*}\right)^{\mathrm{T}} \tag{4.1.21}$$

则式（4.1.19）可表示为

$$\beta = \frac{-G^{*\mathrm{T}}Z^*}{(G^{*\mathrm{T}}G^*)^{1/2}} \tag{4.1.22}$$

对式（4.1.22）进行向量变换后得

$$Z^* = \frac{-G^*\beta}{(G^{*\mathrm{T}}G^*)^{1/2}} \tag{4.1.23}$$

由式（4.1.23）可知，$Z^* = (z_1^*, z_2^*, \cdots, z_n^*)^{\mathrm{T}}$的各个分量可以表示为

$$z_i^* = -\alpha_i^*\beta \quad (i=1,2,\cdots,n) \tag{4.1.24}$$

其中：

$$\alpha_i^* = \frac{\frac{\partial g}{\partial z_i}\bigg|_{Z^*}}{\sum_{i=1}^{n}\left(\frac{\partial g}{\partial z_i}\bigg|_{Z^*}\right)^2} \tag{4.1.25}$$

式中，α_i^* 为在 Z 空间中，破坏面在点$Z^* = (z_1^*, z_2^*, \cdots, z_n^*)^{\mathrm{T}}$处的方向导数。

同样在 Z 空间中，功能函数可以表示为

$$g(Z) = 0 \tag{4.1.26}$$

综上所述，计算可靠度指标 β 的步骤可具体化为寻找在状态边界面式（4.1.26）上的一个点 Z，该点满足式（4.1.23）和式（4.1.24），而该两式中包含的 β 是通过式（4.1.19）确定的。

由前述可知，在标准变量空间中，可靠度指标同时也是可能破坏点 Z^* 到原点的最大距离，所以上述结论也可以通过下述条件极值问题求得，即在 $g=0$ 的条件下求 $d=\sqrt{z_1^2+z_2^2+\cdots+z_n^2}$的最小值。

4.1.2.3　强度与致灾范围分析

地质灾害风险评价的一个基本问题是“地质灾害特征是什么”。对于滑坡而言，滑移速度、滑坡体积、滑移途径的判断与估计是风险评价的关键。有学者将滑移速度和滑坡体体积归结为滑坡强度，将滑移途径或滑坡到达距离称为致灾范围。

1. 速度预测

缓慢速度滑动的滑坡可以降低风险，如可以将其加固或者撤离人员以避危险。而在一个缓慢变形的起始阶段后，突然加速并获得一个超过人的奔跑速度，这样的滑坡被称为“灾难性的滑坡”。如何辨别一个已知的潜在滑坡是否可以成为一个高速滑移的滑坡呢？Hungr 等总结了以下三个可行的方法（Hungr et al.，2005）：基于滑坡类型学的判断方法（从经验上获得和对照以前事例而得到的判断方法）、基于监测的经验方法（基于监测数据与结果形成的经验方法）、数值方法（基于极限平衡和应力应变分析的分析方法）。在这些方法中，没有哪一种方法可以是精确无误的，在大多数情况下，专家尽量综合这三种方法。滑坡速度的简单分类见表 4.3。

表 4.3　滑坡速度的简单分类

分类	速度分类							内容
	极慢	很慢	慢	中	快	很快	极快	
岩体滑坡								
直入式滑块							■	在软弱岩层里较慢
滑塌	■	■	■	■	■			脆弱岩体
复合岩滑	■	■	■	■	■	■	■	多种机制类型
岩塌							■	坚硬岩石，节理面，结构面
崩塌								
岩崩							■	部分坠落，小规模
块石塌落							■	单个或复合块体
曲翻	■	■	■	■	■			脆性岩块
土体滑动								
落土	■	■	■	■	■			不敏感
黏土滑动（复合）	■	■	■	■	■			不敏感
滑沙					■	■	■	通常为狭长型
似流动性滑坡								
干沙流	■	■	■	■	■			没有黏聚力
沙流							■	有激化作用
敏感黏土滑体							■	速凝黏土
碎块崩落							■	无流动渠道
泥石流						■	■	有流动渠道
泥石洪流						■	■	含水量高
泥流	■	■	■	■	■			塑性黏土
岩崩							■	发生在基岩处
崩落							■	导致碎块产生

2. 地质灾害体积

地质灾害体是一种不规则形体，因此，地质灾害体积的估算也就归结为不规则形体体积的估算。目前，随着GIS、三维倾斜摄影、三维激光扫描技术的发展，国内外很多学者利用这些新技术进行滑坡体积的估算。已发生滑坡体积估算方法包括：①用滑动前、滑动后的地形图及滑床顶面等高线图计算滑坡的体积；②用滑坡体等厚线图计算滑坡的体积。地质灾害隐患体积估算可以采取类比法。根据地区经验，估计斜坡可能的滑动范围、滑动面和厚度，进而估算隐患体的体积。

3. 运移距离

评价地质灾害运移距离的几个经验方法是在观测数据与滑坡特征和滑坡轨迹以及滑坡碎块滑移距离之间关系的分析基础上建立起来的，滑坡数据资料的收集有助于进行简单的统计分析，这种统计分析给出一个指标，该指标直接或间接地与滑坡移动有关，经验指标是通过简化假定来得到的，因此它们没有一个明确的解释，由于这些原因而引起许多的争议是在所难免的。预测滑移距离的方法可以归纳为地质生物学法、几何学方法和变体积法等（Hungr et al.，2005）。

1）地质生物学法

区域数据和遥感解译是地质生物形态学用来确定滑坡滑移距离的主要要素，古滑坡和新滑坡沉积范围的估计是确定滑坡进一步位移的基础，滑坡的最外层的沉积物给出先前滑坡滑移能达到的最大距离的信息。这个时间跨度可以达到几千年。

这个方法首先要克服的困难是滑坡沉积物的正确判别，如在某些山区，以前的冰川峡谷的陡坡是周期性落石事件的起源，冰川时期形成的漂砾散落在峡谷谷底，也许会错误地被认为是落石事件的见证。一些特征，如石块可作为石版画的特征、粗糙的棱角以及别的侵蚀特征也许有助于区别万有引力的作用和冰川起源。在冲积扇形区滑坡碎块常被洪积物掩埋，学者已经提出结合生物形态学和构造原理来辨别石流及它们的漂流距离。对石流和泥流事件的出露物的分析常可以描绘出大的雪崩情景。就这些大的古滑坡来说，对受影响区域的限定是依靠首次滑移所留下的痕迹来判断的。但由于出露物缺少连续性，对边坡边界的划定存在很大的困难。对于远离灾害区的地区也不是没有滑坡风险存在，因为灾害的发生区域只是大概的确定，尤其在低可靠度区域。所以对要出现泥石流的起因、尺寸和活动性并不确定，给灾害边界的精确确定带来了困难。

地理生物形态学方法不能给出任何的关于发生机理的线索，此外引发老滑坡的边坡几何形状和环境因素已经发生了变化，因此在一个区域得到的结果不能轻易地用于别的地方。

2）几何学方法

滑移距离（L）被定义为滑坡最上面到最外面的连线在水平方向的投影（图4.6），Finlay等（1999）使用双回归分析得到几个表达式，来分析滑移距离，以确定要采用的处理措施，如削坡、回填、挡墙和抛石（表4.4），这些模型仅仅适用于块体落于水平面以下的情况。

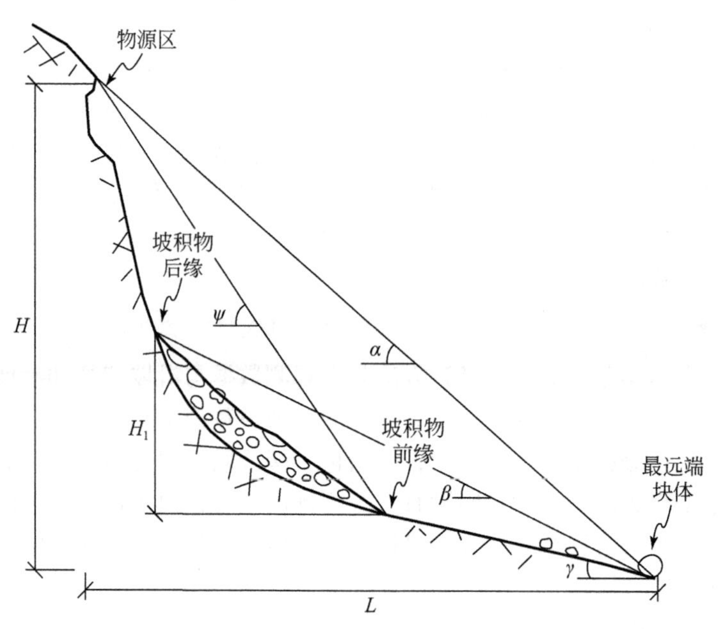

图 4.6　滑坡中各几何变量（据 Hungr et al.，2005）

垂直落差（H）；滑移距离（L）；延伸角（α）；阴影角（β）；塌落角（ψ）；基底坡角（γ）

表 4.4　香港边坡破坏的滑移距离公式

变量	置信区间	公式
削坡	LCI	$\lg L=0.062+0.965\lg H-0.558\lg(\tan\alpha)$
	Mean	$\lg L=0.109+1.010\lg H-0.506\lg(\tan\alpha)$
	UCI	$\lg L=0.156+1.055\lg H-0.454\lg(\tan\alpha)$
回填	LCI	$\lg L=0.269+0.325\lg H+0.166\lg(V/W)$
	Mean	$\lg L=0.453+0.547\lg H+0.305\lg(V/W)$
	UCI	$\lg L=0.693+0.768\lg H+0.443\lg(V/W)$
挡墙	LCI	$\lg L=0.037+0.350\lg H+0.108\lg(V/W)$
	Mean	$\lg L=0.178+0.587\lg H+0.309\lg(V/W)$
	UCI	$\lg L=0.319+0.825\lg H+0.150\lg(V/W)$
抛石	LCI	$\lg L=0.041+0.515\lg H-0.629\lg(\tan\alpha)$
	Mean	$\lg L=0.253+0.703\lg H-0.417\lg(\tan\alpha)$
	UCI	$\lg L=0.466+0.891\lg H-0.206\lg(\tan\alpha)$

注：LCI 为置信区间上限；Mean 为置信区间平均值；UCI 为置信区间下限；V 为滑坡体积（10^3m^3）；W 为滑坡宽度

Finlay 等的数据有准确的也有不准确的，这反映在与被估计的位置有一定的差距上，Hunter 和 Fell 利用新的数据重新进行了这项工作，而得出了比较精确的结果。边坡破坏在数据组上显示的最大滑移距离依次是回填、挡墙、削坡和抛石，关于这种现象的解释主要是回填的物质含有松散的粒状物，在剪切过程中易于被压缩。

α 角是连接最高点和倒锥体最下端的连线（图 4.6），这个角由 Heim 定义，其他的角度定义分别由不同的学者给出。

关于α角的定义有许多的解释，被认为是表示滑坡相对滑移的一个量，Shreve把这个角称为等摩擦系数，并且Scheidegger精炼了这个概念，表明对一个滑体，范围角的切线事实上是滑坡体和地面接触面上的摩擦系数，用垂直落差H和滑移距离L的比值表示，然而，几个学者认为Scheidegger的假设仅仅对连接滑坡源和最终散落物的重心连线才适用。从经验观察来看，Heim认为对岩崩的移动距离的确定取决于岩体的初始高度、地形的规则性及岩石滑体的体积，但是这种关系难以得到实际的应用，因为滑落的高度是未知的，除非滑坡已经发生。

用范围角的切线值来表示的滑坡体体积，显示大的滑坡体比小的滑坡体有一个更小的范围角，这说明了为什么大的滑坡体更容易滑落。大的滑坡和岩崩的范围角比干燥的破裂体的期望摩擦角（约32°）要小，更大的滑移用“超滑移距离”来表达，以L_e表示，L_e的长度用超出某一点的滑移距离的水平投影来表示，这个点是从滑坡顶点取一条水平角度为32°的直线与地面的交点，公式为

$$L_e = L - \frac{H}{\tan 32°} \tag{4.1.27}$$

大的滑坡也许有一个达几公里的L_e值，Corominas给出了一大一小两个滑坡，这两个滑坡计算出的滑移距离比用摩擦角32°来计算出滑移距离有更大的滑移性。该角度被提出质疑，因为许多滑坡物质的内摩擦角小于32°，尽管如此，不同的机理被用来解析这种更高移动性现象。

而与体积有关的范围角也被质疑，许多人提出了别的解释，这说明在专家中还没有得到一致的结论。从这些简单关系中可以得到相反的结论，因此在使用范围角来确定滑移距离时还是要特别注意。

当滑坡的初始滑面和可能的滑体体积已知，滑移距离可以从以下公式中得到：

$$L = \frac{H}{\tan\alpha} \tag{4.1.28}$$

实际上，对一个已给出的滑坡源，垂直落差H有时并不是事先就知道，除了滑面，在许多例子中，可以通过假定范围角，用图解法来解答问题。因为，可以从滑坡源点引一条直线，与地面相交，从而可以给出H和L，关键点在于给出一个合理的范围角，然而这个工作却不简单。

许多学者认为可以从范围角的切线（H/L）和滑坡体积之间的倒数关系的基础上提出经验表达式，开始的研究假定只有大的滑坡尤其是岩崩H/L值随着滑坡体积的增大而减小，在对小滑体如岩塌试验中发现了同样的规律，用下式表示：

$$\lg\tan\alpha = A + B\lg V \tag{4.1.29}$$

式中，A和B是常数；V是体积。在表4.5中有几个公式表示了这种关系，这与回归线公式一致。

在一些滑坡组里体积和H/L的相关性较差以致不能预测滑坡蔓延，回填、削坡和抛石的相关性也较差。

表 4.5　不同滑坡总量的回归方程 $\lg H/L=A+B\lg V$ 参数表

参考文献	A	B	R^*
Scheidegger（1973）	0.642	0.15666	0.82
Li（1983）	0.664	−0.1529	0.78
Nicoletti 和 Sorriso-Valvo（1991）	0.527	0.0847 *	0.37
Corominas（1996）（mean）	−0.047	−0.085	0.79

* R 为相关系数

为了提高回归性，Corominas 用同样的滑坡数来分析。1996 年，Corominas 把性质更接近的滑坡体根据它们各自的主导机制和滑面特征分裂为几个块体，回归方程出现了一个显著的提高（表 4.6），仅适用于体积大于 $10^6 m^3$ 的情况，小于 $10^6 m^3$ 相关性变差，这解释了多样的离散现象：①不同的运动机理；②不同的物质条件，如没有考虑残余强度；③孔隙水压力作用；④简化的生物学方法和滑移路线的多样性；⑤滑移过程中障碍等。

表 4.6　滑坡体积和 H/L 对不同滑坡类型和途径的回归方程

滑坡类型	A	B	R^2
落石	0.210	−0.109	0.76
	0.231	−0.091	0.83
	0.167	−0.119	0.92
平移滑坡	−0.159	−0.068	0.67
	−0.133	−0.057	0.76
	−0.143	−0.080	0.80
泥石流	−0.012	−0.105	0.76
	−0.049	−0.108	0.85
	−0.031	−0.102	0.87
土流	−0.214	−0.070	0.65
	−0.220	−0.138	0.91

由于滑动具有很大的分散性，用式（4.1.29）来估算滑移距离时必须小心，因为这个平均值也许会给出一个乐观的值，而实际的滑移会超出这个值。相反，如果可以得出足够的资料，反映不同空间可能性的百分数的不同的回归线，在使用更低的包络线时结果是令人满意的。

在灾害计算的许多情况中，模拟滑移距离的不确定性相对较容易，这可以通过给定一个可能性，给出滑移距离的范围值，这个范围参考表 4.6 和表 4.7，最低包络线给出了一个最小范围角，并且对应于最大的滑坡蔓延距离，这看上去和最初的滑移距离估计相接近。Hunter 和 Fell 发现范围角变化和下坡角及滑移轨迹线的夹带程度吻合，然而，他们的数据也显示了这种相关性的分散性特征。Domaas 从角 ψ（链接起点和坡脚的连线）得到范围角，并根据 H 的范围而不同：

$$H<200\text{m} \qquad \alpha=0.909\psi-8°$$

$$200\text{m}<H<300\text{m} \qquad \alpha=0.875\psi-3.7°$$

$$H>300\text{m} \qquad \alpha=0.842\psi-0.7°$$

表 4.7　不同受限程度下，点 H/L 与下滑角 α 的正切值回归方程

途径	A	B	R^2	SD*
不受限	0.77	0.087	0.71	0.095
部分受限	0.69	0.110	0.52	0.110
受限	0.54	0.27	0.85	0.027

* SD 为标准差

为了克服先前对滑落体体积的估测的局限性，这些文献作者提出了许多别的方法。这些方法仅仅要求预先估计边坡高度，他们发现，对滑体体积来说，从 $5\times10^6\sim1.6\times10^9\text{m}^3$ 变化时，H/L 的值通常控制在 0.5～0.8 之间，解下面的公式：

$$L_e=L-\frac{H}{\tan32°} \tag{4.1.30}$$

对这个范围值，L 在 $3.2H\sim8H$ 之间变化。落石覆盖部分超出了边坡的最下端部分。下落的石头可以通过弹跳和滚动来超出这个范围，Hunger 和 Evems 已经使用了阴影角 β 的概念来确定岩崩的最大位移，β 为连接顶点和崩落最远处连线的倾角，这个概念仅用于岩崩碎块，这些碎块解释了这些事件主要是以体积不超过 10^5m^3 的单个块体独自运动为特点的滑坡所引起。虽然没有明确的体积限制，但使用这个方法要求是倒锥形边坡，β 是由锥体顶点引出，以锥体前部作为参考点，超过该点的落石的距离来确定。

关于阴影角的基本概念是：大多数岩块碎块的动能在首先的挤压过程中被消耗掉，最后的滑出主要来自滚动摩擦，并提出以 27°作为最小 β 的真实值，这也是岩落达到最大值的初始估计，然而有时倒锥体和大的岩体相当光滑，此时的 β 可以达到 23°～24°，Domeas 发现了更小的角度 17°，并发现阴影角与倒锥体的高度大小有关，最小值与倒锥体的高度关系为

$$\beta=0.562H_2+13.7° \tag{4.1.31}$$

由于倒锥体边坡高度小于 200m，β 比 25°更小，当倒锥体边坡低于 100m 时，β 减小到 16°。Anolorra 和 vella 已将 β 用于灾害性岩落地区区域边界的界定，通过百余个实例证明并发现了角度正切值与体积之间的倒数关系，得到最小的角 β 为 26°，用于不同体积的最小的角 β 形成的包络线可表达为

$$\lg\tan\beta=0.045\lg V-0.233 \tag{4.1.32}$$

岩落的可能分布区域要由滑落岩体的空间分布来确定，几个不同的 β 边界值来源于不同的倒锥体的顶点位置，并考虑了岩块进一步滑移的可能性。33°、32°和 30°的 β 分别对应于 1、0.1 和 0.01 的概率，个别的有更小值为 27.5°，但出现如此小角度的事例很少，

这些角度值分别界定了岩落边界的概率高低。

挪威岩土工程研究所（NGI）已经推导出一个方法来估计从山坡分离的岩崩的滑移距离，该方法如阴影角法仅适用于倒锥体边坡有坠落物的情况，此外 NGI 分析法的有效性局限于岩落情况，要求在倒锥体前部的地面坡角不大于 12°，在这种条件下，由总高度 H 与超出锥舌的滑移距离 S_1 之间的关系可以得到，高度越大，S_1 越大，另外，有许多分散块体出现。一个包括了 98% 有记载事例的更低的边界线也可用于追溯曾经发生的最坏事件的场景，该边界线可表达为

$$S_1 = aH + b = 0.3065H + 24.1 \tag{4.1.33}$$

估计滑坡碎块所达到最大范围的另一个表达空间可能性的方法是考虑被碎块所覆盖的区域，滑坡碎块体积 V 和被它覆盖的区域地面面积 A 之间的关系，这种关系被 Davies 和 Li 发现，Li 提出了一个经验公式：

$$\lg A = 1.9 + 0.57\lg V \tag{4.1.34}$$

3）变体积法

变体积法估算泥石流可能的移动距离，它主要是通过挟带物的体积和沉积物的体积之间的一个平衡来估算，滑移路径被细分多个区域，并测量每个区域伸出长度、宽度和坡度。该模型考虑了限定区域、过渡的和未限定区域，并提出在限定区域没有沉积物的流动，并且，对过渡型没有夹带。通过输入初始体积和连续的区域几何形状，用碎屑最末端的长度来划分可移动物质的体积，并用几何模型建立了一个变体积公式。最初的可滑移物的体积在下滑过程中逐渐减少，直到运动停止，这个结果给出了滑移距离的超出概率，可以通过比较两个滑坡的滑移距离来得出。

4）方法的应用

地质生态学方法是纯经验的、主观的，其结果不适用于别的地方，边界值的定义是通过对最初滑坡的出露物来确定，在滑坡较不活跃区域，寻找滑坡边界是相当困难的，并且有很大的不确定性，易于出错，然而在别的环境下是可行的。所有的地质方法中，通常在地质特性上的经验公式有很大的分歧。这个事实限制了这些方法用于滑坡位移的预测，除非包络线定义一个最大范围值，或者这些事例允许一个近似的估计。尽管这样，这些地质方法还是很有用的。

范围角的计算要求测量单个滑坡体的起始点和终止位置，对岩落情况，需要建立数据库，因为要求事例必须是最近发生的，需考虑起始和终止点位置的辨别，否则结果不正确。

滑坡碎块滑移距离的预测要求了解边坡将要出现的滑裂位置，一个保守的方法从滑坡定点起，采用最小范围角值，这种方法会对某个地方滑体的蔓延有一个过大的估计，β 的确定不需要分清滑体的起始位置，仅需要超出滑坡址的滑块位置，但是这个方法也得不到实际的应用，除非一个倒锥体出现在陡岩坡上。由于边坡大部分被下落的岩块覆盖，所以必须使用其中一种方法。

使用经验法得出的包络线比较保守，但并不是不可行的，因为这些都是在观测了许多的案例之后得出的。事实上，在所观测的最大位移中，滑坡距离的预测仅仅是通过滑坡监测器得到的。

这个方法的保守特点也许正适合发生滑坡灾害的最初估计，然而，对滑移距离的详细研究，应该采用上面所说的几何模型。事实上，滑移距离也很容易得到，该方法的主要的特点是简单，可以使用GIS来描绘可能发生滑坡地段的区域长度，以便绘出灾害发生图及对灾害发生敏感性。然而也要注意到该方法所用到的所有假设条件的不精确性及统计的分散性，同时也没有提出滑动过程中动态特点，而这些对工程设计是必需的。

4. 到达概率

到达概率是地质灾害到达影响区内某一个承灾体的概率，地质灾害的到达概率取决于地质灾害与承灾体各自的位置及地质灾害可能的运动路径、滑移距离。目前常用的到达概率估算方法是经验法、统计学法和滑移距离法。

1）经验法

经验法是根据经验提出的到达概率，常见的有阴影角法。例如，滑坡阴影角β的最大值和最小值分别为25°和20°，则相应的$P_{(T:L)}$分别为0.75和0.25；泥石流阴影角β的最大值、中间值和最小值分别为25°、20°和15°，则相应的$P_{(T:L)}$分别为0.67、0.25和0.08。

2）统计学法

统计学法需要大量的灾害数据，通过对数据的统计分析得出灾害的到达概率。例如，某地区有100个滑坡，可以滑移到20m的滑坡有50个，则该地区滑坡滑移20m的概率为50/100=0.5。

3）滑移距离法

将滑坡最远滑移距离L进行归一化，位于滑坡体上的承灾体，其到达概率定为1，位于最远滑移距离之外的到达概率定为0，则位于此区间的承灾体的到达概率，按其与最远滑移距离的比例赋值。

4.1.3　危害性分析与量化

危害性分析即结果分析，对于每一个地质灾害隐患点都应做如下工作：

（1）识别和定量包括财产和人口在内的承灾体；

（2）估算承灾体的时空概率$P_{(S:T)}$；

（3）根据财产易损性$V_{(prop:S)}$和人员易损性$V_{(D:T)}$，估算承灾体的易损性。

结果分析可以限制在财产损失和生命健康损害上。其他结果包括业主和土木工程技术人员的名声的损害、间接损失（如道路被关闭了一段时间，影响了商业活动）、被伤害人员或者死者的亲属的诉讼、对被卷入人员可能的控告、政治反响、对社会和生态环境的不利影响。大部分结果都不是可以轻易地计算出，但是的确有必要与业主协商后，在做决定过程中适当考虑进去，至少在综合的风险分析研究时考虑到（Roberds，2005）。

4.1.3.1　承灾体的时空概率

承灾体包括区域内受灾害影响的人口、建筑物、工程设施、基础设施、运输工具、环境面貌以及经济活动等，通常是风险因子在滑坡体上和/或是滑坡体滑动时所经过的地区。

如果滑坡体紧邻地区或是滑坡体上部地区的财产，以及包括电线、供水设备、下水道、排水装置、道路以及通信设施在内的基础设施也受到损坏，这些地区的受影响影子也应包括在内。受风险影响人口包括在区内生活、工作或是旅游的人。通常将交通工具分为小轿车、卡车和大轿车，因为在不同交通工具内人数可能不同。

时空概率是指在灾害发生时间内，受灾地区承灾体受影响的概率。它是条件概率，其值在 0 ~ 1 之间。承灾体的空间概率主要是确定滑坡发生所影响的范围，即在滑坡威胁范围内的承灾体具有受影响或受损的空间概率；时间概率可分为固定承灾体与流动承灾体两种类型，固定承灾体为房屋等固定资产，流动承灾体包括人员、车辆、牲畜等。

1. 固定承灾体

固定承灾体包括房屋、公路、铁路等不可移动的公共及民用设施。其时空概率的计算主要依据滑坡等地质灾害的致灾范围，承灾体在威胁范围内，时空概率为 1，否则为 0。

2. 流动承灾体

流动承灾体包括人员、车辆、牲畜等。由于具有流动的特点，其时空概率主要取决于在灾害致灾范围内的时间。通常可以用 1 个人平均在致灾范围内的时间来计算时空概率。例如，1 个人每年在家 300 天，每天在家 12 小时，则时空概率为 $(300/365)\times(12/24)=0.41$。

对在一个滑坡体下面运行的单个交通工具而言，其时空概率就是其在一年内通行于滑坡体下的道路上的时间比例。对所有通过单个滑坡体下面的交通工具而言，其时空概率是单个交通工具一年内通过滑坡体下面路径的时间之和。

对在交通工具内的人员，时空概率与交通工具概率相同。不过，轿车中有一个人和有四个人的时空概率是不同的。在一些情况下，受影响人员是否足够警觉并能从受危险影响地区及时撤出，估算时空概率时也应予以考虑。在滑坡体上方的人比在滑坡体下方和在滑坡体上的人更容易观察到滑坡体滑动，并及时撤出。每种情况都应考虑滑坡体的自然属性，包括体积、速度、监测结果、预警信号、疏散体系、承灾体以及人员的移动能力等。

若考虑具体情况，可根据承灾体及条件精细计算，即：

（1）对于人员来讲，白天在家的概率比黑夜的概率小；白天在办公场所或学校的概率要比黑夜的概率大。

（2）对于青壮年来讲，每年 1 月、2 月、12 月在家的概率大，3 ~ 11 月在家的概率小；对于老人孩子来讲，在家的概率相对平均。

（3）在降雨条件下，没有预警撤离通知情况下，人员在房屋内的概率要比平时高。

4.1.3.2 承灾体的易损性

承灾体的易损性有两类不尽相同的认识：其一，认为易损性指地质灾害发生造成的损失后果，主要涉及承载对象的经济价值以及人员数量，用经济损失和人员伤亡数量表示；其二，认为易损性是指地质灾害以一定的强度发生而对承灾体所造成的损失程度，不是指灾害损失后果，用 0 ~ 1 表示。

Fell 认为易损性是危险区内单个或者一系列承灾体易受损失的程度，程度范围在 0

(没有损失) ~1 (总损失) 之间。

另外，由于一些自然、社会、经济和环境因素，也可以增大某一团体受危险影响的程度。

易损性是一个条件概率，条件是地质灾害发生且承灾体在灾害体上或在灾害运移的线路上。对财产来说，用 0 (没有破坏) ~1 (完全破坏) 来表示其易损性；对人员来说，也用 0 (没有伤害) ~1 (死亡) 来表示其易损性。不能脱离滑坡谈易损性，易损性是相对于特定的滑坡及所处的位置而言的。

影响易损性的因素有：

(1) 灾害速度。快速滑坡比慢速滑坡更容易造成人员伤亡。

(2) 灾害体积。大滑坡比小滑坡更容易造成损害。

(3) 人员在露天场所还是在庇护场所，如车辆或建筑物对其内的人员有保护功能。

(4) 建筑物在滑坡的作用下是否会坍塌，坍塌的类型。

(5) 由窒息所致的死亡比撞击所致死亡的可能性大，即滑坡压埋比滑坡撞击的易损性高。

4.2 风 险 评 估

4.2.1 风险估算

4.2.1.1 定量风险估算

风险可以以多种方式提出：

(1) 年风险 (期望值)，可表示为财产年损失或人员死亡概率。

(2) 频率-结果组合 (f-N)，如对于财产，年最小破坏概率、年中等破坏概率、年最大破坏概率；对于生命风险，年死亡 1 人、5 人、100 人等的概率。

(3) 累计频率-结果组合 (F-N)，如年死亡概率或是更多人数死亡概率。

最好是以上三个都进行估算。

财产年损失可按照下式计算：

$$R_{(\mathrm{prop})}=P_{(\mathrm{L})}\times P_{(\mathrm{T:L})}\times P_{(\mathrm{S:T})}\times V_{(\mathrm{prop:S})}\times E \tag{4.2.1}$$

人员年死亡概率可以按照下式计算：

$$P_{(\mathrm{LOL})}=P_{(\mathrm{L})}\times P_{(\mathrm{T:L})}\times P_{(\mathrm{S:T})}\times V_{(\mathrm{D:T})} \tag{4.2.2}$$

式中，$R_{(\mathrm{prop})}$ 为财产年损失；$P_{(\mathrm{L})}$ 为地质灾害发生年概率；$P_{(\mathrm{T:L})}$ 为地质灾害到达承灾体概率；$P_{(\mathrm{S:T})}$ 为承灾体时空概率；$V_{(\mathrm{prop:S})}$ 为财产易损性；E 为承灾体价值；$P_{(\mathrm{LOL})}$ 为人员年死亡概率；$V_{(\mathrm{D:T})}$ 为人员易损性。

估算生命损失风险时，其中 E 代表受风险影响的人数。

在许多情况下，大量地质灾害的风险组成一个总的风险。这些情况包括：

(1) 在受险对象暴露在一系列地质灾害危险的影响下时，如同时受坠石、泥石流、移动滑坡的影响；

（2）在地质灾害受多种因素驱动时，如同时受降雨、地震、人类活动的驱动；

（3）在受险对象同时受到同一类型但大小不同的滑坡影响时，如同时受体积为50m^3，5000m^3，100000m^{3}的泥石流影响；

（4）在受险对象暴露于一系列可能发生滑坡的斜坡面前时，如行驶在一段公路上的交通工具，该段公路处有20个切割斜坡，每一个都是潜在滑坡的发生源。

在这些情况下，式（4.2.1）和式（4.2.2）应表示如下：

$$R_{(\mathrm{prop})}=\sum_{1}^{n}\left(P_{(\mathrm{L})}\times P_{(\mathrm{T:L})}\times P_{(\mathrm{S:T})}\times V_{(\mathrm{prop:S})}\times E\right) \tag{4.2.3}$$

$$P_{(\mathrm{LOL})}=\sum_{1}^{n}\left(P_{(\mathrm{L})}\times P_{(\mathrm{T:L})}\times P_{(\mathrm{S:T})}\times V_{(\mathrm{D:T})}\right) \tag{4.2.4}$$

式中，n 为滑坡灾害的次数。

这是在假设灾害都是相互独立的基础上的，但却常常是不正确的。如果一个或多个灾害是同一事件引起的，如一次降雨或地震，那么应该采用下列单一模式界限来估算概率。

根据 De Morgan 定律，要估算的上限条件概率是

$$P_{\mathrm{UB}}=1-(1-P_1)(P_1-P_2)\cdots(1-P_n) \tag{4.2.5}$$

式中，P_{UB}为估算上限条件概率；$P_1 \sim P_n$为一些单个危险的估算条件概率。

在运用一般起因事件的年概率时应该先进行此计算。如果所用的条件概率 P_1-P_n都很小（小于0.01），式（4.2.5）中将会得出一样的值，在可接受精度范围内，将所有估算的条件概率相加可获得。

4.2.1.2　定性（半定量）风险估算

定性（半定量）的风险分析方法是用描述符来描述滑坡的频率和结果，它包含一些风险分级系统、风险计分方案以及风险等级矩阵等手段（Stewart et al., 2002）。这些方法在滑坡风险管理中很有用，因为它们可以对比不同场地风险，优先采取那些治理措施，以解决由许多危险地点引起的投资风险问题。在一些情况下，可以使用综合的方法进行风险估算，在定性风险分析中给定地点更容易查出主要危险，以便于将注意力放在更值得关注的地区或危险上，这些地区或危险可以定量详细地进行评估。定性风险评估可以有效地判断地质灾害对人员造成的危害（如在危岩下方设置“危险”标志），从而采用快速的风险减缓措施，保护公众的安全，不必进行详细的定量分析。总体来说，在进行定性风险评价时，必须持严谨的态度，最后还要听从专家的意见，避免分析结果虚假，增加分析的价值。

可能性包括滑坡的频率、滑坡到达承灾体的概率和时空概率，结果包括承灾体的价值和易损性。

将可能性与结果结合产生一个风险矩阵，将风险类型从最高（VH）到最低（VL）分为5个类型（表4.8，表4.9）。

表 4.8　在评估财产风险时使用的定性术语（Australian Geomechanics Society, 2000, 2007）

类别	级别	描述符	年概率量级	描述
对可能滑坡的定性度量	A	几乎确定	10^{-1}	预期要发生的事件
	B	很可能	10^{-2}	在不利条件下会发生
	C	可能	10^{-3}	在不利条件下可能发生
	D	不太可能	10^{-4}	在非常不利条件下可能发生
	E	可能性小	10^{-5}	只有在例外情况下可能发生
	F	不可能	10^{-6}	不可能发生或幻想
定性的财产后果度量	1	灾难性的	建筑物被完全或是大规模地破坏，加固需要很大的工程量	
	2	重大的	大部分建筑受到较大的毁坏，或是伸展超出了范围，需要大量的加固工作	
	3	中等的	一些建筑被中等破坏，或是现场重要的部分需要大的加固	
	4	较轻的	建筑的局部受到破坏，部分场所需要恢复/加固工作	
	5	轻微的	破坏很小	

表 4.9　定性的财产风险分析矩阵

可能性	财产的后果				
	灾难性的	重大的	中度的	较轻的	轻微的
几乎确定	VH	VH	H	H	M
很可能	VH	H	H	M	L-M
可能	H	H	M	L-M	VL-L
不太可能	M-H	M	L-M	VL-L	VL
可能性小	L-M	L-M	VL-L	VL	VL
不可能	VL	VL	VL	VL	VL

其他类型的方案可以通过土木工程风险分析人员与业主或是其他股东的适当协商做出，以便更好地解决问题。

定性风险评估具有其局限性，包括可能产生的不精确以及对可能性术语的主观描述，如像“不利”或是“可能发生”这类描述，因而可能导致所估算的风险差异很大，同时缺乏能检验定性评估结果的风险验收标准。

AGS 认为表 4.8、表 4.9 所提出的方案只适用于对财产风险的考虑。由于其相应的缺点，在用定性评估方法估算生命损失风险和决定具体的场所的风险，特别是海滨沿岸的情况时，必须特别注意。

4.2.2　风险评价

4.2.2.1　风险评估过程

风险评价是风险评估的一个环节，主要是将风险估算的结果与价值判断和风险允许标准相比较，从而决定此风险是否是可以容许的。

评价过程考虑政治、法律、环境、政策和社会因素。通常由业主和调控者做决定，有时还会与受影响的公众和股东进行协商。非专业的委托人可以寻求风险分析人员的指导，决定是否接受风险，但是从法律角度来看，业主和调控者的最终决定是很重要的。

风险评价要考虑以下价值。

（1）财产或是金钱损失：

年风险成本；

金融概率；

相关名誉的影响；

可利用的保险；

对于铁路和公路上，每百万吨货运车的事故频率；

间接成本（如道路畅通的成本）；

考虑减缓措施时的损益比。

（2）生命损失：

个体生命风险；

社会风险，如，频率相对于死亡人数（f-N）或是累计频率相对于死亡人数(F-N)；

一年内可能的生命损失；

考虑减缓措施后，每一个生命的拯救成本。

4.2.2.2　风险允许标准

1. 风险允许标准的原则

标准的尝试是对社会需求的一种量化，界限并不是绝对的，因此需要一些原则。IUGS Working Group on Landslides 和 Committee on Risk Assessment（1997）列出了在考虑风险评估标准时一些常用普通的原则：

（1）相对于个人每天所面对的其他风险而言，所增加的危害风险不是很重要。

（2）通过一种适度可行的方法，增加的危害风险可以被减少。

（3）如果一次滑坡事故造成的生命损失比较高，那么这个事故实际发生的可能性就会较低。这说明社会不能容许同时发生许多大的伤亡的事故，这包含在社会风险允许标准中。

（4）由于财力或是其他限制条件，人们不能控制或减弱风险，于是就能够容许比他们可接受的风险还高的风险。

（5）与规划中的工程相比较，人们更能容许现存的斜坡的风险；与普通人相比，如从事开矿等具有较高危险性工作的工人容许的风险相对较高。

同时，需要参考一些与地质灾害相关的实用性原则：

（1）天然山坡的风险允许标准比人工边坡的要高。

（2）一旦自然斜坡处于监控中或是实施了风险减缓措施，那它的风险允许标准就和人工边坡比较接近。

参考以上一些基本原则，目前国际上有三种风险允许标准的确定原则，分别为法国的

GAMAB 原则、英国的 ALARP 原则和德国的 MEM 原则。其中，ALARP 原则应用最为广泛，它规定在实际应用中应尽可能降低故障率。它将风险划分为可接受风险区、不可接受风险区和可容忍风险区三个区域。

2. 风险允许标准

1）风险矩阵

结合澳大利亚在地质灾害方面经验和我国地质灾害调查实际，综合给出了一个定性的地质灾害风险分级方案（表 4.10）。

表 4.10　地质灾害风险分级（张茂省和唐亚明，2008）

危害可能性（年概率）	危害程度			
	特大级	重大级	较大级	一般级
几乎一定（$\geqslant 10^{-1}$）	VH	VH	H	H
很可能（$\geqslant 10^{-2} \sim < 10^{-1}$）	VH	H	H	M
可能（$\geqslant 10^{-3} \sim < 10^{-2}$）	H	H	M	L
不一定（$\geqslant 10^{-4} \sim < 10^{-3}$）	H	M	L	L
很少（$\geqslant 10^{-5} \sim < 10^{-4}$）	M	L	L	VL
几乎不可能（$< 10^{-5}$）	L	L	VL	VL

注：VH 为风险很高，H 为风险高，M 为风险中等，L 为风险低，VL 为风险很低。一般级：威胁人数<10 人或潜在财产损失<100 万元；较大级：威胁人数 10～100 人或潜在财产损失 100 万～500 万元；重大级：威胁人数 100～1000 人或潜在财产损失 500 万～1000 万元；特大级：威胁人数>1000 人或潜在财产损失>1000 万元

2）*F-N* 曲线法

对于 *F-N* 曲线法，采用的是对数坐标系，其表达式（IUGS Working Group on Landslides and Committee on Risk Assessment，1997）为

$$P_f(x) = 1 - F_N(x) = \int_0^{\infty} x f_N(x)\,\mathrm{d}x \tag{4.2.6}$$

限制线为

$$P_f(x) = 1 - F_N(x) \leqslant \frac{C}{x^n} \tag{4.2.7}$$

式中，$F_N(x)$ 为一定区域内年死亡人数小于或等于 x 的概率分布函数；C 为常数，用来确定 *F-N* 曲线的位置；n 用来确定限制线的斜率。

目前的研究中，n 一般只取 1 或 2。当 $n=1$ 时，为中立型风险，如英国；当 $n=2$ 时，为厌恶型风险，如荷兰、丹麦。

风险允许标准的制定要因地制宜，国情不同，标准也不同；即便地域相同，所考虑的对象不同则风险允许标准也不尽相同。因此，目前国际上并没有一个通用的滑坡风险允许标准，表 4.11 列举了部分国家或组织所采用的风险允许标准。

表 4.11　部分国家或组织所采用的风险允许标准

年份	机构或研究人	对象	可容忍风险的最高值/a
2001	HSE	英国员工	10^{-3}
		英国公众	10^{-4}
1989	荷兰住房、空间规划及环境部（VROM）	荷兰新建项目	10^{-6}
		荷兰已有项目	10^{-5}
2003	澳大利亚国家大坝委员会(ANCOLD)	澳大利亚新建大坝	10^{-5}
		澳大利亚已有大坝	10^{-4}
2000	AGS	澳大利亚新边坡	10^{-5}
		澳大利亚老边坡	10^{-4}
2003	加拿大大坝协会(CDA)	加拿大大坝	10^{-4}
2001	美国大坝协会（USSD)	美国大坝	10^{-4}
1998	GEO	中国香港新建住宅	10^{-5}
		中国香港已有住宅	10^{-4}
2012	吴树仁等	中国人员	10^{-4}

国际上不同国家针对自己研究的角度，制定了不同的风险允许标准。澳大利亚、加拿大和中国香港岩土工程办公室都有其不同的风险允许标准（图 4.7）。

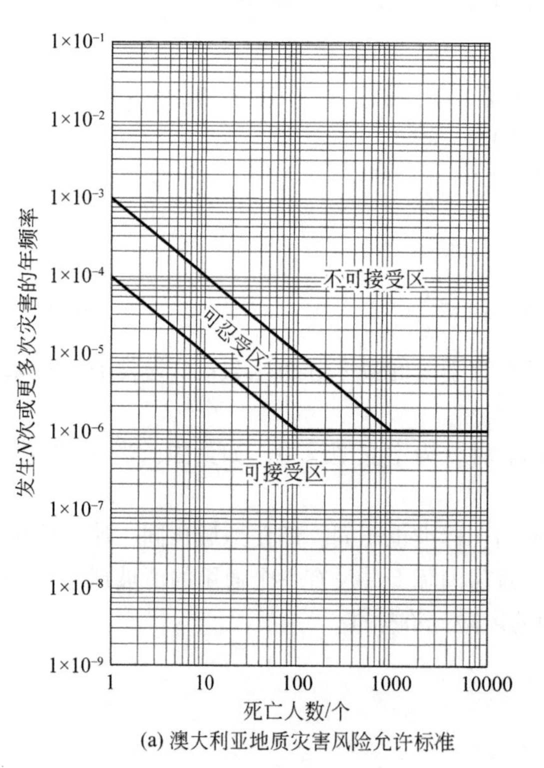

(a) 澳大利亚地质灾害风险允许标准

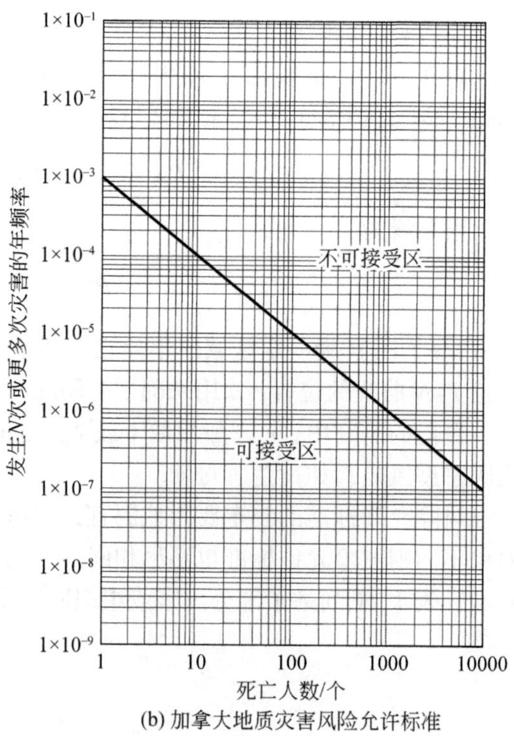

(b) 加拿大地质灾害风险允许标准

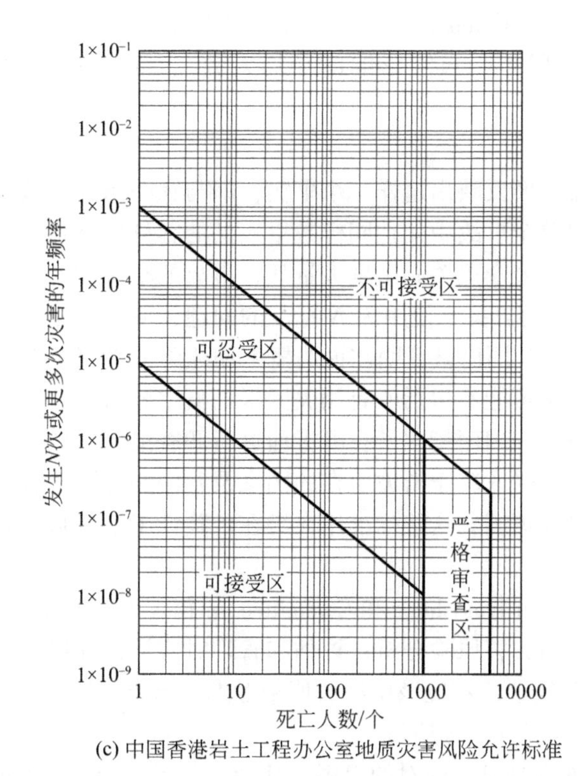

(c) 中国香港岩土工程办公室地质灾害风险允许标准

图4.7　澳大利亚、加拿大和中国香港岩土工程办公室地质灾害风险允许标准

由 *F-N* 曲线图可以看出，三种风险允许标准的共同点为：斜率相同，且不可接受风险的起始点都为 1×10^{-3}。

三种风险允许标准主要的差异表现在对可接受风险区间的界定：澳大利亚地质灾害风险标准将风险区间分为可接受区、不可接受区和可忍受区三个区间；加拿大地质灾害风险标准将风险区间分为可接受区与不可接受区两个区间；中国香港岩土工程办公室的地质灾害暂行社会风险标准与澳大利亚标准相似，将风险区间划分为不可接受区、可忍受区、可接受区和严格审查区四个区间。

目前，国际上主要采用中国香港岩土工程办公室推行的地质灾害风险允许标准。结合中国人口众多的国情，建议采用该风险评价标准进行地质灾害风险评估，即按照风险公式的计算结果结合中国香港岩土工程办公室地质灾害风险允许标准确定灾害风险。

4.2.2.3　风险评估

1. 与风险允许标准对比的评价

1）个人风险

Australian Geomechanics Society（2000）建议采用潜在危险性工业，以及澳大利亚国家大坝委员会所使用的标准（ANCOLD 1994，也可以采用 ANCOLD 2003）；Fell 和 Hartford（1997）关于风险允许标准的意见也可以在工程滑坡风险评估时合理采用，他们建议可接受风险通常比风险允许标准小一个数量级。

要注意的是，Australian Geomechanics Society（2000）的指导不代表管理者的态度。ANCOLD 2003 就拒绝采用“受风险影响的平均人数”，而只采用“受风险影响的最大人数”。

2）社会风险

社会风险应用生命标准反映出这样一个事实，即与在一系列事故中死亡一定数量的人员相比，社会对在一起单个事故中死亡同样数量人员的容许度要低。例如，与死亡人数更多的小型航空事故相比，公众更关心出现大量死亡事故的空难。

Christian（2004）探讨了关于使用 F-N 标准的问题，应用概率分析方法解释了小概率事件，近年来，f-N 和 F-N 图已被证明在说明概率和风险的意义上是一种有用的手段。同时，计算出来的绝对概率可能不包括所有相关因素。概率分析方法也让大家认识到不同的参数对不确定因素的贡献，因而指明了在哪方面进行调查最有成效。

定量标准是否可以接受取决于滑坡所在的国家及其法制体系。在一些国家或地区，如澳大利亚、中国香港以及英国，这些标准用在潜在危险性工业领域，在水坝和滑坡风险评估方面很少被承认。

IUGS Working Group on Landslides 和 Committee on Risk Assessment（1997）指出，采用定量风险评估法进行地质灾害风险分析、评估和管理时应该记住以下几点。

（1）风险估算比较复杂，不应该用绝对值来考虑。这点可以在输入参数时、汇报风险分析结果时允许有不确定存在来理解。

（2）风险允许标准本身没有绝对的界限。社会表示了一个大范围的容许风险，风险标准只是社会在风险评估中的一个普遍观点的数学表达。

（3）采用几种风险允许标准尺度常会很有用，如 f-N 组合、个人和社会风险，以及风险减缓措施考虑后的单个生命拯救成本和最大合理成本等。

（4）必须认识到定量风险评估只是决策过程中的一个考虑因素。业主、社会和管理者在评估过程中也要考虑政治、社会和法律问题，并且可能会与受灾害影响的公众商量。

（5）由于自然过程的发展变化，风险也随之改变，例如：

斜坡上碎屑的损耗会使风险随时间减小；

火灾或人为因素使得地表植被被清除，会导致风险的增加；

在斜坡上修建道路会增加滑坡形成和受灾的概率，因而增加风险。

（6）极端的滑坡事件应该被看作所有滑坡事件的一部分。滑坡事件和一些诱发因素、滑坡的大小以及引起的结果有关。有时风险大的是小而频率高的滑坡，而不是发生频率较低的大型事件。

2. 对现有风险减缓措施的评估

人们常常过分强调风险分析，而忽略了风险评估与管理。地质专业人员参与风险评估与管理至关重要，因为他们对灾害和风险的本质最为了解。但是关于可容许风险的最终决定权是在政府或业主手中。地质专业人员参与风险管理是必要的，特别是在危险性判别和量化方面；风险评估不能代替地质专业人员在技术方面的知识和判断；技术的参与将提高对风险分析的认识。

风险减缓措施通过减少风险方程式中每个组分的值来确定（图 4.8）。接下来，在判断的基础上进行评估以确定哪些方法是可实行的。之后，主观估计可以通过各种选择来达到减少风险的目的。根据对潜在死亡率风险的减少可以进行利益估量。对一个既定的选择，利益的变化根据承灾体的位置和数量来确定。

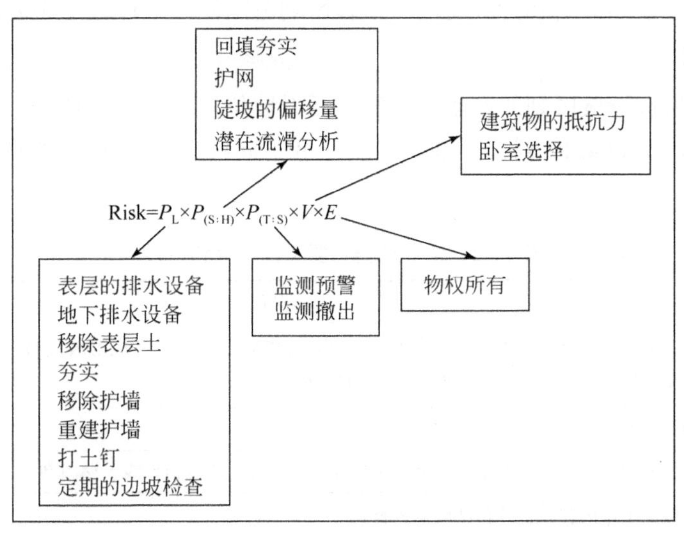

图 4.8　风险减缓措施

当确定了灾害的等级后，指导报告明确提出在地方管理规划中必须采取的相应措施。从理论上讲，高风险区是不允许修建房屋的，区内已被破坏的建筑不允许重建。因为事实表明居住在高风险区，人们生命会受到严重威胁，所以将其定为禁止建房区。

在中等风险区，根据灾害的类型，修建房屋必须遵守相关法律。有时要制定详细的修建方案，如禁止在滑坡方向修建房门。禁止修建医院等敏感建筑。因此这个区为法规区，在这个区修建的房屋只有达到安全标准，才不会对人构成威胁。

在低风险区，修建房屋不受限制，但是应向居民提供区内已有风险信息和应采取的防护措施。对于敏感建筑，要采取特别的防护措施，确保建筑可以承受低残余灾害。这个区是公众意识区，政府要提供相关信息。

4.2.3　风险区划

区域地质灾害风险区划有两种途径：一是基于单体地质灾害逐一分析评价结果，直接生成风险区划图；二是依据孕灾环境、致灾因子、受灾体，按照指标体系法或信息量法，在 GIS 平台实现风险区划。下面依据 Fell 等（2008）来介绍和讨论区域地质灾害风险区划。

4.2.3.1　易发性区划

易发性区划涉及在工作区已存在的或潜在的滑坡类型、面积或体积（量级），以及空间分布，有时也反映已存在或潜在的滑坡的滑移距离、速度和强度。易发性区划通常包含对过去已发生滑坡的一个编目以及对未来该地区可能遭受滑坡的一个评估，但不包括对滑坡发生概率（年概率）的评估。在一些情况下，易发性区划可能会超出工作区外，因区内的滑坡可能会滑移到区外，区外的滑坡也可能会滑移到区内，从而造成危险和风险。因此，对斜坡可能的破坏方向和滑坡可能的滑移影响范围做一个评估是必需的。

1. 滑坡编目

滑坡编目是所有滑坡区划的基础，内容包括滑坡位置、类型、体积、滑距、活动状态以及滑坡发生时间。表4.12列出了在高、中、低不同精度要求下的滑坡编目主要工作内容和手段。

表4.12 滑坡编目主要工作内容和手段

工作精度	工作内容和手段
低精度	通过航空照片或卫星影像解译、填图、搜集历史数据等方法完成滑坡编目，编目内容包括位置、类型、体积（或面积），如果可能，还有滑坡发生的时间等
	查明地形、地质和地貌之间的关系
	将以上信息反映在滑坡编目图上，包括等高线、各类建筑物界线、填图网格、公路及河流水系等
中精度	除以上工作内容外，还包括以下内容： 查明并区分滑坡体的不同部分； 测绘滑坡特征及边界； 收集并评价有关滑坡滑动的历史数据； 分析土地利用的演化过程，以判断人类工程活动是否对滑坡有影响
高精度	除以上工作内容外，还包括以下内容： 完成有关地质内容的编目； 完成工程地质测绘，以更好地了解环境地质条件； 对斜坡失稳机理进行地质分析； 对相同危险性的滑坡重现期和特定触发因素的时间序列进行规律研究，为进一步的工作提供周期性的滑坡编目资料

2. 地质灾害特征、滑距和滑速

易发性区划涉及滑坡的分类、体积（或面积）和工作区已有及潜在滑坡的空间分布，还包括有关滑距、滑速和滑动强度的信息。表4.13列出了在查明潜在滑坡特征、空间分布规律以及它们与地质地貌相关关系时所需完成的工作内容。应当注意区划图比例尺和调查精度之间有直接的联系，当有关滑坡特征的调查精度为中精度和高精度时，要求的区划图比例尺也相应地为较大的比例尺。表4.14列出了在评价潜在滑坡滑距、滑速的工作内容和手段，是在完成了表4.12和表4.13所规定的工作内容的基础上进行的。

表4.13 滑坡易发性区划的工作内容和手段

工作精度	工作内容和手段
低精度	准备地形地貌图*
	准备滑坡编目图*

续表

工作精度	工作内容和手段
低精度	计算每个易发级别的滑坡占总滑坡的百分比，不同易发级别滑坡所影响的区域面积占工作区总面积的百分比，每个易发级别面积占工作区总面积的百分比
	分析滑坡发生与地质条件和斜坡的相关性，以描述不同区域的易发性
	对于较大的区域性的易发区划，应分析滑坡发生与降雨、融雪和/或地震荷载的相关性
	在地形图底图上叠加滑坡易发性区划图，使用恰当的图例
	使用GIS系统采集数据和成图（推荐）
中精度	除以上工作内容外，还包括以下内容： 获取有关工作区岩土类型和埋深的数据； 划分更为细致的地形单元，在信息量叠加的基础上进行定性的易发性区划； 应用数据处理技术，进行定量的易发性区划（通常是相对的易发性分级）； 使用GIS系统采集数据和成图（推荐）
高精度	除以上工作内容外，还包括以下内容： 进行详细的填图和工程地质测绘，以了解滑坡的动力机制、地下水条件，进行稳定性分析； 运用数据处理分析技术（如数理统计、神经网络、模糊综合评判、逻辑回归等），进行定量的易发性分级； 进行确定性的和/或随机性的斜坡稳定性分析； 使用GIS系统采集数据和成图（推荐）

*滑坡编目和地形地貌填图在进行中级和高级易发区划时应达到中精度和高精度要求

表4.14　评价潜在滑坡滑距、滑速的工作内容和手段

工作精度	工作内容和手段
低精度	收集和评价已有滑坡的滑距和滑速资料
	从地形地貌和已有滑坡堆积物估算最大滑移距离
	考虑潜在滑坡的不同类型和地质地貌条件，评估最可能的滑距和滑速
	在此基础之上，评估不同类型潜在滑坡的极限（最大）滑距
中精度	除以上工作内容外，还包括以下内容： 评估可能的滑移动力机制和滑坡体的岩土类型； 由于经验方法和调查数据的不确定性，使用滑距角或阴影角的经验方法评估滑坡可能的滑距； 使用简单的滑块模型，以潜在势能和滑移距离评估可能的滑速
高精度	除以上工作内容外，还包括以下内容： 调查斜坡物质组成的地质特征，以满足建立数学模型的需要； 使用数学模型模拟滑距和滑速

3. 易发性区划图

易发性区划图通常基于以下两个假设：

（1）“以古论今，论未来”的原则，假设过去遭受滑坡的区域，将来也易遭受滑坡。

（2）与已有滑坡区域具有相类似的地形地貌、地质条件的区域，将来也有可能遭受滑坡。

以上假设是合理的，但也应注意到有例外，如滑坡源能量已被早期滑坡消耗掉的情况。

滑坡易发性区划图应包括以下内容：

（1）历史已发生的滑坡的编目，显示滑坡源的位置和面积（或者滑坡数量，如岩崩）；失稳后可能的滑移路径；对大型滑坡来说，滑坡的活动性和滑速。

（2）同比例尺的底图显示斜坡不稳定的地形因素，如地形和地形单元（斜坡、分水岭）；地质（地层单元）；地表物质；植被覆盖；土地利用等。

（3）在有可能发生浅层滑坡或碎屑流的区域，图上必须反映地表物质特征（崩积层、冰积物、淤积层、残积层等），因为浅层滑坡或碎屑流通常在这些地层中发生。但也应该考虑到，此类地层分布范围不会很大，所以只有在大比例尺的图件中才能反映出来。

（4）图中滑距的显示可以是最大滑距，也可以是表4.14所推荐的方法计算滑距值。

（5）滑坡易发性区划图不仅应反映滑坡的易发性分级及区划，还应表现地形信息和土地所有权信息。

有时以上所有信息可能在一张易发性区划图中叠加反映，但这常常会引起混淆，因此有必要绘制单独的图件，如针对岩崩或浅表滑坡分别进行区划。

4.2.3.2 危险性区划

滑坡危险性区划是在易发性区划结果的基础上，对潜在的滑坡确定一个估计概率（如年概率）。它包含所有可能影响工作区的滑坡，因为对一个圈定的斜坡工作区而言，上部可能有滑坡自上而下滑移到工作区范围之内，下部可能有滑坡下滑影响到工作区斜坡。危险性可以表示为特定体积滑坡发生的概率，或特定类型、体积和速度（可能距滑坡体远近而不同）的滑坡发生的概率，或在某些情况下表示为特定强度的滑坡发生的概率，这里的强度指的是动力强度，对岩崩和碎屑流非常有用（如纵向位移×速度）。

1. 发生频率评价

表4.15列出了估计岩崩、切土边坡滑坡、填土边坡滑坡、挡土墙边坡滑坡，以及自然斜坡小型滑坡发生频率的工作内容和手段；表4.16列出了评价发生在自然斜坡上的大型滑坡发生频率的工作内容和手段。

表4.15 估计岩崩、切土边坡滑坡、填土边坡滑坡、挡土墙边坡滑坡，以及自然斜坡小型滑坡发生频率的工作内容和手段

工作精度	工作内容和手段
低精度	调查相对新鲜的滑坡擦痕和滑坡堆积物地貌特征，结合改变地貌的地质作用（如河流或海岸侵蚀导致斜坡破坏），估计滑坡发生频率
	通过解译一定时间间隔的航（卫）片滑坡数量，估计滑坡发生频率
	从历史记录的滑坡发生的基础数据库中，估计滑坡发生频率

续表

工作精度	工作内容和手段
中精度	除以上工作内容外，还包括以下内容： 从历史记录的滑坡发生的基础数据库中，使用恰当的体积频率曲线，估计滑坡发生频率； 使用间接数据（如结合树木年代学研究对树木的破坏等）估计滑坡发生频率； 对降雨引发滑坡做更深入的分析，包括前期降雨量的作用，引发单个滑坡或群发性滑坡的临界降雨强度和持续时间； 对地震引发的滑坡，使用经验的方法，研究滑坡与地震荷载（包括地面峰值加速度和地震震级）的相关关系
高精度	除以上工作内容外，还包括以下内容： 获取岩土的物理力学参数，用岩土参数和降雨频率或孔隙水压力建立斜坡安全系数模型； 对于地震引发的滑坡，使用 Newmark 模型分析滑坡位移，对于易液化土体，分析液化和发生流动性滑坡的可能性

表4.16　评价发生在自然斜坡上的大型滑坡发生频率的工作内容和手段

工作精度	工作内容和手段
低精度	从滑坡数据库中估计滑坡发生频率，包括滑坡活动迹象，如建筑物裂缝、围墙或篱笆的位移，倾斜的树木等
	从地貌学证据中估计滑坡发生频率，如新鲜的滑面擦痕及滑坡运动引起的地表地貌特征
中精度	除以上工作内容外，还包括以下内容： 使用间接数据估计滑坡发生频率，如 C_{14} 测年、地衣测年、植被掩埋特征或滑坡堵塞河谷形成的淤积坝等； 分析滑坡发生与降雨强度和持续时间及前期雨量的相关关系或与融雪的相关关系； 考虑滑坡的动力学机制评价地震引发滑坡的可能性，使用经验的和简单的方法估计地震发生时滑坡的位移大小； 可以反过来给定一个降雨条件或地震荷载，估计在给定条件下的滑坡发生的可能性
高精度	除以上工作内容外，还包括以下内容： 分析滑坡历史或安全系数与降雨、斜坡几何参数、孔隙水压力（如有）、岩土参数的相关关系； 对于地震引发的滑坡，使用 Newmark 模型分析滑坡发生地点，对于易液化土体，分析液化和发生流动性滑坡的可能性

2. 强度评价

强度可以用空间分布来表示：

（1）一定滑动体积的滑动速度；

（2）滑坡动能，如岩崩、岩质滑坡；

（3）总位移量；

（4）不同部分位移量；

（5）对于泥石流，单位宽度内的峰值流量［$m^3/(m/s)$］。

对于低精度和中精度的滑坡强度评价来说，需要评估滑速和体积；对于高精度的岩崩和碎屑流的危险性评价来说，需要评估滑坡动能。

3. 危险性区划图

危险性区划图是在易发性区划图的基础上，根据不同的滑坡年概率分级做的。年概率的表达形式取决于潜在滑坡的类型和体积，例如：

（1）对于岩崩，危险性表示为到达指定区域的一定体积的岩崩的数量/(年·km)（沿边坡长度）。

（2）对于切坡、填土边坡、挡土墙边坡发生的滑坡，危险性可以表示为一定体积和类型的滑坡数量/(年·km)（沿公路长度），或数量/(年·km^2)（建筑区域面积）。

（3）对于发生在自然斜坡上的小型滑坡，危险性可以表示为一定体积、滑速和类型的滑坡数量/(年·km^2)。

（4）对于发生在自然斜坡上的大型滑坡，危险性可以表示为指定区域发生滑坡的年概率，还应加上滑坡发生时的可能滑速和总位移。

滑坡危险性区划图应与易发性区划图有相同的比例尺，应显示地形信息和土地所有权信息，以及区划的分级。

4.2.3.3 风险区划

1. 承灾体

要确定风险并进行风险区划，则必须评价承灾体。表 4.17 列出了评价承灾体的工作内容和手段。承灾体是可能受到滑坡影响的，分布在斜坡上部、中部和下部的人员和财产，会受到间接影响，如道路破坏和环境损害而导致的经济总量的减少等。

表 4.17 评价承灾体的工作内容和手段

工作精度	工作内容和手段
低精度	评价居住、工作和旅行在该地区的人口；房屋、道路、铁路及永久设施；行驶的交通工具。对于已发展区域，评价现有的和规划中的承灾体；对于新规划区，评价规划中的承灾体。 评价可能受滑坡影响的环境价值。 对主要的土地利用、城镇、工业、基础设施，或农业做一般性的分类
中精度	对以上工作内容更深入和具体化，量化损失的经济价值
高精度	对以上工作内容具体化，经济损失价值应估算连带损失，如道路损坏所需的维修费用等

2. 时空概率和易损性

表 4.18 列出了评价承灾体时空概率的工作内容和手段。

表 4.18 评价承灾体时空概率的工作内容和手段

工作精度	工作内容和手段
低精度	人员伤亡风险： 对于居住区内的受威胁人员，假定他们的时空概率为 1.0。 对于其他类型，如工厂和学校，根据使用时间近似估计承灾体时空概率。

续表

工作精度	工作内容和手段
低精度	对于公路、铁路和其他有流动人员受风险的地方，根据交通容量和速度近似估计承灾体时空概率。 财产损失风险： 对于固定的建筑物，时空概率为 1.0。 对于交通工具，根据交通容量和速度近似估计承灾体时空概率
中精度	人员伤亡风险： 在进行时空概率评价时，考虑自然发展、生活和工作模式、保护设施（如加强的遮蔽物）、相关的交通情况及滑坡强度。 财产损失风险： 与低精度的评价工作内容相同，只是更为详细（如考虑岩崩的轨迹变化）
高精度	与以上工作内容相同，进行更为详细的评价，尤其是在承灾体的时空分布方面

易损性的评价通常以公开出版的信息进行经验性的人员和财产易损性评价，目前尚没有更好的方法进行该项评价。

3. 风险区划图

风险区划图使用危险性区划图作为底图，并加入承灾体、时空概率和易损性等信息，要求分别做人员伤亡风险区划图和财产损失风险区划图。风险区划图应与易发性区划图和危险性区划图有相同的比例尺，应同时显示地形信息和土地所有权信息，以及区域的风险分级。

对于人员伤亡，风险应表述为单人风险（一个人失去生命的年概率）。对于财产损失，区划图应表述为年损失（万元/a），同时应列出 2 种风险的损失价值和年概率（如每年损失 100 万元的概率为 0.001）。

对于新开发区而言，风险评价是基于规划中的承灾体，规划中的承灾体风险是特定的。

如果在一个区域同时有几种不同类型的滑坡发生（如岩崩和浅表层滑坡），则不同类型滑坡所引发的风险可以累加求得总风险。对同一类型的滑坡单独做风险区划图，然后再做总风险区划图更为有用。

4.3 风险管理

4.3.1 风险管理过程与风险缓解

地质灾害风险管理过程就是通过各种分析来回答下列问题的过程：这一风险是否是可以接受的？若不可接受，可供选择的途径有哪些？如何在这些途径中做出理性的选择？

要对地质灾害风险进行管理，首先需要回答的问题是：这一风险是否是可以接受的？这需要结合区域社会、经济、政治、环境的现状和发展要求，判定该区域在今后一段时间内（近期、中期或远期）地质灾害产生的风险在多大程度上是可以接受的，这个过程就是风险可接受水平的确定。确定了风险可接受水平之后，将上述风险评估得到的风险与之相比较，便可得知是否采取一定的途径来降低风险。

若风险评估的结果为风险可以容许，或者是可以接受，则无须考虑减缓措施的。

若风险评估的结果为风险不可以容许，则需要采取一定的途径来降低风险，那么在选择途径方法时需要回答如下两个问题：可供选择的途径有哪些？如何在这些途径中做出理性的选择？

单个斜坡或斜坡群风险减缓的选择方法有以下几种：①减少滑坡的频次，如通过排走地下水、修正斜面、紧固或剥落松散岩石等加固措施。②减少滑坡影响受险因素的概率，如对于岩崩，建造阻拦篱笆；对于泥石流，修建阻拦坝体。③减小受险对象的时空概率，如安装监控和预警系统以便疏散人群；将建筑地址迁移到远离滑坡的地方。

其他风险管理选择可能包括：①避免风险，如放弃工程，选择另外的地址，或者选择其他可容许风险的开发模式；②转移风险，通过要求另外的权力机构来接受风险，或是通过保险的方式来补偿风险（对财产而言）；③如果有太多不确定的因素，就推迟做决定的时间，等待进一步的调查结果、减缓评估的措施以及监控结果。通常这只是一种暂时性的措施。

值得说明的是，风险可接受水平的确定不仅仅是一个成本、效益分析问题，还需要从地质的角度进行更深入地分析和判断（图 4.9）。什么样的风险水平之下是可以接受的，这样的标准如何确定？这是一个非常复杂的问题。很显然，滑坡灾害可接受风险水平受到当地的区域经济发展水平、人员结构及风险认识水平、社会发展状况、政治、文化、道德、环境等多种因素的影响，这使可接受风险水平的确定成为一个很困难的研究课题，也成为近年来国际上一个令人关注的新课题，有些国家和地区相关部门已经初步提出了一些可供参考的标准。纵览相关文献发现，我国对该问题的研究在总体上属空白，只有零星的文章对国外的研究情况进行了介绍与评述，很少有人对该问题进行较深入地研究。

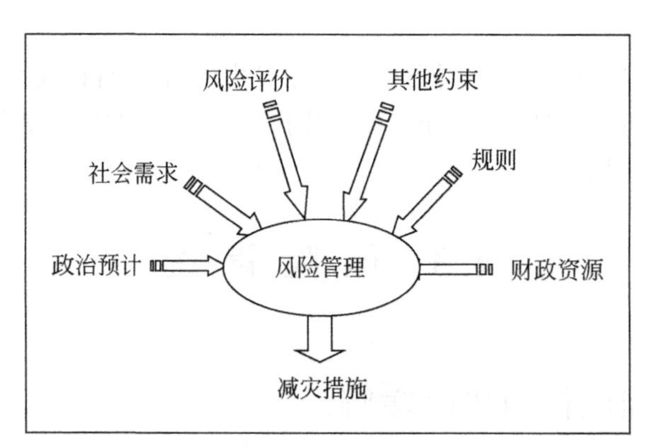

图 4.9　滑坡风险管理的约束因素

对此，将制订一个风险减缓方案。在此方案中会有一些控制因素，如当地政府或其他政府部门的一些法规等。

对于土地利用规划的危险性分析，应将房地产等建筑开发放在风险可以被接受的地区，而在危险性较高的地区，则应进行空间占用率较低的开发，如体育场或是被动使用的娱乐场所。在有些情况下，以上所列的风险减缓措施可能比较适用。

除了考虑使用工程方法来减缓滑坡风险外，滑坡风险管理还包括使用“软”方法(非工程方法)，如进行公众教育宣传、公共信息服务等。让大众和投资者关注可容许的风险，避免不正确地高估了在实际施工中所能达到的安全水平。部分情况下，风险容许同对滑坡风险的认知和理解有关。同非专业人员进行风险沟通，促使其对滑坡风险的本质和实际情况更好地理解，及促进对风险分析员的信任方面，在滑坡风险管理过程中起了重要的作用。参与滑坡风险评估和管理的土木工程技术人员在风险交流方面起着重要的作用，通过能够被大众容易理解的语言和方式，可以达到最好的风险交流。

4.3.2　风险管理的好处和局限性

1. 量化风险评估方法的好处

Fell 等（2005）总结认为，在风险管理过程中使用量化风险评估方法有以下好处：

（1）通过要求对滑坡的特点，发生滑坡的距离、长度、速率，产生滑坡的频率，造成风险的因素及发生滑坡的时空概率及其脆弱性等因素评估，从而有助于激励产生一种对天然和工程斜坡进行合理、系统评估的方法。

（2）可以适用于不适合用传统的确定性分析方法的一些情况。

（3）可以适用于土地利用规划，使用具体的生命耗损验收标准来决定可进行建筑的地段。

（4）可以对所有斜坡进行风险比较，如对高速公路的各个斜坡进行风险比较，从而可以选择最好的维修弥补工作方法，并可以潜在地设定一基础标准作为可接受风险。

（5）一些地方和区域政府设计者对风险管理的制度相当熟悉，可接受他们的经验同其他风险联系起来的方式呈现的滑坡风险管理。

（6）这个过程需要考虑所有级别的风险，而不是只考虑极端事件的输入。由于分析上的疏忽经常判断出错误的路径。

（7）重点考虑滑坡发生的后果，包括滑坡快速到达下方建筑的概率，以及所造成的损失和人员伤亡。

（8）重点考虑卷入事件的社团的责任和债务。

（9）量化风险评估方法，将不确定因素和工程判断加入一个系统中。这将会加强对不确定因素的考虑，提高对可能导致错误以及可能结果的认识，同时，也可以更好地对不确定因素和风险进行管理。

（10）量化风险评估为与调控者、业主、股东等讨论灾害的本质、风险的主要因素以及相应的不确定因素提供了一个开放、透明的过程。

（11）允许系统地考虑风险减缓选择和损益比，与 ALARP 一致。因此可以得到最佳的损益比。

2. 一些难点和可以感知的局限性

（1）在估算频率、运移距离和易损性时具有潜在不确定性。然而，在分析、精确研究这些不确定性的影响时可能导致模式化。

（2）由于方法各不相同，在许多情况下评估滑坡的频次需要专家的判断。这就需要那些受过训练和检验的人员来分析。

（3）由于数据的增加、评估方法的改进，对一项评估的再检查将导致很明显的变化发生。对常规确定方法来说这是普遍的。

（4）由于疏忽了主要的危害，可能得出不好的估算。这是使用任何一种方法都会出现的问题，要克服它，必须要训练良好的、有经验的土木工程技术人员来做分析。

（5）评估的结果很少能得到验证。

（6）对于滑坡和崩塌，可以接受和容许的生命损失标准还没有建立。这是国家以及地方政府必须解决的事情。虽然人们在社会上遵循相同的法律制度和社会价值，但是，制定普遍的统一的政策是不切实际的。

（7）有时过分依靠风险评估的结论，而没有考虑在概率计算中的不确定因素。这取决于风险分析人员的理解、传达报告的过程以及与公众进行交流的时间。

（8）许多有经验的专业人员不愿意使用定量的评估方法，主要是因为他们对定量方法缺乏实践，不熟悉。这就需要专业的技术人员进行实地的系统培训和检查。

（9）仍没有整个行业普遍承认的方法。应当认识到，在风险管理中，定量风险评估是可以应用在一个适当问题上的工程手段，是其他常规手段的补充。

4.3.3 地质灾害风险管理的启示

国际风险管理是根据风险评估的结论，通过建立持续监测和预警系统，制定撤退方案或是转移风险（办理保险）等方法，考虑如何减缓风险，包括可承受的风险，减小风险发生的可能性、减轻风险发生的后果等，并制定一套风险缓解方案和可以实施的调整控制措施。风险管理还包括对风险结果的监测，并根据需要进行反馈和复查。我国地质灾害防治体系中尽管风险分析与评价是薄弱环节，但是在风险管理方面对应了监测预警、综合治理、应急防治三大体系，可以说我国的风险管理是强项。为建立高效科学的地质灾害防治体系，提高全社会地质灾害防治能力，尚需借鉴国际风险管理科学理念，进一步加强以下工作。

（1）引入科学决策理念：通过回答这一风险是否是可以接受的、可供选择的途径有哪些、如何在这些途径中做出理性的选择等问题进行风险管理决策。

（2）夯实风险管理基础：加强地质灾害早期识别和风险评估工作，制定地质灾害风险管理方案（或规划）并严格实施，编制年度突发地质灾害应急预案，将地质灾害风险区划与评价结果纳入国土空间规划编制，从源头防控地质灾害风险。

（3）强化汛期风险管理：做好汛前排查、汛中巡查、汛后核查工作，做好群测群防及其向专群结合提升，做好实时监测与预报预警，做好应急演练与应急物资装备储备，做好应急值班值守，确保通信畅通。

（4）推进智能防灾减灾：建设地质灾害综合防治体系云平台，推进早期智能识别、快速智能评估、实时智能监测与快速预警预报。

同时，我国社会主义公有制体制能够集中精力办大事，无论是在自然灾害风险防控方面，还是经济危机风险防控方面都表现出新型举国体制的明显优势。瘟疫属于天灾，也是一种自然灾害。2019年新型冠状病毒（COVID-19）很快在全球蔓延，病原体被鉴定为SARS-CoV-2。截至2020年7月28日，据约翰斯·霍普金斯大学发布的实时统计数据，全球累计新冠肺炎确诊病例超过1662万例，死亡人数超过65万人。而我国是发现新型冠状病毒较早且采取措施最快、效果最好的国家，尽管在疫情前期未能准确研判，但一旦确定了“人传人”，就立即启动了应急综合防控措施，使疫情得到根本遏制，为世界各国疫情防控提供了宝贵的经验。毫不例外，我国地质灾害防治体系在风险管理方面也为国际风险管理提供了宝贵的经验。

4.3.3.1　搬迁避让

1. 搬迁避让特点

搬迁避让是地质灾害风险防控的主要措施之一。据《地质灾害防治条例》，在地质灾害防治过程中，优先以百姓的生命财产安全不受损失为前提，同时应做到搬迁安置尽可能地经济合理，降低其措施费用。搬迁避让特点主要有（徐潇宇，2013）：

（1）实施快捷，能迅速撤离，保护人民生命财产安全。

（2）与工程治理相比较，耗资较少。

（3）不能主动消除地质灾害隐患。若该滑坡体失稳下滑对其下方长江航运或公路等构成危害时，则仍需工程治理。

（4）由于耕地所限，易产生返回原住地暂住并进行耕作，存有安全隐患。

（5）与治理工程相比较，搬迁避让技术要求相对不高。

（6）需对迁入地进行地质灾害危险性评估。

（7）搬迁后需进行生产安置和后期扶持。

2. 移民搬迁选址

整体移民搬迁是落实搬迁避让措施的重大工程，将地质灾害防治与脱贫致富、新农村建设、新型城镇化建设以及解决山区教育与交通问题相结合，发挥巨大的防灾减灾效益和社会经济效益，陕西、甘肃、宁夏、四川等省区都实施了移民搬迁工程。地质灾害调查评估是移民搬迁的关键（张茂省，2011）：新址的选择要进行实地调查和建设场地危险性评估。在搬迁工程方案审批之前，应请专业技术人员进行实地调查和新址灾害危险性评估，确认不会发生地质灾害后方能批准施工。新址的选择应该尽量满足以下要求：

（1）尽量选择开阔的河谷地区作为应急搬迁避让的新址，如地势较开阔、地形相对平缓、受河流水侵蚀作用较弱、谷坡稳定程度较高、地质灾害发生频率明显很低的地区。

（2）避开顺层坡和顺坡节理以及软弱结构面发育的地段。斜坡体内发育顺坡层面、顺坡节理等，它们一方面构成了与坡体方向一致的软弱结构面，另一方面由于破碎或节理裂隙发育，增强了岩体的透水性，水又使岩体结构面软化，降低了岩体的强度，成为滑坡、崩塌等地质灾害的诱发因素，这些地段是崩滑等地质灾害的频发地段。

（3）避开滑坡崩塌易发的高陡边坡地段和泥石流危险区。滑坡发生的地形坡度集中在

25°～45°，滑坡的滑距一般为70～220m，这一区域为滑坡的危险范围区。而崩滑体发生的地形坡度大多在50°以上，其危及范围与坡度和高差成正比。陕南沟谷泥石流的流通区和堆积区都属于危险区。在选择搬迁避让新址时，除了应避开滑坡崩塌易发的高陡边坡地段和泥石流的危险区外，还应吸取关岭滑坡、舟曲泥石流的教训，避开高速远程滑坡，避免滑坡转化为碎屑流和泥石流、百年一遇的山洪泥石流的威胁。

（4）开展移民搬迁安置点及近区活动断裂调查，做好地质安全评价。在搜集区域地质构造资料的基础上，通过补充调查，掌握活动断裂构造的性质、强度、发育及分布规律，了解地震活动的时间、空间和强度规律等，分析活动断裂对移民搬迁安置点的影响，做好地质安全评价和地震诱发型滑坡危险性分析，提出提高安置点地质安全储备和应对地震诱发型滑坡措施。

4.3.3.2 监测预警

监测预警是地质灾害综合防治体系建设的重要组成部分，是减少或避免地质灾害造成人员伤亡和财产损失的有效手段。对于已经识别出来的地质灾害隐患，如果尚未采取搬迁避让或工程治理措施，其风险评估结果为不可接受时，应实施监测预警措施。为获取监测数据研究地质灾害形成机理和演化规律，检验工程治理效果也可采取监测预警措施。监测预警体系可以短时间内做出反应，提供灾区现状和评估的信息，辅助主管部门做出判断和决策。

1. 政策法规

根据《地质灾害防治条例》的要求，国家建立地质灾害监测网络和预警信息系统。县级以上人民政府国土资源主管部门应当会同建设、水利、交通等部门加强对地质灾害险情的动态监测。因工程建设可能引发地质灾害的，建设单位应当加强地质灾害监测。

地质灾害易发区的县、乡、村应当加强地质灾害的群测群防工作。在地质灾害重点防范期内，乡镇人民政府、基层群众自治组织应当加强地质灾害险情的巡回检查，发现险情及时处理和报告。国家实行地质灾害预报制度。预报内容主要包括地质灾害可能发生的时间、地点、成灾范围和影响程度等。地质灾害预报由县级以上人民政府国土资源主管部门会同气象主管机构发布。县级以上地方人民政府国土资源主管部门会同同级建设、水利、交通等部门依据地质灾害防治规划，拟订年度地质灾害防治方案，报本级人民政府批准后公布。

年度地质灾害防治方案包括下列内容：

（1）主要灾害点的分布；

（2）地质灾害的威胁对象、范围；

（3）重点防范期；

（4）地质灾害防治措施；

（5）地质灾害的监测、预防责任人。

对出现地质灾害前兆、可能造成人员伤亡或者重大财产损失的区域和地段，县级人民政府应当及时划定为地质灾害危险区，予以公告，并在地质灾害危险区的边界设置明显警示标志。在地质灾害危险区内，禁止爆破、削坡、进行工程建设以及从事其他可能引发地质灾害的活动。县级以上人民政府应当组织有关部门及时采取工程治理或者搬迁避让措施，保证地质灾害危险区内居民的生命和财产安全。地质灾害险情已经消除或者得到有效控制的，县级人民政府应当及时撤销原划定的地质灾害危险区，并予以公告。

在地质灾害易发区内进行工程建设应当在可行性研究阶段进行地质灾害危险性评估，并将评估结果作为可行性研究报告的组成部分；可行性研究报告未包含地质灾害危险性评估结果的，不得批准其可行性研究报告。编制地质灾害易发区内的城市总体规划、村庄和集镇规划时，应当对规划区进行地质灾害危险性评估。地质灾害危险性评估单位进行评估时，应当对建设工程遭受地质灾害危害的可能性和该工程建设中、建成后引发地质灾害的可能性做出评价，提出具体的预防治理措施，并对评估结果负责。对经评估认为可能引发地质灾害或者可能遭受地质灾害危害的建设工程，应当配套建设地质灾害治理工程。地质灾害治理工程的设计、施工和验收应当与主体工程的设计、施工、验收同时进行。

2. 监测预警

1）地质灾害监测

地质灾害监测是指运用各种技术和方法，测量、监视地质灾害活动以及各种诱发因素动态变化的工作。地质灾害监测按其监测仪器手段和监测内容的专业化程度可大致划分为群测群防、专群结合和专业监测三种。据《地质灾害专群结合监测预警技术指南（试行)》（2020年）地质灾害监测内容及基本要求主要包括以下方面。

滑坡监测：滑坡以监测变形和降水为主，具体包括位移、裂缝、倾角、加速度、雨量和含水率等测项，按需布置声光报警仪。其中，土质滑坡必测项包括位移、裂缝和雨量等，选测项包括倾角和加速度；岩质滑坡必测项包括位移、裂缝和雨量等，选测项包括倾角、加速度和含水率。设备类型、数量和布设位置根据滑坡规模、形态等确定。根据实际监测需求可补充开展物理场监测和宏观现象监测。监测过程中，群测群防员应定期开展宏观巡查，包括宏观变形的监测、地声的监听、动物异常的观察、地表水和地下水（含泉水）异常等观测。

崩塌监测：崩塌以监测变形和降雨为主，具体包括裂缝、倾角、加速度、位移和雨量等测项，按需布置声光报警仪。其中，土质崩塌必测项包括裂缝和雨量，选测项包括倾角和加速度；对于岩质崩塌，上述测项均为必测项。设备类型、数量和布设位置根据危岩体的规模、形态等确定。根据实际监测需求可补充开展物理场监测和宏观现象监测。监测过程中，群测群防员应定期开展崩塌体前缘的掉块崩落或挤压破碎等宏观变形、岩体撕裂或摩擦声音等方面的巡查。

泥石流监测：泥石流以监测降雨、物源补给过程、水动力参数为主，具体包括雨量、泥位、含水率、倾角和加速度等测项，按需布置声光报警仪。其中，沟谷型泥石流必测项包括雨量和泥位，选测项为含水率；坡面型泥石流必测项为雨量，选测项为倾角、加速度、含水率和泥位。设备类型、数量和布设位置根据泥石流规模和流域特征等而定。根据实际监测需求可补充开展物理场监测和宏观现象监测。监测过程中，群测群防员应针对沟道的堵塞情况、水流的浑浊变化或断流等异常开展巡查，对洪流砂石撞击声音进行监听。

地质灾害遥感监测是指应用遥感技术作为宏观、综合、动态、快速、准确的监测手段，获取地质灾害的发生、发展及受灾的损失情况信息，进行区域调查研究及预测、预报，做出前瞻性的分析和判断，及时评估各种灾害发生的可能性及其危害程度，进行预防和警示，从而为制定针对性较强的应对性措施提供依据。遥感技术在灾害监测中具有明显的优越性。遥感技术可快速进行大范围、立体性的地质灾害监测，使得地质灾害监测工作向立体监测方向发展。同时遥感技术获取的信息量大、效率高，这不仅给灾害监测赢得大量时间，而且还可以及时获取丰富的灾情背景资料，为高效数据模型的建立创造先决条件。遥感技术适应性强，可获得其他监测手段无法获取的信息。

2）地质灾害预警

地质灾害预警是指在灾害事故发生之前，根据监测和预测分析得到的可能性前兆，向相关部门发出紧急信号，报告地质灾害情况，以避免地质灾害在不知情或准备不足的情况下发生，从而最大限度地降低灾害所造成的损失行为。地质灾害预警包括区域地质灾害预警和地质灾害隐患点预警。

区域地质灾害气象预警主要依据降雨量预报结果和基于降雨量的地质灾害危险性评价结果进行。刘传正等根据致灾地质环境条件和气候因素，将中国划分为 7 个大区 28 个预警区，建立了中国地质灾害气象预警模式图（刘传正等，2004）。张茂省等依据黄土水敏性和不同坡型黄土斜坡含水率监测数据，建立了基于降水量-含水率-吸应力-局部安全系数-失稳概率的面向坡体的黄土浅层滑坡气象预警模型（张茂省等，2016）。

地质灾害隐患点预警首先是早期识别，然后在监测的技术上进行预警预报。许强等提出通过构建天-空-地一体化的“三查”体系进行地质灾害早期识别，并在斋藤法基础上，细化了地质灾害演化趋势图和预警判据。《地质灾害专群结合监测预警技术指南（试行）》所提出的专群结合监测预警是指通过监测数据分析与宏观现象巡查掌握地质灾害隐患变形情况，在出现可监测辨识的灾害前兆时，进行临灾预警，并根据预案及时采取应对措施。其主要要求如下。

依据降水与地表变形等关键指标监测数据开展综合分析，主要分为单参数监测阈值预警方式与多参数综合预警方式。其中，单参数监测阈值预警方式主要通过单一设备直接获取或计算得到的指标判据来确定灾害发生的可能性，阈值应在机理认识、历史经验的基础上研究设定并动态调整；多参数综合预警方式主要通过多个指标判据的组合来综合确定灾害发生的可能性，预警模型应基于灾害隐患的地质特征、影响因素及发展变化趋势，在综合分析变形与破坏特征的基础上确定，并根据机理认识与监测数据及时调整。

预警判据主要包括降水判据、变形判据和临灾前兆异常判据等：①降水判据包括日降水量、累积降水量、有效降水量、变形量-降水关系等；②变形判据包括变形量、变形速率、变形加速度、切线角等；③临灾前兆异常判据包括变形特征、裂缝组合及变形发展特征等。崩塌滑坡灾害预警判据可采用变形判据、影响因素判据（降水、库水）和临灾前兆异常。泥石流灾害预警判据可采用影响因素判据、流体动态要素判据和宏观现象判据。

地质灾害监测预警等级根据地质灾害发生的可能性大小，将其划分为红色、橙色和黄色三个等级。①红色预警：警报级，地质灾害发生的可能性很大；②橙色预警：预警级，地质灾害发生的可能性大；③黄色预警：注意级，地质灾害发生的可能性较大。地质灾害监测预警等级由被监测隐患点所属层级自然资源管理部门根据监测数据、预警模型和宏观现象进行综合判定。

3）监测预警体系

监测预警体系是指地质灾害发生前监测网络的建立和预警信息的发布。为便于应对灾害的发生，中央和地方（县级以上）政府，要逐步建立和完善地质灾害监测预警机制，责任要落实到具体负责人，减少灾害造成的各种破坏。

随着社会经济发展和全球环境变化，灾害事件层出不穷，如何应对地质灾害事件成为当今世界各国关注的焦点，构建一个完善的地质灾害监测预警体系已经成为灾害风险管理的一项重要工作。一般灾害监测预警体系由以下部分组成：

（1）完善的法律体系。健全的法制为地质灾害监测预警管理提供法律保证和制度支持，是地质灾害监测预警体系高效运行的保障，并约束政府工作人员的权力，避免以权谋私危害国家和人民的利益。

（2）中枢指挥决策系统。中枢指挥决策系统是地质灾害监测预警的核心。它主要负责监测预警中的组织、指挥、协调、控制、决策工作，指挥灾害预警、应急、管理和灾后处理的各个环节，为预警工作的进行提供战略指导。

（3）监测预警综合协调机构。地质灾害监测预警工作涉及许多部门，投入大量人力，这就需要一个具有权威性的协调机构从纵向向横向来协调不同级别、不同地域的政府部门和社团，促使他们更好地合作，以保证地质灾害监测预警体系有效、有序地运转，避免因协调不力而带来负面影响。

（4）地质灾害监测网络体系。地质灾害风险监测系统在继续完善各项监测系统的基础上，有机组合和共享监测资源，逐步向全国性的综合灾害监测网络方向发展，即形成一个由地方到中央、由单灾种到多灾种的地质灾害风险监测体系，并建立全国性统一的灾害信息数据库。然后以遥感、遥测数值记录、自动传输为基础，建立“天-空-地-现场”一体化的灾害风险综合与立体监测体系。

（5）信息传输、处理与管理系统。信息传输、处理与管理系统主要用于搜集和传递现场灾情数据，它们是整个支撑体系的数据源保障。信息的准确性和及时性对灾害预警来说至关重要。监测部门通过利用灾害监测网络获取现场灾害信息，同时对监测信息进行收集分析，而后将结果上报给预测机构，为灾害预警提供可靠的情报资源，是灾害预警体系有效运转的第一线。同时，还要建立完善的灾害数据交换与共享体系。

（6）完备的应对计划。根据预警结果，针对不同灾害类型、不同预警等级，建立完备的应对计划，主要包括政策原则、计划设计的前提、行动纲要、政府和恢复行动、相关机构部门职责、各部门间的协调机制和相互之间的关系界定等。这样在地质灾害事件出现的时候，政府和人民能够迅速地做出反应，降低危机带来的伤害程度。

4.3.3.3　应急处置

应急处置是指地质灾害发生时，以政府为核心，快速启动相关应急预案，利用现代化灾情信息获取技术，及时调动所需人员、救援物资、救援设备等，根据灾情的发生、发展状况，利用科学、先进的技术手段，采取一切必要的紧急救援行动，以及快速地组织居民进行避难，有效地预防、消除、控制、减少灾害可能造成的损失，尤其是防止人员伤亡，同时对已经造成的损失进行及时有效的处置。

应急处置是整个地质灾害风险管控的重要部分，直接关系到居民、财产安全。应急处置主要是以风险理论为基础，首先从灾情数据获得入手，通过对获取的灾情信息进行辨识与分析，充分了解灾害发生的地点、影响范围及影响程度；其次，应快速组织居民进行避难，并预防衍生灾害发生，同时政府及相关部门快速地调集救援力量、救援物资等进行救援。

1. 政策法规

根据《地质灾害防治条例》的要求，国务院国土资源主管部门会同国务院建设、水利、铁路、交通等部门拟订全国突发性地质灾害应急预案，报国务院批准后公布。县级以上地方人民政府国土资源主管部门会同同级建设、水利、交通等部门拟订本行政区域的突发性地质灾害应急预案，报本级人民政府批准后公布。

突发性地质灾害应急预案包括下列内容：

（1）应急机构和有关部门的职责分工；

（2）抢险救援人员的组织和应急、救助装备、资金、物资的准备；

（3）地质灾害的等级与影响分析准备；

（4）地质灾害调查、报告和处理程序；

（5）发生地质灾害时的预警信号、应急通信保障；

（6）人员财产撤离、转移路线、医疗救治、疾病控制等应急行动方案。

发生特大型或者大型地质灾害时，有关省、自治区、直辖市人民政府应当成立地质灾害抢险救灾指挥机构。必要时，国务院可以成立地质灾害抢险救灾指挥机构。发生其他地质灾害或者出现地质灾害险情时，有关市、县人民政府可以根据地质灾害抢险救灾工作的需要，成立地质灾害抢险救灾指挥机构。地质灾害抢险救灾指挥机构由政府领导负责、有关部门组成，在本级人民政府的领导下，统一指挥和组织地质灾害的抢险救灾工作。

发现地质灾害险情或者灾情的单位和个人，应当立即向当地人民政府或者国土资源主管部门报告。其他部门或者基层群众自治组织接到报告的，应当立即转报当地人民政府。当地人民政府或者县级人民政府国土资源主管部门接到报告后，应当立即派人赶赴现场，进行现场调查，采取有效措施，防止灾害发生或者灾情扩大，并按照国务院国土资源主管部门关于地质灾害灾情分级报告的规定，向上级人民政府和国土资源主管部门报告。

接到地质灾害险情报告的当地人民政府、基层群众自治组织应当根据实际情况，及时动员受到地质灾害威胁的居民以及其他人员转移到安全地带；情况紧急时，可以强行组织避灾疏散。

地质灾害发生后，县级以上人民政府应当启动并组织实施相应的突发性地质灾害应急预案。有关地方人民政府应当及时将灾情及其发展趋势等信息报告上级人民政府。

县级以上人民政府有关部门应当按照突发性地质灾害应急预案的分工，做好相应的应急工作。国土资源主管部门应当会同同级建设、水利、交通等部门尽快查明地质灾害发生原因、影响范围等情况，提出应急治理措施，减轻和控制地质灾害灾情。民政、卫生、食品药品监督管理、商务、公安部门，应当及时设置避难场所和救济物资供应点，妥善安排灾民生活，做好医疗救护、卫生防疫、药品供应、社会治安工作；气象主管机构应当做好气象服务保障工作；通信、航空、铁路、交通部门应当保证地质灾害应急的通信畅通和救灾物资、设备、药物、食品的运送。

根据地质灾害应急处理的需要，县级以上人民政府应当紧急调集人员，调用物资、交通工具和相关的设施、设备；必要时，可以根据需要在抢险救灾区域范围内采取交通管制等措施。因救灾需要，临时调用单位和个人的物资、设施、设备或者占用其房屋、土地的，事后应当及时归还；无法归还或者造成损失的，应当给予相应的补偿。

县级以上地方人民政府应当根据地质灾害灾情和地质灾害防治需要，统筹规划、安排受灾地区的重建工作。

2. 应急处置

应急处置主要针对各种地质灾害进行研究、控制和管理，以提高地质灾害风险管理的综合管理能力和实现地质灾害风险管理的规范化、信息获取的智能化和可视化为目标，借助现代化技术手段、地质灾害模拟技术、预警预报技术、虚拟技术、决策支持系统与应急管理技术等先进的技术手段，结合多学科交叉与综合的理论和方法及国外先进研究成果，通过开展应急演练、培训等，构建一套规范化程度高、可行性强的应急处置模式。当地质灾害发生时，首先，能够及时启动预案，通过应急处置，能够快速、准确地获取灾情信息，并进行分析和辨识；其次，组织居民逃离灾区，前往就近的地质灾害避难所；同时，由政府部门及时采取救援措施，调运救援物资，选择最优方案进行救援。其主要研究内容包括以下部分。

1）信息的获取和监测

灾情信息获取主要研究灾情信息获取方法，以及灾害发生、发展的规模，并要求实时获取灾情信息。同时，利用“3S”技术，以遥感技术为核心，建立灾害快速监测、预警预报；在完善灾害预警预报方法的基础上，建立一个定量化和自动化程度高、综合性和系统性强的灾害预警预报方法技术服务体系。提高灾害的监测预警的水平和服务能力，同时还需完善灾情信息发行机制，把获得的灾情信息经过辨识和分析后，快速、准确地发布给民众，从而减少因灾害所造成的损失。

2）监测预警应急响应机制

黄色预警应对措施：预警等级为黄色时，群测群防员应加密开展现场监测，现场监测信息应及时向监测点所属层级自然资源管理部门进行反馈；被监测隐患点所属层级自然资源管理部门应组织人员对监测数据进行密切关注。

橙色预警应对措施：预警等级为橙色时，群测群防员应加密开展现场监测，被监测隐患点所属行政区地质灾害防治技术支撑单位应组织人员前往现场协助开展现场监测，现场监测信息应及时向被监测隐患点所属层级自然资源管理部门进行反馈；被监测隐患点所属层级自然资源管理部门应组织人员对监测数据持续关注，及时向现场群测群防员、技术人员提供地质灾害体变形情况。

红色预警应对措施：预警等级为红色时，群测群防员应提前组织地质灾害危险区群众进行转移，并加密开展现场监测，被监测隐患点所属行政区地质灾害防治技术支撑单位应组织人员前往现场协助组织地质灾害危险区群众转移和现场监测，现场处置情况应及时向所属地市级自然资源管理部门汇报，现场监测信息应及时向被监测隐患点所属层级自然资源管理部门进行反馈；地市级自然资源管理部门应组织人员前往现场协调指导危险区群众转移安置和次生地质灾害风险防范；被监测隐患点所属层级自然资源管理部门应组织人员持续关注监测数据，及时向现场自然资源管理人员、群测群防员、技术人员提供地质灾害体变形破坏情况。

3）灾民避难迁安研究

灾民避难迁安研究是应急处置的重要步骤，由于灾害是不可避免的，一旦发生，就需要组织居民进行避难。目前，中国在避难研究上尚属起步阶段，多数只是从避难所、布局、避难最优路径选择等方面进行研究。

4）应急救援研究

当灾害发生时，有效的应急救援行动是唯一可以抵御事故或灾害蔓延并减轻危害后果的有力措施。目前，针对灾害应急救援主要研究内容有应急救援组织机构、应急救援预案、应急培训和演习、营救救援行动、现场清除与净化、事故后的恢复和善后处理。而目前灾中应急救援主要研究内容包括救援物资库选择、救援最优路径选择、救援力量组织和应急救援实施等。

3. 应急救援

灾中应急救援的运作过程包括：①应急协调中心进行全机构统筹安排整个应急行动，保证行动有效、有序地进行。②进行应急现场指挥，并进行应急任务分配和人员调度，有效地利用各种应急资源，保证在最短时间内完成对事故现场应急行动。③应急资源保障部门负责组织、协调和提供应急物资、设备和人员支持、技术支持等。④媒体中心负责处理一切与媒体报道采访、新闻发布会等相关事务。⑤信息管理中心负责提供信息服务，为整个应急救援过程提供对外信息发布和资源共享等。

对于应急救援物资的选择，根据救灾物资储备的性质、任务，主要应该考虑安全性、道路的通畅便捷性、确保物资及时供应。对于应急物资的调配，首先，应确定灾害的种类，根据不同类型的灾害确定调运物资的种类和数量；其次，确定救援物资存储位置，确定适宜救援物资库，能够为灾中应急救援快速提供物资支持，更多地挽救灾民的生命和财产。不同地区、不同居民，其可能面对的灾害是有所不同的，所以救援路径选择非常重要。滑坡等地质灾害因地区而异，各类重大事件则因其自身性质及所处环境而异。对于不同的灾害，在应急救援中应有不同的考虑，在灾害发生时实施救援行动主要是先找到救援最优路径。最优路径分为：①时间上最优的路径；②路程上最优的路径；③效率最高或费用消耗最少的路径。

应急决策比任何常规决策都更能考验政府的决策机制和决策能力，应急物流也比任何常规物流更能考验政府的救援机制和救援能力。灾害应急物流是指在突发性自然灾害、突发性公共事件等突发事件发生时，政府机构等组织为救援灾区群众，在短时间内非正常性地组织救援物品、信息及医疗服务等，从供应地配送到灾区的一个计划、管理和控制的实体流动过程。灾害应急物流配送主要针对救灾物资的收集、分类、包装、运输以及救灾物资发放作业，整个救助物流的运输与配送都是围绕着服务灾区的受灾人员的。

灾害应急物流需要信息系统平台支持，一般具有突发性和不确定性因素，这种突发事件通常破坏了人们正常的生活环境和秩序，如建筑物倒塌、人员被埋、信息中断、停电停水、道路断裂、抢救困难等现象。很多突发灾害中就是由于协调指挥不当和信息反馈的滞后，延误救灾的宝贵时间，而造成惨剧。现代化的信息系统平台建设可以给我们提供准确的信息资料，通过应急物流信息系统平台整合，统一组织安排，有计划、有组织地实施救助，捐赠的物资按统一的调运渠道运输配送，同时避免在流向、流程、流量等方面出现杂乱无序、各自为战的现象。

对于应急物资需要紧急配送。在地质灾害来袭时，受灾人民的最低需求即生命安全和吃饱穿暖，为了快速有效地抢救安置受灾人员，必要的救助设施设备、医疗药品器械、解决生活的吃穿住用品等都必须及时运送到灾区。但是，由于多数受灾地区在灾害的影响下，网络通信中断，应急物资数量往往是估算的数据，按照紧急救助的特点，要调用国家储备物资的救助，只能多，不能少。需要确定应急物流配送中心。应急物流配适中心主要负责收集社会捐助救灾物资，并对捐赠物资进行分类、统计、分级、包装，并根据灾区实际需求情况，向灾区人民和救助工作组发放配送。通过应急物流配送中心的作业方式，可以有效提高救灾物资配送效率，避免重复作业和无效作业。

对于应急物资配送工具，要求在最短的时间将救灾物资和人员送往灾区实施救助。地质灾害的破坏性不同，对铁路、公路、水路等运输设施的破坏程度不一，因此运输工具的规模、种类、大小都是不容易确定的。应急配送最佳路线的选择要从救灾现场的实际情况出发，应该是多渠道、多种运输方式的整合，没有固定的模式，并要最大限度地保障人民生命安全。

4.3.3.4　综合治理

1. 政策法规

根据《地质灾害防治条例》的要求，因自然因素造成的特大型地质灾害，确需治理的，由国务院国土资源主管部门会同灾害发生地的省、自治区、直辖市人民政府组织治理。因自然因素造成的其他地质灾害，确需治理的，在县级以上地方人民政府的领导下，由本级人民政府国土资源主管部门组织治理。因自然因素造成的跨行政区域的地质灾害，确需治理的，由所跨行政区域的地方人民政府国土资源主管部门共同组织治理。

因工程建设等人为活动引发的地质灾害，由责任单位承担治理责任。责任单位由地质灾害发生地的县级以上人民政府国土资源主管部门负责组织专家对地质灾害的成因进行分析论证后认定。对地质灾害的治理责任认定结果有异议的，可以依法申请行政复议或者提起行政诉讼。

地质灾害治理工程的确定，应当与地质灾害形成的原因、规模以及对人民生命和财产安全的危害程度相适应。承担专项地质灾害治理工程勘查、设计、施工和监理的单位，应当具备下列条件，经省级以上人民政府国土资源主管部门资质审查合格，取得国土资源主管部门颁发的相应等级的资质证书后，方可在资质等级许可的范围内从事地质灾害治理工程的勘查、设计、施工和监理活动，并承担相应的责任：

（1）有独立的法人资格；

（2）有一定数量的水文地质、环境地质、工程地质等相应专业的技术人员；

（3）有相应的技术装备；

（4）有完善的工程质量管理制度。

地质灾害治理工程的勘查、设计、施工和监理应当符合国家有关标准和技术规范。

禁止地质灾害治理工程勘查、设计、施工和监理单位超越其资质等级许可的范围或者以其他地质灾害治理工程勘查、设计、施工和监理单位的名义承揽地质灾害治理工程勘查、设计、施工和监理业务。禁止地质灾害治理工程勘查、设计、施工和监理单位允许其他单位以本单位的名义承揽地质灾害治理工程勘查、设计、施工和监理业务。禁止任何单位和个人伪造、变造、买卖地质灾害治理工程勘查、设计、施工和监理资质证书。

政府投资的地质灾害治理工程竣工后，由县级以上人民政府国土资源主管部门组织竣工验收。其他地质灾害治理工程竣工后，由责任单位组织竣工验收；竣工验收时，应当有国土资源主管部门参加。

政府投资的地质灾害治理工程经竣工验收合格后，由县级以上人民政府国土资源主管部门指定的单位负责管理和维护；其他地质灾害治理工程经竣工验收合格后，由负责治理的责任单位负责管理和维护。任何单位和个人不得侵占、损毁、损坏地质灾害治理工程设施。

2. 综合治理

综合治理首先组建业主单位，其次进行工程治理项目的勘查与设计，最后进入实施阶段予以施工。施工阶段受两个约束：其一是工程监理，其二是施工期的监测。在施工阶段完成后，即进入竣工阶段。

综合治理特点是：①能主动彻底消除地质灾害隐患，彻底解除地质灾害的威胁和危害；②一般耗资较大或巨大；③治理施工期较长，通常为数月，复杂的、施工困难的则可长达数年；④被工程治理的灾害地质体在工程施工期尚有一定的稳定性，能承受施工扰动的不利影响；⑤治理工程对勘查、设计、施工等方面技术要求较高，否则可能出现施工期或竣工后崩滑体突发失稳成灾。

综合治理施工单位的选择。对于治理工程项施工单位的选择，实行了公开招标制，委托有资质的招标代理公司进行分开招标。区县级、省市级和国家级二级竣工验收时，均要审查其公开招标情况，对施工单位的中标通知书等予以审查。

综合治理监理单位的选择。对于监理单位和施工期监测单位，没有统一硬性规定，自主选择。

综合治理的施工期监测时，对于监测实施工程治理的地质灾害隐患点，通过监测，监控其变形情况，评价施工扰动对其影响，预测在施工过程中孕灾地质体的整体稳定性和施工区的稳定性，为施工安全及时提供监测预警，保障施工安全。

4.3.3.5　科普宣传教育

开展地质灾害防灾减灾科普知识宣传，提高地质灾害多发区广大民众的防灾避险意识和自救互救能力，是最大限度减少地质灾害损失的有力举措。可以通过开发减灾宣传教育产品，编制系列减灾科普读物、挂图和音像制品，编制减灾宣传案例教材，建设减灾宣传和远程教育网络平台，在广播电台、电视台开设减灾知识宣传栏目，组织开展多种形式的减灾宣传教育活动，向公众宣传灾害预防避险的实用技能（李铁锋，2010）。

编制地质灾害科普宣传材料，要做到科学性、趣味性、欣赏性兼顾，采取微信公众号、微博、科普读物、培训教材、挂图、卡通画册和音像制品等不同形式进行，还要充分发掘地方防灾减灾经验、成功避灾案例和减灾知识，字斟句酌，精选图片，以通俗易懂、简单实用的文字描述讲解地质灾害防灾减灾基本知识和避灾、自救基本技能。

地质灾害科普知识宣传可以采用多种形式，如结合“地球日”“防灾减灾日”等纪念日，组织开展“地质灾害防范知识”科普宣传活动。要让地质灾害防灾减灾科普宣传“进农村、进社区、进企业、进工地、进学校”。地质灾害防灾避险科普宣传片可以在市、县级电视台反复播放，让山区的广大群众耳濡目染，把如何识灾、避灾、防灾的常识和技能铭刻在心。中小学生求知欲旺盛、理解接受能力强，在中小学校开展“小手拉大手活动”，通过课堂教学、观看科普片、知识竞赛等形式，宣传地质灾害防范知识，再让他们把这些知识回家带给家长，传播到千家万户。此外，还要充分发挥互联网的优势，创建地质灾害防灾减灾科普网站，促进防灾减灾经验技术交流，最大限度地提高公众的防灾减灾意识，把地质灾害损失减少到最低程度。

第二篇　地质灾害早期识别与风险评估方法

截至 2019 年底，我国在册的滑坡、崩塌、泥石流灾害隐患点 252185 处，其中，滑坡 116544 处，崩塌 101976 处，泥石流 33665 处。据中国地质环境监测院统计，2011～2019 年，全国共发生滑坡、崩塌、泥石流等突发性地质灾害约 90898 起，造成 3103 人死亡，直接经济损失 383.4 亿元；全国共成功避让地质灾害约 10000 起，避免人员伤亡 42.8 万人，避免直接经济损失 94.9 亿元。在发生的 90898 起灾害中成功预报约 10000 起，成功预报次数约占灾害发生总数的 11%，也就是说有约 89% 的灾害不在在册的地质灾害隐患点中。在册的地质灾害隐患点主要来源于县（市）地质灾害调查与区划（1∶100000）和地质灾害详细调查（1∶50000），县（市）地质灾害调查与区划主要采用群众报灾、专家核查的方法，地质灾害详细调查虽被称为详细调查，但实质上仍是 1∶50000 比例尺，仅在个别重要城镇达到了或基本达到了详细调查精度（1∶10000）。尽管这两次地质灾害调查在理念上都强调了隐患点调查，但是受调查比例尺、调查方法、技术水平和经费等限制，调查的重点和结果都侧重于已有地质灾害复活的可能性上，未能实现对地质灾害隐患进行全面识别，从而导致发生的地质灾害常常不在隐患点之列，监测的隐患点往往没有变化。

滑坡、崩塌、泥石流属于自然地质现象，之所以酿成灾害，根本原因在于我们对其发生的时间、地点及特征等事先无知。地质灾害隐患的早期识别是地质灾害风险评估、监测预警、应急处置和工程治理的前提和基础，可以说抓住了早期识别就抓住了地质灾害风险防控的牛鼻子。在孕灾地质环境条件和已有地质灾害调查的基础上，加强成灾规律和早期识别技术方法研究，提高地质灾害隐患早期识别水平已成为我国地质灾害防治工作中的首要任务。受地形地貌、地质构造、地层岩性、水动力条件、地震、降水、人类活动等众多因素的影响，地质灾害具有地质演化过程的动态性、长期性、隐蔽性和不确定性，形成机理复杂。因此，地质灾害隐患识别必须依靠新技术、新方法，开展大比例尺高精度地质灾害风险调查与评价。

建议我国新一轮地质灾害调查评价工作应重点开展1∶10000地质灾害风险调查与评价，旨在提高地质灾害调查精度和隐患早期识别水平，摸清隐患点风险底数，精准提升灾害风险防范能力。调查对象为山区县城、乡镇、拟规划振兴的乡村，同时兼顾基础设施、重大工程建设、厂矿和风景名胜区。调查主要任务是逐坡、逐沟识别地质灾害隐患点，全面评价地质灾害隐患风险，并提出风险防控措施。调查方法除传统方法外，应充分利用合成孔径雷达干涉测量（InSAR）、机载LiDAR测绘、三维激光扫描、无人机航测、地球物理探测、深部位移监测、诱发因素监测等新技术、新方法来识别和掌握地质灾害隐患变形发展过程，分析评价地质灾害隐患的失稳概率、诱发因素、变形破坏模式、运移路径、致灾范围、威胁对象和风险大小。大力发展基于人工智能的地质灾害早期识别与风险防控技术方法。调查评价经费主要取决于调查范围和地质条件复杂程度，一般县城为200万~300万元，乡镇为100万~200万元，重要村庄为50万~100万元。

第5章　地质灾害早期识别技术方法

5.1　地质灾害早期识别研究进展

地质灾害早期识别主要是通过空、天、地各种手段进行地质灾害风险分析或风险识别，发现和甄别地质灾害隐患的过程。地质灾害隐患早期识别是对已经出现变形迹象或正在发生变形，以及将来很可能发生变形的地质灾害体进行提前判识，主要分析和识别地质灾害体位置、形变范围与方向以及灾变可能性等内容。与以往地质灾害调查相比，地质灾害早期识别主要是对尚未发生的地质灾害进行分析和识别，尽管包括甄别已有地质灾害复活的可能性，但不是对已有地质灾害进行遥感解译或现场调查，另外，地质灾害早期识别主要采用不确定性思维和分析方法。

从源头上识别、判定地质灾害隐患，获取并掌握地质灾害的特征信息、本底数据和动态发展规律，对地质灾害风险防控至关重要。地质灾害隐患的早期识别是地质灾害风险评估、监测预警和风险管控的前提和基础，但以往的研究文献并不多，理论与技术方法尚不成熟。与地质灾害早期识别相关的主要进展如下。

（1）Fell等（2005）提出滑坡风险分析的难点是确定斜坡的失稳概率或滑坡的频次。计算频率的方法：①研究区或者相似（地质、地貌等特征）地区以往的数据资料；②基于斜坡稳定性分级系统的相关经验方法；③运用地貌学证据（加上以往数据）或根据专家的判断；④将频次与触发事件（降雨、地震等）的剧烈程度联系起来；⑤根据专家的判断直接评估，根据概念模型作保证；⑥将主要变量模型化；⑦应用概率论的方法；⑧上述方法的综合。

（2）张茂省2009年在全国工程地质大会上提出地质灾害早期识别的6种主要途径：①群众报险报灾，常依据出现的地面裂缝、房屋裂缝、泉水异常等现象；②野外调查，专业技术人员通过对地形地貌、地质结构、变形迹象、影响因素等分析判断；③InSAR、三维激光扫描、LiDAR等多期次数据分析；④变形过程监测；⑤不同期高光谱遥感影像、照片对照；⑥基于DEM的坡型、坡度、坡高等分析。

（3）殷跃平等（2012）从以下8个方面梳理了黄土滑坡早期识别特征：地形地貌、地层结构、节理裂隙、洞穴发育程度、大面积灌溉、季节性冻融、软弱地层、树木歪曲。

（4）刘传正（2017，2019）总结出6种地质灾害风险识别方法：历史对比法、直接观察法、间接反演法、遥感遥测法、动态观测法、综合分析法，并提出了崩滑灾害早期识别的“六要素识别法”。崩塌滑坡灾害风险是斜坡形态、成分结构、初始状态、引发条件、环境因素和成灾条件6因素随时间变化的函数。

（5）张茂省等（2019）依据数据特征和智能化需要，将传统的地质灾害早期识别技术方法归纳为6种：高光谱遥感解译、地表形变分析、地下位移分析、地下间接因素分析、诱发因素分析、综合分析，并提出了基于 AI 的地质灾害早期识别技术构建思路。

（6）许强（2020a）提出了地质灾害早期识别“三查”技术体系。“三查”技术体系包括：卫星遥感（星载 InSAR、光学遥感）大范围灾害普查；无人机遥感疑似灾害隐患详查；地面地质调查灾害隐患核查。其识别思路为：工作内容由大到小、由粗到细、分层次逐步实现复杂山区地质灾害早期识别。其特点是“四多”，即多学科：测量学、工程地质学、遥感地质；多源数据：卫星数据、航拍数据、InSAR 数据、激光点云数据、监测数据；多层次：天（卫星）、空（飞机）、地面；多时序：灾害历史时间可追溯。

（7）2020 年，熊自力分析了地质灾害未来可能高发的三大领域：一是山区城镇，随着城镇化建设，向山发展、向山要地的现象难以完全杜绝，县城、乡镇将是未来地质灾害高发的区域；二是村庄，随着乡村振兴战略实施，切坡建房、通路切坡等工程不可避免地扰动自然斜坡，改变斜坡应力状态，导致新农村建设中切坡引起的地质灾害发生；三是基础工程与重大工程建设，基础工程与重大工程建设对地质环境的影响较大，如不开展建设工程地质灾害评估，做好地质灾害风险防范，将会诱发或加剧地质灾害发生。

随着对地质灾害演化过程和成灾机理的不断深入、各种评价方法和评价模型的快速发展以及 InSAR、LiDAR 和高精度摄影测量等技术的涌现，地质灾害早期识别技术逐步开始趋于完善并细化。按照地质灾害早期识别技术方法不同的发展历程，将地质灾害早期识别技术方法划分为：传统技术方法、现技术方法和智能识别技术方法。由于地质灾害孕育过程的复杂性和灾害致灾的不确定性，地质灾害早期识别也是多种技术手段相互验证的综合识别工作，依托地面调查、传统遥感识别等地质灾害早期识别传统方法，结合合成孔径干涉雷达（InSAR）、LiDAR、航空摄影测绘等现代技术方法，加之人工智能识别技术（AI）的推动与促进，方能实现地质灾害隐患的准确、有效识别。

5.2　地质灾害早期识别传统技术方法

5.2.1　传统的早期识别原理与思路

5.2.1.1　早期识别的基本原理

传统的地质灾害早期识别主要遵循工程地质分析原理和现代地质灾害理论，基本原理主要包括工程地质类比法、将今论未来方法、极端事件分析法、趋势分析法、统计分析法、物理模型法、数值模型法等。

工程地质类比法是工程地质乃至地学领域常用的分析方法，即具有与曾经发生地质灾害地区相似的地形地貌、地质条件及诱发因素的地区未来也有可能发生地质灾害，主要从地质灾害形成条件、影响因素、基本特征和危害方面对比分析不同地段地形地貌、地质构造、工程地质岩组、斜坡结构、水文地质条件、降雨量差异、冻结融化、地震影响、人类工程活动、工程类型等方面的差异性，从而相对分析不同地段孕灾条件、主要影响因素、诱发因素，判断其危险性及其影响范围、易损性和危害性差异，从而识别地质灾害隐患点，或高危险区（带）。

将今论未来方法是指过去对未来有一定的指示作用，过去曾经发生过地质灾害的地区未来也有可能发生地质灾害，即基于历史和现实资料预测未来地质灾害发展趋势和过程。该方法与工程地质类比法原理类似，工程地质类比法强调空间对比分析，而将今论未来方法强调时间对比分析，从地质环境条件动态变化因素影响入手，分析地质灾害发生的概率。例如，从降雨量、地震和人类活动的变化趋势分析诱发地质灾害的可能性，进而识别地质灾害隐患点，或高危险区（带）。

极端事件分析法是指通过分析和研究一定地区一定时期地质灾害极端事件来判断和识别新的地质灾害隐患点，或高危险区（带）。极端事件包括：极端工程地质条件、滑坡极端规模、极端范围（距离）、极端频率、极端降雨量或暴雨、极端地震、极端损失伤亡情况等。一定地区可以是一个地质单元、一个流域（和分支流域）、一段斜坡、一个行政区域、一个特殊场区等。

趋势分析法是指通过分析和研究区域上地质灾害发生、发展演化趋势来识别地质灾害隐患点，或高危险区（带）。趋势分析包括时间演化趋势和空间演化趋势，分析的重点是动态变化因素和诱发因素的变化趋势。趋势分析法与极端事件法相结合，能够提高地质灾害识别的准确度。

统计分析法是通过统计分析区域上地质灾害发育现状、类型特征、分布规律及其主要的影响因素与诱发因素等来识别地质灾害隐患点，或高危险区（带）。基于GIS平台的统计分析已经成为地质灾害早期识别的主要途径之一。统计分析的因素主要涉及静态的孕灾环境因素（地形、地貌、岩土性质和结构及地质构造等）、动态诱发因素（降雨、冻融、地下和地表水流、振动和人类工程活动等）以及各种关键的变形标志或变形过程（地质灾害几何形态、裂隙、位移等），统计数据既要抓住主要因素，又要能够反映地质灾害事件的客观事实。

5.2.1.2 早期识别的基本思路

传统的地质灾害早期识别的基本思路是在充分收集已有资料的基础上，以遥感解译、野外调查以及必要的监测和勘查为主要手段，在查明研究区内地质灾害发育现状、类型特征、分布规律及其形成的地质环境条件的基础上，揭示地质灾害影响因素、形成机制、发生过程和变化趋势，分析识别地质灾害隐患可能的发生位置、变形破坏模式、运移路径和致灾范围。其工作内容主要包括：

（1）系统收集已有相关资料，主要包括已有地质灾害技术报告及相关管理资料、遥感资料、地质和水工环地质资料、气象水文资料、土地利用与规划资料、城镇及重大工程规划建设资料等。

（2）开展研究区城镇地质灾害形成条件调查，分析滑坡、崩塌、泥石流形成条件及其发育现状、类型特征与分布规律，编制研究区灾害地质条件图。

（3）对研究区已发生的滑坡、崩塌、泥石流等地质灾害点进行大比例尺工程地质测绘，解剖其地质结构特征、变形破坏模式、运移路径、规模、致灾范围、影响因素和诱发因素等，并对其复活的可能性和风险进行评估。

（4）开展研究区地质灾害早期识别，通过遥感解译、野外调查以及必要的监测和勘查等手段，分析斜坡失稳的可能性或破坏概率、泥石流暴发频率、滑移速度与滑距、运移路径或轨迹、影响范围，调查影响范围内的承灾体及其易损性与时空概率，进行地质灾害隐患点风险评估。

5.2.1.3　早期识别的主要内容

地质灾害早期识别的主要内容有隐患的类型、发生位置、运移路径和致灾范围及其形成的地质环境条件，具体包括：

（1）对地质灾害隐患进行辨识与分类，如滑坡、崩塌、泥石流，链式地质灾害，运移速度等；估计地质灾害隐患体所处位置、区域范围以及体积。

（2）估计可能的驱动机制与发生频率，所涉及物质的自然特征，如斜坡地质结构、岩土体类型及其工程地质性质、地下水活动与孔隙水压力，以及诱发因素和滑动机制。

（3）假如滑坡事故发生，推测可能的运移距离、运移路径、运动深度和速率，并估算滑坡可能危及承灾体所在地区的概率。

（4）分析监测数据与事前预警，判别滑坡发生过程和所处的变形阶段，做好预警预报。

5.2.2　传统调查识别

5.2.2.1　滑坡调查识别方法

滑坡调查识别是通过分析地形地貌、地质构造、工程地质岩组、斜坡结构、水文地质条件、降雨量、地震影响、人类工程活动、工程类型等方面的差异性，根据斜坡变形迹象、几何参数、物质组成和结构形式等因素，识别斜坡可能的失稳概率、诱发因素、变形破坏模式、运移路径、致灾范围、威胁对象和风险大小。在滑坡调查识别中，具体需要了解和考虑的因素如下。

（1）地形：滑坡源头和可能的运移路线；自然因素和人类活动对地形的影响和时限。

（2）地质环境：区域地层、结构与区域地质演化；当地的地层、斜坡的运动、结构及历史；斜坡及毗连地区地貌特征。

（3）水文地质：区域上以及当地的地下水运移模式；滑体内部和周边的水压；每个季度和每年内地下水压与降雨量、降雪量和融雪量、温度、流水量以及水库水位的关系；自然和人类活动的影响；地下水化学特征和来源；地下水压力的年超出概率。

（4）活动历史记录：速度、总位移量以及表面运动向量；当前的所有运动及其与水文地质和其他自然与人类活动的关系；以往活动的证据和滑动的影响范围；斜坡或者毗邻斜坡活动的地貌学或历史学证据。

（5）潜在滑体的工程地质表征：活动阶段（破坏前、破坏后、复活、活动）；活动的分类（比如滑动、流动）；物质因素（分类、结构、体积变化、饱和度）。

（6）潜在滑体的滑动机制和规模：底面、其他界面和内部断裂面的构形；滑体是现存滑体的一部分还是一个大的滑体；滑动的范围、体积；滑动机制是否合理。

(7) 剪切的力学特征和破裂面的强度：与地层、结构、先前存在的破裂面的关系；流水剪切还是非流水剪切；初次剪切还是复活剪切；萎缩还是膨胀；饱和或是部分饱和；破坏前后的强度，压张特征。

(8) 稳定性评估：对水文、地震以及人为影响的现行可能的安全补偿因素；破坏的年超出概率。

(9) 变形和运移距离评估：破坏前可能的变形；破坏后的运移距离和速度；快速滑动的可能性。

滑坡调查识别方法可按四个层次展开，即野外核查、实地调查、地面测绘和工程勘查。

(1) 野外核查：对遥感解译、群众报灾等线索获得的疑似滑坡灾害隐患点进行野外核查和确认。

(2) 实地调查：对县城、村镇、矿山、重要公共基础设施以及滑坡灾害高发区的所有居民点进行现场调查，实地识别和分析灾变的可能性，圈画滑坡隐患点范围。

(3) 地面测绘：对于威胁县城、集镇和重要公共基础设施的滑坡隐患，可进行大比例尺工程地质测绘，查明地质环境条件、可能的滑坡体特征和诱发因素。分析识别斜坡可能的失稳概率、诱发因素、变形破坏模式、运移路径、致灾范围、威胁对象和风险大小。

(4) 工程勘查：对于威胁县城、集镇、重要公共基础设施的滑坡隐患，应进行工程勘查，勘查方法应以物探为主，并辅以钻探、井探和槽探等验证与控制。初步查明滑坡体结构及各层滑坡面（带）的位置，了解地下水的位置、流向和性质。分析识别斜坡失稳概率、诱发因素、变形破坏模式、运移路径、致灾范围、威胁对象和风险大小。

5.2.2.2　崩塌调查识别

崩塌灾害有两个含义：一是处于可能发生崩塌破坏形成地质灾害斜坡段的危岩体；二是坠落垮塌于坡脚的崩塌堆积体。崩塌调查识别是通过调查和分析孕灾环境、诱发因素，根据斜坡变形迹象、几何参数、物质组成和结构形式等因素，识别斜坡的危岩体的位置及其可能的失稳概率、变形破坏模式、运移路径、致灾范围、威胁对象和风险大小。在崩塌调查识别中，具体需要了解和考虑的因素如下：

(1) 危岩体位置、形态、分布高程、规模；

(2) 危岩体及周边的岩土体结构，如软弱（夹）层、断层、褶曲、裂隙、裂缝、临空面、侧边界、底界（崩滑带）以及它们对危岩体的控制和影响；

(3) 危岩体及周边的水文地质条件和地下水赋存特征；

(4) 危岩体周边及底界以下地质体的工程地质特征；

(5) 危岩体变形发育史，如历史上危岩体形成的时间，危岩体发生崩塌的次数、发生时间，崩塌前兆特征、崩塌方向、崩塌运动距离、堆积场所、崩塌规模、诱发因素，变形发育史、崩塌发育史、灾情等；

(6) 危岩体成因的动力因素，包括降雨、河流冲刷、地面及地下开挖、采掘等因素的强度、周期以及它们对危岩体变形破坏的作用和影响；

(7) 分析危岩体崩塌的可能性、崩塌规模等级 (特大型、大型、中型、小型) 和机理类型 (倾倒式崩塌、滑移式崩塌、鼓胀式崩塌、拉裂式崩塌、错断式崩塌);

(8) 危岩体崩塌后可能的运移斜坡，在不同崩塌体积条件下崩塌运动的最大距离，在峡谷区，要重视气垫浮托效应和折射回弹效应的可能性及由此造成的特殊运动特征与危害;

(9) 危岩体崩塌可能到达并堆积的场地的形态、坡度、分布、高程、地层岩性与产状、最大堆积容量，以及在不同体积条件下，崩塌块石越过该堆积场地向下运移的可能性，最终堆积场地;

(10) 分析崩塌堆积体自身的稳定性和在上方崩塌体冲击荷载作用下的稳定性，分析在暴雨等条件下向泥石流、崩塌转化的条件和可能性，以及崩塌链式灾害可能引起的其他灾害类型和规模，确定其成灾范围，进行灾情的分析与预测。

5.2.2.3　泥石流调查识别

泥石流调查识别是通过遥感调查与实地量测相结合的调查方法，根据泥石流的形成条件、动力条件和堆积条件，以及泥石流的诱发因素等因素，识别泥石流的位置及其可能的发生频率、运移路径、致灾范围、威胁对象和风险大小。在泥石流调查识别中，具体需要了解和考虑的因素如下。

1) 泥石流类型识别

从水源类型、地貌部位、流域形态、物质组成、固体物质提供方式、流体性质、发育阶段、暴发频率 (n)、堆积物体积 (v) 等方面进行泥石流类型识别。

2) 地质条件调查识别

流域调查识别。形成区：调查地势高低，流域最高处的高程，山坡稳定性，沟谷发育程度，冲沟切割深度、宽度、形状和密度，流域内植被覆盖程度，植物类别及分布状况，水土流失的情况等；流通区：调查流通区的长度、宽度、坡度，沟床切割情况、形态、平剖面变化，沟谷冲、淤均衡坡度，阻塞地段石块堆积，以及跌水、急弯、卡口情况等；堆积区：调查堆积区形态、面积大小，堆积过程、速度、厚度、长度、层次、结构，颗粒级配，坚实程度，磨圆程度，堆积扇的纵横坡度，扇顶、扇腰及扇线位置，以及堆积扇发展趋势等。

地形地貌调查识别。确定流域内最大地形高差，上、中、下游各沟段沟谷与山脊的平均高差，山坡最大，最小及平均坡度，各种坡度级别所占的面积比率，分析地形地貌与泥石流活动之间的内在联系，确定地貌发育演变历史及泥石流活动的发育阶段。

岩 (土) 体调查识别。重点对泥石流形成提供松散固体物质来源的易风化软弱层、构造破碎带，第四系的分布状况和岩性特征进行调查，并分析其主要来源区。

地质构造调查识别。确定沟域在地质构造图上的位置，重点调查研究新构造对地形地貌、松散固体物质形成和分布的控制作用，阐明与泥石流活动的关系。

地震分析。收集历史资料和未来地震活动趋势资料，分析研究可能对泥石流的触发作用。

相关的气象水文条件调查与分析。调查气温及蒸发的年际变化、年内变化以及沿垂直带的变化，降水的年内变化及随高度的变化，最大暴雨强度及年降水量等。调查历次泥石流发生时间、次数、规模大小次序，泥石流泥位标高。

植被调查。调查沟域土地类型、植物组成和分布规律，了解主要树、草种及作物的生物学特性，确定各地段植被覆盖程度，圈定出植被严重破坏区。

人类工程经济活动调查。主要调查各类工程建设所产生的固体废弃物（矿山尾矿、工程弃渣、弃土、垃圾）的分布、数量、堆放形式、特性，了解可能因暴雨、山洪引发泥石流的地段和参与泥石流的固体废弃物数量及一次性补给的可能固体废弃物数量。

3）泥石流特征调查

根据水动力条件，确定泥石流的类型；调查泥石流形成区的水源类型、汇水条件、山坡坡度、岩层性质及风化程度，断裂、滑坡、崩塌、岩堆等不良地质现象的发育情况及可能形成泥石流固体物质的分布范围、储量；调查流通区的沟床纵横坡度、跌水、急弯等特征，沟床两侧山坡坡度、稳定程度，沟床的冲淤变化和泥石流的痕迹；调查堆积区的堆积扇分布范围、表面形态、纵坡、植被、沟道变迁和冲淤情况，堆积物的性质、层次、厚度、一般和最大粒径及分布规律；判定堆积区的形成历史、堆积速度，估算一次最大堆积量；调查泥石流沟谷的历史，如历次泥石流的发生时间、频数、规模、形成过程、暴发前的降水情况和暴发后产生的灾害情况。

4）泥石流诱发因素调查

调查水的动力类型，包括降雨型、冰雪融水型、水体溃决（水库、冰湖）型等。降雨型主要收集当地降雨强度、前期降雨量、一次最大降雨量等；冰雪融水型主要调查收集冰雪可融化的体积、融化的时间和可产生的最大流量等；水体溃决型主要调查因水库、冰湖溃决而外泄的最大流量及地下水活动情况。

5）危害性调查

调查了解历次泥石流残留在沟道中的各种痕迹和堆积物特征，推断其活动历史、期次、规模，目前所处发育阶段；调查了解泥石流危害的对象、危害形式（淤埋和漫流、冲刷和磨蚀、撞击和爬高、堵塞或挤压河道）；初步圈定泥石流可能危害的地区，分析预测今后一定时期内泥石流的发展趋势和可能造成的危害。

5.2.3　传统遥感识别

传统遥感识别是以遥感数据和地面控制为信息源，获取地质灾害及其孕灾环境要素信息，初步识别滑坡、崩塌、泥石流等地质灾害的类型、规模及空间分布特征。

5.2.3.1　遥感识别内容

遥感识别内容主要包括地质灾害隐患识别及其发育地质环境背景条件两大方面。

地质灾害隐患识别：解译隐患体的类型、边界、规模、形态特征，分析其位移特征、活动状态、发展趋势，并评价其危害范围和程度。

地质环境背景条件：主要解译与地质灾害有关的地貌类型、地质构造、岩（土）体类型、水文地质现象和地表覆盖等内容。

5.2.3.2　遥感数据的选取

根据调查内容和调查精度的要求，以高分辨率（SPOT-5、IKONOS、QuickBird 等）卫星或航空数据资料作为主要遥感信息源，TM/ETM 卫星数据资料用于区域环境地质背景条件及特大规模地质灾害体的遥感解译；高分辨率卫星或航空数据资料则用于对地质灾害隐患的遥感解译（图 5.1，图 5.2）。

图 5.1　紫阳县城区无人机航摄影像图

图 5.2　旬阳县城区无人机航摄影像图

5.2.3.3　遥感解译方法

遥感解译主要的方法有目视解译、人机交互解译和地质解译标志三种主要手段。

1. 目视解译

目视解译是依据图像的色调、色彩等影像特征，以及形状、大小、阴影、纹理、图形、位置等空间特征，通过肉眼、放大镜或立体镜观察，与多种非遥感信息结合，综合利用地学规律，由此及彼、由表及里地综合分析和推理的思维过程。地学专家依据地物目标在遥感影像上的波谱特性、时相特性、空间特征等成像机理以及所掌握的各种地学发展规律，通过分析地物在影像上的特征来获取对地物目标的识别和特征。信息提取受数据源、遥感数据处理、制图和解译技术的发展，目视解译标志的建立多是基于黑白或彩色红外航空像片（模拟图像），将图像打印在相纸上，采用立体镜或是倒立体观察，并用半透明硫酸纸进行描绘，成果通常以纸质形式保存。

目视解译综合利用地物的影像特征、地学知识，并能有效结合其他非遥感数据进行分析、逻辑推理，能达到较高的提取信息精度，与非遥感的传统方法相比，具有明显的优势（图5.3）。长期以来，目视解译是地学专家获取地学信息的主要手段，汇集了地学专家长期积累的经验和知识。陈述彭院士曾肯定目视解译技术，认为目视解译不是遥感应用的初级阶段或是可有可无的，相反，它是遥感技术应用中无可替代的组成部分，将与地学分析方法长期共存、相辅相成。

图5.3　地质灾害遥感解译图（“■”为黄土滑坡解译点）

目视解译虽然精确度很高，但具有一定的局限性，主要表现在：解译效率低下；影像数据、解译成果以纸质图件的方式存在，存储麻烦，使用信息量（波段数目）有限，数据不能随意放大缩小，主观因素作用大，容易误判，成果修改比较困难；不能全部实现定量化的描述，与数字时代信息定量化、模型化的情况很难适应；无法实现遥感与 GIS 技术集成，不能及时更新、编辑。

2. 人机交互解译

人机交互式解译又被称为“人机交互判读”，是以遥感数字图像为基本信息源，在相应软、硬件条件下，利用计算机的快速处理能力和专业图像软件对遥感数据进行信息提取和编辑，并进行遥感影像解译的一种方法。人机交互解译以数字化栅格遥感影像为主要信息源，采用图像处理软件（ERDAS、ENVI、MAPGIS、ARCGIS）或是自主开发的解译模块或系统（如中国地质调查局西安地质调查中心开发的基于滑坡灾害解译模块，进行倒立体观察，或利用电子立体眼镜，或将遥感数据、DEM 叠合制作地表的三维模拟图像进行解译，成果多以矢量数据（点、线、区）的形式存储和管理。人机交互解译是以解译人员的判读经验和专业知识为基础，其结果因人而异。

这种方法实质上仍是遥感影像目视解译，依赖于遥感解译人员的视觉、知识、经验和水平，在遥感图像解译方法上并没有新的突破。人机交互式解译具有以下优点：遥感影像可放大或缩小到合适尺寸，准确勾画边界，提高解译精度，减少人为因素；全数字化操作，可随时对图像模糊区域进行信息增强，有利于解译判读；可随时对成果进行修改，省去目视解译必须经过纸笔的中间环节，克服成果图修改困难的缺点；实现了影像、结果及非遥感数据信息的对比合成，在识别和解译结果验证中，可按要求对数据和成果进行标注叠加，还可以把解译成果、非遥感图形图像数据集成在一起输入 GIS 软件进行空间分析和集成。人机交互式解译方法吸取了计算机的优点，又利用了目视解译的原理和方法，在智能解译技术还未达实用阶段，是目前实际工作常用的解译方式。

5.2.3.4　遥感解译流程

遥感解译，即在基础图像上重现野外实际环境景观，基于地学原理进行地物识别及定性和定量、时间和空间分析，获取地质灾害及其发育环境信息。遥感解译须在 PhotoShop、Erdas、ENVI、MapGIS 等软件平台上以人机交互方式进行。遥感解译包括建立解译标志、初步解译、野外验证、详细综合解译和遥感解译编图五个步骤。

（1）建立解译标志。在充分收集和熟悉工作区地质资料的基础上，通过野外实地踏勘，在基础图像上建立典型地质灾害类型、构成要素、地貌、地质构造、岩（土）体类型、水文地质现象和土地覆盖类型等的遥感解译标志。

（2）初步解译。在熟悉工作区地质资料、野外实地踏勘、建立遥感解译标志的基础上，在基础图像上识别地质灾害及其发育环境，了解地质灾害的结构特征，圈划边界，指出所有不确定及疑问点，编制初步解译草图。

（3）野外验证。对初步解译结果及所有的不确定及疑问点进行野外实地验证。工作量应根据调查目标地物在基础图像上的可解译程度、地质灾害体可能产生的危害、地质环境条件的复杂程度、前人研究程度、交通和自然地理条件等因素综合考虑确定。

对于位于县城、集镇、重要建筑工程、交通线及其他重要场所附近的地质灾害体除可解译程度很高，前人研究程度较深者外，应该尽可能全部进行野外验证。

其他地质灾害初步解译结果的野外验证率应不少于60%。

（4）详细综合解译。进一步确认灾害体及类型，确定灾害体及其组成部分（尤其指沟谷型泥石流）的边界，计算覆盖面积（规模），必要时通过不同时相图像对比了解灾害的活动状态；通过灾害体所处地貌、岩性、产状、斜坡结构、水文及区域地质构造环境解译分析灾害形成的基本地质环境条件及触发因素；分析灾害发育规律，评价其影响及危害，通过空间分析进行灾害危险性分区。

（5）遥感解译编图。按1：50000国际分幅或工作区范围自由分幅编制地质灾害及其发育环境遥感解译图。对于重点地质灾害体，除了需准确地表现其地理位置及边界范围外，还应表现其结构组成并附三维影像图。

5.2.4　勘查手段

对于重大地质灾害隐患点，当地面调查和遥感解译等手段不能满足识别要求或者无法支撑地质灾害防控治理需求时，需采用钻探、山地工程、实验测试等手段对地质灾害体变形深度、结构特征等要素进行准确识别，常用的工程手段包括钻探、山地工程、物探、实验测试等手段。

5.2.4.1　钻探

钻探方法可在严重威胁县城、集镇、矿山、重要公共基础设施、主要居民点的地质灾害体勘查中采用。应初步查明滑动层面位置及要素，了解滑坡的稳定程度及深部滑动情况，为评价滑坡的稳定性提供有关参数。

钻探应在地面调查和物探工作基础上进行，勘探钻孔应符合下列技术要求：

（1）一般性钻孔深度应穿过最下一层滑动面3～5m，控制性钻孔应深入稳定地层以下5～10m。

（2）钻孔口径110mm，采取原状岩土样的钻孔口径130mm。

（3）在遇滑带或软层时，宜采用无水钻进，每回次钻进不超过0.5m，岩心采取率应达到70%以上，钻孔斜度偏差应控制在2%之内。

（4）钻孔取心、采样、编录、岩心保留与处理、简易水文地质观测、水文地质试验、封孔和钻孔坐标的测定等应按《工程地质钻探规程》（DZ/T 0017—1991）的要求执行。

钻孔竣工后，须及时提交各种资料，包括钻孔施工设计书、岩心记录表（岩心的照片或录像）、岩心素描图、钻孔地质柱状图、采样记录、简易水文地质观测记录、测井曲线、钻孔质量验收书、钻孔施工小结等。

5.2.4.2　山地工程

山地工程以探槽和浅井为主，应配合野外调查进行。对危及县城、村镇、矿山、重要公共基础设施、主要居民点的地质灾害点，应布置适量山地工程工作量。探槽、浅井的深度应根据调查中需要解决的问题和施工安全具体确定。对探槽、浅井揭露的地质现象都须及时进行详细编录和制作大比例尺（一般为1∶100～1∶20）的展视图或剖面图，内容包括地层岩性界线、结构、构造特征、水文地质与工程地质特征、取样位置等，对重要地段（滑面带等）须进行拍照或录像。

5.2.4.3 物探

物探应在危及县城、村镇、矿山、重要公共基础设施、主要居民点的地质灾害测绘或勘查中采用。应根据地质灾害类型和调查需要，因地制宜地选择物探方法。对于单一方法不易明确判定的地质灾害体，可采用两种或两种以上的物探方法，物探方法可参照表5.1。物探手段主要用于查明滑坡、崩塌、泥石流空间分布状态、地质结构及滑床埋藏情况、软弱夹层的分布、覆盖层厚度等。

表5.1 常用物探方法及其应用范围

物探方法	应用范围
电测深法、电剖面法、浅层折射波法、浅层反射波法、瑞利波法、瞬变电磁法、层析成像、综合测井、声波法、无线电波透视、测氡法	初步查明崩塌、滑坡、泥石流范围、厚度和结构
电测深法、电剖面法、瞬变电磁法、浅层折射波法、浅层反射波法、高密度、探地雷达、综合测井	初步查明覆盖层厚度和基岩面埋深

物探测线的布置须根据调查要求、测区地形、地物条件，因地制宜地设计。测线长度、间距以能控制被探测对象为原则，主要测线方向须垂直于地质灾害体的长轴方向（崩塌、滑坡体纵轴方向等），并尽可能通过钻孔或地质勘探线。物探应根据调查要求编制工作大纲。野外作业中，工作参数的选择，检查点的数量，观测精度，测点、测线平面位置和高程的测量精度，仪器的定期检查、操作和记录，应遵循有关物探规范的要求。物探成果应包括工作方法，地质灾害的地球物理特征，资料的解释推断、结论和建议，并附相应的工作布置图、平剖面图、曲线图、解释成果图等。

5.2.4.4 实验测试

岩土实验测试主要分为原位实验测试和室内实验测试。原位实验测试应符合下列规定：岩（土）体物理力学参数原位测试仅针对开展勘查的重要地质灾害；原位测试方法主要选择现场直剪试验和岩石声波测试等；对于规模特大、危害严重的典型滑坡，可开展滑面（带）岩体或土体现场直剪试验。室内实验测试应符合下列规定：主要测试岩（土）的物理力学性质及水化学成分，对开展勘查及部分测绘的地质灾害应采取样品测试，测试项目可参照表5.2。室内岩石物理力学性质测试指标应包括密度、天然重度、干重度、孔隙率、孔隙比、吸水率、饱和吸水率、抗剪强度、弹性模量、泊松比、单轴抗压。室内土的物理力学性质测试指标一般包括密度、天然重度、干重度、天然含水量、孔隙比、饱和度、颗粒成分、压缩系数、凝聚力、内摩擦角。黏性土应增测塑性指标（塑限、液限、计算塑性指数、液性指数和含水比)、无侧限抗压强度等。砂土应增测最大干密度、最小干密度、颗粒不均匀系数、相对密度、渗透系数等。

表 5.2　地质灾害调查室内实验测试项目

灾害种类	测试项目
滑坡	滑带、滑体、滑床岩土体物理力学性质试验，滑带黏土矿物成分及含量分析，地下水水质分析
崩塌	岩体物理力学性质试验，裂缝充填物矿物成分及含量分析，必要时进行崩塌堆积体的年龄测定
泥石流	泥石流体物质成分、粒度、重度的测试，进行泥石流体年龄鉴定

5.2.5　监测手段

地质灾害监测的目的是了解和掌握地质体的动态演变过程，是地质灾害预警的基础，是预防地质灾害发生的主要方法之一。通过地质灾害监测，可以及时捕捉灾害的特征信息，为灾害的正确分析、评价、预警及工程治理等提供可靠的资料和科学依据。同时，监测结果也可检验地质灾害分析评价的正确性及防治工程的效果。因此，监测既是地质灾害调查、研究和防治工程的重要组成部分，又是地质灾害预警信息获取的一种有效手段。

基于监测的地质灾害风险识别按手段划分为人工目测、简易监测、专业监测。

5.2.5.1　人工目测

人工目测是纯粹使用人力进行监测。定期对崩滑体出现的宏观变形迹象（如裂缝发生及发展、地面沉降、塌陷、坍塌、膨胀、隆起、建筑物变形等）进行观察，对有关的异常现象（如地声、地下水异常等）进行调查记录。该法直观性强、适应性强、可信程度高，也是群测群防的主要内容，但对观测人的专业素养和责任心有一定要求。

5.2.5.2　简易监测（普适性仪器监测）

简易监测除了人力外还辅助使用一定的简易仪器，主要用于群防群测。这类监测经历了一个发展阶段，早期的，如在建筑物开裂部位用贴条法、埋钉法、上漆法等，在滑坡裂缝处用拉线法、埋桩法等，测量工具以卷尺、钢直尺和游标卡尺为主。从 2006 年起，中国地质调查局水文地质环境地质调查中心研制了一系列简易监测仪器，如雨量预警器、数据传输预警雨量仪、滑坡预警伸缩仪、崩塌滑坡裂缝报警器（图 5.4）、崩塌滑坡裂缝伸缩仪（图 5.5）、四路位移预警仪、激光多点位移循测预警仪、泥石流地声仪、泥石流远程监视预警仪等，在全国各地推广使用，取得了较好的效果。简易监测仪器的安装使用对地质灾害风险减缓具有重要意义。

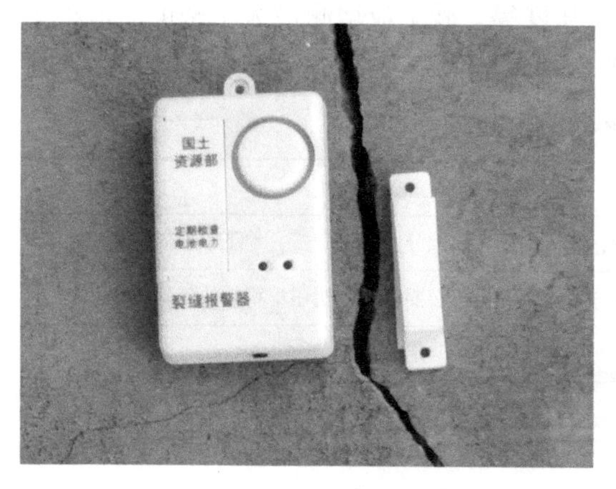

图 5.4　崩塌滑坡裂缝报警器

图 5.5　崩塌滑坡裂缝伸缩仪

5.2.5.3　专业监测

专业监测是专业技术人员在专业调查的基础上借助于仪器设备和专业技术，对地质灾害变形动态进行监测、分析和预测预报等一系列专业技术的综合应用。专业监测的内容包括位移监测、物理场监测、地下水监测和外部诱发因素监测等，不同的监测内容对应不同的监测技术方法（表 5.3）。它们分别从不同侧面反映了地质灾害的变形信息，以及与地质灾害变形相关的其他信息。随着电子技术与计算机技术的发展，监测方法及所采用的仪器设备将不断得到发展与完善，监测内容也更加丰富。

表 5.3　滑坡监测的主要内容及常用仪器

监测内容		监测仪器或方法
位移监测	地面绝对位移	经纬仪、水准仪、红外测距仪、激光仪、全站仪、高精度 GNSS、多期遥感数据或 DEM 数据、视频
	地面相对位移	振弦位移计、电阻式位移计、裂缝计、变位计、收敛计、大量程位移计、BOTDR 分布式光纤、三维激光扫描
	深部位移	钻孔倾斜仪、钻孔多点位移计、TDR 同轴电缆（光纤）等
物理场监测	应力	锚杆应力计、锚索应力计、振弦式土压力计
	应变	埋入式混凝土应变计、管式应变计
	声发射	泥石流次声报警器
地下水监测	地下水位	水位计
	孔隙水压力	渗压计、孔隙水压力计
	土体含水量	TDR 土壤水分仪
外部诱发因素监测	地震	地震台网
	降水	雨量计、融雪计
	冻融	地温计、孔隙水压力计
	人类活动	掘洞采矿、削坡取土、爆破采石、坡顶加载、斩坡建窑、灌溉等；强度速度等

1. 位移监测

1）地面绝对位移监测

地面绝对位移监测是最基本的常规监测方法，应用大地测量法来测得地质灾害体测点在不同时刻的三维坐标，从而得出测点的位移量、位移方向与位移速率，主要使用经纬仪、水准仪、红外测距仪、激光仪、全站仪和高精度 GNSS 等。利用多期遥感或 DEM 数据也可对滑坡、泥石流等灾害体进行位移监测，其原理是通过不同时期 DEM 数据的减法运算来分析灾害体在此时间段内的变形量（图 5.6）。视频监测是近期发展的一种地质灾害监测技术，可以通过定点照相或录像，监测滑坡、崩塌、泥石流的整体或局部变化情况，其原理是通过数字图像处理方法识别标志点，从而实现视频数据中致灾体的自动识别，并判断规模大小。

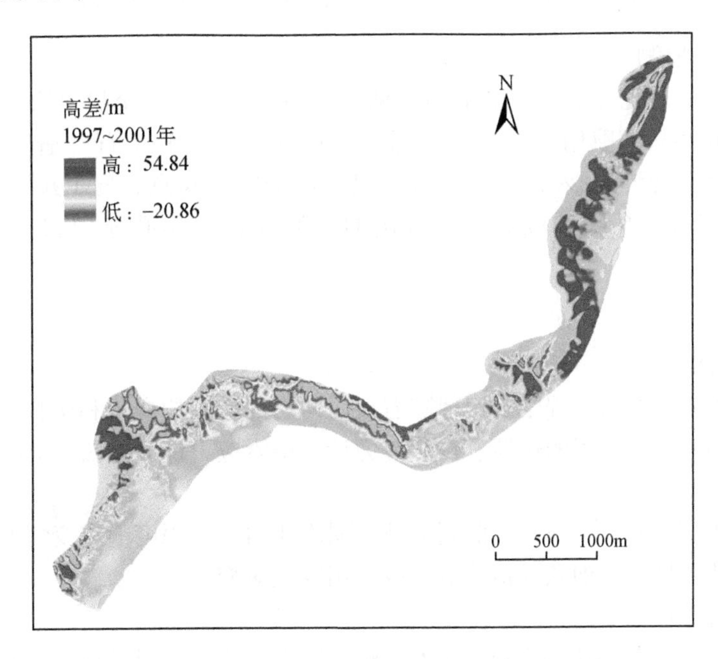

图 5.6　基于 DEM 的甘肃黑方台滑坡变形监测

2）地面相对位移监测

地面相对位移监测是测量崩滑体变形部位点与点之间相对位移变化的一种监测方法。主要对裂缝等重点部位的张开、闭合、下沉、抬升、错动等进行监测，是位移监测的重要内容之一。目前常用的监测仪器有振弦位移计、电阻式位移计、裂缝计、变位计、收敛计、大量程位移计等。使用 BOTDR 分布式光纤传感技术也可进行监测，其原理是以光为载体，光纤为媒介，在整个光纤长度上对沿光纤几何路径分布的外部物理参量进行连续测量，获取被测物理参量的空间分布状态和随时间变化的信息。采用三维激光扫描技术可对大范围内灾害的发生、动态过程进行全面的监测，三维激光扫描技术具有非接触测量、高采样率、高分辨率、高精度、数字化采集等技术优点，运用三维激光扫描技术，可以直接进行灾害体三维实景数据的完整采集，从而快速构建灾害体的三维模型，通过多期次的观测，即可实现对灾害体变形监测（图 5.7，图 5.8）。

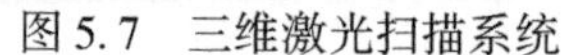

图 5.7　三维激光扫描系统

图 5.8　基于扫描的滑坡前缘“剪刀树”点云位移

3）深部位移监测

深部位移监测是先在滑坡等变形体上钻孔并穿过滑带以下至稳定段，定向下入专用测斜管，管孔间环状间隙用水泥砂浆（适于岩体钻孔）或砂土石（适于松散堆积体钻孔）回填固结测斜管，下入钻孔倾斜仪，以孔底为零位移点，向上按一定间隔测量钻孔内各深度点相对于孔底的位移量。常用的监测仪器有钻孔倾斜仪、钻孔多点位移计等。

2. 物理场监测

1）应力监测

因为在地质体变形的过程中必定伴随着地质体内部应力的变化和调整，所以监测应力的变化是十分必要的。常用的仪器有锚杆应力计、锚索应力计、振弦式土压力计等。

2）应变监测

埋设于钻孔、平硐、竖井内，监测滑坡、崩塌体内不同深度的应变情况。可采用埋入式混凝土应变计，是一种钢弦式传感器，或采用管式应变计。

3）声发射监测

声发射监测是对声信号的监测，如泥石流次声报警器就是通过捕捉泥石流源地的次声信号而实现预警的，次声信号以空气为介质传播，速度约 344m/s，其信号极小衰减并可通过极小缝隙传播。据观测，其警报提前量至少 10min，最多可达 0.5h 以上（章书成和余南阳，2010）。

3. 地下水监测

地下水是对滑坡的稳定状态起直接作用的最主要因素，所以对地下水位、孔隙水压力、土体含水量等进行监测十分重要。常用的监测仪器有水位计、渗压计、孔隙水压力计、TDR 土壤水分仪等。

4. 外部诱发因素监测

滑坡的诱发因素一般有地震、降水、冻融、人类活动等。

1）地震监测

地震一般由专业地震台网监测。当地质灾害位于地震高发区时，应及时收集附近地震台站资料，评价地震作用对区内崩滑体稳定性的影响。

2）降水监测

降水是诱发滑坡的重要因素，因此降水量监测成为滑坡监测的重要组成部分，已成为区域性滑坡预报预警的基础和依据。现阶段一般采用遥测自动雨量计进行监测，技术已较成熟。

3）冻融监测

在高纬度地区，冻融作用也是触发滑坡的因素之一，如陕北很多黄土滑坡和崩塌就发生在春季冻融之际。对于冻融触发的地质灾害，目前还没有好的专业性监测仪器，可通过地温计结合孔隙水压力计监测，研究地温变化与冻结滞水之间的关系。

4）人类活动监测

人类活动如掘洞采矿、削坡取土、爆破采石、坡顶加载、斩坡建窑、灌溉等往往诱发地质灾害，应监测人类活动的范围、强度、速度等。

5.3　地质灾害早期识别现代技术方法

我国地质灾害点多面广，多数地质灾害具有隐蔽性、突发性等特点，不少地质灾害隐患地处人迹罕至的山体高位，且植被覆盖度较高，依靠传统的早期识别手段很难捕捉地质灾害灾变前兆信息。随着空天对地探测技术的发展，以InSAR、机载LiDAR、无人机航空摄影测绘等技术为代表的现代技术方法在地质灾害隐患早期识别的应用日益广泛，也取得了良好的效果。显而易见，地质灾害隐患早期识别的现代技术方法是地质灾害隐患探测识别的重要支撑，与传统识别技术方法互为补充，逐步融入并不断丰富和完善着地质灾害早期识别技术体系。

5.3.1　合成孔径雷达干涉测量（InSAR）

地质灾害孕育演化过程中最直观的表象就是地表的形变，合成孔径雷达干涉测量（InSAR）技术利用合成孔径雷达两次观测中雷达波相位差与空间距离之间的关系可有效获取区域地表三维形变信息，能够全天候、全天时获取数据，且不受天气影响。特别是InSAR所具有的大范围连续跟踪微小形变的特性，使其成为地质灾害隐患早期识别和监测的全新技术（郭华东等，2000；廖明生和王腾，2014；Bayer et al.，2017；张毅，2018；葛大庆等，2019）。

5.3.1.1　地质灾害InSAR调查内容

地质灾害InSAR识别的内容主要包括：SAR数据覆盖范围内缓慢变形要素的综合识别；工作目的设定的地质灾害时空变形信息获取；变形观测结果精度评价及质量控制；识别和调查结果的综合验证；地质灾害发育规律和灾害体稳定性分析。

基于地质灾害InSAR调查目的、对象特征、技术和经费投入等，地质灾害InSAR调查可划分为区域尺度重大地质灾害的InSAR编录（1∶250000）、区段尺度地质灾害隐患的

InSAR 识别（1 : 50000）和单体地质灾害的精细判识（1 : 10000）3 个尺度。

1. 区域尺度重大地质灾害的 InSAR 编录（archived）

（1）调查目的为广大区域范围内的重大地质灾害隐患编录和动态更新。

（2）调查目标是具有长期变形、中高滑动速率（5 ~ 100cm/a 或>100cm/a）、岩土体裸露和形态特征明显的重大地质灾害隐患。

（3）技术上主要利用 D-InSAR、Stacking-InSAR 和 Offset-tracking 等简洁高效的大范围变形观察技术。

（4）辅助来源丰富且高性价比的光学遥感数据源和数字地表模型（DSM）进行地质灾害形态的识别，并结合对重大地质灾害孕灾条件、变形模式和破坏特征的统计分析。

（5）技术思路是使用集地质灾害形态识别与变形探测于一体的地质灾害隐患综合判别指标，进行所需技术门槛低、数据量小、计算处理效率高的区域尺度重大地质灾害隐患早期快速识别。

（6）数据要求为分辨率优于 20.0m，以递进地形扫描 SAR（TOPSAR）和条带模式（strip）为主，所需景数≥2 景/a，厘米级 ~ 米级精度。

2. 区段尺度地质灾害隐患的 InSAR 识别（recognition）

（1）调查目的是场址集镇区高危隐蔽地质灾害隐患变形特征、变形范围的调查识别。

（2）在区域尺度重大地质灾害隐患遥感早期识别的基础上，对具有非线性变形（季节性或阶跃式变形）、高蠕变速率（>100cm/a）或长期准静止（倾倒岩质边坡）、局部变形、植被茂密、变形破坏特征隐蔽的地质灾害开展遥感精细判识研究。

（3）技术方法上利用机载 LiDAR 点云或无人机立体摄影测量获得的高精度数字地面模型（DEM），结合亚米级光学遥感图像，对斜坡破坏特征进行遥感解译。

（4）采用时序干涉测量技术（TS-InSAR）进行高精度变形观测，并开展典型实例的孕灾背景、演化规律和成因机制分析。

（5）实现地质灾害形态、形变、形势（稳定性）三重标准的重大地质灾害隐患精细判识和关键要素提取。

（6）数据要求为分辨率优于 15.0m，以条带模式（strip）为主，所需景数≥8 景/a，厘米级 ~ 分米级精度。

3. 单体地质灾害的精细判识（identification）

（1）针对存在大量变形复杂、长期活动的高危地质灾害隐患点需要进行动态调查。

（2）因自然条件和经费限制，地面调查满足不了现实需求的问题，应充分发挥 TS-InSAR 的厘米级变形观测、D-InSAR 的分米级变形调查和遥感像素偏移（Offset-Tracking）技术米级变形调查的能力，进行变形调查的多时段叠加，并建立重大地质灾害隐患稳定性判识和阈值指标。

（3）实现重大地质灾害的蠕滑、加速、灾变不同阶段的精细判识。

（4）数据要求为分辨率优于 5.0m，以条带模式（strip）和聚束模式（spot）为主，所需景数≥20 景/a，总数≥40 景，毫米级 ~ 厘米级精度。

5.3.1.2 SAR数据的查询与获取

SAR数据的选择应根据调查目的和调查对象特点，结合调查区SAR数据接收情况，获取存档数据，编程定制工作周期内的SAR数据，具体考虑的因素有灾害体变形量值、位移方向、地表变化、地形坡度、空间范围、时序特征以及所需观测精度、观测时间长度和观测模式等。

目前，大部分挟带合成孔径雷达的卫星均为国外发射，如欧洲航天局发射的ERS-1、ERS-2和ENVISAT，加拿大发射的RADARSAT-1、RADARSAT-2，日本发射的ALOS-PALSAR，意大利发射的COSMO-SkyMed等（表5.4），且大部分为商业雷达卫星。我国的国土面积巨大，无法存储所有区域的数据。在SAR可视性分析前，需要确定覆盖该区域、可获取、满足数据量需求的SAR数据类型和相关几何参数。可利用欧洲航天局Eoli-sa软件、Alaska Satellite Facility（ASF）数据查询网站（https://vertex.daac.asf.alaska.edu/，2020.2.25）、哨兵（SENTINEL）数据查询网站（https://sentinel.esa.int/,2021.2.25）和相关商业卫星代理商对研究区所有SAR数据进行查询，获取研究区存档SAR数据类型和覆盖范围。主要星载SAR数据见表5.4。

表5.4 主要星载SAR数据

卫星	运行时间	波段	图幅宽度/km	分辨率/m	入射角/(°)	重访周期/d	国家/地区/机构
ERS-1	1991～2000年	C	100	25	23	35	欧洲航天局
ERS-2	1995～2010年	C	100	25	23	35	欧洲航天局
RADARSAT-1	1995～2013年	C	50/75/100/150/300/500	8/30/50/100	10～60	24	加拿大
ENVISAT	2002～2012年	C	100	20	15～45	30	欧洲航天局
ALOS-PALSAR	2006～2011年	L	20～350	7/14/100	8～60	46	日本
TerraSAR	2007年至今	X	5-10-30-100	1/5/16	8～24	16	德国
COSMO-SkyMed	2007年至今	X	10-30-200	1/3/15/30/100	20～60	16	意大利
RADARSAT-2	2007年至今	C	20-500	3-100	10～59	24	加拿大
ALOS-2	2013年至今	L	25/35/60/70/350	1/3/6/10/100	8～60	46	日本
SENTINEL-1A/1B	2013年至今	C	20/80/100/250/400	5/20/40	18～46	12	欧盟
GF-3	2016年至今	C	10/30/50/100/130/300/500/650	1/3/5/10/25/50/100/500	20～50		中国

5.3.1.3 InSAR技术方法及适用条件

利用SAR数据提取地质灾害体变形的技术包括：差分合成孔径雷达干涉测量（D-InSAR）、短基线集干涉测量（SBAS-InSAR）、永久散射体合成孔径雷达干涉测量（PSInSAR）、合成孔径雷达数据偏移变形测量（Offset-SAR）等技术方法。

InSAR技术的选择应根据观测对象、应用环境、观测精度、可观测的量程、所需数据量和观测频率、技术复杂程度等因素综合确定，可参照表5.5。

表 5.5　InSAR 技术方法及适用灾种条件表

InSAR 方法		应用环境	适应灾害	SAR 数据频率/(景/a)	SAR 数据数量	最高观测速率精度	观测幅度(年累计变形量)
D-InSAR	单 D-InSAR	适用时间间隔短和天气/季节接近，以避免受到过多的时间去相干和大气的影响。高相干、中短空间基线	滑坡、泥石流、地面沉降、地面塌陷	无限制	2	cm	cm ~ dm
TS-InSAR	PSInSAR	适用于时间间隔长、天气状况差异大，可以获取 PS 点的变形时间序列、DEM 改正值和所有 SAR 影像的大气延迟量。点相干、短空间基线	滑坡、崩塌、泥石流、地面沉降、地裂缝、地面塌陷	≥4	≥16	mm	mm ~ dm
	SBAS-InSAR	短时间基线高相干、长时间基线低相干。通过较多的 SAR 干涉组合，获取灾害变形时间序列信息	滑坡、泥石流、地面沉降、地裂缝、地面塌陷	≥4	≥5	cm	mm ~ dm
	IPTA-InSAR	适用于时间间隔长、天气状况差异大，可以获取 PS 点的变形时间序列、DEM 改正值和所有 SAR 影像的大气延迟量	滑坡、崩塌、泥石流、地面沉降、地裂缝、地面塌陷	≥4	≥8	mm	mm ~ dm
CR-InSAR		低相干，CR 需提前布设	滑坡、崩塌、泥石流、地面沉降、地裂缝、地面塌陷	无限制	≥2	亚毫米	mm ~ dm
Offset-SAR		适用于时间间隔长、天气状况差异大、变形梯度大、非线性变形	滑坡、泥石流、地面塌陷	无限制	≥2	亚像素分辨率	米至百米
上述方法组合		所有变形尺度的地质灾害观测					

5.3.1.4　InSAR 数据处理

地质灾害 InSAR 数据处理应依据三个层次的调查需求、调查目标任务、经费等情况合理运用各种 SAR 数据源和 InSAR 处理技术开展滑坡 InSAR 调查的数据处理；三个层次的调查应该由粗至精，由面到点依次开展，上一尺度工作是本尺度工作的前置条件。

大区域地质灾害 InSAR 编录：大区域地质灾害 InSAR 编录数据处理应以 D-InSAR、Stacking-InSAR、SBAS-InSAR、Offset-SAR 方法为主，在四季相干条件好的地区可采用 PSInSAR 方法；地形相位信息的去除应采用优于 30m 分辨率的 DEM；大气相位信息的去除采用线性高程大气模型或卫星遥感大气模型；多视 SAR 数据的地面分辨率不低于 30m；SAR 图像配准误差不低于 0.2 像素；相关系数不小于 0.6；有效解缠面积大于 75%。

重点区段地质灾害识别：重点区段地质灾害识别调查数据处理应以 SBAS-InSAR、PSInSAR 方法为主，在大变形区应增加 Offset-SAR 方法；地形相位信息的去除可采用优于 15m 分辨率的 DEM；大气相位信息的去除可采用非线性高程大气模型或地面气象大气模型；多视 SAR 数据的地面分辨率不低于 15m；SAR 图像配准误差不低于 0.1 像素；相关系数不小于 0.7；有效解缠面积大于 80%；数据处理应获得区内 50% 以上地质灾害的变形时程曲线。

典型单体地质灾害精细判识：典型单体地质灾害精细判识数据处理应以高质量的 D-InSAR、SBAS-InSAR、PSInSAR 方法为主，在大变形区应增加高分辨率的 Offset-SAR 方法，在高陡地区应试用 MB-InSAR 方法；地形相位信息的去除可采用优于 10m 分辨率的 DEM；大气相位信息的去除可采用非线性高程大气模型、地面气象大气模型或观测区内的 GNSS 信号计算模型；多视 SAR 数据的地面分辨率不低于 5m；SAR 图像配准误差不低于 0.1 像素；相关系数不小于 0.8；有效解缠面积大于 90%；数据处理应获得滑坡体重要变形部位的变形时程曲线。

地质灾害 InSAR 数据处理可靠性验证宜采用下列方式：可采用变形年速率中误差进行观测精度评定；将不同 SAR 数据、不同处理方法的结果进行交叉检验；根据高精度 DEM 进行形态分析，叠加显示严重变形区的滑坡部位；宜采用分辨率优于 3m 的遥感影像解译滑坡拉裂缝、后缘陡坎、前缘鼓胀等地质特征与变形量的对应关系；野外实地调查坡体变形特征和坡体上的构（建）筑物变形破坏情况；采用 GNSS 观测点等高精度地面观测数据对 InSAR 变形观测结果进行验证。

5.3.1.5　InSAR 数据解译

1. 建立解译标志

差分干涉图解译：差分干涉图以缠绕的条纹形式存在，D-InSAR 结果的干涉图已经可以用来进行形变解译，非变形区通常为大范围颜色均一，无相位突变地区；变形区会通常以较为密集的变形条纹呈小范围分布，地面变形引起相位变化，在差分干涉图上造成的相位突变可以作为差分干涉图的解译标志。

解缠后变形量值图解译，解缠后的差分干涉结果转为变形量值结果，按两种方式解译：按照适合变形周期输出为 TIFF 图片，非变形区会以均一颜色显示，变形区会根据输出色带，不同的变形量以不同颜色的小区域集中显示。颜色突变区可以作为解译标志；在 GIS 中，将变形量图按变形量划分，选择合适的阈值，自动提取变形范围。但目前此种解译方法还是难度较大，因为受技术手段限制，D-InSAR 结果还不能完全消除高程误差和大气延迟误差的影响，尤其是大气延迟效应影响较大，不利于阈值的选择。

2. 地质灾害 InSAR 数据解译方法

人机交互目视解译：将输出为图片的差分干涉图或者解缠后的图像导入 GIS 中，根据建立的解译标志进行初步解译，初步圈画出变形区位置，并根据同一地区多期 InSAR 影像对解译结果对比修正。

图像识别自动解译（阈值），以阈值为依据开展两种机器识别：一是让机器进行图像学习训练，根据输出的 InSAR 结果图像进行识别解译，相当于人机交互目视解译的高级版本，而经过训练的机器解译会更加精准、快速，目前还未应用，随着 AI 的发展将有较大前景；二是在 D-InSAR 计算结果精准性提高的前提下，以变形量为阈值的方法，自动圈画出变形范围，但此方法过度依赖 D-InSAR 结果的精准性，在受高程误差和大气误差影响较小地区有较好的应用结果。

3. 解译结果室内校核

光学遥感校核，将初步 InSAR 解译结果，与高分辨率光学遥感影像对比，最好同一地区多于两期（InSAR 观测段前后各一期），主要有以下两个作用。

（1）核验 InSAR 解译结果：地面高程的变化（如新修建的建筑物、填方、挖土等），若参与计算的 DEM 数据没有及时更新，同样会在 D-InSAR 的结果图上以变形条纹的形式表现出来，需要根据光学遥感影像剔除假性变形位置。

（2）精确细化变形边界：大多老滑坡体在地表会有变形反应，高分辨率光学数据可以观测到。一是可以判断 InSAR 解译结果的正确性，二是对已解译的滑坡边界进行更精准地界定，因为 InSAR 观测到的变形结果在不同时期变形结果可能会有变化。

精细地貌数据校核，长期活动的滑坡变形体会在精细地貌上留下明显痕迹，可以作为明确滑坡边界的辅助手段。

4. 解译地质灾害类型分析

（1）InSAR 结果判断变形速度：快速滑动、蠕滑；

（2）InSAR 解译结合地质图+光学遥感影像，判断地质灾害类型（岩质、堆积层）；

（3）InSAR 解译结合 DEM，判断滑坡运动形式；

（4）变形位置：高位滑坡、中部、底部变形集中；

（5）多源数据融合，判断地质灾害变形模式。

5. 观测结果综合分析

地质灾害综合识别：以变形的空间分布和量值为主要依据，辅助坡体形态、高程、坡度、植被类型，岩土体性质，居民点分布，采用层次分析法综合识别，划分出变形地质灾害。

单体地质灾害危险性分析：对于降雨诱发型地质灾害，根据重点部位变形速率和时程曲线，结合地质灾害地质特征［参考《滑坡崩塌泥石流灾害调查规范（1：50000）》（DZ/T 0261—2014）］，分析变形趋势判断其危险性；对于受同一因素诱发的地质灾害，危险性预测应结合已有地质灾害案例和区域统计特征分析；观测结果与相关地质、地理和地物要素分布进行空间分析，与地质调查、勘察等结果对比，验证观测结果的可靠性；应开展 TS-InSAR 观测的地质灾害变形时程曲线中的大变形时间段与雨季、地震、人类工程活动时间相干性的分析。

5.3.1.6　地质灾害 InSAR 现场核查

1. 地质灾害 InSAR 现场核查的数量要求

地质灾害 InSAR 调查应进行现场核查，各尺度的现场核查标准如下：大区域地质灾害 InSAR 编录核查比例不少于10%；区段地质灾害隐患 InSAR 识别核查比例不少于20%；单体地质灾害 InSAR 精细判识应进行100%的核查。

2. 现场核查准备

现场核查在室内光学解译、地貌解译和 InSAR 解译的基础上开展。核查前应编绘活动性地质灾害解译分布图，编制解译成果列表，填制现场调查表的 InSAR 观测信息，即室内部分内容。

3. 现场核查工作

若工作区内有重大典型地质灾害案例，应首先调查，认识重大地质灾害的孕育条件、成因机制和变形破坏特征，调查方法详见《滑坡崩塌泥石流灾害调查规范（1∶50000）》。

核查选点应注意空间分布代表性、地质灾害类型代表性和数据来源代表：①空间上应对于不同高程、不同位置、不同坡度、不同坡向，以及集镇和自然边坡进行有选择性地验证；②类型上对于变形持续明显、变形间断、变形模糊的进行验证；③数据来源代表性方面，应对不同波段、不同数据处理方法、不同入射角度 InSAR 解译的地质灾害隐患点进行验证。

4. 核查内容

核查表格可以根据现场条件采用纸版或电子版进行现场填制，核查内容有：原始斜坡地质环境，包括地层岩性、地质构造、微地貌、地下水类型、斜坡结构类型、控滑结构面等；滑坡基本特征，包括外形特征、结构特征、地下水、土地使用、现今变形迹象；为保证野外调查质量，应记录核查验证的路线，沿途照片编号、镜向，并勾绘位置、轮廓，并对重要现象予以描述；典型照片，拍摄全景、近景、典型破坏特征的照片，并标记镜向和位置；地质剖面图，绘制变形体的纵横坐标、地层岩性、断裂、地表破裂、潜在滑动面、变形范围。

5. 核查的统计分析

核查结果统计：核查确认的地质灾害为 InSAR 最终调查的成果；统计 InSAR 调查地质灾害和 InSAR 识别地质灾害相比的正确率、漏失率、错分率；统计 InSAR 调查地质灾害与已有地质调查灾害相比的正确率、漏失率、错分率；统计对比 InSAR 调查地质灾害与地质调查灾害在高程、坡度、坡向、地层，与沟壑相邻，以及与交通线路相邻的空间关系。

活动性滑坡易发分区：分析 InSAR 调查地质灾害和地质调查灾害存在差异的原因；基于 InSAR 调查地质灾害的样本采用统计方法、层次分析法等进行活动性地质灾害的易发性评价。

5.3.1.7　地质灾害 InSAR 变形识别的可行性分析

各种合成孔径雷达干涉测量技术已经被成功应用于各种地表变形监测中，地表变形监测结果的质量和数量都显示出很强的地形相关性，所以地表变形监测结果不仅仅受所用数据类型和数量控制，还受到地形起伏影响。因此，在高山峡谷地区，确定研究区域和研究目标是否在雷达可视范围之内、能否在雷达影像中很好地表达尤为重要，是在一定区域内应用合成孔径雷达干涉测量技术的前提。

由于SAR是侧视成像，雷达波以一定的视角斜着照射地面，对于地距（将斜距投影到地球表面，是地面物体间的真实距离，即水平距离）某一地物，接收反射的雷达信号时存储于雷达斜距（雷达到目标的距离方向，雷达探测斜距方向的回波信号）坐标下，不同的角度区域会产生不同的反射（图5.9）。

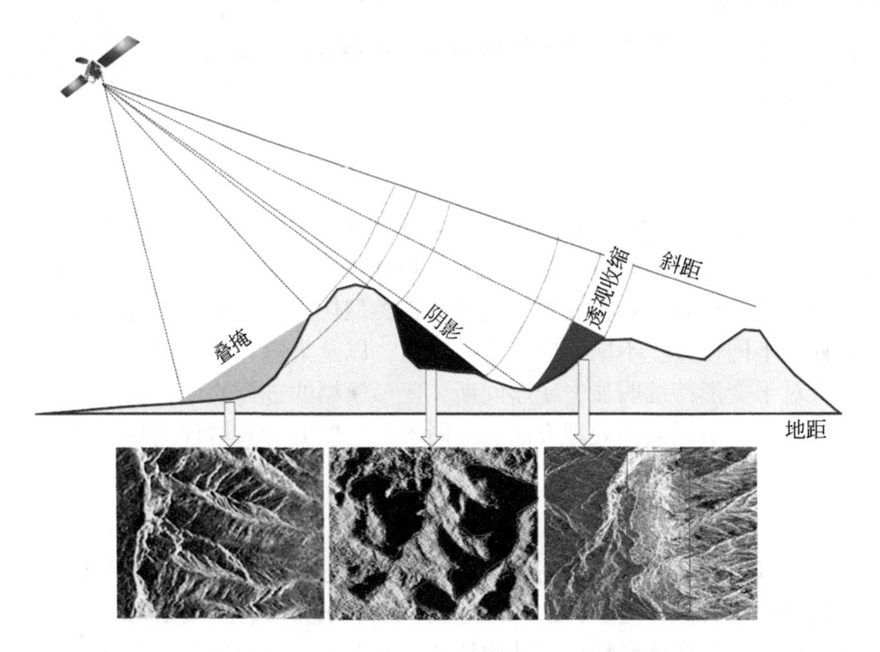

图5.9　地形效应在SAR影像中的几何畸变

在SAR成像系统中，雷达以接收目标反射信号的先后顺序记录成像。地形起伏的变化会影响地面反射雷达信号到达成像系统的顺序，导致SAR影像产生扭曲，形成大范围的几何畸变，包括透视收缩（foreshortening）、叠掩（layover）和阴影（shadwow），这些几何畸变严重影响了SAR的探测能力和应用范围。

如图5.9所示，面向雷达的斜坡，存储在斜距上的长度小于斜坡的水平距离，这种现象称为透视收缩。随着面向雷达斜坡坡度的增加，斜坡顶部比底部到达斜面的距离更短，斜坡顶部反射的雷达波比底部反射的雷达波先到达斜面，即斜坡顶底位置在斜距影像上发生了转置，这种现象称为顶底倒置或叠掩。当背向雷达的斜坡坡度太大，雷达波束无法达到该区域，同时传感器也无法接收回波信号，这种现象称为阴影。因此，地形起伏会引起SAR影像严重失真。滑坡灾害研究中，在地形高差很大的山谷地带，各个方向的斜坡常平均分布。复杂地形引起的SAR影像几何畸变非常严重，需要对研究区域进行SAR地形可视性分析，获取SAR的可视区域和数据畸变区域，验证干涉测量的可行性。这样可以有针对性地选择下载或者订购研究所需要的数据，减少数据处理量，提高数据处理和分析效率，提高

SAR数据利用率，降低购买SAR数据的经济消耗，尤其是一些商业雷达卫星数据。

SAR地形可视性取决于SAR采集数据的几何参数、视线方向的角度和地形的坡度和坡向。采用结合Cigna等（2014）提出的R指数计算方法和Notti等（2010）提出的叠掩与阴影计算方法对SAR可视性进行模拟和分析，并对主动叠掩、被动叠掩、主动阴影和被动阴影进行区分和提取，技术路线如图5.10所示。

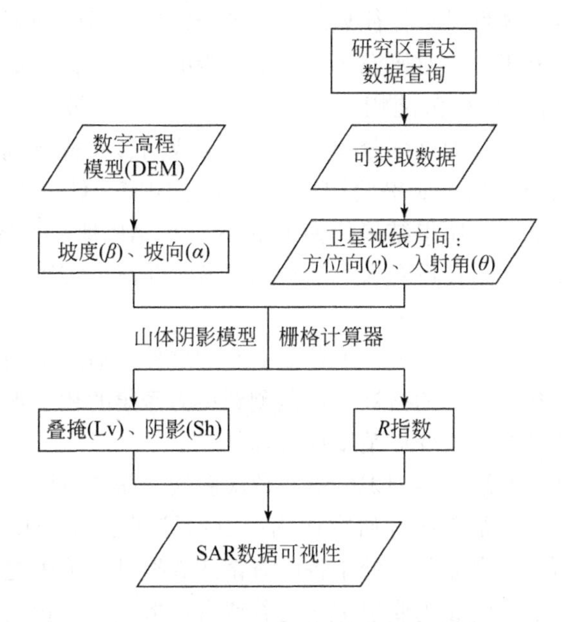

图5.10 SAR地形可视性分析流程图

第一步，利用ArcGIS软件中的空间分析模块利用DEM计算得到地形坡度和坡向，再利用山体阴影模型计算阴影（Sh）和叠掩（Lv）掩膜。所用DEM为美国国家航空航天局（NASA）和美国国家图像制图局（NIMA）以及德国与意大利航天机构共同合作完成联合测量30m SRTM（shuttle radar topography mission）。计算过程中，假设卫星的位置为太阳所在位置。定义阴影计算参数为：视线的方位向（γ）和入射角的余角（$90°-\theta$）。叠掩的计算参数为：视线方位向的补角（$\gamma+180°$）和入射角（θ）（Notti et al.，2010）。然后利用重分类将计算结果中阴影和叠掩设为0，其他值设为1。

第二步，利用查询获得的卫星几何参数和地形坡度、坡向计算R指数，R指数定义为：$R=\sin[\theta-\beta\sin(A)]$，其中$\theta$为视线入射角，$\beta$为坡度，升轨数据$A=\alpha-\varepsilon$，降轨数据$A=\alpha+\varepsilon+180°$，$\alpha$为坡向，$\varepsilon$为卫星飞行方位向与北方向夹角，升轨为负，降轨为正（Cigna et al.，2014）。

第三步，将所得的R指数、阴影和叠掩相乘，获得最终的SAR地形可视性Visibility=$R\times Lv\times Sh$。其中：

（1）好可视性（GV）：$R>\sin(\theta)$，且非主动阴影区。

（2）透视收缩（F）：$0<R\leqslant\sin(\theta)$，且非阴影和叠掩区。

（3）叠掩（Lv）：在山体阴影模型计算得到的叠掩图层中，$-1\leqslant R\leqslant 0$的区域为主动叠掩（AL），其他为被动叠掩（PL）。主动叠掩为产生叠掩的区域，即面向雷达卫星，坡度大于入射角的区域。被动叠掩为斜距成像时覆盖主动叠掩区的其他区域。

（4）阴影（Sh）：在山体阴影模型计算得到的阴影图层中，$R>\sin(\theta)$ 且坡度大于视线入射角余角的区域为主动阴影（ASh），其他为被动阴影（PSh）。主动阴影为产生阴影的区域，即背向雷达卫星且坡度大于入射角余角的斜坡；被动阴影为其他被主动阴影遮掩的区域。

不同雷达卫星数据可视性结果往往显示，在各个雷达卫星的观测几何下，阴影所占面积都非常小，与长期野外工作中对研究区内地形地貌的认知不符。这主要是因为所用数字高程模型为SRTM，对于一些极为陡峭（坡度大于67°）的斜坡数据有缺失，这些数据是通过周围数据的插值得到的，而这部分斜坡往往会造成阴影和叠掩现象，所以以上所得到的叠掩和阴影的面积均被低估。如果使用更高精度的DEM，就能够获得更准确的各几何畸变类型的面积。尽管如此，所得结果仍然能够满足InSAR地表变形监测的可行性分析。因为极为陡峭的斜坡往往分布在没有人类活动的区域，非滑坡灾害监测和影响的区域可以不作考虑。

除以上雷达数据采集方式对地表变形监测的影响之外，通过不同波段雷达数据研究表明，更长的雷达波能够穿透稀薄的植被，可监测到更为密集的相干点目标和更大的地表变形，但与此同时，监测到的地表变形精度也会降低。

为了监测研究区地表变形，早期识别潜在危险斜坡，需要对滑坡发生区域是否在雷达可视范围内进行评价。可以基于统计研究区内已有滑坡在不同SAR数据采集几何下的可视性统计结果，分析研究区滑坡是否处于各已有雷达数据可视范围之内，可以达到滑坡变形监测目的。而且人类活动区域主要集中在河谷或者地形较为平坦的区域，这些区域都处于各雷达可视范围之内，通过监测这些区域的地表变形，可以实现滑坡的早期识别和预防。

5.3.1.8　实例分析

陕西省略阳县所处的特殊的自然地理环境和地质构造背景导致该区内地质灾害尤为发育，不同程度地威胁着人民生命财产安全和地方经济建设。采用D-InSAR技术通过两景日本ALOS-2过境存档数据差分干涉测量，获取略阳县城及周边区域两个时期之间地表产生的变化情况。该数据是右视卫星升轨运行状态下，精细模式成像的1.1级10m分辨率数据，广泛应用于滑坡、泥石流等地质灾害的应急调查测算，以及洪涝等灾害之后受灾面积等的调查，在数据获得允许的情况下，具有很高的时效性与监测能力。D-InSAR监测结果显示，在东向坡上卫星可视性较好，因此卫星视角下对地观测时有效避免了顶底倒置、叠掩、透视收缩等。研究区内植被茂密，多发育持续性变形的不稳定斜坡。为了精准捕捉地表形变量信息及不稳定斜坡形变边界，采用间隔半年周期的两景数据进行D-InSAR监测，两景ALOS-2数据成像时间分别为2018年11月1日和2019年5月16日。监测结果（图5.11）显示，此时间段内，略阳县主城区形变量最大达到0.28m，略阳县主城区圈定地质灾害隐患点52处。

略阳县城凤凰山滑坡通过D-InSAR形变分析（图5.12），2019年半年时间形变量已经达到0.28m。实际调查发现山体陡峭，植被覆盖度极高，斜坡受降水作用长期影响，软弱

图5.11　基于D-InSAR技术的地表形变分析结果

基岩较为风化、破碎。滑坡现今仍然处于不稳定形变状态，斜坡多级平台出现拉张、推挤，产生开裂、错断裂缝，以及鼓胀等破坏迹象，中上部林地中出现拉张裂缝、陡坎形变破坏迹象。同时，在坡脚居民家调查发现，自2018年7月14日暴雨事件后，居民房屋、地面持续开裂，且黄土、地表堆积层物质在雨水作用下经常发生崩塌、滑坡等小型灾害。

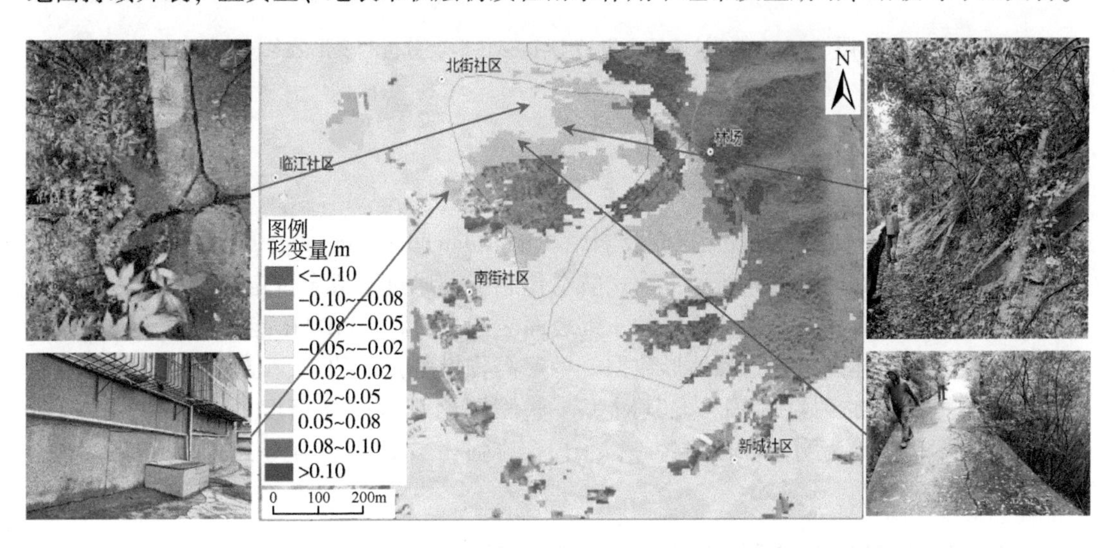

图5.12　凤凰山滑坡D-InSAR形变分析与变形迹象

略钢社区后山斜坡通过 D-InSAR 形变分析发现，斜坡整体存在明显变形，形变量级局部可达0.15m（图5.13）。经现场实际调查表明，斜坡区主要为板岩、片岩，上覆黄土及堆积碎屑物质，植被覆盖较好，斜坡挡墙等工程多处开裂，坡脚居民楼以及平房墙体开裂严重，部分墙体有砖块严重隆起的明显变形现象。现今变形迹象以斜坡体整体蠕滑、局部崩塌为主，从滑坡及周边环境总体分析，一方面，坡脚密集的社区建筑群后方面临着滑坡体崩塌、泥石流等典型小型灾害的威胁，个别居民房屋财产和人身安全随时会遭受危险，尤其在暴雨等因素诱发下，斜坡基岩崩塌、坠落时有发生；另一方面，经过考察判断，社区外围院墙具有强烈隆起，并有河流冲刷，斜坡稳定性相对较差。

图5.13　略钢社区后山滑坡 D-InSAR 形变分析与变形迹象

5.3.2　机载 LiDAR 测绘

激光雷达（LiDAR），是激光探测及测距（light detection and ranging）系统的简称。机载激光雷达（LiDAR）是一种新型主动式航空传感器，通过集成定位定姿系统（POS）和激光测距仪，能够直接获取观测区域的三维表面坐标。同时，LiDAR 能够穿透一定的植被覆盖，在地质灾害体高精度三维地形数据（数字高程模型）的快速、准确提取方面，具有传统手段不可替代的独特优势。尤其对于一些测图困难区的高精度 DEM 数据的获取，LiDAR 的技术优势更为明显（彭建兵等，2019；许强，2020b；许强等，2019；廖明生等，2017）。

5.3.2.1　机载 LiDAR 测绘主要任务与工作流程

应用机载 LiDAR 技术开展地质灾害高精度调查，获取地质灾害变形区与影响范围内数字表面模型（DSM）、数字高程模型（DEM）、数字正射影像（DOM）、数字线划地图（DLG）以及数字栅格地图（DRG），开展地质灾害高精度调查，进行地形地貌、形态范围、变形破坏特征识别。

地质灾害机载 LiDAR 测绘识别一般按照资料收集与分析、数据获取、数据处理、野外验证、报告成图的流程开展工作。

（1）收集与分析基础资料，包括基础地理信息数据库，工作区已有水文、地质、地形地貌、自然地理、交通等基础资料。

（2）制定航摄方案，获取点云数据及光学影像。

（3）利用获取的点云数据及光学影像，通过点云分类、滤波、影像纠正等，制作 DSM、DEM 和 DOM 数据。

（4）综合点云数据、“3D”数据（DSM、DEM、DOM）和工作区其他已有地质灾害资料，开展解译并进行野外核查。

（5）制作地质灾害专题图件，编制调查报告。

5.3.2.2　机载 LiDAR 数据获取

机载 LiDAR 数据采集使用具有多次回波功能的激光雷达系统，通过现场踏勘确定合适的起降场所，为保证数据精度及飞行安全，制定以下数据采集方案：分析工作区行政区划、交通、通信和自然地理基础资料；分析工作区地形类别、地面覆盖类型、植被覆盖密度等情况；分析工作区数字高程模型、遥感影像和地形图等相关资料。如果上述资料不完整或分析不明确，须到现场实地踏勘补充完善；开展系统综合检校，消除系统误差和其他干扰因素；开展地面检校，消除地形影响。当完成上述工作，可开展正常航摄任务，获取点云数据。

1. 航线规划

以安全、经济、周密、高效的原则设计航线。根据项目实施方案和项目设计书要求，充分了解测区的实际情况，包括测区的地形、地貌、起降场的位置、已有资料的情况、气象条件等，结合系统自身的特点，如航高、航速、相机镜头焦距及曝光速度、激光扫描仪的扫描角和扫描频率及功率等，同时考虑航带重叠度、激光点间距、影像分辨率等，选择最为合适的航摄参数。

2. 硬件指标

POS 采用双频航空型 GPS 接收机，采样频率不低于 2Hz，惯性测量单元（IMU）记录频率不低于 64Hz，系统具有良好的抗加速能力；地面 GPS 接收机采用双频接收机，采样频率不低于 2Hz；飞行高度预定为相对地面 100m，旁向重叠度为 35%；影像航向覆盖率超过 60%～70%，旁向重叠度 15%～30%，平均点云密度 10.0 点/m^2。重点区域在保证飞行安全和人员安全的前提下，可适当加密。

3. 飞行准备

飞机停机坪四周需开阔，视场内的高度角应不大于 20°，避免 GPS 失锁；机载设备在起飞前要做加电测试，在起飞前 5 分钟开机，落地后 5 分钟关机，检查相机是否有电，调焦是否无穷远，感光度和快门设置是否正确，检查 GPS 接收机是否正常，检查机载 LiDAR 设备指示灯是否正常打开。检查相机是否在地面可拍摄，检测影像是否发虚，存储是否正常，起飞之前要确保镜头盖打开；所有基站应在起飞前进入观测状态，所有设备在观测过程中应保持连续状态；制定应急预案（第二套方案），以备客观原因导致飞行困难。

4. 检校飞行

飞行前要在检校场进行检校飞行，设计两个航高，6 条航线，低航高 2 条交叉航线，高航高 2 条交叉航线，1 条对飞航向，1 条平行航线（旁向重叠 50%）；检校飞行应满足卫星数量大于 10 颗，高度角大于 15°，并应选择好的观测时段，项目起始段和结束段均应通过检校场；再次确定 POS、地面接收机、数码相机是否满足测区技术规范要求。

5. 航测数据采集

经检查合格后，根据设计的航线和飞行高度进行飞行，使搭载的激光雷达对整个测区进行扫描，得到激光测距数据、POS 数据和真彩色数码影像。

6. 现场数据检查

航摄任务结束，需要现场对点云数据完整性、照片数据完整性、POS 数据完整性进行检查：对于点云数据，初步检查判断激光测距数据量大小是否正常，文件命名是否连续；对于照片数据，查看照片命名是否连续，是否存在过度曝光，影像色调、阴影、云是否满足要求；对于 POS 数据，检查 POS 数据是否按照正常时序，航迹线是否正常，是否满足旁向重叠度要求等；对于激光测距数据，检查激光测距数据是否按照时间顺序自然命名，数据量是否大小合理；对于设备检查，检查激光设备和飞机是否有故障或硬件问题。

7. 补摄与重摄

补摄标准：航摄过程中出现绝对漏洞、相对漏洞及其他严重缺陷时需要补摄，并做好记录；对于影像内业加密选点和模型连接的相对漏洞及局部缺陷（如云、云影、斑痕等），选择在漏洞处补摄，补摄航线的长度设定为超过漏洞外一条基线；POS 局部数据记录缺失时，要补飞或重飞；原始数据质量存在局部缺陷，影响点云的精度或密度不满足项目设计要求，需要补摄。

补摄要求：应采用同一主距的数字航摄仪进行补摄；漏洞补摄必须按原设计航迹进行，补摄航线的长度应满足用户区域网加密布点的要求。

5.3.2.3 机载 LiDAR 数据处理

1. 机载 LiDAR 点云数据预处理

利用地面基站静态观测数据和机载 POS 数据联合计算，得到后差分处理结果。再利用后差分 POS 数据、激光测距数据和地面控制点数据联合解算，生成标准的点云 las 格式文件，进行 POS 数据后差分处理，原始点云数据解算、去噪点等步骤。

航迹线解算：通过地面基准站的 GPS 数据与机载 GPS 数据的联合差分解算，精确确定航摄过程中飞机的飞行航迹，再与 IMU 数据耦合处理，得到飞机的姿态信息，最后进行平滑处理，得到飞机在飞行过程中任意时刻的位置和姿态信息。

点云数据解算：利用航迹解算软件解算实时航迹线文件，再利用点云数据处理软件对飞机 GPS 航迹数据、飞机姿态角、激光测距数据、激光的扫描角数据、地面基站静态数据、地面控制点数据进行联合处理，得到各个测点的（X，Y，Z）坐标数据，文件格式为 las。

航带平差：由于各种误差的存在和影响，使得点云数据存在系统误差和随机误差，造成平面误差和高程误差，利用点云数据处理软件计算得到航迹间的改正数来消除这种不符值。

噪声和异常值滤除：点云数据获取过程中由于电路、飞鸟、大颗粒尘埃等原因，获取的激光点云会产生异常距离值，或超出正常高，或低于正常高。首先，利用点云数据处理软件剔除上述粗差值。其次，综合分析，利用点云处理软件剔除云、雾、雨、雪点云异常值。

点云指标核查：主要是指对平均点云密度、点云高程精度以及平面精度进行检查。平均点云密度指航摄区范围面积内总体点云数量除以航摄范围面积得到的平均点云密度。点云高程精度以及平面精度指采用外业采集的地面控制点和点云数据，计算最大误差、最小误差及中误差。

2. 数字表面模型（DSM）成果

DSM 数据生产主要包括加载预处理的点云数据，滤除移动物体和架空线，保存 DSM 点云图层，构网生产格网型数字高程模型。

构建分类图层：利用点云处理软件加载点云数据，建立点云图层。

DSM 点云编辑：DSM 数据的编辑主要是人工精细化分类点云，最后依据 DSM 图层的点云数据构网生成 DSM 成果。

构建不规则三角网：经过滤除移动物体和架空线工序，构建可编辑的不规则三角网，并检查异常值情况，如发现异常值，需要在可编辑模型中编辑。进一步去除局部点云高程异常值、移动物体（车、轮船）等，直到可编辑三角网地表自然过渡，无明显凸点、凹点等情况出现为止。

内插输出 DSM：按照 2m 格网间距，内插形成数字表面模型成果。

LiDAR 数据平面坐标系为 2000 国家大地坐标系；投影方式为高斯-克吕格 3 度带投影，坐标单位为米；LiDAR 数据采集平均点云密度优于 20 点/m^2；去除植被后的有效点云密度优于 1 点/m^2。

3. 数字高程模型（DEM）成果

DEM 数据生产主要包括点云地面点自动分类，人工精细化点云地面点分类，构建不规则三角网，另外对于特殊地物如水系需要构建特征线。

自动点云分类：利用点云处理软件（MicroStation+Terrasolid）加载点云数据，建立点云分类图层，如点云默认图层（Default 类）、地面点图层（Ground 类）、噪声类、航带重叠点类、移动物体点类等。按照点云滤波算法，滤波窗口设置 20m 进行滤波处理，自动分类地面点图层。自动点云分类一般利用 Terrasolid 所提供的分类工具，将激光点云经过分离低点、分离地面点、提取非地面点等流程进行分类。

人工精细化点云分类：加载地面点云图层数据，按照地面点分类要求进行人工精细点云编辑。精细分类的过程是人工交互编辑分类的过程，通过大量的人工干预，弥补自动分类算法在地物、地表数据判别不准确的问题。

构建不规则三角网：利用人工精细化分类的点云数据构建不规则三角网（TIN）。

内插输出 DEM：按照 2m 格网间距内插形成 DEM。

4. 数字正射影像（DOM）成果

利用点云数据处理软件开展数字正射影像（DOM）数据制作，制作 DOM 需要利用高精度后差分 POS 数据、去噪后的激光点云数据、真彩色原始数码影像数据、上步工序生产的 DEM 成果数据。基于机载 LiDAD 技术制作 DOM 不需要大量控制点，也不需要制作空三加密过程。DOM 影像制作的过程主要包括利用后差分处理的高精度 POS 数据作为外方位元素，利用点云制作的 DEM 作为正射纠正的数据源，利用激光点云数据作为控制点，经过点云特征点与影像特征点匹配，再经过正射纠正，并对影像进行拼接和匀色，得到数字正射影像（DOM）成果。

5.3.2.4　地质灾害信息提取

建立遥感解译标志是解译工作的关键之一。遥感图像解译标志是指能帮助识别目标物及其性质和相互关系的影像特征，如形状、大小、色调、阴影、纹理等。解译标志又可分为直接解译标志和间接解译标志。凡根据地物或自然现象本身所反映的影像特征可以直接判断目标物及其性质的标志称为直接解译标志，如形状、大小、色调等；凡是通过与某地物有内在关系的一些现象在影像上反映出来的特征，间接推断某一地物属性及自然现象的标志，称为间接解译标志，如地貌、水系、植物等。

不同的地区地质灾害发育特征各异，加之不同影像具有不同的特征，在开展遥感解译工作之前应建立适合于工作区的遥感解译标志。

相较于传统的光学影像解译，结合 LiDAR 数据和光学影像的解译标志更加丰富，不仅利用被动太阳光源反射获得的色彩信息，还利用了主动发射激光接受反射获得的地形信息。相较于单一的光学解译标志，以 LiDAR 数据为主的多源遥感解译标志不再仅通过色彩判别，而是以在去植被后的数字高程模型为载体的地表损伤和地表堆积为主要判别标志，很好地克服了光学解译中诸多不确定性和模糊性，特别是在森林覆盖下对光学不可见的真实地面而言，LiDAR 的解译标志是对这些区域地质状况的唯一判别标准。

基于机载 LiDAR 数据（Point cloud、DSM、DEM、DOM）资料和工作区其他已有地质灾害成果，再辅以区域地质、气象水文等其他资料，初步建立工作区内典型地质灾害机载 LiDAR 解译标志，并相应开展区内地质灾害解译工作。

解译提取的地质灾害类型包括滑坡、崩塌等地质灾害类型。滑坡提取信息：滑坡体所处位置、规模、威胁对象，滑坡体的范围、形态、坡度、总体滑坡方向，滑坡与重要建筑物的关系及影响程度等。崩塌提取信息：崩塌所处位置、形态、分布高程，崩塌堆积体的面积、坡度、崩塌方向、崩塌堆积体植被类型。潜在威胁对象：受威胁的居民点、城镇、水电站、公路、河流等基础设施，受威胁的自然资源状况，包括耕地、园地、林地等。

5.3.2.5　地质灾害野外调查验证

1. 野外调查内容

(1) 遥感解译地质灾害基本要素的查证：遥感解译崩塌、滑坡、泥石流等灾害体的坐标、边界范围、形态特征、展布面积、主要变形破坏特征、威胁对象、诱发因素等开展现场调查验证工作。

(2) 斜坡灾害发育的地质环境条件查证：主要调查验证灾害体发育的地层岩性、灾害体所在斜坡体坡体结构、附近断裂构造发育情况、植被类型等，并现场对地层产状、主要结构面产状、断层产状等进行测量。

(3) 处于变形阶段的斜坡灾害查证：针对遥感解译正处于变形阶段的滑坡、崩塌灾害，除灾害体基本解译要素和地质环境条件的查证之外，重点对灾害体上发育的变形迹象(后缘拉裂缝、下错台坎、两侧剪切裂缝、前缘滑塌等) 开展调查验证，同时通过调查访问了解该灾害点近年来的变形发展情况。

(4) 地质灾害直接威胁对象或危险区范围查证：对于工作区内地质灾害点现今直接威胁对象和危险区范围进行查证，重点查证高位远程地质灾害的危险区范围。

(5) 重大地质灾害点成因机制的调查：对于工作区内发育的重大地质灾害点，除了开展常规查证工作外，还需现场调查灾害的成因机制，为后期灾害体成因机制研究收集基础资料。

2. 野外调查方法

野外调查验证工作是对遥感解译结果的检查和核实，也是修正遥感解译标志的重要依据和遥感解译的必要补充。对初步解译中属性不明的解译结果，进行实地调查，查明其属性和特征；对已认定属性的解译结果，可根据需要随机抽样进行实地验证，评价解译的可靠程度，提高最终解译成果的置信度。

定点观测法：此方法主要应用于遥感解译灾害点的野外调查验证，即对需要开展野外验证的解译点进行现场定点调查。野外查证点的选择需要兼顾灾害的类型、规模、危险性等，对影像特征不够明确、解译有疑问的灾害点进行100%的野外验证。野外验证应使用满足精度要求的GPS定位，对观察内容使用遥感、验证卡片进行现场记录，同时对灾害点进行拍照或摄影，对重要的地质灾害或地质现象可根据需要绘制素描图、剖面示意图等。

线路调查追踪法：对地质环境解译点，尤其是断裂构造之类的线状解译对象主要采用路线调查方法进行查证，即沿路线或沿解译对象进行观察记录和描述，同时填写遥感解译记录、验证表，对解译对象拍照或摄影，对重要的地质灾害或地质现象可根据需要绘制素描图、剖面示意图等。现场查证需对遥感解译记录表中解译的所有要素进行查证，当调查发现解译有误时，应现场对遥感解译影像图进行修正，同时在遥感解译验证表中进行对应的描述和说明。

无人机航空摄影与地面观测结合法：对于一些受视线约束和交通条件限制而人员不能到达的区域，应充分利用无人机航空摄影，对遥感解译存在疑惑的区域进行着重验证，通过室内二次判识和地面调查相结合完成解译内容验证，进一步提升项目成果质量。

3. 野外查证精度要求

野外查证图斑数量不小于解译图斑总量的10%，对有疑问的图斑进行100%野外查证。为了进一步提高项目成果质量，对各部分解译任务野外验证要求如下：

（1）验证内容包括地质环境条件、地质灾害、无威胁对象的不良地质体3个方面。

（2）原则上总体验证率不低于30%，其中对无明显威胁对象的不良地质体验证率不低于10%；对威胁居民的新增地质灾害点验证率不低于60%；对县城、集镇、人口密集区内新解译发现的重大隐患点和存在疑问的所有图斑进行100%验证。

5.3.2.6　实例分析

宝成铁路乐素河镇—青白石段受特殊地质条件控制和外界环境因素的作用，多次在强降雨作用下产生滑坡灾害，导致铁路中断，造成严重的财产损失。采用机载LiDAR测绘技术可快速地获取调查区高精度三维数字表面模型［图5.14（a）］；进一步剔除植被影响，制作高精度数字高程模型［图5.14（b）］；基于高精度数字高程模型捕捉地质灾害形态特征、变形迹象等微地貌特征，实现地质灾害准确识别。

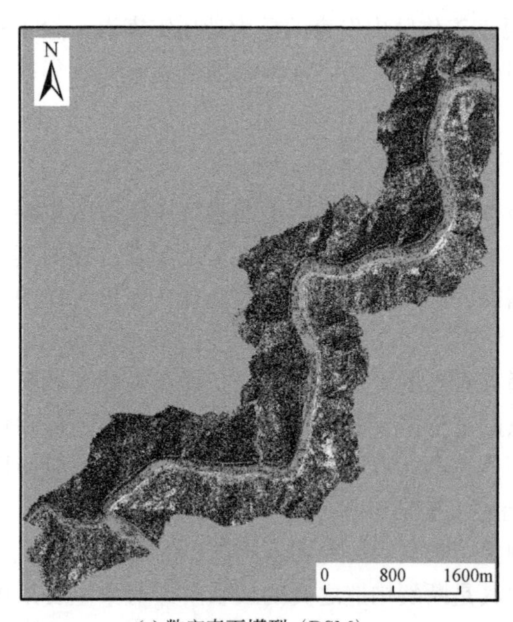

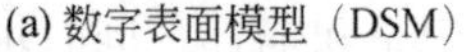
(a) 数字表面模型（DSM）

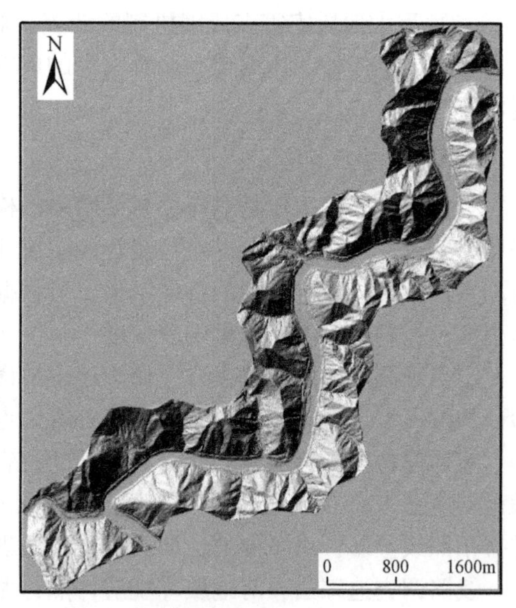

(b) 数字高程模型（DEM）

图5.14　宝成铁路乐素河镇—青白石段机载LiDAR航测成果

杜家山滑坡所在斜坡表部植被发育茂密，仅从未剔除植被的DSM上难以实现对滑坡体的有效识别。但依据在剔除植被的DEM模型上所显示的微地貌特征，地表特征的立体形态十分清晰，斜坡的冲沟、陡坎、平台等被地表植被所遮蔽的微地貌特征得以显现，可以实现对滑坡体的识别。相比于周边斜坡体，滑坡体整体影像特征更加粗糙、凌乱，滑坡体与早期滑坡后壁之间有明显的“陡坎”，形成明显的阴影特征（图5.15）。

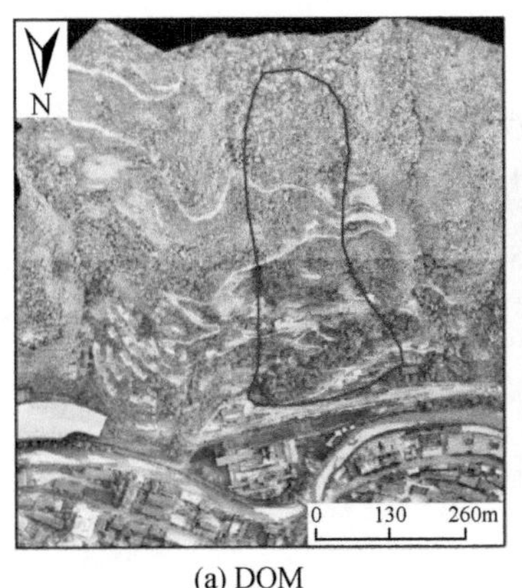

(a) DOM

(b) DSM（未剔除植被）

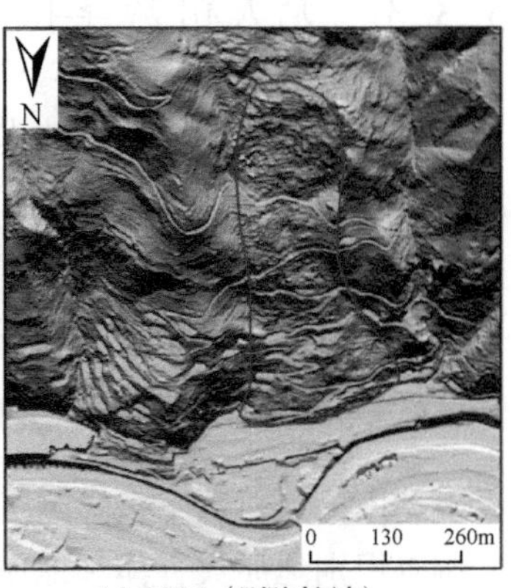

(c) DEM（剔除植被）

图5.15　杜家山滑坡剔除植被前后效果对比图

乐素河镇政府对面滑坡依据在剔除植被的DEM上所显示的微地貌特征，可以实现对滑坡体的识别，地表特征的立体形态十分清晰，斜坡的冲沟、陡坎、平台等被地表植被所遮蔽的微地貌特征得以显现。滑坡坡体的边界十分清晰，滑坡体后缘呈现明显“凹陷”，滑坡体与早期滑坡后壁之间有明显的“陡坎”，形成明显的阴影特征，滑坡体整体影像特征较周边坡体显得更加粗糙，斜坡前缘及中部可见三处明显人为改造平台，坡体整体分布呈较明显的多级横向梯级影像特征（图5.16）。

(a) DOM

(b) DSM（未剔除植被）

(c) DEM（剔除植被）

图5.16　乐素河镇政府对面滑坡剔除植被前后效果对比图

在机载LiDAR地质灾害遥感解译标志基础上，宝成铁路乐素河镇—青白石段工作区共解译地质灾害42处，其中滑坡20处，占灾害总数的47.62%，中型规模2处，小型规模18处；崩塌19处，占灾害总数的45.24%，中型规模2处，小型规模17处；泥石流3处，占灾害总数的7.14%，中型规模1处，小型规模2处。宝成铁路乐素河镇—青白石段工作区机载LiDAR解译的地质灾害类型以滑坡及崩塌为主，灾害规模以小型为主。

5.3.3 无人机数字摄影测量

无人机数字摄影测量技术是基于无人机平台，采用数字摄影测量手段的测绘技术，是航空摄影测量的一个重要分支。近年来，无人机数字摄影测量技术在地质灾害领域的应用日益广泛，在一些自然灾害等突发事件处置中，由于危险性、时间性等因素，无人机摄影测量更有着独特的优势（巨袁臻，2017；董秀军等，2019）。

5.3.3.1 无人机数字摄影测量主要调查内容

利用无人机数字摄影测量获取的高精度影像、数字高程以及精细化的地形模型主要用来调查识别地质灾害体和地质灾害所赋存的地质环境条件。

地质灾害体识别主要包括识别地质灾害体、确定灾害体的空间分布特征、解译地质灾害体的类型、边界、规模、形态特征，分析其位移特征、活动状态、发展趋势，并评价其危害范围和程度。

地质环境背景条件识别主要调查与滑坡、崩塌、泥石流等发育有关的地貌类型、地质构造、岩（土）体类型、水文地质现象和地表覆盖等内容。

此外还可利用由无人机航拍生成的多期厘米级分辨率的正射影像，直接对地表形变产生的裂缝解译，并定量分析其水平变化量；可利用无人机航拍生成的数字地表模型（DSM）或数字地面模型（DTM）对地表垂直位移、体积变化、变化前后剖面进行计算，并对灾变拉裂缝进行探测与提取，进一步准确捕捉地质灾害体灾变信息。

5.3.3.2 无人机摄影测量系统

无人机系统应包括飞行器平台系统、导航与控制系统、任务载荷系统、地面测控系统、数传系统、发射及回收系统、应急安全系统和野外保障系统，其中应急安全系统必须有设计冗余。无人机系统平均无故障运行时间应大于 200 小时，各系统部件应易于检查维护和快速更换，可以满足不同工况条件下无人机航空摄影测量的需求，同时无人机系统必须具备完善的应急安全设计，在各种可能情况下提供对飞行器平台和地面人员的充分保护；任务载荷采用 2000 万像素以上传感器的数码相机，配合广角定焦镜头，并经静态检校确认性能优良，同时应配备差分 GPS 及飞行姿态记录系统为数据后处理提供必需的外方位元素。

5.3.3.3 无人机摄影测量外业布置

结合工作区具体地形气象条件，以及最终成图要求，确定航线并结合任务载荷性能指标进行航线精确设计。

针对不同工作区实际条件，选用国家统一坐标系或采用相对坐标系进行地面控制，控制点指标应满足测图需求。

航摄实施阶段应满足航空管制要求，制定详细的飞行计划以及应急预案，必要时应准备多处备降场地。在具体实施过程中应注意监测风力变化，采用固定翼和直升机工作时风力不得大于 4 级，采用飞艇时风力应不大于 3 级。

做好飞行质量控制，航向重叠度一般应为 60% ~80%；最小不应小于 53%；旁向重叠度一般应为 15% ~60%，最小不应小于 8%。相片倾角应不大于 5°，最大不超过 12°。相片旋角一般应不大于 15°，在确保相片航向和旁向重叠度满足要求的前提下，个别最大旋角不超过 30°。

每次任务飞行应由专人做好飞行记录工作，针对获取数据做好自检和互检工作，对于发现的技术问题必须及时纠正。

5.3.3.4　无人机摄影测量内业数据处理

无人机摄影测量内业产品应为满足工作需求的经纠正、匀色、镶嵌处理的工作区大比例尺航摄影像图，经空中三角测量处理配合地面控制点生成的数字高程模型。空间坐标系可针对不同工作区和不同的任务类型，采用国家统一坐标系或采用相对坐标系。根据具体工作区及比例尺要求，数字正射影像精度可参照表 5.6，数字高程模型精度可参照表 5.7。其中，最大误差为中误差的两倍。针对特殊困难地区（高山峡谷及丘陵沟壑区等）精度可以放宽 1 倍。影像图地面分辨率应满足表 5.8。

表 5.6　无人机数字正射影像精度要求

比例尺	平地、丘陵/mm	山地、高山地/mm
1：500、1：1000、1：2000	0.6	0.8

表 5.7　无人机数字高程模型精度要求

比例尺	高程中误差/m	
1：500	平地	0.37
	丘陵地	0.75
	山地	1.05
	高山地	1.50
1：1000	平地	0.37
	丘陵地	1.05
	山地	1.50
	高山地	3.00
1：2000	平地	0.75
	丘陵地	1.05
	山地	2.25
	高山地	3.00

表 5.8　无人机遥感影像图地面分辨率要求

成图比例尺	地面分辨率/cm
1：500	5
1：1000	10
1：2000	20

设备及软件应处于检定合格使用期限之内。影像预处理应对航摄资料进行无损格式转换和图像增强处理，并针对数码相机的检定资料进行畸变差校正。空中三角测量可以使用专用软件在满足精度要求的前提下采用由姿态记录系统提供的外方位元素自动进行相对定向和绝对定向。数字高程模型制作可以在满足任务需求精度的前提下由专业软件进行自动生产。航摄影像图需经纠正、匀色、镶嵌处理，影像纠正采用数字微分纠正方法，纠正范围选取影像的中心部分，同时保证影像之间有足够的重叠区域进行镶嵌。匀色应对影像的色彩、亮度和对比度等进行调整和处理。应缩小不同影像间的色调差异，在保持地物色彩不失真的前提下使其反差始终层次鲜明。镶嵌应依照地物自然分界线的等选择镶嵌线进行镶嵌处理。应确保镶嵌后的影像无明显拼接痕迹，过渡自然，纹理清晰。质量检查时要对成果数据做好自检和互检工作，发现技术问题及时纠正。

5.3.3.5　地质灾害解译与野外验证

在充分收集和熟悉工作区地质资料的基础上，通过野外实地踏勘，在无人机数字摄影测量成果基础上建立典型地质灾害类型、构成要素、地貌、地质构造、岩（土）体类型、水文地质现象和土地覆盖类型等的遥感解译标志。同时，在熟悉工作区地质资料、野外实地踏勘、建立遥感解译标志的基础上，识别地质灾害及其发育环境，了解地质灾害的结构特征，圈划边界，指出所有不确定及疑问点，逐一填写解译信息卡片，编制初步解译草图。

对初步解译结果及所有的不确定及疑问点进行野外实地验证。工作量应根据调查目标地物在基础图像上的可解译程度，地质灾害体可能产生的危害，地质环境条件的复杂程度，前人研究程度，交通和自然地理条件等因素综合考虑确定。逐一填写解译结果及野外实地验证情况。对位于县城、集镇、重要建筑工程、交通线及其他重要场所附近的地质灾害体除可解译程度很高、前人研究程度较深者外，应该尽可能全部进行野外验证。其他地质灾害初步解译结果的野外验证率应不少于60%。

在野外验证基础上进行详细综合解译，进一步确认灾害体及类型，确定灾害体及其组成部分（尤其指沟谷型泥石流）的边界，计算覆盖面积（规模），必要时通过不同时相图像对比了解灾害的活动状态；通过灾害体所处地貌、岩性、产状、斜坡结构、水文及区域地质构造环境解译分析灾害形成的基本地质环境条件及触发因素；分析灾害发育规律，评价其影响及危害，通过空间分析进行灾害危险性分区。

最终提交专门的遥感调查报告，内容包括：目的任务、完成主要工作量；进行调查质量（精度）评述；遥感图像（数据）的类型、分辨率、接收时间、图像处理和遥感解译、图件编制的方法技术；遥感解译结果及综合分析灾害形成的基本地质环境条件与触发因素；灾害发育规律，评价其影响与危害，以及地质灾害危险性分区结果。

无人机摄影测量技术已较为普遍地应用于地质灾害正射影像获取、大比例尺地形图测制、三维实景建模、展示等方面，然而在地质灾害信息提取、分析、变形监测等方面的关键技术尚需大量研究工作。

5.4　地质灾害人工智能识别技术方法

随着遥感测绘、通信以及地理信息技术等高新技术的不断发展，在地质灾害早期识别与监测方面，基于上述技术方法已经取得了较为丰富的进展。但是距离将海量数据转化为地质灾害灾前准确有效识别，仍有很大的提升空间。近年来，人工智能（AI）技术得到快速发展，并日益融入经济社会各个领域，成为当代创新发展的新标志，智能防灾减灾将成为未来发展的趋势和研究的热点。

地质灾害风险防控中有早期识别、风险评估和风险管控3个主要环节，其中最重要的环节是早期识别，传统早期识别方法与人工智能方法之间的纽带是地质灾害发生概率或失稳概率。针对地质灾害早期识别所依据的数据庞杂、可用性及可靠度不一等问题，在传统的地质灾害早期识别基础上，本书作者提出了多源数据自动化获取与智能处理技术以及地质灾害隐患早期智能识别技术。其中，地质灾害隐患早期智能识别技术包括：图像识别、形变识别、位移识别、内因识别、诱因识别、综合识别等6种技术（表5.9）。

表5.9　地质灾害传统早期识别与智能化识别对比表

<table>
<tr><th>传统方法</th><th>数据依据</th><th>基于机器学习的地质灾害隐患早期智能识别</th><th>基于深度学习与混合优化的早期识别</th><th>AI+物理过程</th></tr>
<tr><td>遥感解译</td><td>遥感影像、照片</td><td>图像识别：基于多期高光谱遥感影像图像差异的快速智能识别技术（结合显著图和深度学习的遥感影像目标识别；基于BP神经网络的遥感影像识别技术；基于深度信念网络的遥感影像识别与分类）</td><td rowspan="6">基于大数据深度混合学习的地质灾害早期识别技术如下。
数据层：控制因素、影响因素、诱发因素、变形迹象、已有地质灾害；
方法层：主要依托Python，深度学习（卷积神经网络、递归神经网络、深度信念神经网络）与策略梯度强化学习算法等方法的混合优化；
应用层：早期识别</td><td rowspan="6">人工智能与形成机理和过程融合的地质灾害早期识别技术</td></tr>
<tr><td>地表形变分析</td><td>InSAR、DEM坡参数、裂缝、沉降、鼓胀、植被变化</td><td>形变识别：基于地表形变的快速智能识别技术（基于DEM和遥感影像的区域黄土滑坡体识别技术；基于迭代PCA的GPS时间序列形变估计；DEM对时序InSAR技术地表形变监测分析；基于小基线集技术的精细化地表形变监测；多视线向D-InSAR三维地表形变解算中GPS约束定权）</td></tr>
<tr><td>地下位移分析</td><td>钻孔倾斜、深部位移</td><td>位移识别：基于地下钻孔倾斜、位移的智能识别技术</td></tr>
<tr><td>地下间接因素分析</td><td>地下水位、含水率、地球物理参数</td><td>内因识别：基于地下间接因素的智能识别技术</td></tr>
<tr><td>诱发因素分析</td><td>地震、极端降雨、冻融、溃决、开挖、堆载</td><td>诱因识别：基于诱发因素的智能识别技术</td></tr>
<tr><td>综合分析</td><td>控制因素、影响因素、诱发因素、变形迹象、已有地质灾害</td><td>综合识别：依托Python，研发基于综合因素的智能识别技术</td></tr>
</table>

5.4.1　数据自动化获取与智能处理技术

（1）卫星遥感数据自动化获取与智能处理技术，主要包括高光谱遥感、InSAR、DEM等数据。

（2）航空遥感数据自动化获取与智能处理技术，主要包括高光谱遥感、InSAR、三维激光扫描、机载 LiDAR、DEM 等数据。

（3）地面数据自动化和机器人智能获取与智能处理技术，主要包括斜坡形态几何参数、地表位移、裂缝、沉降、鼓胀、变形迹象，以及地面 InSAR、三维激光扫描、视频监测等数据。

（4）地下数据自动化获取与智能处理技术，主要包括工程地质条件、深部位移、地下水位、含水率、地球物理参数等探测与监测数据。

5.4.2　地质灾害隐患早期智能识别技术

（1）图像识别：基于多期高光谱遥感影像图像差异的智能识别技术，包括已有地质灾害识别和地质灾害隐患识别两类。一是建立解译标志，依据遥感影像、照片、视频等通过图像识别，智能解译已发生的地质灾害，评估其复活的可能性；二是依据不同期次遥感影像、照片、视频等图像差异，发现可能新发生的地质灾害隐患，并依据图像差异程度，结合地质灾害形成的控制与影响因素，建立失稳概率智能算法，智能识别地质灾害隐患。

（2）形变识别：基于地表形变的快速智能识别技术，依据各类手段获取 InSAR、DEM 斜坡参数、裂缝、沉降、鼓胀、植被变化等地表形变信息，结合地质灾害形成的控制与影响因素，建立基于机理和演化过程的失稳概率智能算法，智能识别地质灾害隐患。

（3）位移识别：基于地下钻孔倾斜、位移的智能识别技术，依据钻孔倾斜、位移等地下位移信息，结合地质灾害形成的控制与影响因素，建立基于机理和演化过程的失稳概率智能算法，智能识别地质灾害隐患。

（4）内因识别：基于地下间接因素的智能识别技术，依据地下水位、岩土体含水率、地球物理参数等地下间接因素信息，结合地质灾害形成的控制与影响因素，建立基于机理和演化过程的失稳概率智能算法，智能识别地质灾害隐患。

（5）诱因识别：基于诱发因素的智能识别技术，依据地震、极端降雨、冻融、溃决、开挖、堆载等诱发因素信息，结合地质灾害形成的控制与影响因素，建立基于机理和演化过程的失稳概率智能算法，智能识别地质灾害隐患。

（6）综合识别：依托 Python，研发基于综合因素的智能识别技术，依据各类变形迹象、已有地质灾害编目，结合控制因素、影响因素、诱发因素等综合信息，建立失稳概率混合智能算法，智能识别地质灾害隐患。

5.4.3　基于大数据深度混合学习的地质灾害早期识别

依据地质灾害形成的控制因素、影响因素、诱发因素、变形迹象、已有地质灾害等5大类多源数据，主要利用已有地质灾害发生前和发生后对比数据，设计建立训练数据集。选用基于大数据深度混合学习算法实现地质灾害的早期识别，如借鉴深度神经网络的特征抽取能力、无监督学习、多类型数据联合学习能力，对多源、多期的5类灾害数据进行联合解译与变化检测，求解多源、多时相异质灾害特征变化检测中的差异表示学习、差异影像分析与联合特征解译，获取灾变对象的状态变化，构建地质灾害隐患地物要素的自动识别与提取、地物要素的变化检测以及地形的变化检测模型与方法，实现地质灾害隐患的早期辨识；将深度学习与具有记忆与推理能力的强化学习相结合，以地质灾害编目样本集中不同时间段的5类致灾因素属性值与斜坡失稳概率值作为训练样本，设计深度强化混合学习算法，构建突出图像差异数据、形变数据、位移数据、内部因素等变形迹象数据的深度强化混合学习的地质灾害风险早期识别模型，求解斜坡在将来时间段的斜坡失稳概率和可能危及的范围，实现地质灾害隐患的早期识别。

地质灾害隐患的智能早期识别是一项十分复杂、难度很大、涉及多个交叉学科的工作，面对来自不同渠道、不同物理场等庞杂的信息，以及分析、加工、运算、判断、决策和实施等复杂的环节，人类显得力不从心，并需要借助人工智能的力量。尽管大数据、人工智能、云计算以及5G等技术得到快速发展，人工智能从基于规则、传统机器学习、表达学习，发展到深度学习，在语音处理、计算机视角、自然语言处理等方面取得颠覆性进展，并日益融入经济社会各个领域，但在地质灾害领域，目前尚无可照搬或可移植的成熟技术和解决方案，这些技术只是为地质灾害隐患早期识别提供了新的方向，还需要做大量而深入的针对性研究工作。

第6章　地质灾害隐患点风险评估

6.1　滑坡风险评估技术方法

滑坡是山区最为常见的地质灾害，因此，滑坡风险评估在山区城镇地质灾害风险评估中具有重要的地位。山区城镇滑坡风险采用Fell提出的风险计算公式，从5个部分计算滑坡风险，本章将逐一介绍其估算方法。

6.1.1　滑坡发生概率估算方法

发生概率是风险因素的一个关键成分。在滑坡风险分析中计算发生概率，一般有3类不同的方法：第1类方法为经验类方法，如专家打分法；第2类方法为统计类方法，通过统计地质灾害事件确定时间概率分布函数；第3类是理论类方法，通过计算斜坡的失稳（或已发生滑坡的复活）概率来确定斜坡失稳的概率。

6.1.1.1　经验类方法

经验类方法具有较强的实用性，常见的有事件树法和定性分析法。

1. 事件树法

事件树法是根据专家打分或经验用“树枝节点”来表征某些地质因素或诱发因素引起的多个事件链，以追溯岩土体破坏的过程和评价灾害的发生概率。

事件树分析采用逻辑模型识别灾害初始事件并确定其概率，然后再次识别下一事件，以此类推，形成“树枝”状的图形。通过追溯岩土体破坏过程的事件因素，确定分支节点的概率，最终地质灾害的发生概率为各个分支节点概率的简单乘积。

2. 定性分析法

参考澳大利亚地质力学学会（AGS）的规范，将可能性划分为不可能、可能性小、不一定、可能、很可能、几乎确定6级（表6.1）。

表6.1　对灾害发生可能性的定性评价（据Australian Geomechanics Society，2007）

级别	年概率量级	含义
①不可能	10^{-6}	不可能发生或只有在想象中才发生
②可能性小	10^{-5}	只有在例外情况下可能发生
③不一定	10^{-4}	在非常不利条件下可能发生
④可能	10^{-3}	在不利条件下可能发生

续表

级别	年概率量级	含义
⑤很可能	10^{-2}	在不利条件下会发生
⑥几乎确定	10^{-1}	非常可能发生

6.1.1.2　统计类方法

常见的统计类方法有灾害事件统计法和诱发因素统计法。但是，“地质灾害是周期性的独立随机事件”这种观点与客观事实不符。因此，通常采用一阶频率表达式估计时间概率。

1. 灾害事件统计法

概率模型是基于过去的灾害事件的观测频率形成的。基于地质灾害编目的概率分析可以在一定程度上反映地质灾害的发生概率。

Crovelli根据长期的灾害编目数据提出两种地质灾害概率分析模型：二项分布和泊松分布。

1）二项分布

某特定规模的灾害平均每T年发生一次的年概率为

$$P(N=1;t=1)=1/T=\lambda \tag{6.1.1}$$

式中，T为事件的重现期；λ为将来灾害发生的期望频率。

特别是在特定年限内（t）发生一次或多次灾害的概率：

$$P(N\geqslant 1;t)=1-P_0^t=1-\left(1-\frac{1}{T}\right)^t \tag{6.1.2}$$

式中，P_0为特定年限内（$1-1/T$）不发生灾害的概率；P_0^t为t年内不发生灾害的概率。

2）泊松分布

发生n次灾害事件的年概率的泊松模型为

$$P(N=n;t=1)=\frac{(\lambda t)^m}{n!}e^{-\lambda t} \tag{6.1.3}$$

式中，λ为将来灾害发生的期望频率。

特别是t年内一个或多个灾害发生的概率为

$$P(N\geqslant 1;t)=1-e^{-\lambda t} \tag{6.1.4}$$

2. 诱发因素统计法

地质灾害是内在因素和外在触发因素共同作用而产生的结果。内在因素（即岩土体性质、植被覆盖等）是一系列情形下斜坡的状态，即从完全稳定状态到临界稳定状态；外在触发因素（即降雨事件、融雪、地震等）是斜坡发生失稳的直接诱因。这两类因素共同决定着灾害发生的概率。降雨和地震是最常见的地质灾害诱发因素。

1）降雨

1980年Caine收集了全球范围触发泥石流和浅层滑坡的雨强和降雨持时的数据库，提

出了一个公认的降雨阈值。他对该数据库划分了一个下界，其表达式为

$$I=14.82D^{-0.39} \tag{6.1.5}$$

式中，I 为临界降雨强度（mm/h）；D 为暴雨的持续时间（h）。这个阈值的预期降雨持续时间为 10 分钟到 10 天。

2）地震

规模-频率关系在地震学中有着悠久的历史，地震级数和累积频率间的幂律关系已被观测到（Gutenberg-Richter 幂律）。这种关系可表达为

$$\lg N=a-bM \tag{6.1.6}$$

式中，N 为级数等于或大于 M 的地震事件的累积数量；a 和 b 为常数。

早在 1997 年，Hovius、Pelletier 发现规模相对灾害数量的累积频率比例不变，并呈幂律分布。这种关系的线性部分段服从幂律并表达为

$$N_{\mathrm{E}}=CA_{\mathrm{L}}^{-\beta} \tag{6.1.7}$$

式中，N_{E} 为规模等于或大于 A 的滑坡事件的累积数量；A_{L} 为滑坡规模（通常表达为它的大小：体积或面积）；C 和 β 为常数。

6.1.1.3　理论类方法

理论类方法以可靠度理论为基础，计算结果精确，但是其对数据型和精度要求较高，因此该类方法在计算灾害发生概率时具有一定的局限性。常用的方法有 Monte Carlo 法、一次二阶矩等。

1. Monte Carlo 法

假设 $Z=Z(X)=F$ 为斜坡的状态函数，$X=(x_1, x_2, \cdots, x_n)$ 为函数的随机变量，如岩土体的容重 γ、内聚力 C、内摩擦角 φ 等影响岩土体稳定性的因素。随机抽取形成一组样本，代入 $Z=Z(X)=F$，得到 F，再次随机抽取一组样本并带入 $Z=Z(X)=F$ 得到 F'，如此得到 N 个相对独立的 F 值，形成一组新的样本值 F_1，F_2，…，F_i。以此为基础，假设 $F=1$ 为安全临界值，在 N 个安全样本值中存在 $F\leqslant 1$ 的个数为 M，则斜坡的失稳概率为

$$P_{\mathrm{f}}=P(F_{\mathrm{S}}\leqslant 1)=\frac{M}{N} \tag{6.1.8}$$

其中，$Z(X)$ 的均值和标准差分别为

$$\mu_F=\frac{1}{N}\sum_{1}^{N}F_i \tag{6.1.9}$$

$$\sigma_F=\left[\frac{1}{N-1}\sum_{1}^{N}(F_i-\mu_F)^2\right]^{1/2} \tag{6.1.10}$$

2. 一次二阶矩

Ang 利用输入随机变量的均值和方差求出安全系数的均值和方差及变量与安全系数的相关性。在计算发生概率之前，先假定安全系数的分布函数。然后利用下式计算可靠指标：

$$\beta=\frac{\mu_{\mathrm{G}}}{\sigma_{\mathrm{G}}} \tag{6.1.11}$$

式中，μ_G 和 σ_G 分别为功能函数的均值和方差。

但是，利用一次二阶矩计算的可靠指标不是唯一的，功能函数采取的形式不一样，计算的可靠指标也就不一样，表 6.2 列出了不同形式的功能函数对应的可靠指标。

表 6.2　不同形式的功能函数对应的可靠指标

$G(X)$	β
$R-S$	$\dfrac{F-1}{\sqrt{F^2\mathrm{CoV}_R^2+\mathrm{CoV}_S^2}}$
$\dfrac{R}{S}-1$	$\dfrac{F-1}{F\sqrt{\mathrm{CoV}_R^2+\mathrm{CoV}_S^2}}$
$\ln\dfrac{R}{S}$	$\dfrac{\ln F}{\sqrt{\mathrm{CoV}_R^2+\mathrm{CoV}_S^2}}$

表 6.2 中，R 和 S 分别是边坡总的抗滑力和下滑力；$F=\mu_R/\mu_S$；CoV_R、CoV_S 分别是边坡的抗滑力和下滑力的变异系数。变异系数的定义为

$$\mathrm{CoV}=\frac{\sigma}{\mu} \tag{6.1.12}$$

式中，σ 为方差；μ 为均值。

6.1.1.4　评估方法选取

针对不同类型或模式的灾害，发生概率的计算方法选取直接影响风险评估的速度与准确程度。总结各类方法在发生概率计算方面的优势与缺陷，确定适宜的选取原则（表 6.3）。

表 6.3　发生概率计算方法

分类	优点	缺点	常用评估方法
经验类方法	简单、快捷	精度低	事件树法、定性方法等
统计类方法	对发生数量多的灾害评估准确	精度与基础数据量有关，量越大精度越高	灾害事件统计法、诱发因素统计等
理论类方法	精度高	对数据类型和精度有严格要求，有一定局限性	Monte Carlo 法、一次二阶矩等

1. 评估方法选取的原则

（1）快速评估原则。速度决定评估所花费的时间，当计算精度能够得到一定保证的前提下，选择简单快速的评估方法，如定性评估地质灾害风险。

（2）准确评估原则。精准评估是一种理想模式，当所有评估方法适用时，宜选取最准确的，如同等条件下，定量方法优于定性方法。

2. 评估方法选取

（1）根据已知数据的量与类型，选取评估方法。基础数据量越大，统计类方法评估越准确；数据类型越丰富，则理论类方法准确性越高；反之，在数据不足的情况下，经验类

方法最为有效、实际。

（2）根据风险评估精度，确定评估方法。理论类方法最优，统计类方法次之。

6.1.2　滑坡空间影响概率估算方法

滑坡空间影响概率反映滑坡的可能致灾范围及潜在威胁范围，主要包括滑坡体积、滑移距离及滑坡强度估算。

6.1.2.1　滑坡体积

滑坡体是一种不规则形体，因此，滑坡体积的计算也就归结为不规则形体体积的计算。估算方法包括：①用滑动前、滑动后的地形图及滑床顶面等高线图计算滑坡的体积；②用滑坡体等厚线图计算滑坡的体积。

目前，随着 GIS 的发展，国内外很多学者利用 GIS 进行滑坡体积的估算。

6.1.2.2　滑移距离

滑坡的滑移距离是进行滑坡风险评估的关键，用于滑坡滑移距离的预测方法主要有经验方法和理论方法。

1. 经验方法

经验方法是基于实地观测以及在滑坡形态参数（如体积）、路径特征（如地形特征，障碍物的存在）和滑坡体的运动距离之间的联系。预测方法可分为地貌证据法、几何方法、变体积法和其他经验法。

1）地貌证据法

地貌证据法是基于一般的定性分析，野外现场调查、遥感解译和 DEM 数据分析是地貌证据法确定滑坡滑移距离的主要手段，主要包括 3 个方面：①通过调查已发生滑坡，确定滑坡堆积体的最外层，得出滑坡能达到的最大滑移距离。②潜在滑坡所处的地貌位置，尤其是滑坡前缘的开阔程度在一定程度上决定了滑坡的最大滑移距离，如在黄土高原地区，黄土沟谷两侧的滑坡由于受地形限制，其滑动距离有限；而在黄土台塬地区，由于台塬一般高出坡下河流阶地 100～200m，一旦滑动多为高速远程黄土滑坡。③滑坡潜在滑动路径的地形起伏度与地形坡度在很大程度上影响着滑坡的滑移距离；地形起伏度越大，滑移距离越小，坡度越大，滑移距离越大。

2）几何方法

最常用的几何方法是延伸角法和阴影角法。延伸角是指连接滑坡凹形崖最高点和滑移体远端的线的角度。Scheidegger 提出延伸角的正切值与滑坡体积的关系：

$$\lg(\tan\alpha)=A+B\lg V \tag{6.1.13}$$

式中，A 和 B 为常数，不同地区所得到常数不同；V 为体积。

相关学者通过潜在灾害体积的延伸角图形化来获得灾害的运移距离 L。

阴影角是指连接岩屑堆顶部和最远块石之间的线的角度（图 6.1）。Hungr 和 Evans 用阴影角的概念来决定落石运动距离的最大高度。

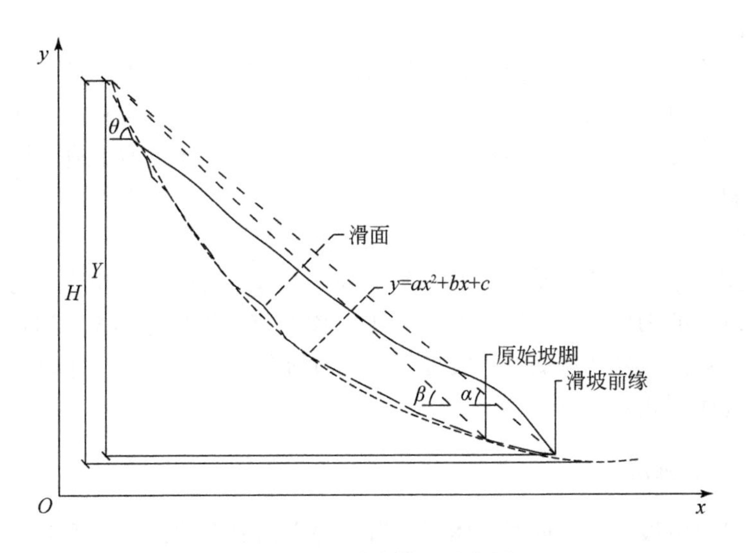

图6.1　阴影角模型示意图

α 为滑移角；β 为斜坡原始坡度；θ 为滑坡后缘坡度；$y=ax^2+bx+c$ 为滑面拟合线；Y 为滑体前端与滑坡后壁的高差；H 为滑面拟合线顶点与滑坡后壁的高差

挪威岩土工程研究所（NGI）的 Solheim 用阴影角法计算倒石堆边坡坠落物距离。在倒石堆前部的地面坡角不大于12°的条件下，总高度 H 与超出锥舌的滑移距离 S_1 之间的关系为

$$S_1=aH+b=0.3065H+24.1 \tag{6.1.14}$$

3）变体积法

变体积法多用于泥石流或碎屑流运移距离计算，通过分析悬移颗粒和沉积颗粒之间的平衡来评价其可能的运动距离，如王思敏提出的运移距离计算公式：

$$\lg(H/L)=0.1-0.094\lg V \tag{6.1.15}$$

式中，L 为运移距离，m；H 为灾害前后缘相对高差，m；V 为灾害体体积，m^3。

4）其他经验法

基于滑坡前缘高程与后缘高程的经验公式：

$$L=2(H_1-H_2) \tag{6.1.16}$$

式中，L 为滑坡滑移距离，m；H_1 为滑坡后缘高程，m；H_2 为滑坡前缘高程，m。

基于滑坡岩土体参数与坡高的模型：

$$L=\frac{nH}{0.5\tan\varphi} \tag{6.1.17}$$

式中，L 为滑坡滑移距离，m；H 为坡高，m；n 为滑坡滑出条件系数；φ 为土体的内摩擦角。

2. 理论方法

理论方法多是通过数值模型来实现。模型可分为离散型和连续型。

1）离散型

离散型模型应用于灾害体物质是颗粒状的情况，将单个离散单元描述成谷粒级，模型所需材料参数的数目一般很少，适合岩石崩塌的模拟，如块体崩塌和混合崩塌。离散型的优点是模拟能力远远超出了连续型模型，如反分析。但是，离散型不适合用在具有复杂流变性的流动材料。

2）连续型

连续型模型是基于连续介质力学的模型，包含了力学、水力学和热学的耦合。常见的有基于混合物理论的3D模型、速度-压力模型、深度整合近似法和无限边坡模型。连续型的优点是可以计算具有复杂流变性的灾害，如泥石流和滑坡。但是，连续型参数复杂且计算时间长，因此模拟相对困难。

6.1.2.3 滑坡强度

滑坡强度是由滑坡体物质形态、体积及滑速等方面决定的，可以用滑坡体积与速度的乘积表示单体滑坡的活动强度。在滑坡强度计算中，由于速度与体积存在量纲的差别，根据研究区内的滑坡编录，选取规模最大的滑坡作为无量纲化标准，分别对速度和体积进行归一化处理，计算公式如下：

$$y=(x-x_{\min})/(x_{\max}-x_{\min}) \tag{6.1.18}$$

$$I=v\times S \tag{6.1.19}$$

式中，I 为滑坡强度；v 为归一化处理后的滑移速度；S 为归一化处理后的滑坡体积。

6.1.2.4 到达概率

到达概率是滑坡到达影响区内某一个承灾体的概率，滑坡的到达概率取决于滑坡体与受险对象各自的位置及滑坡可能的运动路径、滑移距离。目前常用的到达概率估算方法是经验法、统计学法和滑移距离法。

1. 经验法

经验法是根据经验提出的到达概率，常见的有阴影角法。例如，滑坡阴影角 α 的最大值和最小值分别为25°和20°，则相应的 $P_{(T:L)}$ 分别为0.75和0.25；泥石流阴影角 α 的最大值、中间值和最小值分别为25°、20°和15°，则相应的 $P_{(T:L)}$ 分别为0.67、0.25和0.08。

2. 统计学法

统计学法需要大量的灾害数据，通过对数据的统计分析得出灾害的到达概率。例如，某地区有100个滑坡，可以滑移到20m的滑坡有50个，则该地区滑坡滑移20m的概率为50/100=0.5。

3. 滑移距离法

将滑坡最远滑移距离 L 进行归一化，位于滑坡体上的受险对象，其到达概率定为1，位于最远滑移距离之外的到达概率定为0，则位于此区间的受险对象的到达概率，按其与最远滑移距离的比例赋值。

6.1.3　承灾体时空概率估算方法

承灾体时空概率是指在滑坡发生时，承灾体在滑坡灾害影响区内的概率。它是一个条件概率，值为0～1。承灾体的空间概率主要是确定滑坡发生所影响的范围，即在滑坡威胁范围内的承灾体具有受影响或受损的空间概率。时间概率可分为2种类型，即固定承灾体型与流动承灾体型，固定承灾体为房屋等固定资产，流动承灾体包括人员、车辆、牲畜等。

6.1.3.1　固定承灾体

固定承灾体包括房屋、公路、铁路等不可移动的公共及民用设施。其时空概率的计算主要依据滑坡等地质灾害的致灾范围，承灾体在威胁范围内，时空概率为1，否则为0。

6.1.3.2　流动承灾体

流动承灾体包括人员、车辆、牲畜等。由于具有流动的特点，其时空概率主要取决于在灾害致灾范围内的时间。通常可以用1个人平均在致灾范围内的时间来计算时空概率。例如，1个人每年在家300天，每天在家12小时，则时空概率为 $(300/365)\times(12/24)=0.41$。

对在一个滑坡体下面运行的单个交通工具而言，其时空概率就是其在一年内通行于滑坡体下的道路上的时间比例。对所有通过单个滑坡体下面的交通工具而言，其时空概率是单个交通工具一年内通过滑坡体下面路径的时间之和。

对在交通工具内的人员，时空概率与交通工具概率相同。不过，轿车中有一个人和有四个人的时空概率是不同的。在一些情况下，受影响人员是否足够警觉并能从受危险影响地区及时撤出，估算时空概率时也应予以考虑。在滑坡体上方的人比在滑坡体下方和在滑坡体上的人更容易观察到滑坡体滑动，须及时撤出。每种情况都应考虑滑坡体的自然属性，包括体积、速度、监测结果、预警信号、疏散体系、承灾体以及人员的移动能力等。

若考虑具体情况，可根据承灾体及条件精细计算，即：

（1）对于人员来讲，白天在家的概率比黑夜的概率小；白天在办公场所或学校的概率要比黑夜的概率大。

（2）对于青壮年来讲，每年1月、2月、12月在家的概率大，3～11月在家的概率小；对于老人孩子来讲，在家的概率相对平均。

（3）在降雨条件下，没有预警撤离通知情况下，人员在房屋内的概率要比平时高。

6.1.4　承灾体易损性估算方法

国内外学者对易损性的理解不同，主要表现在其取值范围方面，由此产生两类易损性表达方式：①易损性取值区间在0～1之间，以Uzielli为代表，认为易损性为灾害作用强度与承灾体对灾害不可抗程度的乘积；②易损性取值可以大于1，以Li为代表，认为易损性是灾害作用强度与承灾体抵抗灾害能力的函数。

定量计算风险时采用 $R_{(prop)} = P_{(L)} \times P_{(T:L)} \times P_{(S:T)} \times V_{(prop:S)} \times E$，其中易损性是基于概率的，故采用0～1区间。易损性反映承灾体的自身固有属性，与地质灾害无关。由此，结合我国国情，提出易损性的评价模型及相应指标的取值范围：

$$V = 1 - \prod_{i=1}^{n}(1 - V_i) \tag{6.1.20}$$

式中，V 为易损性；V_i 为易损性指标。

6.1.4.1　建筑物易损性

建筑物易损性可以从结构类型、变形情况及使用年限 3 方面考虑。

$$V=1-(1-V_1)(1-V_2)(1-V_3) \tag{6.1.21}$$

式中，V_1 为结构类型易损性指标；V_2 为变形情况易损性指标；V_3 为使用年限易损性指标。

1. 建筑物结构类型

结构类型可以间接反映建筑物的抗灾能力，以建筑物的承重构件材质划分，结合实际建筑物中常见的承重构件类型将建筑物结构类型划分为 5 类（表 6.4）。

表 6.4　建筑物结构类型易损性指标取值

建筑物结构类型	易损性	描述	V_1
轻质简易结构	很强	承重构件由简易材料（如 PVC）做成	0.7～0.9
砖木结构	强	承重构件由砖、木做成	0.5～0.7
砖混结构	中	承重构件由砖、混凝土构成	0.3～0.5
钢筋混凝土结构	低	承重构件由钢筋和混凝土构成	0.1～0.3
钢结构	很低	承重构件均是用钢材制成	0.01～0.1

2. 建筑物变形情况

变形情况是对建筑物现状的评估，不同的变形情况所表现出的易损性不同。针对建筑物可能的变形情况，将其分为 5 类（表 6.5）。

表 6.5　变形情况易损性指标取值

变形情况	描述	V_2
无变形	无任何变形、开裂痕迹	0～0.05
轻微变形	墙体出现极细小裂缝	0.05～0.25
中等变形	墙体裂缝>1mm，地基出现较小的沉降	0.25～0.5
严重变形	墙体倾斜或出现张裂缝，房屋地面鼓起	0.5～0.75
极度严重变形	墙体倾斜严重甚至倒塌，地基承载力消失	0.75～1

3. 使用年限

建筑物使用年限与设计年限是对其自身抵抗地质灾害水平的重要反映指标，是易损性至关重要的指标。杜鹏对不同功能的建筑结构的设计使用年限与使用年限易损性做了相应研究，并给出相应指标（表6.6，表6.7）。

表6.6　建筑结构的设计使用年限

等级	设计使用年限/a	描述
1	5	临时性结构
2	25	易于替换的结构构件
3	50	普通房屋和建筑物
4	100	纪念性建筑和特别重要的建筑结构

表6.7　建筑物使用年限易损性指标取值

使用年限与设计使用年限的比值	V_3
≤0.1	0.05
0.1～0.4	0.10
0.4～0.6	0.30
0.6～0.8	0.50
0.8～1.0	0.70
1.0～1.2	0.80
>1.2	1.00

6.1.4.2　人员易损性

人员与建筑物区别的地方在于人具有意识和行动能力，提高危险意识是人成功躲避地质灾害的首要条件，人越早察觉地质灾害就能越大概率地躲避灾害。同时，灾害预警系统可以辅助增加人的地质灾害危险意识。具有地质灾害危险意识后，能否成功躲避地质灾害取决于人的行动能力。身体健康的人比身体有疾病的人行动能力强，青壮年比老人、孩子行动能力强。行动能力越强，成功躲避灾害的概率越高。因此，人员易损性考虑人员身体情况、人员年龄结构、地质灾害认知水平及灾害预警系统4个指标。

$$V=1-(1-V_1)(1-V_2)(1-V_3)(1-V_4) \tag{6.1.22}$$

式中，V_1 为人员身体情况易损性指标；V_2 为人员年龄结构易损性指标；V_3 为地质灾害认知水平易损性指标；V_4 为灾害预警系统易损性指标。

1. 人员身体情况

人员身体情况主要是考虑其行动能力是否会受到影响，以此将人员身体情况分为健康、亚健康、不健康3种（表6.8）。

表 6.8　人员身体情况易损性指标取值

健康状况	V_1
健康	0～0.1
亚健康	0.1～0.8
不健康	0.8～1.0

（1）健康，即身体行动能力强；

（2）亚健康，即身体行动能力不便或缓慢，但可以正常活动；

（3）不健康，即身体无行动能力。

2. 人员年龄结构

年龄是制约人身体行动能力的主要因素。一般情况下，老人、孩子的行动能力差，青壮年的行动能力强。相关研究结果表明：20～40 岁的人群在遭遇地质灾害时伤亡率最低。因此对人员年龄结构划分为 20～40 岁，10～19 岁或 40～60 岁，0～10 岁或>60 岁 3 个区间（表 6.9）。

表 6.9　人员年龄结构易损性指标取值

年龄/岁	V_2
20～40	0～0.1
10～19 或 40～60	0.1～0.7
0～10 或>60	0.7～1.0

3. 地质灾害认知水平

地质灾害认知水平包括地质灾害前期征兆识别和后期躲避路线选择 2 方面。首先，人要对地质灾害有正确认识，熟知其发生前的现象；其次，根据对地质灾害的认知，选择合理的逃离路线。综合考虑以上 2 点对人员地质灾害认知水平指标划分为（表 6.10）：

（1）认知水平高，即对地质灾害有很正确认识，会判断灾害的前兆信息，了解灾害发生时的逃离路线；

（2）认知水平中等，即对地质灾害认知水平一般，经过后期专业人员培训了解一些简单的地质灾害发生的前兆信息和规划的逃离路线；

（3）认知水平低，即对地质灾害无认知，不知道地质灾害发生的前兆信息和规划的逃离路线。

表 6.10　地质灾害认知水平易损性指标取值

地质灾害认知水平	V_3
认知水平高	0～0.1
认知水平中等	0.1～0.7
认知水平低	0.7～1.0

4. 灾害预警系统

从易发性的角度看，灾害预警系统不能仅仅是有与无，灾害预警系统的级别也反映预警的准确率。因此，采用灾害预警系统级别划分灾害预警系统（表6.11）：

表6.11　灾害预警系统易损性指标取值

灾害预警系统级别	V_4
无灾害预警系统	0.9～1.0
初级灾害预警系统	0.6～0.9
中级灾害预警系统	0.2～0.6
高级灾害预警系统	0.0～0.2

（1）无灾害预警系统，即未采取任何监测措施；

（2）初级灾害预警系统，即有简易的低精度监测设备，监测时间间隔长；

（3）中级灾害预警系统，即具有较高精度的专业监测仪器，监测时间间隔长；

（4）高级灾害预警系统，即采用高精度的专业监测仪器，监测时间间隔短。

6.1.5　承灾体价值估算方法

滑坡灾害财产风险评估的核心目标是定量评价滑坡灾害的破坏损失程度。要实现这一目标，不仅要反映各种承灾体遭受破坏的数量及程度，而且还需将各承灾体的破坏效应转化成货币形式的经济损失。滑坡灾害承灾体价值分析的主要工作内容就是调查统计承灾体的分布情况，核算承灾体的价值，并以单元价值额或价值密度等为指标，反映滑坡评价区内承灾体的价值分布。

6.1.5.1　承灾体的价值核算方法

各类承灾体，虽然其功能各异，但除了人的生命风险难以用货币价值衡量外，其他各类承灾体的价值都可用货币的形式反映。这些承灾体的价值可归结为2大类：一类是人类劳动创造的有形财产，如房屋、铁路、桥梁、设备、室内财产等，属于资产价值；另一类如土地、森林等是人类生存与发展的基础，属于资源价值。

1. 资产价值核算

资产价值可采用资产评价方法进行核算，除特殊的承灾体需要考虑效益价值外，一般承灾体的价值为成本价值或成本价值叠加利润价值，即市场价值。

如果因资产购置时间久远或其他原因，难以确定资产原值时，可根据评价区当年物价水平，采用重置成本方法或市场价值类比法核算资产现值。市场价格类比法是以市场上类似的资产交易价格为参照，以确定评价对象的资产价值。如果考虑承灾体的折旧和灾后的残值，评价对象的现值按下式核算：

$$V_n = P_r \times [(1-R) \times N_d + R] \tag{6.1.23}$$

式中，V_n 为承灾体现值；P_r 为重置价格；R 为残值率；N_d 为成新度。

残值率是指建筑物及其他承灾体遭受滑坡灾害破坏所剩余的残留价值。不同承灾体的残值率不同，我国对建筑物的残值率已有技术规定，如钢结构建筑为 0，砖混结构为 27% 等。没有专门规定的可参照同类物体确定残值率。成新度指的是评价对象的新旧程度。

2. 资源价值核算

滑坡灾害对自然资源破坏作用最主要的是破坏土地资源，因此在易损性评价中，主要分析这种资源价值的核算方法。自然资源价值主要包括 2 部分：一是自然资源本身的价值，它是资源所固有的，具有“潜在”性质的价值，即潜在价值或固有价值；二是人类为开发利用自然资源所投入的人力、物力、财力成本，它是非自然的，具有成本性质的价值，即成本价值。对 2 种价值分析的理论基础不完全相同：前者可根据地租理论进行研究核算；后者可根据生产价格理论进行研究核算。应用理论公式虽然能够核算土地资源价值，但公式中不少参数不容易准确地确定，特别是我国资源经济研究刚刚起步，目前对这些参数的定义和取值范围还缺少相应的标准和参考数值，因此应用于实际仍然是一种探索性的实践。鉴于这种情况，除了采用理论公式计算土地价值外，还可以根据评价区现行土地使用费或土地出让价，直接确定土地资源价格，这不失是一种简便而又实用的方法。

3. 承灾体数量密度与价值密度

承灾体数量密度与价值密度是指单位面积承灾体数量或承灾体价值。它们是标示承灾体密集程度的基本指标。在一般情况下，灾害危害范围内承灾体越多，价值越高，灾害的破坏损失越严重。因此，在灾害评价中，不仅要统计承灾体的数量和价值，而且要分析它们的分布情况，这也是易损性评价的基础内容。

6.1.5.2 承灾体损毁等级划分及价值损失率确定

1. 承灾体损毁等级划分

承灾体遭受滑坡灾害危害后其破坏程度表现出较大差别，在灾害评价中，为了统计承灾体破坏程度，根据不同承灾体的典型破坏表现，以等级的方式标志承灾体的损毁程度。承灾体损毁等级是对各类承灾体破坏程度的归类分析量化，可进一步确定承灾体价值损失率和灾害经济损失。根据划分承灾体损毁等级的基本原则，可将承灾体的损毁程度均划为 3 个等级，其中人的生命风险分为轻伤、重伤、死亡；其他承灾体分为轻微损坏、中等损坏、严重损坏。

2. 承灾体价值损失率

承灾体价值损失率是指承灾体遭受灾害破坏损失的价值与受灾前承灾体价值的比率。承灾体价值损失率是核算期望损失的重要数据。承灾体价值损失是由于承灾体构件、性能（功能）发生破坏而产生的。在灾害发生以后的评价中，可以通过对承灾体的调查，根据承灾体的实际损毁程度，评价核算承灾体的价值损失额和价值损失率。但在以期望损失为基本目标的灾害评价中，只能根据承灾体遭受某种强度的滑坡灾害时可能产生的破坏程度，分析预测承灾体的价值损失额和价值损失率。因此，结合滑坡灾害特点，同时参考其他自然灾害的研究成果，可初步建立滑坡灾害承灾体损毁程度与承灾体价值损失率的对应关系（表6.12）。这些数据可作为灾害评价的参考值，具体应用时可根据实际情况在区间内取值，或者作必要的修正。在难以获取实际资料情况下，可采用平均值。

表6.12　滑坡灾害价值损失率　（单位：%）

损坏程度	价值损失率	平均值
轻微损坏	0～30	15
中等损坏	30～70	50
严重损坏	70～100	85

以承灾体成本价值为基数，根据其损失程度或者修复成本、防灾成本投入，核算承灾体的价值损失。房屋、铁路、公路、桥梁、生命线工程、水利工程、构筑物、设备及室内财产等绝大多数承灾体均适宜采用该方法核算价值损失。核算的基本模型为

$$E = C \times R \tag{6.1.24}$$

式中，E 为承灾体价值损失；C 为承灾体成本价值；R 为承灾体价值损失率。

6.2　崩塌危险性评估技术方法

6.2.1　稳定性评价

定性分析方法多种多样，根据 Erick Eberhart 分类方法，大致可以将其分为两类，即传统稳定性分析方法和数值分析方法。传统稳定性分析方法包括工程地质类比法、赤平极射投影作图法、极限平衡法；数值分析法包括有限元法、离散元法、不连续变形分析法。

工程地质类比法又称工程地质比拟法，是危岩体稳定性评价最基本的研究方法，其内容有自然历史分析法、因素类比法、类型比较法等，其实质是把已有的危岩体研究经验，应用到条件相似的新高边坡危岩体的研究中，需对已有危岩体进行广泛地调查研究，全面研究工程地质因素的相似性和差异性，分析研究危岩体所处自然环境和影响危岩体变形发展主导因素的相似性和差异性。其优点是能综合考虑各种影响危岩体稳定的因素，迅速地对危岩体稳定性及其发展趋势做出估计和预测，缺点是类比条件因地而异，经验性强。

赤平极射投影作图法也是岩体稳定性分析的一种重要方法。Evert Hoek、杨志法等对该方法进行了分析与应用。

极限平衡法通过计算在滑移破坏面上的抗滑力（矩）与滑动力（矩）之比，即稳定系数，来判断危岩体的稳定性。这种方法在20世纪初提出来以后，经过众多学者的不断修正，成为目前在工程实践中最常用的岩质稳定性分析方法。其优点是简单可行，结果明确。

通过模拟崩塌落石的运动路径，为崩塌落石治理提供依据。Azzoni 于1995年提出崩塌落石运动过程的数学计算模型，同时编写了 CADMA 分析软件，可以预测崩塌落石的路

径、崩塌落石的能量、弹跳高度以及运动距离。Guzzetti 等基于 GIS 技术开发了三维空间模拟。Luuk 对经验模型、过程计算模型以及 GIS 模拟技术进行比较分析，指出了 GIS 分析在区域评价中的发展潜力。目前关于崩塌落石模拟的理论及技术相当成熟。

从 20 世纪 60 年代开始，人们就开始尝试采用数值计算方法分析岩土体稳定问题。20 世纪 90 年代以来，Griffiths 提出强度折减法，随后连镇营、赵尚毅、郑颖人等进一步对该方法进行了研究。随后众多专家学者采用有限元法、强度折减法对边坡进行了大量的研究分析，取得了诸多研究成果。

Cundall 于 1971 年提出离散单元法（distinct element method），使得节理岩体模拟这种更接近于块体运动的过程模拟成为可能。

不连续变形分析（discontinuous deformation analysis，DDA）法由 SHI 于 1988 年提出，它兼具有限元和离散元二法之部分优点，可以反映连续和不连续的具体部位，考虑了变形的不连续性和时间因素，可计算静力问题和动力问题，可计算破坏前的小位移和破坏后的大位移，特别适合危岩体极限状态的设计计算。

边坡岩体质量分类方法较多，有 SMR、CSRM、RDA、SSPC、FRHI 等。纵观岩体质量分类的方法，可以发现岩体质量分类所采用的因子差别较大。

边坡岩体质量分类（slope mass rating，SMR）是 Romana 于 1985 年提出的。该方法在 Bieniawski 提出的 RMR（rock mass raing）的基础上，引进不连续面与边坡面产状关系、边坡破坏模式、不连续面倾角与边坡面倾角间的关系、边坡开挖方法的系数等 4 个参数，以适应岩质边坡工程分类评价。SMR 的数学表达式：

$$SMR = RMR_{basic} - (F_1 \times F_2 \times F_3) + F_4 \quad (6.2.1)$$

式中，RMR_{basic}为岩体质量评分；F_1 为结构面与坡面倾向的关系；F_2 为结构面倾角的大小；F_3 为结构面倾向坡面的可能性；F_4 为边坡开挖方法的系数。

中国边坡岩体质量分类（Chinese slope mass rating，CSMR）系统是在执行国家“八五”科技攻关项目时，中国水利水电边坡工程登记小组于 1997 年发展起来的。它是在 SMR 的基础上，引入了高度修正系数和结构面条件修正系数，其具体表达式：

$$CSMR = \xi RMR_{basic} - \lambda (F_1 \times F_2 \times F_3) + F_4 \quad (6.2.2)$$

式中，ξ 为边坡高度修正系数，$\xi = 0.57 + 0.43(H_r/H)$，H 为边坡高度（m），$H_r = 80m$；λ 为结构面修正系数。

岩质边坡恶化评价（rock slope deterioration assessment，RDA）系统用于评价开挖边坡坡面表层岩体风化、崩落体运移力学，在此基础上，该系统提出了治理建议。该评价系统分为三个阶段。初步评价主要的评价因子为岩体参数（结构面间距、结构面张开度）和岩石参数（单轴抗压强度、风化程度）。第一阶段是在此基础上，对初步评价结果进行修正，主要根据气候条件、坡向、地下水、地表水路径、动静荷载、开挖方法、工程治理措施、植被、边坡几何形态、岩体结构、开挖时间、扰动等 12 个因素。第二阶段根据岩体类型、风化、侵蚀岩体或岩块运移以及岩体恶化产生的地貌进行评价。第三阶段根据 RDA 评价结果和风化、侵蚀岩体或岩块运移力学分类，提出合理治理修复意见。

边坡稳定性概率分类（slope stability probability classification，SSPC）是 Hack 于 1996 年提出的。该系统通过岩块强度、岩体结构面间距、结构面特征拟合岩体强度参数（黏

聚力 C、内摩擦角 φ），通过简单的计算公式来判断边坡倾倒破坏、平面破坏以及弧形破坏。

频率-规模分析是描述自然灾害特征的一种普遍方法，如地震、洪灾和雪崩。在过去的几十年中，基于对以往一系列灾害的统计分析提出了几条关于岩崩频率-规模的分布规律（Hungr et al.，1999；Dussauge-Peisser et al.，2002）。国内外的很多学者通过对全球各个地区现有的观测总结发现，随着崩塌规模的增大，崩塌的数量急剧减少，并且这种数量关系符合幂律，进一步的研究还发现当崩塌规模较小时，在双对数曲线上崩塌会出现“偏转效应”，虽然认识到这种幂律关系，但是由于收集到崩塌规模数据的有限性，并没有发现“偏转效应”。

岩崩的规模通常被描述为分离岩体的体积，而岩崩的破坏性则定义为其发生的强度，最大的运动速度和动能是最重要的强度属性（Hungr，1995），岩崩动能是防护工程设计的基本参数，能为岩崩轨迹数值模拟增加可信度，计算动能首先需要评估可分离石块的大小（体积）。

崩塌体的边界条件特征，对崩塌的规模大小起着重要的作用。崩塌体边界的确定主要依据坡体地质结构。

（1）查明坡体中所有发育的节理、裂隙、岩层面、断层等构造面的延伸方向，倾向和倾角大小及规模，发育密度等，即查明构造面的发育特征。平行斜坡延伸方的陡倾角面或临空面常形成崩塌体的两侧边界；崩塌体底界常由倾向坡外的构造面或软弱带组成，也可由岩土体自身折断形成。

（2）调查结构面的相互关系、组合形式、交切特点、贯通情况及它们能否将或已将坡体切割，并与母体分离。

（3）综合分析调查结果，如相互交切、组合，可能或已经切割坡体与其母体分离的构造面，即崩塌体的边界面等。其中，靠外侧、贯通（水平或垂直方向上）性较好的结构面所围的崩塌体的危险性最大。

估算潜在的岩崩体积具有一定的不确定性，发源区可分离石块的体积有两个参数：裂隙的宽度和间距。裂隙间距是控制岩块大小的主要因素，因为它界定了单个石块的体积。裂隙的连通程度决定了整个分离岩体的最大体积，结构面（层理、断层、片理）能够合并成节理组而构成巨大体积的松散岩体，在这里，必须考虑一些破裂面的贯通。

对近年来发生的斜坡岩崩事件进行分析，发现石块到达坡脚的体积通常远远小于悬崖壁分离出来的岩体。这是因为下落的岩体撞击到地面碎裂为若干不连续的小块，由各个石块在各自轨迹的运动组成了岩崩的下滑运动，能够到达岩屑坡最低处的石块仅占很小的比例，在这种情况下，使用岩崩源区大量分离石块的体积计算岩崩强度将得到不切实际的结果。

使用悬崖壁上计算的体积（V_r）和堆积体上测量的体积（V_s），依据下式估算校正体积（V_c）：

$$V_c = \frac{4V_s + V_r}{5} \tag{6.2.3}$$

6.2.2 崩塌频率

理解地貌过程以及认识过去灾害发生的频率，是自然灾害风险评价的重要任务。定量评价崩塌发生频率有几种已知的方法（Fell et al., 2005）：历史数据法、斜坡稳定性分级系统、地貌迹象法、触发因素关系法、专家评判法、模型参数法、概率法以及综合评价方法。

6.2.2.1 崩塌频率影响因子

崩塌地质灾害的孕育、发生发展、成熟到衰退甚至消亡是2类因素相互作用、相互耦合的结果：一是先决因素，或称为静态因素（如地形地貌、地质构造以及物质的组成等），它使斜坡处于不同的状态（从完全稳定到临界稳定状态）；二是诱发因素，或称为动态因素（如降雨、地震和人类活动等），这是导致失稳的原因，这2类因素确定了崩塌发生的可能性。前者的演化十分缓慢，受应力释放、风化或侵蚀的驱动，在长期的演化过程中可能会导致失稳；后者会在很短的时间内改变斜坡的应力状态。特别是对于区域性大暴雨和强地震，能在很短的时间里产生大量的地质灾害。暴雨和地震是最常见的崩塌诱因。许多研究人员对崩塌发生和暴雨降水及地震强度之间的关系进行了分析。这些即可能影响地质灾害发生的因素，一般选用降雨量、地震和人类活动强度等指标。

1. 降雨量

滑坡频率往往通过确定滑坡触发因素（如降雨、地震）的年发生概率来获得。在一些地区，建立了浅层滑坡和泥石流（Caine, 1980）以及中型滑坡和泥流（Corominas, 1996）与降雨强度和持续时间的临界值曲线。降雨似乎对触发岩崩有一定的影响，因为灾害多发生在降雨期间或降雨之后不久，然而，降雨量阈值以及降雨量与岩崩活动规模之间的关系都无法确立。因此，临界降雨量的重现期作为岩崩频率的依据是不可信的。这一现象与其他一些类似地方发生的岩崩是一致的。

2. 地震

地震作为一个破坏因素，几乎每一次地震都伴随着大量的次生地质灾害发生。坡体在发生地震后，首先要经过最先达到的P波作用，这种疏密变化使坡体前后运动，节理和裂隙迅速扩展，变得松散，其后到达的S波和面波的综合作用，使坡体发生左右、上下地摆动，像“簸箕”一样把不稳定的坡体甩出去，从而产生崩塌和滑坡等地质灾害。因此，虽然地震的发生和崩塌的发生没有特定联系，但是也受其一定的影响。通常，地震发生的频率越高，崩塌发生的频率也越高。

3. 人类活动

随着人类文明的进步和发展，人类对自然改造的强度和频率比以往任何时候都大。据统计，世界上大约有70%的滑坡在不同程度上与人类活动有关。人类工程活动对斜坡稳定的影响主要表现在不合理的开挖、填方、工程爆破、建筑荷载、毁林开荒等。人类工程活动的复杂性和不确定性导致了崩塌等地质灾害发生频率的不确定性。

6.2.2.2 确定崩塌频率方法

对岩崩而言，常常使用基于概率的方法来确定频率。由发生在交通运输线（Hungr et al.，1999）、城市地区（Chau et al.，2003）和自然斜坡（Dussauge-Peisser et al.，2002）的岩崩事件的历史记录得到规模-累积频率关系。确定岩崩频率的方法主要有以下2种方法。

1. 记录的岩崩事件（历史记录）

可以根据研究区识别出的崩塌地质灾害分析过去地质灾害事件来预测未来地质灾害的发生概率。地质学家赖尔创立的以现在推论过去的现实主义方法，后人将其概括为“将今论古”。英国地质学家盖基把它更加形象地概括为“现在是过去的钥匙”。如果把这句话引申一下，可以说“过去和现在是通往未来的钥匙”。从复杂系统的观点来解释，就是路径依赖。也就是说复杂系统都是有历史的，他们不仅在时间中演化，而且现在的行为依赖于过去（Cilliers，1999）。Brabb在1984年就提出可以根据过去崩塌事件的观测结果来估计崩塌概率。这是估计崩塌概率的一种可行和可接受方法。该方法代表了过去地质灾害活动的强度，一般选用已有地质灾害点密度和面密度2个指标。历史记录主要来源于对知情者的调查、报纸、当地档案的查阅，以及来自消防部门和公共事务部门的报道。人口密集区的记录较为完整，尽管受限于目击者对岩崩事件的观察，小于$0.5m^3$的落石往往不会被公众注意，甚至被忽视，但这些小事件影响不大。

2. 树木年代分析

树轮地貌学利用记录在树木年轮中的信息来确定地貌事件发生的时间，代表了树木年轮生态学研究的一个分支领域。许多树种可以存活几个世纪甚至更长的时间，在缺乏较长历史记载的地区，应用树木年轮来确定滑坡、崩塌、泥石流等山地灾害事件的发生日期具有重要的意义。虽然一次灾害性的事件可能会毁灭其上生长的所有树木，但是经历强度较小，速度较慢事件的树木可以存活下来。由于树木对外部环境的干扰有灵敏的反应，这些存活下来的树木都毫无疑问地受到了损伤，如树木断头、倾斜、遭受撞击或者根部断裂，这些损伤都记录在了树木年轮里面。这就为利用树木年轮重建滑坡、泥石流、崩塌、雪崩等山地地质灾害事件提供了真实可靠的手段和方法。

由于树木年轮具有定年准确、连续性强、分辨率高和易于复本等特点，近年来被用到恢复过去灾害发生的时间，从而树木年代技术为评估岩崩频率提供了一种独立的方法。地貌的变化过程会扰乱树木，严重的扰乱（如岩崩的撞击可使树木倾斜）可引起树木生长的变化，树木年轮上会留下痕迹。因此，在样品量足够的前提下，利用树木年轮分析方法可用于初步确定扰乱事件的时间，这是树木年代研究地貌过程的基本原则（Alestalo，1971）。Shroder（1978）、Hupp（1987）和Braam等（1987）运用这种方法进行了滑坡时间的测定。岩崩撞击引起的树木损害类似于其他类型滑坡所引起的损害。

历史记录和树木年代研究都只限于到达倒石堆的岩崩，大多数停止在山谷的岩崩被忽视了。因此，使用这些方法得到的频率只是对实际岩崩活动最低限度的估算。但是，从风险管理的角度来说，只需考虑岩崩最终能到达承灾体的频率，因此，认为这些数据是适合进行风险分析的。

另外，无论是历史记录还是树木年代记录，其记录时间都不长（最长 50 年），因此必须谨慎地分析。岩崩频率随时间变化，同时依赖于观测期的长短，因此这种频率变化在短期内可以不考虑。对于过去崩塌活动强度，一般选用崩塌密度来反映，密度大的地方说明过去崩塌活动强烈，而密度小的地方则认为过去崩塌活动较弱。根据系统的“路径依赖”原则，或者叫“过去和现在是通往未来的钥匙”的原则，过去发生崩塌频率高的地方，未来发生崩塌的概率就比较大，反之，过去发生崩塌频率低的地方，未来发生崩塌的概率就比较小。

6.2.3 崩塌危险性评估

随机块体危险性评价根据随机块体的地质特征以及降雨的影响，通过现场打分的形式进行（表 6.13）。该评价方法危险性评价因子主要有：边坡坡度、岩体完整性、岩块尺寸、岩块形态、降雨条件 5 个主要影响随机块体危险性因子，其中前四个采用 3 的次方（3^n）表示，主要凸显量化分级的差异性。根据公路历史崩塌灾害的分析发现，崩塌的主要诱发因素为降雨。为此根据降雨对随机块体的影响分为四个级别：一般降雨强度下边坡发生崩塌落石或无降雨条件下偶尔发生崩塌落石滚落路面，分值为 162 分；中等强度降雨条件下发生崩塌落石滚落路面，分值为 54 分；强降雨条件下发生崩塌落石滚落路面，分值为 18 分；强降雨条件下偶尔落石滚落路面，分值为 6 分。

表 6.13　随机块体危险性评价因子及评分标准

评价因子	3 分	9 分	27 分	81 分
边坡坡度/(°)	15	25～35	35～50	50～60
岩体完整性	较完整、完整	较破碎	破碎	极破碎
岩块尺寸/m	<0.3	0.3～0.9	0.9～1.8	1.8～2.15
岩块形态	扁平	块状	圆形	—
降雨条件	强降雨条件下偶尔落石滚落路面（6 分）	强降雨条件下发生崩塌落石滚落路面（18 分）	中等强度降雨条件下发生崩塌落石滚落路面（54 分）	一般降雨强度下边坡发生崩塌落石或无降雨条件下偶尔发生崩塌落石滚落路面（162 分）

根据评价结果参考美国公路所采用的，由 Pierson 提出的 NHIRHRS 评估准则，以 110 分为一个分区区间，共分为三级，分别为危险性大、危险性中等、危险性小（表 6.14）。

表 6.14　随机块体危险性等级划分

危险性等级	评估得分	描述
危险性大（Ⅰ）	≥220	崩塌落石发生的可能性较大
危险性中等（Ⅱ）	110～220	崩塌落石发生可能性中等
危险性小（Ⅲ）	≤110	崩塌落石发生的可能性一般

崩塌风险性评估中的承灾体时空概率、易损性及其价值估算方法可参照滑坡部分，此处不再赘述。

6.3 泥石流危险性评估技术方法

6.3.1 危险性估算的基本方法

泥石流危险性评价的目的不但是为了突出泥石流灾害的整体特征，还要表现出泥石流灾害的空间异质性，从而为防灾减灾规划和宏观决策提供依据。从泥石流危险性的评价方法来看，主要是通过运用相关的数学方法确定因子间的主次关系和权重，从而构造出相应的数学模型，这些评价方法虽不尽相同，但其原理却是一致的，泥石流危险性评价的基本方法主要有灰色预测评价法、人工神经网络评价法、信息熵理论评价法、模糊综合评价法、遥感与GIS评价法等。

6.3.1.1 灰色预测评价法

灰色系统理论是在“黑箱”和“灰箱”的基础上发展起来的，美国科学家W. R. Ashby于1953年将内部结构、特征、参数都未知的系统称为“黑箱”，将部分的系统称为“灰箱”。我国学者邓聚龙于1987年提出“灰色系统”的概念，并将其运用到控制系统预测决策中。

1. 灰色预测特征

从总体上看，灰色预测具有以下几个特征：

（1）它是一种对含有不确定因素的系统进行预测的方法。灰色系统是介于白色系统和黑色系统之间的一种系统。

（2）白色系统是指一个系统的内部特征是完全已知的，即系统的信息是完全充分的。而黑色系统是指一个系统的内部信息对外界来说是一无所知的，只能通过它与外界的联系来加以观测研究。灰色系统内的一部分信息是已知的，另一部分信息是未知的，系统内各因素间具有不确定的关系。

（3）灰色预测通过鉴别系统因素之间发展趋势的相异程度进行关联分析，并对原始数据进行生成处理来寻找系统变动的规律，生成有较强规律性的数据序列，然后建立相应的微分方程模型，从而预测事物未来发展趋势的状况。其用等时距观测到的反映预测对象特征的一系列数量值构造灰色预测模型，预测未来某一时刻的特征量，或达到某一特征量的时间。

2. 灰色预测类型

从类型上看，灰色预测一般有以下4个类型：

（1）灰色时间序列预测。即用观察到的反映预测对象特征的时间序列来构造灰色预测模型，预测未来某一时刻的特征量，或达到某一特征量的时间。

（2）畸变预测。即通过灰色模型预测异常值出现的时刻，预测异常值什么时候出现在特定时区内。

（3）系统预测。通过对系统行为特征指标建立一组相互关联的灰色预测模型，预测系统中众多变量间的相互协调关系的变化。

（4）拓扑预测。将原始数据作曲线，在曲线上按定值寻找该定值发生的所有时点，并以该定值为框架构成时点数列，然后建立模型预测该定值所发生的时点。

6.3.1.2 人工神经网络评价法

泥石流危险性评价系统涉及多个因子的相互交叉作用，传统的评价方法虽然能解决很多问题，但多数都偏向于定性研究，要从定量的角度对泥石流危险性进行研究，运用神经网络对泥石流危险性进行评价研究可以将泥石流演化中一些不确定的变化趋势进行智能预测，从而得到相对满意的结果。

人工神经网络（artificial neural network），也叫并行分布式处理（parallel distributed processing），由于它具有自学习、自组织和对输入数据的鲁棒特性、冗余容错特性，在趋势分析和模式识别方面发挥了重要的作用。它的优点在于能把大量的神经元连成一个复杂的网络系统，通过模拟人的思维模式去解决一些用传统方法很难解决的问题。其整个网络的信息处理是通过神经元之间的相互作用来实现的。它能将现有的数据信息经过一系列的数学转化，运用程序设计的非线性关系对未知的样本数据进行分析并预测，具有一定的智能化，尤其是对那些复杂而繁多的数据及数据间的复杂关系进行处理具有很好的效果。

反传学习算法（back propagation algorithm），也叫 BP 网络算法，是神经网络算法常用的一种。1986 年，它由 Rumelhart 和 McCelland 为首的科学家小组提出，是一种按误差逆传播算法训练的多层前馈网络，是目前应用最广泛的神经网络模型之一。BP 网络算法能学习和存储大量的输入-输出模式映射关系，而无须事前揭示描述这种映射关系的数学方程。它的学习规则是使用最速下降法，通过反向传播来不断调整网络的权值和阈值，使网络的误差平方和最小。

6.3.1.3 信息熵理论评价法

熵是表征系统稳定状态的一个量度，一个系统的熵值越大，系统的稳定性就越差，反之则越稳定。熵不仅可以描述系统的存在状态，而且它的变化还可以表征系统的演化方向，因此可以对系统进行预测。熵最初是根据热力学第二定律引出的一个反映自发过程不可逆性的物质状态参量，它是热力学中表征物质状态的参量之一。

信息熵也被称为负熵，是用来表示某一信息源所发出的多种信息的平均信息量，在 1948 年由香农（C. E. Shannon）首次提出。它是一种定量描述系统演化阶段的表述方法，它不但可以表征系统在不同演化阶段的特征，而且可以在一个较长的时间尺度范围内预示系统的发展趋势，从而达到对系统预测的目的。泥石流是一个与外界有着密切联系的复杂开放系统，其稳定性的程度也就代表了泥石流发生可能性的大小，因此，可以通过对泥石流系统的熵进行计算而达到对泥石流危险性评价的目的。我国学者艾南山（1987）根据斯特拉勒面积-高程曲线及积分值，结合信息熵的原理，建立了侵蚀流域地貌演化的密度函数，并提出了侵蚀流域系统地貌信息熵的计算公式。

设密度函数为 $g(x)$，有

$$g(x)=\begin{cases} f(x)/\int_0^1 f(x)\,\mathrm{d}x, & 0\leqslant x\leqslant 1 \\ 0, & \text{其他} \end{cases} \tag{6.3.1}$$

地貌系统的信息熵（H）：

$$H=-\int_{-\infty}^{\infty} g(x)\ln g(x)\,\mathrm{d}x=-\int_0^1 [f(x)/S]\ln[f(x)/S]\,\mathrm{d}x \tag{6.3.2}$$

6.3.1.4　模糊综合评判法

模糊综合评判法是一种运用模糊数学原理分析和评价具有“模糊性”的事物的系统分析方法。它是一种以模糊推理为主的定性与定量相结合、精确与非精确相统一的分析评价方法。由于这种方法在处理各种难以用精确数学方法描述的复杂系统问题方面所表现出的独特的优越性，近年来已在许多学科领域中得到十分广泛的应用。

1. *单层次模糊综合评判模型*

给定两个有限论域：

$$\boldsymbol{U}=\{u_1,u_2,\cdots,u_m\};\boldsymbol{V}=\{v_1,v_2,\cdots,v_n\} \tag{6.3.3}$$

式中，$\boldsymbol{U}$ 为所有的评判因素所组成的集合；$\boldsymbol{V}$ 为所有的评语等级所组成的集合。

如果着眼于第 $i(i=1, 2, \cdots, m)$ 个评判因素 u_i，其单因素评判结果为 $R_i=[r_{i1}, r_{i2}, \cdots, r_{in}]$，则 m 个评判因素的评判决策矩阵为

$$\boldsymbol{R}=\begin{pmatrix} R_1 \\ R_2 \\ \vdots \\ R_m \end{pmatrix}=\begin{pmatrix} r_{11} & r_{12} & \cdots & r_{1m} \\ r_{21} & r_{22} & \cdots & r_{2m} \\ \vdots & \vdots & & \vdots \\ r_{m1} & r_{m2} & \cdots & r_{mm} \end{pmatrix} \tag{6.3.4}$$

即 $\boldsymbol{U}$ 到 $\boldsymbol{V}$ 上的一个模糊关系。如果对各评判因素的权数分配为

$$\boldsymbol{A}=[a_1,a_2,\cdots,a_m] \tag{6.3.5}$$

显然，$\boldsymbol{A}$ 是论域 $\boldsymbol{U}$ 上的一个模糊子集，且

$$0\leqslant a_i\leqslant 1,\ \sum_{i=1}^{m} a_i=0 \tag{6.3.6}$$

则应用模糊变换的合成运算，可以得到论域 $\boldsymbol{V}$ 上的一个模糊子集，即综合评判结果：

$$\boldsymbol{B}=\boldsymbol{A}\circ\boldsymbol{R}=[b_1,b_2,\cdots,b_m] \tag{6.3.7}$$

2. *多层次模糊综合评判模型*

在复杂大系统中，需要考虑的因素往往是很多的，而且因素之间还存在着不同的层次。这时，应用单层次模糊综合评判模型就很难得出正确的评判结果。所以，在这种情况下，就需要将评判因素集合按照某种属性分成几类，先对每一类进行综合评判，然后再对各类评判结果进行类之间的高层次综合评判。这样，就产生了多层次模糊综合评判问题。

多层次模糊综合评判模型的建立，可按以下步骤进行。对评判因素集合 $\boldsymbol{U}$，按某个属性 c，将其划分成 m 个子集，使它们满足：

$$
\begin{cases} \sum_{i=1}^{m} U_i = \boldsymbol{U} \\ U_i \mid U_i = \varnothing (i \neq j) \end{cases} \tag{6.3.8}
$$

这样，就得到了第二级评判因素集合：

$$
\boldsymbol{U}/c = \{U_1, U_2, \cdots, U_m\} \tag{6.3.9}
$$

式中，$U_i = \{u_{ik}\}$　$(i=1, 2, \cdots, m;\ k=1, 2, \cdots, n_k)$，表示子集 U_i 中含有 n_k 个评判因素。

对于每一个子集 U_i 中的 n_k 个评判因素，按单层次模糊综合评判模型进行评判。

如果 U_i 中诸因素的权数分配为 A_i，其评判决策矩阵为 R_i，则得到第 i 个子集 U_i 的综合评判结果，其评判决策矩阵为

$$
\boldsymbol{R} = \begin{pmatrix} B_1 \\ B_2 \\ \vdots \\ B_m \end{pmatrix} = \begin{pmatrix} b_{11} & b_{12} & \cdots & b_{1m} \\ b_{21} & b_{22} & \cdots & b_{2m} \\ \vdots & \vdots & & \vdots \\ b_{m1} & b_{m2} & \cdots & b_{mm} \end{pmatrix} \tag{6.3.10}
$$

如果 $\boldsymbol{U}/c$ 中的各因素子集的权数分配为 A，则可得到综合评判结果：

$$
B^* = A\ B \tag{6.3.11}
$$

在式（6.3.11）中，B^* 既是 $\boldsymbol{U}/c$ 的综合评判结果，也是 $\boldsymbol{U}$ 中的所有评判因素的综合评判结果。这里需要强调的是，矩阵合成运算的方法通常有两种：一是主因素决定模型法，即利用逻辑算子 $M(\wedge, \vee)$ 进行取大或取小合成，该方法一般仅适合于单项最优的选择；二是普通矩阵模型法，即利用普通矩阵算法进行运算，这种方法兼顾了各方面的因素，因此适宜于多因素的排序。

6.3.1.5　遥感与 GIS 评价法

泥石流危险性评价是一个涉及多因素的综合过程，如地形、地貌、气象、植被、土壤、人口、房屋等方面数据。对这些空间数据的获取、分析及处理等都需要用到遥感（RS）和地理信息系统（GIS）技术。遥感与 GIS 技术是在 20 世纪 90 年代后期才开始被应用到泥石流危险性评价研究中的。遥感和 GIS 技术在空间数据的提取、数据储存、数据分析、数据管理等方面具有突出的优势，能极大地提高研究的效率，因此，该技术是目前泥石流危险性评价研究中的一个不可缺少的技术方法。遥感与 GIS 技术在泥石流危险性评价研究中的应用主要包括以下几方面：①空间信息的获取；②空间数据分析与生成；③空间数据库及管理；④计算模型；⑤危险区划与制图。Westen 系统地阐述了遥感与 GIS 技术在滑坡灾害风险评价研究中的应用及优势，并做了系统的总结，具有典型的代表性（表 6.15）。

表 6.15　GIS 在滑坡灾害风险评价中的应用

数据收集	数据生成	数据库及管理	模型
卫星数据：光谱数据、雷达数据等；各种低/高分辨率数据	DEM 生成：数字等高线、影像测量 Aster/激光雷达/SRTM 等	滑坡数据库：滑坡的位置、频率、类型、厚度、规模、诱因等	滑坡发生的启动模型、统计模型、确定性模型及概率模型

续表

数据收集	数据生成	数据库及管理	模型
航空数据：航片、激光雷达等数据	空间数据层的生成：数字扫描与输入、格式转换、拓扑生成	诱发因素：地形因素（DEM、坡度、坡向、曲率等）、岩性、地下水、滑坡体特征等	滑坡冲出距离模型：经验模型、分析模型、数值模型
影像解译：影像分类、影像可视解译、立体数字影像解译	属性数据生成：数据设计、格式化、空间数据和属性数据整合	承灾因素：建筑、人口属性、基础设施及重要设施等特征	易损性模型：自然、社会及经济模型。
现有数据：地质地貌、土地利用等数据	元数据生成	灾害的诱发因素：降雨、地下水、地震等	风险分析模型：定量模型和定性模型
野外数据收集：地形图、取样及试验、访问等	数据确认：数据精度检验、空间数据的精度、数据的完整度		可能的风险模型
室内试验：岩土力学试验等			

基于指标权重计算的数学方法能很好地将众多影响泥石流的因子进行分层或模糊处理，能实现将复杂问题简化的步骤。但由于在选取泥石流各个参数的时候具有较大的主观性，且在计算过程中也涉及许多主观评判因素，以定性或半定性为主，因此，这么多年来，该方法在理论上仍没有新的突破。随着遥感和GIS的应用，尤其是高精度遥感影像和航片的应用使得数据的提取精度有了很大的提高，在GIS中的数学计算能力也得到改进。

此外，还需说明的是区域之间的差异使得区域泥石流危险性评价较为复杂。因此，在评价的时候确定评价区域的标准也有所不同，有的是按照行政区划确定评价单元，有的则是按照自然区划确定，还有按照网格来确定评价单元的。三种评价区域的选取都有各自的优缺点，以行政区划确定评价单元有利于资料的收集和统计、灾害规划和统一管理，但不足之处在于没有足够考虑自然条件的作用，缺乏与地质和地貌之间的联系；以自然区划确定评价单元刚好与行政区划相反，如果能将两者进行综合考虑，则评价的效果可能会更好。

6.3.2　危险性估算的基本内容

6.3.2.1　泥石流的频率研究

泥石流的发生主要受到其激发的动力因素，如暴雨、洪水、地震等的影响而呈现出周期性的变化。通常情况下，这些诱发因素具有一定的周期性，特别是暴雨的周期性最为典型，因此，泥石流的发生和发展也具有一定的周期性，且活动周期也基本上和诱发因素的活动周期大体一致，但泥石流通常是在一次降雨的高峰期或是在连续降雨之后发生，具有一定的滞后性（杜榕桓等，1992）。当多个诱发因素的活动周期相叠加时，常常也会伴随着泥石流发生的高峰期。

通常情况下，泥石流发生的重现期一般在数十年甚至上百年，没有明显的规律性，加之发生在山区，对其暴发历史的记载资料较少，因此，目前国内外还没有确定泥石流频率的可行办法。一般常用来确定泥石流频率的方法是调查访问法。即通过对当地年纪大的老人进行访问，确定以前泥石流发生的时间和堆积特征，并以此来估算泥石流可能发生的频率及规模，但这样得到的结果时间跨度较大，只能给出一个大概的年限，如 20 年一遇、50 年一遇、100 年一遇等。此外，常用的方法还有基于泥石流历史资料统计分析基础上的统计方法、根据研究区不同时段航片的对比分析法等。统计分析法需要大量的历史资料，而这往往很难获取；航片的对比分析也需要同一区域不同时段的遥感影像，这样的方法往往需要耗费大量的资金，也具有很大的局限性。另外还有地衣年代法、碳元素测定法及地层学方法等，但这些方法需要涉及其他专业知识，因此很少被采用。

虽然泥石流的频率很难确定，但根据实际研究的要求，往往需要将泥石流发生的可能性进行量化处理，国外学者通常以每年可能发生泥石流的概率为标准进行量化，如 100 年一遇可定量表达为 0.01 次/a，50 年一遇可表示为 0.02 次/a。Petrascheck 和 Kienholz (2003) 提出了在特定重现期条件下，未来一段时间内泥石流发生可能性的计算公式为

$$P_n = 1-(1-1/T_r)^n \tag{6.3.12}$$

式中，P_n 为在未来 n 年内至少发生一次泥石流的可能性；T_r 为特定规模泥石流在未来 n 年内可能的重现期。他还将泥石流发生的可能性和重现期的分类标准相结合以确定泥石流发生的可能性（表 6.16）。根据该标准，可将泥石流发生的可能性进行量化计算。

表 6.16　泥石流频率分级标准（Petrascheck 和 Kienholz，2003）

未来 50 年内泥石流发生的可能性 (P_n)/%		重现期 (T_r)/a
高频泥石流	82～100	1～30
中等频率泥石流	40～82	30～100
低频泥石流	15～40	100～300

6.3.2.2　泥石流发生的规模

受流域地质、地形地貌等条件的影响，很难确定潜在可移动松散固体物质量在一次泥石流过程中全部冲出或部分冲出，因此，在估算泥石流发生的规模时，通常采用“一次泥石流可能的最大规模”来表示，它是对一次泥石流灾害过程中可能冲出松散固体物质的最大体积（规模/最大冲出量）的假设（Conversini et al.，2005；程根伟，2003）。

目前常用来估算一次泥石流可能冲出的规模主要包括对流域内潜在松散固体物质量的估算及对沟道内松散固体物质量的估算。流域内固体物质量主要通过对可移动松散固体物质和老滑坡体体积的估算得到；沟道固体物质量可通过沟道坡度、沟道地貌特征、固体物质颗粒特征及沟道两岸植被覆盖特征等估算。沟道固体物质量估算时，可将沟道分为不同的断面，用定性标准来对特征进行分类，即将沟道分成许多段，并根据沟道的特征进行分段估算，这样的分段方法摒弃了对沟道特征均一化的假设，考虑了流域沟道的特点，估算值相对较准确。

Johnson 等通过对洛杉矶地区 29 条流域面积<3km^{2}的泥石流沟进行调查，对不同频率条件下（2 年一遇、5 年一遇、10 年一遇、25 年一遇、50 年一遇和 100 年一遇）泥石流的规模进行了计算，建立了泥石流频率-规模、规模-流域面积之间的关系式。

Hungr 和 Morgenstern（1984）提出通过地貌特征来估算泥石流松散固体物质的方法。该方法将流域分成 n 个小块，再将每个具有相似地形地貌特征的小块假设成具有同样的侵蚀能力（即拥有同样的产沙能力），并对不同地形地貌的侵蚀能力进行分类。最后根据沟道长度 L、宽度 B 和侵蚀系数 e 来估算流域内可移动固体物质量，公式表达式为

$$V = \sum_{i=1}^{n} \sqrt{A_i L_i} \cdot e_i \tag{6.3.13}$$

式中，L_i 表示每个小块的长度；A_i 表示每个小块体的面积；e_i 表示沟道的侵蚀系数。

日本的水源邦夫（1997）利用日本 14 年的泥石流灾害资料，对泥石流发生区域的地形、地质特征进行了统计分析，采用逐步回归分析法导出泥石流规模（V_d）和流域面积（A）之间关系的预测公式：

$$V_d = 2.873A \tag{6.3.14}$$

国内学者刘希林（1995）根据泥石流流域背景条件等因素，通过室内模拟试验提出了计算一次泥石流最大冲出量的理论公式：

$$L_i = -2 + 0.26S_1 + 0.41S_6 + 0.0021S_8 \tag{6.3.15}$$

式中，L_i 为一次泥石流最大冲出量（$10^4 m^3$）；S_1 为泥石流流域面积（km^2）；S_6 为流域切割密度（km/km^2）；S_8 为流域内松散固体物质量（$10^4 m^3$）。

目前国内野外常用来计算一次泥石流规模的方法是实测法和雨洪法。实测法是在泥石流发生后对其堆积扇进行测量估算的方法，该方法虽然精度高，但往往因不具备测量条件，只是一个粗略的概算。雨洪法是在泥石流与暴雨同频率且同步发生，在断面的暴雨洪水设计流量全部转变成泥石流流量的假设下建立的计算方法。其计算步骤是先按水文方法计算出断面不同频率下的小流域暴雨洪峰流量，然后根据泥石流过程历时来估算一次最大冲出量：

$$Q_c = (1+\Phi) Q_P \cdot D_c \tag{6.3.16}$$

式中，Q_c 为频率为 P 的泥石流洪峰值流量（m^3/s）；Q_P 为频率为 P 的暴雨洪水设计流量（m^3/s）；D_c 为泥石流堵塞系数；Φ 为泥石流泥沙修正系数。

根据《泥石流灾害防治工程勘查规范（试行）》中一次冲出量计算公式：

$$Q_H = Q_c(\gamma_c - \gamma_w)/(\gamma_H - \gamma_w) \tag{6.3.17}$$

式中，Q_H 为一次泥石流固体物质冲出量（m^3）；Q 为一次泥石流过程总量（m^3）；γ_c 为泥石流容重（t/m^3）；γ_w 为清水的容重（t/m^3），取 $\gamma_w = 1.0\ t/m^3$；γ_H 为泥石流固体物质容重（t/m^3）。

6.3.2.3　泥石流危险性分区

泥石流危险范围主要通过一次泥石流可能的规模来确定。泥石流发生的规模是指一次泥石流过程后冲出的固体物质的体积。影响泥石流规模的因素很多，且这些因素都因为流域地质构造、地层岩性等的不同而有较大的差异，同时也都较难定量化。因此，确定泥石

流的规模都是通过对流域内松散固体物质的储量进行估算得到。在影响泥石流规模的众多因素中，对松散固体物质储量的估算是一个变数最大的过程，这主要与流域的地理环境有关，如变质砂岩地区地表松散固体物质的储量要比花岗岩地区的大；地形陡峻的地区松散固体物质储量要比地势平坦的地区大。泥石流在其危险区内并不是均匀分布和堆积的，其危害程度也会因承灾体所处的空间位置不同而有较大差异。因此，泥石流堆积区内承灾体所承受的风险大小是不一样的，需要在确定泥石流危险区的基础上开展进一步的分区评价工作。例如，高危险区内泥石流的破坏力相对最大，其影响范围内承灾体所承受的潜在风险就相应较高，中等危险区次之，低危险区的易损性也就相对最低。

1. 基于数值模拟方法的泥石流危险性分区

目前对泥石流危险性分区的研究主要是通过数值模拟方法得到，危险度分区主要根据泥石流的两个动力学参数流速和泥石流可能淤积的厚度来确定，它可以将泥石流等运动特征直观地表现出来。堆积区泥石流流速能反映泥石流的破坏程度，如对建筑物的冲击力等；泥深能反映泥石流对承灾体的淤埋破坏程度。通常情况下，流速和淤积厚度越大，泥石流的成灾强度就越大。在泥深和流速计算的基础上，根据两个参数的时间和空间分布特征进行危险性分区。国内外对泥石流危险区的数值模拟研究也有较多的成果，但数值模拟方法涉及许多不确定性的参数，因此，根据不同区域的差异，泥石流数值模拟方法及结果也有明显的不同（表 6. 17）。

表 6. 17　泥石流流速计算方法

序号	公式	适用性	提出者
1	$v=(1/n)H^{2/3}I^{1/2}$	适用于各类泥石流	Manning
2	$v=CH^{1/2}I^{1/2}$	适用于各类泥石流	Chezy
3	$v=(m_0/a)R^{2/3}I^{1/4}$	适用于稀性泥石流	斯利勃内依
4	$v=(15.5/a)H^{2/3}I^{1/4}$	适用于稀性泥石流	铁道第三勘察设计院经验公式
5	$v=(15.3/a)H^{2/3}I^{3/8}$	适用于稀性泥石流	铁道第一勘察设计院经验公式
6	$v=KH^{2/3}I^{1/5}$	适用于黏性泥石流	云南东川经验公式
7	$v=M_cH^{2/3}I^{1/5}$	适用于黏性泥石流	甘肃武都经验公式

注：v 为泥石流流速；H 为泥深；I 为纵坡降；R 为水力半径；K 为黏性泥石流流速系数；M_c 为沟床粗糙系数；a 为泥石流阻力修正系数；m_0 为清水阻力系数的倒数；n 为曼宁糙率系数；C 为 Chezy 糙率系数

采用数值模拟方法能很好地将泥石流的流变学特点、运动过程及运动特征进行实时跟踪，能够直观地将泥石流各个参数随时间变化和空间位移的不同表现出来，并能确定泥石流可能造成危害的范围和程度。虽然目前各个学者都提出了各自的数值模型，也从不同角度探讨了泥石流的动力学特征，极大地丰富了泥石流学科的理论方法，同时也对泥石流的本质有了更深入的认识。但目前数值模拟方法仍没有被广泛应用到实际研究中，这主要是因为所有的泥石流数值模型都涉及一些泥石流参数的获取，而这些参数往往都很难确定，或是目前对其认识尚不成熟，无法通过有效的试验得到。这也使得数值模拟方法仍受到许多不确定性因素的影响，模拟得到的结果具有很大的随机性。

2. 基于泥石流最远冲出距离的危险性分区

采用数值模拟方法对泥石流危险区进行研究具有一定的整体性，即将与泥石流有关的所有参数进行整体模拟，但仍存在一系列的问题，如参数的确定较难、主观性较强、可操作性不强等。因此，需要探讨一些简单的方法来确定泥石流的危险区，这对山区来说更具有实际意义。鉴于此，国外学者开展了确定泥石流最远冲出距离的统计模型研究，试图通过大量的资料统计建立起简单的计算模型（McClung and Mears，1991；McClung，2001）。许多学者认为，泥石流的冲出距离是有一定限制的，只要确定了泥石流的冲出距离，其危险范围就可以大致确定。Corominas（1996）认为，泥石流的冲出距离应通过分析泥石流的不同沉积相得到，即泥石流堆积的最远距离就是泥石流的冲出距离。目前估算泥石流最远冲出距离的方法有三种：基于泥石流规模模型、基于动力学模型和基于地形参数的计算模型。

（1）基于动力学模型计算泥石流的冲出距离。

Takahashi 早在 1981 年就提出了计算泥石流最远冲出距离的经验模型：

$$X_L=\frac{v_0^2\cos^2(\theta_0-\theta)}{g(S_f\cos\theta-\sin\theta)}\left(1+\frac{gh_0\cos\theta_0}{2v_0^2}\right)^2 \tag{6.3.18}$$

式中，X_L 为泥石流的冲出距离；v_0 为泥石流的流速；θ 为沟道坡度；θ_0 为堆积扇坡度；g 为重力加速度；S_f 为摩擦比降；h_0 为泥石流的泥深。

该模型虽然能将复杂的因子通过简单数学公式以简洁的方式进行阐述，但模型中的流速和摩擦系数需要通过数值模拟计算才能得到，而这些参数又是根据多个不确定性很强的因子得到，因此，该方法的可操作性不强。其他一些学者也提出了计算泥石流最远冲出距离的动力学模型（Rickenmann，2005），但这些模型都与 Takahashi 提出的模型一样，具有一个共同的问题：很难准确计算流速和摩擦系数。为了解决这一共同问题，许多学者尝试找到能合理计算流速和摩擦系数的方法。Marcel 等（2008）提出通过估算泥石流沟道的曲率半径来计算泥石流的流速，但这种估算具有很强的主观性，并易过分依赖分析方法的选择，因此，即使能采取合理的办法获取沟道的曲率半径，对流速的计算也仍要选择合适的需要输入参数的流变学模型。Rickenmann（2005）认为，摩擦系数的估算可以通过堆积扇坡度的正切函数进行表达，因为当分母越接近于 0 时，方程对摩擦系数的敏感度就越高。

数值模型已广泛应用到泥石流分析研究中，这些模型基本上都将泥石流流体分为连续的和不连续的。连续流模型具有更快的计算速度和更适合模拟黏性流及孔隙水的特征，而不连续流模型能更好地模拟单个介质的压力特点。尽管可以获取许多用于模拟的参数，但这些参数具有很大的不确定性，即使在同一泥石流沟内模拟不同的泥石流也会有很大的差异，这就会使模型在实际应用中具有很大的差异。泥石流最远冲出距离的数值模拟同样也受到所使用的地形数据的限制，同时还受到与泥石流冲出路径中沉积环境模拟有关的限制。因此，在对泥石流最远冲出距离进行数值模拟时，模拟结果的非唯一性也是目前所面临的一个难题（Mcardell et al.，2007）。如果输入的参数较为准确，通过数值模拟得到的泥石流最远冲出距离也就相对准确。因此，在模拟中通常加入其他参数来提高模拟的精度，如泥石流沿途的流速、泛滥的面积及最大流量等。然而，在数据收集和分析过程中，模拟需要尽量详细的信息才能计算出合适的参数。

（2）基于泥石流规模模型估算冲出距离。

一般认为泥石流的冲出距离与泥石流规模、冲出角和扇顶角、堆积形态等有关（Hungr 和 Morgenstern，1984）。一些学者将泥石流的冲出角（α）定义为泥石流冲出点和堆积末端两点之间连线与水平面的夹角；扇顶角（β）指泥石流发生点和堆积扇扇顶（开始沉积处）连线与水平面的夹角（Rickenmann，1999）（图 6.2）。通过冲出角可建立起泥石流水平冲出距离（L）、体积（V）以及泥石流发生处与堆积区的高差（H）。

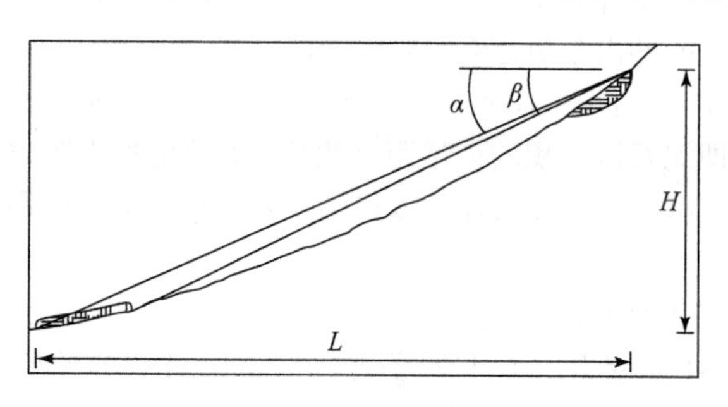

图 6.2　冲出角 α 与扇顶角 β 的概念图解

在冲出角与扇顶角概念提出的基础上，Corominas（1996）提出了泥石流最远冲出距离估算的经验公式：

$$\lg\left(\frac{H}{L}\right) = -0.105\lg V - 0.012 \tag{6.3.19}$$

Rickenmann（1999）提出的泥石流最远冲出距离估算公式为

$$L = 1.9V^{0.16}H^{0.83} \tag{6.3.20}$$

式中，H 为泥石流发生处与堆积区的高差；L 为泥石流水平冲出距离；V 为泥石流的体积。

泥石流风险性评估中的承灾体时空概率、易损性及其价值估算方法可参照滑坡部分，此处不再赘述。

第7章　场地地质灾害风险评估

本章介绍场地地质灾害调查与风险评估技术方法。场地是指山区乡镇、拟规划振兴的乡村，以及基础设施、重大工程建设、旅游景点、厂矿等重点建设区，场地地质灾害风险评估是以场地为威胁对象的地质灾害调查与风险评估。以场地周边斜坡和沟谷为调查评估区，调查和识别可能产生变形破坏的斜坡和发生泥石流的沟谷，分析地质灾害隐患可能的变形破坏模式、运移路径、致灾范围及其危害程度，评估其风险。调查比例尺精度一般为1∶5000～1∶2000，对于风险高的场地应投入必要的勘查工作，比例尺精度可提高到1∶2000～1∶500。

场地地质灾害风险评估是对场地内已有地质灾害及场地内工程建设可能诱发、加剧地质灾害风险的评估。场地地质灾害风险评估范围包括场地内建设用地范围在内，依据建设项目特点及地质环境条件确定。若风险仅局限于用地范围内，则按用地范围进行评估；若风险的来源或影响超出用地范围，则应依据地质灾害种类特征和危害程度，扩大用地范围到可能受到风险来源的周边。

7.1　场地地质灾害风险评估流程

场地地质灾害风险评估遵循遥感解译→野外调查→危险性评价→风险评估→风险管理的步骤逐步实施地质灾害的风险管理。下面按各步骤逐一介绍工作方法和流程。

1. 遥感解译

采用高分辨率遥感数据为基础数据，针对重要场地开展地质灾害遥感解译，圈画已发生崩滑流地质现象和基本具备成灾条件的地质灾害隐患区段，必要时可以采用InSAR、无人机航空摄影的技术方法开展地质灾害隐患早期探测。遥感解译除对地质灾害成灾背景条件和地质灾害隐患点进行解译外，还应对重要场地范围内可能成为地质灾害承灾体的数量、类型、大小等进行解译。根据解译结果，制作解译核查卡片，建立各隐患点档案。

2. 野外调查

以1∶5000～1∶2000比例尺地形图、高分辨率遥感影像图作为手图，根据遥感解译结果对重要场地范围内开展地质灾害调查工作。调查过程中若发现新增加的隐患点（即遥感解译未发现的隐患区段），应重新制作卡片，建立该隐患点档案。对地质灾害隐患点开展野外详细调查，主要包括地质灾害所处斜坡坡度、坡高、坡向、斜坡组合类型、规模、坡面形态、断裂构造的距离、现状稳定性评价等内容，填写详细调查卡片，在野外记录本上做较为详细的记录等。对于确定的隐患点应绘制大比例尺平剖面图，以高分辨率遥感影像图、照片或大比例尺地形图为底图，实地圈画危险坡段的界线，判断其可能的变形破坏模式、影响范围。

3. 危险性评价

场地危险性评价应当包含危险性定性评价和定量评价，危险性定性评价是在野外调查基础上，根据实地调查结果，实地判断各灾害发源区可能的运移路径或轨迹，定性判断地质灾害失稳的可能性、潜在威胁范围，推测滑移速度、最大滑距和最可能滑距等；危险性定量评价是采用与地质灾害体相适应的数理模型、物理模型或数值计算等模型，定量分析地质灾害的位移、速度、规模与强度、发生的概率、堆积范围等内容。

4. 风险评估

场地风险评估是在危险性评价的基础上，重点开展地质灾害承灾体的识别与调查，评价承灾体的易损性，确定承灾体遭受地质灾害危害的概率、承灾体在地质灾害威胁范围内的时空概率。采用 $R_{(\mathrm{prop})}=P_{(\mathrm{L})}\times P_{(\mathrm{T:L})}\times P_{(\mathrm{S:T})}\times V_{(\mathrm{prop:S})}\times E$ 计算地质灾害的风险，需要强调的是，当重要场地遭受多个同一或不同类型地质灾害威胁时，其总风险可以采用多个地质灾害引发的风险累加求得。

5. 风险管理

场地风险管理是在风险评估的基础上，结合区域社会、人口、经济等实际因素，制定地质灾害风险可接受标准，确定地质灾害风险等级，提出减缓地质灾害风险的措施建议，提供给政府部门进行决策，对于特别重大的隐患点，应提出防灾预案建议。

7.2 场地地质灾害风险评估分级

7.2.1 地质环境条件复杂程度分级

按地形地貌、地质构造、岩（土）体结构、水文地质条件、人类工程活动破坏地质环境程度等，可将地质环境条件复杂程度综合划分为简单、中等和复杂 3 种地区类型（表 7.1）。

表 7.1　地质环境条件复杂程度分级表

判定因素	地质环境条件复杂	地质环境条件中等	地质环境条件简单
不良地质现象	发育	较发育	不发育
地形地貌	极高山、高山，相对高度>500m，坡面坡度一般>25°的山地	中山、低山，相对高度 200 ~ 500m，坡面坡度一般在 15° ~ 25°的山地	丘陵缓坡，坡面坡度一般<15°
地质构造	褶皱、断裂构造发育，新构造运动强烈，地震频发，最大震级 M_s >6 级或地震加速度 a>0.1g	褶皱、断裂构造较发育，新构造运动较强烈，地震较频发，最大震级 4.5 级<M_s≤6 级或地震加速度 0.05g<a≤0.1g	地质构造简单，新构造运动微弱，活动断裂不发育，地震少，最大震级 M_s≤4.5 级或地震加速度 a≤0.05g

续表

判定因素	地质环境条件复杂	地质环境条件中等	地质环境条件简单
岩（土）体结构	层状碎屑岩体，层状碳酸盐岩夹碎屑岩体，片状变质岩体，碎裂状构造岩体，碎裂状风化岩体；淤泥类土、湿陷性黄土、膨胀土、冻土等特殊类土	层状碳酸盐岩体；层状变质岩体；粉土、黏性土	块状岩浆岩体；碎砾土、砂土
水文地质条件	复杂	中等	简单
人类工程活动破坏地质环境程度	强烈（填土边坡及土质挖方边坡高度>20m，岩质挖方边坡高度>30m）	较强烈（填土边坡及土质挖方边坡高度 10 ~ 20m，岩质挖方边坡高度 20 ~ 30m）	不强烈（填土边坡及土质挖方边坡高度<10m，岩质挖方边坡高度<20m）

7.2.2　场地重要性分级

场地重要性分级见表 7.2。

表 7.2　场地重要性分级表

场地类型	场地类别
重要场地	开发区，城镇新区，放射性设施场地，军事设施场地，核电场地，二级（含）以上公路，铁路，机场，学校，国家级风景名胜区，大型水利工程场地、电力工程场地、港口码头、矿山、集中供水水源地、工业建筑场地、民用建筑场地、垃圾处理场、水处理厂等
较重要场地	新建村庄，三级（含）以下公路，居民聚居区，省级风景名胜区，中型水利工程场地、电力工程场地、港口码头、矿山、集中供水水源地、工业建筑场地、民用建筑场地、垃圾处理场、水处理厂等
一般场地	小型水利工程场地、电力工程场地、港口码头、矿山、集中供水水源地、工业建筑场地、民用建筑场地、垃圾处理场、水处理厂等

注：表中未列建设项目场地可根据有关技术标准和规定按大、中、小型分别确定其重要性等级。大型为重要，中型为较重要，小型为一般

7.2.3　场地地质灾害风险评估分级

场地地质灾害风险评估分级，根据地质环境条件复杂程度与场地重要性划分为三级（表 7.3）。对线状及大区域的工程建设场地，必须将地质环境条件较差和地质灾害易发区段、危险区段及危害较严重的地质灾害点和区段列为风险评估的重点。

表 7.3　场地地质灾害风险评估分级表

场地重要性	地质环境条件复杂	地质环境条件中等	地质环境条件简单
重要场地	一级	一级	一级
较重要场地	一级	二级	三级
一般场地	二级	三级	三级

1. 一级风险评估

对场地内分布的地质灾害是否危害建设项目安全，建设项目是否诱发地质灾害和对地质环境造成破坏等进行定量风险分析和评估。

(1) 查明场地内及周边各类地质灾害的规模、类型、影响因素、诱发因素、危害程度，评估可能发生灾害的范围和风险大小，提出拟采取的风险管控措施。

(2) 滑坡风险评估应查明场地内及周边地质环境条件、滑坡的构成要素及变形的空间组合特征，确定其规模、类型、主要诱发因素、对场地的危害，定量进行风险评估，提出风险管控措施。在斜坡地区的工程建设须评估工程施工诱发滑坡的可能性及危害，对变形迹象明显的，应提出进一步工作的建议。

(3) 崩塌风险评估应查明斜坡的岩性组合、坡体结构、高陡临空面发育状况、降雨情况、地震、植被发育情况及人类工程活动。确定崩塌的类型、规模、运动机制、危害等，评估崩塌的发展趋势、危害范围、风险及拟采取的管控措施。

(4) 泥石流风险评估应查明泥石流形成的地质条件、地形地貌条件、水流条件、植被发育状况、人类工程活动的影响，确定泥石流的形成条件、规模、活动特征、侵蚀方式、破坏方式，评估泥石流的发展趋势、危害范围、风险及拟采取的管控措施。

2. 二级风险评估

二级风险评估应对地质环境和地质灾害对场地的影响或危害以及场地内工程建设是否诱发地质灾害进行定性和半定量风险评估。基本查明场地内的地质环境状况，滑坡、泥石流、崩塌、地面塌陷、地裂缝和地面沉降等地质灾害的类型、分布、规模及其对场地可能产生的危害及影响，评估工程建设可能诱发的灾害类型及风险，提出风险管控措施建议。

3. 三级风险评估

三级风险评估在原则上可以从简，对场地内是否存在地质灾害及其潜在的地质环境破坏因素或潜在风险进行定性分析确定。初步查明场地内地质灾害的类型、分布，场地工程建设可能诱发的地质灾害的类型、规模、危害以及对场地地质环境的影响。

7.3 场地地质灾害风险评估内容与方法

场地地质灾害风险评估，包括山区乡镇、拟规划振兴的乡村、基础设施、重大工程建设、旅游景点、厂矿等场地所在地的地质环境条件和地质灾害现状，场地内工程建设活动可能破坏地质环境的程度和诱发、加剧地质灾害的可能性，工程建设活动本身可能遭受地质灾害危害的风险，防治措施等。

场地地质灾害风险调查是以场地周边斜坡和沟谷为调查区开展的地质灾害隐患调查，调查内容包括场地内地质灾害及其隐患的类型、分布范围、发育特征、规模、形态、地质结构特征、岩土体结构及物理力学性质、滑动面或软弱结构面位置、活动状态、活动历史、运动形式及路径、影响因素和诱发因素、人类活动方式、承灾体类型及数量、承灾体易损性与时空概率等。

场地地质灾害风险调查的主要方法：对场地内已发生的滑坡、崩塌、泥石流等地质灾害点，逐一进行工程地质测绘，分析评价其诱发因素、形成机理、成灾模式、稳定性、危险性和风险；对不稳定斜坡段和疑似地质灾害隐患区，逐一进行工程地质测绘和必要的勘查，分析地质灾害隐患发育分布特征、失稳概率、诱发因素、可能的变形破坏模式、运移路径、致灾范围、危险性和风险，同时采用InSAR、LiDAR、三维激光扫描、地球物理探测、深部位移监测、诱发因素监测等技术方法开展动态监测，进一步识别和掌握地质灾害隐患变形发展过程。

1. 地质灾害调查

场地地质灾害调查内容主要包括：①地形地貌、地层岩性、地质构造、水文地质、岩土工程地质等地质环境条件；②已有地质灾害类型、分布范围、发育特征、规模、形态、活动状态、稳定状态、运动形式及路径、影响因素和诱发因素等；③人类工程活动可能破坏地质环境和场地稳定状态的程度以及诱发、加剧地质灾害的可能性；④工程建设项目可能遭受地质灾害危害的范围、路径及风险。

2. 承灾体调查

在场地地质灾害调查的基础上，进一步开展承灾体的调查与识别。承灾体是指场地范围内遭受地质灾害威胁的人口、建筑物、工程设施、基础设施、运输工具、环境与经济活动等，主要包括地质灾害体上、地质灾害影响周界范围、地质灾害掩埋区域以及地质灾害运移路径内的人、交通工具以及管道设施等。承灾体的调查采用遥感解译、现场调查走访以及资料查阅等手段开展，主要调查识别承灾体的属性和参数信息，必要情况下应当对承灾体进行分类，建立承灾体属性库，包含空间特征信息、时间特征信息以及特殊属性信息等。

3. 地质灾害到达承灾体概率

地质灾害到达承灾体的概率取决于地质灾害体与承灾体各自的位置以及地质灾害体可能的运动路径，其值为0～1。

（1）对于坐落在地质灾害体的建筑来说，$P_{(T:L)}=1$。

（2）对于位于地质灾害体下方和地质灾害运移路径上的建筑或人员，$P_{(T:L)}$的估算综合考虑地质灾害运移的距离、位置和承灾体的情况。

（3）对于交通工具或其内的人员或行走在地质灾害下方运移路径上的人而言，$P_{(T:L)}$的估算综合考虑地质灾害的运移距离、交通工具或者人员的行走路径。根据时空概率$P_{(S:T)}$来考虑交通工具或人员是否在地质灾害发生时的路线上。

4. 承灾体时空概率

时空概率是指在灾害发生时间内，受灾场地内承灾体遭受灾害影响的概率，其值为0～1。

（1）对建筑物而言，如果其在滑坡体的滑动路径上，时空概率为1。

（2）对通过地质灾害影响范围内的单个交通工具而言，其时空概率就是单个交通工具在一年内通过地质灾害影响范围的时间比例。

（3）对所有通过地质灾害影响范围内的交通工具而言，其时空概率就是所有交通工具在一年内通过地质灾害影响范围的时间比例。

（4）对一个建筑物中的人员来说，其时空概率就是这些人员在一年内待在建筑物中的时间比例，对每一个人来说，概率可能不同。

对在交通工具中的人员，时空概率与（2）和（3）相同。不过，轿车中有一个人和有四个人时其时空概率是不同的。在一些情况下，受影响人员是否足够警觉并能从受危险影响地区及时撤出，在估算时空概率时也应予以考虑。在一个地质灾害体上方的人比在地质灾害体下方和在地质灾害体范围内的人更容易观察到地质灾害体开始运动，并易及时撤出。每种情况都应考虑滑坡体的自然属性，包括体积、速率、监视结果、预警信号、撤退系统、承灾体以及人员的活动性等。

5. 承灾体易损性

易损性是在灾害影响地区，一个对象或是多个对象受破坏或损害的程度。它是一个条件概率，条件是地质灾害发生，且承灾体在地质灾害体上或在地质灾害运移路线上。对财产来说，用0（没有损失或破坏）到1（完全损失或破坏）这个范围来表示财产损失的量。

影响承灾体易损性的因素有：地质灾害体的规模体积；承灾体所处的位置，如在地质灾害体上、在地质灾害体的正下方或是在地质灾害运移路径上；地质灾害体位移量的大小，以及地质灾害体内的相对位移（对于在地质灾害体上的承灾体对象）。

移动速度很慢的地质灾害体（特别是那些断裂面平坦、近水平的地质灾害）所造成的破坏很小，除非建筑物在地质灾害变形体的边界上，因为边界两边的位移量不一样。地质灾害体运移的速度对人员造成的伤亡比对建筑物造成的破坏要更为严重，除非只考虑某段时间的破坏率。例如，处在一个缓慢移动的灾害体上的建筑物比在快速移动的灾害体上的建筑物易损性要低。

对人员来说，通常考虑人员在地质灾害体范围内或在其运移路线上人员死亡的可能概率（0～1），也可以考虑人员的伤害概率。

对人员易损性影响最大的因素有：地质灾害运移的速度，如果不考虑灾害体的体积，快速移动的灾害体比缓慢移动的灾害体更容易造成人员伤亡；灾害体的体积，大的灾害体比小的灾害体更容易把人们掩埋或是挤压；人员处在露天场所或交通工具中或建筑物中（车辆或建筑物对其内的人员有保护功能）；如果有建筑物，建筑物在地质灾害影响下是否会垮塌以及垮塌的破坏程度。

6. 风险评估

对于场地地质灾害的风险可以用多种方式来表征：

（1）年风险（期望值），可表示为财产年损失或人员年死亡概率。

（2）频率-结果组合（f-N），如对于财产，年最小破坏概率、年中等破坏概率、年最大破坏概率；对于生命风险，年死亡1人、5人、100人等的概率。根据上述危害结果绘制地质灾害风险的f-N曲线，确定地质灾害风险等级，进而对地质灾害风险值进行定量表征。

（3）累积频率-结果组合（F-N），如造成一定数量或是更多人数死亡概率与地质灾害发生频次的关系曲线。

场地内财产风险按下式计算：

$$R_{(prop)} = P_{(L)} \times P_{(T:L)} \times P_{(S:T)} \times V_{(prop:S)} \times E \tag{7.3.1}$$

式中，$R_{(prop)}$ 为财产年损失；$P_{(L)}$ 为地质灾害发生概率；$P_{(T:L)}$ 为地质灾害到达承灾体概率；$P_{(S:T)}$ 为承灾体时空概率；$V_{(prop:S)}$ 为承灾体易损性；E 为承灾体价值。

场地内单人生命风险按下式计算：

$$P_{(LOL)} = P_{(L)} \times P_{(T:L)} \times P_{(S:T)} \times V_{(D:T)} \tag{7.3.2}$$

式中，$P_{(LOL)}$ 为单人年死亡概率；$V_{(D:T)}$ 为人的易损性。其他定义同上。

在许多情况下，灾害造成的风险往往是多个地质灾害造成的结果，风险值是多个灾害风险累加所得。这些情况通常包括：①承灾体同时遭受多个数量或多种类型的地质灾害威胁，如同时遭受崩塌、滑坡、泥石流的影响；②地质灾害遭受多种因素驱动时，如同时受降雨、地震、人类活动等因素的驱动；③承灾体同时受到同一类型但大小不同的地质灾害影响，如同时受体积为 $50m^3$、$5000m^3$、$100000m^3$ 的泥石流的影响；④承灾体暴露于一系列可能发生地质灾害的斜坡面前时，如行使在一段公路上的交通工具，该段公路处有 20 个斜坡单元，每一个斜坡单元都是潜在崩塌、滑坡的源区。

在这些情况下，式（7.3.1）和式（7.3.2）应表示如下：

$$R_{(prop)} = \sum_{1}^{n} \left[P_{(L)} \times P_{(T:L)} \times P_{(S:T)} \times V_{(prop:S)} \times E \right] \tag{7.3.3}$$

$$P_{(LOL)} = \sum_{1}^{n} \left[P_{(L)} \times P_{(T:L)} \times P_{(S:T)} \times V_{(D:T)} \right] \tag{7.3.4}$$

式中，n 为地质灾害发生的次数。

式（7.3.3）和式（7.3.4）是建立在假设地质灾害都是相互独立的基础上的，但这常常是不正确的。如果一个或多个灾害是同一诱发因素引起的，如一次降雨或地震，那么应该采用下列单一模式界限来估算概率：

根据 De Morgan 定律，要估算的上限条件概率是

$$P_{UB} = 1 - (1 - P_1)(P_1 - P_2) \cdots (1 - P_n) \tag{7.3.5}$$

式中，P_{UB}为估算上限条件概率；$P_1 \sim P_n$为单个地质灾害危险的估算条件概率。

在计算一个或多个灾害是同一诱发因素引起的年概率之前，应该先进行此计算。如果所用的条件概率 $P_1 \sim P_n$都很小（小于 0.01），式（7.3.5）将会得出一样的值，在可接受精度范围内，将所有估算的条件概率相加可获得。

在场地地质灾害风险评估基础上，灾害总风险可以用总风险区划图来表征。

7.4　场地地质灾害风险管控

场地地质灾害风险管理是针对场地评估区范围内不可接受的地质灾害风险采取降低或规避等措施减缓地质灾害风险的具体管理过程，可分为地质灾害风险可接受标准的确定和地质灾害风险减缓措施建议与实施。

1. 地质灾害风险可接受标准的确定

地质灾害风险管理的前提是要确定地质灾害的风险是否可以接受。结合区域社会、经

济、政治、环境的现状和发展要求，判定该区近期、中期或远期滑坡地质灾害产生的风险在多大程度上是可以接受的，这个过程就是地质灾害风险可接受标准的确定。

目前，国内外地质灾害风险可接受标准的确定一般都是从地质灾害造成人员伤亡和财产损失两方面来考虑地质灾害的风险标准。

人员伤亡的可接受标准：采用风险比较分析方法确定地质灾害人员伤亡可接受水平，即对一定时间段内人员伤亡率的比较分析得出人员伤亡风险的可接受水平和不可接受水平。根据中国香港岩土工程办公室风险标准的建议，人员伤亡不可接受的年概率是 10^{-3}。如果场地区域内地质灾害造成的人员伤亡风险大于 10^{-3}，则要针对场地内地质灾害采取相应的治理措施或风险减缓措施。可接受人员伤亡的年概率为 10^{-5}，当场地内地质灾害造成的人员伤亡概率小于 10^{-5}，则该场地的地质灾害风险为可接受，不必采取任何措施。

财产损失的可接受标准：对于财产损失，主要分析地质灾害发生后对经济造成的破坏程度以及可能的修复费用与采取防治措施可能花费费用的对比关系。针对场地范围内财产损失达到什么程度可以接受，目标尚无统一的标准，但是针对重要工程、景区等经济结构为主体的重要场地，用财产损失的可接受标准来衡量风险可接受标准显得更为合理。

值得注意的是场地地质灾害风险可接受标准的确定实际上与区域社会、经济、政治、环境的现状和发展等密切相关，因此在进行风险可接受标准的确定时，需结合多项因素来综合考量。

2. 地质灾害风险减缓措施建议与实施

场地风险减缓措施是根据风险评估的结果以及风险可接受标准的确定，制定一套可实施的风险控制措施，包括场地规划、规避措施、监测预警、工程治理、防灾减灾教育宣传等。

1）场地规划

场地规划是地质灾害风险控制的预防措施，而且是最有效、最经济的措施。场地规划通过废除或变更原有场地利用规划，根据地质灾害风险评估结果进行合理调整，提出风险可容许的规划方案。

2）规避措施

规避措施是非常直接的风险减缓措施，如果场地地质灾害风险远远超出了风险可接受标准，采取其他防控手段效益比严重不合理时，可采用规避措施。

3）监测预警

地质灾害监测预警装备与技术发展迅速，当重要场地周边区域存在地质灾害潜在风险，但是其大小和性质尚不明确时，可采用监测预警技术，追踪掌握地质灾害所处状态，动态更新地质灾害风险评估结果，针对变化采取更为有效合理的减缓措施。

4）工程治理

工程治理是地质灾害风险减缓措施中较为常用的途径，工程治理的具体措施要结合不同单体地质灾害的发育特征来论证选择，常用的工程治理措施有挡墙、抗滑桩、截排水措施等，针对小型、中型的地质灾害，可首先考虑选择治理成本较低、施工时效较高的工程措施来进行设计和治理。

5）防灾减灾教育宣传

防灾减灾教育宣传是风险减缓措施中重要的一个环节，通过宣传教育可以提高大众对地质灾害防灾减灾的认识。地质灾害应急避灾和逃生技能的宣传，可以极大限度地降低地质灾害造成的人员伤亡。

第8章　区域地质灾害风险评估

本章介绍区域地质灾害调查与风险评估技术方法。针对调查范围内的每一个斜坡和沟谷逐一开展调查，做到“一坡（沟）一卡”，全面系统识别可能的地质灾害隐患点，分析其可能的变形破坏模式、运移路径、威胁的对象和危害程度，调查比例尺精度一般为1∶10000；对于风险高的地质灾害隐患点应投入必要的勘查工作，比例尺精度可提高到1∶2000～1∶500。区域地质灾害风险评估包括区域地质灾害易发性评价、危险性评价和风险评价。

8.1　区域地质灾害风险评估流程

区域地质灾害风险评估主要遵循如下步骤。

1. 确定评价区域与风险管理目标

区域地质灾害风险评估应该首先明确风险评估区域范围，结合区域地质环境特点和基础灾害数据确定风险评估比例尺，初步拟确定风险评估所采用的评价方法；根据风险评估服务的对象确定风险评估预期达到的目标以及风险管理的目标。

2. 已有资料的收集与分析

开展风险评估之前应当对区域已有的地质灾害形成条件、地质灾害现状与防治资料、社会经济发展、各级政府和有关部门等制定的地质灾害防治法规规划以及基础地理、地形数据、遥感数据等资料进行系统收集，根据区域地质灾害风险评估目标的要求对已有资料进行分类与整理。

3. 地质灾害野外调查与数据库建设

在区域地质灾害资料收集基础上，开展地质灾害野外调查，主要调查地质灾害成灾背景条件、诱发因素条件、地质灾害本底数据以及承灾体数据等。地质灾害相关资料数据量大、来源渠道多、内部结构复杂，根据这些数据建立地质灾害多源数据库，数据库不仅要实现对这些数据的输入和管理，还需要按照评价的需要进行空间分析。

4. 区域地质灾害风险评估

区域地质灾害风险评估主要包括区域地质灾害易发性评价、危险性评价与风险评价。其中易发性评价和危险性评价考虑的是地质灾害的自然属性，风险评价在此基础上考虑地质灾害社会属性，风险评价是在获取相关评价数据、评价模型与方法的基础上进行。区域地质灾害风险评估关注的重点是不良地质现象对人类生产生活造成的影响和损失的大小，能够为地质灾害管理提供直接依据，是地质灾害风险管理的核心内容。

5. 区域地质灾害风险管理

在区域地质灾害风险评估的基础上，结合区域内社会、经济、人口等具体实际，制定区域地质灾害防治区划，提出区域地质灾害防治对策并由相关职能部门付诸实施。同时，管理绩效的评判也是区域地质灾害管理中不可缺少的一项重要工作。

8.2　区域地质灾害调查与数据建库

8.2.1　区域地质灾害调查

区域地质灾害调查是对区域地质灾害成灾背景条件、地质灾害发育状况的综合客观反映，是开展区域地质灾害风险评估的基础环节和首要工作，主要包含地质环境条件调查、地质灾害调查以及承灾体调查 3 个方面。

1. 地质环境条件调查

地质环境条件是地质灾害发育的基础，主要包括地形地貌、地层岩性、地质构造、岩土体类型及特征、水文地质条件、气象水文、人类工程活动、土地利用规划等多个方面，其中基础地质背景和地形地貌是地质灾害产生的先决条件，气象水文、人类工程活动等条件对地质灾害的产生具有重要的影响，而土地利用规划从一定角度也决定了地质灾害的发育分布。

地形地貌主要调查与滑坡、崩塌、泥石流灾害等相关的地形地貌特征，包括：斜坡形态、类型、结构、坡度，悬崖、沟谷、河谷、河漫滩、阶地、沟谷口冲积扇等；微地貌组合特征、相对时代及其演化历史；人工地形地貌形态、规模及其稳定性条件，如人工边坡、露天采矿场、水库和大坝、堤防、弃渣堆等。

地质构造调查应收集区域断裂活动性、活动强度和特征，区域地应力，区域地震活动、地震加速度或基本烈度等资料，分析区域新构造运动、现今构造活动、地震活动以及区域地应力场特征；核实调查主要活动断裂规模、性质、方向、活动强度和特征及其地貌地质证据，分析活动断裂与滑坡、崩塌、泥石流灾害的关系；调查各种构造结构面、原生结构面和风化卸荷结构面的产状、形态、规模、性质、密度及其相互切割关系，分析各种结构面与边坡几何关系及其对边坡稳定性的影响。

岩（土）体工程地质调查应收集调查区地层层序、地质时代、成因类型、岩性特征和接触关系等资料；区域工程岩组以调查为主，包括岩体产状、结构和工程地质性质，并应划分工程岩组类型及其与滑坡、崩塌、泥石流灾害的关系，确定软弱夹层和易滑岩组，调查统计结构面产状、密度、规模，确定结构面分布与组合特征及其与滑坡崩塌灾害的关系，并进行岩土结构分类；对于典型斜坡，应对其岩体结构和工程地质性质进行调查与测量，每个图幅须实测具代表性的综合剖面；应对岩体风化特征进行调查，调查风化层的分布、风化带厚度及其与岩性、地形、地质构造、水、植被和人类活动的关系，调查斜坡不同地段差异风化与滑坡、崩塌、泥石流灾害的关系；应对土体工程地质进行调查，包括土体分布、成因类型、厚度及其与斜坡结构和稳定性的关系，测试分析土体颗粒组分、矿物成分、密实度、含水率及渗透性。

地表水和地下水调查以资料收集为主，应结合遥感解译等资料，核实调查地表水入渗情况、产流条件、分布、冲刷作用，以及地表水的流通情况；威胁县城、村镇、矿山、重要公共基础设施或主要居民点的泥石流沟应进行小流域面积、流量、泥位核实评估，分析可能形成的灾害，并对行洪区、沟口和堆积区建筑物灾害风险进行评估；核实调查地下水基本特征，包括地下水类型、性质、水位及动态变化、流量、水化学特征，泉点，地下水溢出带，斜坡潮湿带等分布及动态情况；核实调查水文地质条件结构，包括含水层分布、类型、富水性、透水性，地下水位变化趋势，主要隔水层的岩性、厚度和分布；现场分析地下水的流向、径流、补给和排泄条件、地下水与边坡稳定性的关系。

环境因素调查以资料收集为主，包括：气候和植被等，气候因素应调查发生滑坡、泥石流时的前期和临界降水量值，植被因素调查应结合遥感解译，确定植被的分布、类型、覆盖率、历史变迁与原因，以及与地质灾害的关系；植被与坡耕地调查，主要有植被种类、分布、覆盖率、风化层及饱水性，马刀树和醉汉林等斜坡变形指示植物，水田、鱼塘分布及渗水状况。

人类工程经济活动主要了解区域社会经济活动，包括城市、村镇、乡村、经济开发区、工矿区、自然保护区的经济发展规模、趋势及其与地质灾害的关系；了解大型工程活动及其地质环境效应，包括水电工程、矿业工程、铁路工程、公路工程、地下工程与地质灾害的关系。

2. 地质灾害调查

地质灾害调查是风险评估的主体，为地质灾害风险评估奠定了数据基础，主要调查内容包括地质灾害局部范围地质环境、空间位置与类型、地质灾害变形特征、活动性、成因机制分析以及灾害损失等方面。其中，地质灾害局部范围地质环境、空间位置与类型是最基础数据，为地质灾害易发性评价提供基础数据；地质灾害变形特征、活动性、成因机制分析主要支撑地质灾害危险性分析与评价；灾害损失可作为风险评估依据。具体来讲，地质灾害调查主要针对地质灾害地理位置、地貌部位、斜坡形态、地面坡度、相对高程、沟谷发育、河岸冲刷、堆积物、地表水以及覆盖植被，地质灾害周边区域地层以及地质构造、水文地质条件，地质灾害的形态与规模、边界特征、表部特征、内部特征、变形活动特征，分析地质灾害成灾模式、力学机制以及稳定性现状等。

3. 承灾体调查

承灾体是遭受地质灾害潜在危害或影响的对象，主要包括地质灾害体上或地质灾害变形扩展区、掩埋区的物体，具体如人口、建筑物、工程设施、经济活动、公共事业设备、基础设施和环境等，同时也包括上述对象的价值。承灾体调查与识别主要是获取承灾体的属性和参数信息，难点在于承灾体是否遭受地质灾害威胁，对于地质灾害不威胁的财产生命不属于承灾体范畴。承灾体属性和信息获取需要大量的走访调查和前期资料收集，完备的承灾体数据要求每一个承灾体都要有相应的属性数据，包括空间分布及位置、距离灾害点距离、时间特征信息以及专题属性等。

8.2.2 地质灾害数据库建设

8.2.2.1 数据库的设计思路

(1) 从用户需求出发，数据库开发的基本思路为：地质灾害的信息存储→地质灾害的信息提取→地质灾害的分析评价→地质灾害风险管理与预警。

(2) 在数据库建立中，遵循统一、规范的信息编码、坐标系统和数据精度要求十分必要，主要包括名词术语标准化、数据精度格式化、数据单位统一化等。

(3) 数据库的建立和系统的开发应用，既要能满足各级地质灾害管理与防治部门以及相关管理决策部门对信息查询、统计和决策分析的要求；同时还要满足专业研究人员信息提取、分析评价的要求。

(4) 系统设计时考虑系统的扩展和与其他系统的兼容，在灾害信息编码、底图坐标系统选择、数据库设计以及系统功能等方面，尽可能留有余地，方便系统的扩充或数据库的移植，当新的模块增加时，现有模块和整个系统结构将不会受到大的影响。

8.2.2.2　数据库结构与内容

根据现有数据库的基础条件和应用需求，建立地质灾害数据库。将数据库划分为自然地理数据库、地质环境数据库、地质灾害数据库、风险管理数据库、气象预警数据库和综合文档数据库等多个专题数据库，每个数据库又包括多个子库（图 8.1）。

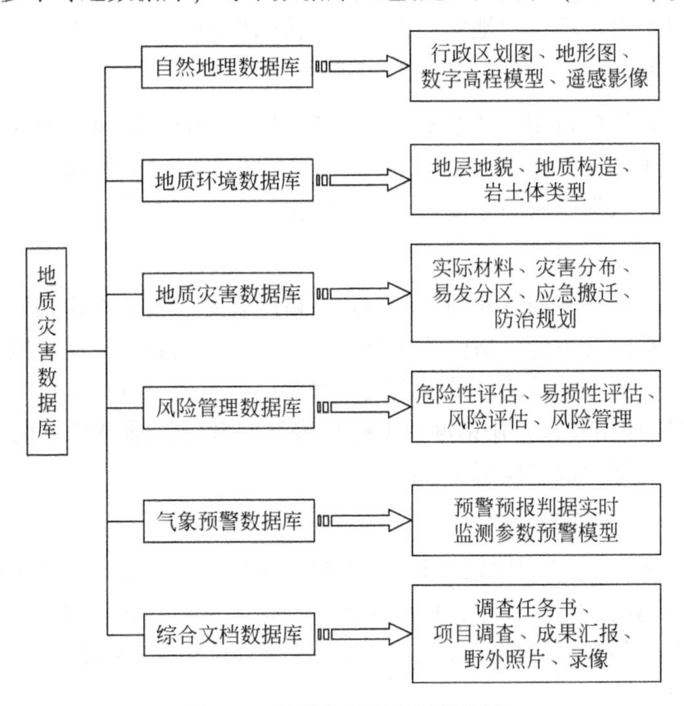

图 8.1　地质灾害数据库结构图

其中自然地理数据库中数据主要来源于测绘部门的基础地理数据，包括 1∶50000、1∶10000 比例尺地形图数据、25m 和 5m 精度的数字高程模型及其派生的坡度、坡向数据、高精度卫星遥感影像数据，以及解译的植被指数信息等。

地质环境条件数据库涵盖了调查区地层、构造、岩土体类型等方面信息。地质图层按照手绘地质图中的年代进行划分，构造图层是按照断层规模大小进行划分。每个单要素图层均赋有地层时代、断层级别等属性。

地质灾害数据库是系统的重点内容，数据库囊括了实际材料、灾害分布、易发分区、应急搬迁、防治规划等各种专业调查资料信息。

风险管理数据库主要面向灾害危险性评估、易损性评估、风险评估、风险管理，由栅格化的各种要素图层组成，是灾害风险分析评估的基础。

综合文档数据库包括调查任务书、项目调查、成果汇报、野外照片、录像等多媒体数据。它们本质上不属于地理数据，也不参与地理分析，只是存储在数据库中，供查询、显示和输出。在空间数据库中，通过记录文件位置的方式指向这些对象，而真正的多媒体对象以文件方式存储在系统中。

8.2.2.3　数据模型和数据格式

地质灾害多源海量数据的采集与存储所涉及的信息众多且来源广泛，但其基本表现形式无外乎矢量图形、栅格图像、属性表和文字多媒体信息。图形图像信息有地形图、地质构造图、航摄像片、遥感相片等，文字信息是指以文字形式存在的各种调查统计资料（如区域性地质条件描述、气候特征、降水量等），这些信息综合在一起，能够完整地描述地质灾害的现状及其孕育环境，对地质灾害分析评价的准确实现有着至关重要的意义。

1. 矢量数据模型

地质灾害信息系统矢量图形的基本比例尺为全区 1∶50000，重点区 1∶10000。

地质灾害评价工作中，涉及 1∶50000 比例尺标准图幅地形数据、1∶10000 比例尺的地形数据，数字高程数据以及高精度遥感影像数据。

2. 规则格网

在这种数据模型中，地理要素的空间位置由格网表示，其属性由格网值表示，空间关系由格网的相邻关系隐含表达。格网的起点、尺寸以及行列数组成了格网数据模型的定位基础。信息系统的空间分析功能多基于格网数据模型，因此，许多基础数据在输入 GIS 之后，都要通过矢量-栅格转换，用格网数据模型表达。此外，遥感数据的格式以及数字高程数据的格式都是与格网数据模型兼容的。

3. 不规则三角网（TIN）

TIN 由一系列的“质点”构成，每一质点和与其最近的其他点组成不规则三角形，当选点越密时，精度越高。在 TIN 中，边的拓扑关系是隐含的，属性和其他拓扑关系都是显式表达。系统中的各种观测数据，如气温、降水等都可以用 TIN 高效、简捷地表达。TIN 非常适合于地形分析等。

4. 属性数据

GIS 的强有力特点之一就是在空间数据和属性（表）数据之间存在着联系，这种两元的数据模型，被称为地理关系模型，它用于保证要素和它们的描述数据之间的联系。空间数据和要素属性表之间通过唯一的标识码联系。一旦建立这种联系，就能显示属性信息，或是基于属性表中的属性而创建地图。任何两个表也可以共享同一个属性而相互联结。

信息系统中包含大量属性数据，尤其是观测数据，都通过地理编码与空间数据以及其他属性相参照，从而实现空间内插、空间叠加等分析。

5. 数字照片等多媒体数据

若想用更丰富的信息，如有关的图像（包括照片）、文字、声音等信息进一步描述空间目标对象，可以通过空间目标与图像、文本等的动态链接（热链接）来实现。在空间可视化查询过程中，热链接能够实现在一个空间对象选择的同时使它的描述信息包括图像、文本等显示。

由于传统数据资料多是纸质的地图和文字报告，且没有统一的标准，它们本质上不属于地理数据，也不参与地理分析，只是存储在数据库中，供查询、显示和输出。由于这些复杂属性不具有原子性，它们无法用纯关系数据库存储，在空间数据库中，通过记录文件位置的方式指向这些对象，而真正的多媒体对象以文件方式存储在系统中。

8.2.2.4　数据库实现

数据质量是数据库实现的关键。对于属性数据库设计，只要能保证表的实体完整性和参照完整性，并使之符合关系数据库的三个范式即可。对于空间数据库实现，则要考虑到数据采样、数据处理流程、空间配准、投影变换等问题，还应对数据质量做出定量分析。地质灾害信息系统空间数据预处理流程图如图8.2所示。

8.3　区域地质灾害风险评估内容

区域地质灾害风险评估的方法一般包括定性、半定量和定量的分析方法，风险评估的主要内容包括区域地质灾害易发性评价、危险性评价和风险评估。

8.3.1　区域地质灾害易发性评价

区域滑坡地质灾害易发性评价，更确切地讲是区域滑坡（现象）易发性评价，是从考察山区斜坡体各种基础地质环境背景条件（内在控制因素）及其相互组合对滑坡的孕育发生的控制作用出发，静态考察区域内部滑坡地质灾害在相对稳定的孕灾环境中发生的可能性大小。从物理意义上看，区域内各处滑坡地质灾害的易发性是一个概率值。易发性评价得出的结果并不具有明确的时间标度，如果说有，也仅仅是地貌时间尺度，同时，易发性评价也不关心斜坡或边坡现今所处的变形破坏阶段。当我们讲区域内某处滑坡地质灾害易发性程度高，大体对应于传统工程地质领域常说的“特殊的地质环境背景决定了该处易于发生滑坡”。

地质灾害易发性区划涉及在工作区已存在的或潜在的地质灾害类型、面积或体积（量级），以及空间分布，有时也反映已存在或潜在的滑坡的滑移距离、速度和强度。地质灾害的易发区划通常包含对过去已发生地质灾害的一个编目以及对未来该地区可能遭受地质灾害的一个评估，但不包括对地质灾害发生概率（年概率）的评估。在一些情况下，易发区划可能会超出工作区外，这是因为区内的地质灾害可能会滑移到区外，区外的地质灾害也可能会滑移到区内，从而造成危险和风险。因此，对斜坡可能的破坏方向和滑坡可能的滑移影响范围做一个评估是必需的。

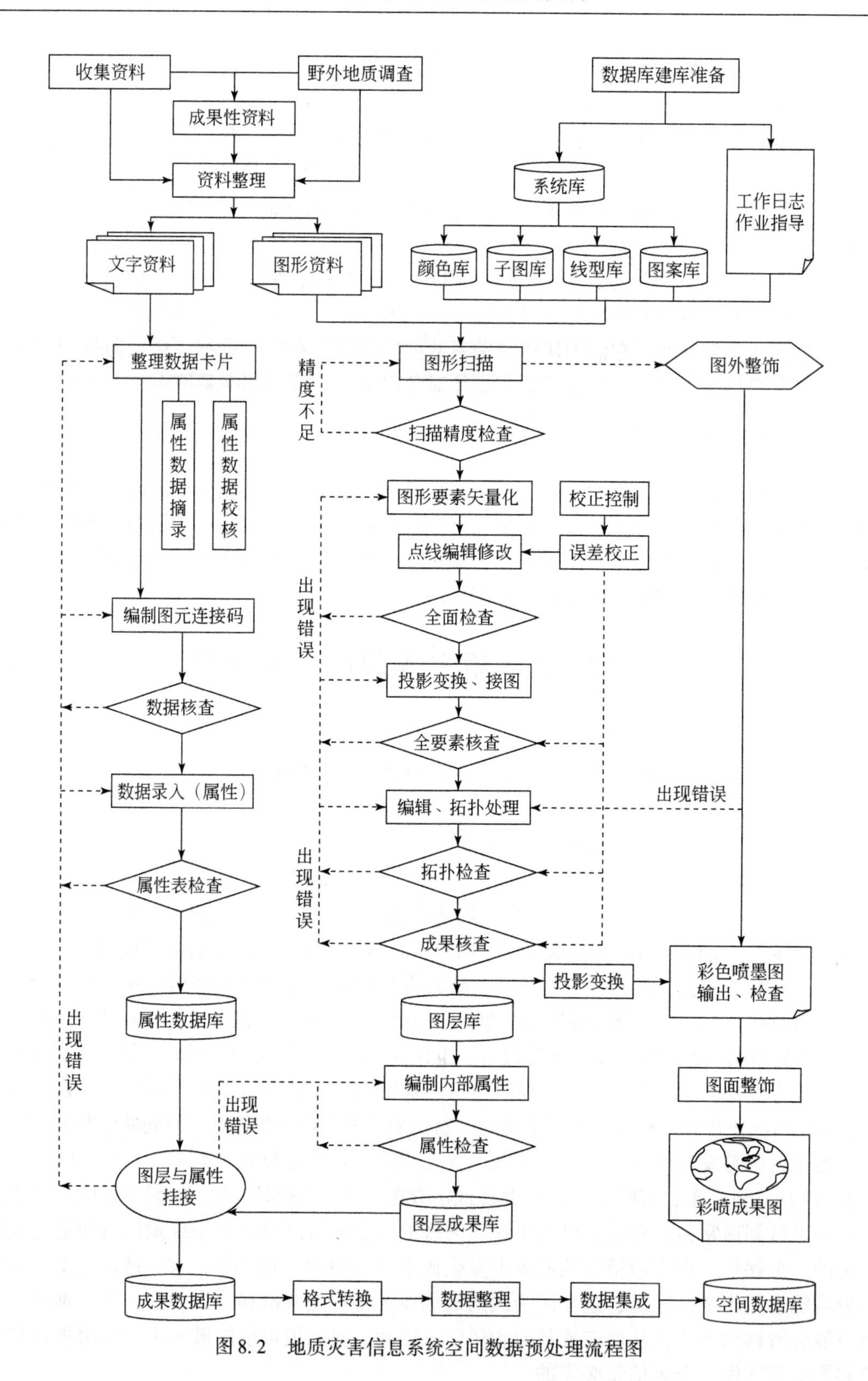

图 8.2　地质灾害信息系统空间数据预处理流程图

开展区域地质灾害易发性评价主要包含以下几个步骤。

1. 构建并分析地质环境条件与地质灾害空间数据库

区域地质环境条件空间数据库一般包括数字高程模型（DEM）、基础地质图、数字地形图（水系、等高线、交通、地物等基础地理信息）以及遥感影像数据等；地质灾害数据库包含地质灾害特征信息定性或定量的描述，主要描述地质灾害类型、活动性、几何结构特征、变形破坏特征、局部地质环境条件、稳定性状况以及危害对象等基本信息。

2. 确定地质灾害易发性分析模型

区域滑坡地质灾害易发性评价方法可以大致分为现场调查专家判断法、宏观统计分析法、制图法、数学模型方法等几大类。其中，现场调查专家判断法基本上是传统工程地质领域地质灾害调查评价的方法；宏观统计分析法针对范围较大区域地质灾害评价常常是有效的；制图法需要对地质灾害进行高精度的遥感解译，同时又得具备相当工程地质素养的专业人员来完成，上述方法在传统地质灾害评价中应用颇多。数学模型方法是利用已有地质灾害数据，开展地质灾害易发性指标因子与权重的相关性统计的方法，常用的方法有统计评价模型、灰色模型、人工智能模型以及基于 GIS 的统计模型等方法。基于 GIS 的统计模型在区域地质灾害易发性评价中应用较为广泛，重点介绍基于 GIS 的统计模型。

基于 GIS 的统计模型通过计算诸影响因素对斜坡变形破坏所提供的信息量值，作为区划的定量指标，既能正确地反映地质灾害的基本规律，又简便、易行、实用，便于推广。计算原理与过程如下.

（1）计算单因素（指标）x_i提供斜坡失稳（A）的信息量 $I(x_i/A)$：

$$I(x_i/A)=\lg\frac{P(x_i/A)}{P(x_i)}$$

式中，$P(x_i/A)$ 为斜坡变形破坏条件下出现 x_i 的概率；$P(x_i)$ 为研究区指标 x_i 出现的概率。

具体运算时，总体概率用样本频率计算，即

$$I(x_i/A)=\lg\frac{N_i/N}{S_i/S}$$

式中，S 为已知样本总单元数；N 为已知样本中变形破坏的总单元数；S_i 为有 x_i 的单元个数；N_i 为有指标 x_i 的变形破坏单元个数。

（2）计算某一单元 P 种因素组合情况下，提供斜坡变形破坏的信息量 I_i，即

$$I_i=I(x_i,A)=\sum_{i=1}^{P}\lg\frac{N_i/N}{S_i/S}$$

（3）根据 I_i的大小，给单元确定稳定性等级。I_i<0 表示该单元变形破坏的可能性小于区域平均变形破坏的可能性；I_i=0 表示该单元变形破坏的可能性等于区域平均变形破坏的可能性；I_i>0 表示该单元变形破坏的可能性大于区域平均变形破坏的可能性。这说明单元信息量值越大越有利于斜坡变形破坏。

（4）经统计分析（主观判断或聚类分析）找出突变点作为分界点，将区域分成不同

等级。

评价指标的基础数据均为定量描述的数据，须采用标准化、规格化、均匀化，或对数、平方根等数值变换方法统一量纲，方可代入评价模型。

地质灾害易发性评价指标通常包括灾点密度指标、坡度指标、坡高指标、坡型指标、岩土体类型指标、植被指标等，已有地质灾害群体统计评价指标主要包括地质灾害的数量和规模，鉴于遥感解译的滑坡、崩塌，以及不稳定斜坡的规模数据精度不高，在地质灾害易发程度区划时，通常采用已有地质灾害数量的指标，计算单元内已有地质灾害的点密度。

3. 应用易发性分析模型计算易发性指数

通过地质灾害易发性指标的选取和分类，根据开展地质灾害易发性评价模型方法，开展指标因子定性或定量的权重计算与赋值，将评价指标分析计算和数据归一化，获得以无量纲表示的指标因素图层，利用 ArcGIS 平台提供的分析计算功能进行信息叠加计算，最终得到易发性指数图层。

4. 区域地质灾害易发性评价及分区

地质灾害易发区指容易产生地质灾害的区域，区划的原理是工程地质类比法，即类似的静态与动态环境条件，产生类似的地质灾害；过去地质灾害多发的地区，也是以后地质灾害多发的地区。按照一定的原则和分级标准，一般通过易发性指数与地质灾害比率的分布统计，以及易发性栅格单元数分布或累积频率曲线的分布特征，进行地质灾害易发性的划分与归类，并与地质灾害调查结果进行结果校验，最终形成地质灾害易发性分区评价图。

8.3.2 区域地质灾害危险性评价

区域地质灾害危险性评价是在区域地质灾害易发性评价基础之上，考虑外界诱发地质灾害发生的各种因素及各因素间可能的相互组合对地质灾害产生的影响，并跟踪斜坡现今所处变形破坏阶段，更进一步刻画和预测地质灾害发生的可能性大小，地质灾害危险性也是一个概率值。区域地质灾害危险性评价与易发性评价都仅仅考虑地质灾害的自然属性，并不探究其成灾特点，易发性评价与危险性评价在评价方法上并无本质不同，只是后者考虑的因素比前者更多、更复杂。

地质灾害危险性区划是在易发性区划结果的基础上，对潜在的地质灾害确定一个估计概率（如年概率）。它包含所有可能影响工作区的地质灾害，因为对一个圈定的斜坡工作区而言，上部可能有地质灾害自上而下滑移到工作区范围之内，下部可能有地质灾害下滑影响到工作区斜坡。危险性可以表示为特定体积地质灾害发生的概率，或特定类型、体积和速度（可能因距地质灾害体远近而不同）的地质灾害发生的概率，或在某些情况下表示为特定强度的地质灾害发生的概率，这里的强度指的是动力强度，对岩崩和碎屑流非常有用（如纵向位移×速度）。

8.3.2.1　区域地质灾害危险性评价方法

地质灾害危险性评价主要内容是地质灾害发生频率、灾害强度和失稳概率等问题，同时还包括地质灾害运动特征以及危害等内容。针对单体地质灾害危险性评价主要采用历史记录法、相关分析法、主观评价法等计算分析地质灾害发生频率，采用工程地质类比法、物理力学模型、数值模型等方法计算地质灾害运动速度与距离、灾害规模以及堆积范围等特征信息，进而根据地质灾害发生频率、规模、强度与影响范围综合评定危险性。区域性地质灾害自身的特点决定了在对其进行区域地质灾害危险性评价时需要定性与定量两种方法相结合，以定量分析的途径作为定性分析的数学表达，以定性分析的结果作为约束定量评价的框架。区域地质灾害危险性评价方法主要包括信息量法、逻辑信息法、综合判别分析法、模糊综合评判法、专家评分法、变形破坏指数法、危险概率分析法以及神经网络模型等，综合考虑其适用条件、可操作性、数据的可获得性、分析结果的可靠性等多个方面的因素，神经网络模型、信息量法、证据权法以及模糊综合评判法等作为区域地质灾害危险性评价的方法是可行的。

8.3.2.2　区域地质灾害危险性评价技术流程

区域地质灾害危险性评价技术流程一般包括：①地质灾害综合数据的获取，地质灾害数据以采用资料收集分析和野外调查手段为主来获取，基于 GIS 技术建立区域滑坡地质灾害空间属性数据库主要包括图形、属性数据的输入、编辑、查询管理、空间分析、属性分析等；②危险性评价模型的建立，在地质环境背景深入、全面、系统地定性分析基础上，根据区域地质灾害实际特点，考虑各类评价模型的适用条件、可操作性、数据的可获得性、分析结果的可靠性等因素，综合确定危险性评价模型；③评价数据的提取处理，明确了地质灾害与哪些因素指标相关，从基础数据中提取这些因素指标，针对各种数学模型和评价预测方法对变量可能有不同的要求，往往还需要对指标数据作进一步的归一化或者正规化处理；④危险性评价标准建立以及评价结果表达与解释，区域地质灾害危险性评价通常是根据危险性等级的差异对区域地质灾害危险性进行区划，在区划基础上对不同危险性等级单元进行评价，危险性评价结果包括地质灾害现状稳定性、发展趋势、失稳概率以及地质灾害破坏的条件因素等。

8.3.3　区域地质灾害风险评估

区域地质灾害风险可以进行定性或定量评价，定性或定量评价的选取主要取决于地质灾害数据的精度、风险评价结果期望的精度以及评估本身的性质。通常而言，对于区域尺度较大、数据量相对较少且质量不高、无法满足定量风险评价时选取地质灾害风险定性评价；而对于局域性区域、地质灾害数据满足定量评价时，则应采用区域定量风险评价。

地质灾害风险区划是在危险性区划的基础上，考虑承灾体的时间和空间分布概率与易损性，评估地质灾害对人员（年伤亡概率）、财产（年损失概率），以及环境价值（年损失概率）的可能损坏。

区域地质灾害风险定性评价主要是对精度要求不高、大区域防灾减灾规划的评价，只要在风险评估的危险性、危害性评价中有其中一个方面为定性描述或分类，则该评价即定义为定性分析评估，定性分析评估也是在区域地质灾害风险评估中最为常见的应用方法。定性分析评估在区域地质灾害易发性、危险性、危害性以及承灾体价值等方面一般常用定性分级的方式进行描述定义。通常区域风险定性分析评估中采用危险性和危害性两方面的数据来构成定性分析评估的矩阵，按照5个级别实现区域地质灾害风险评估（表8.1）。

表8.1　地质灾害风险定性分析评估简表

灾害发生可能性	对人类生命和财产产生的后果				
	灾难性的	重大的	中等的	较轻的	轻微的
极可能发生	VH	VH	H	H	M
基本确定	VH	H	H	M	M-L
可能的	H	H	M	M-L	L
可能性很小	H	M	L	L	VL
不可能	M	VL	VL	VL	VL

注：VH为极高风险，H为高风险，M为中等风险，L为低风险，VL为极低风险

以定性为主的区域地质灾害风险评估方法，主要是从区域地质灾害分布、形成机理、影响因素等宏观角度入手，定性确定地质灾害宏观且相对可靠的危险性和危害性结果，依据危险性和危害性结果分析区域地质灾害风险。我国高精度地质灾害调查与地质灾害大比例尺风险评估处于起步发展阶段，受数据精度的准确性、评价模型的可靠性以及专业人员评价的差异性等因素影响，过分强调定量风险评估的推广应用不切实际，尤其是对于区域地质灾害风险评估。区域地质灾害定量评价中评价模型方法以及参数的选定、区域模型简化与地质灾害概化、承灾体易损性与价值的定量评价等问题是需要进一步深入探讨解决的关键问题。

现阶段区域地质灾害风险的定量评估主要是依据人员伤亡和财产损失的频率或累积频率与数量的关系（*f*-*N*或*F*-*N*）曲线，该曲线是区域地质灾害风险定量计算的关键指标，其获取的流程涉及定量的危险性、承灾体易损性、时空概率等，从严格意义上讲，地质灾害定量风险评估一般仅在单体地质灾害或局部场地尺度的风险评估中具有实际的可操作性和技术可行性。在参考国际上的工作程序和标准的基础上，结合国内实际情况，利用前面定性分析基础，初步分析将死亡人数大于1人/(km^2/a)，财产损失大于20万元/(km^2/a)的地区确定为高风险区，其他等级划分可以类推（表8.2）。

表8.2　地质灾害风险统计评估简表

评估项	极高风险	高风险	中等风险	低风险	极低风险
死亡人数/[人/(km^2/a)]	>5	1～5	0.1～1	0.01～0.1	<0.01
损失财产/[万元/(km^2/a)]	>50	20～50	2～20	0.2～2	<0.2

面向国土空间规划和用途管制的地质灾害风险区划，依据地质灾害风险是否可以接受及可接受的程度，开展国土空间承载状态评价，可划分为安全承载、容许超载和不可接受超载三种状态。地质灾害风险在可接受风险范围内，评价为安全承载状态，最大可接受风险对应的承载力为容许承载力，在容许承载力范围内，不需要采取进一步的减缓措施，或措施简便，所花费的金钱、时间和努力较低；地质灾害风险在可容忍风险范围内，评价为容许超载状态，在一定范围内为保护某些净利益，社会可以忍受的环境地质问题承载力，需要持续监测，采取风险减缓措施，需要投入最大合理成本；地质灾害风险在不可接受风险范围以外，评价为不可接受超载状态，不可接受风险对应的最小承载力临界值为极限承载力，需要禁止重大工程建设活动，可作为城镇规划的禁建区和"红线"划定的依据，在必须建设的情况下，则需要投入大量的防治经费、时间和人力。

8.4　面向国土空间规划的地质灾害风险区划

8.4.1　国土空间规划中风险区划的适用范围

通常，在城市发展、区域性土地利用规划、减灾防灾规划中要求使用地质灾害风险区划，此外，地质灾害风险区划还适用于土地开发者，如房产开发商、高速公路、铁路等基础设施的建设部门等。在一个地区是否需要进行地质灾害风险区划，是由该地区可能遭受地质灾害影响的严重程度、规模及土地利用类型综合决定的。

1. 可能引起地质灾害问题的区域

(1) 历史上存在过地质灾害，如：

自然斜坡中的深层滑坡；

自然陡壁上发育的多发性浅层滑坡；

陡壁上发育的崩塌；

在公路、铁路以及其他城市建设中形成的切坡、填土边坡、挡土墙滑坡；

当前不是活动性的大型滑坡，但受到坡脚侵蚀或人类活动影响有可能诱发活动的滑坡；

在老滑坡体上发育的碎屑流或泥流；

在任何倾角的斜坡上发育的蠕滑型滑坡。

(2) 历史上没有地质灾害，但地形上显示可能有地质灾害发生，如：

陡壁（滨海区或内陆区）；

大于35°的自然斜坡（高速滑坡可能性较大）；

20°~35°的自然斜坡（有可能存在高速滑坡）；

陡坡、高速公路、铁路、矿山或其他切坡；

森林火灾、砍伐和（或）道路修建引起的斜坡变化；

退耕还林或农业灌溉等水资源政策引起的地下水位变化对老滑坡的影响；

冲积扇和冲积裙地带。

（3）历史上未发生地质灾害，但地质和地貌条件表明地质灾害有可能发生，如：

风化玄武岩覆盖在其他坚硬岩石上部（滑动经常发生在接触带）；

风化花岗岩和其他岩浆岩；

内部易风化岩石（如泥岩、页岩和粉砂岩），及砂岩或灰岩；

坚硬岩石（如厚层灰岩）覆盖于泥灰质或页岩等软弱层之上；

沙丘；

易受洪水冲刷和（或）其他侵蚀的土质河岸；

区域内受地震或集中降雨影响的自然陡坡；

斜坡岩性为高易发性低强度黏土或厚层的粉土沉积（如黄土）；

河流或海岸侵蚀切割的斜坡地带；

地震活动区松散饱和土层易液化的斜坡。

（4）一些构造部位的破坏可以引起快速的滑动，如：

松散的粉砂质填土边坡（如全风化花岗岩、全风化砂岩等）；

其他的高陡填土边坡；

大型挡土墙；

矿山尾矿及废渣堆放处；

尾坝。

（5）在森林或农业区，滑坡可能会阻断河流和其他的用水单元，从而引起环境的破坏。

应注意高速滑坡的重要性，因为这可能导致人员伤亡；慢速和极慢速滑坡也很重要，因为这将导致财产损失。

2. 需应用地质灾害风险区划的国土空间规划

国土空间规划中应用地质灾害风险区划可能受益的情形如下。

（1）居民区土地规划：

新城镇区；

农业用地划分；

城镇土地划分，大于 $2hm^2$ 或 20 栋房屋的面积需要做区域地质灾害风险区划，更小面积则需做单独的场地风险评价，在人口密度增长区应做相应的风险区划。

（2）城镇内可能受地质灾害影响的住宅开发区：

在当地政府管辖区内全部或部分区域；

城市外扩。

（3）重要基础设施：

医院、学校、消防队和其他应急救援单位；

重要通信设施；

主要的生命线工程，如供水、供气管道，以及电力线路等。

（4）游乐场所：

高山旅游胜地；

其他的旅游胜地，如海滨；

国家级和省级公园；

体育场地；

野外远足路线和海边旅游路线。

（5）新的高速公路、公路和铁路的开发：

农村地区的道路；

城镇主要道路；

城镇次干道。

（6）滑坡可能会滑移到或逆向影响到相邻地区的公共土地：

森林地区；

国家级或省级公园；

市政公园。

（7）修建堤坝的河谷，包括与大坝相连的斜坡，以及河谷的上游地带可能受到滑坡阻塞河道或洪水冲破滑坡堆积坝的情况。

应当认识到如果国土空间规划中出现可能引起地质灾害问题的区域，那么进行风险区划就是有益的。列举的目录并非完整，反之，若有一个或更多的条件符合列举的情形，也并不意味着必须要做地质灾害风险区划。风险区划需综合考虑以上诸因素、土地开发情况和适用的调整要求。

8.4.2　地质灾害风险区划类型和精度的选择

8.4.2.1　一般规定

地质灾害风险区划结果通常以以下一种或几种形式表现：地质灾害编目、地质灾害易发性、危险性、风险区划及相应的报告。区划的类型、详细程度和区划图比例尺的选择取决于应用目的和其他因素。

（1）土地利用或工程建设阶段。在初级阶段使用易发性和危险性区划，在详细阶段使用危险性和风险区划。这种选择更多地依赖于在土地管理中地质灾害区划的使用意图，以及政府或其他相关部门的政策。

（2）开发的类型。风险区划更多地应用于已有的城市开发区（承灾体是确定的）和已有或计划修建的公路或铁路（承灾体是预估的）。承灾体随时间变化，需定期更新。

（3）地质灾害的类型、活动性、体积或强度。风险区划更多地应用于高速或高强度滑坡（滑坡强度用体积和速度来综合度量，如岩石滑坡、碎屑流、岩崩等），这种情形下更容易发生人员伤亡，使用人员伤亡容许风险值来进行土地利用区划。

（4）经费预算。一般来说，易发性区划费用少于危险性区划，危险性区划费用远远少于风险区划。因此，国土空间规划者可根据土地利用阶段选择费用较低的区划类型和精度。

（5）所能获取数据的数量和质量。在地质灾害发生频率不确定或不可靠的情况下，是无法做定量的危险性或风险区划的，这时，推荐使用易发性区划。

（6）在进行区划时应认真考虑工作区的土地利用演化历史，因为人类活动会改变斜坡的稳定性，从而影响地质灾害的易发性，进而影响地质灾害发生的可能性和危险性大小。

（7）易发性区划，有时也包括危险性区划，经常使用定性的方法进行，但是，当条件可行时最好选用定量的方法进行。风险区划应该是定量的，当对危险性和风险定量化时需要更细致地工作。

（8）对区划边界精度的要求。当在法律法规上对土地利用有限制时，应输入高精度数据形成大比例尺区划图。这种情况下，当地政府会有不同的要求，对土地规划的最大比例尺要求将决定地质灾害区划的精度和比例尺大小。

（9）在进行系列发展规划时，地质灾害区划可以提出在哪些地方需要做进一步的场址评价。这种情况下，只需提出计划控制区的易发性区划图或初级危险性区划图，同时提出哪些地方需开展更为详尽的风险评价。

8.4.2.2　风险区划类型、精度及比例尺

表 8.3 提供了不同用途的区划类型、区划精度和区划图比例尺，适用于城镇开发中的国土空间规划，也广泛适用于其他用途，如对新建和已有公路和铁路的危险性和风险管理。

在进行地质灾害危险性和风险区划之前，首先进行易发性区划。分阶段进行地质灾害风险区划有利于更好地控制工作流程，并可以因事先圈定需进一步做工作的区域而节省费用。

表 8.3　地质灾害风险区划推荐使用的区划类型、区划精度和区划图比例尺

用途		区划类型				区划精度			区划图比例尺
		编目	易发性	危险性	风险	低	中	高	
区域性区划	初步阶段	X	X			X			1：25000～1：250000
	建议阶段	X	X	(X)		X	(X)		
当地区划	初步阶段	X	X	X	(X)	X	(X)		1：5000～1：25000
	建议阶段	(X)	X	X	X	X	X	X	
场址区划	初步阶段	不推荐							1：1000～1：5000
	建议阶段	通常无							
	设计阶段		(X)	(X)	X		(X)	X	

注：X=适用的；(X)= 可以适用

8.4.2.3　区划精度的定义

表 8.4 规定了在进行滑坡编目、易发性区划、危险性区划、风险区划时输入的地质和其他数据的精度要求。区划级别与使用要求和区划图比例尺的匹配，以及它们与输入数据精度的匹配都是非常重要的。例如，在没有中精度的滑坡频率估计的情况下，不可能做一个合格的高级水平的危险性区划。如果只能获取低精度的滑坡频率的数据，那么区划的结

果就不会好于初级水平，此时再花大量的资源去做其他输入数据，以期获得一个中级或高级水平的区划结果就是无意义的。另外，如果要求一个初级的危险性区划，那么输入数据是低精度的就可以了。目前的实践表明，因为有效数据和经费的缺乏，人们更多地使用低或中精度的输入数据和方法进行区划。

表 8.4　不同区划级别所要求的工作精度

区划类型	风险区划						
	危险性区划						
	易发性区划						
	滑坡编目						
区划级别	已有滑坡编目	潜在滑坡特征	滑距和滑速	滑坡频率估计	时空概率	承灾体	易损性
初级	低[1,2]	低[1,2]	低[1] 中[2]	低[1,2]	低[1,2]	低[1,2]	低[1,2]
中级	中	中	中	中	中	中	中~低
高级	高	高~中	中~高	中~高	高	高	中~高

注：1 为做定性区划时；2 为做定量区划时

8.4.2.4　风险区划报告

风险区划报告应包括区域地质环境条件（地质、地貌、水文地质），地质灾害类型和发生条件（如影响因素、诱发因素），还包括：

地质灾害编目图及相关信息，如地质灾害分类、位置、发生时间、体积等，以及对编目本身有效性、不确定性及局限性的说明。

易发性区划图及相关信息，如滑动方向是如何确定的，使用的计算方法和结果，以及区划本身的局限性。

在要求危险性区划的地方，需提供恰当比例尺的危险性区划图及相关信息，包括如何确定滑坡发生概率和预测滑坡特征，对区划有效性、局限性的说明。危险性区划报告也应包括地质灾害编目和易发性区划。

在要求风险区划的地方，需提供恰当比例尺的风险区划图及相关信息，包括如何确定滑坡频率、详细的承灾体、承灾体时空概率和易损性，以及对区划有效性和局限性的说明。风险区划报告也应包括滑坡编目、易发性区划和危险性区划。

8.4.3　区划图比例尺及易发性、危险性和风险分级

8.4.3.1　区划图比例尺及适用范围

表 8.5 汇总了区划图比例尺及适用范围和它们各自的适用情况举例。地质灾害区划图应有一个恰当的比例尺以反映特定区划精度所需的信息。

表 8.5　区划图比例尺及适用范围

比例尺	适用范围	适用情况举例	区划面积/km^2
小	<1：100000	为普通公众和政策制订者提供信息而做的地质灾害编目和易发性区划	>10000
中	1：100000～1：25000	为区域性发展或大型工程建设而做的地质灾害编目和易发性区划；为当地国土空间规划所做的低精度的危险性区划	1000～10000
大	1：25000～1：5000	为当地国土空间规划所做的地质灾害编目、易发性和危险性区划；为区域性发展所做的中～高精度的危险性区划；为当地国土空间规划和大型工程、公路、铁路建设详细规划阶段所做的低～中精度的风险区划	10～1000
详细	>1：5000	为当地、特定场址以及大型工程、公路、铁路设计阶段所做的中～高精度的危险性和风险区划	几公顷至几十平方千米

区划图比例尺的选择应考虑图件的表达对象，然而，在实际工作中，区划图比例尺往往受到可获取的地形图的比例尺限制。

8.4.3.2　易发性、危险性和风险区划分级规定

1. 地质灾害易发性区划分级规定

对地质灾害易发性分级进行规范是困难的，因为：

（1）根据地质、地形、构造、气候条件确定地质灾害是否易于发生往往是主观判断，不易于定量化。

（2）不同的地质灾害类型往往有不同的易发性描述术语。例如，易受小型滑坡影响的面积占总面积的百分比；每平方千米滑坡数量；每千米陡坡的岩崩数量，等等。

（3）假定滑坡发生，很难估计它是否向下滑移到斜坡下的某个位置或向上影响到斜坡上的某个位置，很难估计特定面积受滑坡影响的可能性大小。

（4）在易发性区划中不考虑时间因素（它包含在危险性区划中）。

在一些情况下简单地使用 2 个易发性分级术语“易发”和“不易发”就足够了，然而，把易发程度转换成定量的或相对的表达方式对区划图使用者来说更有价值。

表 8.6 列举了一些常见情形下地质灾害易发性区划的分级规定。

表 8.6　地质灾害易发性区划分级规定

易发性分级规定		岩崩	自然斜坡上的小型滑坡	自然斜坡上的大型滑坡
定量分级	相对的	力学指标（SMR、RMS）	从数据处理技术中获取的权重因子分数	—
	绝对的	安全系数	安全系数	安全系数
定性分级	野外地貌分析	是否有潜在的不稳定因素存在（裂缝、浸润面）	每平方千米滑坡数量	有无滑坡及它们的保存程度
		岩石斜坡节理密度	滑坡堆积面积占总面积百分比	有无活动性迹象
	指数或参数图	指数叠加计算（有权重或无权重）	指数叠加计算（有权重或无权重）	—

定性的易发性评价完全依靠专业人员的主观判断，进行区划时野外地貌学方法确定的不稳定因素毫无疑问要被考虑进去。例如，易发性可以被定义为滑坡堆积物的面密度（被滑坡堆积物所覆盖的面积的比例），易发性的等级可以定义为：>0.5 为高易发；0.1～0.5 为中易发；0.01～0.1 为低易发；<0.01 为极低易发。在指数图中，专家选择关键的不稳定因素，给每个不稳定因素赋予权重并叠加计算，相应的易发性的等级可以用不同的方法表示，如：4 为极高易发；3 为高易发；2 为中易发；1 为低易发；0 为极低易发。

定量的易发性评价结果可以是绝对值也可以是相对值。数据处理技术可以计算出各因素对滑坡发生的相对权重，并找到一个最能解释现有滑坡空间分布规律的因素组合。用这种方法计算出来的地质灾害易发性等级可以对先前的等级进行修正（如再次分级为高、中和低易发）。绝对的易发性评价可以使用确定性方法如斜坡稳定性模型。

使用定量的地质灾害易发性分级术语有利于比较不同地区的易发性，相对易发性仅仅适用于工作区内部，在不同的地区，相对易发性代表的绝对值可能有很大差异。

应当注意到，在滑坡易发性区划中没有对在一定时期内的岩崩或小型滑坡的可能发生数量进行评价，也没有对大型滑坡的年发生概率进行评价，这些是在危险性区划中做的。

2. 地质灾害危险性区划分级规定

地质灾害危险性分级的方式取决于地质灾害类型，对小型滑坡或崩塌来说，危险性表述为评价线段内每单位长度每年发生地质灾害的数量，或评价区域内每单位面积每年发生地质灾害的数量；对大型滑坡来说，危险性表述为滑坡滑动的年概率，或滑坡滑移超过某一距离的年概率，或滑坡内破裂带超过某一长度的年概率。表 8.7 推荐了常见的地质灾害危险性区划分级规定。

表 8.7　地质灾害危险性区划分级规定

危险性分级	自然陡坡或岩质切坡上的岩崩/[个/(a/km)]	公路、铁路切坡和填土边坡上的滑坡/[个/(a/km)]	自然斜坡上的小型滑坡/[个/(a/km^2)]	自然斜坡上的单个滑坡活动的年概率
很大	>10	>10	>10	10^{-1}
大	1～10	1～10	1～10	10^{-2}
中	0.1～1	0.1～1	0.1～1	10^{-3}～10^{-4}
小	0.01～0.1	0.01～0.1	0.01～0.1	10^{-5}
很小	<0.01	<0.01	<0.01	$<10^{-6}$

表 8.7 表明对给定规模量级的滑坡（如体积、面积等），危险性分级的描述应包括滑坡的类型、体积（或面积）。

3. 地质灾害风险区划分级规定

表 8.8 给出了使用容许生命损失进行地质灾害风险区划的分级规定，是基于在地质灾害风险中单人的风险。若在一个地质灾害事件中可能有大量人员伤亡，则应做社会风险评价。

表 8.8 基于容许生命损失的地质灾害风险区划分级规定

人员死亡年概率/a	风险区划分级规定
$>10^{-3}$	很高
$10^{-4}\sim10^{-3}$	高
$10^{-5}\sim10^{-4}$	中
$10^{-6}\sim10^{-5}$	低
$<10^{-6}$	很低

对于财产损失风险，可适用表 8.9 的风险矩阵。应当认识到，风险区划是基于危险性、承灾体和风险控制因素的，如果其中的任何因素改变了，则风险区划需要及时更新。

表 8.9 基于容许财产损失的风险区划分级规定

地质灾害发生可能性		对财产的危害（近似损坏价值）*				
等级	年概率值	1：巨大 200%	2：大 60%	3：中等 20%	4：小 5%	5：微小 0.5%
A-几乎一定	10^{-1}	VH	VH	VH	H	M 或 L**
B-很可能	10^{-2}	VH	VH	H	M	L
C-可能	10^{-3}	VH	H	M	M	VL
D-不一定	10^{-4}	H	M	L	L	VL
E-很少	10^{-5}	M	L	L	VL	VL
F-几乎不可能	10^{-6}	L	VL	VL	VL	VL

注：L 为风险低，M 为风险中，H 为风险高，VL 为风险很低，VH 为风险很高

* 指财产价值的百分比

** 财产损失低于 0.1% 者为 L

无论使用何种分级规定，都应在区划报告和区划图中予以说明。通常情况下，首次区划往往处于研究阶段，二次区划结果所提出的危险性和风险管理措施才作为国土空间规划的一部分。

8.4.4 土地利用风险评估的可靠性

8.4.4.1 可能的误差来源

1. 描述

在风险评估过程中有很多潜在的误差来源，包括：

滑坡编目受限，而在此基础上又进行了易发性和危险性区划。

时间序列的不稳定性，如诱发因素（如降雨）和滑坡频率的相关关系可能由于该地区森林的退化而改变。

地形、地质、地貌、降雨及其他输入数据的详细和精确程度的限制。

模型的不确定性。分析滑坡数据、地形、地质、地貌和诱发因素（如降雨）之间的相关关系，预测滑坡易发性、危险性和风险的模型，方法本身有局限性。

从事区划工作的专业人员的专业技能的限制。

风险评估不是一门精确的科学，仅仅是依靠可获取的数据去做关于斜坡发展趋势的预测。通常来说，由于使用的区划图比例尺不同，中级和高级水平的区划误差比初级水平的要小。

2. 滑坡编目

大部分滑坡易发性和危险性区划图的误差来源于滑坡编目的限制，如航卫片的解译，尤其是小比例尺航卫片的解译，一方面是因为解译的不准确，另一方面是因为影像被植被所覆盖，应选择一定面积进行地面填图以校准航卫片的解译结果。

对于在公路、铁路、城镇设施的切坡、填土边坡、挡土墙边坡发生的滑坡，很少能全部覆盖到并完成编目。因此，必须对有滑坡被编目的比例做出判断，以便能估计全部的滑坡数目。

3. 地形图

对于中高精度的区划来说，地形图数据是很重要的输入数据，因为地形图数据能够在一个适当的精度上限定区划界线。对于大比例尺的区划来说，需使用 2m 或 5m 等高线的地形图。即便如此，还应实地检查区划界线，因为界线上的误差对土地所有者来说所带来的影响是很大的。

4. 模型误差

模型的不确定性是风险评估的一个客观事实，目前还没有一种模型方法是非常精确的。通常情况下，使用中精度调查数据统计分析的危险性和风险区划可以有较好的精度；使用定量计算的高精度输入数据（如斜坡安全系数），理论上看起来会有更高的精度，但在现实中，参数的精度在很大程度上依赖于输入数据（如抗剪强度和孔隙水压力）的获取精度，因此要得到更高的精度是非常困难的。

8.4.4.2　填图的有效性

1. 审核

国土空间规划风险区划工作应指定一名审核人员，独立进行易发性、危险性和风险区划。审核人员应该在一开始（根据项目规模大小，有可能在填图初始）就介入项目，直到区划工作全部结束。如果这名审核人员具有丰富的经验，那么这种审核对于区划的质量控制和结果的有效性就是一种基本的保证措施。

2. 正式的有效性检验

对于更重要的高级区划项目来说，会有一个有效性检验程序。滑坡编目被随机地分为两组：一组用来分析，另一组用来检验。另外一种检验方法是：在一个时间段内发生的滑坡组内进行分析，在另一个时间段内发生的滑坡组内进行检验，这种检验方法也可以在区划和国土空间规划实施一段时间后进行，这些检验方法仅仅适用于滑坡发生频率高的情况，因为在一定的时间段内需要收集较多的滑坡数据。

8.4.4.3　气候变化的潜在影响

对于气候变化以及降雨和降雪对滑坡的影响不断有新的认识。例如，如果高强度的降雨频率减少，发生在陡坡上的浅表层滑坡的数量就将会减少。然而，目前预测气候变化以及降雨影响滑坡发生频率的科学水平还远不能满足实际要求。

8.4.5　国土空间规划风险评估的应用

1. 一般原则

土地利用管理部门根据区划的目的确定他们需要的区划类型和精度，他们要确定区划阶段并实行土地管理职能。

用于区域性的或当地的小到中比例尺的区划图是不可能精确刻画区划界线的，只有用于当地的或特定点上的大到详细比例尺的区划图才有可能做到这一点。

当地政府或需要区划的其他组织对区划的目的和特性已做了清楚而全面的界定。理解已有数据的有效性，评价新数据的含义，根据时间要求、预算和有限的资源确定一个现实的区划目标。

区划图的界线通常根据等高线和地貌界线刻画。然而，为了土地规划和区划的目的，分区界线常常按行政管理界线重新修正为与规划分区一致的界线。这样会导致比较保守的区划结果，在实际工作中应尽量避免。

2. 风险区划结果的典型应用

风险区划结果在国土空间规划方面的典型应用如下。

（1）如果是易发性区划，通常会根据区划结果，要求在高易发区内进行进一步的危险性或风险区划，而在低易发区或不易发区内则没有此项要求。

（2）如果是危险性区划，且是中级或高级水平的区划结果，应该可以确定土地使用分区：①哪里的危险性很小，对土地使用没有限制；②哪里对土地使用有限制性说明，如规定切坡和填土边坡的高度等；③哪里在进行土地使用前必须经过进一步的危险性和风险评价以获得批准；④哪里的危险性非常高，不能进行土地利用。

（3）如果是风险区划，且是中级或高级水平的区划结果，应该可以确定土地使用分区：①哪里的生命损失风险非常低，可以不必限制土地利用；②哪里在进行土地使用前必须经过场地风险评估并获得批准；③哪里的风险非常高，不能进行土地利用。

在实践中，专业人员应该结合风险区划结果，给土地管理者提出国土空间规划建议。

3. 风险区划的复核和更新

风险区划应当定期进行复核，因为：

（1）随着一个地区的发展和区划限制带来的土地使用的改变，易发性、危险性和风险都会发生变化。

（2）随着对该地区开展更进一步的详细调查，有关对该地区滑坡的认识会得到提高。

（3）随着时间推移，承灾体会发生变化，因此风险区划也应做相应调整。

第三篇　山区城镇地质灾害风险评估实践

我国丘陵山区面积占陆域面积的69%，丘陵山区人口约占全国总人口的45%，山区城镇化、新农村建设、乡村振兴、脱贫攻坚在我国具有重要的战略意义。近年来，随着山区城镇化和新农村建设的加快，“向山拓展、向沟发展”模式下，坡脚开挖、削山造地、坡面堆载等活动不可避免地造成地质灾害频发。为此，依托地质矿产调查评价专项“陕西省重要城镇地质灾害调查”，开展了陕西省陕南秦巴山地山阳县、旬阳县、紫阳县，陕北黄土高原绥德县、清涧县5个县城区地质灾害风险调查与评价试点工作。

地质灾害风险调查与评价工作的主要目标任务是在充分收集已有资料的基础上，以InSAR、三维地形扫描、高精度遥感调查、工程地质测绘和地质灾害隐患点勘查为主要早期识别手段，围绕山区城镇化、乡村振兴和新农村建设，兼顾基础设施和重大工程建设，开展1：10000、1：5000或更大比例尺的地质灾害风险调查与评价，查明区内地质灾害发育特征、分布规律及其形成的地质环境条件，探索地质灾害发生的过程和形成机制；逐坡、逐沟识别地质灾害隐患，分析地质灾害隐患可能的变形破坏模式、运移路径和致灾范围，并对其危害程度进行评估；开展地质灾害易发性、危险性和风险评估，划定宜建区和禁建区，提出面向国土空间规划和用途管制的风险管理的对策建议，为山区城镇规划建设和地质灾害风险管理提供科学依据。

地质灾害风险调查与评价按3个层次的3种比例尺精度开展：①区域高速远程地质灾害隐患调查与风险评价。以山区城镇、拟规划振兴的乡村、基础设施、重大工程建设、旅游景点、厂矿等为承灾体或威胁对象，识别和调查可能威胁承灾体的高速远程地质灾害隐患，调查范围应包括可能危及山区城镇的最远滑坡的山坡和泥石流沟头，调查比例尺精度一般为1：50000。②城区地质灾害隐患调查与风险评价。针对山区城镇规划建设范围内的每一个斜坡和沟谷逐一开展调查，做到“一坡（沟）一卡”，全面系统识别可能的地质灾害隐患点，分析其可能的变形破坏模式、运移路径、威胁的对象和危害程度，调查比例尺精度一般为1：10000；对于风险高的地质灾害隐患点应投入必要的勘查工作，比例尺精度可提高到1：2000～1：500。③场地地质灾害隐患调查与风险评价。以山区乡镇、拟规划振兴的乡村、基础设施、重大工程建设、旅游景点、厂矿等场地周边斜坡和沟谷为调查区，识别和调查可能产生变形破坏的斜坡和发生泥石流的沟谷，分析地质灾害隐患可能的变形破坏模式、运移路径、致灾范围及其危害程度，调查比例尺精度一般为1：5000～1：2000；对于风险高的场地应投入必要的勘查工作，比例尺精度可提高到1：2000～1：500。

通过陕西省陕南秦巴山地和陕北黄土高原5个县城区地质灾害风险调查与评价试点工作，形成了山区城镇地质灾害风险评价成果。本篇分别记录了其中的绥德县、清涧县、山阳县3个县城区地质灾害风险调查与评估做法及结果。

第9章　绥德县城区地质灾害风险评估

本章介绍陕西省榆林市绥德县城区地质灾害调查与风险评估实例，工作区范围包括绥德县城区及周边斜坡区域。

采用无人机航空摄影技术，获取绥德县城区1：10000和1：2000比例尺地形图、遥感影像和数字高程模型，在此基础上开展城区斜坡工程地质测绘，划分斜坡结构类型，并逐坡开展地质灾害隐患识别，对疑似的地质灾害隐患逐一进行勘查；根据调查和勘查结果，选取重要场地，利用1：2000精度数据源，研究场地风险源识别、斜坡失稳概率分析、风险要素分析、危险区范围计算和风险区划；以斜坡调查为基础，建立并提取地质灾害易发性评价指标体系，开展绥德县城区1：10000地质灾害易发性评价，以不同含水量工况下斜坡稳定性计算结果为依据，开展城区1：10000地质灾害危险性评价，综合考虑地质灾害危险性和危害性，开展城区地质灾害风险评价与区划；结合绥德县城区社会经济发展规划等，开展基于风险的地质环境承载力评价，提出地质灾害风险管控措施建议。

本次工作完成的实物工作量包括：①地形数据测量，共完成绥德县城区及周边区域1：10000无人机航测和地形数据制作83.76km^2，完成1：2000无人机航测和地形数据制作21.62km^2；②地质灾害测绘，共完成绥德县城区1：10000地质灾害测绘（正测）28.5km^2，1：2000地质灾害测绘（正测）10km^2；③地质剖面测量，完成1：1000地质剖面测量6条，共10.2km；④工程地质钻探，在绥德县城区斜坡共完成工程地质钻孔11个，总进尺615m；⑤岩土试验，在工程地质钻探、山地工程过程中共取样255组，并进行了室内岩土体试验。

9.1　绥德县城区地质环境条件

1. 位置与交通

绥德县位于陕西省北部，榆林市东南部，无定河下游，北部与米脂县、佳县毗邻，南部与清涧县接壤，西侧与子洲县相邻，东侧与吴堡县相接，东南隔黄河与山西省柳林县相望。名州镇是绥德县城所在地，是全县政治、经济、文化中心，位于绥德县域中部，县城北距榆林市120km，南距西安市600km。绥德县是连接陕西、山西、宁夏、内蒙古四省区的交通枢纽，有西北“旱码头”之称。

2. 气象水文

绥德县地处西北内陆，属温带半干旱大陆性季风气候区，气候特点为春季干燥少雨，多为大风及风沙天气；夏季炎热多雨，日温差较大；秋季凉爽湿润，气温下降快；冬季寒冷干燥，雨雪稀少，封冻期较长。绥德县多年平均降水量为451.4mm，年内降水量分配不均，在7～9月多以雷阵雨或暴雨形式降落，占全年总降水量的60.2%。绥德县城属于无定河流域，无定河为黄河的一级支流。县城所在地为无定河与大理河的交汇处，大理河为无定河的一级支流。无定河多年平均流量 37.15m^3/s，大理河多年平均流量 5.9m^3/s。

3. 地形地貌

绥德县地处陕北黄土高原腹地，城区为黄土梁峁丘陵地貌，沟壑纵横，地形切割强烈。无定河自北向南从绥德县城区流过，大理河自西向东汇入无定河。县城境内海拔 800～1095m，最高点位于绥德县城西南部蒲家圪村附近的黄土峁顶，海拔 1095m，最低点位于绥德县城南部庄沟村附近的无定河谷，海拔 800m，相对高差 295m。就地貌类型划分，绥德县城区及周边可分为河谷阶地区和黄土梁峁区 2 种地貌类型，河谷阶地区主要分布在县城境内的无定河、大理河沿岸，面积约 12.85km^2，占研究区面积的 15.34%；黄土梁峁区在绥德县城区及周边大部分地区均有分布，为境内最主要的地貌类型，面积约 70.91km^2，占研究区面积的 84.66%（图 9.1）。

图 9.1　绥德县城区遥感影像

4. 地层岩性

绥德县城区内地层主要有中生界三叠系和新生界第四系，第四纪黄土分布广泛，几乎遍布整个研究区，三叠系主要沿无定河、大理河两岸和支沟中出露。

（1）上三叠统胡家村组（T_3h）：岩性为砂岩与泥岩互层，夹有煤线或煤层。上部岩性为浅灰色、黄绿色砂岩、砂质泥岩及泥岩，砂岩斜层理发育，局部裂隙发育，泥岩富含植物化石及黄铁矿结核；中部为黄绿色、灰绿色中细砂岩夹灰黑色、灰绿色粉砂质泥岩、炭质页岩及粉砂岩，块状构造，裂隙不发育，含黄铁矿结核及泥砾；下部为灰色、灰绿色中细砂岩、砂质泥岩、炭质页岩不等厚互层，厚层块状，裂隙较发育，局部显斜层理，泥岩富含植物化石碎片。

（2）第四系（Q）：第四系以黄土为主，主要包括中更新世黄土（Q_p^2）、晚更新世黄土（Q_p^3）和全新世黄土（Q_h），而早更新世黄土在区内不发育。第四纪沉积物成因类型较为复杂，有风积、冲积、冲洪积、坡积及坡洪积等，与区内地质灾害关系最为密切的为中–晚更新世风积黄土（Q_p^{2-3eol}）。

5. 地质构造

绥德县位于鄂尔多斯地台东部，为一内陆盆地，始终处于稳定状态。中生代以来，主要表现为强烈下降运动，接受了大面积的较细粒碎屑沉积。新生代第四纪以来，本区构造运动以间歇性缓慢上升为主。绥德县是弱地震区，地震烈度为Ⅵ度，地震对本区地质灾害的影响不大。

6. 岩土体类型及特征

根据岩石和土体性质，绥德县城区岩土体可分为3种。

（1）中厚层软硬相间含煤碎屑岩组：三叠系碎屑岩，岩性为砂岩与泥岩互层，夹有煤线或煤层。砂岩工程地质指标为比重2.40～2.75，天然容重22.5～26.5kN/m^3，干抗压强度47～180MPa，抗拉强度1～3MPa，软化系数一般0.64～0.70；泥岩工程地质指标为比重2.53～3.0，天然容重23.0～29.6kN/m^3，干抗压强度100～320MPa，抗拉强度3～5MPa，软化系数一般0.72～0.97。该岩组主要分布在河谷底部或两侧，比较容易发生崩塌地质灾害。

（2）黄土土体：广泛分布于黄土梁峁顶部和斜坡表层，系风积物，厚5～94m。主要物理和力学性质指标为天然孔隙度n=30.0%～47.5%，比重2.71～2.74；局部地段具轻微–中等非自重湿陷，湿陷系数δ_s=0.031，承载力基本值f_0=104～171kPa，局部软黄土承载力f_k=60～91kPa。城区范围内滑坡、崩塌、泥流等灾害主要发育在该类土体中。

（3）含砾砂、黏性土土体：零星分布在无定河、大理河河漫滩，为第四纪冲洪积物，由砂土、粉质黏土、粉土组成。砂土，为冲洪积的砾砂，质地较密实，承载力经验值f_k>250kPa。黏性土，以粉质黏土、粉土为主，少量黏土，属低–高压缩土。压缩性变化大，压缩系数a_{1-2}=0.06～0.60MPa^{-1}，天然孔隙比e=0.659～1.021，压缩模量E_s=6.30～27.90MPa，承载力基本值f_0=190～355kPa。

7. 水文地质

绥德县城区内地下水依据赋存条件，可分为第四系松散层孔隙、裂隙孔洞水和中生界三叠系碎屑岩裂隙水两大类型。其赋存条件受地形地貌、地层岩性和古地理环境等因素的综合控制。河谷区冲积层厚度小，水系发育，有充足的补给来源，地下水赋存条件较好；黄土梁峁区地势相对较高，地形破碎，沟谷深切，不利于地下水的补给及赋存；三叠系碎屑岩风化带裂隙较发育，有利于地下水赋存，其下裂隙不发育，地下水赋存条件差。区内地下水的补给来源主要为大气降水入渗及侧向径流。

8. 人类工程活动

绥德县城区范围内与地质灾害关系密切的人类工程活动主要如下：①场地与交通建设，城区范围内场地与公路、铁路修建过程中，由于护坡及排水设施不能及时到位，加之黄土特有的崩解性、湿陷性，易发生滑坡、崩塌等灾害；②水利设施建设，绥德县城周边修建有大量的水库、淤地坝，在修建及运行过程中，切坡太陡或大坝渗漏、年久失修导致溃坝发生，易产生泥石流、滑坡隐患；③削坡建房，群众修建房屋时，削坡过陡或选址不当及不注意地表排水等，也会造成滑坡、崩塌隐患；④开采取土，城区周边开采石料、削坡取土烧砖等情况较为严重，生产过程中形成的高陡危险边坡，时有滑坡、崩塌情况发生，造成人员伤亡、财产损失。

9.2　地质灾害发育分布特征

9.2.1　已有地质灾害类型与数量

绥德县城区范围内地质灾害类型有滑坡、崩塌、泥石流等。通过大比例尺地质灾害调查，绥德县城及周边共发育滑坡 342 处、崩塌 49 处、泥石流 1 处（包括未造成灾害的地质现象点）（图 9.2，图 9.3）。城区范围内滑坡崩塌广泛分布在黄土梁两侧沟壑以及无定河、大理河沿岸边坡地带，滑坡所处斜坡一般均陡峻，具有上缓下陡的特点，缓坡坡度在 15°～25°之间，陡坡坡度在 50°～70°之间。滑坡多为中小型浅层滑坡，崩塌全部为小型崩塌。

图 9.2　绥德县城区及周边典型滑坡

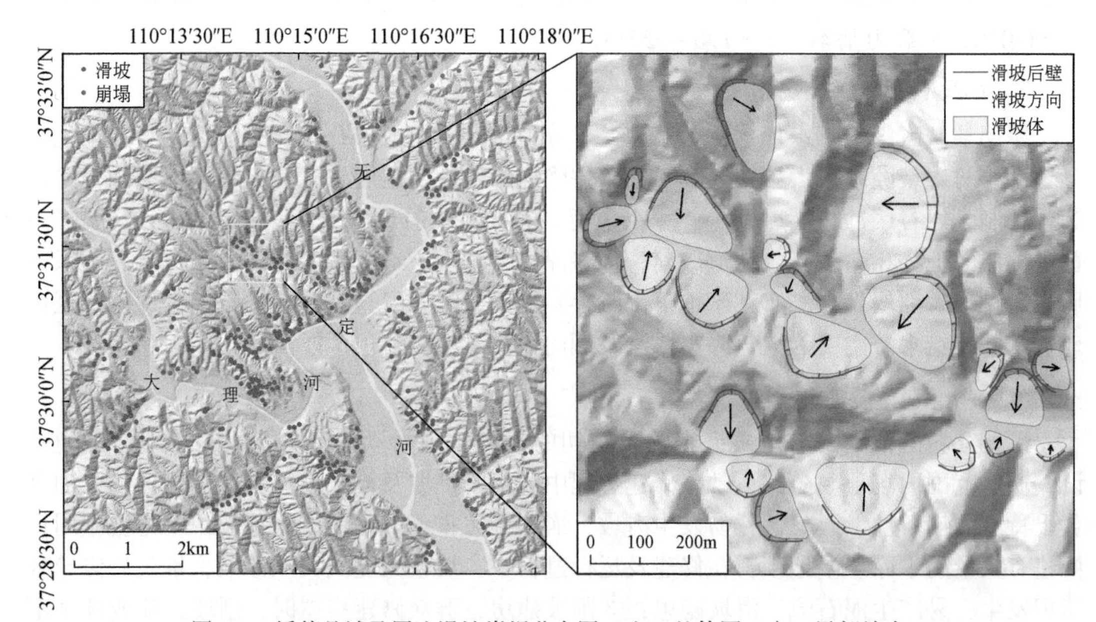

图 9.3　绥德县城及周边滑坡崩塌分布图（左：整体图；右：局部放大）

9.2.2　地质灾害分布规律与影响因素

9.2.2.1　地质灾害分布规律

县城范围内地形地貌和地层岩性差异不大，但人类工程活动强度的不同造成了地质灾害发育密度、特征的地域性不同。人烟稀少的地区，地质灾害发育程度较低。河谷沿线，人口密集，削坡建房、取土制砖、修建公路等人类工程活动频繁，地质灾害发育。

城区内地质灾害分布的地域性差异主要表现在：地质灾害集中分布于县城西部大理河两岸，东部无定河左岸；县城东部黄土梁峁区，梁宽平缓，人口居住较为稀疏，地质灾害较少发生。

县城范围内无定河、大理河河谷沿线，地势起伏大，黄土沟壑发育，流水侵蚀强烈，梁峁间“V”形冲沟十分发育，沟坡陡峻，除沟谷底部出露少量三叠系砂岩、泥岩外，大部分地区覆盖第四纪黄土，黄土垂直节理发育，多孔隙，疏松，透水性好。该区植被覆盖差，降水量集中，人口居住密集，削坡建房、取土制砖、修建公路等人类工程活动频繁，黄土崩滑地质灾害发育。

9.2.2.2　地质灾害形成条件及影响因素

1. *地形地貌*

地形地貌是影响地质灾害发育的决定性因素，县城范围内无定河、大理河河谷沿线，地势起伏大，沟壑发育，流水侵蚀强烈，梁峁间“V”形冲沟十分发育，沟坡陡峻，地质灾害容易发生。适宜的坡度和较大的高差是滑坡灾害产生的基本条件，县城内滑坡所处斜坡一般均陡峻，具有上缓下陡的特点，缓坡坡度在15°～25°之间，陡坡坡度在50°～70°之间。

2. *地层岩性*

城区内广泛分布第四纪黄土、黄土状土、黏性土，疏松多孔，节理发育，尤其是黄土中虫孔、孔隙多，分布4～5组垂直节理，遇水容易发生崩解、湿陷，是地质灾害形成的物质基础。调查结果显示，晚更新世黄土与中更新世黄土的接触面、更新世黄土与基岩的接触面，为岩性差异软弱结构面，黄土浸水后，大大降低了接触面抗剪性和黏聚力，加速了斜坡的变形破坏而产生滑动。此外，黄土特有的遇水崩解性、湿陷性，也是造成雨季黄土滑坡频繁发生的主要原因。

3. *降雨*

降雨是引发斜坡失稳的重要因素之一，降雨入渗降低了黄土强度，改变了坡体应力状态，常常触发斜坡变形失稳。同时，由于黄土节理裂隙发育，在斜坡地带原生节理和构造节理的基础上，发育了密集的风化、卸荷裂隙，甚至演化为黄土陷穴、落水洞，在暴雨过程中，降水汇集，沿节理、裂隙、陷穴、落水洞等通道快速下渗，在古土壤或基岩之上形成局部上层滞水，甚至潜水，上覆黄土饱和软化，抗剪强度降低，在黄土-古土壤接触面或黄土-基岩接触面上易形成贯通的软弱带，坡体在自重作用下可沿此软弱带产生滑动，形成剪切破坏。

本区崩滑等地质灾害的发生数量与降水呈正比，尤其与暴雨、连阴雨关系密切。暴雨时，滑坡发生的可能性增大，而且滞后时间短，甚至当天降雨，当天发生，频次与降雨过程基本一致；连阴雨时，滑坡、崩塌灾害的发生具有一定的滞后性。

4. *冻融*

本区1～3月初春季节，气温上升快，昼夜温差大。白天气温上升时，近地表的地下水解冻，沿节理向深处渗透，并储存在节理内；夜晚，气温下降，地下水重新被冻结，水的体积增大，促使黄土中的节理向外扩张，增加坡体的下滑力。当斜坡处在极限平衡状态时，就会引发滑坡。

5. *人类工程活动*

城区人类工程活动主要包括场地与交通建设、水利设施建设、削坡建房、开采取土等。人类工程活动，如削坡、加载等作用，打破了地质历史时期形成的斜坡平衡状态，使斜坡产生卸荷、拉张和风化裂隙，在雨季易产生滑坡和崩塌地质灾害。人类工程活动已成为触发地质灾害的主要因素之一。

9.3　地质灾害隐患识别与风险评估

9.3.1　基于PSInSAR技术的地质灾害隐患识别

采用永久散射体合成孔径雷达干涉测量（PSInSAR）技术对绥德县城区及周边地区2015年12月～2018年4月共54景Sentinel-1A数据进行处理，获取研究区地表永久散射体（persistent scatterer，PS）时间序列形变信息。根据形变特征将PS点分为随机型、线性蠕动型、突变型，并对每种类型PS点形变规律及其对地质灾害隐患识别的意义进行分析。将研究区地质灾害隐患分为城区沉降、滑坡隐患两类，依据PS点形变特征对两类地质灾害隐患进行识别，共识别出城区沉降区8处，滑坡隐患区39处。利用实地调查的滑坡体及不稳定坡体数据与识别的滑坡隐患区结果进行对比验证，结果显示识别的滑坡隐患区与调查数据具有较好的一致性。进一步证明了PSInSAR技术在黄土高原地区地质灾害早期识别方面的适用性和准确性，可以应用于黄土高原地区地质灾害隐患识别预警（韩守富等，2020）。

9.3.1.1　数据来源

选用欧洲航天局新一代SAR卫星Sentinel-1A在TOPS（terrain observation by progressive scans）成像模式下的宽幅干涉产品单视复数据。该数据工作波长5.6cm，影像幅宽250km，方位向标称分辨率5m，距离向标称分辨率20m。

本研究区所用数据为2015年12月～2018年4月的54景数据，轨道编码11，为上升轨道；轨道方位角-169.3036°；卫星入射角 34.0127°；影像数据获取时间为世界标准时间 10：37；垂直同向极化。选取 2017 年 3 月 24 日影像为主影像，空间基线以 0m 为中心呈正态分布，空间基线长度均在 100m 以内，影像的时间序列分布相对均匀，多普勒中心分布于-0.1～0，满足图像高精度配准的要求。

9.3.1.2　PSInSAR 技术

PSInSAR 技术是对长时间序列 SAR 影像中的永久散射体进行时间和空间域形变量计算，以提取高精度形变信息的干涉测量方法，是时序 InSAR 技术中的主要方法之一（Ferretti et al.，2000；Hooper et al.，2007）。PSInSAR 技术克服了传统 DInSAR 技术易受失相干、大气效应、残余高程误差等因素影响的缺点，是大范围地面沉降监测的重要技术手段，可以精确估计并消除大气效应对相位的贡献，获得毫米级的形变信息（李德仁等，2004）。

PSInSAR 的主要处理过程是从覆盖同一研究区域的多景 SAR 影像中，按照研究时间段选取 $N+1$ 幅可用的 SAR 影像，根据主影像选取规则，在 $N+1$ 幅可用影像中选取 1 景影像作为主影像，其他 N 幅影像作为辅影像，组成 N 个主辅影像对。对每一个影像对配准及相干处理，去除相应的地形相位和平地相位，得到 N 幅差分干涉图，通过统计分析时间序列上振幅和相位信息，识别研究范围内的 PS 点。任意 PS 点在某一幅差分干涉图上的差分干涉相位 ϕ_{int} 用公式表示如下（Ferretti et al.，2011）：

$$\phi_{int} = \phi_{defo} + \Delta\phi_{\varepsilon} + \Delta\phi_{atm} + \Delta\phi_{orb} + \phi_{n} \tag{9.3.1}$$

式中，ϕ_{defo} 为视线方向上的形变相位；$\Delta\phi_{\varepsilon}$ 为 DEM 数据的相位残差；$\Delta\phi_{atm}$ 为大气变化引起的相位差；$\Delta\phi_{orb}$ 为轨道误差引起的相位变化；ϕ_{n} 为热噪声等其他因素对相位的影响。通过对 PS 点在 N 幅差分干涉图上的差分干涉相位去除高程误差、大气相位、轨道残余误差及其他噪声等改正参数并进行相位解缠，最终解算出 PS 点的时间序列形变信息（Hooper et al.，2007）。此时获得的形变信息是沿 LOS（视线）方向的形变，负值代表视线方向远离卫星，表示地面下沉，正值代表视线方向接近卫星，表示地表上升（周志伟等，2011）。

9.3.1.3　数据处理

本次采用 SARProZ 软件系统进行数据处理，SARProZ 软件系统是一套面向 PSInSAR 技术及其相关应用的 SAR 影像处理系统，能够快速处理分析海量雷达影像数据，有效去除平地和地形相位、大气相位。其数据处理流程如图 9.4 所示。

1. 主影像选择

针对研究区 Sentinel-1A 数据集，获取所有影像对时间和空间基线，建立图像拓扑关系，将时间、空间基线之和最小的影像作为主影像。本研究采用星型拓扑结构分析算法，有效避免数据集中存在的时间失相关对最终结果的影响，经过试验最终选择 2017 年 3 月 24 日影像为主影像，所有像对空间基线均<150m，大部分像对空间基线<100m。

2. 影像配准、滤波和干涉图相位计算

利用基于窗口的自动匹配方法进行影像的配准。在主影像中选择某点作为待配准点，

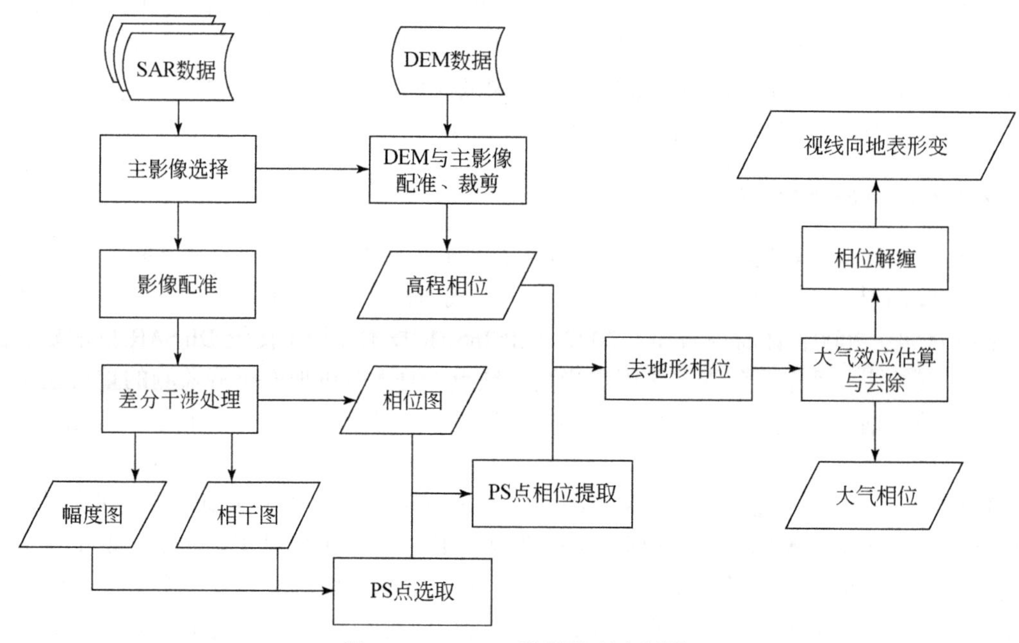

图 9.4　SARProZ 数据处理流程图

以该点为中心选择一定大小滑动窗口；根据已知的初始偏移量，分别在辅影像中以待配准点为中心逐行逐列进行滑动窗口的移动，直到用于评价配准精度的指标达到最值，此时辅影像滑动窗口中心点为待配准点的同名点（董晓燕等，2011）。

在滤波处理之前，针对本研究区数据，选择不同相干性的典型像对，分别采用 Modificated Goldstein（Baran et al.，2003）和 Boxcar（宋海平等，2011）2 种滤波方法进行了试验计算，在相干性较好的情况下，2 种方法取得的结果相似，但当相干性下降时，Boxcar 方法效果更好，特别是当窗口和方位向与距离向视数都扩大 1 倍时，Boxcar 方法能够较好地去除噪声，因此本研究采用 Boxcar 方法。同时采用 90m 分辨率的 SRTM DEM（shuttle radar topography mission digital elevation model）数据用于从干涉相位中去除平地和地形相位，生成差分干涉相位。

3. PS 候选点选取及大气效应剔除

大气延迟相位的计算步骤包括有效选取 PS 候选点；对选取的 PS 候选点构建像素点网；结合研究区域的现状及数据集的情况，选定参数反演大气延迟相位；选择参考点；检验各参数相位分量的合理性。

PS 候选点根据相干性、振幅及相位等信息来选取，常用的方法有相干系数阈值法、振幅离差阈值法、相位离差阈值法（罗小军，2007；陈强，2006）。本研究区相干性较好，PS 候选点选择振幅离差阈值法，阈值设置为 0.65。利用选取的 PS 候选点进行拓扑构网，根据其相位相关性分析测算大气延迟相位。

计算结果显示，该区域的大气延迟相位估算结果较平滑，且出现较大值的状态发生在较短时间内，同时统计直方图中显示去除大气效应后的相干性较大的 PS 点数量较多，表明用此估算结果剔除大气效应结果相对比较可靠。

4. PS 点有效性分析与处理

对研究区植被覆盖数据进行分析，发现研究区内南侧、东侧及西北局部地区部分山地植被分布较密集，植被的覆盖对于 InSAR 技术影响较大，影响获取 PS 点的可信度。因此本研究对高植被覆盖地区的 PS 点进行了过滤处理。最终得到的 PS 点分布及其年平均形变速率如图 9.5 所示。

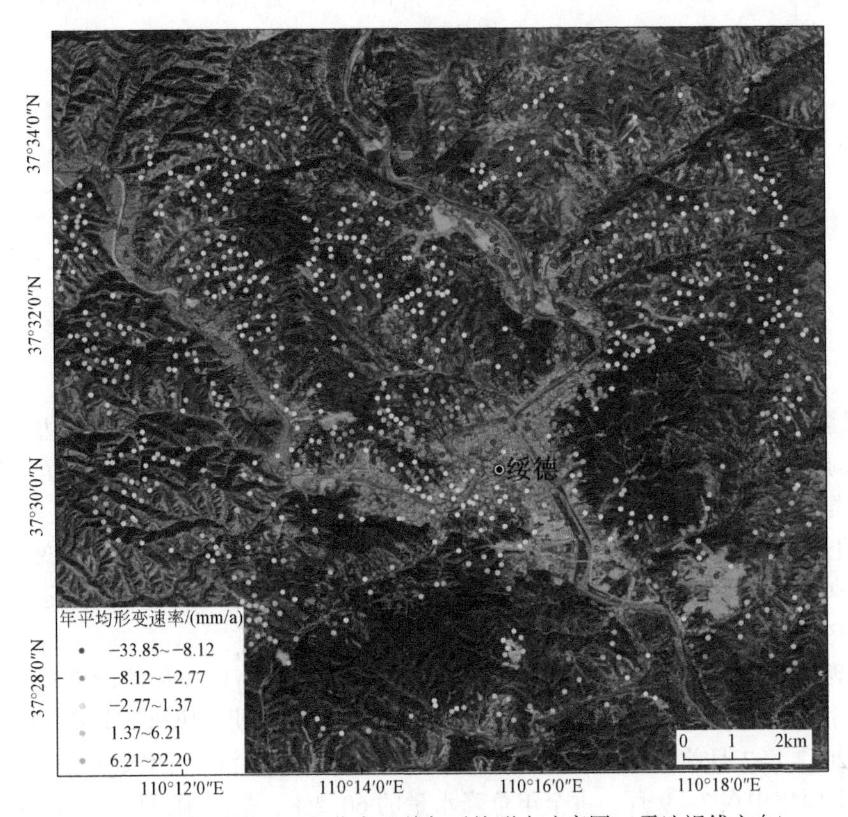

图 9.5　绥德县城区 PS 点分布及其年平均形变速率图（雷达视线方向）

9.3.1.4　PSInSAR 结果分析及地质灾害隐患识别

1. PS 点时序形变特征分析

研究区内 PS 点形变最大累计上升 62.97mm，最大累计下沉 67.80mm，年平均形变速率最大上升 22.20mm/a，最大下沉 33.85mm/a。下沉主要分布在绥德县城区、河道沟谷及沟谷两侧边坡，上升主要集中在研究区南侧、东侧及西北局部地区。对 PS 点时序形变过程进行统计分析，发现按形变特征规律可将其分为随机型、线性蠕动型、突变型。

1）随机型

形变值在小范围内随机波动，整个时间序列上未发生明显位移变化的 PS 点。其时序形变特点表明这些点所在区域地面稳定，没有发生明显地表形变。

2）线性蠕动型

形变特征是在长时间序列上呈线性变化，即始终以比较固定的速率持续形变，速率较小。在本研究区内此类 PS 点总体趋势为下沉，在 LOS 方向上形变速率为 10 ~ 15mm/a。随机选取 3 个线性蠕动型 PS 点，其时间序列形变过程如图 9.6 所示。

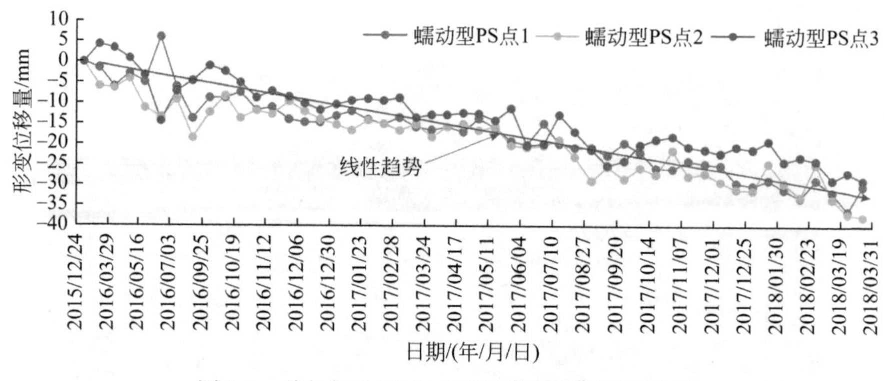

图 9.6　线性蠕动型 PS 点时间序列形变过程曲线

线性蠕动型 PS 点主要分布在县城城区内部地区和无定河、大理河沿线边坡及区内黄土梁两侧沟壑地区。城区内部存在此类 PS 点说明对应区域发生了线性的地面沉降，主要考虑为人类工程建设活动引起，下沉量累积过大时可能会产生灾害，造成生命财产损失。分布于黄土边坡沟壑地区的此类 PS 点表示对应坡体发生蠕动下沉，从其形变的时序特征看，蠕动速度较慢且速率稳定，受季节变化或降水因素影响很小，短时间内危险性不大。

3）突变型

突变型 PS 点时间序列形变过程如图 9.7 所示，形变具有明显的阶段性和突变性。在整个研究时段共经历了 2 次快速下沉时期和 2 次相对稳定时期。快速下沉发生在 2016 年 7 月前后和 2017 年 7 月前后，PS 点下沉速率显著升高，2 次下沉总量均超过 10mm。绥德县降雨每年主要集中在 7 ~ 9 月，占全年总降水量的 60.2%，强降雨时段与 2 次地表形变速率突变时间点吻合，结合该时期当地并未发生其他能够引起自然环境变化的事件，说明 2 次下沉速率突变与强降雨具有强相关性，显示出此类 PS 点所处区域地面情况易受外部因

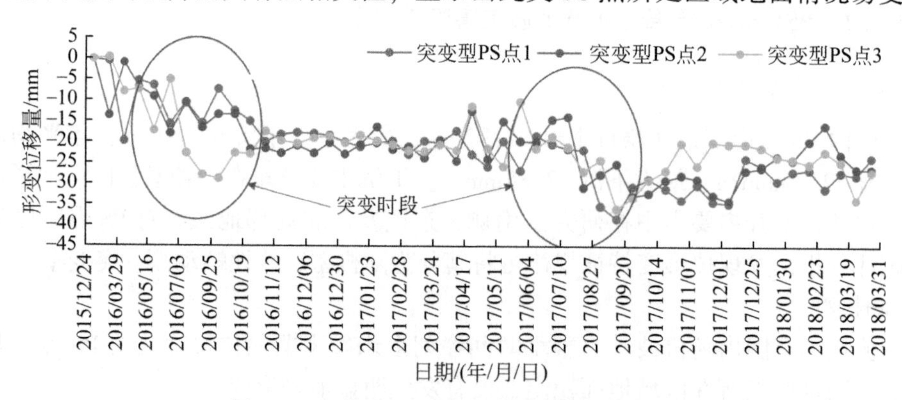

图 9.7　突变型 PS 点时间序列形变过程曲线

素影响。突变型PS点主要集中分布于城区周边河流沟谷两侧边坡上，结合其形变特征和所处地形条件分析，这些区域存在较大地质灾害风险，易发生滑坡崩塌灾害。

2. 地质灾害隐患识别

通过对PS点时序形变特征进行分析，认为突变型PS点及分布于城区的线性蠕动型PS点2类点所处区域潜在地质灾害风险较大，以此为基本依据并结合PS点所处位置的地形地貌圈定潜在地质灾害区。突变型PS点对应区域识别为滑坡隐患区，城区内的线性蠕动型PS点对应区域识别为城区沉降区。研究区内共识别出城区沉降区8处，滑坡隐患区39处，分布情况如图9.8所示。

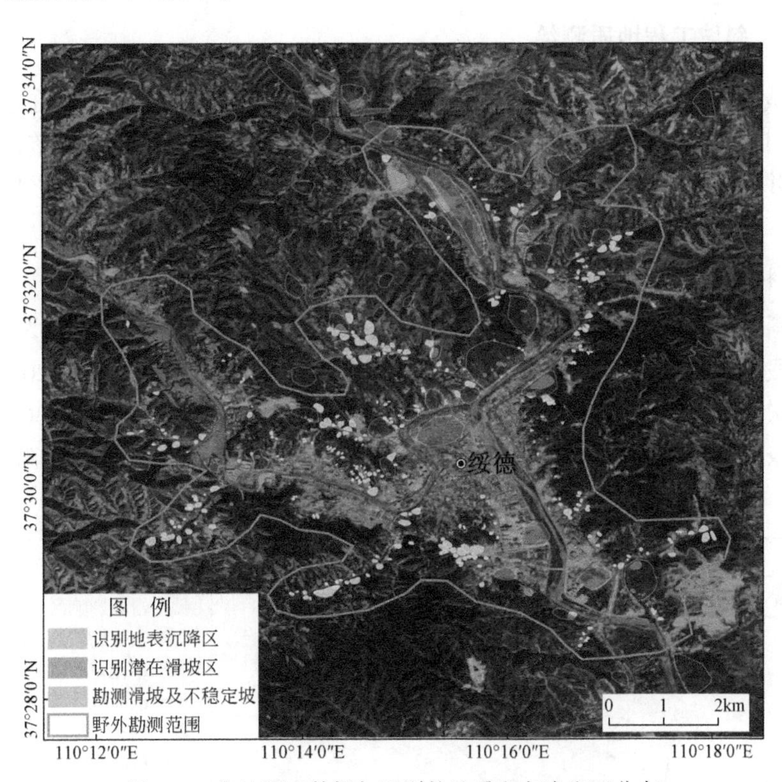

图9.8　实地调查数据与识别的地质灾害隐患区分布

3. 识别结果精度分析

对于识别的滑坡隐患区，结合野外实地调查数据对其进行了验证。落在实地调查范围内的识别滑坡隐患区共26处，其中与实地调查的滑坡及不稳定坡体位置一致的有21处。因为识别的滑坡隐患区是结合PS点的形变特征和区域地形特征圈定的，所以其区域边界与实地调查的滑坡及不稳定坡体不甚一致。分析识别的滑坡隐患区与实地调查数据的空间分布一致性，近80%的识别滑坡隐患区内确实有滑坡体及不稳定坡体存在，两者一致性较好。

9.3.2　斜坡地质结构分析

在陕北黄土高原区，斜坡是滑坡、崩塌等地质灾害发育的首要条件，斜坡结构类型对滑坡的形成和发展具有一定的控制作用。因此，查明斜坡结构类型是进行滑坡崩塌等地质灾害稳定性分析和风险评估的基础。本次在无人机航测获取地形资料的基础上，选择典型斜坡布设工程地质钻探，并结合野外调查和斜坡工程地质测绘，查明绥德县城区及周边地区共1050个斜坡的结构类型及特征，为城区地质灾害风险评估提供了基础数据。

9.3.2.1　斜坡工程地质测绘

绥德县城区及周边地形破碎可形成滑坡或崩塌的斜坡单元发育，本次在绥德县城区及周边共调查斜坡单元1050个。按照河流沟谷的发育情况和地形地貌的完整性，可将多个斜坡单元合并为一个斜坡段进行工程地质测绘。以下为绥德县城区典型斜坡段工程地质测绘结果。

1. 新龙村斜坡段工程地质测绘

新龙村斜坡段位于绥德县名州镇新龙村，无定河左岸，斜坡结构类型为黄土+基岩型斜坡。斜坡段主体地层岩性为上覆晚、中更新世黄土，其中 Q_p^3 黄土厚约20m，Q_p^2 黄土厚约15m，下伏基岩为上三叠统胡家村组砂岩、泥岩，基岩出露顶面高程830m。斜坡测绘区面积 $6.47\times10^4 m^2$，主体斜坡坡向275°，坡高80m，坡度约40°，呈凸型坡（图9.9，图9.10）。

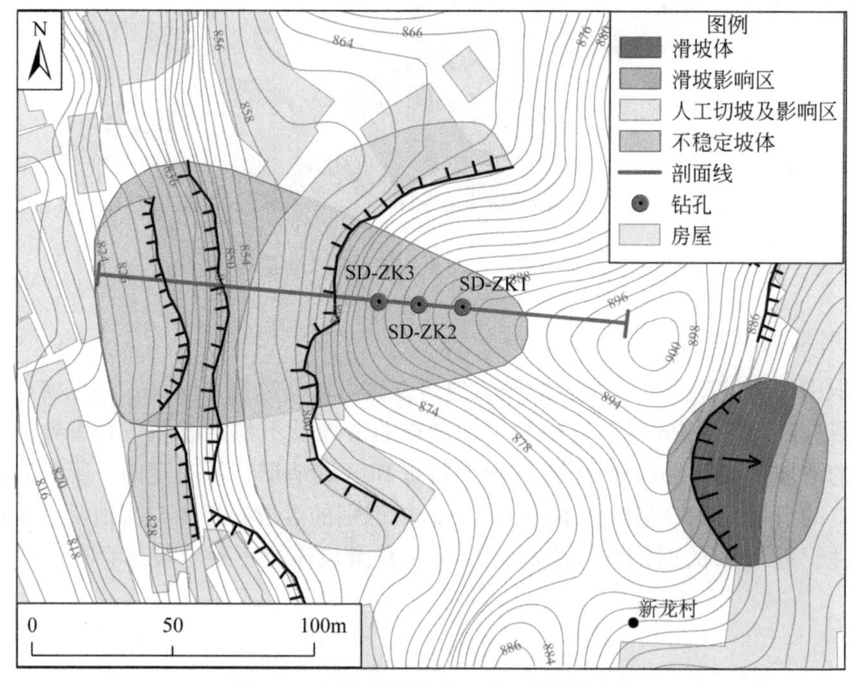

图9.9　新龙村斜坡段工程地质测绘图

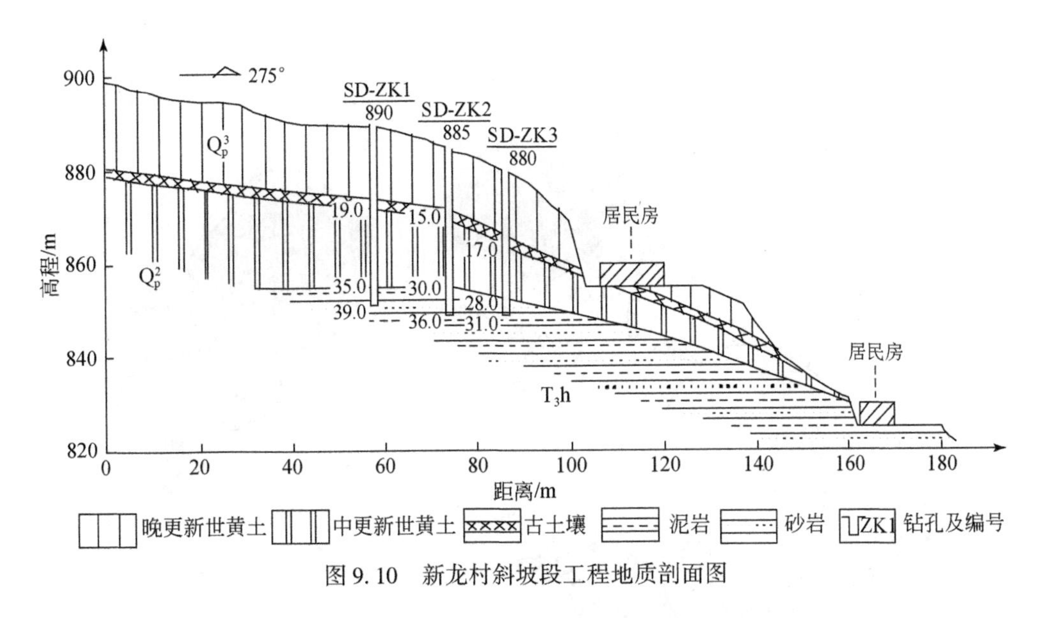

图9.10　新龙村斜坡段工程地质剖面图

斜坡段土体土质疏松，垂直节理发育，在斜坡段东南部发育一小型滑坡，滑坡体及滑坡影响区面积0.28×10^{4}m^2。斜坡段主体由于人工开挖形成多处临空面，人工切坡及影响区面积0.72×10^{4}m^2。斜坡段主体受特殊的坡体结构和强烈的人类工程活动扰动的影响，形成不稳定坡体，不稳定坡体面积0.96×10^{4}m^2，对坡体中下部的7栋居民房构成一定威胁。

2. 龙湾村斜坡段工程地质测绘

龙湾村斜坡段位于绥德县名州镇龙湾村，无定河左岸，斜坡结构类型以黄土+基岩型斜坡为主。斜坡段主体地层岩性为上覆晚、中更新世黄土，其中Q$_p^3$黄土厚5～25m，Q$_p^2$黄土厚约40m，下伏基岩为上三叠统胡家村组砂岩、泥岩，基岩出露顶面高程865m。斜坡测绘区面积40.47×10^{4}m^2，主体斜坡坡向305°，坡高130m，坡度约25°，呈凹型坡（图9.11，图9.12）。

该斜坡段共发育滑坡10处，滑坡体及滑坡影响区面积共5.96×10^{4}m^2，占整个测绘区面积的14.73%。斜坡段东北部冲沟内发育一新滑坡，滑坡宽210m，长120m，滑向235°，滑体由第四纪黄土组成，为黄土滑坡。斜坡段内有多处并未支护的人工切坡，雨季容易发生小型崩塌灾害，人工切坡及影响区面积0.47×10^{4}m^2。龙湾村斜坡段内滑坡发育数量较多，人类工程活动强烈，发生老滑坡复活或局部滑动的可能性较大，对县城附近居民构成威胁。

3. 清水沟斜坡段工程地质测绘

清水沟斜坡段位于绥德县张家砭乡清水沟村，无定河右岸，斜坡结构类型为黄土+古土壤+砂卵石型斜坡。斜坡段主体地层岩性为上覆晚、中更新世黄土，其中Q$_p^3$黄土厚5～30m，Q$_p^2$黄土厚10～60m，黄土下为厚3～10m的砂卵石层。斜坡主体坡向165°，坡高95m，坡度约30°，呈凸型坡（图9.13，图9.14）。

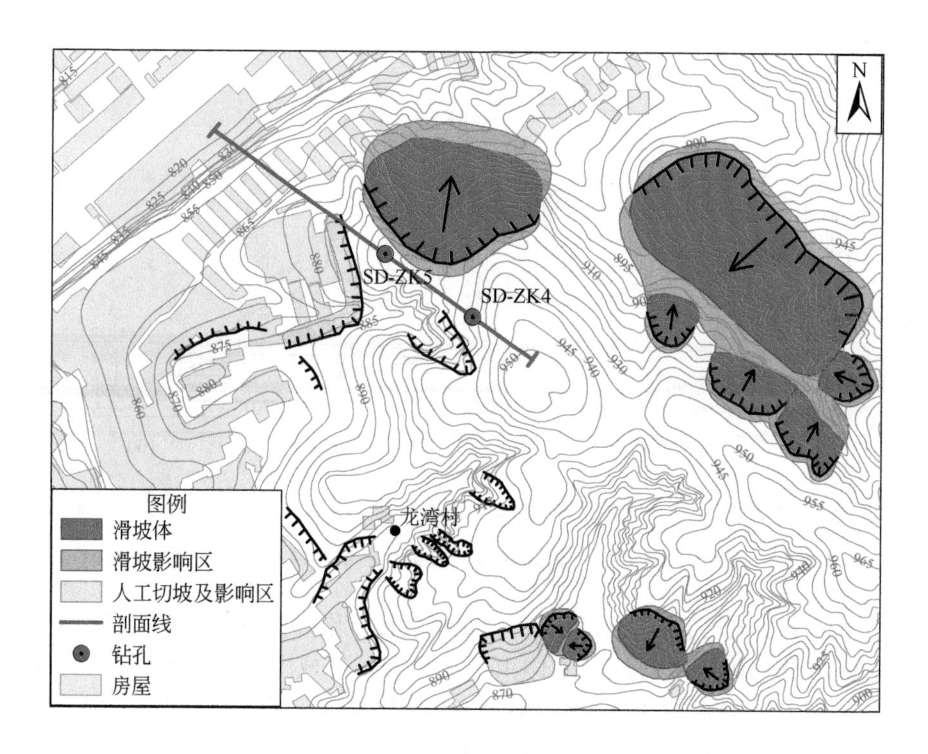

图 9.11　龙湾村斜坡段工程地质测绘图

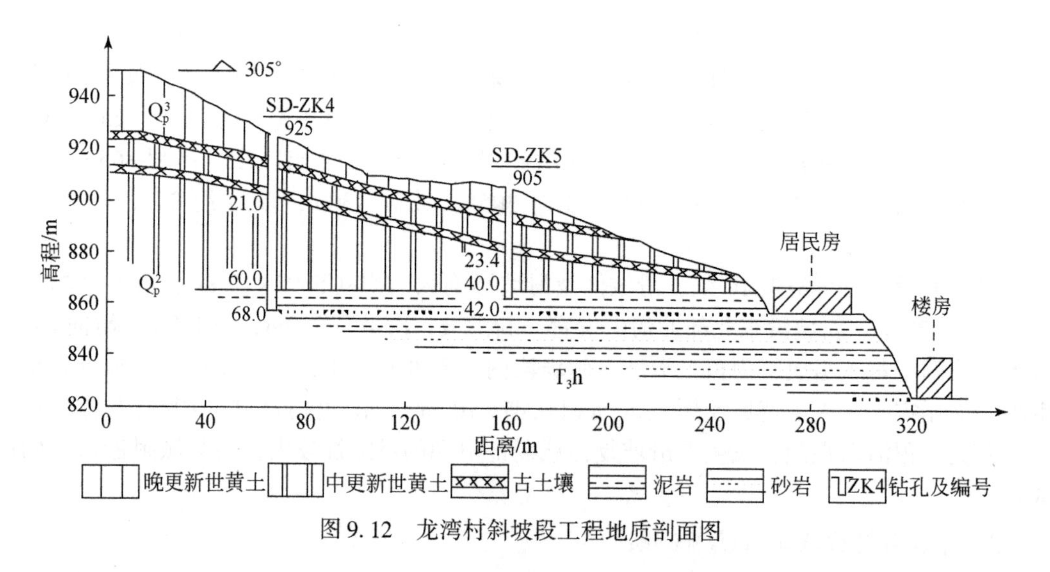

图 9.12　龙湾村斜坡段工程地质剖面图

斜坡段及其冲沟内共发育滑坡 10 处，滑坡体及滑坡影响区面积共 $3.18\times10^4 m^2$。斜坡段内不稳定人工切坡体 5 处，人工切坡及影响区面积 $0.92\times10^4 m^2$。清水沟斜坡段内滑坡发育数量较多，冲沟发育，人类工程活动强烈，坡体前缘有较大临空面，在降雨及坡体开挖作用下，发生黄土滑坡崩塌等地质灾害的可能性大。

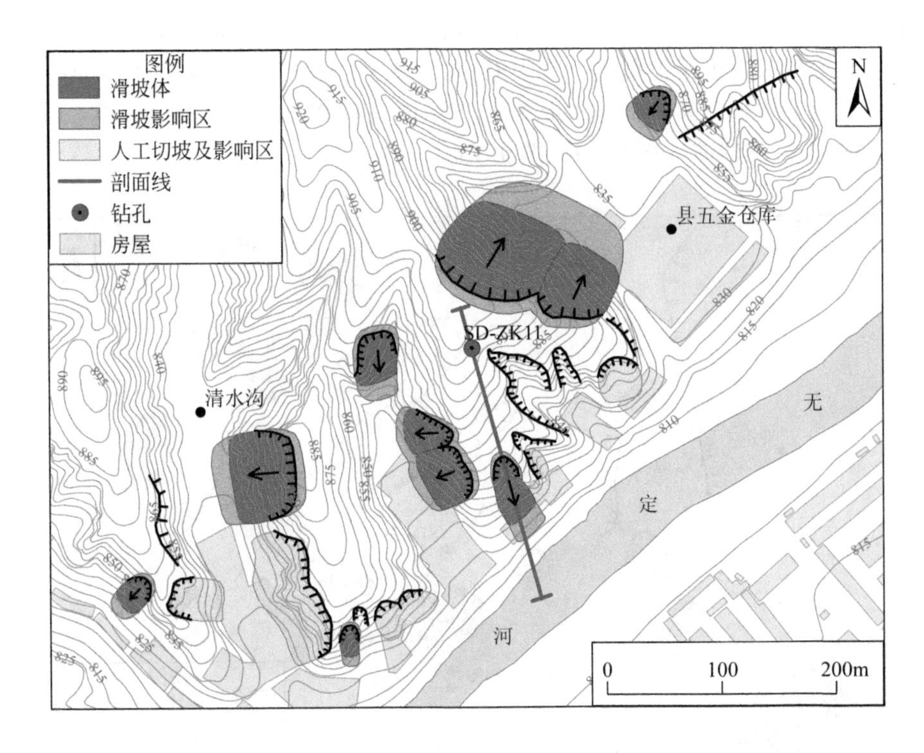

图9.13　清水沟斜坡段工程地质测绘图

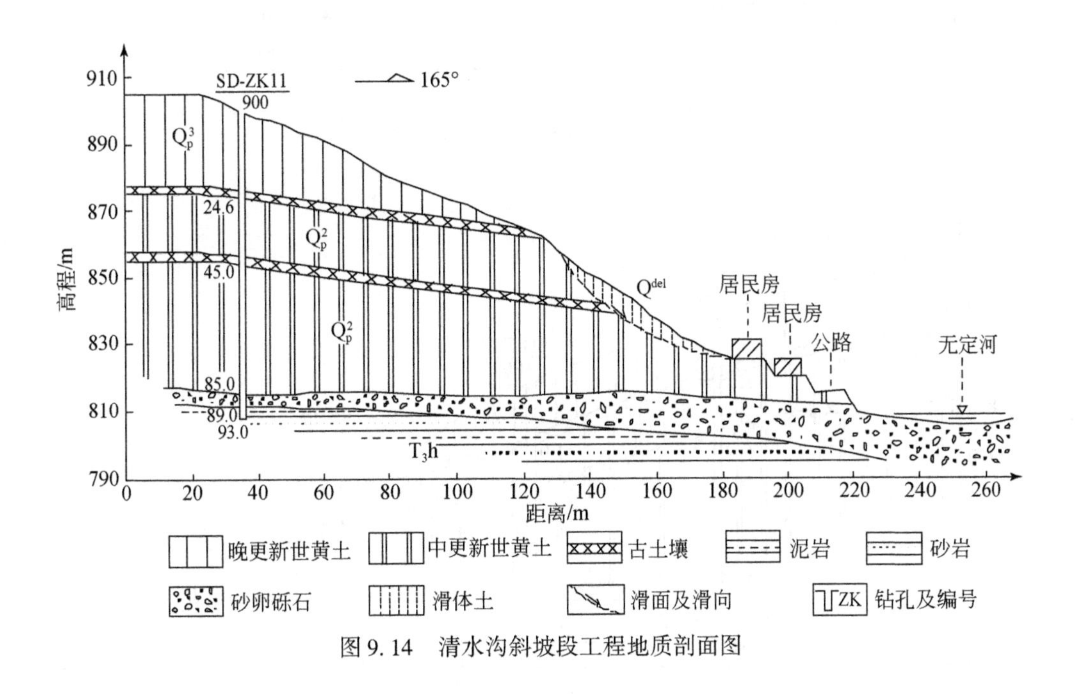

图9.14　清水沟斜坡段工程地质剖面图

4. 白家湾斜坡段

白家湾斜坡段位于绥德县张家砭乡白家湾，无定河一级支流大理河左岸，斜坡结构类型以黄土+基岩型斜坡为主，支沟内发育部分黄土斜坡和黄土+古土壤型斜坡。斜坡段主体地层岩性为上覆晚、中更新世黄土，其中 Q_p^3 黄土厚 5～15m，Q_p^2 黄土厚 10～60m，下伏基岩为上三叠统胡家村组砂岩、泥岩，基岩出露顶面高程 822m。斜坡主体坡向 140°，坡高 70m，坡度 35°，呈凸型坡（图 9.15，图 9.16）。

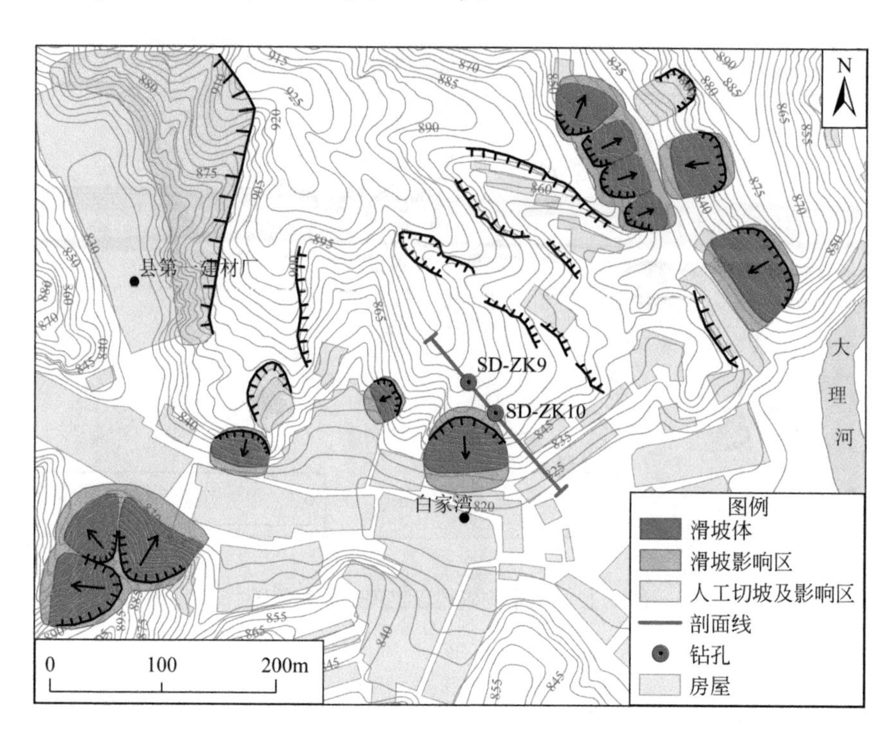

图 9.15　白家湾斜坡段工程地质测绘图

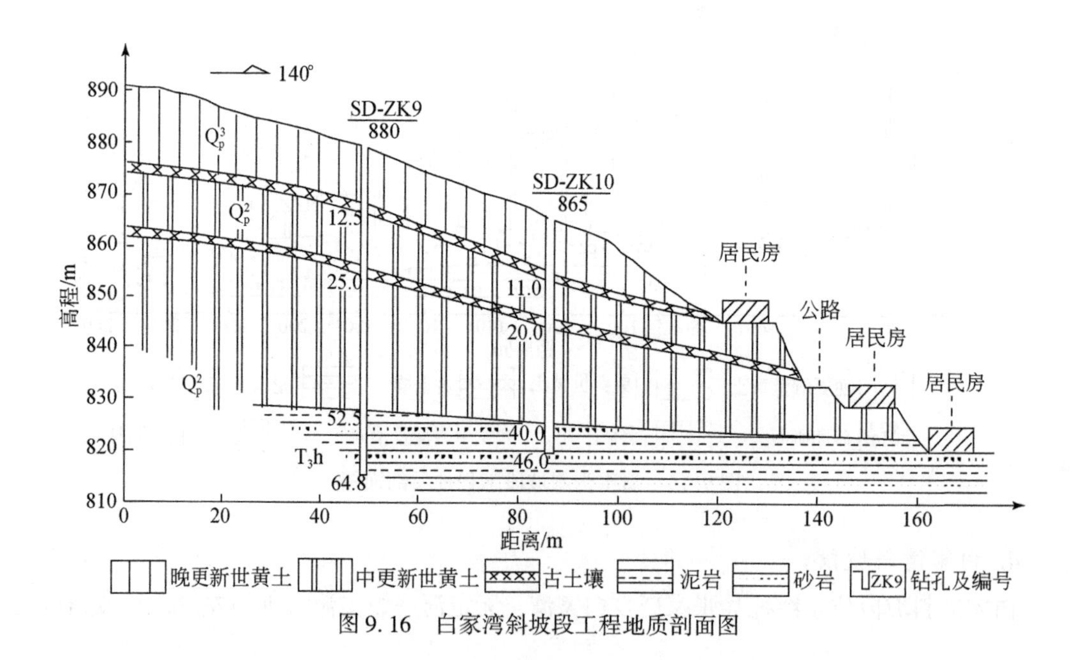

图 9.16　白家湾斜坡段工程地质剖面图

斜坡段及其冲沟内共发育滑坡12处，滑坡体及滑坡影响区面积共3.51×10⁴m²。斜坡段内不稳定人工切坡体3处，人工切坡及影响区面积2.18×10⁴m²。斜坡段所处白家湾沟谷内坡脚开挖严重，设有县第一建材厂，厂内有废渣堆积，堆积厚约15m，堆渣堵塞沟道。1982年8月，暴雨致使白家湾沟谷内黄土边坡大规模滑动、崩塌，引发泥石流。白家湾斜坡段内滑坡发育数量多，冲沟发育，人类工程活动强烈，发生老滑坡复活或局部滑动的可能性较大，白家湾沟道内的废渣为泥石流的再次发生提供了充足的物源条件，对县城附近居民构成威胁。

5. 马家庄斜坡段

马家庄斜坡段位于绥德县张家砭乡马家庄，无定河一级支流大理河左岸，斜坡结构类型以黄土+古土壤+砂卵石型斜坡为主，支沟内发育部分黄土斜坡。斜坡段主体地层岩性为上覆晚、中更新世黄土，其中Q_p^3黄土厚5～35m，Q_p^2黄土厚30m，黄土下为厚3～10m的砂卵石层。斜坡主体坡向210°，坡高90m，坡度约25°，呈直线型坡（图9.17，图9.18）。

斜坡段及其冲沟内共发育滑坡11处，滑坡体及滑坡影响区面积共2.31×10⁴m²。斜坡段内不稳定人工切坡体6处，人工切坡及影响区面积1.39×10⁴m²。斜坡段主体受特殊的坡体结构和强烈的人类工程活动扰动的影响，形成不稳定坡体，不稳定坡体面积1.53×10⁴m²，对坡体中下部居民房构成一定的威胁。马家庄斜坡段滑坡发育数量多，冲沟发育，人类工程活动强烈，坡体前缘有较大临空面，在降雨及坡体开挖作用下，发生黄土滑坡、崩塌等地质灾害的可能性大。

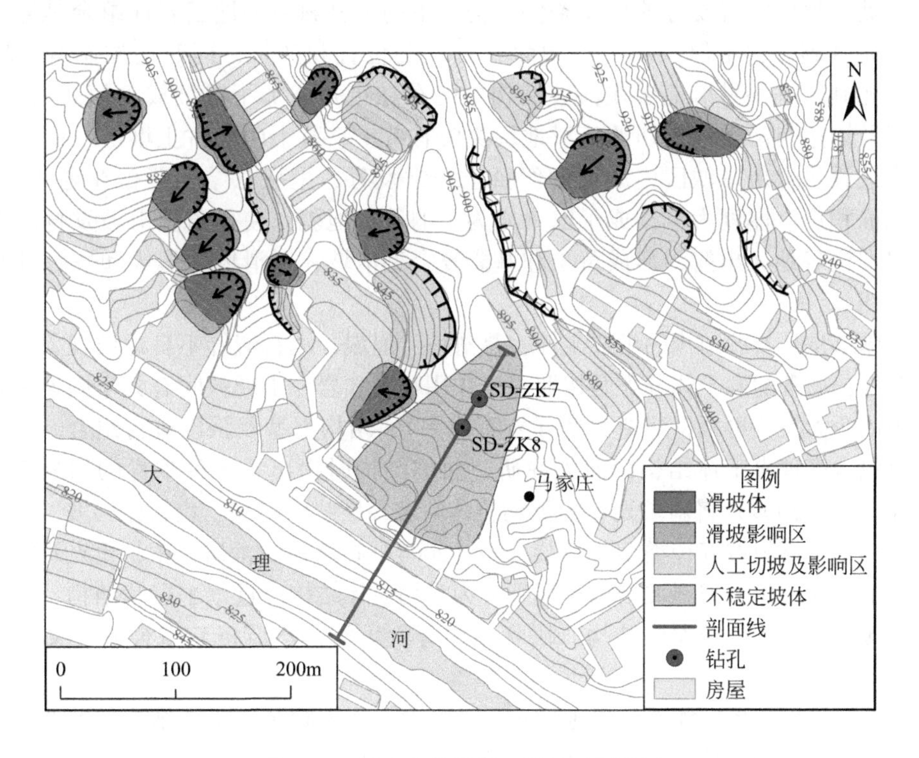

图9.17　马家庄斜坡段工程地质测绘图

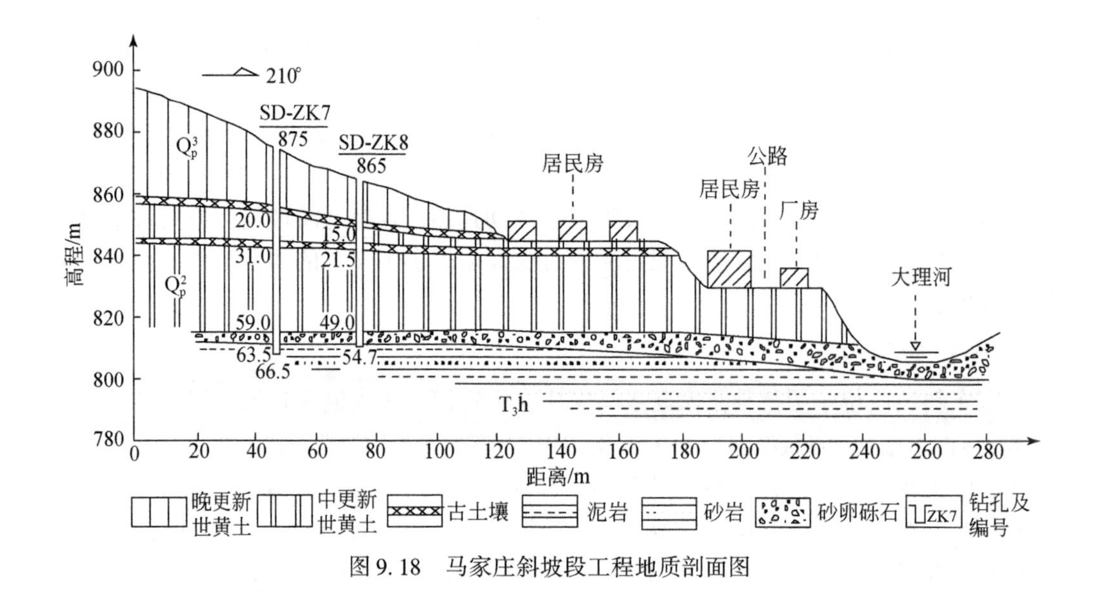

图 9.18　马家庄斜坡段工程地质剖面图

9.3.2.2　斜坡结构类型及特征

1. 斜坡结构类型划分

斜坡结构是斜坡体内岩土体的分布和排列的顺序、位置、产状及其与临空面之间的关系。斜坡是地质灾害发育的首要条件，构成不同类型斜坡的地层岩性组合是地质灾害发生的物质基础，它不但控制了滑动面（带）的位置和产状，同时还控制着滑坡的发展模式，尤其是一些易滑地层在斜坡结构中的存在更是增加了滑坡成灾模式的多样性。绥德县城及周边与滑坡最密切的易滑地层主要有黄土、黄土中的古土壤层、中生代基岩顶面泥岩或强风化层。城区内的第四纪黄土非常发育，呈层状结构覆盖在老地层之上。黄土堆积面积广、厚度大，构成了以梁峁为主的黄土地貌，使得黄土滑坡发育广泛。下伏基岩仅在沟谷地区出露，形成黄土和基岩复合型滑坡，对滑坡的形成和发育具有一定的控制作用。

岩土体结构是斜坡结构的组成主体，是滑坡、崩塌、泥石流等不良地质现象产生的物质基础条件，通常的岩土体分类是按照成岩作用程度和岩、土颗粒间有无牢固连接划分为岩体和土体两大类，再根据建造类型（岩石成因）、结构类型及强度进行组合。一个大的坡体可以包含多种岩土体结构，前人在研究斜坡结构时提出了多种中肯的划分方案。例如，张倬元等（2009）将斜坡划分为类均质体斜坡、层状体斜坡、块状体斜坡、碎块状体斜坡和软弱基座体斜坡五种类型。王恭先等（2004）在滑坡防治研究中，重点研究可能形成滑面的地层和层位，把斜坡结构类型划分为类均质体结构、近水平层状结构、顺倾层状结构、反倾层状结构、碎裂状结构、块状结构等六大类，然后按其组合方式又分为若干亚类。

但是，滑坡、崩塌、泥石流等地质灾害的发育分布，除了岩土体结构强度的控制影响外，在很大程度上是斜坡变形、发展、破坏的结果，即斜坡的不同地层物质组成、岩土体结构、岩层产状、岸坡坡向、剖面形态、坡度、高度、软弱结构面及土岩接触面等因素的组合，最终决定了崩滑流的发育分布。而黄土高原区内大面积覆盖的黄土层，对斜坡稳定性的影响更为突出。

绥德县城及周边黄土分布广泛，地形地貌以黄土地貌为主，下伏基岩岩性较简单，构造不发育。参考前人研究成果，结合区内的岩土体结构类型，将绥德县城及周边的斜坡结构类型按组成斜坡的岩土体类型划分为三大类：土质斜坡、岩质斜坡、岩土混合斜坡。再根据构成斜坡的岩土体类型、结构类型、地层产状等划分为若干亚类（表9.1）。

表9.1　绥德县城及周边斜坡结构类型划分

斜坡结构类型		斜坡数量/个	所占面积/km²	面积所占比例/%	斜坡结构类型示意图
大类	亚类				
土质斜坡	黄土斜坡	424	11.12	39.0	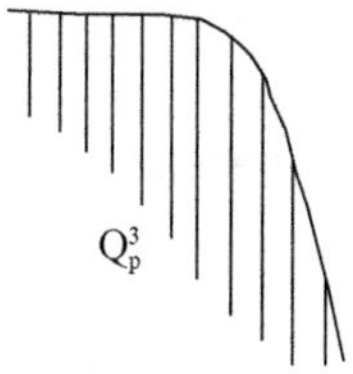
	黄土+古土壤斜坡	268	6.73	23.6	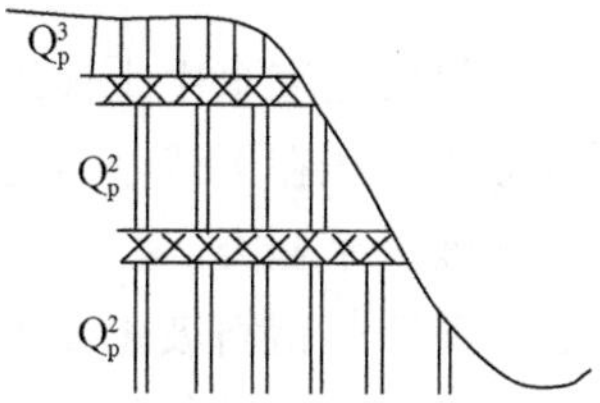
	黄土+古土壤+砂卵石斜坡	64	1.81	6.3	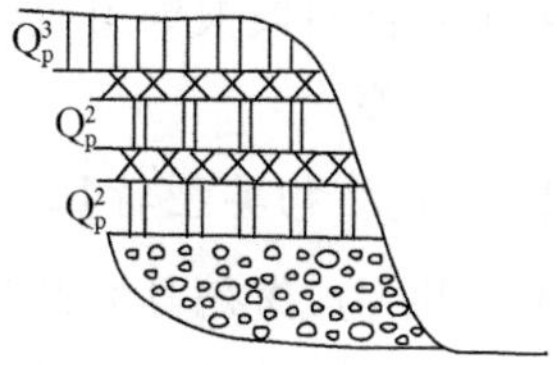
岩质斜坡	块状结构岩质斜坡	4	0.13	0.5	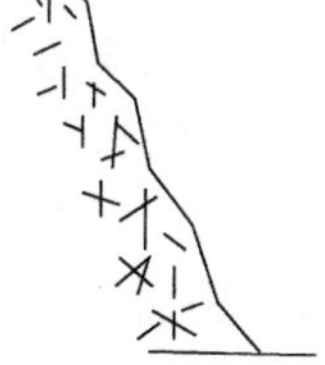
	水平层状结构岩质斜坡	9	0.25	0.9	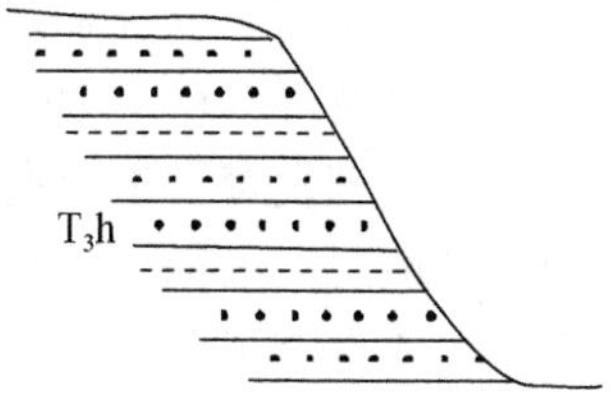

续表

斜坡结构类型		斜坡数量/个	所占面积/km^2	面积所占比例/%	斜坡结构类型示意图
大类	亚类				
岩土混合斜坡	坡残积土+基岩斜坡	21	0.73	2.6	Q_h^{eld} T_3h
岩土混合斜坡	黄土+基岩斜坡	260	7.74	27.1	Q_p^3 Q_p^2 T_3h

土质斜坡是完全由土体组成的斜坡，区内土体主要为第四纪黄土，第四纪黄土以多种不同的形式沉积在下伏基岩之上，可细分为黄土斜坡、黄土+古土壤斜坡、黄土+古土壤+砂卵石斜坡3个亚类。

岩质斜坡是指斜坡主体由基岩组成的斜坡结构类型。根据岩体的结构类型绥德县城及周边岩质斜坡相应可分为块状结构岩质斜坡和水平层状结构岩质斜坡2个亚类。

岩土混合斜坡根据组成坡体的岩土体类型相应可分为坡残积土+基岩斜坡、黄土+基岩斜坡2个亚类。

2. 斜坡结构类型特征

本次共完成绥德县城及规划区28.51km^2的斜坡调查，将此范围内的斜坡地带共划分为1050个斜坡，其中黄土斜坡424个，面积11.12km^2，面积所占比例39.0%；黄土+古土壤斜坡268个，面积6.73km^2，面积所占比例23.6%；黄土+古土壤+砂卵石斜坡64个，面积1.81km^2，面积所占比例6.3%；块状结构岩质斜坡4个，面积0.13km^2，面积所占比例0.5%；水平层状结构岩质斜坡9个，面积0.25km^2，面积所占比例0.9%；坡残积土+基岩斜坡21个，面积0.73km^2，面积所占比例2.6%；黄土+基岩斜坡260个，面积7.74km^2，面积所占比例27.1%。绥德县城区斜坡结构类型分布图如图9.19所示。

1）土质斜坡

（1）黄土斜坡：黄土斜坡为纯土质斜坡，斜坡自坡脚至坡顶皆由第四纪黄土构成，主体为中更新世黄土（Q_p^2）和晚更新世黄土（Q_p^3），沟谷下切未至基岩。此类斜坡黄土质地疏松，垂直节理发育，工程地质特性差，抗剪强度低，易在临空面形成卸荷裂隙，一般为崩塌的易发地层。绥德县城及规划区的斜坡结构主要为黄土斜坡，发育数量最多，所占面积最大，主要发育于黄土梁峁沟壑区及部分冲沟两岸斜坡地带（图9.20）。

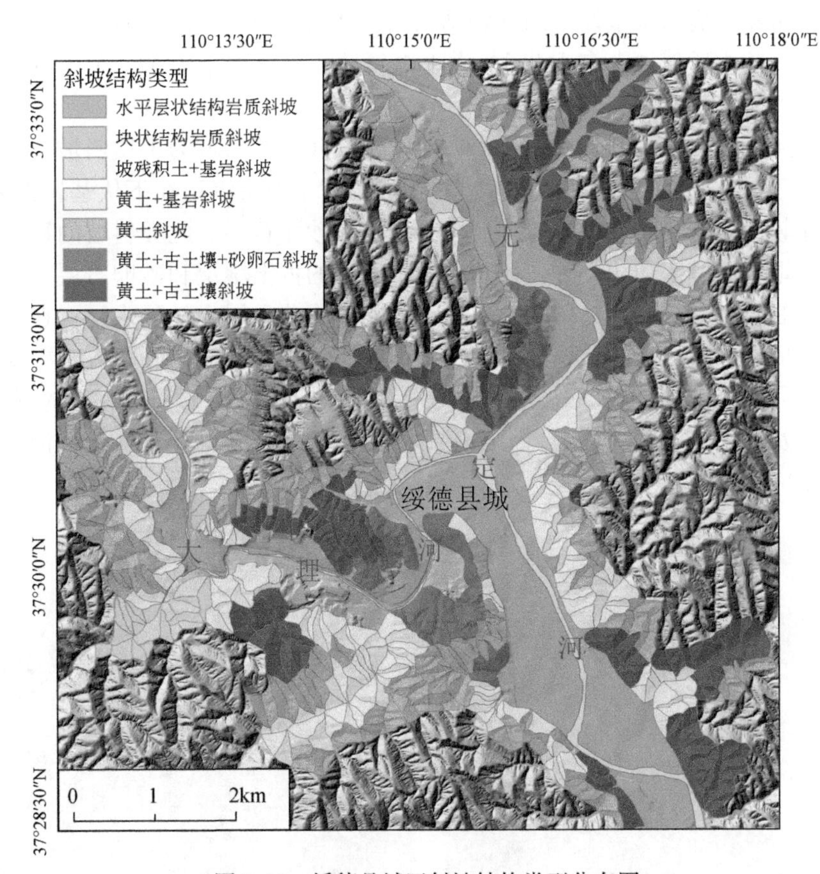

图 9.19　绥德县城区斜坡结构类型分布图

图 9.20　绥德县城南部牛石沟黄土斜坡地层

（2）黄土+古土壤斜坡：黄土+古土壤斜坡为纯土质斜坡，斜坡自坡脚至坡顶皆由第四纪黄土构成，斜坡主体由中更新世黄土（Q_p^2）和晚更新世黄土（Q_p^3）组成，黄土地层沉积在下伏基岩古夷平面上。黄土地层层序较为完整，地层中发育多层古土壤层。此类斜坡的稳定性除与黄土较差的工程地质性质密切相关外，还与黄土中发育的古土壤层有关。古土壤较黄土而言，黏粒含量较高，结构相对致密，容易成为黄土层中的隔水层，在黄土与古土壤接触带易形成含水量较高的软弱结构面，从而控制滑坡的形成。绥德县城及规划区沟谷两侧的高陡土质斜坡大多为黄土+古土壤斜坡，发育数量较多，主要发育于沟谷两侧的斜坡地带（图 9.21）。

（3）黄土+古土壤+砂卵石斜坡：黄土+古土壤+砂卵石斜坡为土质斜坡，斜坡主体由中更新世黄土（Q_p^2）和晚更新世黄土（Q_p^3）组成，黄土地层沉积在下伏基岩古夷平面上。黄土地层层序较为完整，地层中发育多层古土壤层和砂卵石层。此类斜坡的稳定性除与黄土较差的工程地质性质密切相关外，还与黄土中发育的古土壤层和砂卵石层有关。古土壤较黄土而言，黏粒含量较高，结构相对致密，容易成为黄土层中的隔水层，在黄土与古土壤接触带易形成含水量较高的软弱结构面，从而控制滑坡的形成；砂卵石土主要为更新世冲洪积层，砂卵石层结构松散、黏聚力低、离散性强，对斜坡的稳定性会造成一定的影响。绥德县城及规划区发育的黄土+古土壤+砂卵石斜坡多见于无定河或大理河两侧的斜坡地带（图 9.22）。

图 9.21　绥德县城南部牛石沟黄土+古土壤斜坡

图 9.22　无定河右岸祠沟黄土+古土壤+砂卵石斜坡

2）岩质斜坡

（1）块状结构岩质斜坡：块状结构岩质斜坡主要由中厚层软硬相间的三叠系碎屑岩组成，岩性为中厚层砂岩与薄层泥岩，岩体较破碎。受节理裂隙和层面的切割及风化作用的影响，表面呈散体结构或碎裂结构，在雨水及融雪作用下易剥落。受泥岩与砂岩差异风化的影响，砂岩和泥岩互层的斜坡体易发生鼓胀、倾倒和拉裂等形式的崩塌。区内作为纯粹的块状结构岩质斜坡单独出露的区域很少，由于修路过程中的人工开挖，仅在绥德县城西部的大理河左岸、绥德县城东部的无定河左岸有零星出露（图 9.23），大部分还是与其上覆的黄土组成岩土混合斜坡。

（2）水平层状结构岩质斜坡：水平层状结构岩质斜坡主体由上三叠统胡家村组碎屑岩组成，岩层产状基本近水平。岩性为砂岩与泥岩互层，夹有煤线或煤层。泥岩强度低，抗风化能力差，遇水易软化，形成泥化夹层。受节理裂隙和层面的切割及风化作用的影响，表面呈散体结构或碎裂结构，在雨水及融雪作用下易剥落。由于泥岩与砂岩差异风化的影响，砂岩和泥岩互层的斜坡体易发生鼓胀、倾倒和拉裂等形式的崩塌。区内作为纯粹的水平层状结构岩质斜坡单独出露的区域较少，仅在绥德县城周边的无定河两岸由于人工开挖有局部出露（图 9.24）。

图9.23　绥德县城北部蒲家沟块状结构岩质斜坡

图9.24　绥德县城清水沟口水平层状结构岩质斜坡

3）岩土混合斜坡

（1）坡残积土+基岩斜坡：坡残积土+基岩斜坡主要发育在黄土覆盖少的基岩山地斜坡上，主体是基岩。由于风化和剥蚀作用，基岩表面覆盖的风化层在大气降水营力的搬运作用下，形成坡积物或残积物与下伏基岩一起形成岩土混合型斜坡。坡残积土为松散的大孔隙物质，而下部基岩则成为相对的隔水层，地下水容易在基岩面富集，易软化的泥岩在地下水的浸泡下，其力学参数迅速降低，成为滑坡软弱结构面，容易形成滑坡灾害。由于陕北黄土高原属于半干旱气候环境，坡残积土的厚度不大，造成的灾害相对较少，如果这类斜坡积物临近工程设施或居民点，也会造成影响。坡残积土+基岩斜坡仅在绥德县城西部大理河右岸的支沟内有少量分布（图9.25），大部分是基岩与其上覆黄土组成的黄土+基岩型斜坡。

图9.25　绥德县城西部背湾坡残积土+基岩斜坡

（2）黄土+基岩斜坡：黄土+基岩斜坡是绥德县城及规划区分布较为广泛的斜坡类型之一，黄土下面的基岩是上三叠统胡家村组砂岩与泥岩互层，地层近水平。根据黄土的沉积厚度和下部基岩的出露高度又可以分为厚层黄土+基岩型斜坡和浅层黄土+基岩型斜坡。

厚层黄土+基岩型斜坡：主要发育在黄土沉积厚度大、层序较全的区域，一般黄土厚度在50m以上，下伏基岩出露厚度较小，一般在10m之内。该类斜坡下伏基岩与上部厚层黄土在工程地质性质上差异显著，基岩力学强度大，抗滑能力强，稳定性高，隔水性较好，地下水容易在基岩面富集，使得上部黄土力学强度降低，其接触面成为滑动面，基岩多成为滑坡剪出口下的下伏稳定地层。

浅层黄土+基岩型斜坡：主要发育在无定河和大理河沿岸一带，斜坡以基岩为主，沟谷切割强烈，基岩裸露。黄土沉积厚度较小，一般在20m之内。地下水部分由基岩中的节理裂隙排出，因此该类斜坡整体稳定性较好。

9.3.3　典型地质灾害隐患风险评估

选取绥德县城区十里铺村滑坡、刘家湾砖厂滑坡和邮政局家属院滑坡3处滑坡作为典型点，在典型点风险评估的基础上，对城区范围内重要地质灾害隐患点逐一进行风险评估。

9.3.3.1　十里铺村滑坡隐患风险评估

1. 滑坡概况

十里铺村滑坡位于绥德县张家砭乡十里铺村，无定河右侧黄土沟壑内，斜坡所处地貌类型为黄土梁峁区。滑坡坡脚高程为865m，坡顶高程为920m，相对高差55m。滑坡呈圈椅状，两侧以斜坡上的冲沟为界，后壁陡立，滑坡呈前陡后缓，边界范围清晰(图9.26)。斜坡原始坡度40°，纵向长约80m，横向宽约40m，面积为$0.32\times10^4m^2$，体积为$0.96\times10^4m^3$。滑体由第四系上更新统Q_p^3马兰黄土组成，岩性以粉土、粉质黏土为主；滑面为马兰黄土中节理裂隙面。滑坡剖面如图9.27所示。据调查，2013年7月陕北强降雨后，诱发滑坡，变形迹象明显。

图9.26　绥德县十里铺村滑坡全貌

2. 滑坡发生概率

1）极值降雨重现期分析

极端降雨条件是诱发黄土滑坡的主要因素之一，而降雨型滑坡更是研究区的主要滑坡类型。从绥德县滑坡的特征来看，暴雨、连阴雨气候是滑坡发生的主要诱发因素。收集1951～2014年7～9月的日降雨量数据进行统计，分析其降雨特征。

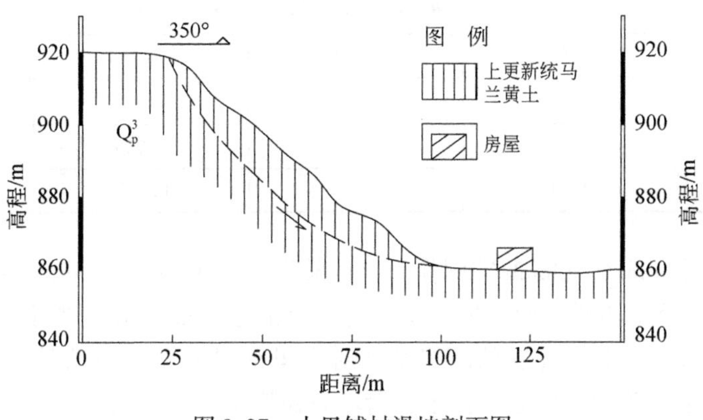

图9.27　十里铺村滑坡剖面图

绥德县7~9月降雨以暴雨为主，因此选择日降雨量极值、5日累计降雨量极值及10日累计降雨量极值为参数。利用Gumbel分布进行降雨量-重现期分析，不同重现期多日累计降雨量极值及不同累计降雨日数条件下的Gumbel分布参数值见表9.2、表9.3。

表9.2　绥德县不同重现期多日累计降雨量极值分布　（单位：mm）

降雨日数	不同重现期降雨量极值				
	5年	10年	20年	50年	100年
1日	62.7	83.2	102.9	124.3	141.7
5日	86.2	106.1	128.6	156.4	190.3
10日	115.5	138.4	162	203.3	210.2

表9.3　不同累计降雨日数条件下的Gumbel分布参数值

参数	不同降雨日数参数值		
	1日	5日	10日
a	0.038	0.029	0.029
u	21.15	32.31	63.30

日降雨量、5日累计降雨量及10日累计降雨量的极值重现期计算公式为：

$$A_1(x)=P(\S \geqslant x)=1-e^{-e^{-0.038(x-21.15)}} \tag{9.3.2}$$

$$A_5(x)=P(\S \geqslant x)=1-e^{-e^{-0.029(x-32.31)}} \tag{9.3.3}$$

$$A_{10}(x)=P(\S \geqslant x)=1-e^{-e^{-0.029(x-63.3)}} \tag{9.3.4}$$

十里铺村滑坡于2013年7月陕北强降雨后发生。在雨量统计中可得知，2013年7月日降雨量极值为51mm，代入式（9.3.2），得$P(A)=A_1(x)=0.27$。

2）滑坡失稳概率分析

采用Geo-Slope进行滑坡可靠度分析计算，可靠度计算所选参数见表9.4。

表 9.4　十里铺村滑坡土体特征参数统计结果

参数类型	均值	标准差	变异系数	修正值
γ/(kN/m³)	1.5	0.15	0.095	1.49
C/kPa	26.6	2.28	0.086	26.12
ϕ/(°)	23.4	1.02	0.043	23.15

本次模拟采用 Mohr-Coulomb 准则作为本构模型，选用 Morgenstern-price 作为分析模型进行计算。进行蒙特卡洛模拟时，所有参数均符合正态分布，每次进行蒙特卡洛数据分析时，在参数的正态分布中选择新的随机数。对十里铺村滑坡进行蒙特卡洛分析，当进行 5000 次时，其安全系数均值已趋于稳定，滑坡失稳概率分析见表 9.5。

表 9.5　可靠度分析结果

模拟次数	可靠度	安全系数均值	安全系数标准差	失稳概率
5000	0.449	1.0207	0.046	0.28

通过对十里铺村滑坡进行模拟运算，以 5000 次运算平均值作为P_f的结果，则滑坡失稳概率为 P（B | A）= 0.28。

3）滑坡发生概率分析

由于滑坡的发生是内外因素共同作用的结果。考虑其诱发因素的情况下，选择基于诱发因素重现期的概率分析方法，将滑坡事件的时间概率与滑坡的主要诱发因素重现期相结合，计算滑坡的事件概率 P（A）。考虑在降雨、地震等诱发因素作用下的滑坡失稳概率，采用可靠度理论中的蒙特卡洛模拟计算滑坡的失稳概率 P（B | A），将滑坡的时间概率与空间概率相结合，计算滑坡的发生概率 P（AB）。

由前述可知，P（A）= A_1（x）= 0.27，P（B | A）= 0.28，则十里铺村滑坡的发生概率 P（AB）= P（A）×P（B | A）= 0.27×0.28 = 0.0756。

3. 滑移距离

1）阴影角法

本次采用阴影角法预测黄土滑坡的滑移距离（图 6.1）。通过对绥德县城区的滑坡调查，选取绥德县城共 29 个黄土滑坡作为原始数据进行分析（表 9.6）。

表 9.6　绥德县城区黄土滑坡特征参数统计表

滑坡编号	滑移角 α/(°)	斜坡原始坡度 β/(°)	滑坡后缘坡度 θ/(°)	Y/m	H/m	γ''
SDHP001	39.7	40.7	63	59	60.1784	0.0177
SDHP002	42.8	45	68	65	65.54102	0.02204
SDHP003	45.5	48	73	54	56.11174	0.02592
SDHP004	37.7	40	78.7	85	85.03854	0.0148
SDHP005	39	40.7	78.7	62	62.90537	0.0169
SDHP006	38.7	41	73	40	40.27777	0.02704

续表

滑坡编号	滑移角 α/(°)	斜坡原始坡度 β/(°)	滑坡后缘坡度 θ/(°)	Y/m	H/m	y''
SDHP007	42	45	78	29	29.01113	0.05244
SDHP008	36	38.3	68	32	32.43893	0.02614
SDHP009	41	43	68	59	59.20024	0.02568
SDHP010	49	53	78	50	50.91184	0.04134
SDHP011	44	46	68	60	64.31039	0.01836
SDHP012	45.5	48	73	54	53.99339	0.03784
SDHP013	40	43	68	75	77.03339	0.01864
SDHP014	39	43	68	50	50.53011	0.02126
SDHP015	41	43.3	72	87	87.38347	0.01536
SDHP016	38	40	68	55	55.29067	0.01934
SDHP017	40.5	42.3	68	55	55.96631	0.01462
SDHP018	39	41	68	47	47.52683	0.02268
SDHP019	28	33	56	37	37.36937	0.01242
SDHP020	46.7	51	68	66	66.04165	0.03282
SDHP021	44	47	78.7	48	48.70606	0.03008
SDHP022	37.4	39	68	65	65.12522	0.0163
SDHP023	40	41.4	78.7	75	79.98304	0.0158
SDHP024	38.7	41.4	68	60	63.11997	0.01684
SDHP025	42	45	73	25	27.01566	0.0568
SDHP026	38.9	41	68	45	50.53011	0.02126
SDHP027	35	38	78.7	70	71.66089	0.0113
SDHP028	37	38.7	68	40	44.05221	0.02458
SDHP029	35	37	78.7	45	48.08945	0.0224

注：Y为滑坡前缘与滑坡后壁的高差；H为滑面拟合线顶点与滑坡后壁的高差；y''($y = ax^2 + bx + c$) 即拟合线二阶导

对选取的滑坡及其特征参数进行数据处理，建立绥德县城区典型滑坡参数与阴影角α的一元回归分析（表9.7）。

表9.7　滑坡特征参数一元回归分析

回归方程	拟合度R^2	标准误差S	T统计（P-Value）
$\alpha=0.95\beta-0.58$	0.96	0.87	1.37×10^{-19}
$\alpha=0.13\theta+9.54$	0.11	3.98	0.08
$\alpha=0.05H+38.25$	0.01	4.18	0.54
$\alpha=198.6y''+35.3$	0.28	3.57	0.003
$\alpha=0.12\theta Hy''+29.45$	0.72	2.24	7.35×10^{-9}

当拟合度R^2大于0.5时，认为方程的拟合程度较好；标准误差越小，则抽样误差就越小，表明所抽取的样本能够较好地代表总体；T统计中的P-Value小于0.1（置信度90%）时，认为该自变量对因变量的影响是显著的。上述分析明显确定了在β模型中的决定性作用，$\theta Hy''$在模型中也有重要作用；参数H的一元回归方程中P大于0.1，说明H对α的影响不显著。

通过上述分析，原始坡度β的P值远小于显著性水平0.1，拟合度$R^2>0.5$，明确了在模型中β的决定性作用，因此使用β值进行多元回归分析（表9.8）。

表9.8　多元回归分析

回归方程	拟合度R^2	标准误差S	编号
$\alpha=0.96\beta+0.015H-0.002\theta Hy''-1.35$	0.9581	0.90	(1)
$\alpha=\beta+0.054\theta-0.011\theta Hy''-5.2$	0.9584	0.89	(2)
$\alpha=0.95\beta-20y''+0.004\theta Hy''-0.41$	0.9565	0.91	(3)
$\alpha=0.996\beta+0.05\theta-17.56y''-0.007\theta Hy''-4.93$	0.960	0.898	(4)
$\alpha=0.996\beta+0.048\theta+0.014H-0.012\theta Hy''-5.53$	0.961	0.883	(5)
$\alpha=\beta+0.047\theta+0.026H+26.05y''-0.019\theta Hy''-6.22$	0.961	0.897	(6)

由于H与α的相关性较差，编号（1）公式中的拟合度较小；编号（3）公式中，虽然一元回归中θ的P值小于0.1，但在多元分析中拟合度较小，标准误差较大；比较编号（4）、（5）、（6）公式可知，在回归等式中引入更多的变量不能明显地提高模型的准确度；编号（5）公式中，F显著性统计量的P值为1.62×10^{-12}，远小于显著性水平0.1，线性回归模型具有显著意义，且其拟合度最高，标准误差最小。综上所述，研究区的滑坡滑距预测模型为

$$\alpha=0.996\beta+0.048\theta+0.014H-0.012\theta Hy''-5.53 \tag{9.3.5}$$

依据绥德县城区滑坡的回归分析，将十里铺村滑坡特征参数（表9.9）代入预测模型进行计算，其结果为$\alpha=37.26°$，通过测量分析得出十里铺村滑坡最远滑移距离$L=9.87$m。

表9.9　十里铺村滑坡特征参数

滑坡名称	斜坡原始坡度β/(°)	滑坡后缘坡度θ/(°)	H/m	y''
十里铺村滑坡	40	68	62	0.0234

2）数值模拟方法

通过有限差分数值模拟方法，建立十里铺村滑坡的三维动态动力分析模型，分析十里铺村滑坡位移场。

研究同时采用Voellmy模型和摩擦模型进行编码，在限制斜坡、侵蚀速率$E=0.003$及时间间隔为0.5s的情况下，通过滑坡在$X-Y$平面的投影和滑坡厚度变化，揭示滑坡运动机理。在滑坡滑动时，贯穿的滑面相当于浅层渠道，因此采用有渠道的限制斜坡构建坡

面。对于绥德县滑坡运动物质而言，其构成颗粒为黄土，因此选取摩擦模型和 Voellmy 模型作为流变模型。根据绥德县黄土的土工试验结果，确定流变模型的参数及内摩擦角 ϕ。并根据十里铺村滑坡的尺寸建立模型（图 9.28）。

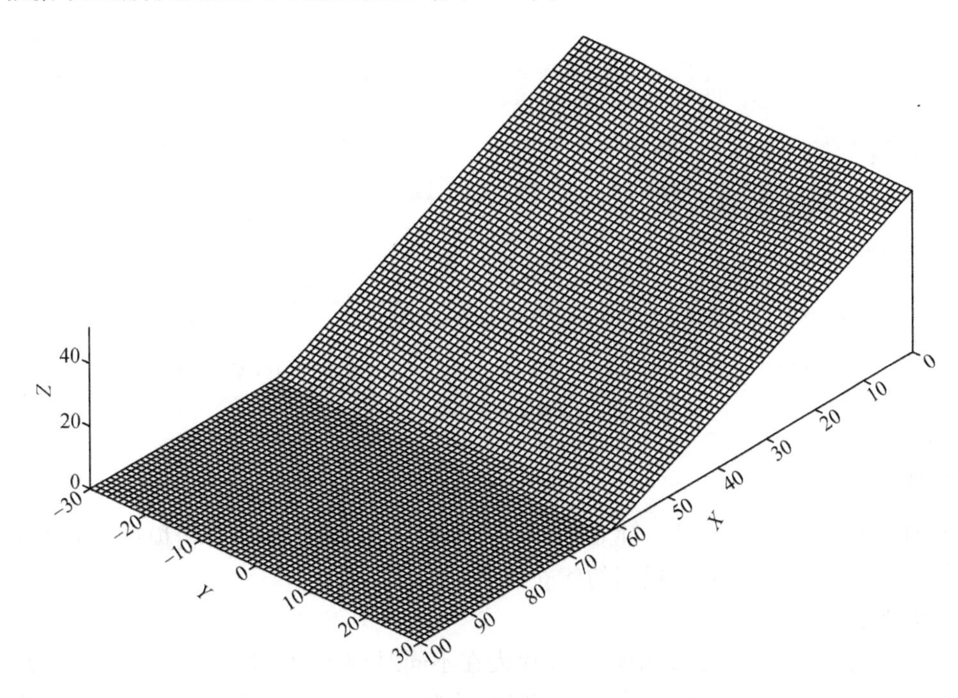

图 9.28　数值模拟限制坡模型图

表 9.10 为模型参数，δ 为动力底摩擦角，ϕ 为土的内摩擦角，μ 为动力摩擦系数，ξ 为湍流系数。

表 9.10　模型参数

流变模型	参数
摩擦模型	$\delta=24°$，$\phi=29°$
Voellmy 模型	$\mu=0.1$，$\xi=1600\mathrm{m/s^2}$，$\phi=29°$

模型尺寸：斜坡在 Y 方向上宽 60m，在 X 方向上坡长 60m，过渡区长 3m，水平堆积区长 37m。限制坡下凹部分宽 40m，下凹最深 2m（在 $X=0$ 处），斜坡坡度为 40°。为研究滑坡的动力学特征，将滑坡体简化，滑体在 X-Y 平面上投影为半径 10m 的圆，其高度为 2m，滑体在斜坡上突然启动，经过过渡区，最终到达堆积区。

通过对比图 9.29 中的两个模拟结果，可得到在不同模型中的滑坡滑移距离。在模型中，垂直的虚线代表坡脚处，通过量取滑体前端与坡脚之间的距离得到滑坡的最远滑移距离。在 Voellmy 模型中，滑坡的滑距为 9.9m，而在摩擦模型中，滑坡的滑距则比 Voellmy 模型远，距离为 10.5m。Voellmy 模型得出的滑距与阴影角法得出的滑距大小基本一致，而摩擦模型得出的滑距偏大。

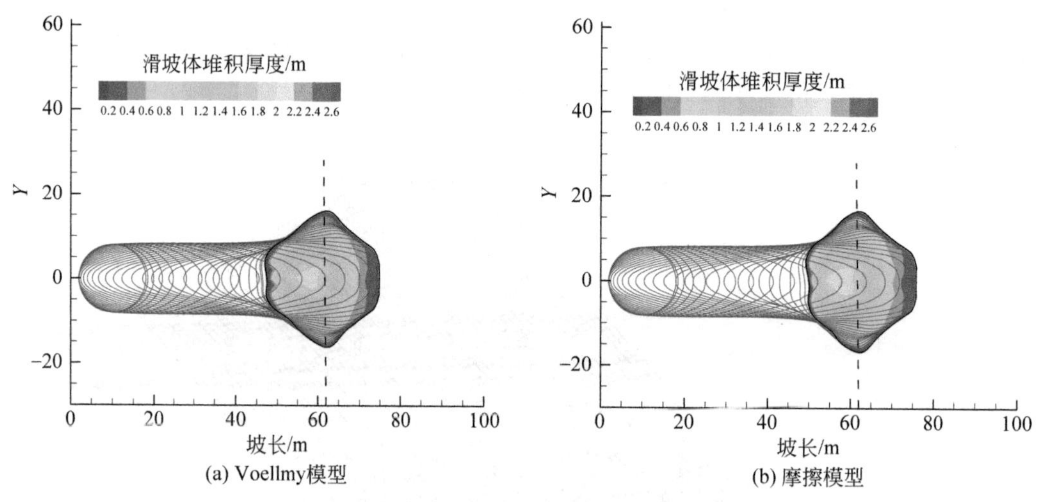

图 9.29　滑坡运动轮廓模拟结果

4. 滑坡速度

通过有限差分数值模拟方法，建立十里铺村滑坡的三维动态动力分析模型，分析十里铺村滑坡应力场及动力学过程，模型的建立如上文所述。

1）滑坡形态分析

滑坡运动如图 9. 29 所示，其中轮廓线代表在不同时刻运动物质的范围，彩色区域为滑坡体堆积厚度分布，图中呈现了指示时间时刻的滑动物质的水平投影云图。滑体在有限的渠道内下滑，其初始形态为圆形，由于有渠道的限制，滑体不会侧向扩展；随着滑动距离的增大，滑体形态沿着渠道拉长，呈前端厚后端薄的雨滴状；进入水平堆积区后，由于没有边界限制，滑体开始横向扩展，且纵向延伸依旧存在，最终形成贝壳状形态。在运动初期，滑体物质呈前端厚、后端薄，随着沿坡下降，不断有物质卷入，其体积不断增加；当滑体由缓冲区进入水平堆积区后，其内部物质发生变化，最终形成一个主体相对较厚，四周相对较薄的形态，且最大堆积厚度位于堆积区中心后侧。由此可见，尽管 Voellmy 模型与摩擦模型的运动过程几乎一致，但 Voellmy 模型中滑体的堆积范围比摩擦模型的范围大。两个模型的最深堆积厚度均为 2. 1m，但 Voellmy 模型的最深堆积厚度的范围比摩擦模型小。

2）滑坡动力学分析

模拟结果如图 9. 30 所示，在两个模型中，滑坡体在启动下滑过程中，平均速度、最大速度（前端速度）急剧增加，且势能与动能之间的转换速度急速增长。在 7. 5s 时，势能仍在急速下降，而总动能达到最大，滑坡体的平均速度达到最大，这是由于在下滑过程中摩擦产生能量损耗，限制了滑坡的平均速度。在 13s 时，滑体下滑至坡脚、进入缓冲区时，滑坡的前端速度达到最大，势能转换成动能的速度变小，而平均速度却出现了小幅度的上升，这是由于当滑坡运动到坡脚时，高速运动使得坡脚侵蚀严重，体积得到快速增加，这也解释了平均速度和最大速度为何会出现波折。随着滑坡体进入堆积区，能量损耗变大，使得滑坡速度急剧降低，但是在坡脚处达到的最大速度也使得滑坡具有较强的破坏性。

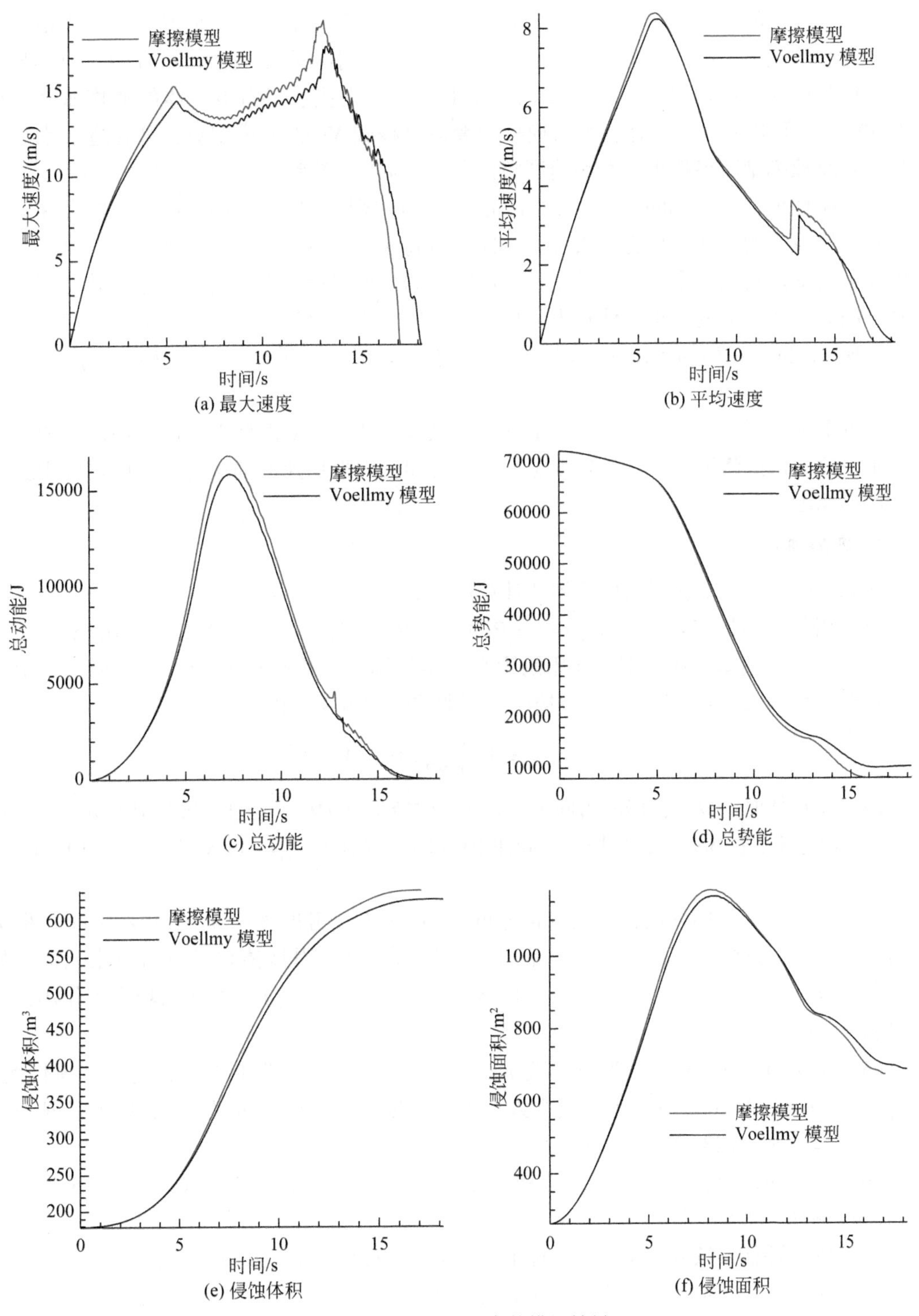

图 9.30　滑坡动力参数模拟结果

根据滑坡动力过程模拟结果可知，滑坡启动后，其前端最大速度急剧增加；5s 后，呈一个小幅度波动的曲线；在进入缓冲区后，前端最大速度达到最大。而其平均速度由于受到摩擦力影响较大，在急速增加达到最大后，便急剧减小。在滑坡滑动过程中，前端最大滑速仅作为研究滑坡动力学特征的参数，而平均速度则代表了滑坡整体的滑移速度。从图 9.30（b）可以看出，摩擦模型所模拟的滑坡过程较 Voellmy 模型短，且在进入水平堆积区前，摩擦模型所模拟出的滑移速度整体大于 Voellmy 模型。

上述摩擦模型及 Voellmy 模型的差异是由于在摩擦模型中，底部侵蚀作用的存在只少量影响平均流速的变化，尽管有大量的侵蚀物质卷入运动系统中，但运动物质的纵向变形与整体下滑的运动型并未发生本质变化，而物质的变形对运动系统的变化通过其体积力来实现，因此基底摩擦的大小与体积力线性相关，侵蚀作用增加的体积力使得摩擦模型的运动过程比 Voellmy 模型的运动过程时间短，在下滑阶段摩擦模型的平均速度大于 Voellmy 模型。

通过上述分析，尽管摩擦模型的平均速度波动比 Voellmy 模型大，但平均速度的平均值基本一致。因此将滑坡的滑移速度定义为各时间段内平均速度的平均值，则可以得到滑坡的滑移速度为 4.2m/s。

5. 风险评估

绥德县城区十里铺村滑坡风险评估计算过程如下：

（1）滑坡发生概率：$P_{(L)} = P(AB) = P(A) \times P(B \mid A) = 0.27 \times 0.28 = 0.0756$。

（2）滑坡到达承灾体概率：使用阴影角模型计算的滑移距离 $L=9.87$m，通过实地调查，距滑坡坡脚 4.5m 处有 1 栋 2 层楼房，则滑坡到达承灾体概率为

$$P_{(T:L)} = 1 - \frac{4.5}{9.87} = 0.544$$

（3）承灾体时空概率：房屋为固定承灾体，时空概率为$P_{(S:T)} = 1$；房屋中人员为流动承灾体，平均每年居住 300 天，平均每天居住 10 小时，则有$P_{(S:T)} =$（300/365）×（10/24）= 0.342。

（4）滑坡灾害作用强度：滑坡滑移速度 $v=4.2$m/s，滑坡体积 $S=0.96\times10^4\mathrm{m}^3$；根据区内已发生滑坡数据为基础，对十里铺村滑坡滑移速度及滑坡体积进行归一化无量纲处理，即 $v^* = (v - v_{min})/(v_{max} - v_{min})$，$S^* = (S - S_{min})/(S_{max} - S_{min})$，得出滑坡灾害作用强度 $I = v^* \times S^* = 0.23$。

（5）承灾体易损性：定义房屋抵抗滑坡灾害的能力 R 为 0.5，则财产易损性为：$V_{(prop:S)} = I \times R = 0.23 \times 0.5 = 0.115$；定义人员抵抗滑坡灾害的能力 R 为 0.8，则人员易损性为：$V_{(D:T)} = I \times R = 0.23 \times 0.8 = 0.184$。

（6）承灾体价值：十里铺村滑坡威胁范围内有 1 栋 2 层楼房，共有房屋 16 间，按 6 万元/间测算，则承灾体价值 $E=96$ 万元。

（7）风险评估：按式（4.2.1）对十里铺村滑坡进行财产风险评估，按式（4.2.2）对十里铺村滑坡进行人员风险评估，评估结果见表 9.11。

表 9.11　十里铺村滑坡风险评估结果

滑坡发生概率 $P_{(L)}$	滑坡到达承灾体概率 $P_{(T:L)}$	固定承灾体时空概率 $P_{(S:T)}$	流动承灾体时空概率 $P_{(S:T)}$	承灾体易损性 $V_{(prop:S)}$	人员易损性 $V_{(D:T)}$	承灾体价值 E /万元	财产年损失 $R_{(prop)}$ /(万元/a)	单人年死亡概率 $P_{(LOL)}$
0.0756	0.544	1	0.342	0.115	0.184	96	0.456	2.6×10^{-3}

9.3.3.2　刘家湾砖厂滑坡隐患风险评估

1. 滑坡概况

刘家湾砖厂滑坡位于绥德县辛店乡刘家湾村一组，地处无定河左岸国道 210 东侧坡体上（图 9.31）。滑坡体上陡下缓，滑向 330°，坡面中部下凹，滑体为第四纪晚更新世黄土，滑床为第四纪中更新世黄土。该滑坡共发生 3 次滑动，第 1 次滑动（1990 年）形成宽 120m，长 180m 滑坡体，现今滑坡后壁即第 1 次滑动形成；第 2 次（2003 年）在原滑坡堆积体上发生局部滑动，范围较第 1 次小，后壁接近第 1 次滑动后壁；第 3 次滑动发生在第 2 次滑动形成的滑体中上部，可见滑动所形成陡坎。滑坡前缘为刘家湾砖厂工房、工棚及国道 210。

图 9.31　刘家湾砖厂滑坡全貌及遥感影像

2. 滑坡风险评价

（1）滑坡发生概率：刘家湾砖厂滑坡发生概率采用 Geo-Slope 软件进行模拟，计算得出滑坡平均稳定系数为 1.1256，滑坡发生概率 $P_{(L)}=0.0734$。

（2）滑坡到达承灾体概率：刘家湾砖厂滑坡前缘现今修筑简易挡土墙，对滑坡体的滑动起到一定的阻挡作用，根据阴影角计算结果并结合现场实际情况，滑坡发生整体滑动最大影响范围约 1700m²，滑坡最远滑移距离 $L=17.67$m。通过实地调查，距滑坡坡脚 7m 处有砖厂民房及活动板房，距离滑坡 15m 处为国道 210，则滑坡到达承灾体概率为

$$P_{(T:L)}=\left(1-\frac{7}{17.67}\right)+\left(1-\frac{15}{17.67}\right)=0.75$$

（3）承灾体时空概率：房屋和道路为固定承灾体，时空概率为$P_{(S:T)}=1$；房屋中人员为流动承灾体，通过对工房、工棚居住情况的调查，人员在其中平均每年居住300天，平均每天居住12小时，则有$P_{(S:T)}=(300/365)\times(12/24)=0.411$。

（4）滑坡灾害作用强度：如前述十里铺村滑坡滑动速度分析方法，通过滑坡动力学分析得出刘家湾砖厂滑坡滑移速度$v=3.2\text{m/s}$，滑坡体积$S=3.42\times10^4\text{m}^3$；根据绥德县城区已发生滑坡数据为基础，对刘家湾砖厂滑坡滑移速度及滑坡体积进行归一化无量纲处理，即$v^*=(v-v_{\min})/(v_{\max}-v_{\min})$，$S^*=(S-S_{\min})/(S_{\max}-S_{\min})$，得出滑坡灾害作用强度$I=v^*\times S^*=0.36$。

（5）承灾体易损性：定义房屋抵抗滑坡灾害的能力为0.5，则财产易损性为$V_{(\text{prop}:S)}=I\times R=0.36\times0.5=0.18$；定义人员抵抗滑坡灾害的能力为0.8，则人员易损性为$V_{(D:T)}=I\times R=0.36\times0.8=0.288$。

（6）承灾体价值：刘家湾砖厂滑坡威胁范围内有一层砖混工房1栋，一层活动板房2栋，共有房屋8间，所涉及国道长度120m。房屋按4万元/间测算，道路按0.15万元/m测算，则承灾体价值$E=50$万元。

（7）风险评估：按式（4.2.1）对刘家湾砖厂滑坡进行财产风险评估，按式（4.2.2）对刘家湾砖厂滑坡进行人员风险评估，评估结果见表9.12。

表9.12　刘家湾砖厂滑坡风险评估结果

滑坡发生概率 $P_{(L)}$	滑坡到达承灾体概率 $P_{(T:L)}$	固定承灾体时空概率 $P_{(S:T)}$	流动承灾体时空概率 $P_{(S:T)}$	承灾体易损性 $V_{(\text{prop}:S)}$	人员易损性 $V_{(D:T)}$	承灾体价值 E /万元	财产年损失 $R_{(\text{prop})}$ /(万元/a)	单人年死亡概率 $P_{(\text{LOL})}$
0.0734	0.75	1	0.411	0.18	0.288	50	0.495	6.5×10^{-3}

9.3.3.3　邮政局家属院滑坡隐患风险评估

1. 滑坡概况

邮政局家属院滑坡位于绥德县名州镇新市场社区，地处大理河右岸东侧坡体上（图9.32）。滑坡平面形态为近半圆形，圈椅状特征明显，总体坡形为凹型，上陡下缓，坡度35°～45°，坡向335°。滑坡体长120m，宽80m，厚约5m，面积$0.96\times10^4\text{m}^2$，体积$4.8\times10^4\text{m}^3$，滑体和滑床均为第四纪中更新世黄土。该滑坡初次滑动时间为1973年8月，为降雨诱发型滑坡，滑坡后缘陡坎在雨季时有崩落，后期对滑坡进行治理，坡改梯并种植柠条加固坡体土壤，斜坡顶部修筑砖混排水渠。滑坡前缘为绥德县邮政局家属院。

2. 滑坡风险评价

（1）滑坡发生概率：邮政局家属院滑坡发生概率采用Geo-Slope软件进行模拟，计算得出滑坡平均稳定系数为1.0374，滑坡发生概率$P_{(L)}=0.0185$。

（2）滑坡到达承灾体概率：邮政局家属院滑坡前缘现今修筑简易挡土墙，对滑坡体的滑动起到一定的阻挡作用，根据阴影角计算结果并结合现场实际情况，滑坡发生整体滑动

图9.32　邮政局家属院滑坡全貌及遥感影像

最大影响范围约900m²，滑坡最远滑移距离 $L=12.54\text{m}$。通过实地调查，距滑坡坡脚3m处有邮政局家属院居民房，则滑坡到达承灾体概率为

$$P_{(T:L)}=\left(1-\frac{3}{12.54}\right)=0.76$$

（3）承灾体时空概率：房屋为固定承灾体，时空概率为 $P_{(S:T)}=1$；房屋中人员为流动承灾体，通过调查，人员在房屋中每年居住300天，每天12小时，则有 $P_{(S:T)}=(300/365)\times(12/24)=0.411$。

（4）滑坡灾害作用强度：如前述十里铺村滑坡滑动速度分析方法，通过滑坡动力学分析得出邮政局家属院滑坡滑移速度 $v=5.2\text{m/s}$，滑坡体积 $S=4.8\times10^4\text{m}^3$；根据绥德县城区已发生滑坡数据为基础，对邮政局家属院滑坡滑移速度及滑坡体积进行归一化无量纲处理，即 $v^*=(v-v_{min})/(v_{max}-v_{min})$，$S^*=(S-S_{min})/(S_{max}-S_{min})$，得出滑坡灾害作用强度 $I=v^*\times S^*=0.57$。

（5）承灾体易损性：定义房屋抵抗滑坡灾害的能力为0.5，则财产易损性为 $V_{(prop:S)}=I\times R=0.57\times0.5=0.285$；定义人员抵抗滑坡灾害的能力为0.8，则人员易损性为 $V_{(D:T)}=I\times R=0.57\times0.8=0.456$。

（6）承灾体价值：邮政局家属院滑坡威胁范围内有15栋2层砖混民房，共有房屋90间，按6万元/间测算，则承灾体价值 $E=540$ 万元。

（7）风险评估：按式（4.2.1）对邮政局家属院滑坡进行财产风险评估，按式（4.2.2）对邮政局家属院滑坡进行人员风险评估，评估结果见表9.13。

表9.13　邮政局家属院滑坡风险评估结果

滑坡发生概率 $P_{(L)}$	滑坡到达承灾体概率 $P_{(T:L)}$	固定承灾体时空概率 $P_{(S:T)}$	流动承灾体时空概率 $P_{(S:T)}$	承灾体易损性 $V_{(prop:S)}$	人员易损性 $V_{(D:T)}$	承灾体价值 E /万元	财产年损失 $R_{(prop)}$ /(万元/a)	单人年死亡概率 $P_{(LOL)}$
0.0185	0.76	1	0.411	0.285	0.456	540	2.164	2.6×10^{-3}

9.3.3.4　重要地质灾害隐患点风险评估结果

按照以上典型地质灾害隐患点风险评估方法，对城区范围内重要地质灾害隐患点逐一进行风险评估，评估结果见表9.14。

表9.14　绥德县城区重要地质灾害隐患点风险评估结果

滑坡名称	滑坡发生概率 $P_{(L)}$	滑坡到达承灾体概率 $P_{(T:L)}$	固定承灾体时空概率 $P_{(S:T)}$	流动承灾体时空概率 $P_{(S:T)}$	财产易损性 $V_{(prop:S)}$	人员易损性 $V_{(D:T)}$	承灾体价值 E /万元	财产年损失 $R_{(prop)}$ /(万元/a)	单人年死亡概率 $P_{(LOL)}$
十里铺滑坡	0.0458	0.59	1	0.342	0.237	0.367	37	0.237	3.4×10^{-3}
五金仓库滑坡	0.0566	0.433	1	0.411	0.221	0.112	27	0.146	1.1×10^{-3}
高砾砖厂滑坡	0.0344	0.59	1	0.411	0.354	0.237	77	0.553	2.0×10^{-3}
王家庄滑坡	0.0378	0.78	1	0.411	0.552	0.36	56	0.911	4.4×10^{-3}
高石角滑坡	0.055	1.00	1	0.342	0.48	0.45	12	0.317	8.5×10^{-3}
五里湾滑坡	0.0662	0.78	1	0.342	0.65	0.19	43	1.443	3.4×10^{-3}
马家洼滑坡	0.0632	0.57	1	0.342	0.238	0.453	34	0.292	5.6×10^{-3}
马家洼一组滑坡	0.0617	0.63	1	0.342	0.258	0.442	40	0.401	5.9×10^{-3}
砭上村滑坡	0.0897	0.66	1	0.342	0.465	0.764	22	0.606	1.6×10^{-2}
新市场社区滑坡	0.0278	0.72	1	0.342	0.244	0.456	340	1.661	3.1×10^{-3}
邮政局家属院滑坡	0.0185	0.76	1	0.411	0.285	0.456	540	2.164	2.6×10^{-3}
龙湾滑坡	0.0321	0.32	1	0.342	0.342	0.334	53	0.186	1.2×10^{-3}
刘家湾砖厂滑坡	0.0734	0.75	1	0.411	0.18	0.288	50	0.495	6.5×10^{-3}
十里铺村滑坡	0.076	0.544	1	0.342	0.115	0.184	96	0.456	2.6×10^{-3}

9.4　重要场地地质灾害风险评估

根据调查和城区工程地质测绘结果，从城镇规划、土地利用规划、基础设施和重大工程安全角度开展场地地质灾害风险评估，为绥德县城建设用地、地质灾害防治综合整治与土地开发、地质灾害风险管理提供详细资料数据和决策依据。本节选取马家庄斜坡段和白家沟流域开展场地地质灾害风险评估，研究斜坡和流域的风险源识别、变形破坏模式、失稳概率、危险区范围和风险大小等。

9.4.1　马家庄斜坡段风险评估

1. 斜坡段概述

马家庄斜坡段地处绥德县城张家砭乡马家庄村附近，是滑坡发育数量较多和人类活动较为强烈的地区之一，斜坡段前缘为绥德县城繁华地带，有许多新盖楼房，若坡体失稳将对城镇建设造成很大的危害（图9.33）。

斜坡段主体地层岩性为上覆晚、中更新世黄土，其中 Q_p^3 黄土厚5～35m，Q_p^2 黄土厚约

图9.33　马家庄斜坡段遥感影像图

30m，黄土下为厚3～10m的砂卵石层，下伏基岩为上三叠统胡家村组砂岩、泥岩。斜坡结构自上而下划分为Q_p^3黄土、Q_p^2黄土、砂卵石和基岩4部分，土体中夹有倾斜和近水平状古土壤层，硬塑，含较多钙质结核。斜坡体上人类工程活动强烈，由于建房形成多处开挖新鲜面，滑坡发育（图9.34，图9.35）。

图9.34　马家庄斜坡段发育滑坡

图9.35　马家庄斜坡段人工切坡

2. 风险源识别

以1∶2000地形图为底图，对场址进行了详细的地质灾害风险调查和工程勘查。马家庄斜坡段共识别出风险源8处，包括5处滑坡、2处人工切坡和1处不稳定坡体（图9.36）。其中Ⅰ号、Ⅱ号、Ⅲ号、Ⅳ号、Ⅴ号风险源为滑坡体，规模较小，面积分别为$0.15×10^4m^2$、$0.16×10^4m^2$、$0.05×10^4m^2$、$0.13×10^4m^2$、$0.13×10^4m^2$，5处滑坡前缘均具有滑动临空面，土体土质疏松，节理裂隙发育，黄土内发育古土壤层，降雨尤其是大暴雨时容易沿节理裂隙入渗，并与古土壤的接触面汇聚形成软弱带，发生滑动的可能性较大。Ⅵ号和Ⅶ号风险源为人工切坡，坡体陡立，临空面大，发生崩塌的可能性较大。Ⅷ号风险源为不稳定坡体，前缘临空面大，土体破碎松散，坡体上发育有落水洞，雨水入渗之后软化土体，有可能引发崩塌滑坡灾害。

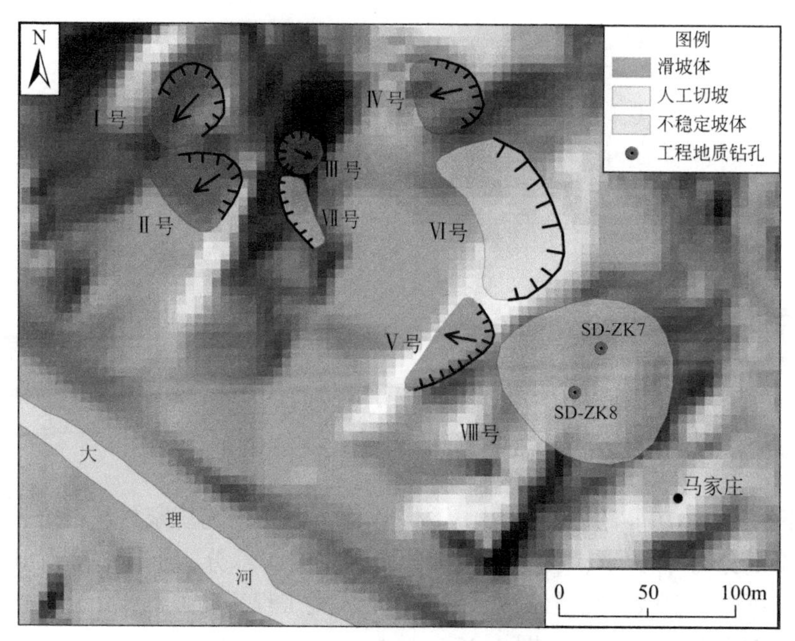

图 9.36　马家庄斜坡段风险源识别图

3. 失稳概率分析

8 处风险源主要由 Q_p^3和 Q_p^2黄土组成，选取 8 条计算剖面在 Geo-Slope 软件中进行模拟运算，计算结果见表 9.15。

表 9.15　马家庄斜坡段失稳概率分析结果

风险源	可靠度	安全系数均值	失稳概率
Ⅰ号	0.612	1.362	0.357
Ⅱ号	0.578	1.248	0.322
Ⅲ号	0.624	1.432	0.385
Ⅳ号	0.556	1.191	0.294
Ⅴ号	0.480	1.134	0.273
Ⅵ号	0.508	1.185	0.279
Ⅶ号	0.594	1.320	0.346
Ⅷ号	0.468	1.073	0.261

4. 风险要素分析

$P_{(L)}$：地质灾害发生的概率由诱发事件与斜坡失稳同时出现的概率决定，本次参照 Australian Geomechanics Society（2007）规定的灾害可能性分级，以实地调查和失稳概率分析后的定性判断为主。Ⅰ号、Ⅱ号、Ⅲ号、Ⅶ号风险源失稳可能性为“不一定”，相当于概率 10^{-4}；Ⅳ号、Ⅴ号、Ⅵ号风险源失稳的可能性为“可能”，相当于概率 10^{-3}；Ⅷ号风险源失稳的可能性为“很可能”，相当于概率 10^{-2}（表 9.16）。

表 9.16　对灾害发生可能性的定性评价

级别	描述符	概率量级	含义
A	几乎确定	10^{-1}	非常可能发生
B	很可能	10^{-2}	在不利条件下会发生
C	可能	10^{-3}	在不利条件下可能发生
D	不一定	10^{-4}	在非常不利条件下可能发生
E	可能性小	10^{-5}	只有在例外情况下可能发生
F	不可能	10^{-6}	不可能发生或只有在想象中才发生

$P_{(T:L)}$：风险源到达承灾体的概率主要由承灾体距离风险源的远近所决定。根据马家庄斜坡段实际调查情况分析，马家庄斜坡段坡体失稳到达承灾体的概率为 1.0。

$P_{(S:T)}$：房屋为固定承灾体，时空概率为 $P_{(S:T)}=1$；房屋里面的人员为流动承灾体，平均一年住 300 天，每天 10 个小时，则有 $P_{(S:T)}=(300/365)\times(10/24)=0.342$。

$V_{(prop:S)}$：财产易损性根据灾害强度、承灾体抵抗灾害的能力和承灾体距离风险源的远近综合考虑赋值，相对来说，滑坡造成建筑物的破坏程度要大于崩塌，砖混或钢结构的建筑物抵抗灾害的能力要大于平房抵抗灾害的能力。财产易损性表示为从 0～1，0 代表没有损失，1 代表完全损坏。

$V_{(D:T)}$：人员易损性根据灾害强度、人员抵抗灾害的能力和人员距离风险源的远近综合考虑赋值，相对来说，人员距离风险源越远，抵抗灾害的能力越强。人员易损性表示为从 0～1，0 代表没有伤亡，1 代表死亡。

E：承灾体价值是在收集场地规划资料和野外调查的基础上确定的，马家庄斜坡段内承灾体主要为多层楼房和居民平房，可根据受险区内建筑物面积和楼层高度确定不同建筑物的经济价值，本次仅考虑了建筑物本身经济价值，未考虑建筑物内其他财产价值和间接损失。多层楼房按 3000 元/m^2测算，平房按 1000 元/m^2测算。

5. 风险分析和区划

根据上述风险要素调查分析结果，按财产风险计算公式对马家庄斜坡段进行财产风险评估，按人员风险计算公式对马家庄斜坡段进行人员风险评估。风险评估结果见表 9.17，人员风险区划结果如图 9.37 所示。

表 9.17　马家庄斜坡段风险评估结果

风险源	发生概率 $P_{(L)}$	到达承灾体概率 $P_{(T:L)}$	固定承灾体时空概率 $P_{(S:T)}$	流动承灾体时空概率 $P_{(S:T)}$	财产易损性 $V_{(prop:S)}$	人员易损性 $V_{(D:T)}$	承灾体价值 E /万元	财产年损失 $R_{(prop)}$ /(万元/a)	单人年死亡概率 $P_{(LOL)}$
Ⅰ号	10^{-4}	1.0	1.0	0.342	0.1	0.1	140	0.0014	3.42×10^{-6}
Ⅱ号	10^{-4}	1.0	1.0	0.342	0.3	0.6	1887	0.0566	2.05×10^{-5}
Ⅲ号	10^{-4}	1.0	1.0	0.342	0.2	0.8	462	0.0092	2.74×10^{-5}

续表

风险源	发生概率 $P_{(L)}$	到达承灾体概率 $P_{(T:L)}$	固定承灾体时空概率 $P_{(S:T)}$	流动承灾体时空概率 $P_{(S:T)}$	财产易损性 $V_{(prop:S)}$	人员易损性 $V_{(D:T)}$	承灾体价值 E /万元	财产年损失 $R_{(prop)}$ /(万元/a)	单人年死亡概率 $P_{(LOL)}$
Ⅳ号	10^{-3}	1.0	1.0	0.342	0.5	0.5	776	0.3880	1.71×10^{-4}
Ⅴ号	10^{-3}	1.0	1.0	0.342	0.6	0.4	522	0.3132	1.37×10^{-4}
Ⅵ号	10^{-3}	1.0	1.0	0.342	0.8	0.3	497	0.3976	1.03×10^{-4}
Ⅶ号	10^{-4}	1.0	1.0	0.342	0.4	0.7	238	0.0095	2.39×10^{-5}
Ⅷ号	10^{-2}	1.0	1.0	0.342	0.9	0.5	903	8.1296	1.71×10^{-3}

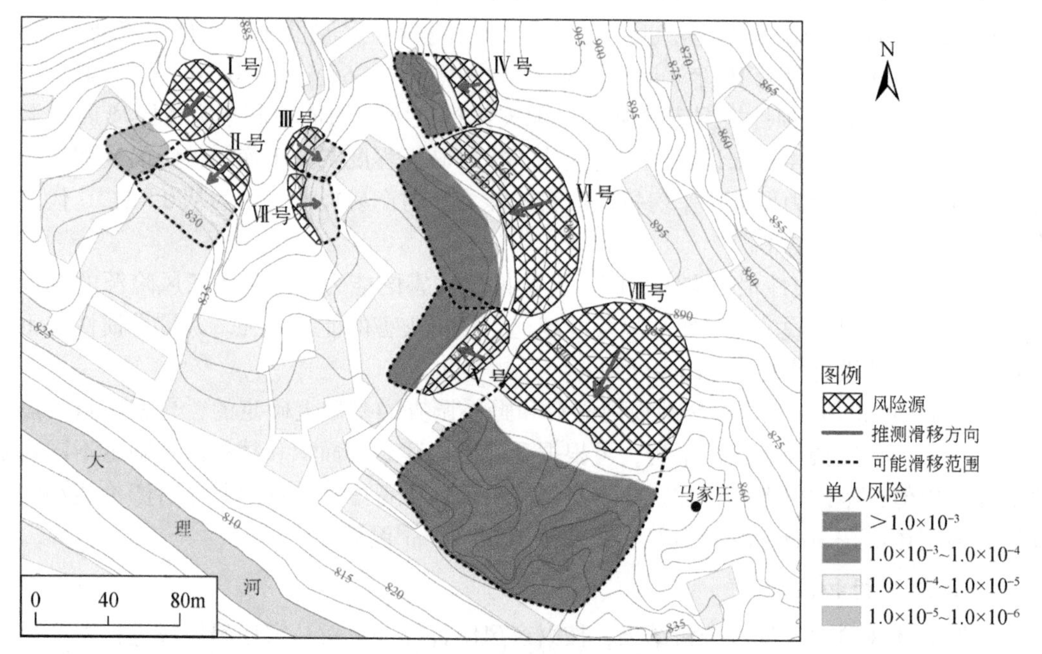

图 9.37　马家庄斜坡段单人风险区划图

9.4.2　白家沟流域风险评估

1. 流域概况

白家沟流域位于绥德县城张家砭乡白家湾村，无定河一级支流大理河的左岸，地形复杂陡峭，沟谷深切，主要呈“V”形谷地形特征（图 9.38）。白家沟发育两条主要分支沟，分别为白家沟和井沟，总体形态呈不规则叶片状，沟内植被覆盖较差，人类工程活动强烈，坡脚开挖严重。沟道两侧滑坡、崩塌时有发生，形成大量的松散物源。沟谷边坡地层岩性主要为上覆晚、中更新世黄土，结构疏松多孔，节理发育，沟谷底部出露上三叠统胡家村组砂岩、泥岩。

图9.38　白家沟流域遥感影像

1982年8月暴雨期间，该流域发生一次泥石流灾害，造成100多间房屋被淹，1人死亡，当时直接经济损失达30万元。该流域目前潜在的威胁对象为沟口绥德县第一建材厂、绥德县第五幼儿园、绥德县老年协会、民歌传承馆等单位和白家湾村居民共计约3000余人，房屋600多间。本次从城镇规划、土地利用规划、基础设施和重大工程安全角度开展流域地质灾害风险评估，为绥德县城建设用地、地质灾害防治综合整治与土地开发、地质灾害风险管理提供详细资料数据和决策依据。

2. *泥石流形成条件分析*

1）地形地貌条件

地形地貌对泥石流的发生和发展具有重要的作用，沟谷的流域面积、沟床比降、沟谷两侧山坡坡度、沟谷内地形起伏度等地形条件都对泥石流的形成和发展起着重要作用。巨大的地形高差，使沟道内的松散堆积物具有较大的势能，陡峻的沟床和山坡为松散物质的启动提供了有利的条件，较小的流域面积便于径流的快速汇集。白家沟流域地形复杂陡峭，沟谷强烈侵蚀下切，沟道断面主要呈“V”形地形特征。白家沟流域主沟发育两条主要分支沟。白家沟流域具有山高、坡陡、沟床比降大、沟谷面积小的特征，为泥石流的形成提供了良好的地形条件。

本次研究采用1∶2000地形图为数据源，利用ArcGIS构建DEM模型，提取水流方向，通过洼地填充生成无洼地DEM，计算汇流累积量，提取水流长度，生成河网，最终生成集水流域，再提取流域边界，生成数字流域图。同时对流域内山坡高程、坡度以及地形起伏度进行提取和分析计算。其中地形起伏度是指在一个特定的区域内，最高点高程与最低点高程的差值，本研究按25m×25m间距计算地形起伏度。各地形因子特征如图9.39所示，各因子统计特征计算结果见表9.18～表9.20。

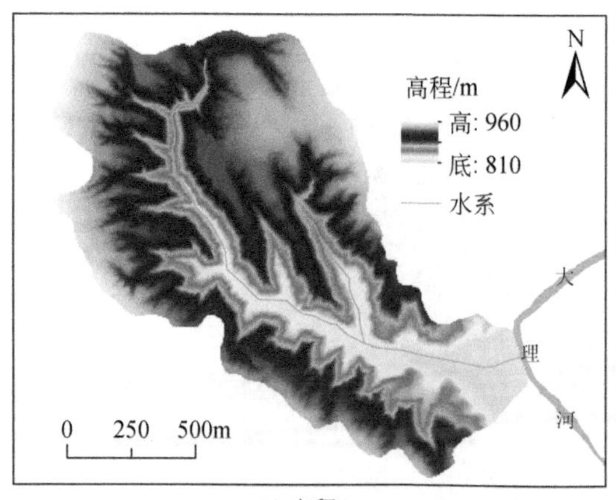

(a) 高程

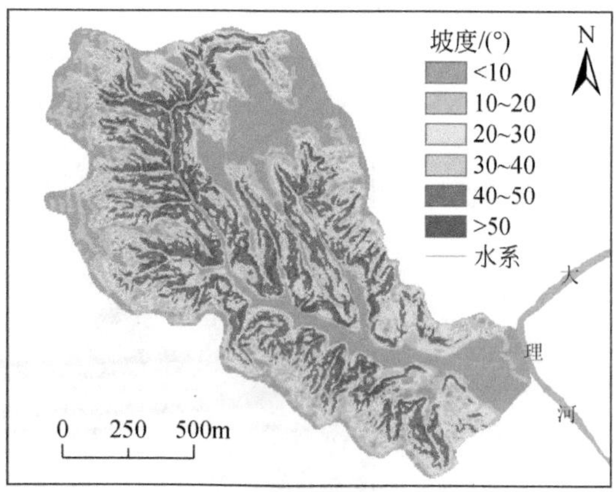

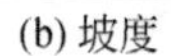

(b) 坡度

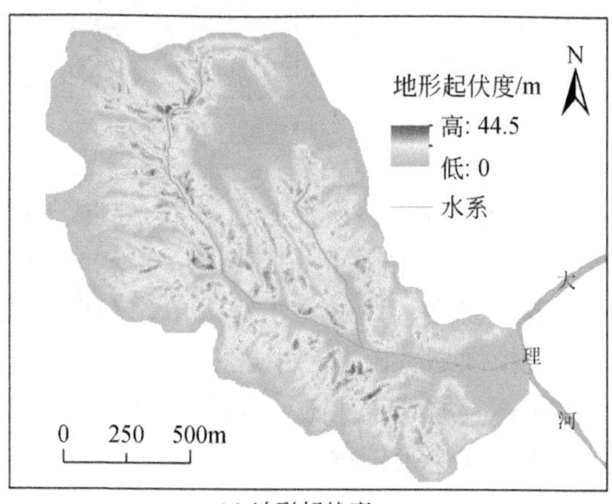

(c) 地形起伏度

图 9.39　白家沟流域地形因子特征图

表 9.18　白家沟流域地表高程分级统计

项目	高程					合计
	<840m	840～870m	870～900m	900～930m	>930m	
地表面积/km^2	0.23	0.24	0.31	0.52	0.37	1.67
所占比例/%	13.77	14.37	18.56	31.14	22.16	100

表 9.19　白家沟流域坡度分级统计

项目	坡度					合计
	<20°	20°～30°	30°～40°	40°～50°	>50°	
地表面积/km^2	0.69	0.24	0.31	0.35	0.08	1.67
所占比例/%	41.32	14.37	18.56	20.96	4.79	100

表 9.20 白家沟流域地形起伏度分级统计

项目	地形起伏度				合计
	<10m	10～20m	20～30m	>30m	
地表面积/km²	0.73	0.51	0.40	0.03	1.67
所占比例/%	43.71	30.54	23.95	1.80	100

白家沟流域面积为 1.67km²，沟谷总体上呈北东向展布，地势西北高，东南低，沟谷高程从 810～960m，相对高差 150m，沟道总长 2.22km，平均纵坡降 67.6‰。沟道流域内支沟发育，主沟、支沟及次级支沟间呈树枝状交汇。由于沟谷强烈侵蚀下切，沟道断面以“V”形为主。

白家沟流域内地表高程在 810～960m 范围内分布比较均匀，该流域内地表高程分级统计情况见表 9.18。白家沟流域内山坡坡度主要集中在 20°～50°，山坡坡度分级统计情况见表 9.19。将白家沟流域地形起伏度分为 4 级，地形起伏度为 10～30m 的占总面积的 54.49%，各地形起伏度分级统计情况见表 9.20。

2）降雨条件

1982 年 8 月，绥德县持续性强降雨，暴雨致使白家湾沟谷内黄土边坡大规模滑动、崩塌，崩滑堆积体在洪水的冲蚀、挟带下，最终引发泥流。

强降雨是白家沟流域暴发泥石流的最主要因素，在强降雨的冲刷作用下，崩塌滑坡等松散固体物质会迅速转换为泥石流的物源，从而暴发泥石流。

3. *泥石流特征*

白家沟发育一条主沟——白家沟，一条主要支沟——井沟。根据白家沟的沟谷特征，松散固体物质的分布情况，可将泥石流沟划分为形成区、流通区和堆积区三部分，其中形成区和流通区在两条沟谷内均有分布。泥石流各区面积大小、沟长、平均纵坡降等特征随沟谷形态不同而异，对各沟谷分区特征的分析计算结果见表 9.21、图 9.40。

表 9.21 各沟谷泥石流分区特征

分区	面积/km²	沟谷	沟长/km	高程/m			平均纵坡降 I/‰
				最低	最高	相对高差	
形成区	0.40	白家沟	0.92	830	885	55	59.8
		井沟	0.58	836	940	104	179.3
流通区	0.11	白家沟	0.97	820	830	10	10.3
		井沟	0.66	820	836	16	24.2
堆积区	0.12		0.29	810	820	10	34.5

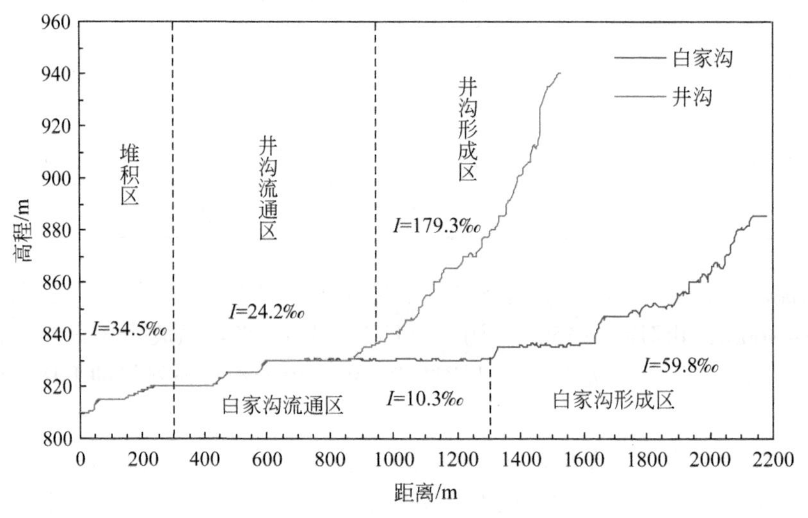

图 9.40　各沟谷泥石流分区纵比降图

4. 松散固体物质储量分析

松散固体物质是泥石流灾害形成的最主要因素之一，松散固体物质的补给条件及其储量直接影响着泥石流的性质和规模。据调查，白家沟泥石流松散固体物质的补给源主要包括滑坡、崩塌、坡残积物、沟道堆积物、人工弃渣等。

本次对沟道两侧斜坡上发育的浅表层滑坡崩塌体及坡残积体进行调查，获得每个调查点的面积和厚度，则流域内可形成泥石流的松散固体物质储量为崩滑体面积与厚度的乘积。

经调查，白家沟流域沟道两侧松散固体物质最大厚度 8. 0m，最小厚度 1. 0m，平均厚度 3. 53m（图 9. 41）。流域内松散固体物质总面积 $15.1\times10^4m^2$，则可形成泥石流的松散固体物质总量为 $53.3\times10^4m^3$。

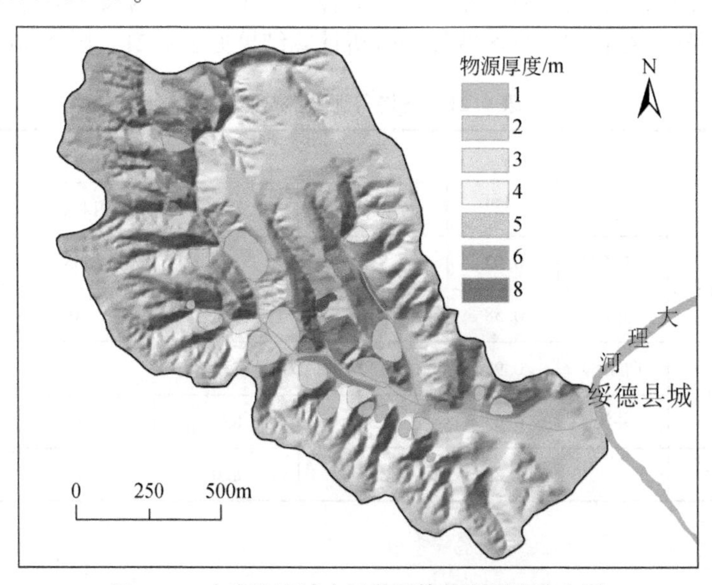

图 9. 41　白家沟流域内松散固体物源厚度分布图

5. 泥石流风险分析

1) 危险区分析

白家沟泥石流最大危险区范围的计算按照《泥石流灾害防治工程勘查规范》(DZ/T 0220—2006)所介绍的经验公式计算:

$$S=0.6667L\times B-0.0833B^2\times\sin R/(1-\cos R) \quad (9.4.1)$$

式中,S 为泥石流堆积区最大危险范围(km^2);L 为泥石流最大堆积长度(km),$L=0.8061+0.0015A+0.000033W$,$A$ 为流域面积(km^2),$A=1.67km^2$,W 为松散固体物质储量(10^4m^3),$W=53.3\times10^4m^3$;B 为泥石流最大堆积宽度(km),$B=0.5452+0.0034D_{主}+0.000031W$,$D_{主}$ 为主沟长度(km),$D_{主}=2.22km$;R 为泥石流堆积幅角(°),$R=47.8296-1.3085D+8.8876H$,$H$ 为流域最大高差(km),$H=0.15km$。

经计算得出泥石流最大堆积长度 $L=0.8104km$,最大堆积宽度 $B=0.5544km$,堆积幅角 $R=46.2579°$,泥石流最大危险范围 $S=0.2396km^2$。

根据前面计算结果,泥石流最大危险范围为 $S=0.2396km^2$。根据流域内承灾体分布情况,将危险区划分为 20 个区域进行评价。危险性按照承灾体距离危险源的远近及灾害的可能强度,分为危险性很高、危险性高、危险性中和危险性低四级,白家沟流域危险性评价图如图 9.42 所示。

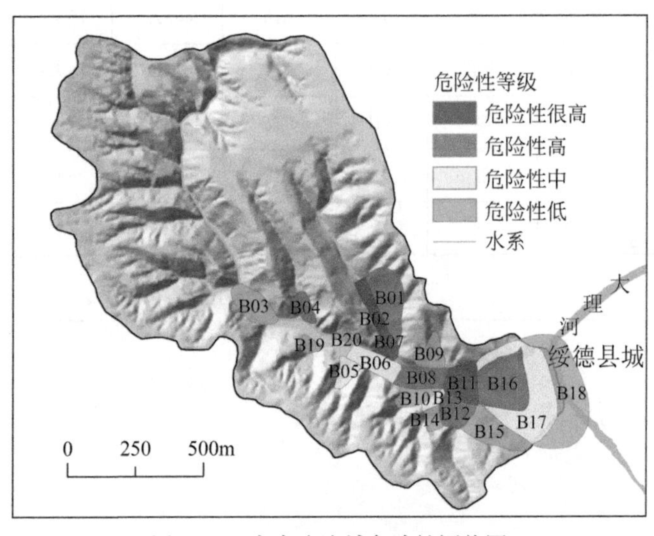

图 9.42 白家沟流域危险性评价图

危害性可表述为承灾体(人口数量或经济价值)和易损性的函数,其值为人口数量或经济价值与易损性的乘积。按照灾害可能的强度及其对应的易损性将危害性分为以下四级:

一般级:$D\leq3$ 人或 $D\leq10$ 万元;

较大级:3 人 $<D\leq10$ 人或 10 万 $<D\leq50$ 万元;

重大级:10 人 $<D\leq50$ 人或 50 万 $<D\leq100$ 万元;

特大级:$D>50$ 人或 $D>100$ 万元。

2）风险分析

对白家沟流域内可能遭受滑坡或者泥石流危害的承灾体均进行调查，同时将承灾体划分为20个区域进行评价。根据野外调查结果，白家沟流域内20处承灾体危害性见表9.22。综合考虑危险性和危害性，确定风险分级标准，风险等级分为以下四级：风险很高（VH）、风险高（H）、风险中（M）和风险低（L）。根据风险等级可编制白家沟流域风险评价图（图9.43）。

表9.22　白家沟流域承灾体风险计算结果表

风险区编号	面积/m^2	危害性	危险性	风险等级	风险区编号	面积/m^2	危害性	危险性	风险等级
B01	16533.9	重大级	高	H	B11	12684.6	特大级	很高	VH
B02	9196.4	重大级	很高	VH	B12	9185.7	特大级	高	VH
B03	11596.2	一般级	低	L	B13	3011.5	一般级	中	L
B04	4875.2	一般级	高	M	B14	4045.8	较大级	低	L
B05	5335.6	较大级	中	H	B15	15437.3	较大级	低	L
B06	10108.1	特大级	中	H	B16	24482.5	特大级	高	VH
B07	3686.2	较大级	很高	VH	B17	36119.2	特大级	中	H
B08	10885.5	特大级	高	VH	B18	42334.9	重大级	低	M
B09	7736.8	重大级	低	M	B19	3175.4	一般级	低	L
B10	6585.2	重大级	低	M	B20	2581.6	一般级	低	L

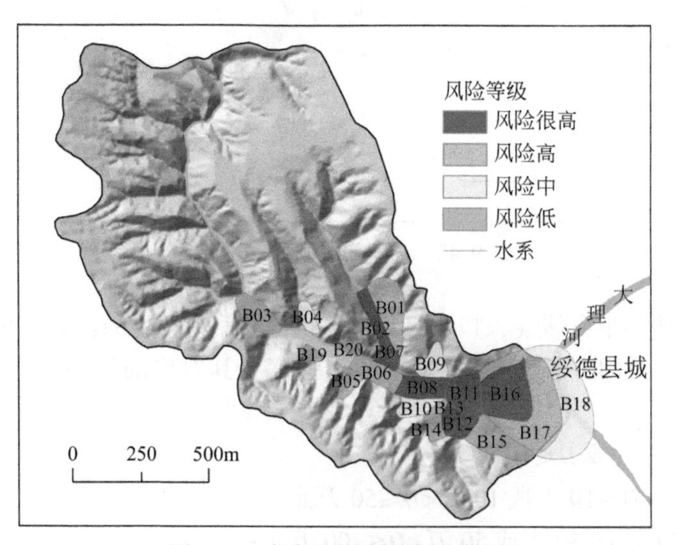

图9.43　白家沟流域风险评价图

9.5　区域地质灾害风险评估

9.5.1　区域地质灾害易发性评估

地质灾害的发生在空间和时间域上都具有一定的规律性，这种区域空间上的规律性可通过易发性来表述。地质灾害易发性评估是基于面上的工作，目前国内外对易发性评估所采用的方法主要有层次分析法、逻辑回归模型、模糊综合评判法、人工神经网络模型、信息量模型、支持向量机、GIS技术分析等。总体来看，不同评价方法各有特点，应综合考虑所采用的评价指标体系选择符合研究区实际情况的评价方法（薛强等，2015）。本次以GIS为平台，采用基于斜坡单元与信息量模型结合的方法开展绥德县城区斜坡地质灾害易发性评估。

9.5.1.1　信息量模型

信息量模型通过信息量值的大小来评价影响因素与研究对象关系的密切程度。信息量模型用于地质灾害易发性评估的主要思路是通过对已知地质灾害的现实情况提供的信息，把各影响因素的实测值转化为反映地质灾害发生的信息量值（高克昌等，2006）。地质灾害现象（y）受多种因素组合（x_i，$i=1, 2, \cdots, n$）的影响，各种因素对地质灾害所起的作用是不同的，要综合考虑各种影响因素的类别及其组合。信息量模型计算公式为

$$I(y, x_1x_2\cdots x_n) = \ln\frac{P(y, x_1x_2\cdots x_n)}{P(y)} \tag{9.5.1}$$

式中，$I(y, x_1x_2\cdots x_n)$ 为因素组合 $x_1x_2\cdots x_n$ 对地质灾害发生所提供的信息量；$P(y, x_1x_2\cdots x_n)$ 为因素 $x_1x_2\cdots x_n$ 组合条件下地质灾害发生的概率；$P(y)$ 为地质灾害发生的概率。

根据条件概率运算，式（9.5.1）可进一步写成：

$$I(y, x_1x_2\cdots x_n) = I(y, x_1) + I_{x_1}(y, x_2) + \cdots + I_{x_1x_2\cdots x_{n-1}}(y, x_n) \tag{9.5.2}$$

式中，$I_{x_1}(y, x_2)$ 为评价因素 x_1 存在时，评价因素 x_2 对地质灾害发生所提供的信息量。

式（9.5.1）、式（9.5.2）是信息量的理论模型，在实际计算时，可使用样本频率计算信息量，即

$$I(x_i, H) = \ln\frac{N_i/N}{S_i/S} \tag{9.5.3}$$

式中，$I(x_i, H)$ 为评价因素 x_i 对地质灾害发生提供的信息量值；S 为研究区评价单元总数；S_i 为研究区内含有评价因素 x_i 的单元数；N 为研究区内含有地质灾害分布的单元总数；N_i 为地质灾害落在评价因素 x_i 内的单元数。

计算单个评价单元内 n 种因素组合情况下，提供地质灾害发生的总的信息量为 I_i，即

$$I_i = \sum_{i=1}^{n} I(x_i, H) = \sum_{i=1}^{n} \ln\frac{N_i/N}{S_i/S} \tag{9.5.4}$$

将总的信息量值 I_i 的大小作为该评价单元影响地质灾害发生的综合指标，单元信息量值越大越有利于地质灾害的发生，则该单元的地质灾害易发性越高。

9.5.1.2　评价因子选取与分析

1. 评价因子的选取

地质灾害易发区是指明显可能发生地质灾害的地区。因此，其区域划分应基于地质灾害演化趋势，采用已发生的地质灾害点，结合地质灾害形成条件与影响因素，圈定不同区域地质灾害的易发程度。依据此原则，在地质灾害形成条件分析的基础上，选择斜坡坡度、坡高、坡向、坡型、斜坡结构类型、人类工程活动等因素作为评价指标。由于降雨因素在研究区范围内只与时间有关，在区域空间上基本是一常量，而本节只是针对空间范围内地质灾害的易发性评估，因此不考虑降雨因素。

2. 评价因子图层的建立

1）评价单元的划分

斜坡是滑坡崩塌等地质灾害发生的基本地形地貌单元，因此斜坡单元是进行滑坡易发性评估的理想单元，也是跟实际情况比较符合的。本次共完成绥德县城及规划区 28.5km² 的斜坡调查，将此范围内的斜坡地带共划分为 1050 个斜坡单元（图 9.44）。其中单元面积最小为 $0.47\times10^4\text{m}^2$，最大为 $11.10\times10^4\text{m}^2$，平均为 $2.72\times10^4\text{m}^2$，并在此基础上提取地质灾害定量评价指标。

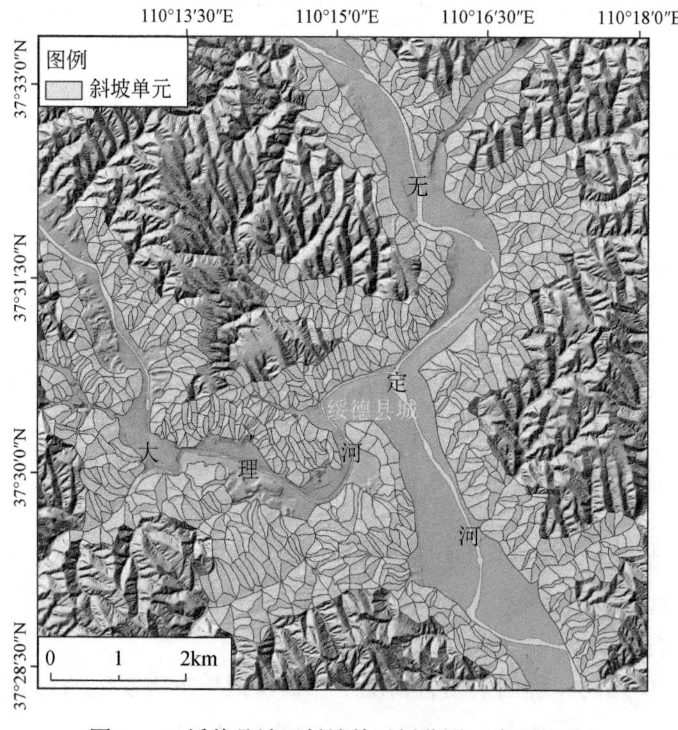

图 9.44　绥德县城区斜坡单元划分图（实地调查）

2）滑坡、崩塌发育密度

地质灾害发育密度有点密度和面密度，点密度为每个评价单元内地质灾害点数量发育情况（滑坡数/单元面积）；面密度为每个评价单元内地质灾害体面积所占总面积的比例（滑坡面积/单元面积），其值为 0～1。

在野外调查的基础上，采用崩塌、滑坡点数量指标，计算绥德县城及规划区斜坡单元内已有崩塌、滑坡的点密度，单位为：个/km^2（图 9.45）；根据野外填图情况，采用崩塌、滑坡体的面积指标，计算绥德县城及规划区斜坡单元内已有崩塌、滑坡的面密度，单位为：m^2/m^2（图 9.46）。相对而言，面密度能较好地反映出该评价单元内地质灾害的发育程度，如一个斜坡单元就是一个滑坡体，其面密度为 1，能很好地反映出该评价单元内地质灾害的发育程度；而点密度则较低，不能较好地反映地质灾害的发育程度。因此，本次采用面密度指标进行绥德县城及规划区地质灾害易发性评估。

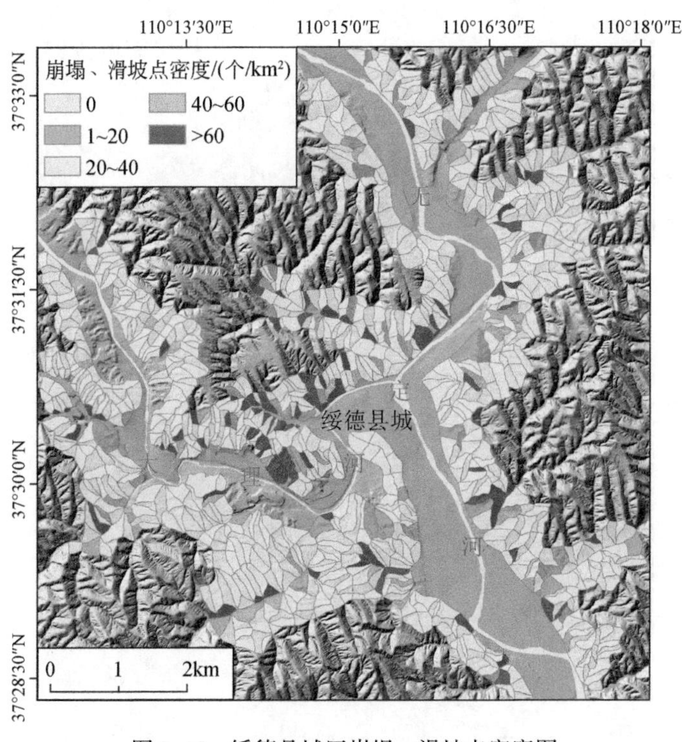

图 9.45　绥德县城区崩塌、滑坡点密度图

3）坡度指标

坡度是黄土崩滑灾害发生的一个重要控制因素，不同坡度上，发生崩塌和滑坡的类型、规模、危害程度均有不同。据前人研究成果，陕北黄土高原区 80% 以上的滑坡发生在坡度大于 30°的斜坡地段，尤其是“鼓肚型”斜坡更易发生滑坡；而当坡度大于 60°，坡高大于 5m 的黄土陡崖就有可能发生黄土崩塌，崩塌的规模虽然不像滑坡那样宏大，一般只有几十到几万立方米，但其往往造成惨重的人员伤亡和财产损失。本次利用 ArcGIS 从绥德县城及规划区 1∶10000 DEM 数据中提取坡度信息，然后在斜坡单元内求取栅格坡度平均值作为易发性评估坡度指标（图 9.47）。

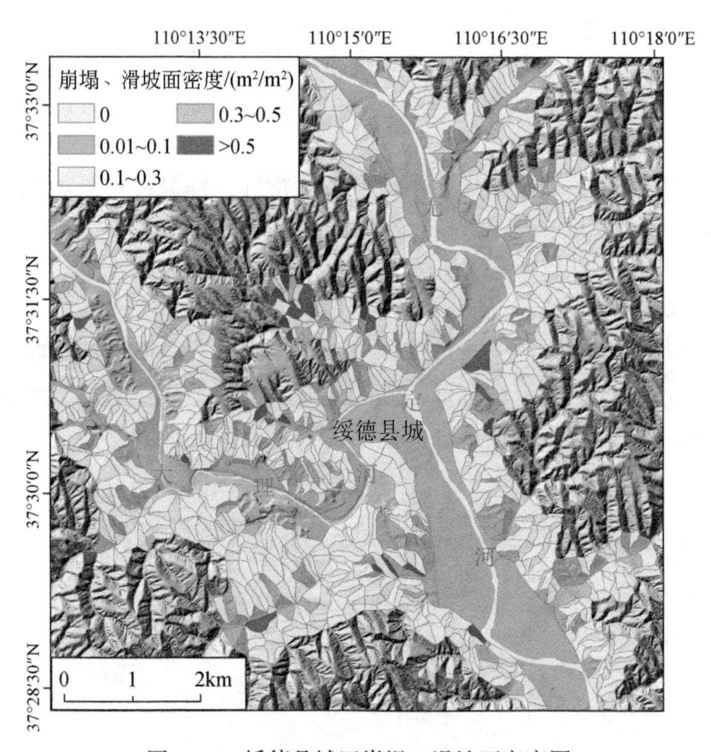

图 9.46　绥德县城区崩塌、滑坡面密度图

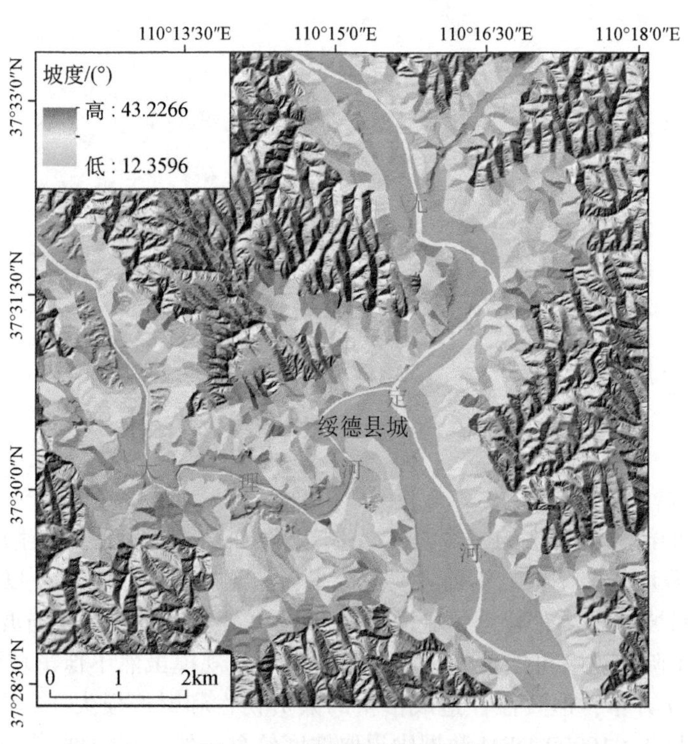

图 9.47　绥德县城区坡度图

4）坡高指标

斜坡高度（坡高）对黄土滑坡的发生有显著的影响，它不仅决定着滑坡强度的大小，而且还影响着滑坡的滑距。高坡体不仅有利于滑坡的发育，而且还制约着滑坡的运动特征。

坡高可利用地形起伏度来间接获取，地形起伏度是指在一个特定的区域内最高点高程与最低点高程的差值。本次从绥德县城及规划区 1∶10000 DEM 数据中按 5×5 单元格（25m×25m）间距计算地形起伏度，然后在斜坡单元内求取地形起伏度平均值作为易发性评估坡高指标（图 9.48）。

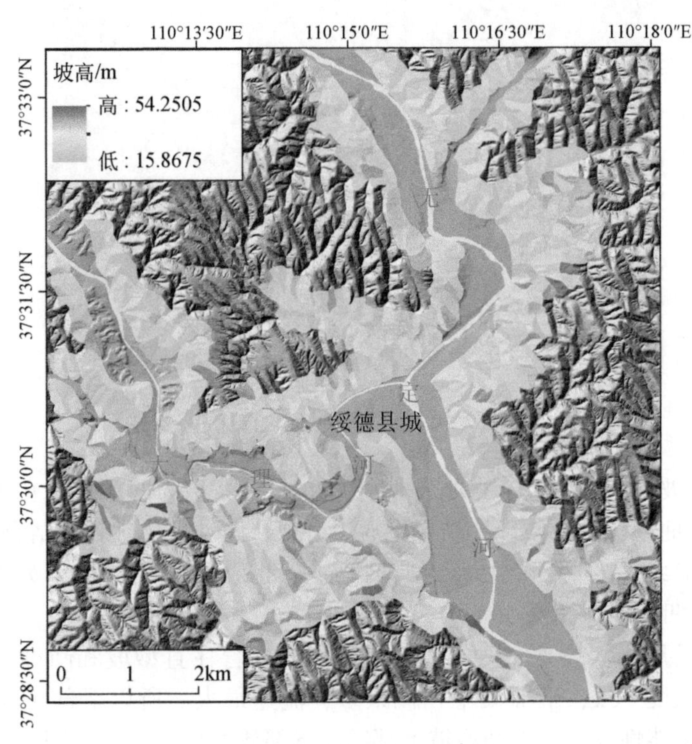

图 9.48　绥德县城区坡高图

5）坡向指标

坡向对滑坡发育也有一定的影响，形成了沟谷两侧滑坡分布的不对称性。由于斜坡朝向不同，山坡的小气候和水热等条件有着规律性的差异。阳坡比阴坡受日照时间长，太阳辐射强烈，气温与土温较高，温度日差较大。阴、阳坡面水热条件的差异会导致斜坡土体含水量、风化程度、坡度等要素的不同，对滑坡的发生起到一定的影响作用。据前人研究成果，陕北黄土高原区坡向在 0°～90°、225°～360°的阴坡地段容易发生滑坡。本次利用 ArcGIS 从绥德县城及规划区 1∶10000 DEM 数据中提取坡向信息，在斜坡单元内求取栅格坡向平均值作为易发性评估坡向指标（图 9.49）。

6）坡型指标

坡型是指地表坡面的形态，可分为直型坡、凸型坡和凹型坡三种基本类型，在 GIS 中坡型可以利用地表的曲率 P 进行描述和量化。当地表曲率 $P>0$ 时，坡型为凸型坡；当地

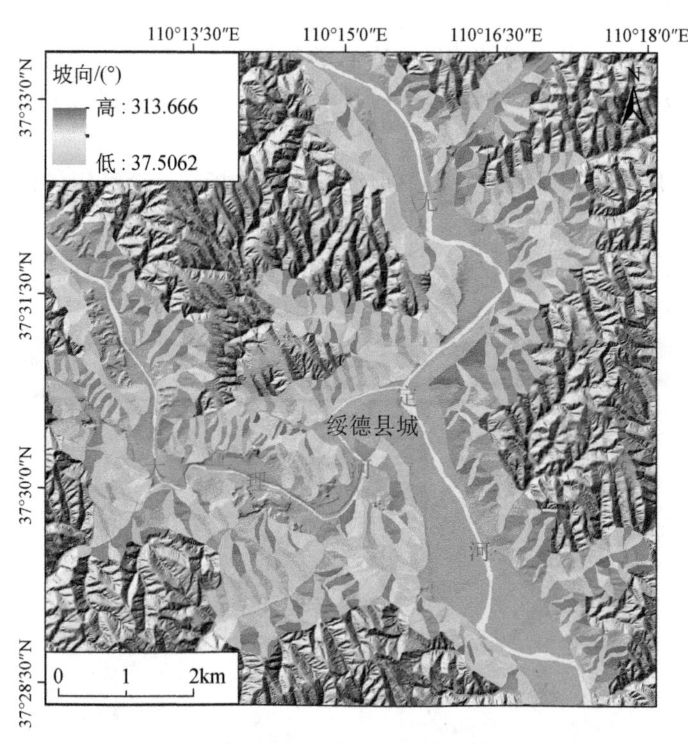

图 9.49　绥德县城区坡向图

表曲率 $P=0$ 时，坡型为直型坡；当地表曲率 $P<0$ 时，坡型为凹型坡。在本研究当中，利用 DEM 提取地表曲率，为了使计算结果更易于显现，经过多次试算并结合实际调查资料，做如下定义：当 $P\geqslant 0.1$ 时，坡型为凸型坡；当 $-0.1<P<0.1$ 时，坡型为直型坡；当 $P\leqslant -0.1$ 时，坡型为凹型坡（图 9.50）。

在绥德县城及周边斜坡地带，崩塌、滑坡主要发育在直型坡和凸型坡上。其原因在于，直型坡上下坡度一致，下部集中径流最多，流速最大，所以下部土壤冲刷较上部强烈，发生滑动的可能性较大；而凸型坡上部缓，下部陡而长，土壤冲刷较直型坡下部更强烈，发生崩滑的可能性较大；凹型坡上部陡，下部缓，中部土壤侵蚀强烈，下部侵蚀减小，发生崩滑的可能性较小。

7）斜坡结构类型指标

绥德县城及周边与滑坡最密切的易滑地层主要有黄土、黄土中的古土壤层、中生代基岩顶面泥岩或强风化层。城区内黄土堆积面积广、厚度大，构成了以梁峁为主的黄土地貌，使得黄土滑坡发育广泛。下伏基岩仅在沟谷地区出露，形成黄土和基岩复合型滑坡，对滑坡的形成和发育具有一定的控制作用。绥德县城及周边斜坡结构按照其对滑坡发生的影响作用从弱到强可依次划分为：水平层状结构岩质斜坡、块状结构岩质斜坡、坡残积土+基岩斜坡、黄土+基岩斜坡、黄土斜坡、黄土+古土壤+砂卵石斜坡、黄土+古土壤斜坡。

8）人类工程活动指标

人类工程活动对滑坡形成发育的影响是极为复杂的，如何对其定量化反映是个难题。以往研究对人类工程活动的考虑主要是以公路铁路等为基准线，向基准线两边做缓冲区分

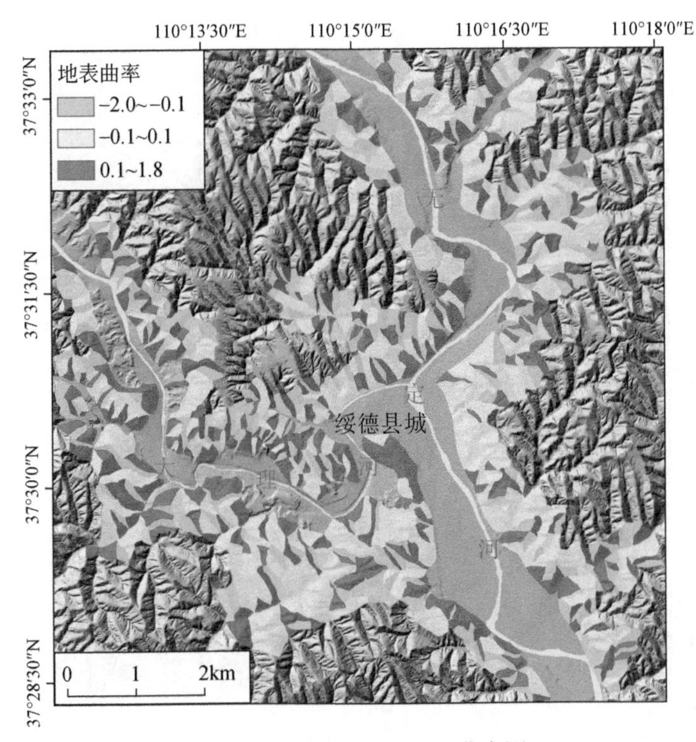

图 9.50　绥德县城区地表曲率图

析，用距离基准线的远近来表示人类工程活动对滑坡发生贡献的大小。这种量化方法虽然有一定的实际意义，且能在一定程度上代表研究区人类工程活动的强弱，但公路铁路一般都是由国家投资修建，建设场地大多都开展过地质灾害危险性评估，且对开挖的坡体进行了护坡处理，发生灾害的概率较低。而在陕北黄土高原区，人类工程活动诱发的滑坡崩塌等地质灾害，大多是由居民开挖坡脚建房所引发。由于居民开挖坡脚建房没有进行相应的护坡处理，且坡体开挖陡立，发生灾害的概率较高。

在绥德县城周边斜坡地带，不合理开挖坡脚建房现象严重（图 9.51），且基本都没有进行护坡处理，人工开挖坡脚使坡体产生临空面，易造成滑坡崩塌等灾害。本次在绥德县城及规划区共调查人工切坡及影响范围 157 处（图 9.52）。在调查的基础上，根据野外填图情况，采用人工切坡面密度作为人类工程活动指标进行绥德县城及规划区地质灾害易发性评估（图 9.53）。

图 9.51　绥德县城周边斜坡地带不合理的开挖坡脚建房

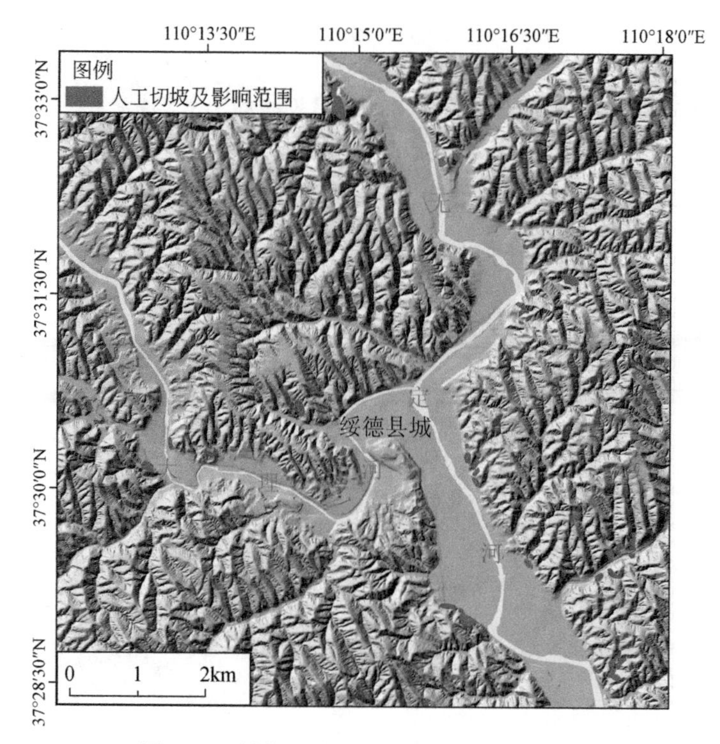

图 9.52　绥德县城区人工切坡及影响范围图

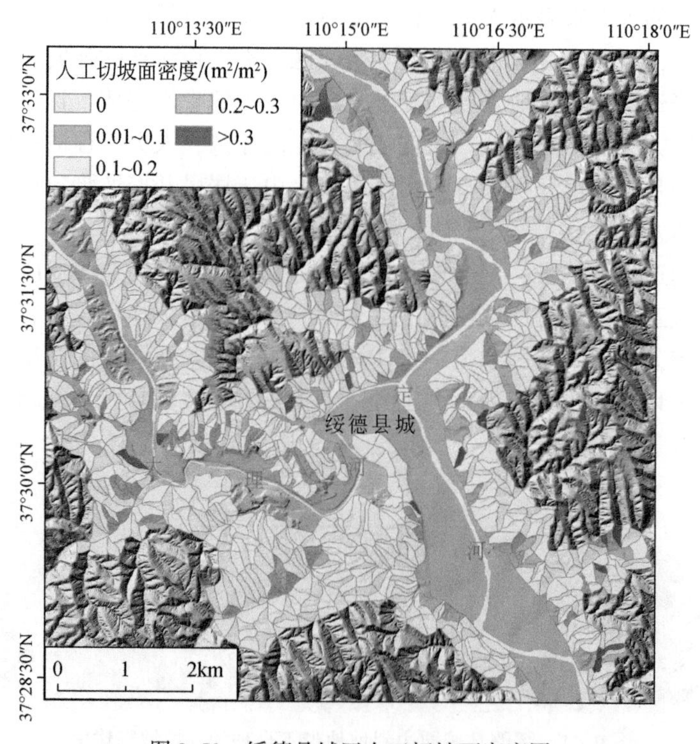

图 9.53　绥德县城区人工切坡面密度图

9.5.1.3　区域斜坡易发性评估

1. 易发性评估

易发性评估可通过 ArcGIS 中的空间分析功能来实现，具体包含以下步骤。

(1) 因子图层重分类：实际中某些因素对地质灾害的影响在一个较小的数量范围内是稳定的，因此，需要对因子图层中连续分布的数据进行重新分类，得到 6 个分类之后的因子图层。各图层分类情况见表 9. 23。

表 9. 23　各因子图层分类情况及其对应的信息量值

因子图层		各因子图层各类别对应值						
坡度	分类范围/(°)	0 ~ 15	15 ~ 20	20 ~ 25	25 ~ 30	30 ~ 35	>35	
	分类值	1	2	3	4	5	6	
	信息量值	0. 0013	0. 0548	0. 1527	0. 3549	0. 3942	0. 5631	
坡高	分类范围/m	0 ~ 20	20 ~ 25	25 ~ 30	30 ~ 35	35 ~ 40	>40	
	分类值	1	2	3	4	5	6	
	信息量值	0. 0012	0. 0045	0. 1523	0. 1736	0. 2642	0. 4685	
坡向	分类范围/(°)	0 ~ 45	45 ~ 90	90 ~ 135	135 ~ 180	180 ~ 225	225 ~ 270	270 ~ 360
	分类值	1	2	3	4	5	6	7
	信息量值	0. 2365	0. 3973	0. 0037	0. 0124	0. 1327	0. 1439	0. 0352
坡型	分类范围 P	<-0. 5	-0. 5 ~ 0	0 ~ 0. 5	>0. 5			
	分类值	1	2	3	4			
	信息量值	0. 0063	0. 1372	0. 3684	0. 8647			
斜坡结构类型	分类范围	水平层状结构岩质斜坡	块状结构岩质斜坡	坡残积土+基岩斜坡	黄土+基岩斜坡	黄土斜坡	黄土+古土壤+砂卵石斜坡	黄土+古土壤斜坡
	分类值	1	2	3	4	5	6	7
	信息量值	0. 0015	0. 0153	0. 1624	0. 3346	0. 5632	0. 6543	0. 8762
人工切坡密度	分类范围/m	0	0. 01 ~ 0. 1	0. 1 ~ 0. 2	0. 2 ~ 0. 3	>0. 3		
	分类值	1	2	3	4	5		
	信息量值	0. 0014	0. 2054	0. 6318	0. 8625	0. 9543		

（2）将6个分类之后的评价因子图层分别与滑坡分布图在ArcGIS中做空间分析，得到滑坡在不同因子不同分类中的分布密度，然后根据式（9.5.4）可计算出各因子图层各类别对滑坡影响的信息量值（表9.23）。

（3）根据信息量值将6个评价因子重新生成6个信息量图，然后对6个信息量图层进行空间叠加分析，生成以总的信息量值为评价指标的地质灾害易发性指数图（图9.54）。

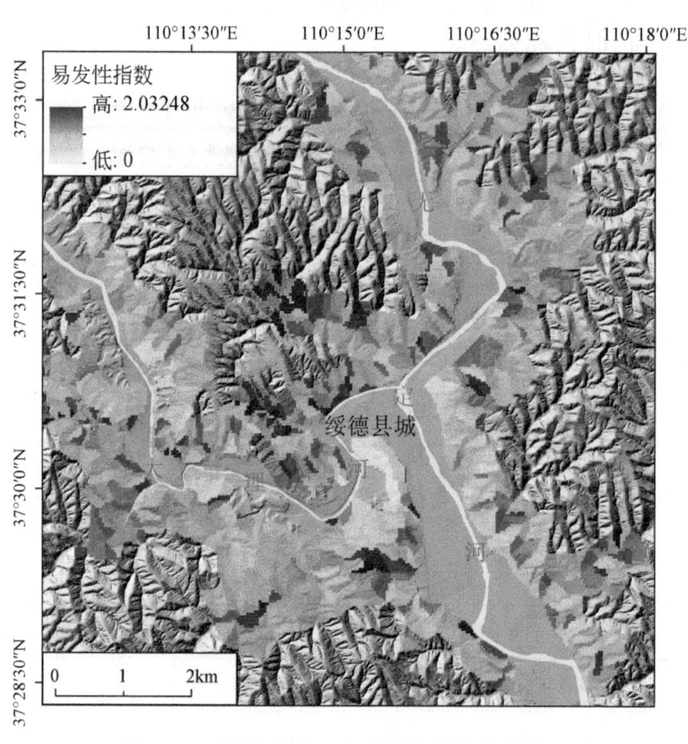

图9.54　绥德县城区地质灾害易发性指数图

2. 评价结果

根据计算结果，单元总易发性指数的范围为0～2.03248，数值越大，反映各因子对滑坡发生的综合贡献率越大，发生滑坡的可能性就越大，滑坡易发性越高。利用ArcGIS中的自然断点法（natural break）将绥德县城及规划区的滑坡易发性分为易发性很高、易发性高、易发性中和易发性低4级（图9.55）。

易发性分级与实际滑坡和不稳定斜坡的分布情况见表9.24，由表可知，随易发性等级的逐步提高，各易发区中包含的实际滑坡和不稳定斜坡点的数量也逐步增加，滑坡发生的比率亦随之增大。这表明利用信息量模型得出的易发性分区与实际滑坡发育分布特征相吻合，评价结果合理，在最终获得的易发性评估图中，易发性很高和易发性高的区域中包含了78.52%的已知滑坡和不稳定斜坡点。

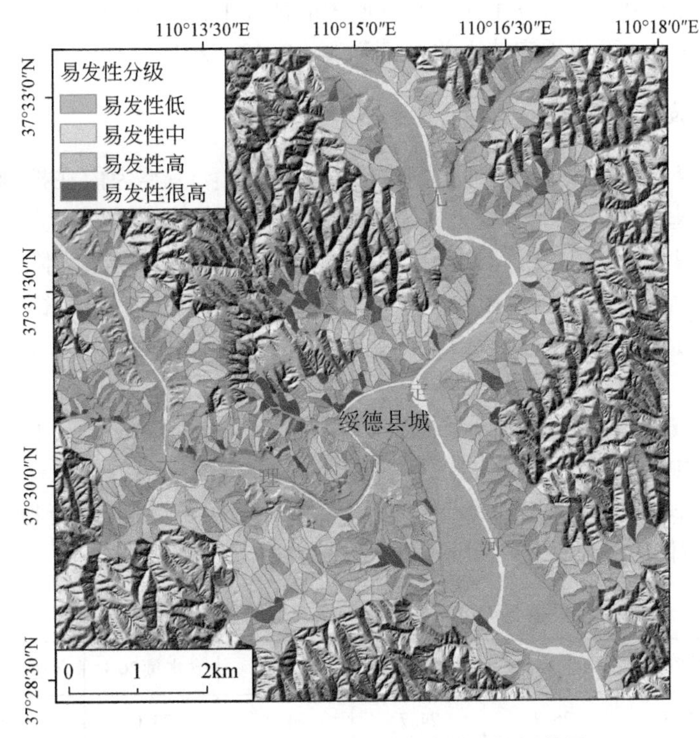

图9.55　绥德县城区地质灾害易发性评估图

表9.24　信息量值对应易发性分级及其与实际滑坡和不稳定斜坡分布的对比

易发性分级	信息量值	面积/km²	面积所占比例/%	滑坡与不稳定斜坡数量/个	滑坡所占比例/%
易发性低	0～0.522701	7.70	27.01	13	3.32
易发性中	0.522702～0.807325	13.04	45.74	71	18.16
易发性高	0.807326～1.221253	6.48	22.73	224	57.29
易发性很高	1.221254～2.032480	1.29	4.52	83	21.23
总计		28.51	100	391	100

绥德县城及规划区滑坡高易发区（包括易发性很高和易发性高）面积共7.77km²，占调查面积的27.25%，包含滑坡与不稳定斜坡数量共307个，占滑坡和不稳定斜坡总数的78.52%。

9.5.2　区域地质灾害危险性评估

地质灾害危险性是某一地区某一时间段内地质灾害发生的可能性，是空间位置、发生概率的一个综合概念。本次是对绥德县城区及周边沟谷内有威胁对象的斜坡进行评估，因此危险性定义为在降雨入渗引发土体含水量增大的情况下，斜坡的失稳概率。危险性只与斜坡自身的特性有关，而与承灾体无关（薛强等，2013，2018）。

9.5.2.1　斜坡稳定性分析

影响斜坡稳定性的因素众多，但主要可以分为2类：一类为内在控制因素，如斜坡自身形态特征、斜坡结构类型、岩土体特性等；另一类为外在诱发因素，如降雨、地震等。对于绥德县城区周边黄土斜坡来说，其失稳的最主要诱发因素为降雨，而降雨直接影响斜坡的土体含水量。随着土体含水量的增大，抗剪强度降低是绥德县城区黄土斜坡变形失稳的主要力学机制，因此，当土体含水量达到什么程度时斜坡会变形失稳显得尤为重要。

本次采用Mohr-Coulomb准则作为本构模型，选用Morgenstern-price作为分析模型，运用GeoStudio软件中的SLOP/W模块分别进行不同含水量工况下的斜坡稳定性计算，稳定性计算所选参数见表9.25。本次将城区周边斜坡单元作为一个整体进行稳定性分析，当斜坡单元内包含滑坡体时，则稳定性分析剖面切过滑坡体。

表9.25　绥德县城区不同含水量工况下的土体物理力学参数

土体类型	参数类型	含水量5%	含水量10%	含水量15%	含水量20%	含水量25%	含水量30%
滑体土	黏聚力 C/kPa	26.7	24.7	24.0	23.0	19.7	18.0
	内摩擦角 φ/(°)	23.5	23.0	22.5	21.5	16.5	15.1
	重度 γ/(kN/m^3)	14.6	15.3	16.0	16.7	17.4	18.1
马兰黄土	黏聚力 C/kPa	33.9	29.9	27.1	25.0	20.7	18.4
	内摩擦角 φ/(°)	24.6	23.9	23.1	21.8	17.2	15.3
	重度 γ/(kN/m^3)	15.2	16.0	16.7	17.4	18.1	18.9
离石黄土	黏聚力 C/kPa	37.8	35.7	33.3	30.6	24.7	20.4
	内摩擦角 φ/(°)	25.2	24.6	24.0	23.0	19.1	16.4
	重度 γ/(kN/m^3)	17.9	18.8	19.6	20.5	21.3	22.2

按照含水量为5%、10%、15%、20%、25%、30%（饱和）的不同工况，对绥德县城区1050个斜坡单元分别进行稳定性计算（图9.56）。

表9.26为不同含水量工况下斜坡单元稳定性计算结果统计，对比不同含水量工况下的计算结果，可以看出随着含水量的增大，斜坡单元稳定区域面积逐渐减少，而不稳定区域面积逐渐增加（图9.57）。当含水量为5%时，稳定区域面积所占比例为98.32%，不稳定区域面积所占比例为1.68%；当含水量增加到30%时，稳定区域面积所占比例减少为23.43%，不稳定区域面积所占比例增加为76.57%。

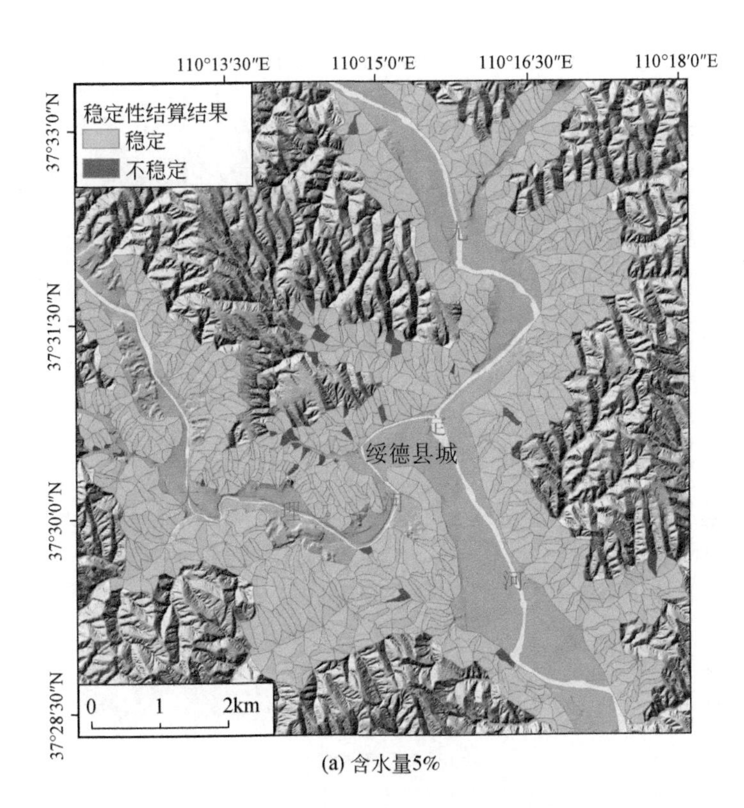

(a) 含水量5%

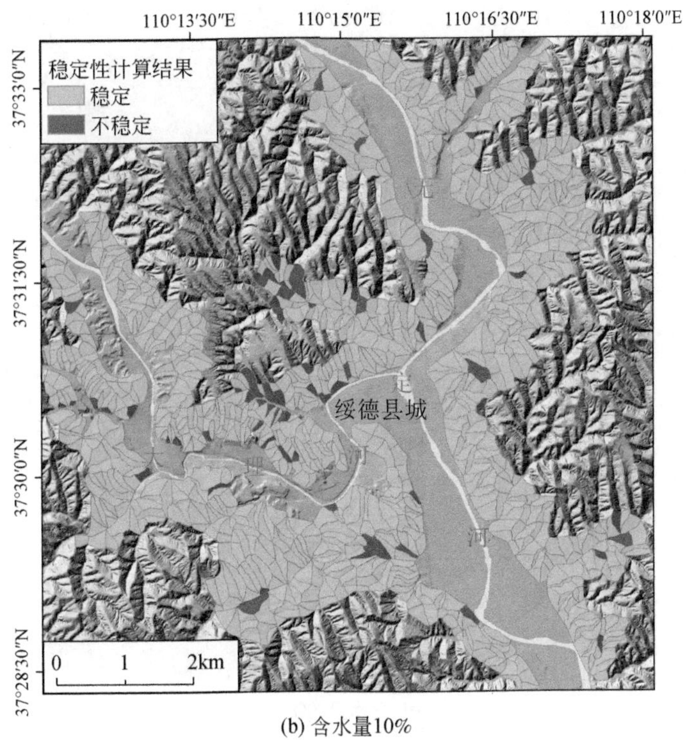

(b) 含水量10%

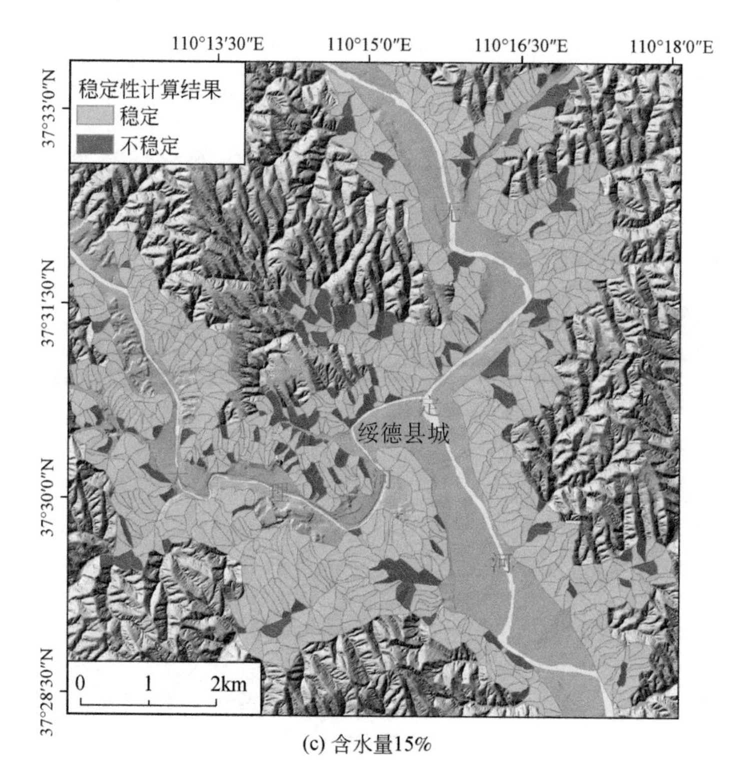

(c) 含水量15%

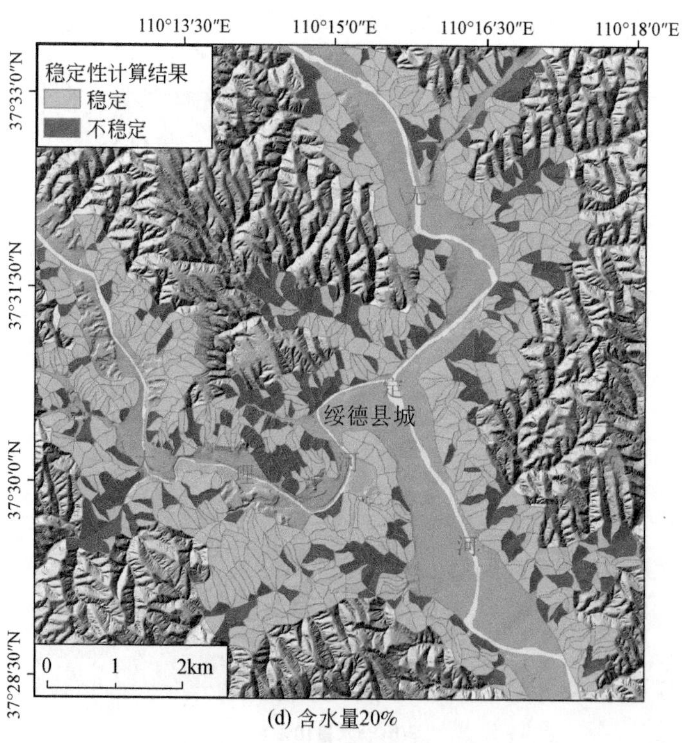

(d) 含水量20%

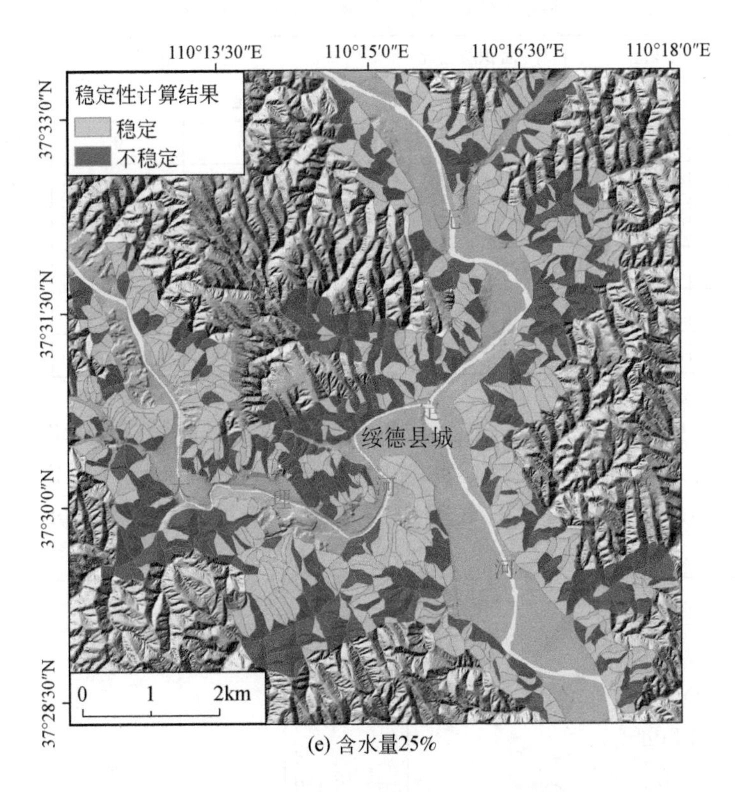

(e) 含水量25%

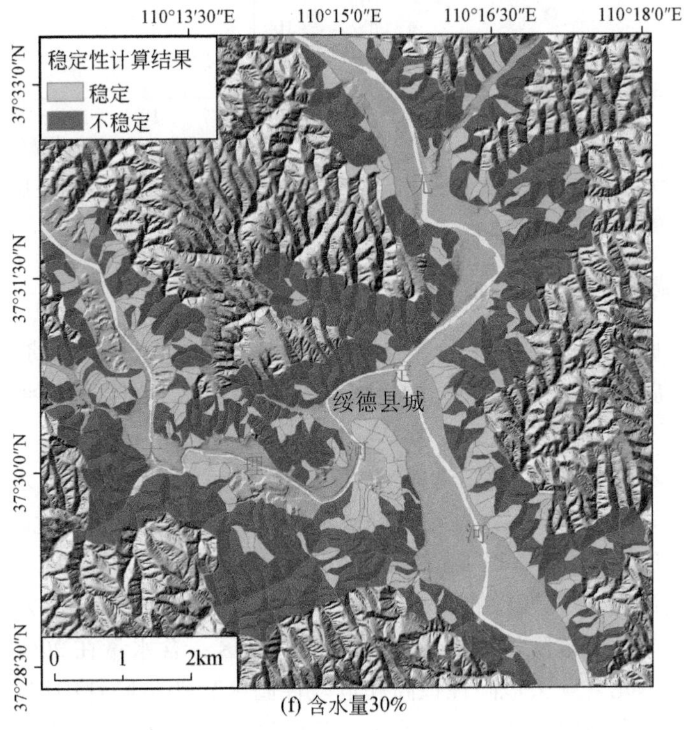

(f) 含水量30%

图9.56　绥德县城区斜坡单元稳定性计算结果

表 9.26　不同含水量工况下斜坡单元稳定性计算结果统计

含水量/%	区域面积/km²		面积所占比例/%		滑坡数量/个		滑坡所占比例/%	
	稳定	不稳定	稳定	不稳定	稳定	不稳定	稳定	不稳定
5	28.03	0.48	98.32	1.68	355	36	90.79	9.21
10	27.06	1.45	94.91	5.09	300	91	76.73	23.27
15	24.95	3.56	87.51	12.49	212	179	54.22	45.78
20	20.55	7.96	72.08	27.92	81	310	20.72	79.28
25	14.67	13.84	51.46	48.54	28	363	7.16	92.84
30	6.68	21.83	23.43	76.57	10	381	2.56	97.44

同时，随着含水量的增大，不稳定斜坡单元内已有滑坡的数量逐渐增加，说明已有滑坡复活的可能性增大（图 9.58）。当含水量从 5% 增加到 30% 时，不稳定斜坡单元内滑坡所占比例从 9.21% 增加到 97.44%，说明有 97.44% 的滑坡处于不稳定状态。

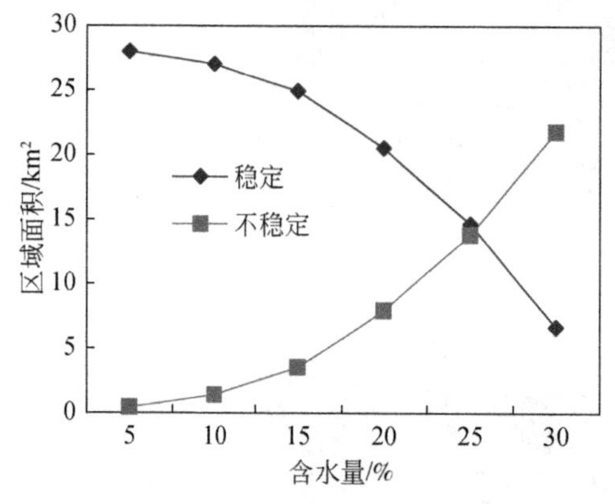

图 9.57　不同含水量条件下失稳面积变化

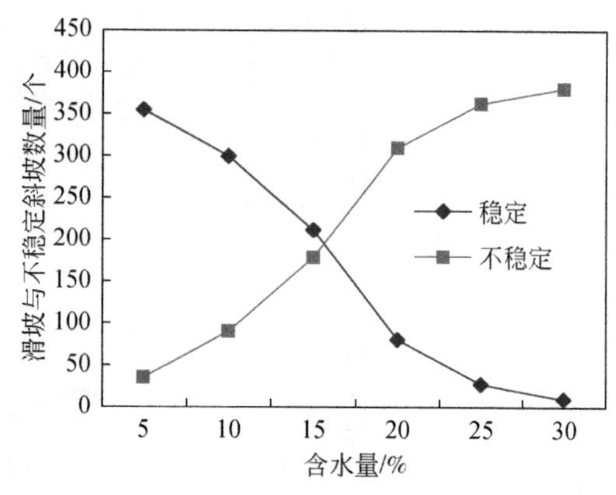

图 9.58　不同含水量条件下所占滑坡数量变化

9.5.2.2　区域斜坡危险性评估

据陕北黄土高原区斜坡土体含水量监测结果和经验数据，认为斜坡土体含水量出现 0～15% 的概率很高，出现 15%～20% 的概率高，出现 20%～25% 的概率中等，出现 25% 以上的概率很低。

因此，可根据不同含水量工况下斜坡单元稳定性计算结果，按照含水量出现的概率将斜坡单元危险性分为以下四级：危险性很高、危险性高、危险性中和危险性低（表 9.27）。含水量在 0～15% 工况下计算所得不稳定斜坡单元为危险性很高区，即在很小的诱发作用下（土体含水量达到 15%）失稳的斜坡危险性很高；含水量在 15%～20% 工况下计算所得不稳定斜坡单元（除去危险性很高区）为危险性高区；含水量在 20%～25% 工况下计算所得不稳定斜坡单元（除去危险性很高和危险性高区）为危险性中区；含水量>25% 工况下计算所得不稳定和稳定斜坡单元（除去危险性很高、危险性高和危险性中区）为危险性低区，即在很强的诱发因素作用下（土体含水量需>25%）才能失稳（或不失稳）的斜坡危险性低，因为强诱发因素出现的概率很低（图9.59）。

表9.27　斜坡单元危险性分级表

危险性分级		危险性很高	危险性高	危险性中	危险性低
斜坡失稳需达到的含水量/%		0～15	15～20	20～25	>25
危险区面积/km^2	不稳定坡体	3.56	4.40	5.88	7.99
	稳定坡体	0	0	0	6.68
	合计	3.56	4.40	5.88	14.67

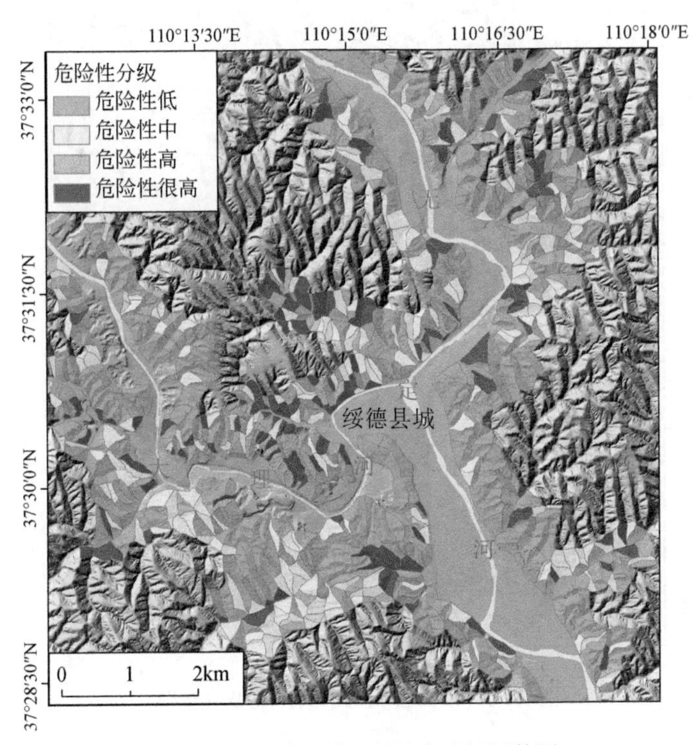

图9.59　绥德县城区斜坡危险性评估图

9.5.3　区域地质灾害风险评估

城区斜坡的风险取决于斜坡危险性和危害性，将风险定义为地质灾害发生时承灾体遭受损害的可能性，即风险是危险性与危害性的函数。

$$R=f(H, D)$$

式中，R为风险；H为危险性；D为危害性。

9.5.3.1　危害性评估

1. 承灾体识别与分类

承灾体指的是受潜在危险源威胁的人员或财产，也即动态的人员、车辆和静态的建筑、基础设施、道路等。承灾体识别是风险评估的关键，是风险的社会构成要素，也是自然滑坡构成滑坡灾害的关键。承灾体强调受潜在地质灾害威胁，对于不受地质灾害威胁的人员和财产，不属于承灾体。本次利用1∶10000 遥感数据提取房屋建筑、铁路、主要道路作为承灾体分布的主要依据（图 9.60），通过承灾体类型对研究区地质灾害的易损性进行分析。

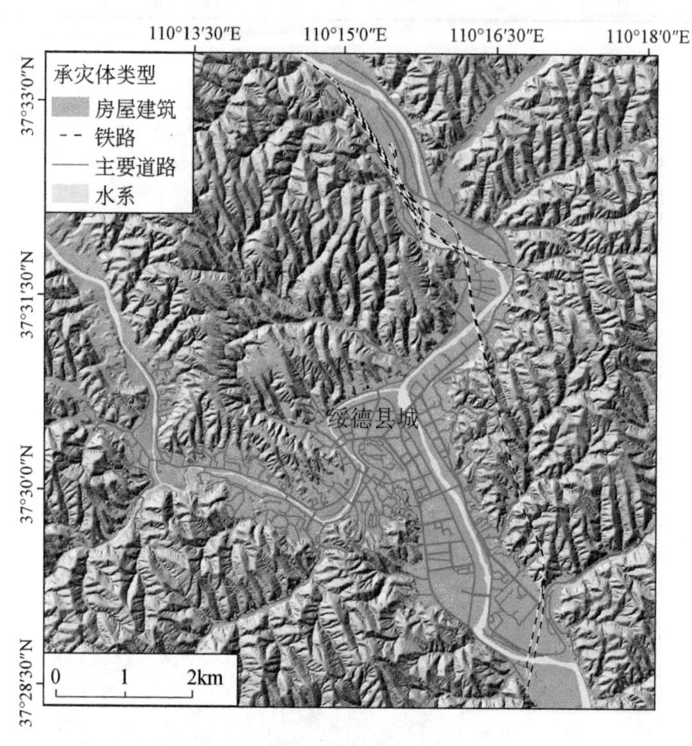

图 9.60　绥德县城区承灾体类型分布图

2. 易损性分析

承灾体的易损性主要由灾害的强度和承灾体的物质结构所决定，本次评价以危险性代替灾害强度。根据野外调查情况，给出一般情况下绥德县城区各类承灾体的类型及其在相应危险性下的易损性指标（表 9.28）。承灾体分为固定承灾体和流动承灾体 2 类，固定承灾体包含居民楼、居民房、铁路、公路等建筑物和基础设施；流动承灾体是指灾害发生时可造成的人员伤害。承灾体易损性指标从 0～1，0 代表无损坏，1 代表完全损坏。本次将承灾体易损性指标（V）分为以下 4 级：

当 $0<V\leq 0.3$ 时，表示承灾体为轻度损坏；

当 $0.3<V\leq 0.6$ 时，表示承灾体为中度损坏；

当 $0.6<V\leq 0.9$ 时，表示承灾体为高度损坏；

当0.9<V≤1.0时，表示承灾体为完全损坏。

表9.28　绥德县城区承灾体分类及其易损性指标一览表

危险性分级	固定承灾体（建筑物和基础设施）				流动承灾体（人员）
	居民楼	居民房	铁路	公路	
危险性很高	0.9	1.0	1.0	1.0	1.0
危险性高	0.6	0.8	0.8	0.8	0.8
危险性中	0.3	0.6	0.6	0.6	0.6
危险性低	0.1	0.3	0.3	0.3	0.3

3. 危害性评估

危害性可表述为承灾体（人口数量或经济价值）和易损性的函数，其值为人口数量或经济价值与易损性的乘积。根据承灾体分类和易损性指标分析的结果，综合考虑灾害的规模、类型以及承灾体的面积，参考中华人民共和国地质矿产行业标准《地质灾害分类分级（试行）》（DZ 0238—2004），按照以下原则开展潜在危害等级的划分：

（1）城镇周边重大建筑区或人数大于500人的居民区为特大级危害；

（2）城镇周边一般建筑区或人数大于100人、小于500人的居民区为重大级危害；

（3）城镇周边沟谷内人数大于10人、小于100人的居民区为较大级危害；

（4）城镇周边沟谷内人数小于10人的居民区为一般级危害。

绥德县城区地质灾害危害性评估结果如图9.61所示。

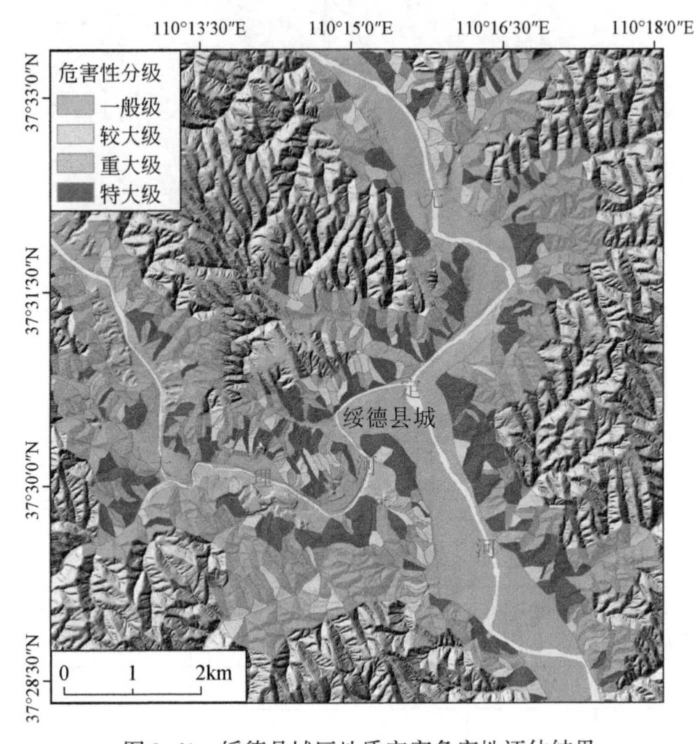

图9.61　绥德县城区地质灾害危害性评估结果

9.5.3.2　风险评估

综合考虑地质灾害危险性和危害性评估结果，根据地质灾害危险性和危害性等级矩阵（表 9.29），将绥德县城区地质灾害风险划分为 4 个级别：风险很高、风险高、风险中和风险低（图 9.62，表 9.30）。

表 9.29　风险分级表

危险性分级	危害性分级			
	特大级	重大级	较大级	一般级
危险性很高	VH	VH	H	M
危险性高	VH	H	H	M
危险性中	H	H	M	L
危险性低	M	M	L	L

注：VH 为风险很高，H 为风险高，M 为风险中，L 为风险低

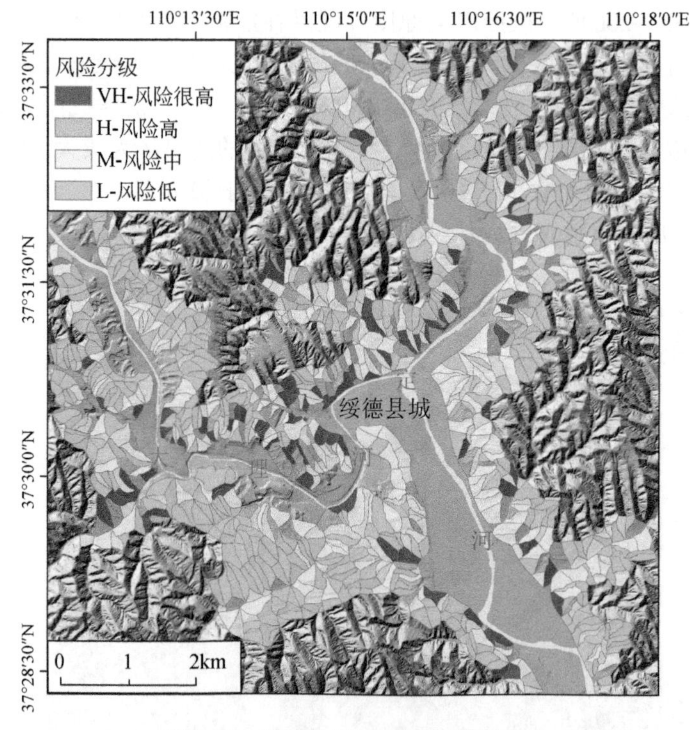

图 9.62　绥德县城区斜坡段风险区划

表 9.30　绥德县城区风险评估结果表

风险分级	斜坡单元数量/个	区域面积/km²	面积所占比例/%	包含滑坡点/个	威胁房屋数量/栋	威胁房屋建筑面积/$10^4 m^2$
VH-风险很高	106	2.27	7.96	111	402	57.67
H-风险高	114	3.03	10.63	90	487	37.88

续表

风险分级	斜坡单元数量/个	区域面积/km^2	面积所占比例/%	包含滑坡点/个	威胁房屋数量/栋	威胁房屋建筑面积/10^4m^2
M-风险中	362	10.40	36.48	161	1521	104.60
L-风险低	468	12.81	44.93	29	851	2.84
合计	1050	28.51	100	391	3261	202.99

风险很高区主要分布在绥德县城大理河北岸一带，以及大理河南岸马家洼村到木家楼一带，其他地段也有零星分布。风险很高区包含斜坡单元数量共106个，区域面积共2.27km^2，共包含滑坡点111个，威胁房屋数量402栋，威胁房屋建筑面积57.67×10^4m^2。

风险高区主要分布在绥德县城大理河北岸一带，与风险很高区交叉分布，其他地段也有零星分布。风险高区包含斜坡单元数量共114个，区域面积共3.03km^2，共包含滑坡点90个，威胁房屋数量487栋，威胁房屋建筑面积37.88×10^4m^2。

风险中区在无定河及大理河沿岸斜坡地带均有分布。风险中区包含斜坡单元数量共362个，区域面积共10.40km^2，共包含滑坡点161个，威胁房屋数量1521栋，威胁房屋建筑面积104.60×10^4m^2。

风险低区主要分布在沟谷深处人员居住相对较少的地带。风险低区包含斜坡单元数量共468个，区域面积共12.81km^2，共包含滑坡点29个，威胁房屋数量851栋，威胁房屋建筑面积2.84×10^4m^2。

9.6　基于风险的地质环境承载力评价

9.6.1　研究数据

地质灾害类数据包括：绥德县城区1∶2000无人机航测数据、逐坡开展的滑坡隐患和人工切坡调查数据、基于InSAR的地质灾害隐患识别数据、重点地质灾害隐患三维激光扫描数据、绥德县城1∶10000地质地貌图等。

社会发展类数据包括：绥德县土地利用总体规划（2006～2020年）报告、绥德县乡级土地利用总体规划数据库（包括基础地理信息、土地利用现状、土地利用规划基期、土地利用规划临时层、土地利用规划结果层、规划期信息等）、绥德县国民经济和社会发展统计公报等。

9.6.2　研究方法

在风险管理的视角下，地质环境承载力的本质可以理解为在人类活动与地质环境相互作用的过程中，不合理的人类活动引发环境地质问题，这些环境地质问题对人的生命和财产带来的风险是否可以接受及接受的程度可作为地质环境承载力的判别标准（图9.63）。

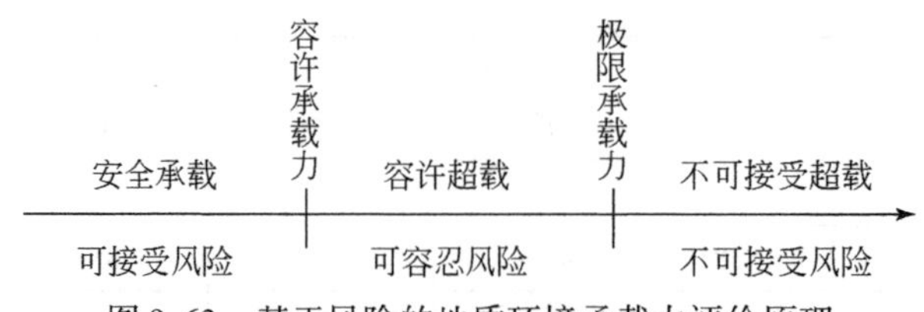

图 9.63　基于风险的地质环境承载力评价原理

基于风险的地质环境承载力评价主要步骤包括：①确定研究范围。②识别环境地质问题，包括突发型地质灾害、缓变型地质灾害或环境工程地质问题，以及一般环境地质问题等。③危险性分析，识别和表征潜在滑坡、崩塌、泥石流灾害，并估算其相应发生频率。④危害性分析，包括识别和定量人口受险对象，估算受险对象的时空概率，根据生命、财产和健康损害率估算承灾体的易损性。⑤风险评估，基于危害性和危险性评价结果进行生命、财产和健康风险评估。⑥单因素承载力评价，依据风险的是否可接受和不可接受程度，进行单因素评价。⑦承载力综合评价，基于单因素承载力评价结果，进行基期承载力评价和规划承载力评价。

1. 基期承载力评价

基于斜坡风险性评价结果，风险很高和风险高的地区为不可接受超载区，在 ArcGIS 平台下，运用 ArcToolbox 工具箱，与基期城镇用地图层做相交处理，即得禁止开发区。风险中区为可接受超载区，与基期城镇用地图层做相交处理，为限制开发区。风险低区为安全承载区，与基期城镇用地图层做相交处理，即开发区，但要求保持现状，不做进一步开发。

2. 规划承载力评价

基于斜坡危险性评价结果，所有的斜坡上均为不可接受超载区，规划城镇用地与不可接受超载区交集取反，得禁止开发区；规划城镇用地去除不可接受超载区，得安全开发区。根据陕北黄土高原地区降雨诱发型滑坡滑移距离调查结果，最大滑距为 120m，一般小于 70m，经理论频率分析，以 70m、50m、20m 作为缓冲区划分界限值。因此将风险很高区按 20m 划为缓冲区，风险高区按 50m 划为缓冲区，风险中区按 70m 划为缓冲区，风险低区按 120m 划为缓冲区。将规划城镇用地分别去除上述 3 类缓冲区和风险低区，再与安全开发区相交，得容许超载区。用现状承载力评价中的容许超载区和安全承载区更新规划承载力评价中的容许超载区和安全承载区。

9.6.3　基于风险的绥德县城区地质环境承载力评价

地质灾害对人口集中分布的绥德县城区的经济社会发展影响很大，而对人口分布相对稀疏的农村地区造成的损失和影响较小。因此，将地质安全承载力评价范围确定为绥德县城区。以斜坡调查为基础，以不同含水量工况下斜坡失稳概率计算结果为依据，开展绥德县城区 1∶10000 地质灾害危险性评价；基于研究区 1∶10000 无人机航测数据，开展城区 1∶10000 危害性评价；综合考虑地质灾害危险性和危害性，从城镇规划、土地利用规划、基础设施和重大工程安全角度开展城区 1∶10000 地质灾害风险区划与评价；基于风险评价结果，完成绥德县城区现状和规划承载力综合评价（Wang et al., 2018）。基期承载力评价、基期土地用途建议、规划承载力评价和规划土地用途建议如图 9.64～图 9.67 所示。

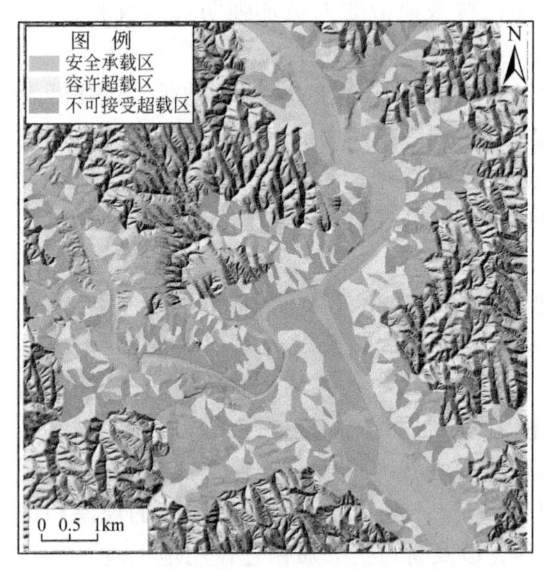

图 9.64　绥德县中心城区基期承载力评价图

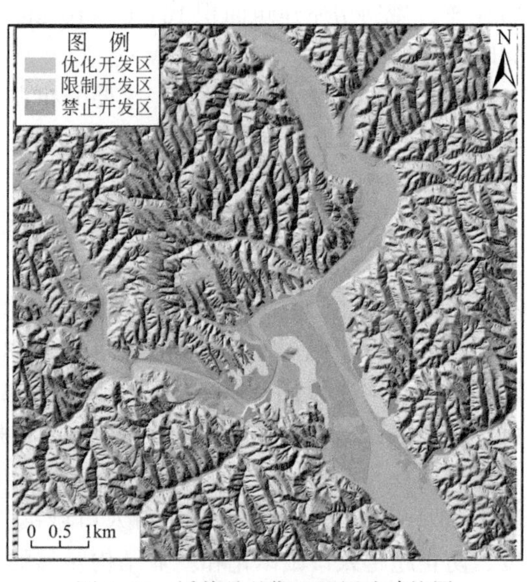

图 9.65　绥德县基期土地用途建议图

图 9.66　绥德县中心城区规划承载力评价图

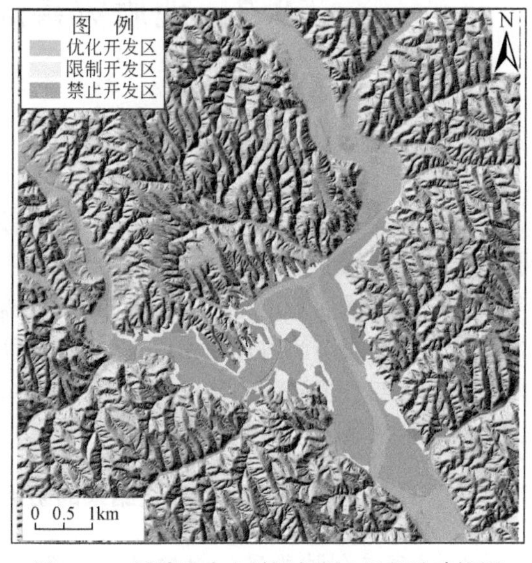

图 9.67　绥德县中心城区规划土地用途建议图

不可接受超载区和禁止开发区，主要分布在绥德县城大理河北岸一带，以及大理河南岸马家洼村到木家楼一带，其他地段也有零星分布。禁止开发区包含斜坡单元数量共 220 个，区域面积共 5.30km^2，共包含滑坡点数 201 个，威胁房屋数量 889 栋，威胁房屋建筑面积 95.55×$10^4$$m^2$。该区滑坡崩塌发育，人口密集，房屋数量多。建议该地带的人员避让黄土陡坡，采取监测预警措施，并对局部地带人员和房屋进行搬迁。汛期加强巡查，对局

部危险边坡采取工程措施。

容许超载区和限制开发区，在无定河及大理河沿岸斜坡地带均有分布。限制开发区包含斜坡单元数量共362个，区域面积共10.40km^2，共包含滑坡点161个，威胁房屋数量1521栋，威胁房屋建筑面积104.60×10^{4}km^2。建议对该地带的人员加强防灾教育和宣传，同时加强汛期巡查。

安全承载区和优化开发区，主要分布在沟谷深处人员居住相对较少的地带。优化开发区包含斜坡单元数量共468个，区域面积共12.81km^2，共包含滑坡点29个，威胁房屋数量851栋，威胁房屋建筑面积2.84×10^{4}km^2。虽然该地带属于地质灾害风险低区，但也有发生地质灾害的可能性，因此建议对该地带的人员加强防灾教育和宣传，同时加强汛期巡查。

2009年绥德县中心城区基期城镇用地面积6.93km^2，限制和优化开发区面积6.15km^2。2020年，规划城镇用地面积8.68km^2，限制和优化开发区面积7.56km^2。根据国家最小人均建设用地标准60.1m^2/人计算，则2009年中心城区可容纳的人口规模为11.53万人，2020年中心城区可容纳的人口规模为12.58万人。2009年绥德县中心城区人口11.54万人，人口规模达到上限。2020年绥德县中心城区规划人口14.44万人，建议调减1.86万人，坚持土地城镇化与人口城镇化相协调，合理调控城镇用地增长的规模和速度，防止超越人口城镇化和就业结构转移的进程，以及盲目扩大城镇建设用地规模。

9.7 地质灾害风险管控措施建议

9.7.1 地质灾害风险管控措施

风险管控主要从两个方面入手，一方面是改善或降低地质灾害体的危险性，一般采用排水、工程加固、生物措施；另一方面是潜在承灾体的搬迁避让或监测预警、应急措施等，主要包括搬迁避让、灾害管理的法律法规等。结合绥德县城区地质灾害防治的实际情况，从地质灾害防治适宜性和成本效益角度出发，对榆林市南部副中心城市建设，按照科学发展、人与环境协调的要求，针对不同区域的实际，提出地质灾害风险管控措施建议，为地方地质灾害防治提供参考。

9.7.1.1 基于场地风险评估结果的防治措施建议

1. 马家庄斜坡段风险管控措施建议

马家庄斜坡段发育滑坡5处，人工开挖陡立切坡2处，不稳定斜坡1处，共有风险源8处。针对每处风险源，根据场地地质灾害风险评估结果，制定削坡处理、坡面防护、工程加固、排水、绿化改造、专业监测系统建设等相应的风险管控措施建议（表9.31，图9.68）。

表 9.31　马家庄斜坡段风险管控措施建议表

风险源	单人年死亡概率 $P_{(LOL)}$	风险管控措施建议	专业监测点布设
Ⅰ号	3.42×10^{-6}	坡面防护	深部位移、地表位移监测点3处
Ⅱ号	2.05×10^{-5}	坡面防护	深部位移、地表位移监测点2处
Ⅲ号	2.74×10^{-5}	削坡处理	—
Ⅳ号	1.71×10^{-4}	排水、绿化改造	深部位移、地表位移监测点2处
Ⅴ号	1.37×10^{-4}	排水、绿化改造	—
Ⅵ号	1.03×10^{-4}	排水、绿化改造	—
Ⅶ号	2.39×10^{-5}	削坡处理	—
Ⅷ号	1.71×10^{-3}	工程加固	深部位移、地表位移监测点4处，含水率、吸应力监测点6处

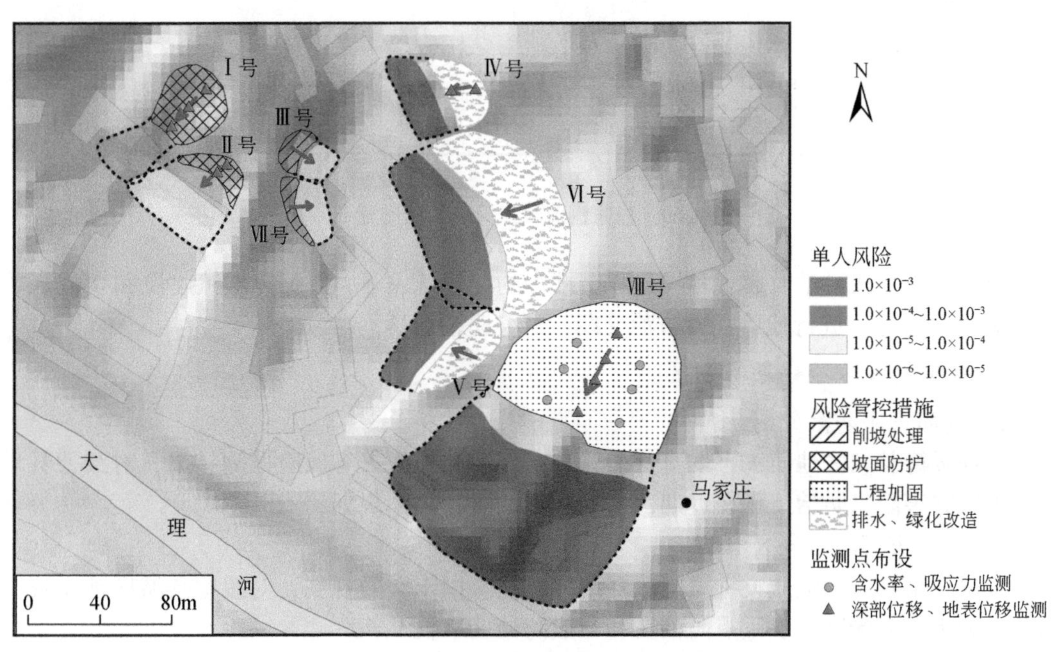

图 9.68　马家庄斜坡段风险管控措施建议图

2. 白家沟流域风险管控措施建议

白家沟流域地质灾害风险管控措施以清除物源和建立专业监测预警体系为主，根据风险评估结果，建议对流域内滑坡体及沟道内的物源进行清除，同时布设视频监测、泥位监测、降雨量监测为一体的自动化专业监测预警体系。建议在白家沟及井沟沟道内布设视频监测点6处、泥位监测点5处，在白家坟布设降雨量监测点1处（图 9.69）。

9.7.1.2　基于斜坡风险评估结果的防治措施建议

为了有效地减轻地质灾害损失，编制基于斜坡风险评估结果的防治措施建议。编制的

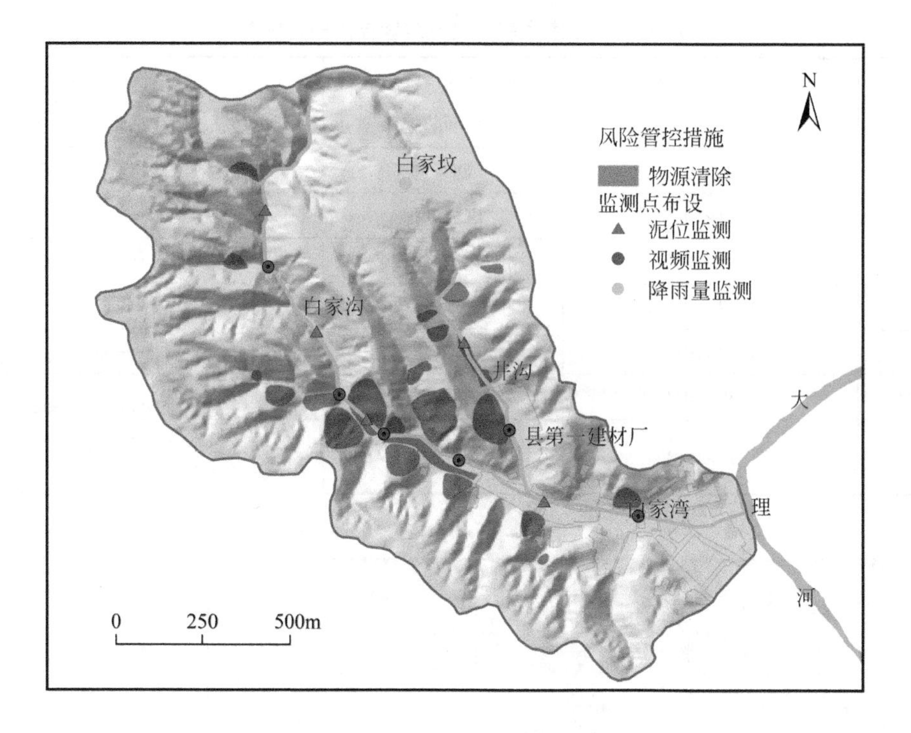

图 9.69　白家沟流域风险管控措施建议

主要指导思想是在科学发展观和构建和谐社会的思想统领下，以保障城镇建设和“以人为本”为主要目标，进行地质灾害防治分期，划分防治分区。

1. 地质灾害防治分期及分区

1）地质灾害防治分期

根据绥德县城区地质灾害发育特征、分布规律和地质灾害风险区划结果，对绥德县城区的地质灾害隐患防治工作按近期、中期和远期进行总体规划。

2）地质灾害防治分区

根据绥德县城区地质灾害风险区划结果，结合国土空间规划，对绥德县城区地质灾害防治分为重点防治区、次重点防治区和一般防治区（图 9.70）。

2. 地质灾害防治措施建议

1）高风险区黄土陡坡局部削坡措施

黄土陡坡崩塌是黄土地区造成人员和财产损失最为常见的地质灾害类型，尤其是陕北黄土高原区斩坡建窑建房，房屋一般距离黄土陡坡很近，部分削坡甚至直立，局部黄土崩塌或窑洞变形，都可能造成人员或财产损失。因此，在考虑成本效益分析的基础上，削坡、减荷措施，使黄土陡坡高度降低，是该区防治黄土地质灾害最有效的措施之一。结合绥德县城及规划区斜坡段风险评估结果，建议在绥德县城薛家畔-背畔-白家湾-落雁砭、清水沟-县五金仓库、榆林卷烟材料厂-县文化建材厂、辛店、祠沟、邮政局家属院、马家洼村-木家楼村等地带的高风险区采取局部削坡、减荷措施。

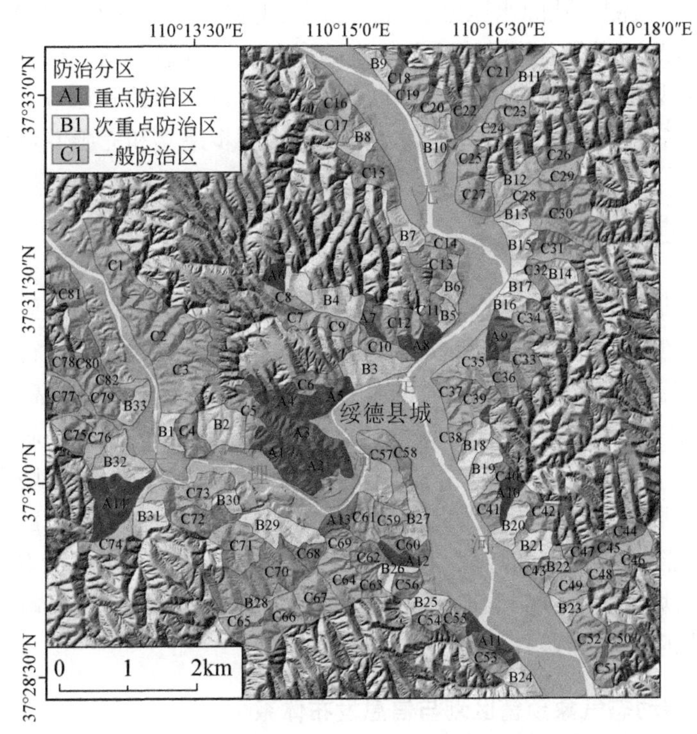

图 9.70　绥德县城区地质灾害防治规划分区图

2）风险高区内居民的搬迁避让措施

对位于风险高区的居民点，如高石角、王家庄、清水沟村、十里铺村、刘家湾等，建议结合城镇化建设进行搬迁避让，同时规范人类不合理开挖坡脚。

3）风险高区专业监测预警体系建设措施

对位于风险高区的斜坡地带，如马家庄、白家沟、县第一建材厂、榆林卷烟材料厂、邮政局家属院等地带，建议建设专业监测预警体系。

4）风险中、低区防灾宣传与应急体系建设

风险中、低区在无定河及大理河沿岸斜坡地带均有分布，这些斜坡段总体稳定性较好，但在极端气候条件下也有发生滑坡、崩塌灾害的可能。建议对该地带的人员加强防灾教育和宣传，建立群测群防和应急体系，定期组织防灾应急演练，增强地质灾害防范和应急逃生能力。

9.7.2　地质灾害风险管理体系建设

9.7.2.1　专业监测预警体系建设

对重大地质灾害点（邮政局家属院滑坡、刘家湾砖厂滑坡和白家沟泥石流）和重要场地风险区，榆林市地质灾害相关部门应在加强和完善群测群防体系的基础上，配合国家、省市相关机构在绥德县城区建立专业的地质灾害监测与预警网络体系。建立深部位移监测、GNSS 地表位移监测、孔隙水压力监测、土压力监测、土壤含水率监测、降雨量监测、泥位监测、地声监测、视频监测等内容相结合的多参数综合监测站，构建立体地质灾害监测预警体系。绥德县自然资源和规划局协助开展仪器设备的维护和运行，利用拟建监测仪器设施开展地质灾害监测设施保护宣传和防灾教育，逐步建立和完善专业地质灾害监测预警网络。

9.7.2.2 进一步完善地质灾害群测群防体系

地质灾害群测群防体系是指县、乡、村地方政府组织城镇或农村社区居民为防治地质灾害而自觉建立与实施的工作体制和减灾行动，是一种针对灾害风险进行自我管理的工作体系。实施地质灾害群测群防的根本目的是抓住减灾时机，实现实时高效，具体体现为“六个自我”，即“自我识别、自我监测、自我预报、自我防范、自我应急和自我救治”。在绥德县城区目前主要灾害点都设置了监测责任人和汛期巡查的群测群防体系，并与地质灾害影响范围内的居民签订了防灾明白卡。但目前建立的体系主要针对已知灾害点，对于其他地质灾害高危险或高风险斜坡段，目前还没有相应的体系，应根据本次评估结果，在高危险或高风险斜坡段进一步明确地质灾害群测群防的责任，以应对极端气候事件导致的大规模地质灾害风险，进一步补充完善群测群防体系。

9.7.2.3 开展动态气象预警区划与信息发布体系

降雨是绥德县城区黄土崩塌、滑塌或局部滑坡变形的主要诱发因素，因此在地质灾害易发程度分区结果的基础上，根据气象预报数据可以实现气象预警区划，其中以下几个问题是关键。

1. 临界降雨量确定

陕北黄土高原区地质灾害主要发生在6~10月，与降雨关系密切，尤其是与暴雨、特大暴雨和持续降雨密切相关。对比分析本区降水特征和地质灾害发生的关系，可以初步确定地质灾害气象预警的临界降雨量特征值：

（1）日降雨量≥50mm（$R_{24h}\geq 50mm$）；

（2）6小时降雨量≥25mm（$R_{6h}\geq 25mm$）；

（3）1小时降雨量≥20mm或3小时降雨量≥25mm并且日降雨量≥30mm（$R_{1h}\geq 20mm$或$R_{3h}\geq 25mm$且$R_{24h}\geq 30mm$）；

（4）连续多日降雨，且日降雨量≥10mm。

符合以上条件之一就应该对中高易发区发布地质灾害气象预警信息，对中高易发区内地质灾害群测群防体系负责人发送预警信息。

2. 地质灾害气象预警级别

参考陕西省地质灾害气象预报预警分级划分，结合研究区实际情况，将预警级别划分为三级：分别是Ⅰ级预警、Ⅱ级预警和Ⅲ级预警。

Ⅰ级预警是高级预警，地质灾害发生概率最大，为地质灾害发布警报级；

Ⅱ级预警是中级预警，地质灾害发生概率中等，为地质灾害发布预报级；

Ⅲ级预警是低级预警，地质灾害发生概率最小，为地质灾害不发布预报级。

3. 地质灾害气象预警区划

1）日降雨量≥50mm 预警区划

本降雨量级别在预警气象中相对降雨强度为最小（图9.71）。Ⅰ级预警区的范围最小，该区人类工程活动强烈，为研究区的地质灾害发育区；Ⅱ级预警区的范围稍大，该区人类工程活动较强烈，地质灾害发育强度稍低；Ⅲ级预警区的范围最大，该区人类工程活动不强烈，地质灾害极不发育。

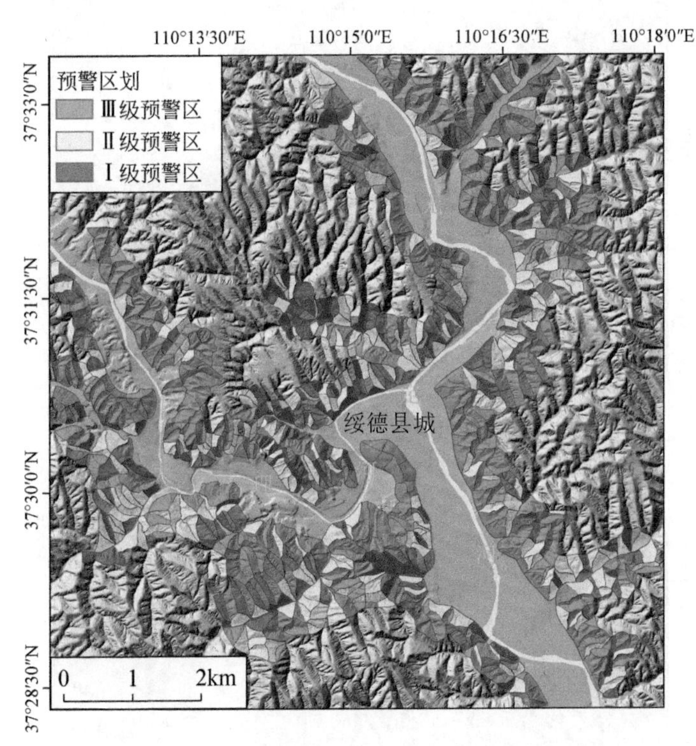

图9.71　绥德县城区日降雨量≥50mm 预警区划

2）6 小时降雨量≥25mm 预警区划

本降雨量级别在预警气象中相对降雨强度为中等（图9.72）。Ⅰ级预警区的范围较前有所扩大，为研究区地质灾害发育区及部分次发育区；Ⅱ级预警区的范围较前也有所扩大，该区人类工程活动较强烈，地质灾害发育强度稍低；Ⅲ级预警区的范围较前有所减少，人类工程活动不强烈，地质灾害不发育。

3）1 小时降雨量≥20mm 预警区划

本降雨量级别还包括3 小时降雨量≥25mm 并且日降雨量≥30mm，在预警气象中相对降雨强度为最大（图9.73）。Ⅰ级预警区的范围扩展至最大，为研究区地质灾害发育区及全部次发育区；Ⅱ级预警区的范围较前基本持平，该区地质灾害发育程度较Ⅰ级预警区稍低；Ⅲ级预警区的范围缩减至最小，该区人类工程活动较少，地质灾害极不发育。

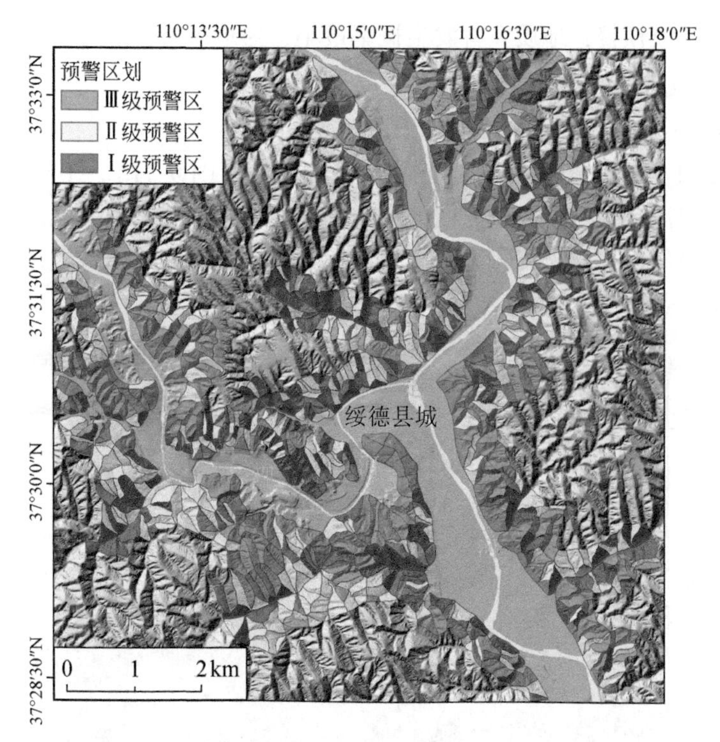

图 9. 72　绥德县城区 6 小时降雨量≥25mm 预警区划

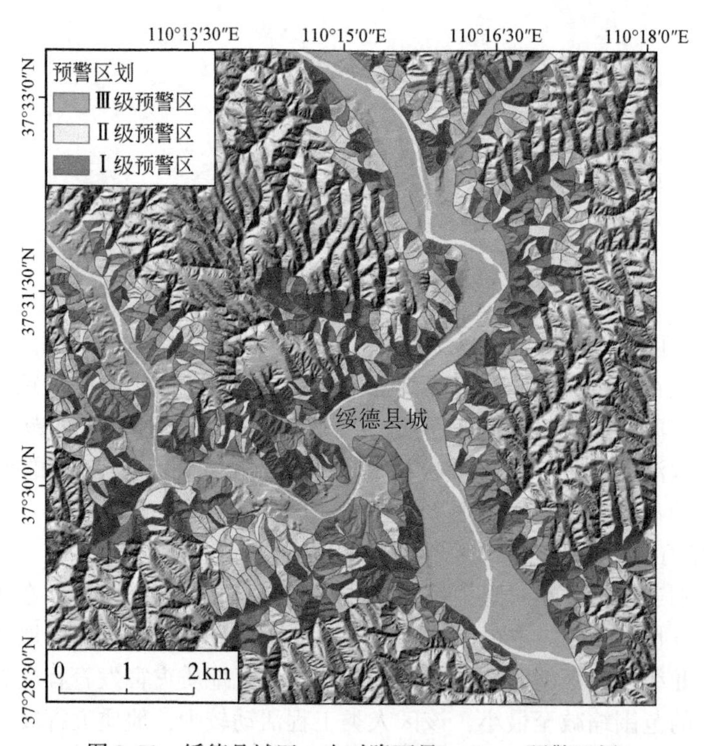

图 9. 73　绥德县城区 1 小时降雨量≥20mm 预警区划

第 10 章　清涧县城区地质灾害风险评估

本章介绍陕西省榆林市清涧县城区地质灾害调查与风险评估实例，工作区范围包括清涧县城区及周边斜坡区域。

采用无人机航空摄影和三维激光扫描技术，获取清涧县城区 1∶10000 和 1∶2000 比例尺地形图、遥感影像和数字高程模型，在此基础上开展城区斜坡工程地质测绘，划分斜坡结构类型，并逐坡开展地质灾害隐患识别，对疑似的地质灾害隐患逐一进行勘查；根据调查和勘查结果，选取重要场地，利用 1∶2000 精度数据源，研究场地风险源识别、斜坡失稳概率分析、风险要素分析和风险区划；以斜坡调查为基础，建立并提取地质灾害易发性评价指标体系，开展清涧县城区 1∶10000 地质灾害易发性评价，以不同含水量工况下斜坡稳定性计算结果为依据，开展城区 1∶10000 地质灾害危险性评价，综合考虑地质灾害危险性和危害性，开展城区地质灾害风险评价与区划；结合清涧县城区社会经济发展规划等，提出地质灾害风险管控措施建议。

本次工作完成的实物工作量包括：①地形数据测量，共完成清涧县城区及周边区域 1∶10000 无人机航测和地形数据制作 62.81km^2，完成 1∶2000 无人机航测和地形数据制作 29.50km^2；②地质灾害测绘，共完成清涧县城区 1∶10000 地质灾害测绘（正测）31.4km^2，1∶2000 地质灾害测绘（正测）10km^2；③钻探，在清涧县城区斜坡共完成工程地质钻孔 10 个，总进尺 624.5m，完成背包式浅层钻探孔 18 个，总进尺 86.9m；④岩土试验，在工程地质钻探、山地工程过程中共取样 308 组，并进行了室内岩土试验测试。

10.1　清涧县城区地质环境条件

1. 位置与交通

清涧县位于榆林市东南缘，黄河中游、无定河下游，东临黄河，同山西柳林、石楼两县隔河相望，西连子长县，南接延川县，北靠绥德县，西北与子洲县毗邻。宽州镇是清涧县城所在地，是全县政治、经济、文化中心，位于清涧县域西南部，县城距离榆林市 178km，距离西安市 508km。主要交通线路有国道 210 南北穿境而过，与省道 205 渭清公路交汇于县城。

2. 气象水文

清涧县属暖温带大陆性季风半干旱气候区，气候特点是四季分明，春季干旱多风，夏季高温干旱多暴雨，秋季凉爽多阴雨，冬季寒冷少雨雪。清涧县多年平均降水量为 494.06mm，年内降水量分配不均，在 7～9 月多以雷阵雨或暴雨形式降落，占全年总降水量的 61.5%。清涧县城属于清涧河流域，清涧河为黄河西岸一级支流，多年平均流量 4.71m^3/s。

3. 地形地貌

清涧县地处陕北黄土高原腹地，城区为黄土梁峁丘陵地貌，沟壑纵横，地形切割强烈。清涧河自北向南从清涧县城区流过。就地貌类型划分，清涧县城区及周边可分为河谷阶地区和黄土梁峁区 2 种地貌类型，河谷阶地区主要分布在县城境内的清涧河沿岸，黄土梁峁区在清涧县城区及周边大部分地区均有分布，为区内最主要的地貌类型（图 10.1）。

图 10.1　清涧县城区遥感影像

4. 地层岩性

清涧县城区内地层主要有中生界三叠系和新生界第四系，第四纪黄土分布广泛，几乎遍布整个研究区，三叠系主要沿清涧河两岸和支沟中出露。

（1）上三叠统胡家村组（T_3h）：岩性为砂岩与泥岩互层，夹有煤线或煤层。上部岩性主要为浅灰至灰绿色中厚层状砂岩及泥岩，砂岩斜层理发育，局部裂隙发育，泥岩富含植物化石及黄铁矿结核；下部为灰绿色薄层至中厚层砂岩、泥质粉砂岩，裂隙较发育，局部显斜层理。

（2）第四系（Q）：第四系以黄土为主，主要包括中更新世黄土（Q_p^2）、晚更新世黄土（Q_p^3）和全新世黄土（Q_h），而早更新世黄土在区内不发育。第四纪沉积物成因类型较为复杂，有风积、冲积、冲洪积、坡积及坡洪积等，与区内地质灾害关系最为密切的为中-晚更新世风积黄土（Q_p^{2-3eol}）。

5. 地质构造

清涧县位于鄂尔多斯地台东部，为一内陆盆地，始终处于稳定状态。中生代以来，主要表现为强烈下降运动，接受了大面积的较细粒碎屑沉积。新生代第四纪以来，本区构造运动以间歇性缓慢上升为主。清涧县是弱地震区，地震烈度为Ⅵ度，地震对本区地质灾害的影响不大。

6. 岩土体类型及特征

根据岩土体性质，清涧县城区范围内岩土体可分为2类。

（1）软硬相间中厚层状碎屑岩类：为三叠系碎屑岩，岩性为砂岩与泥岩互层，夹有煤线。岩石软硬相间，工程地质差异明显。砂岩一般呈中厚-厚层状，软化系数大于0.5；泥岩力学强度低，抗风化能力差，遇水易软化，抗剪强度参数中，内摩擦角（φ）约为33°，黏聚力（C）约为17kPa。主要分布于县城范围内的清涧河河谷及沟壑中，砂泥岩因差异风化易形成危岩或产生崩塌。

（2）黄土土体：广泛分布于清涧县城范围内丘陵沟壑区，以中上更新统黄土为主，厚度5～150m。黄土经河流冲蚀和人类工程活动在沟壑间多形成高陡边坡，为地质灾害的主要分布区。黄土在干燥情况下，强度较高，直立性好，遇水后则抗剪强度大幅度降低，易湿陷变形和崩解，黄土中的垂直节理及黄土的层间接触带是斜坡变形的主要软弱结构面。

7. 水文地质

清涧县属黄土高原水文地质区，地下水受地形地貌、地质构造、气候等因素影响，按含水介质及赋存条件可划分为河间梁峁区黄土裂隙孔隙潜水含水层和基岩裂隙含水层2大类型。潜水含水层主要为离石黄土，埋深30～120m。基岩裂隙含水层主要由三叠系砂岩构成，表层部位40～80m，风化带裂隙发育，地下水主要赋存于风化裂隙及构造裂隙中。区内地下水的补给来源主要为大气降水入渗及侧向径流。

8. 人类工程活动

清涧县城区范围内与地质灾害关系密切的人类工程活动主要如下：①切坡修路，城区范围内的公路建设需要大量开挖坡脚，形成许多高陡边坡，而护坡治理工程进行得并不全面，大部分高陡边坡并没有开展边坡砌护，每到雨季坡体易发生小型崩滑，成为较大的地质灾害隐患；②斩坡建窑建房，受自然条件限制，当地群众建窑、建房需要开挖坡体，开挖过陡或过度开挖坡脚使坡体在建窑建房过程中稳定性降低，继而出现崩滑等失稳现象；③采石取土，清涧县有多处砖瓦窑及采石场，在取土过程中开挖边坡形成数十米高的陡壁，成为较大的安全隐患。

10.2　地质灾害发育现状

清涧县城区范围内地质灾害类型有滑坡、崩塌和不稳定斜坡等。通过大比例尺地质灾害调查，清涧县城及周边共发育崩塌、滑坡点138处，发育不稳定坡体40处（图10.2）。

城区范围内滑坡灾害主要发育在清涧河河谷两侧边坡上和黄土梁峁区的陡坡地段，稳定性差或较差，均为黄土滑坡，且以小型浅层滑坡为主（图10.3）。滑坡形态特征较明显，易识别，后壁平面形态多呈典型的圈椅状，坡度在20°～65°。降雨、冻融、人工削坡取土等是滑坡的主要诱发因素。

崩塌全部为黄土崩塌，规模为中小型，多发生于居民房后及公路边坡地带，体积在$2.0\times10^{4}m^{3}$以下。崩塌发生的坡度陡，变形破坏模式多样，产生崩塌的坡型一般为凸型和直线型，坡度多为 80°～90°。

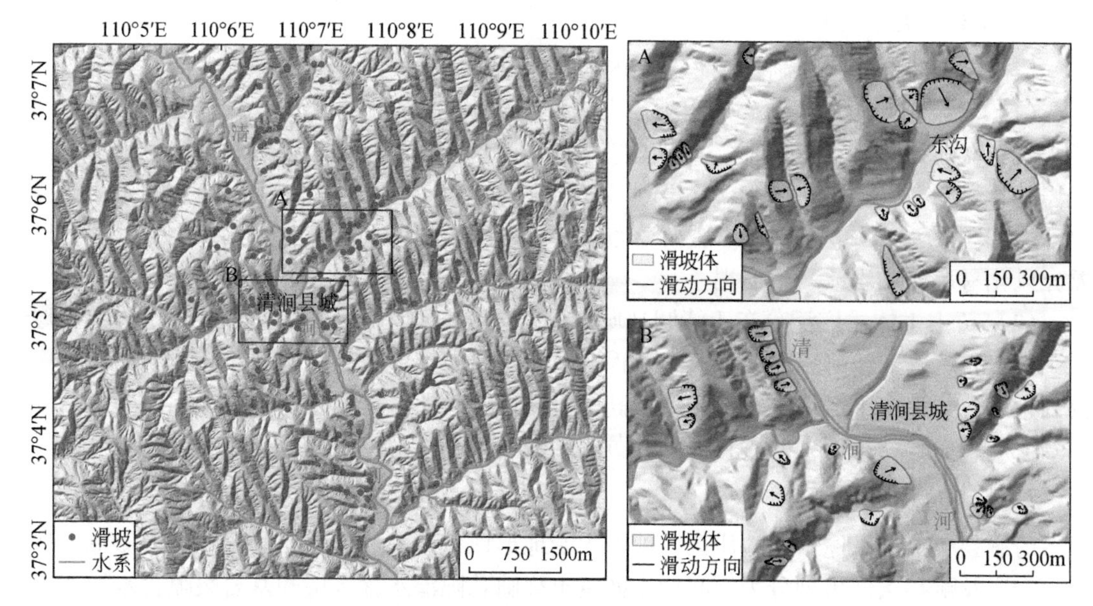

图 10.2 清涧县城区及周边滑坡分布图（左：整体图；右：A、B 区域局部放大）

图 10.3 清涧县城区及周边典型滑坡

10.3 斜坡结构分析

10.3.1 斜坡工程地质测绘

本次在无人机航测和三维激光扫描获取地形资料的基础上，选择典型斜坡布设了工程地质钻探和背包式浅层钻探，并结合野外调查和斜坡工程地质测绘，查明清涧县城区及周边地区共 925 个斜坡的结构类型及特征，为城区地质灾害风险评估提供了基础数据。

10.3.1.1 航空摄影测量与三维激光扫描

采用无人机航空摄影技术，对陕西省清涧县城区及周边区域开展了 1：10000、1：2000 无人机航空摄影测量，并通过外业控制测量，完成研究区 1：10000 和 1：2000 比例尺数字正射影像图（DOM）、数字线划地图（DLG）及数字高程模型（DEM）的制作，为城区及周边区域地质灾害调查与风险评估提供了高精度的基础地形资料。

采用三维激光扫描技术，对清涧县城周边重大地质灾害隐患开展动态三维变形监测，分不同期次进行了三维激光扫描，获取了海量三维激光点云数据（图10.4，图10.5）。建立滑坡在各个时期的高精度DEM模型，基于GIS平台进行不同时期数据的叠加分析，对滑坡在不同时期的变形情况进行研究，识别和掌握重大地质灾害隐患变形发展过程。

图10.4　清涧县城南库区滑坡现场照片与三维激光扫描点云数据

图10.5　清涧县城师家坪滑坡现场照片与三维激光扫描点云数据

10.3.1.2　斜坡工程地质测绘

清涧县城区及周边地形破碎，可形成滑坡或崩塌的斜坡单元发育，本次在清涧县城区及周边共调查斜坡单元925个。按照河流沟谷的发育情况和地形地貌的完整性，可将多个斜坡单元合并为一个斜坡段进行工程地质测绘。以下为清涧县城区典型斜坡段工程地质测绘结果。

1. 南武家沟斜坡段工程地质测绘

南武家沟斜坡段位于清涧县宽州镇南武家沟村一带，清涧河左岸，斜坡结构类型为黄土+古土壤型斜坡。斜坡段主体地层岩性为上覆晚、中更新世黄土，其中Q_p^3黄土厚15m，Q_p^2黄土厚5～50m，下伏基岩为上三叠统胡家村组砂岩、泥岩，基岩未出露。斜坡测绘区面积$25.37\times10^4m^2$，主体斜坡坡向293°，坡高60m，坡度约40°，呈凸型坡（图10.6，图10.7）。

斜坡段土体土质疏松，垂直节理发育，在斜坡段上共发育滑坡6处，滑坡体及滑坡影响区面积共$1.42\times10^4m^2$，占整个测绘区面积的5.60%。斜坡段内不稳定人工切坡体2处，人工切坡及影响区面积$0.39\times10^4m^2$。斜坡段内发育不稳定坡体2处，不稳定坡体面积$1.02\times10^4m^2$。南武家沟坡体上人类工程活动强烈，有多处并未支护的人工切坡，雨季发生老滑坡复活或不稳定坡体失稳的可能性较大，对县城附近居民构成威胁。

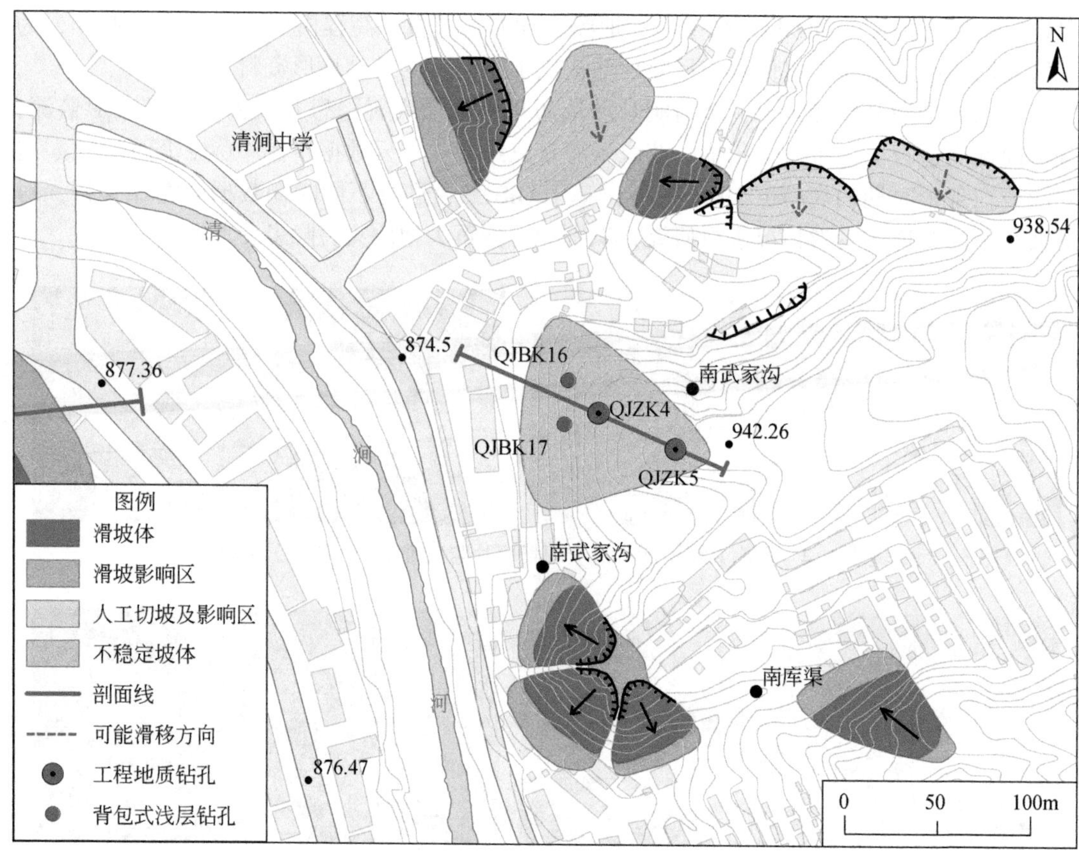

图 10.6　南武家沟斜坡段工程地质测绘图

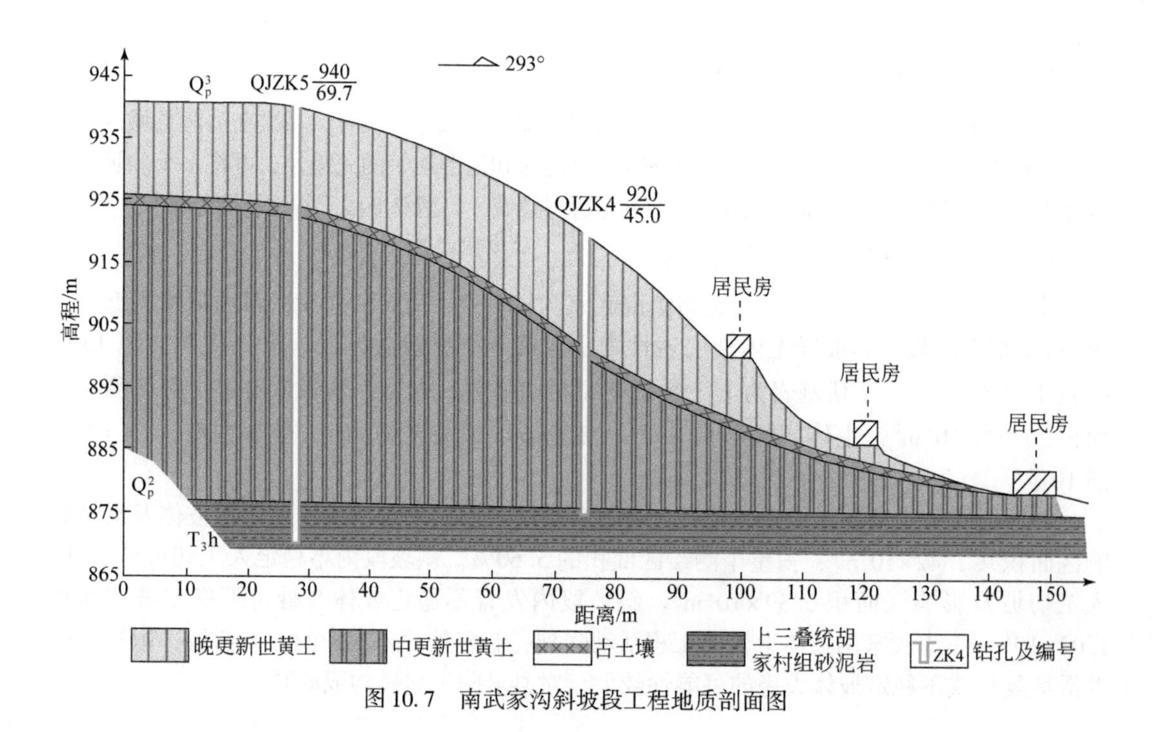

图 10.7　南武家沟斜坡段工程地质剖面图

2. 钟楼山斜坡段工程地质测绘

钟楼山斜坡段位于清涧县城西，清涧河右岸。斜坡段前缘为清涧县城繁华地带，人口居住密集，人类工程活动强烈，由于修路、建房形成多处开挖新鲜面。斜坡段主体地层岩性为上覆晚、中更新世黄土，其中 Q_p^3 黄土厚约 15m，Q_p^2 黄土厚约 60m，下伏基岩为上三叠统胡家村组砂岩、泥岩，基岩未出露。斜坡段主体坡向 85°，坡高 85m，坡度约 40°，呈阶梯形坡（图 10.8，图 10.9）。

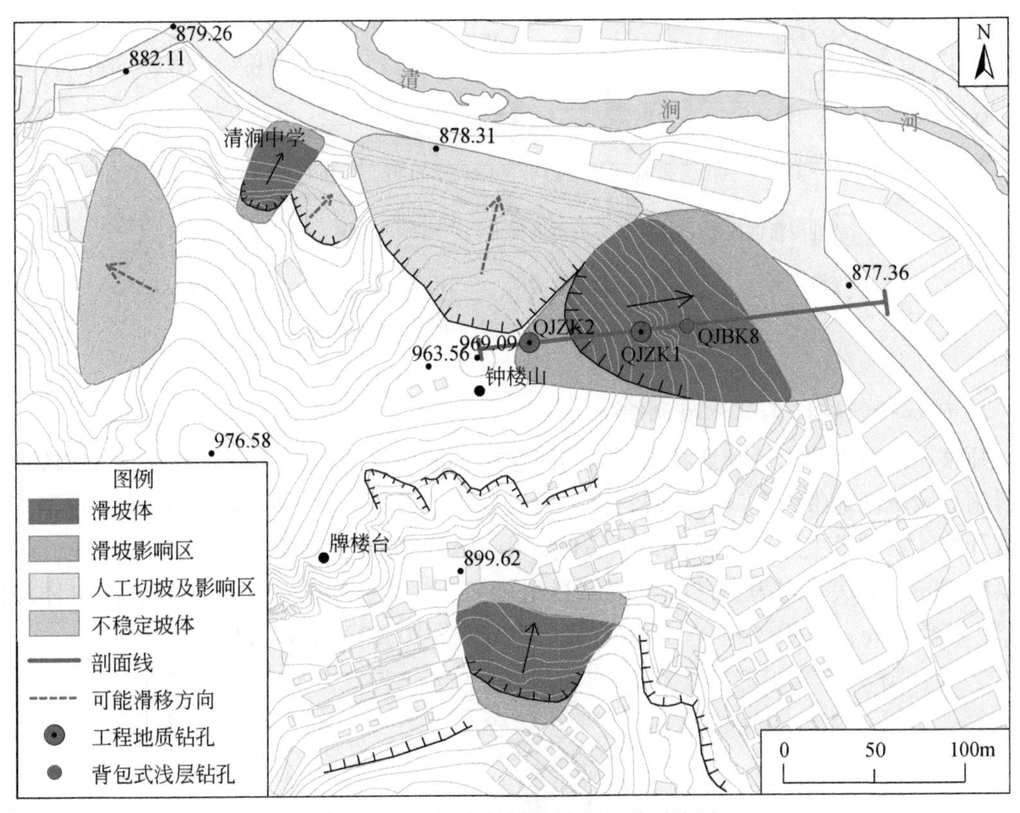

图 10.8　钟楼山斜坡段工程地质测绘图

钟楼山滑坡滑体土质疏松，地形高陡破碎，坡面冲刷侵蚀严重，滑体上小型崩塌发育，切坡和加载活动强烈。在斜坡段上共发育滑坡 3 处，滑坡体及滑坡影响区面积共 $2.18\times10^4m^2$，其中钟楼山滑坡面积 $1.46\times10^4m^2$。斜坡段内不稳定人工切坡体 2 处，人工切坡及影响区面积 $1.25\times10^4m^2$。斜坡段内发育不稳定坡体 1 处，不稳定坡体面积 $0.59\times10^4m^2$。

钟楼山斜坡段内滑坡和不稳定坡体发育，其中钟楼山滑坡稳定性差，在降雨和人类活动的作用下发生滑动的可能性很大，对坡体上及坡下居民构成威胁。建议对钟楼山滑坡加强坡面排水，对滑坡后缘高陡边坡部分实施削坡工程治理，对坡脚实施支护处理，治理宜采用绿色方式，使坡面保持美观。同时，应加强监测和汛期巡查。

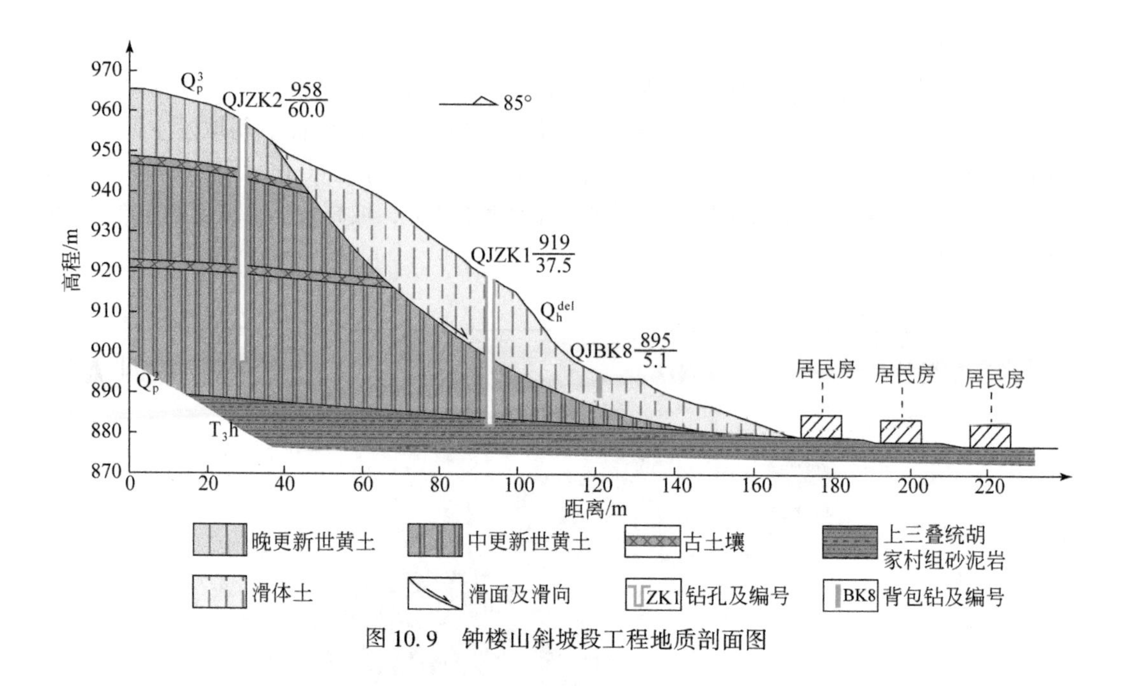

图 10.9　钟楼山斜坡段工程地质剖面图

3. 师家坪斜坡段工程地质测绘

师家坪斜坡段位于清涧县城东，清涧河左岸，地貌类型属于黄土梁峁区。斜坡段前缘为清涧县城城区地带，人口居住密集，人类工程活动强烈，由于修路、建房等进行了多次坡脚开挖。斜坡段主体地层岩性为上覆晚、中更新世黄土，其中 Q_p^3 黄土厚约 24m，Q_p^2 黄土厚约 28m，下伏基岩为上三叠统胡家村组砂岩、泥岩，基岩未出露。斜坡段主体坡向 280°，坡高 60m，坡度约 40°，上段呈直线型坡（图 10.10，图 10.11）。

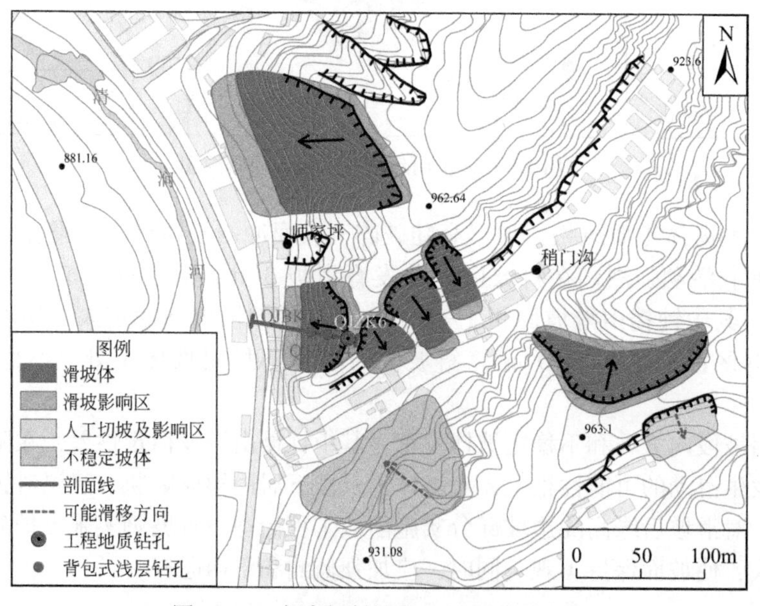

图 10.10　师家坪斜坡段工程地质测绘图

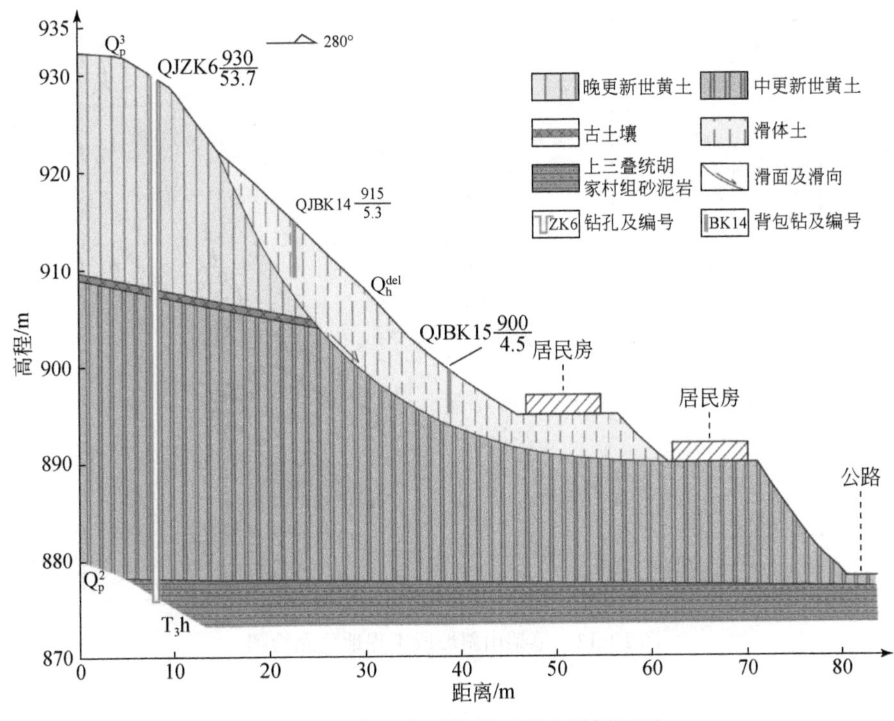

图10.11　师家坪斜坡段工程地质剖面图

斜坡段土体土质疏松，垂直节理发育，在斜坡段上共发育滑坡6处，滑坡体及滑坡影响区面积共2.79×10^4m^2。斜坡段内不稳定人工切坡体1处，人工切坡及影响区面积0.19×10^4m^2。斜坡段内发育不稳定坡体1处，不稳定坡体面积0.86×10^4m^2。

师家坪斜坡段内滑坡和不稳定坡体发育，其中师家坪滑坡稳定性差，在降雨和人类活动的作用下发生滑动的可能性很大，对坡体上及坡下居民构成威胁。建议对师家坪滑坡加强坡面排水，对滑坡后缘高陡边坡部分实施削坡工程治理，对坡脚实施支护处理。同时，应对师家坪斜坡段内所有滑坡加强监测和汛期巡查。

4. 笔架山斜坡段工程地质测绘

笔架山斜坡段位于清涧县城西，清涧河右岸。国道210从斜坡段前缘通过，坡脚下有许多居民楼房，坡顶为笔架山生态文化园。斜坡段主体地层岩性为上覆晚、中更新世黄土，其中Q_p^3黄土厚约10m，Q_p^2黄土厚约60m，下伏基岩为上三叠统胡家村组砂岩、泥岩，基岩未出露。斜坡段主体坡向35°，坡高90m，坡度约30°，总体呈直线型坡（图10.12，图10.13）。

斜坡段土体土质疏松，垂直节理发育，在斜坡段上共发育滑坡3处，滑坡体及滑坡影响区面积共1.41×10^4m^2。斜坡段内不稳定人工切坡体1处，人工切坡及影响区面积0.23×10^4m^2。斜坡段内发育不稳定坡体3处，不稳定坡体面积1.86×10^4m^2。

笔架山斜坡段内滑坡和不稳定坡体发育，在降雨和人类活动的作用下发生滑动的可能性很大，对坡体上笔架山生态文化园及坡下居民构成威胁。建议对笔架山斜坡段加强坡面

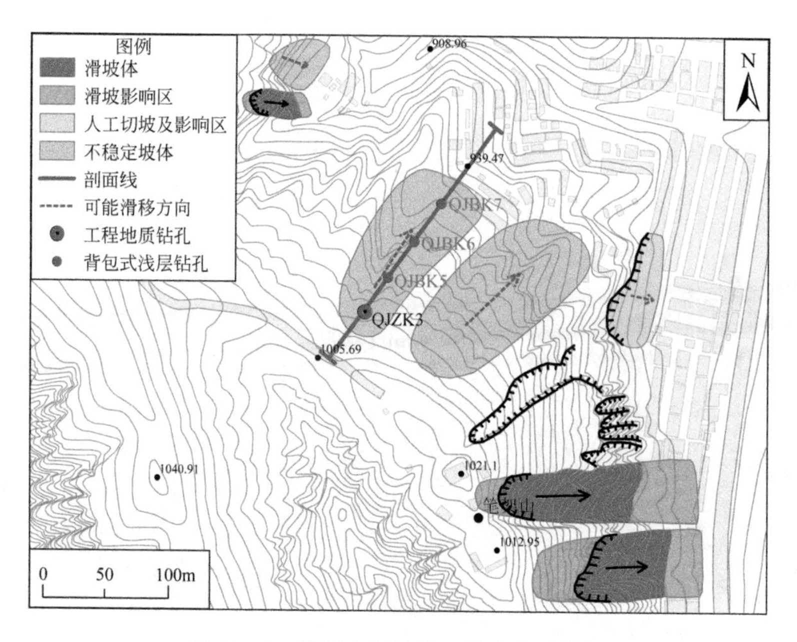

图 10.12　笔架山斜坡段工程地质测绘图

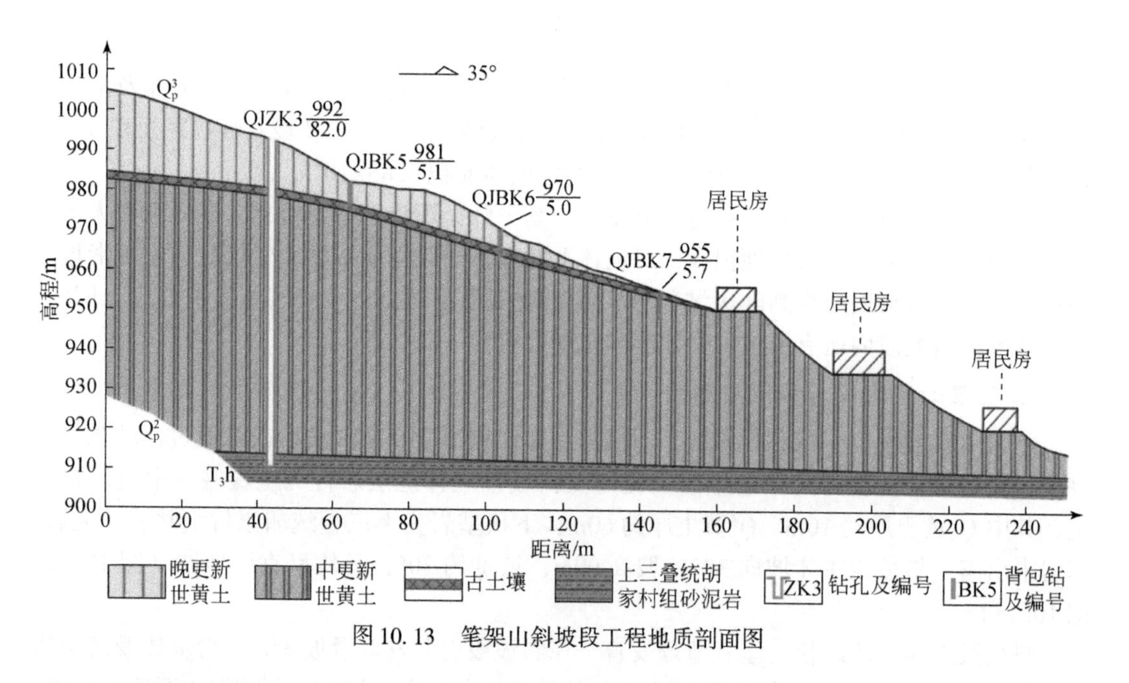

图 10.13　笔架山斜坡段工程地质剖面图

排水，对斜坡后部高陡边坡部分实施削坡工程治理，对坡脚实施支护处理。同时，应对斜坡段内所有滑坡和不稳定坡体加强监测和汛期巡查。

10.3.2　斜坡结构类型及特征

10.3.2.1　斜坡结构类型划分

清涧县城及周边黄土分布广泛，地形地貌以黄土地貌为主，下伏基岩岩性较简单，构造不发育。参考前人研究成果，结合区内的岩土体结构类型，将清涧县城及周边的斜坡结构类型按组成斜坡的岩土体类型划分为 2 类：土质斜坡和岩土混合斜坡。其中土质斜坡可细分为黄土斜坡、黄土+古土壤斜坡 2 类，岩土混合斜坡根据组成坡体的岩土体类型有黄土+古土壤+基岩斜坡（表 10.1）。

表 10.1　清涧县城及周边斜坡结构类型划分

斜坡结构类型		斜坡数量/个	所占面积/km²	面积所占比例/%	斜坡结构类型示意图
大类	亚类				
土质斜坡	黄土斜坡	496	16.13	51.35	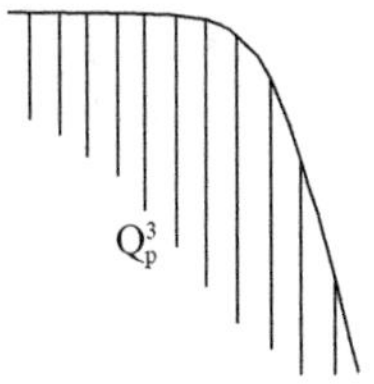 Q_p^3
	黄土+古土壤斜坡	321	10.95	34.86	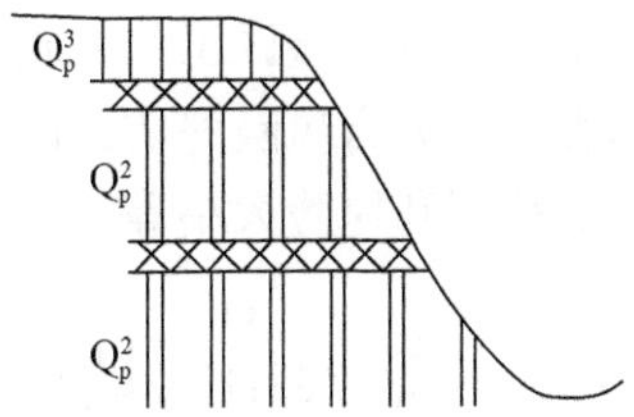 Q_p^3 Q_p^2 Q_p^2
岩土混合斜坡	黄土+古土壤+基岩斜坡	108	4.33	13.79	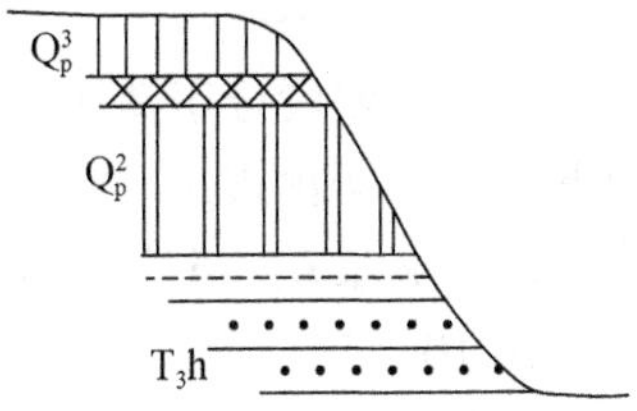 Q_p^3 Q_p^2 T_3h

10.3.2.2　斜坡结构类型分布

本次共完成清涧县城及规划区 31.41km² 的斜坡调查，将此范围内的斜坡地带共划分为925个斜坡，其中黄土斜坡496个，面积16.13km²，面积所占比例51.35%；黄土+古土壤斜坡321个，面积10.95km²，面积所占比例34.86%；黄土+古土壤+基岩斜坡108个，面积4.33km²，面积所占比例13.79%（图10.14）。

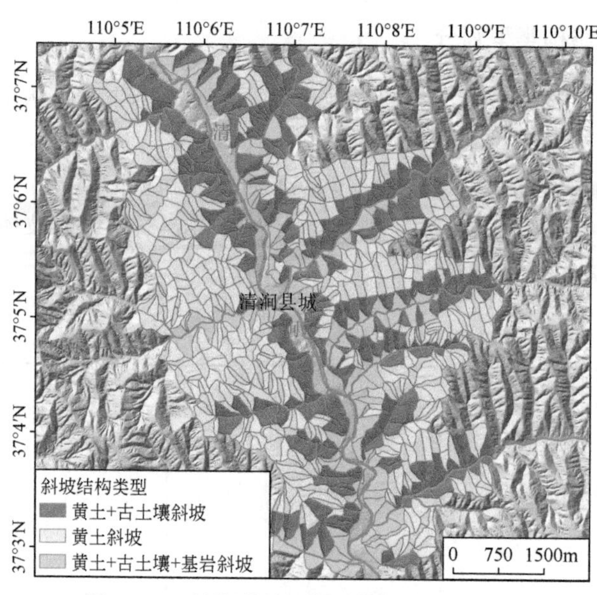

图10.14　清涧县城区斜坡结构类型分布图

10.4　重要场地地质灾害风险评估

根据调查和城区工程地质测绘结果，本节选取笔架山斜坡段和南武家沟斜坡段开展重要场地地质灾害风险评估，研究斜坡地带场地的风险源识别、变形破坏模式、失稳概率、危险区范围和风险大小等。

10.4.1　笔架山斜坡段风险评估

1. 斜坡段概述

笔架山斜坡段位于清涧县城西，清涧河右岸，国道210从笔架山斜坡段前缘通过。坡脚下有许多居民楼房，坡顶为笔架山生态文化园，修建有红塔、人民烈士纪念碑及庙宇等许多人文景观。笔架山是清涧县旅游风景名山，也是清涧县城居民休闲锻炼的主要场所（图10.15）。

笔架山斜坡段为一黄土梁地形，平面呈长条状，地形破碎，四周沟谷深切，南北长约460m，东西宽50～150m，坡顶高程1021.1m，坡脚高程879.3m，坡度约40°。据钻孔揭示，笔架山斜坡地层岩性自上而下依次为：0.0～10.5m为第四系上更新统马兰黄土，10.5～12.6m为古土壤，12.6～33.2m为第四系中更新统离石黄土，33.2～35.7m为古土壤，35.7～45.1m为第四系中更新统离石黄土，45.1～46.7m为古土壤，46.7～55.1m为

图 10.15　清涧县城笔架山斜坡段全貌（左：遥感影像；右：照片）

第四系中更新统离石黄土，55.1～58.9m 为古土壤，58.9～68.8m 为第四系中更新统离石黄土，68.8～70.6m 为古土壤，70.6～79.0m 为第四系中更新统离石黄土，79.0～82.0m 为上三叠统胡家村组砂岩夹泥质粉砂岩。

笔架山斜坡段在降雨和人类活动的双重作用下，周围发育多处滑塌和崩塌，对坡脚居民和坡顶笔架山生态文化园构成了严重的威胁。2013 年 7 月笔架山发生一起崩塌，掩埋石窑。本次从城镇规划、国土空间规划、基础设施和重大工程安全角度开展笔架山斜坡段地质灾害风险评估，为笔架山生态文化园建设、地质灾害防治综合整治与土地开发、地质灾害风险管理提供详细资料数据和决策依据。

2. 风险源识别

以 1∶2000 地形图为底图，对笔架山斜坡段进行详细的地质灾害风险调查和工程勘查。笔架山周围高陡的黄土斜坡，在各种地质营力作用下产生变形、破坏失稳。主要变形破坏类型为滑塌或崩塌，共发育滑塌或崩塌 6 处（图 10.16），均为浅表层破坏，面积分

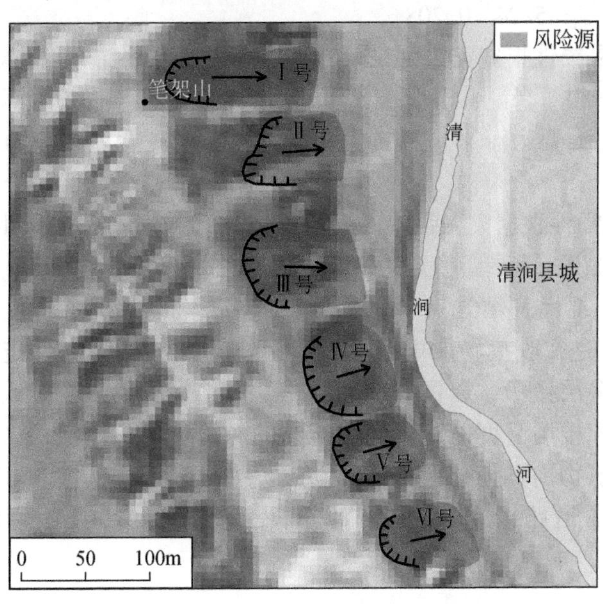

图 10.16　清涧县城笔架山斜坡段风险源识别图

别为：Ⅰ号为 $0.45\times10^4\mathrm{m}^2$；Ⅱ号为 $0.35\times10^4\mathrm{m}^2$；Ⅲ号为 $0.50\times10^4\mathrm{m}^2$；Ⅳ号为 $0.40\times10^4\mathrm{m}^2$；Ⅴ号为 $0.29\times10^4\mathrm{m}^2$；Ⅵ号为 $0.30\times10^4\mathrm{m}^2$。

6 处风险源前缘均具有较大滑动临空面，坡体陡立，土体土质疏松，节理裂隙发育，黄土内发育古土壤层，降雨尤其是大暴雨时容易沿节理裂隙入渗，并与古土壤的接触面汇聚形成软弱带，发生滑动的可能性较大，对坡体下居民及国道 210 造成很大的威胁。坡顶为笔架山生态文化园，人类活动频繁，发育有裂隙，受黄土重力侵蚀和裂隙的影响，坡顶边缘常形成土块掉落，使坡顶宽度已不足 20m，对笔架山生态文化园造成威胁。

3. *风险要素分析*

笔架山斜坡段下部为城镇居民及国道 210，上部为笔架山生态文化园。基于斜坡的特殊地理位置，对坡体进行风险分析时需考虑斜坡上下 2 部分。

$P_{(L)}$：地质灾害发生概率由诱发事件与斜坡失稳同时出现的概率决定，本次以失稳概率计算结果和现场判断确定。

$P_{(T:L)}$：风险源到达承灾体概率主要由承灾体距离风险源的远近以及地形因素所决定。根据黄土滑坡的经验数据以及笔架山斜坡段实际调查情况分析，划分为近距离、远距离两部分，对应的到达概率取极值分别为 1.00、0.50。

$P_{(S:T)}$：房屋、道路为固定承灾体，时空概率为 $P_{(S:T)}=1.00$；坡体下部房屋内居住人员为流动承灾体，如果平均一年住 300 天，每天 10 个小时，则有 $P_{(S:T)}=(300/365)\times(10/24)=0.342$；坡体上部笔架山生态文化园内游客的时空概率按照受险区范围内有游客的时间来计算，如Ⅰ号风险源上部平均每天有锻炼人员及游客的时间为 8 小时，则有 $P_{(S:T)}=8/24=0.333$；坡体下部国道 210 上车辆和行人的时空概率按照受险区范围内有车辆和行人经过的时间来计算，如Ⅰ号风险源下部 210 国道上每天有人员和车辆经过的时间为 5 小时，则有 $P_{(S:T)}=5/24=0.208$。

$V_{(prop:S)}$：财产易损性根据灾害强度、承灾体抵抗灾害的能力和承灾体距离风险源的远近综合考虑赋值，相对来说，滑坡造成建筑物的破坏程度要大于崩塌，砖混或钢结构的建筑物抵抗灾害的能力要大于平房抵抗灾害的能力。财产易损性从 0 ~ 1，0 代表没有损失，1 代表完全损坏。

$V_{(D:T)}$：人员易损性根据灾害强度、人员抵抗灾害的能力和人员距离风险源的远近综合考虑赋值，相对来说，人员距离风险源越远，抵抗灾害的能力越强。人员易损性从 0 ~ 1，0 代表没有伤亡，1 代表死亡。

E：承灾体价值是在收集场地规划资料和野外调查的基础上确定的，笔架山斜坡段下部承灾体主要为多层楼房、居民平房和道路，上部承灾体主要为人文景观。可根据受险区内建筑物面积和楼层高度确定不同建筑物的经济价值，本次仅考虑了建筑物本身经济价值，未考虑建筑物内其他财产价值和间接损失。多层楼房按 3000 元/m^2测算，平房按 1000 元/m^2测算，道路按 1500 元/m 测算，车辆按 150000 元/辆测算；人文景观按 10000 元/m^2测算。

4. 风险分析和区划

根据上述风险要素调查分析结果，按财产风险计算公式对笔架山斜坡段进行财产风险评估，按人员风险计算公式对笔架山斜坡段进行人员风险评估。风险评估结果见表 10. 2，人员风险区划结果如图 10. 17 所示。

表 10. 2　笔架山斜坡段风险评估结果

风险源	受险区	发生概率 $P_{(L)}$	到达承灾体概率 $P_{(T:L)}$	固定承灾体时空概率 $P_{(S:T)}$	流动承灾体时空概率 $P_{(S:T)}$	财产易损性 $V_{(prop:S)}$	人员易损性 $V_{(D:T)}$	承灾体价值 E /万元	财产年损失 $R_{(prop)}$ /(万元/a)	单人年死亡概率 $P_{(LOL)}$
Ⅰ号	01	0. 0001	1. 00	1. 00	0. 342	0. 9	0. 9	152	0. 0137	3.08×10^{-5}
	02	0. 0001	0. 50	1. 00	0. 208	0. 3	0. 8	261	0. 0039	8.32×10^{-6}
	03	0. 0001	1. 00	1. 00	0. 333	0. 5	0. 8	454	0. 0227	2.66×10^{-5}
Ⅱ号	04	0. 001	1. 00	1. 00	0. 342	0. 8	0. 9	201	0. 1606	3.08×10^{-4}
	05	0. 001	0. 50	1. 00	0. 208	0. 3	0. 5	53	0. 0079	5.20×10^{-5}
	06	0. 001	1. 00	1. 00	0. 25	0. 5	0. 8	428	0. 2139	2.00×10^{-4}
Ⅲ号	07	0. 0001	1. 00	1. 00	0. 342	0. 8	0. 9	136	0. 0108	3.08×10^{-5}
	08	0. 0001	0. 50	1. 00	0. 208	0. 3	0. 5	42	0. 0006	5.20×10^{-6}
	09	0. 0001	1. 00	1. 00	0. 167	0. 5	0. 8	136	0. 0068	1.34×10^{-5}
Ⅳ号	10	0. 001	1. 00	1. 00	0. 342	0. 8	0. 9	164	0. 1311	3.08×10^{-4}
	11	0. 001	0. 50	1. 00	0. 208	0. 3	0. 5	63	0. 0095	5.20×10^{-5}
	12	0. 001	1. 00	1. 00	0. 167	0. 5	0. 8	109	0. 0545	1.34×10^{-4}
Ⅴ号	13	0. 01	1. 00	1. 00	0. 342	0. 9	0. 9	84	0. 7597	3.08×10^{-3}
	14	0. 01	0. 50	1. 00	0. 208	0. 3	0. 5	37	0. 0551	5.20×10^{-4}
	15	0. 01	1. 00	1. 00	0. 167	0. 5	0. 8	94	0. 4680	1.34×10^{-3}
Ⅵ号	16	0. 0001	1. 00	1. 00	0. 342	0. 9	0. 9	117	0. 0106	3.08×10^{-5}
	17	0. 0001	0. 50	1. 00	0. 208	0. 3	0. 5	42	0. 0006	5.20×10^{-6}
	18	0. 0001	1. 00	1. 00	0. 167	0. 5	0. 8	63	0. 0032	1.34×10^{-5}

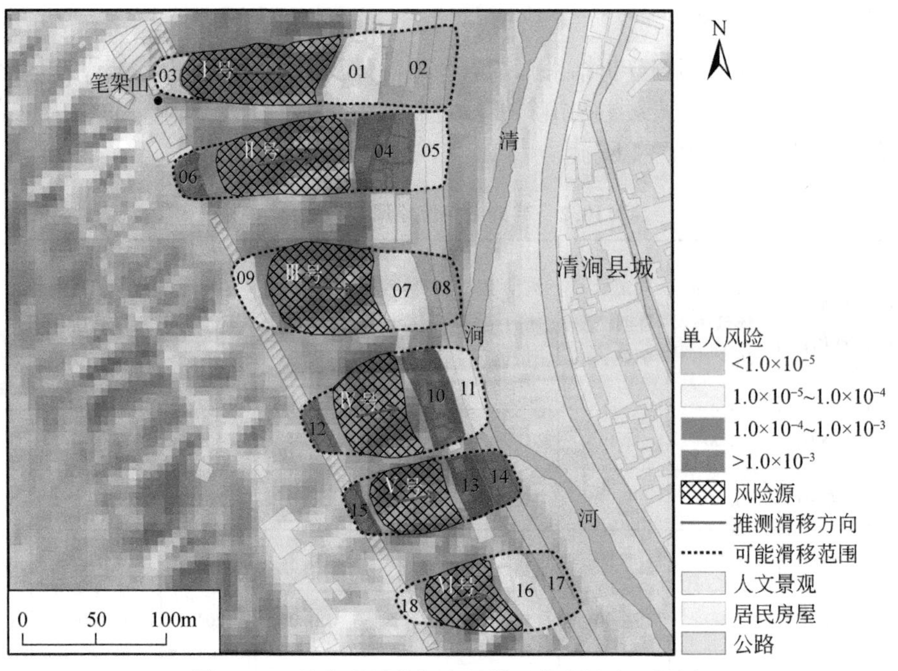

图 10.17　清涧县城笔架山风景区单人风险区划图

10.4.2　南武家沟斜坡段风险评估

1. 斜坡段概述

南武家沟斜坡段地处清涧县宽州镇南武家沟村一带，清涧县城南，清涧河左岸。斜坡段前缘为清涧县城繁华地带，人口居住密集，人类工程活动强烈（图 10.18）。

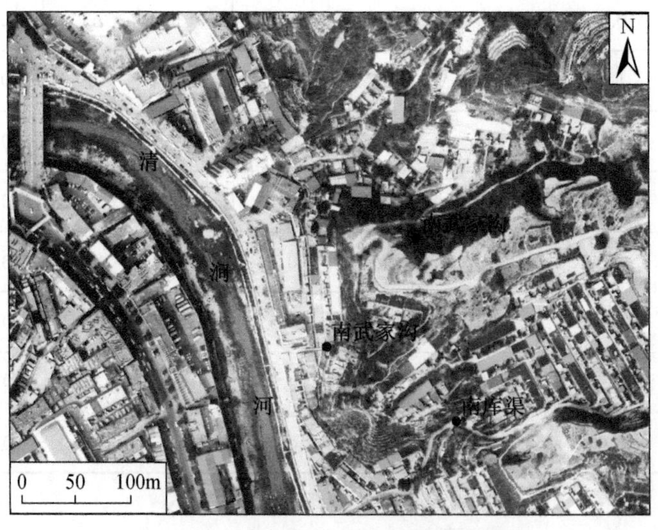

图 10.18　南武家沟斜坡段遥感影像图

南武家沟斜坡段为典型的黄土梁峁地形，地形破碎，沟谷深切，南北长约 280m，东西宽约 250m，坡顶高程 942.3m，坡脚高程 874.5m，坡度 25°～30°。据钻孔揭示，南武家沟斜坡段地层岩性自上而下依次为：0.0～15.6m 为第四系上更新统马兰黄土，15.6～17.7m 为古土壤，17.7～40.0m 为第四系中更新统离石黄土，40.0～41.4m 为古土壤，41.4～44.6m 为第四系中更新统离石黄土，44.6～46.0m 为古土壤，46.0～64.4m 为第四系中更新统离石黄土，64.4～67.0m 为第四系中更新统冲积粉土，67.0～67.6m 为第四系中更新统冲积卵石，67.6～69.7m 为上三叠统胡家村组砂岩夹泥质粉砂岩。

南武家沟斜坡段在降雨和人类活动的双重作用下，发育多处滑坡和不稳定坡体，对坡体下部居民构成了严重的威胁。本次从城镇规划、土地利用规划、基础设施安全角度开展南武家沟斜坡段地质灾害风险评估，为清涧县城建设用地、地质灾害防治综合整治与土地开发、地质灾害风险管理提供详细资料数据和决策依据。

2. 风险源识别

以 1∶2000 地形图为底图，对南武家沟斜坡段进行了详细的地质灾害风险调查和工程勘查。南武家沟斜坡段共识别出风险源 5 处，包括 4 处滑坡体和 1 处不稳定坡体（图 10.19）。其中Ⅰ号、Ⅱ号、Ⅲ号、Ⅳ号风险源为滑坡体，面积分别为 $0.13\times10^4m^2$、$0.15\times10^4m^2$、$0.12\times10^4m^2$、$0.19\times10^4m^2$，4 处滑坡前缘均具有滑动临空面，坡体陡立，土质疏松，节理裂隙发育，黄土内发育古土壤层，降雨尤其是大暴雨时容易沿节理裂隙入渗，并与古土壤的接触面汇聚形成软弱带，发生滑动的可能性较大，对坡体下居民造成很大的威胁。Ⅴ号风险源为不稳定坡体，面积 $0.27\times10^4m^2$，前缘临空面大，土体破碎松散，坡顶边缘陡立，常有土块掉落，坡脚开挖严重，发生崩塌或滑坡的可能性大。

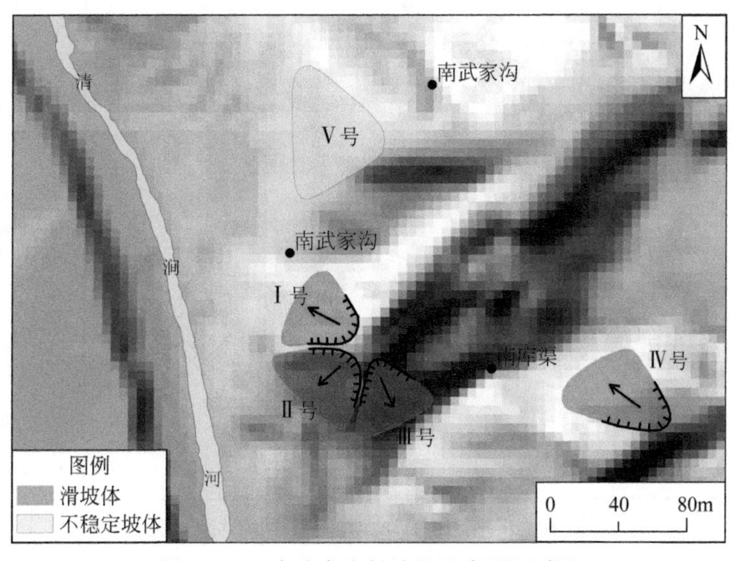

图 10.19 南武家沟斜坡段风险源识别图

3. 风险要素分析

$P_{(L)}$：地质灾害发生概率以失稳概率计算结果和现场判断确定。

$P_{(T:L)}$：根据南武家沟斜坡段实际调查情况分析，南武家沟斜坡段坡体失稳到达承灾体的概率为1.00。

$P_{(S:T)}$：房屋、道路为固定承灾体，时空概率为$P_{(S:T)}=1.00$；房屋里面的人员为流动承灾体，如果平均一年住300天，每天10个小时，则有$P_{(S:T)}=(300/365)\times(10/24)=0.342$。

$V_{(prop:S)}$：财产易损性根据灾害强度、承灾体抵抗灾害的能力和承灾体距离风险源的远近综合考虑赋值。财产易损性从0～1，0代表没有损失，1代表完全损坏。

$V_{(D:T)}$：人员易损性根据灾害强度、人员抵抗灾害的能力和人员距离风险源的远近综合考虑赋值。人员易损性从0～1，0代表没有伤亡，1代表死亡。

E：南武家沟斜坡段内承灾体主要为多层楼房、居民平房和道路，可根据受险区内建筑物面积、楼层高度和道路长度确定不同承灾体的经济价值，本次仅考虑了承灾体本身经济价值，未考虑承灾体内其他财产价值和间接损失。多层楼房按3000元/m^{2}测算，平房按1000元/m^{2}测算，道路按1500元/m测算。

4. 风险分析和区划

根据上述风险要素调查分析结果，按财产风险计算公式对南武家沟斜坡段进行财产风险评估，按人员风险计算公式对南武家沟斜坡段进行人员风险评估。风险评估结果见表10.3，人员风险区划结果如图10.20所示。

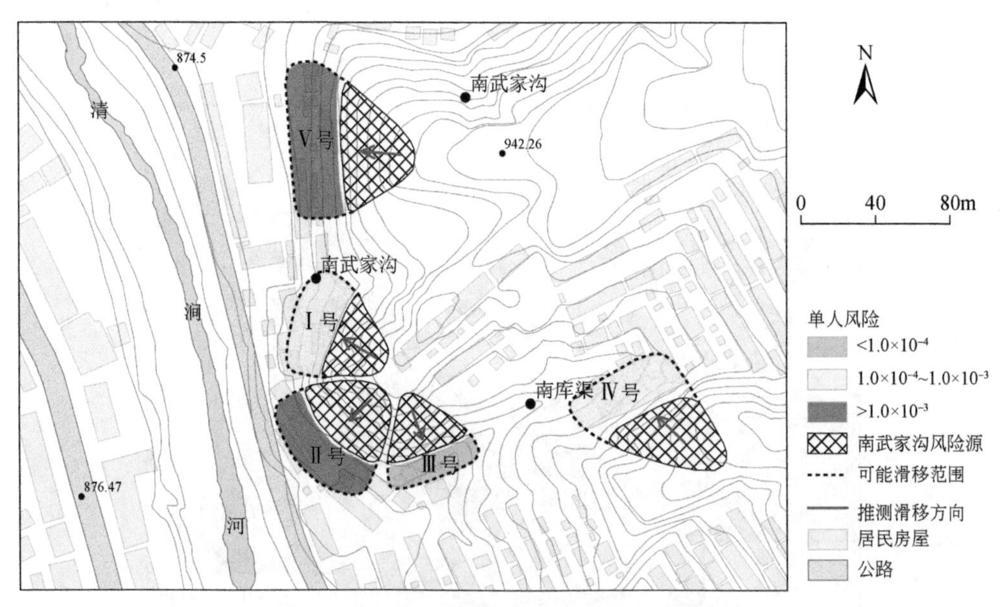

图10.20　南武家沟斜坡段单人风险区划图

表 10.3　南武家沟斜坡段风险评估结果

风险源	发生概率 $P_{(L)}$	到达承灾体概率 $P_{(T:L)}$	固定承灾体时空概率 $P_{(S:T)}$	流动承灾体时空概率 $P_{(S:T)}$	财产易损性 $V_{(prop:S)}$	人员易损性 $V_{(D:T)}$	承灾体价值 E /万元	财产年损失 $R_{(prop)}$ /(万元/a)	单人年死亡概率 $P_{(LOL)}$
Ⅰ号	0.001	1.00	1.00	0.342	0.8	0.5	425	0.3400	1.71×10^{-4}
Ⅱ号	0.01	1.00	1.00	0.342	0.8	0.8	917	7.3360	2.74×10^{-3}
Ⅲ号	0.0001	1.00	1.00	0.342	0.8	0.6	280	0.0224	2.05×10^{-5}
Ⅳ号	0.001	1.00	1.00	0.342	0.6	0.4	381	0.2286	1.37×10^{-4}
Ⅴ号	0.01	1.00	1.00	0.342	0.9	0.9	778	7.0020	3.08×10^{-3}

10.5　区域地质灾害风险评估

10.5.1　区域地质灾害易发性评估

以 GIS 为平台，采用斜坡单元与信息量结合的方法，开展清涧县城区地质灾害易发性评估。

10.5.1.1　评价因子选取与分析

1. 评价因子的选取

在地质灾害形成条件分析的基础上，选择斜坡坡度、坡高、坡向、坡型、斜坡结构类型、人类工程活动等因素作为评价指标。

2. 评价因子图层的建立

1）评价单元的划分

本次共完成清涧县城及规划区 31.4km^2的斜坡调查，将此范围内的斜坡地带共划分为 925 个斜坡单元（图 10.21）。其中单元面积最小为 $0.48\times10^4m^2$，最大为 $14.59\times10^4m^2$，平均为 $3.40\times10^4m^2$，并在此基础上提取地质灾害定量评价指标。

2）滑坡、崩塌发育密度

清涧县城及周边区域滑坡崩塌等地质灾害发育。据现场调查结果，城区范围内清涧河及其一级支流两岸斜坡受河流侵蚀、降雨、人类工程活动影响，地质灾害密集发育，以滑坡和崩塌为主，规模主要为中小型。在滑坡野外调查及填图的基础上，采用滑坡体的面积指标，利用 ArcGIS 平台，计算清涧县城及周边区域斜坡单元内已发生滑坡的面密度，即滑坡体面积占所处斜坡单元面积的比例，单位：m^2/m^2（图 10.22）。

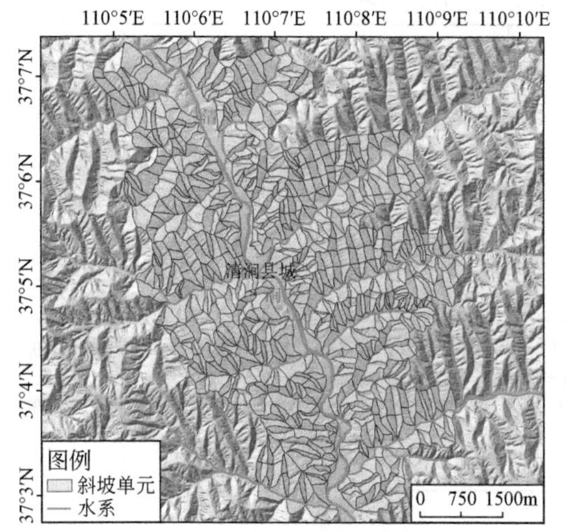

图 10.21　清涧县城区斜坡单元划分图（实地调查）

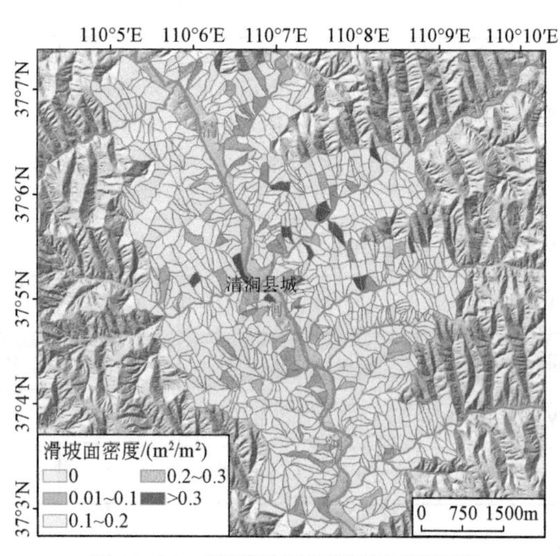

图 10.22　清涧县城区滑坡面密度图

3）地形指标

利用 ArcGIS 从清涧县城及周边 1∶10000 DEM 数据中提取坡度、坡高、坡向、坡型等地形信息，然后在斜坡单元内求取栅格平均值作为易发性评估指标（图 10.23 ~ 图 10.26）。

4）斜坡结构类型指标

清涧县城及周边与滑坡最密切的易滑地层主要有黄土、黄土中的古土壤层、中生代基岩顶面泥岩或强风化层。城区内黄土堆积面积广、厚度大，构成了以梁峁为主的黄土地貌，使得黄土滑坡发育广泛。下伏基岩仅在沟谷地区出露，形成黄土和基岩复合型滑坡，对滑坡的形成和发育具有一定的控制作用。清涧县城及周边斜坡结构按照其对滑坡发生的影响作用从强到弱可依次划分为：黄土+古土壤斜坡、黄土斜坡、黄土+古土壤+基岩斜坡。

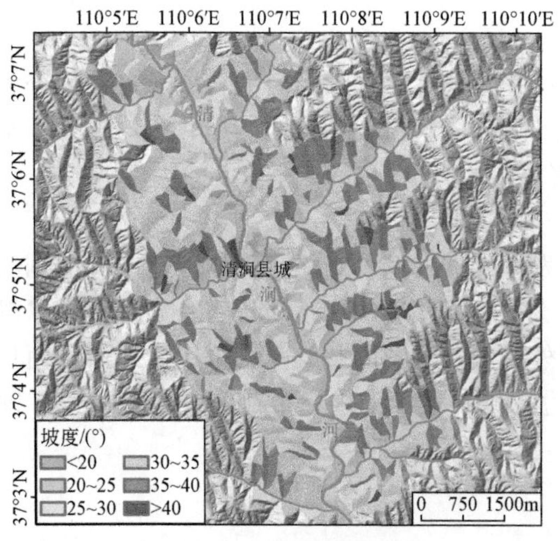

图 10.23　清涧县城区坡度图

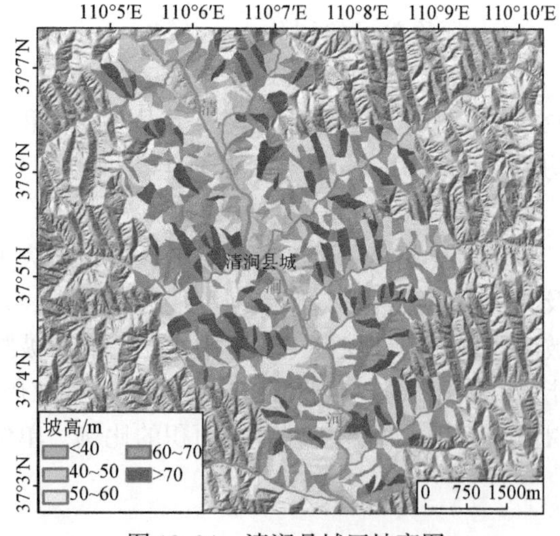

图 10.24　清涧县城区坡高图

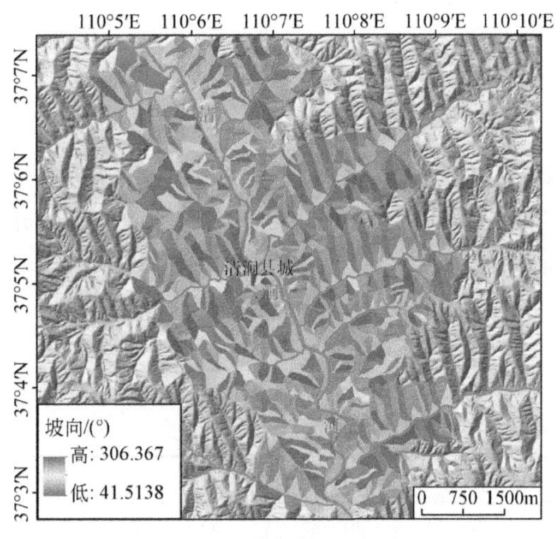

图 10.25　清涧县城区坡向图

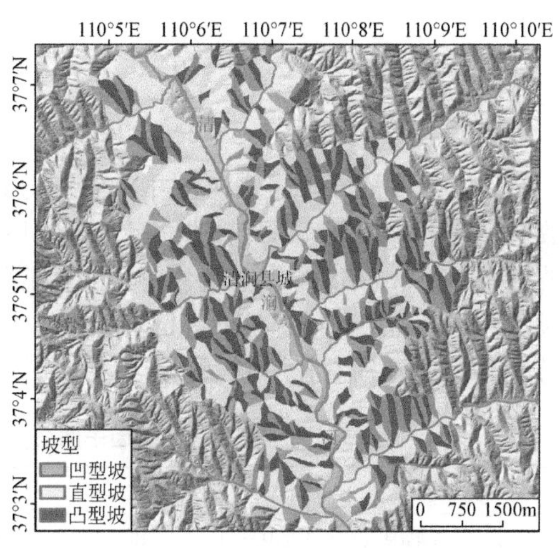

图 10.26　清涧县城区坡型图

5）人类工程活动指标

在清涧县城周边斜坡地带，不合理开挖坡脚建房现象严重（图 10.27），且基本都没有进行护坡处理，人工开挖坡脚使坡体产生临空面，易造成滑坡崩塌等灾害。本次在清涧县城及规划区共调查人工开挖坡体 117 处（图 10.28）。在调查的基础上，根据野外填图情况，采用人工开挖坡体的面密度作为人类工程活动指标进行清涧县城及规划区地质灾害易发性评估（图 10.29）。

图 10.27　清涧县城周边斜坡地带不合理的开挖坡脚建房

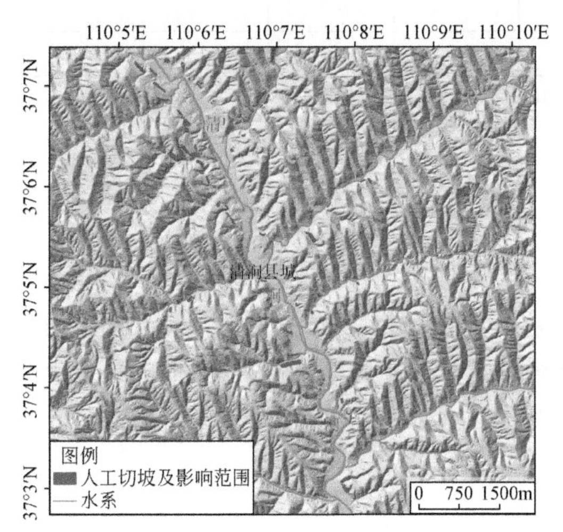

图 10.28　清涧县城区人工切坡分布及影响范围

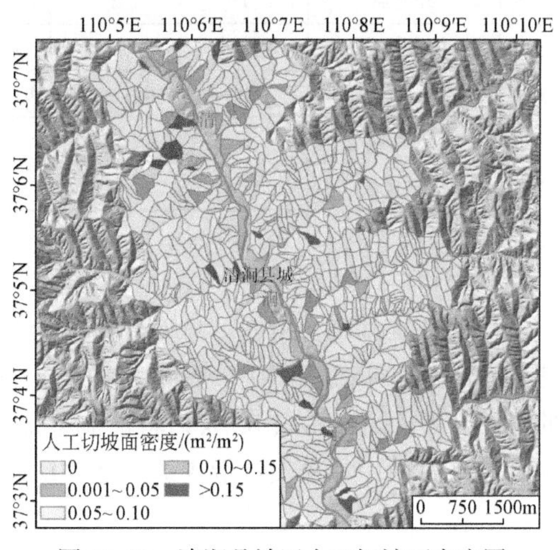

图 10.29　清涧县城区人工切坡面密度图

10. 5. 1. 2　区域斜坡易发性评估

1. 易发性评估

易发性评估可通过 ArcGIS 中的空间分析功能来实现。首先对因子图层中连续分布的数据进行重新分类，得到分类之后的因子图层；然后将分类之后的评价因子图层分别与滑坡分布图在 ArcGIS 中做空间分析，计算出各因子图层对滑坡影响的信息量值（表 10. 4）；最后根据各图层的信息量值进行空间叠加分析，生成以总信息量值为评价指标的地质灾害易发性指数图（图 10. 30）。

表 10. 4　各因子图层分类情况及其对应的信息量值

因子图层		各因子图层各类别对应值						
坡度	分类范围/(°)	0 ~ 15	15 ~ 20	20 ~ 25	25 ~ 30	30 ~ 35	>35	
	分类值	1	2	3	4	5	6	
	信息量值	0. 0021	0. 0637	0. 2152	0. 2934	0. 4375	0. 6893	
坡高	分类范围/m	0 ~ 30	30 ~ 40	40 ~ 50	50 ~ 60	60 ~ 70	>70	
	分类值	1	2	3	4	5	6	
	信息量值	0. 01263	0. 1541	0. 2346	0. 3543	0. 4459	0. 5726	
坡向	分类范围/(°)	0 ~ 45	45 ~ 90	90 ~ 135	135 ~ 180	180 ~ 225	225 ~ 270	270 ~ 360
	分类值	1	2	3	4	5	6	7
	信息量值	0. 3981	0. 4215	0. 0157	0. 0269	0. 2548	0. 2357	0. 0825
坡型	分类范围 P	<−0. 5	−0. 5 ~ 0	0 ~ 0. 5	>0. 5			
	分类值	1	2	3	4			
	信息量值	0. 0124	0. 2363	0. 5672	0. 7438			
斜坡结构类型	分类范围	黄土+古土壤+基岩斜坡	黄土斜坡	黄土+古土壤斜坡				
	分类值	1	2	3				
	信息量值	0. 2582	0. 5236	0. 6273				
人工切坡密度	分类范围/m	0	0. 001 ~ 0. 05	0. 05 ~ 0. 10	0. 10 ~ 0. 15	>0. 15		
	分类值	1	2	3	4	5		
	信息量值	0. 0009	0. 1538	0. 5639	0. 5143	0. 7281		

2. 评价结果

根据计算结果，单元总易发性指数的范围为 0 ~ 2. 18927，数值越大，反映各因子对滑坡发生的综合贡献率越大，发生滑坡的可能性就越大，滑坡易发性越高。利用 ArcGIS 中的自然断点法（natural break）将清涧县城及规划区的滑坡易发性分为易发性很高、易发性高、易发性中和易发性低 4 级（图 10. 31）。

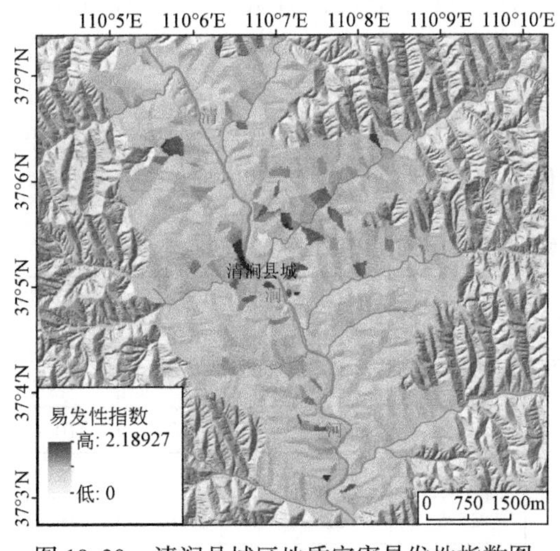

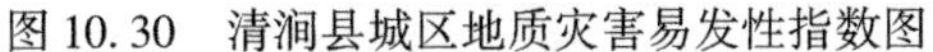

图 10.30　清涧县城区地质灾害易发性指数图

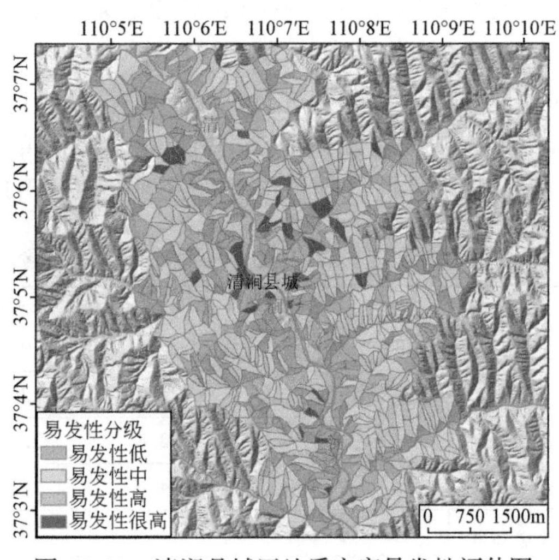

图 10.31　清涧县城区地质灾害易发性评估图

易发性分级与实际滑坡和不稳定斜坡的分布情况见表 10.5，由表可知，随易发性等级的逐步提高，各易发区中包含的实际滑坡和不稳定斜坡点的数量也逐步增加，滑坡发生的比率亦随之增大。这表明利用信息量模型得出的易发性分区与实际滑坡发育分布特征相吻合，评价结果合理，在最终获得的易发性评估图中，易发性很高和易发性高的区域中包含了 83.15% 的已知滑坡和不稳定斜坡点。

表 10.5　信息量值对应易发性分级与实际滑坡和不稳定斜坡的分布情况

易发性分级	信息量值	面积 /km^2	面积所占比例/%	滑坡与不稳定斜坡数量/个	滑坡所占比例/%
易发性低	0 ~ 0.650368	8.99	28.6	1	0.56
易发性中	0.650369 ~ 0.901358	17.81	56.7	29	16.29
易发性高	0.901359 ~ 1.303696	3.51	11.2	98	55.06
易发性很高	1.303697 ~ 2.189274	1.10	3.5	50	28.09
总计		31.41	100	178	100

清涧县城及规划区滑坡高易发区（包括易发性很高和易发性高）面积共 4.61km^2，占调查面积的 14.7%，包含滑坡和不稳定斜坡点共 148 个，占滑坡和不稳定斜坡总数的 83.15%。

10.5.2　区域地质灾害危险性评估

10.5.2.1　斜坡稳定性分析

当斜坡坡度、坡高、坡型不同时，其发生黄土滑坡的概率也不同。因此，将研究区范围内的斜坡单元按照不同的坡度、坡高和坡型分别进行稳定性计算。本次采用 Mohr-Coulomb 准则作为本构模型，选用 Morgenstern-Price 作为分析模型，运用 GeoStudio 软件中的 SLOP/W 模块分别进行不同含水率工况下不同斜坡类型的斜坡稳定性计算，稳定性计算所选参数见表 10.6。本次将城区周边斜坡单元作为一个整体进行稳定性分析，当斜坡单元内包含滑坡体时，则稳定性分析剖面切过滑坡体。

表 10.6　清涧县城区不同含水率工况下的土体物理力学参数

土体类型	参数类型	含水率 5%	含水率 10%	含水率 15%	含水率 20%	含水率 25%	含水率 30%
滑体土	黏聚力 C/kPa	25.0	22.7	21.8	20.8	15.7	13.5
	内摩擦角 φ/(°)	22.8	22.0	21.3	20.3	13.7	10.1
	重度 γ/(kN/m³)	14.0	14.7	15.3	16.0	16.7	17.3
晚更新世（浅层）黄土	黏聚力 C/kPa	32.8	28.0	25.5	22.5	19.6	16.4
	内摩擦角 φ/(°)	24.8	22.8	21.2	19.1	14.7	12.2
	重度 γ/(kN/m³)	14.8	15.5	16.2	16.9	17.6	18.3
中更新世黄土	黏聚力 C/kPa	42.9	40.0	37.7	34.7	29.0	23.5
	内摩擦角 φ/(°)	26.1	25.5	25.2	24.5	22.8	18.3
	重度 γ/(kN/m³)	18.1	19.0	19.8	20.7	21.6	22.4

表 10.7 为坡高 50m、坡度 35°的黄土斜坡在不同坡型、不同含水率工况下的稳定性计算模型及结果，表中所列为最小稳定性系数 F_S。在清涧县城区，根据斜坡工程地质测绘，晚更新世黄土一般披覆在中更新世黄土之上，晚更新世黄土披覆厚度不等，一般 5～15m，平均约 10m。因此，在稳定性计算模型中，为简便起见，将晚更新世黄土厚度统一设定为 10m。在同一工况条件下，凸型坡最易发生滑坡，凹型坡最不易发生滑坡。其他工况条件类似。

表 10.7　坡高 50m、坡度 35°的黄土斜坡在不同坡型、不同含水率工况下的稳定性计算模型及结果

含水率/%	凸型坡	直型坡	凹型坡
5	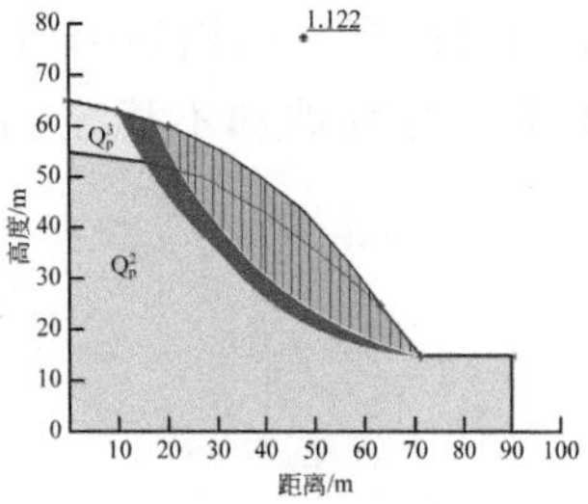 $F_S = 1.122$	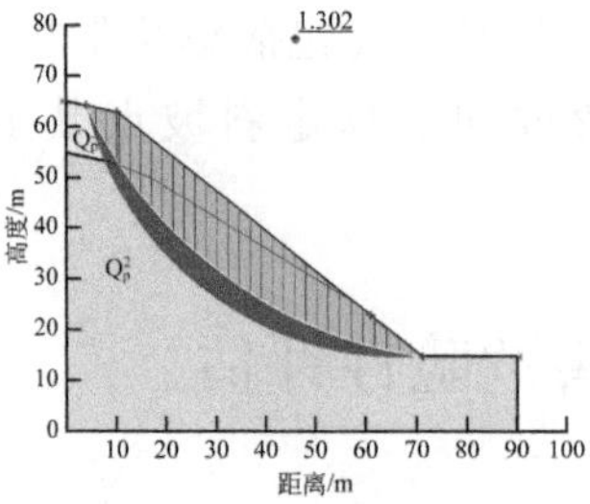 $F_S = 1.302$	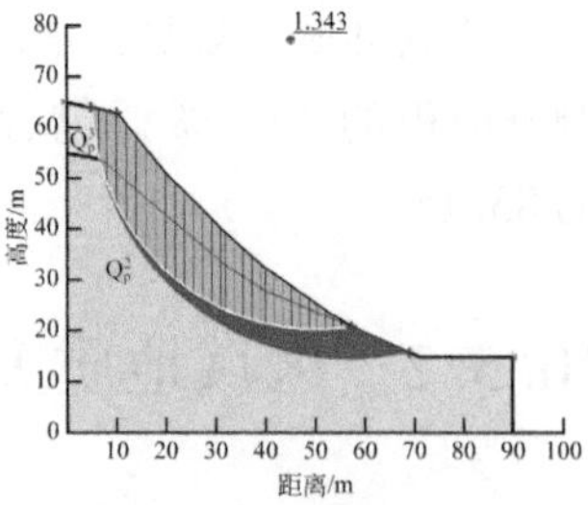 $F_S = 1.343$

续表

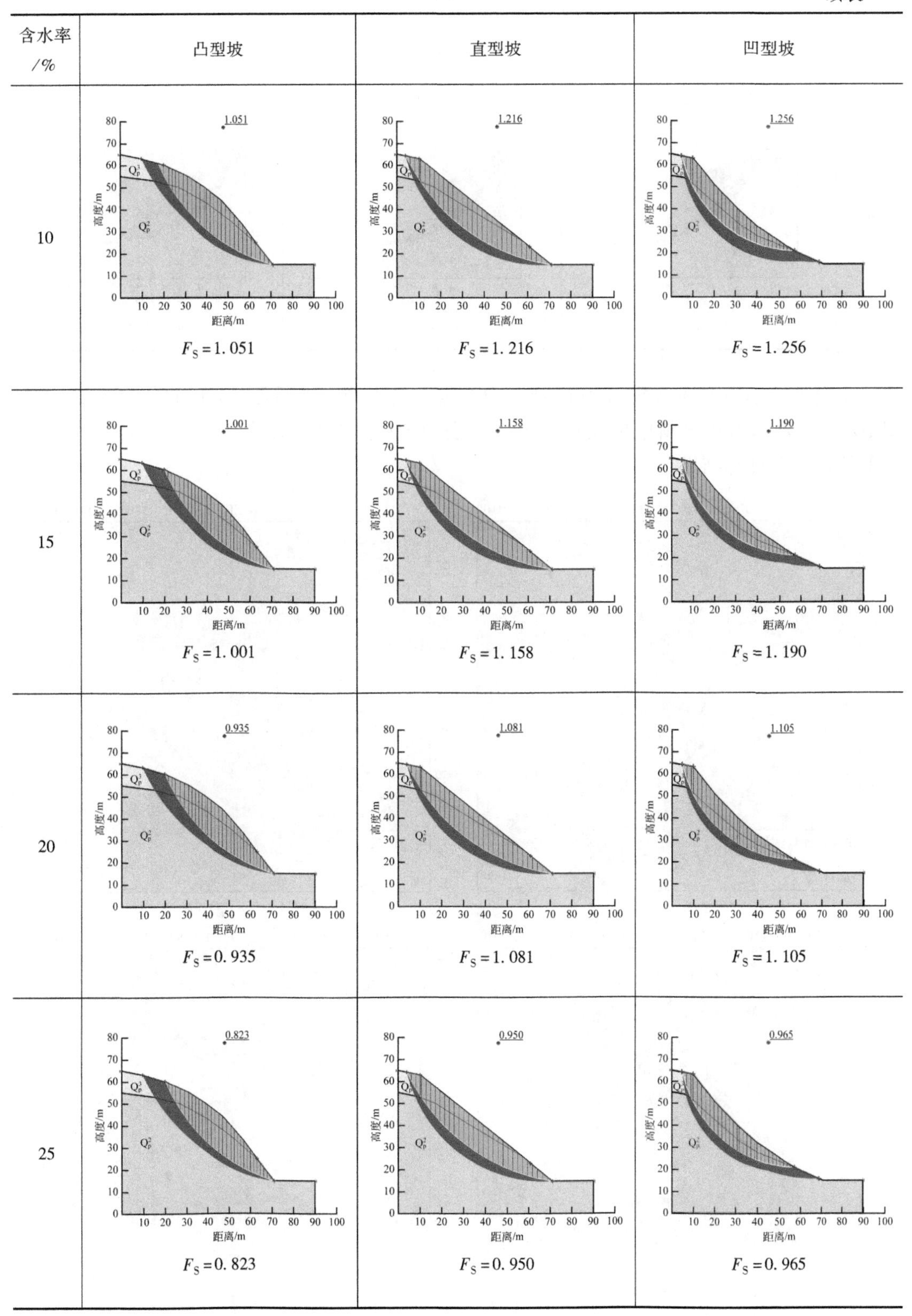

含水率/%	凸型坡	直型坡	凹型坡
10	F_S = 1.051	F_S = 1.216	F_S = 1.256
15	F_S = 1.001	F_S = 1.158	F_S = 1.190
20	F_S = 0.935	F_S = 1.081	F_S = 1.105
25	F_S = 0.823	F_S = 0.950	F_S = 0.965

续表

含水率/%	凸型坡	直型坡	凹型坡
30	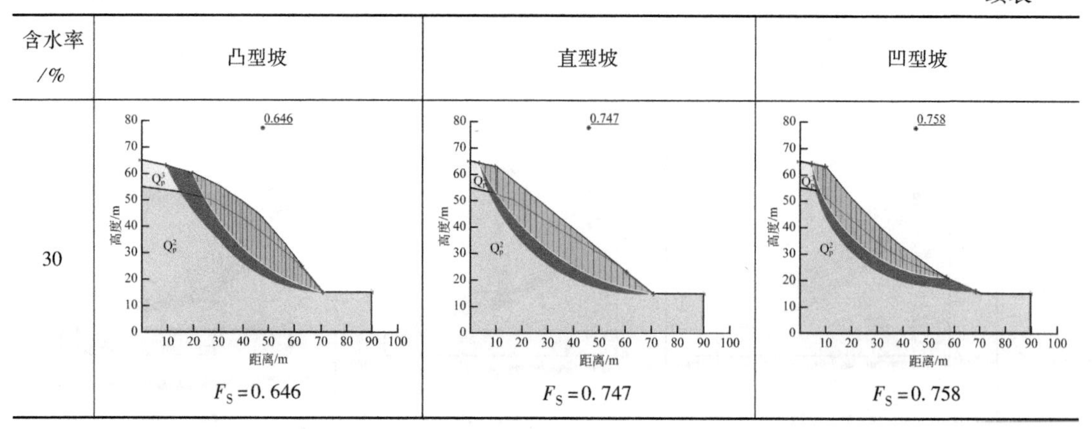 $F_S=0.646$	$F_S=0.747$	$F_S=0.758$

本次将最小稳定性系数>1.0 的判定为稳定，最小稳定性系数≤1.0 的判定为不稳定，图 10.32 为清涧县城区斜坡单元在含水率分别为 5%、10%、15%、20%、25%、30% 工况下的稳定性计算结果。

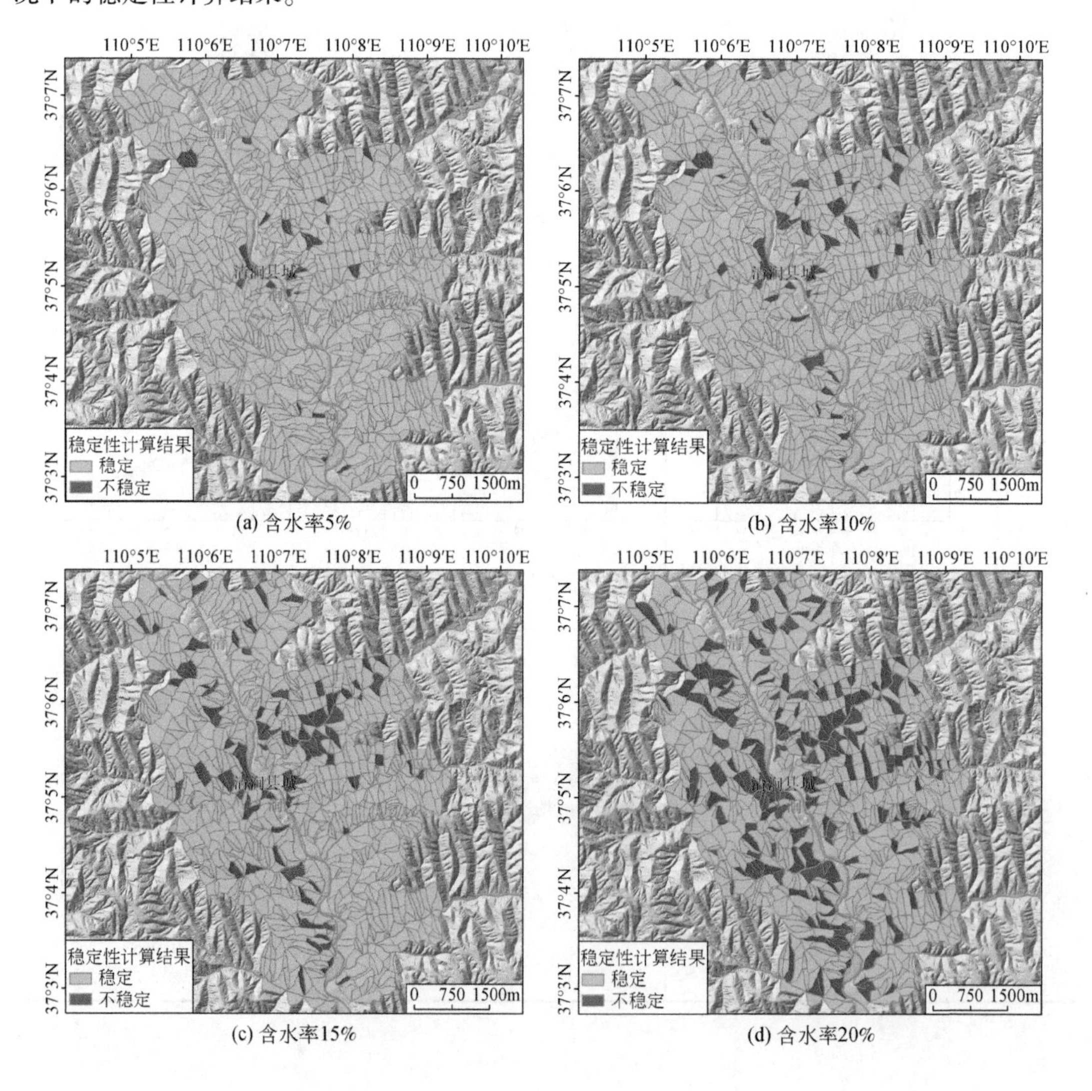

(a) 含水率5%　(b) 含水率10%

(c) 含水率15%　(d) 含水率20%

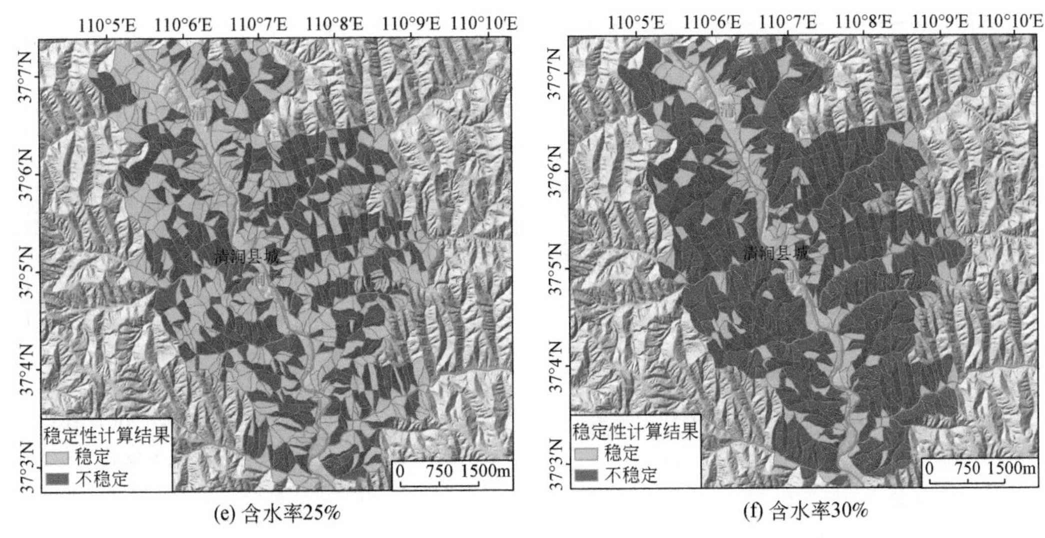

(e) 含水率25%　　(f) 含水率30%

图10.32　不同含水率工况下清涧县城区斜坡单元稳定性计算结果

清涧县城区及周边区域斜坡在不同含水率工况下稳定性计算结果见表10.8，由表可知，随着土体含水率的逐渐增加，城区内稳定斜坡的区域面积逐渐减少，不稳定斜坡的区域面积逐渐增大（图10.33）。当斜坡土体含水率为5%时，稳定斜坡和不稳定斜坡区域面积占所有斜坡面积的比例分别为98.06%和1.94%；当斜坡土体含水率增加到30%时，稳定斜坡和不稳定斜坡区域面积占所有斜坡面积的比例分别变为18.21%和81.79%。

表10.8　清涧县城区不同含水率工况下斜坡单元稳定性计算结果统计

含水率/%	区域面积/km²		面积所占比例/%		已发生滑坡数量/个		滑坡所占比例/%	
	稳定斜坡	不稳定斜坡	稳定斜坡	不稳定斜坡	稳定斜坡	不稳定斜坡	稳定斜坡	不稳定斜坡
5	30.80	0.61	98.06	1.94	112	26	81.16	18.84
10	29.81	1.60	94.91	5.09	89	49	64.49	35.51
15	28.14	3.27	89.59	10.41	46	92	33.33	66.67
20	23.95	7.46	76.25	23.75	10	128	7.25	92.75
25	15.20	16.21	48.39	51.61	4	134	2.90	97.10
30	5.72	25.69	18.21	81.79	1	137	0.72	99.28

同时，随着斜坡土体含水率的增加，不稳定斜坡单元内包含的已发生滑坡的数量亦逐渐增加，说明已发生滑坡的斜坡较原始的自然斜坡更容易失稳（图10.34）。当斜坡土体含水率从5%增加到30%时，不稳定斜坡单元内已发生滑坡数量所占比例从18.84%增加到99.28%，说明有99.28%的已发生滑坡处于不稳定状态。

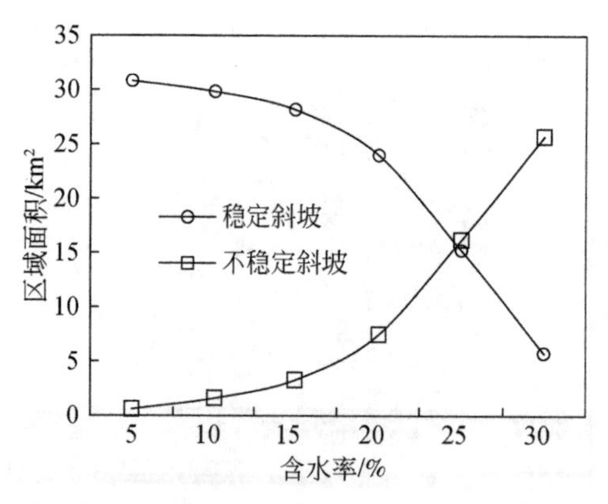

图 10.33　不同含水率条件下稳定和不稳定斜坡面积变化

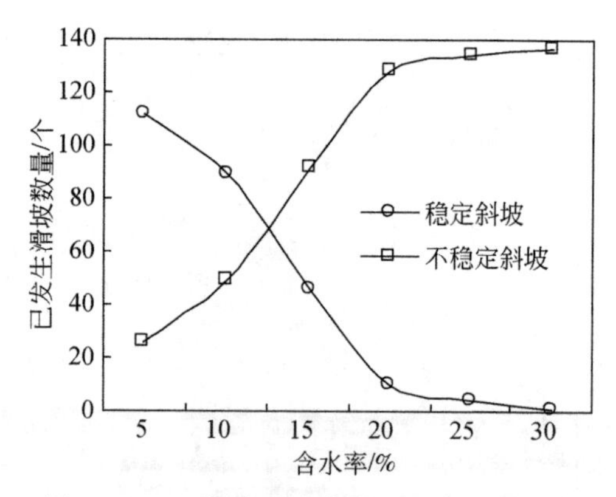

图 10.34　不同含水率条件下稳定和不稳定斜坡单元内已发生滑坡数量变化

10.5.2.2　区域斜坡危险性评价

降雨在没有优势入渗通道的情况下，其在黄土中的入渗深度有限（薛强等，2014）。对陕北地区黄土斜坡浅层土体含水率进行了 3 个水文年的连续监测（图 10.35），监测时间为 2013 年 10 月 30 日 ~2017 年 3 月 7 日。

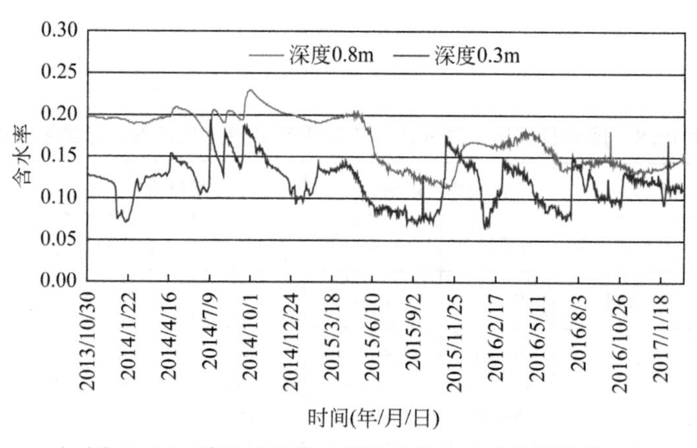

图 10.35　陕北地区黄土斜坡土体含水率监测曲线

对监测结果进行统计分析，发现土体含水率 $w \leqslant 0.1$ 的概率为 0.132，土体含水率 $0.1 < w \leqslant 0.15$ 的概率为 0.490，土体含水率 $0.15 < w \leqslant 0.2$ 的概率为 0.296，土体含水率 $0.2 < w \leqslant 0.25$ 的概率为 0.082，土体含水率 $w > 0.25$ 的概率为 0.000（图 10.36）。根据黄土斜坡在不同含水率工况下的稳定性计算结果，按照土体含水率出现的概率进行斜坡失稳危险性评价，可将斜坡失稳危险性分为危险性很高、危险性高、危险性中和危险性低 4 个级别（表 10.9）。

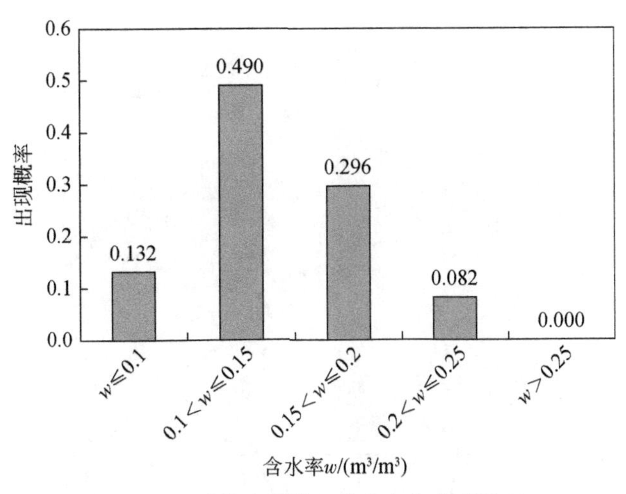

图 10.36　黄土斜坡土体含水率出现概率

表 10.9　斜坡失稳危险性分级表

斜坡失稳危险性分级		危险性很高	危险性高	危险性中	危险性低
斜坡失稳需达到的含水率级别		$w\leqslant 0.15$	$0.15<w\leqslant 0.2$	$0.2<w\leqslant 0.25$	$w>0.25$
含水率出现概率		0.622	0.296	0.082	0
危险区面积/km^2	不稳定斜坡单元面积	3.27	4.19	8.75	9.48
	稳定斜坡单元面积	0	0	0	5.72
	合计	3.27	4.19	8.75	15.20
包含斜坡单元数量/个		112	128	251	434
包含已发生滑坡数量/个		92	36	6	4

土体含水率 $w\leqslant 0.15$ 出现的概率为0.622，即出现该含水率工况的概率很高，因此将此含水率下计算的不稳定（失稳概率很高）斜坡单元定为危险性很高区。土体含水率 $0.15<w\leqslant 0.2$ 出现的概率为0.296，即认为出现该含水率工况的概率高，因此将此含水率下计算的不稳定斜坡单元（除去危险性很高区）定为危险性高区。土体含水率 $0.2<w\leqslant 0.25$ 出现的概率为0.082，即认为出现该含水率工况的概率为中等，因此将此含水率下计算的不稳定斜坡单元（除去危险性很高和危险性高区）定为危险性中区。土体含水率 $w>0.25$ 出现的概率为0，因此将危险性很高、危险性高和危险性中区之外的斜坡单元均定为危险性低区（图10.37）。

危险性很高区：主要分布在清涧县城清涧河一带，以及东沟东门湾一带，其他地段也有零星分布。危险性很高区包含斜坡单元数量共112个，面积共3.27km^2，共包含已发生滑坡数量92个。

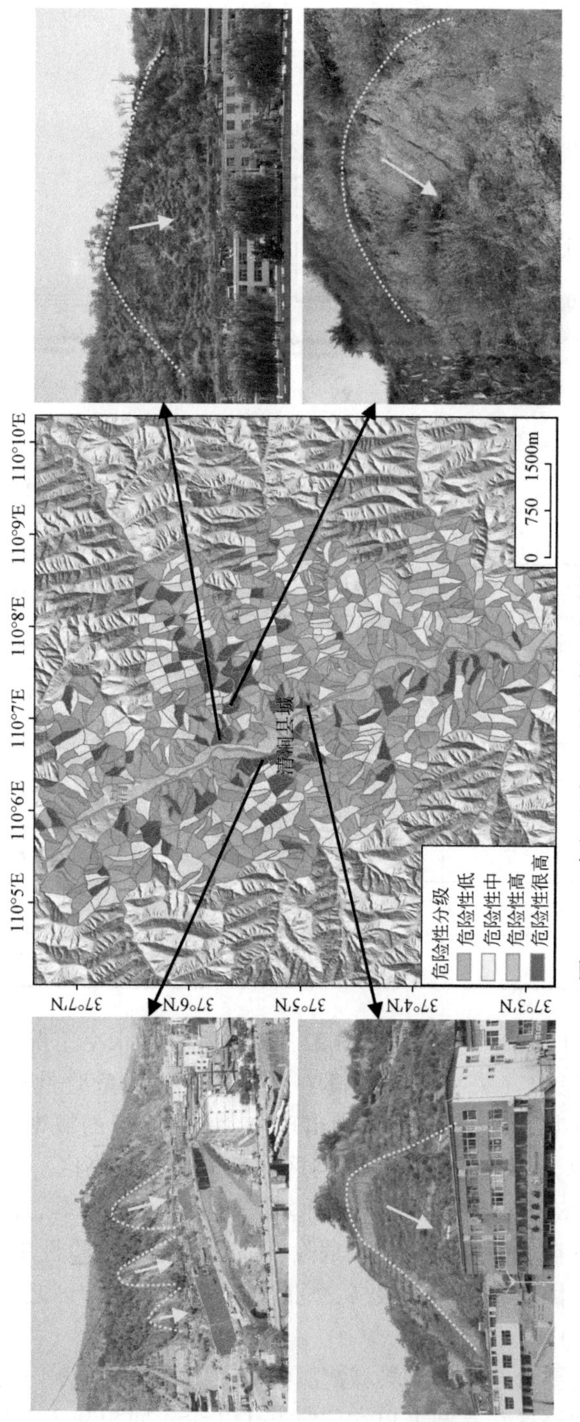

图 10.37　清涧县城区及周边斜坡失稳危险性评价图

危险性高区：主要分布在清涧县城附近西砭沟、赤土沟一带，与危险性很高区交叉分布，其他地段也有零星分布。危险性高区包含斜坡单元数量共 128 个，面积共 4.19km²，共包含已发生滑坡数量 36 个。

危险性中区：在清涧河及其一级支流沿岸斜坡地带均有分布。危险性中区包含斜坡单元数量共 251 个，面积共 8.75km²，共包含已发生滑坡数量 6 个。

危险性低区：在清涧河及其一级支流沿岸斜坡地带均有分布。危险性低区包含斜坡单元数量共 434 个，面积共 15.20km²，共包含已发生滑坡数量 4 个。

10.5.3　区域地质灾害风险评估

10.5.3.1　危害性评估

1. 承灾体识别与分类

利用 1 : 10000 遥感数据提取房屋建筑、主要道路作为承灾体分布的主要依据（图 10.38），通过承灾体类型对研究区地质灾害的易损性进行分析。

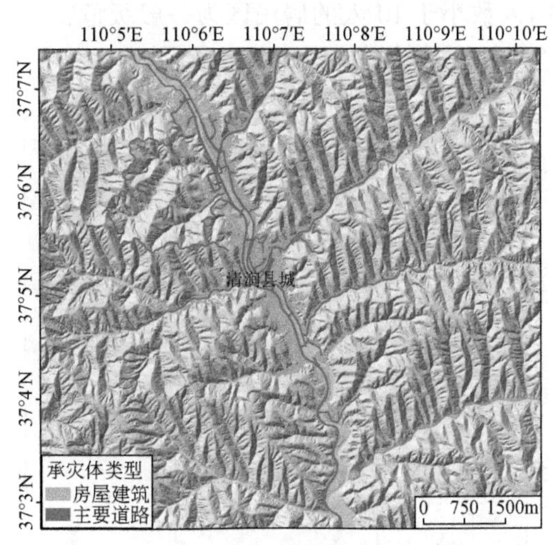

图 10.38　清涧县城及规划区承灾体类型分布图

2. 易损性分析

根据野外调查和以往经验，给出一般情况下清涧县城及规划区各类承灾体的类型及其在相应危险性下的易损性（表 10.10）。承灾体分为建筑物和基础设施以及人员两大类，建筑物和基础设施包含居民楼、居民房、公路；人员包含直接人员、间接人员和流动人员，直接人员是指灾害发生时可直接受到伤亡的本区居民或工作人员，间接人员是指灾害损坏居民区或基础设施而受到间接伤害的人员，流动人员是指灾害发生时途经该区受到伤害的人员。

表 10.10　清涧县城及规划区承灾体分类及其易损性一览表

危险性分级	承灾体					
	建筑物和基础设施			人员		
	居民楼	居民房	公路	直接人员	间接人员	流动人员
危险性很高	0.9	1.0	1.0	1.0	0.7	0.6
危险性高	0.6	0.8	0.8	0.8	0.5	0.4
危险性中	0.3	0.6	0.6	0.6	0.3	0.2
危险性低	0.1	0.3	0.3	0.3	0.1	0.0

3. 危害性评估

根据易损性分析和承灾体分类的结果，综合考虑灾害的规模、类型以及承灾体的面积，按照以下原则开展潜在危害等级的划分：

（1）城镇周边重大建筑区或人数大于500人的居民区为特大级危害；

（2）城镇周边一般建筑区或人数大于100人、小于500人的居民区为重大级危害；

（3）城镇周边沟谷内人数大于10人、小于100人的居民区为较大级危害；

（4）城镇周边沟谷内人数小于10人的居民区为一般级危害。

清涧县城及规划区危害性评估结果如图10.39所示。

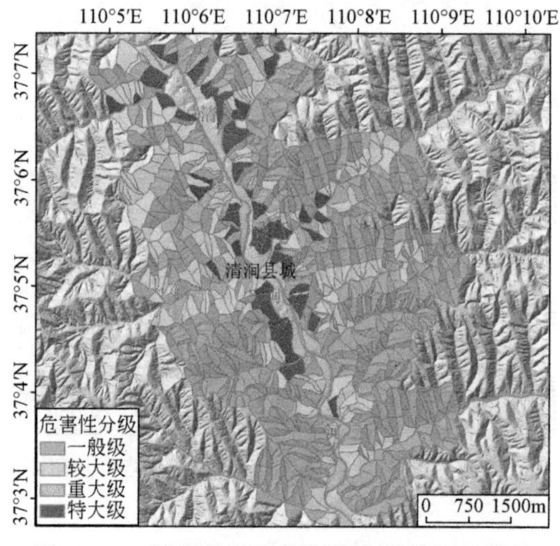

图 10.39　清涧县城及规划区危害性评估结果

10.5.3.2　风险评估

综合考虑地质灾害危险性和危害性评估结果，根据地质灾害风险分级矩阵，将清涧县城及规划区地质灾害风险划分为4个级别：风险很高、风险高、风险中和风险低（图10.40，表10.11）。

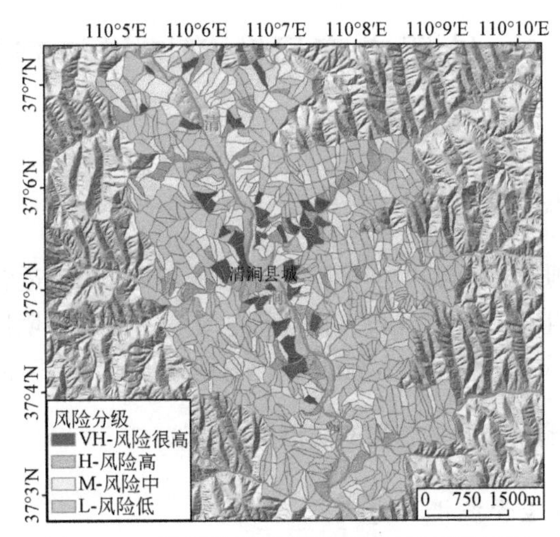

图 10.40　清涧县城及规划区斜坡段风险区划

表 10.11　清涧县城及规划区风险评估结果表

风险分级	斜坡单元数量/个	区域面积/km^2	面积所占比例/%	包含滑坡点/个	滑坡所占比例/%	威胁房屋数量/栋
VH-风险很高	52	1.74	5.54	71	39.9	1755
H-风险高	82	2.65	8.44	58	32.6	845
M-风险中	241	8.09	25.75	47	26.4	3371
L-风险低	550	18.93	60.27	2	1.1	317
合计	925	31.41	100	178	100	6288

风险很高区：主要分布在清涧县城清涧河一带，以及东沟东门湾一带，其他地段也有零星分布。风险很高区包含斜坡单元数量共 52 个，区域面积共 1.74km^2，共包含滑坡点 71 个，威胁房屋数量 1755 栋。该区滑坡崩塌发育，人口密集，房屋数量多。建议该地带的人员避让黄土陡坡，采取监测预警措施，并对局部地带人员和房屋进行搬迁。

风险高区：主要分布在清涧县城附近刘家硷、楼湾、倒吊柳一带，与风险很高区交叉分布，其他地段也有零星分布。风险高区包含斜坡单元数量共 82 个，区域面积共 2.65km^2，共包含滑坡点 58 个，威胁房屋数量 845 栋。建议该地带的人员避让黄土陡坡，汛期加强巡查，对局部危险边坡采取工程措施。

风险中区：在清涧河及其一级支流沿岸斜坡地带均有分布。风险中区包含斜坡单元数量共 241 个，区域面积共 8.09km^2，共包含滑坡点 47 个，威胁房屋数量 3371 栋。建议对该地带的人员加强防灾教育和宣传，同时加强汛期巡查。

风险低区：主要分布在沟谷深处人员居住相对较少的地带。风险低区包含斜坡单元数量共 550 个，区域面积共 18.93km^2，共包含滑坡点 2 个，威胁房屋数量 317 栋。虽然该地带属于地质灾害风险低区，但也有发生地质灾害的可能性，因此建议对该地带的人员加强防灾教育和宣传，同时加强汛期巡查。

10.6　地质灾害风险管控措施建议

10.6.1　地质灾害风险管控措施

结合清涧县城区地质灾害防治的实际情况，从地质灾害防治适宜性和成本效益角度出发，为榆林市南部特色生态产业区建设，按照科学发展、人与环境协调的要求，针对不同区域的实际，提出地质灾害风险管控措施建议，为地方地质灾害防治提供参考。

10.6.1.1　基于场地风险评估结果的防治措施建议

1. 笔架山斜坡段风险管控措施建议

为保护笔架山生态文化园的建设及正常运营，建议对坡顶边坡进行护理，可采用较为美观的材料覆盖坡面，并在缓坡处造林还草，防止进一步侵蚀；对坡脚修建挡土墙，并实施专业监测。笔架山斜坡段共发育浅表层滑塌或崩塌6处，针对每处风险源，根据场地地质灾害风险评估结果，制定坡面防护、排水、绿化改造，定期进行三维激光扫描、专业监测系统建设等相应的风险管控措施建议（图10.41，表10.12）。

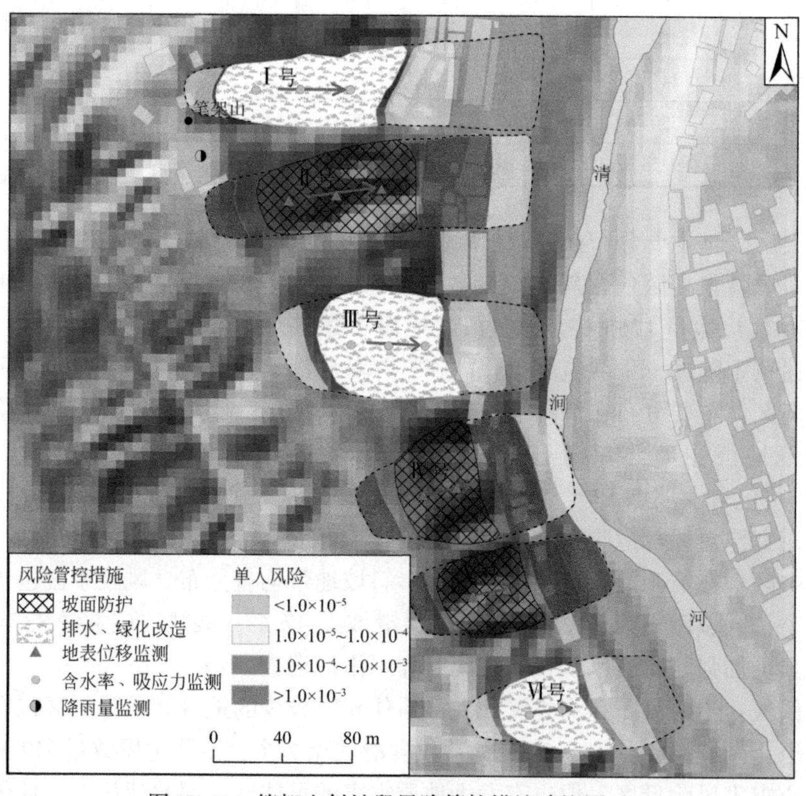

图10.41　笔架山斜坡段风险管控措施建议图

表 10.12　笔架山斜坡段风险管控措施建议表

风险源	风险管控措施建议	监测内容
Ⅰ号	排水、绿化改造	定期进行三维激光扫描，布设含水率、吸应力监测点 3 处
Ⅱ号	坡面防护	定期进行三维激光扫描，布设地表位移监测点 3 处
Ⅲ号	排水、绿化改造	定期进行三维激光扫描，布设含水率、吸应力监测点 3 处
Ⅳ号	坡面防护	定期进行三维激光扫描，布设地表位移监测点 2 处
Ⅴ号	坡面防护	定期进行三维激光扫描，布设地表位移监测点 2 处
Ⅵ号	排水、绿化改造	定期进行三维激光扫描，布设含水率、吸应力监测点 2 处

2. 南武家沟斜坡段风险管控措施建议

南武家沟斜坡段发育滑坡 4 处，不稳定坡体 1 处，共有风险源 5 处。针对每处风险源，根据场地地质灾害风险评估结果，制定削坡处理、坡面防护、工程加固、排水、绿化改造、专业监测系统建设等相应的风险管控措施建议（图 10.42，表 10.13）。

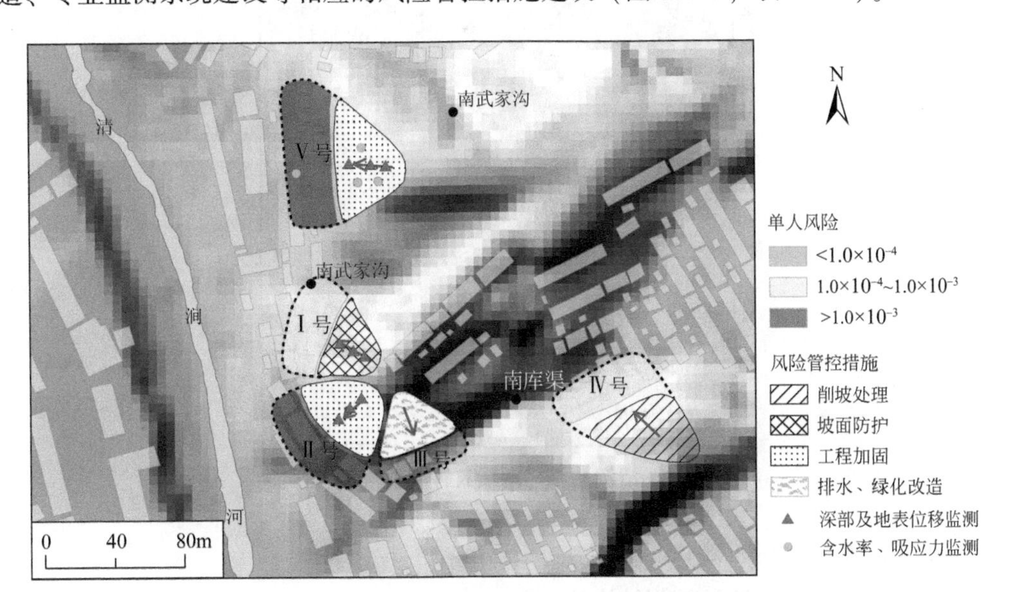

图 10.42　南武家沟斜坡段风险管控措施建议图

表 10.13　南武家沟斜坡段风险管控措施建议表

风险源	风险管控措施建议	专业监测点布设
Ⅰ号	坡面防护	深部及地表位移监测点 3 处
Ⅱ号	工程加固	深部及地表位移监测点 3 处
Ⅲ号	排水、绿化改造	—
Ⅳ号	削坡处理	—
Ⅴ号	工程加固	深部及地表位移监测点 3 处，含水率、吸应力监测点 4 处

10.6.1.2　基于斜坡风险评估结果的防治措施建议

为了有效地减轻地质灾害损失，编制基于斜坡风险评估结果的防治措施建议。编制的主要指导思想是在科学发展观和构建和谐社会的思想统领下，以保障城镇建设和“以人为本”为主要目标，进行地质灾害防治分期，划分防治分区。

1. 地质灾害防治分期及分区

1）地质灾害防治分期

根据清涧县城区地质灾害发育特征、分布规律和地质灾害风险区划结果，对清涧县城区的地质灾害隐患防治工作按近期、中期和远期进行总体规划。

2）地质灾害防治分区

根据清涧县城区地质灾害风险区划结果，结合国土空间规划，对清涧县城区地质灾害防治分为重点防治区、次重点防治区和一般防治区（图 10.43）。

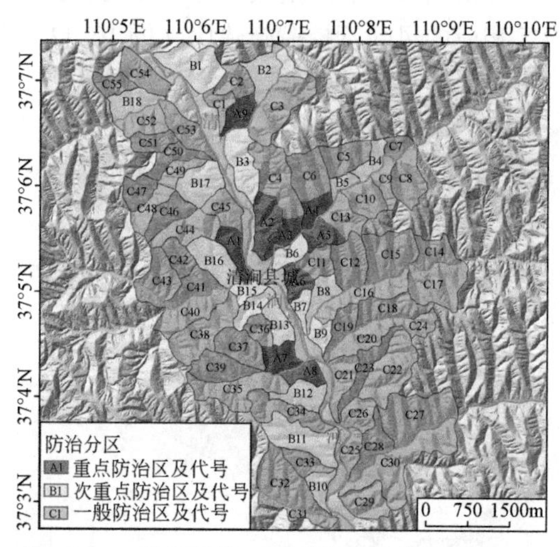

图 10.43　清涧县城区地质灾害防治规划分区图

2. 地质灾害防治措施建议

1）风险高区黄土陡坡局部削坡措施

结合清涧县城及规划区斜坡段风险评估结果，建议在清涧县城柳沟-笔架山-楼湾、师家坪-老关庙、南武家沟-南库渠、蚕种站-岔口等地带的风险高区采取局部削坡、减荷措施。

2）风险高区内居民的搬迁避让措施

对位于风险高区的居民点，如火烧沟、倒吊柳、雒家硷、赤土沟等，建议结合城镇化建设进行搬迁避让，同时规范人类不合理开挖坡脚。

3）风险高区专业监测预警体系建设措施

对位于风险高区的斜坡地带，如笔架山斜坡段、雒家硷-倒吊柳斜坡段、南武家沟-南库渠斜坡段等地带，建议建设专业监测预警体系。

4）风险中、低区防灾宣传与应急体系建设

风险中与风险低区在清涧河及其支沟沿岸斜坡地带均有分布，这些斜坡段总体稳定性较好，但在极端气候条件下也有发生滑坡崩塌灾害的可能。建议对该地带的人员加强防灾教育和宣传，建立群测群防和应急体系，定期组织防灾应急演练，增强地质灾害防范和应急逃生能力。

10.6.2　地质灾害风险管理体系建设

10.6.2.1　专业监测预警体系建设

对重大地质灾害点（黄原则滑坡、石佛崖滑坡和南库区滑坡）和重要场地风险区，榆林市地质灾害相关部门应在加强和完善群测群防体系的基础上，配合国家、省市相关机构在清涧县城区建立专业的地质灾害监测与预警网络体系。建立深部位移监测、GNSS 地表位移监测、孔隙水压力监测、土压力监测、土壤含水率监测、吸应力监测、降雨量监测等内容相结合的多参数综合监测站，构建立体地质灾害监测预警体系。

10.6.2.2　进一步完善地质灾害群测群防体系

根据本次评估结果，在高危险或高风险斜坡段进一步明确地质灾害群测群防的责任，以应对极端气候事件导致大规模地质灾害的风险，进一步补充完善群测群防体系。

10.6.2.3　开展动态气象预警区划与信息发布体系

在地质灾害易发程度分区结果的基础上，根据气象预报数据可实现气象预警区划，制定日降雨量≥50mm、6 小时降雨量≥25mm 和 1 小时降雨量≥20mm 预警区划图（图 10.44 ~ 图 10.46）。

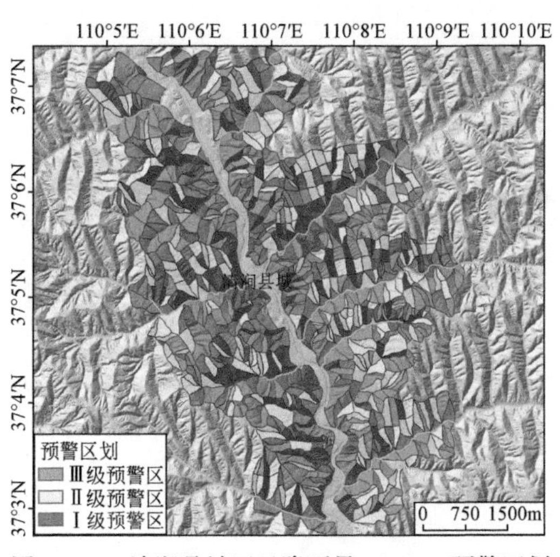

图 10.44　清涧县城区日降雨量≥50mm 预警区划

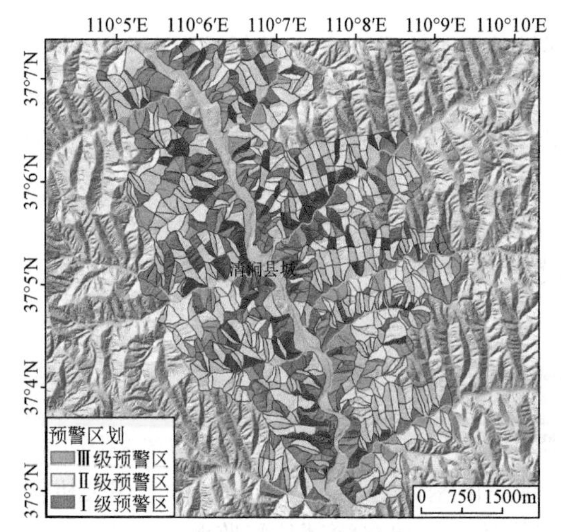

图 10.45　清涧县城区 6 小时降雨量≥25mm 预警区划

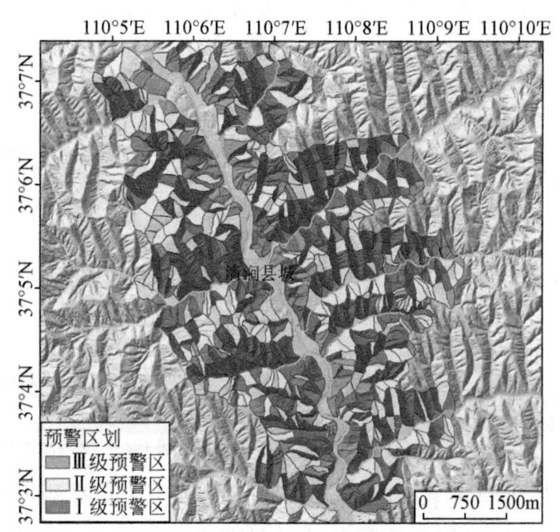

图 10.46　清涧县城区 1 小时降雨量≥20mm 预警区划

第 11 章　山阳县城区地质灾害风险评估

本章介绍陕西省商洛市山阳县城区地质灾害调查与风险评估实例，工作区范围包括山阳县城区及周边区域。

采用无人机航空摄影技术，获取山阳县城区 1∶10000 和 1∶2000 比例尺地形图、遥感影像和数字高程模型，在此基础上开展城区斜坡工程地质测绘，划分斜坡结构类型，并逐坡开展地质灾害隐患识别，对疑似的地质灾害隐患逐一进行勘查；以县城为威胁对象，在区域上逐沟开展远程地质灾害调查，采用基于流体运动控制方程的 FLO-2D 软件，定量分析了泥石流灾害淤积厚度、流速、运移路径及危害范围，评价泥石流灾害的危险性和风险；根据城区周边斜坡工程地质测绘结果，采用蒙特卡洛法定量计算单体斜坡稳定性和失稳概率，在此基础上评价单体斜坡危险性和风险；基于 ArcGIS 平台采用信息量模型法，分析评价区域地质灾害易发性与危险性，并开展了面向土地利用规划的城区地质灾害风险评估；在城区地质灾害风险评估的基础上，根据风险可接受程度，提出风险管控措施建议。

本次工作完成的实物工作量包括：①地形数据测量，共完成山阳县城区及周边区域 1∶10000 无人机航测和地形数据制作 50km²，完成 1∶2000 无人机航测和地形数据制作 22km²；②地质灾害测绘，共完成山阳县城区 1∶10000 地质灾害测绘（正测）25km²，1∶2000 地质灾害测绘（正测）10km²；③地质剖面测量，完成 1∶1000 地质剖面测量 5 条，共 5km；④工程地质钻探，在山阳县城区斜坡共完成工程地质钻探总进尺 1000m；⑤岩土试验，在工程地质钻探、山地工程过程中共取样 65 组，并进行了室内岩土体试验。

11.1　山阳县城区地质环境条件

1. 位置与交通

山阳县位于陕西省商洛市南部，属秦岭南坡山地，东与丹凤县、商南县为邻，西与镇安县、柞水县交界，北依秦岭与商州区接壤，南抵郧岭与湖北省毗连。山阳县城主要包括城关镇和十里铺乡，该区域为山阳县重点规划发展的城镇和人口集中居住地。主要交通线路有省道商（州）–郧（西）公路纵贯全境。

2. 气象水文

山阳县属北亚热带向暖温带过渡的季风性半湿润山地气候，四季分明，气候温和，冬无严寒，夏无酷暑，但由于“三岭”（流岭、鹘岭和郧岭）地势的影响，垂直差异明显。山阳县降水量比较丰富，多年平均降水量 709mm，其中年降水量超过 800mm 的为 1964 年（1131.8mm）、1983 年（1120.7mm）、1984 年（970.3mm）、1998 年（885.7mm）、2003

年（937.6mm）、2010 年（952.6mm），这 6 年内形成许多滑坡、泥石流等地质灾害，尤其 2010 年是山阳县的重灾年。年内降水主要集中在 7～9 月，其次为 5 月、6 月、10 月，5～10 月是区内主要降水期，也是地质灾害高发期。

山阳县属长江水系汉江支流，境内河网密布、沟壑交织，呈树枝状或羽毛状。境内水系分布以鹘岭为界，分为金钱河、银花河、谢家河三大流域，主要有金钱河、银花河、谢家河、马滩河、箭河、唐家河等，河流主要为降水补给，气候控制明显，为季节性河流，每年 4 月上旬开始涨水，7 月进入丰水期，11 月开始退落，至次年 3 月底为枯水期。境内各干支河流以底蚀和侧蚀为主，许多河流岸坡较陡，沿斜坡堆积的第四系松散物在降雨的引发下，较易发生滑坡地质灾害。

3. 地形地貌

山阳县城位于山阳县中部鹘岭西段，整体为一小型断陷盆地，地形起伏大、谷岭分明，地势上呈南高北低的态势，沟谷总体由东向西倾斜，县河与安武河交汇于县城西侧中部，沟谷水系沿县河呈南北向树枝状展布。区内海拔最高点位于县城东北角，海拔 1131m，最低点位于县河河谷，海拔 634m，相对高差 497m。城区内包含中山区、低山区、河川区地貌，受构造作用影响，县城南部地势高陡，为中山区，县河谷地为河川区，河谷两侧为低山区（图 11.1）。

图 11.1　山阳县城区地形渲染图

4. 地层岩性

山阳县境内地层出露较全，由青白口系—第四系的地层大部分有出露，包括青白口系、震旦系、寒武系、奥陶系、志留系、泥盆系、石炭系、二叠系、白垩系、古近系、新近系和第四系。其中震旦系、寒武系、奥陶系、志留系分布于境内东南部地区，泥盆系、石炭系在境内大面积分布，且以泥盆系分布最为广泛，出露面积最大，其中县域北部均为泥盆系，该系以千枚岩、板岩等变质岩系为主，二叠系仅出露于西南角，古近系仅在县城以南局部少量出露，白垩系主要出露于山阳县城及漫川关镇一带，与周围地层呈不整合接触，第四系广泛分布于河漫滩、河谷阶地、斜坡坡裙、阶型斜坡缓坡地带、斜坡凹槽、低缓坡面等地，厚度和成分差异较大。

易发生地质灾害的地层有下奥陶统、志留系、泥盆系、石炭系、二叠系，其岩性为浅变质砂岩、粉砂岩、千枚岩、板岩、页岩、炭质页岩、砂砾岩、砂岩、泥岩等，岩体抗风化能力弱，结构松散，物理力学性质差。

5. 地质构造

山阳县城位于申家垭–梅岔街背斜南侧，户家垣–鹘岭背斜北侧，牛耳川–银花（凤县–山阳）深大断裂（F13）从山阳县城南山顶直接通过，区内地质背景基本受上述构造褶皱的影响控制。

山阳县城发育的褶皱构造，使得薄层状软弱易风化岩层大面积出露，在斜坡坡脚及斜坡缓坡地带形成大量松散堆积物，为滑坡、泥石流等地质灾害的形成创造了良好的地质条件。牛耳川–银花断裂近东西向波状展布，破碎带宽数十米至数百米，倾向北，倾角 60°～80°，是区域二级地质单元的分界断裂，具有多期活动特征，每期构造运动，均有不同程度的活动。断裂构造长期活动，造成断裂带及其两侧岩石强烈破碎，沿构造带形成大量的断崖陡壁、沟中悬谷、阶状斜坡等构造地貌，使斜坡稳定性降低，成为滑坡、泥石流、崩塌等地质灾害的多发地带。断裂形成的陡壁陡崖易发生崩塌灾害，构造碎裂岩、角砾岩等结构松散物为泥石流的形成提供了丰富物源条件。

6. 岩土体类型及特征

按岩土体的结构、强度与地质灾害的关系，将岩土体划分为 6 类：块状坚硬侵入岩岩组、中厚层状坚硬–半坚硬浅变质岩岩组、薄–中层状软弱碎屑岩岩组、黏性土、碎石土、卵砾类土。

1）岩体

（1）块状坚硬侵入岩岩组：分布于县城以南低山区与中山区过渡地段早古生代奥陶纪侵入岩体，岩性为粗粒花岗岩、花岗斑岩、伟晶岩、闪长玢岩。该岩组岩体坚硬，抗风化能力强，岩体较完整，呈块状结构，结构面轻度发育。

（2）中厚层状坚硬–半坚硬浅变质岩岩组：分布在县南北两侧地段，岩性主要为变质砂岩、板岩等，多呈中厚层状结构，致密坚硬，陡壁陡坡地带较易发生崩塌灾害。

（3）薄–中层状软弱碎屑岩岩组：分布于县城河谷两侧地带，岩性为古近系红色砂砾岩、砂岩、泥岩等，薄–中厚层状，固结成岩作用低，易风化，风化岩体遇水易软化，易发生崩滑地质灾害。

2）土体

区内的土体根据成因和物质组成的不同，分为黏性土、碎石土和卵砾类土，土体的分布位置和特征具有各自的特征，与地质灾害的形成关系也各不相同。

（1）黏性土：分布于河谷阶地与河谷两侧岸坡表层，多为硬塑–软塑，遇水易饱和软化；在中低山区斜坡表层也分布一定规模的残坡积黏性土，厚度较小，多含碎石，结构较松散，连阴雨或极端降雨易产生表层滑动，山阳县城区范围内滑坡绝大多数为黏性土滑坡。

（2）碎石土：碎石土是区内地表覆盖层的主要岩性，在城南、城北山区斜坡表层大面积覆盖，形成原因主要为残积、坡积，厚度 1～10m 不等，骨架颗粒粒径差异较大，从砾石到块石均有分布，多呈不规则棱角状，岩性与出露岩体一致，土体结构松散，且为人类农业生产和植物生长的基层，易受破坏，是区内泥石流地质灾害的物源成分。

（3）卵砾类土：广泛分布于县河河谷和山区冲沟溪谷内，以冲洪积砾石、卵石为主，部分河道分布漂石，在县河宽缓漫滩上沉积砂类土，工程地质性质较好，且分布于地势最低处，地质灾害不易发。

7. 地下水活动

山阳县城地形破碎，沟谷发育，水资源相对丰富，地下水的活动受地貌、岩性、构造等因素控制，宏观尺度地下水径流方向基本与地表水流方向一致，地表水分水岭大体上亦为地下水分水岭，城南、城北中低山区地下水向中部县河、安武河河谷排泄形成相对统一的地下水流系统，从中低山区向河谷区地下水位由深变浅，富水性由弱变强。斜坡地段，尤其是基岩覆盖层斜坡地段，地下水的活动对斜坡稳定性的影响甚大。

县城范围内滑坡地质灾害均为降雨型中浅层堆积层滑坡，堆积体下伏基岩属微透水性地层，在降雨条件下雨水汇集，沿斜坡坡表孔隙裂隙、裂缝等通道下渗，增加了土体的容重，与此同时在覆盖层与微透水性基岩界面上形成上层滞水，该层水的存在，极大降低了基覆界面处土体的强度，滑动面通常在斜坡的这个区段内形成贯通。地下水活动降低了斜坡岩土体的强度，将斜坡的稳定性具有很大的影响。

8. 人类工程活动

伴随着山阳县经济社会的发展，城区范围内人类活动强度日益强烈，对地质环境的破坏也越加严重，采石采矿、工程建设、旅游开发是城区范围内的主要人类活动形式。

（1）采石采矿：山阳县城区范围内采石采矿活动主要集中在城南中山区沟道内，为建材类矿产资源，开采时间较长，形成了大面积开采区，并沿沟谷堆放大量的采石废渣。沟道内大量的松散堆积物为泥石流灾害的产生提供了便利条件，采石活动比较严重的为庙沟和红椿沟。

（2）工程建设：区内平地少，群众多依坡建房，开挖坡脚现象极为常见。坡脚开挖，爆破施工等，造成边坡临空，切坡现象严重，形成边坡，开挖导致斜坡一定范围内产生卸荷回弹和应力重分布，斜坡应力重新平衡的过程伴随着斜坡形变，甚至破坏。

（3）旅游开发：山阳县旅游资源极为丰富，近年开发建设力度很大。景区开发建设过程中，在大量基础设施建设的同时，一定程度上也破坏了景区的地质环境条件，同时造成了地质灾害隐患，如城区苍龙山景区在建设过程中，将斜坡坡脚开挖成高陡边坡。

11.2 地质灾害发育分布特征

11.2.1 已有地质灾害类型与数量

山阳县城区范围内地质灾害类型主要包括滑坡和泥石流 2 种，地质灾害共计 19 处，其中滑坡 16 处，泥石流沟 3 条（图 11.2）。城区范围内滑坡均为堆积层土质（黏土、碎石土）滑坡，发生年代均为新近滑坡，山阳中学滑坡为中层中型滑坡，西河村滑坡、李家洼滑坡、田家洼滑坡为浅层中型滑坡，其余滑坡均为浅层小型滑坡，滑坡灾害均不同程度威胁到房屋建筑和居民生命财产安全，稳定性介于基本稳定～不稳定之间。泥石流灾害受地形和构造的控制影响，集中发育于城南中山区沟谷内，泥石流灾害均为沟谷型泥石流，沟道纵坡降大，沟谷多呈深切“V”形，物源类型为采石弃渣、岸坡残坡积层。

图 11.2　山阳县城区地质灾害分布图

11.2.2　地质灾害发育特征与形成机理

在野外调查的基础上，通过对山阳县城已有地质灾害发育特征的分析，认为城区范围内滑坡灾害分布相对零散，以小型规模为主，影响因素主要为人类工程活动和降雨，发生频率中等，发育特征比较明显；泥石流灾害分布相对集中，主要为降雨沟谷型泥石流，诱发因素清楚，特征明显。

11.2.2.1　滑坡

发育特征：区内滑坡均为堆积层滑坡，形态特征相对明显，边界相对清晰易识别，滑坡地形坡度一般为 25°～45°之间。滑坡规模以中、小型为主，其中小型滑坡 11 处，中型滑坡 4 处，滑坡体积在 0.14×10^4～$60\times10^4\text{m}^3$之间。滑动面所处位置主要有 2 类，一类为堆积层层内滑动面；另一类为基岩覆盖层接触位置滑动面。近期发生的滑坡后缘及侧边界通常发育拉张裂缝，裂缝通常同组多条发育。

形成机理：山阳县城区范围内滑坡主要诱发因素为降雨，降雨对滑坡体作用分为如下 2 个途径。①在降雨过程中，直接在滑坡体表面形成地表径流；②雨水通过滑坡体表面缝隙或岩土体孔隙裂隙，渗入岩土体内部。地表径流改造滑坡体表面甚至形成各种类型的冲沟网或使坡体表面解体，并且不断冲刷滑坡体的坡脚，不利于滑坡体的稳定。雨水进入滑坡岩土体内部后，导致岩土体的重度变大，岩土体的孔隙水压力逐渐增大，据有效应力原理，孔隙水压力上升，岩土体抗剪强度减小，岩土体之间的连接强度降低。此外，岩土体孔隙水渗流过程中，会对周围骨架产生渗透压力或动水压力，且动水压力一般指向斜坡临空方向，降低斜坡岩土体稳定。总之，降雨形成的地表水和地下水对滑坡岩土体的软化作用、悬浮减重作用以及动水压力作用直接影响滑坡的稳定性。

成灾模式：区内滑坡变形破坏力学模式均为蠕滑（滑移）-拉裂模式，降雨雨水的作用导致滑坡岩土体力学强度降低，滑坡坡体向临空方向发生剪切蠕变，后缘逐步发育自坡面向深部发展的拉裂变形；变形过程中，坡体内逐步发展成为一条断续的潜在滑移面，该滑移面受最大剪应力面分布状况的控制；随着变形进一步发展，斜坡中下部剪应力集中部位被扰动扩容，斜坡中下部位逐渐隆起；滑坡后缘明显下沉，后缘拉裂由张开逐步闭合，滑移面剪断贯通，滑坡产生。

11.2.2.2　泥石流

沟道形态特征：区内泥石流沟隐患均属于降雨沟谷型泥石流，主要发育于城南中低山区，地势南高北低，河流自南向北流动，相对高差一般800m左右，沟长一般3km左右，流域形态上宽下窄呈漏斗形或“Y”形，主沟蜿蜒曲折，沟内支沟和细沟发育，水系多呈树枝状和羽毛状，沟内流水通常为季节性流水。泥石流隐患沟道内沟深坡陡，沟道断面多呈“V”形，两侧岸坡坡度为30°～50°，局部地段可能更陡，沟道纵坡降较大，中山区沟道内沟底纵坡降可达30%～40%，平均纵坡降一般为25%左右，除人工采石地段，沟道内植被相对覆盖率较高。

泥石流物源特征：区内泥石流固体物质来源主要为采石场堆积弃渣、第四系残坡积碎石土、沟道与岸坡松散堆积体。人工采石产生的弃料、弃渣堆积于沟道内，成为泥石流隐患的直接物质来源，同时采石爆破作用产生的振动效应可导致斜坡体结构松散，降低斜坡稳定性，易转化为泥石流物质来源；沟道岸坡第四系残坡积碎石土在极端降雨条件下易产生滑动，成为泥石流物源；沟道弯度较大位置和平缓处沟底冲洪积物淤积较为严重，在降雨作用下易成为泥石流物源。

降水条件：区内多年平均降水量709mm，最大年降水量1131.8mm（1964年），最大时降雨量58.2mm（2010年7月23日），降雨主要集中于7～9月。高强度的暴雨是区内泥石流的直接诱发因素，在1964年、1983年、1998年、2010年强降雨年，红椿沟、庙沟2次发生小规模泥石流灾害，其余沟道均不同程度地发生过水石流和洪水灾害。

11.2.3　地质灾害分布规律与影响因素

城区内地质灾害的分布受地质条件、自然因素和人为因素的多重控制与制约，城区范围相对较小，但地质灾害具有一定的共性特点和分布规律。

11.2.3.1　地形地貌对地质灾害控制性作用

地质灾害的分布与地形地貌的关系十分密切，是地质灾害发育程度的基础性因素，其影响具有多层次的控制作用。从区域上分析，泥石流灾害分布于城南中山区沟道内，高程分布在 830 ~ 1715m 之间，泥石流沟总体流向顺沟道自南向北；滑坡分布于低山区沟谷两侧岸坡地形起伏剧烈地段，低山区支沟内分布相对较多，高程分布在 650 ~ 830m 之间，滑坡主滑方向以垂直于支沟走向为优势方向（图 11.3）。从局部地形看，切割强烈，斜坡坡高和坡度较大时，灾害相对频繁，斜坡高度越大，滑坡规模相应也比较大。

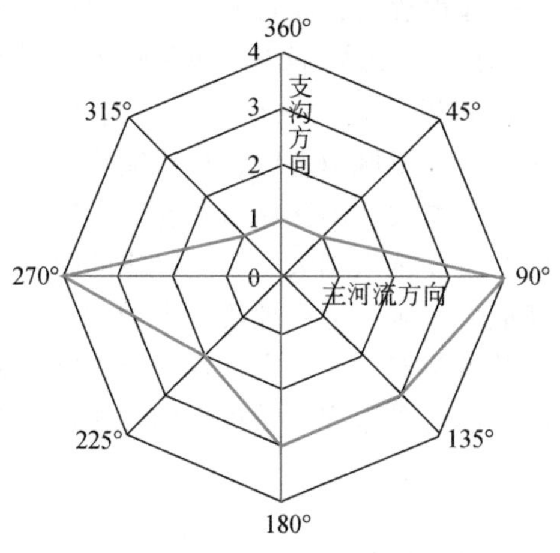

图 11.3　滑坡主滑方向雷达统计图

纵轴 0、1、2、3、4 为滑坡数量

11.2.3.2　地层岩性对地质灾害决定性作用

地层岩性是地质灾害产生的物质基础，岩土体类型、结构差异及其组合决定了地质灾害规模类型与发育特征，同时也影响了地质灾害的分布规律。县城城区周边滑坡灾害均属堆积层滑坡，斜坡结构均为覆盖层+基岩结构类型，滑体物质成分主要为残坡积土、黏性土和卵砾类土，该斜坡类型是区内主要易滑地层结构。区内覆盖层堆积厚度较大，范围较广的区域均不同程度发育有滑坡灾害，主要是由其结构松散、力学性质差决定的。

11.2.3.3　人类活动对地质灾害加剧性作用

山阳县经济社会的快速发展带动城区周边人类工程活动日益强烈，对地质环境的破坏也越加严重，经现场调查发现，区内滑坡发生处普遍存在不合理的人类工程活动。滑坡前缘开挖坡脚、坡面耕作扰动是主要的人类活动表现形式，由于自然斜坡具有一定的自稳能力，开挖扰动初期坡体没有表现出明显变形迹象，但地质灾害是时效变形体，在后期降雨、振动等不利因素影响下，斜坡逐渐产生滑塌破坏。因此，人类工程活动在区内没有表现出直接诱发地质灾害，但对地质灾害产生的加剧作用比较明显。

11.2.3.4　极端降雨对地质灾害诱发性作用

降雨是区内地质灾害产生的直接因素，区内滑坡和泥石流灾害都是直接遭受降雨的诱发产生。地质灾害产生的时间同降雨分布时间一致，通常6～10月为高发时间段，可见集中降雨是区内地质灾害产生的直接诱发因素。

11.3　远程地质灾害风险评估

远程地质灾害一般指高速远程滑坡、泥石流、复合型灾害链等地质灾害，其通常具备隐蔽性高、突发性强、破坏性大、致灾后果严重等特点。远程地质灾害形成区通常远离城镇人口聚集区，位置比较偏远，灾害一旦启动就会形成势能巨大的碎屑流、泥石流、滑坡，并且以极快的速度运动至城镇范围，造成灾难性后果，近年来，随着极端天气频繁出现，人类工程活动强度增大，山区城镇遭受远程灾害突袭的事件日益增多，灾害体宏观变化的范围和位移的尺度越来越大，与之对应的时间尺度越来越小，山区城镇已经成为远程地质灾害的高危险区域。远程地质灾害调查与风险评价的目的是以城镇为承灾体，调查和分析可能危及城镇安全的潜在远程地质灾害隐患点及其形成条件、运移路径、危害范围，评估山区城镇遭受远程地质灾害的可能性，对远程灾害的危险性和风险进行分区与评价。

11.3.1　远程地质灾害调查结果

山阳县城区内地形起伏巨大，整体表现为南高北低的地势，城区范围内相对高差约为1050m。县城城南泥石流灾害隐患沟分布众多，主要有7条沟道，分别为红椿沟、老沟、南沟、蔡胜沟、乔家沟、高家沟、庙沟（图11.4），其中致灾可能性较大的主要为红椿沟、蔡胜沟和庙沟。城南中山区河谷下切现象非常明显，各个泥石流沟道的形成区呈“V”形谷，沟道内人工采石活动强度大，大量弃渣堆积于沟内，构造作用使得沟内岩土体松散，加之沟道平均纵坡降较大，这些为泥石流的产生提供了有利条件。城南沟道平均纵坡降介于350‰～550‰之间，沟道长度介于2.71～4.36km之间，流域面积介于1.58～

图11.4　山阳县城南远程灾害三维影像图

3.79km^2之间。其中，泥石流沟的规模最大为蔡胜沟，沟道长度为 4.36km，汇水面积为 3.79km^2；致灾可能性较大的为红椿沟、蔡胜沟和庙沟，沟内固体物源充足，人类工程活动强度大，红椿沟和庙沟内曾暴发两次小规模泥石流灾害。

总体上，山阳县城南具备山高、坡陡、沟床比降大的地形条件，强降雨更加容易促使坡面上松散物质向泥石流沟道中转移及输送，易形成泥石流灾害。

11.3.2　远程地质灾害危险性评价

城区范围内远程地质灾害类型主要为泥石流灾害，分布于城南中山区和低山区，致灾可能性较高的为红椿沟、蔡胜沟、庙沟，本次泥石流灾害危险性评价采用 FLO-2D 数值软件计算不同频率降雨条件下泥石流灾害威胁范围、堆积深度、流速等特征参数，在此基础上采用泥石流强度指标对泥石流灾害进行危险性区划评价。

11.3.2.1　泥石流堆积范围分布

泥石流泥深和流速是构成泥石流破坏力的两个非常重要的参数，一方面，从动力学角度讲，泥深和流速决定了泥石流的功能，同样也决定了泥石流的破坏力；另一方面，泥石流泥深和流速伴随泥石流的整个运动过程，决定泥石流体的特性和规模大小，是泥石流危险性评估的最好佐证。

针对区内泥石流特征和发展过程，采用 FLO-2D 数值软件对红椿沟、蔡胜沟、庙沟分别计算 3 种降雨重现周期（小时降雨量 $R=31.5$mm、降雨重现期 $P=5\%$；小时降雨量 $R=40.7$mm、降雨重现期 $P=2\%$；小时降雨量 $R=56.1$mm、降雨重现期 $P=1\%$）条件下泥石流的流通情况，并进行模拟，获取泥石流暴发过程中泥石流堆积深度、流速等数据（图 11.5～图 11.10）。

图 11.5　泥石流堆积深度（$R=31.5$mm，$P=5\%$）

图 11.6　泥石流堆积深度（R=40.7mm，P=2%）

图 11.7　泥石流堆积深度（R=56.1mm，P=1%）

图 11.8　泥石流流速（R=31.5mm，P=5%）

图 11.9　泥石流流速（R=40.7mm，P=2%）

图 11.10　泥石流流速（R=56.1mm，P=1%）

根据 FLO-2D 数值计算结果，P=5% 降雨重现周期工况下，3 条泥石流沟堆积总面积为 79861.3m^2，最大堆积深度为 4.832m，平均堆积深度 1.4m；P=2% 降雨重现周期工况下，泥石流堆积总面积为 158760.6m^2，最大堆积深度为 4.992m，平均堆积深度 2.1m；P=1% 降雨重现周期工况下，泥石流堆积总面积为 298458.4m^2，最大堆积深度为 5.559m，平均堆积深度 2.7m。需要说明的是，在 P=1% 极端降雨工况下，南沟也存有致灾可能性，并发生了灾害，但其堆积深度、流速均小于其余三个沟道。通过数值计算结果可知，泥石流堆积范围随着重现周期的增大而增大，堆积的深度从堆积扇扇顶到前缘逐渐增加，堆积形状呈黏性泥石流的特征，堆积扇中前端区域一般为最深堆积区域，泥石流堆积区两翼的深度一般小于泥石流堆积区的中部，在地形上，堆积扇偏向下游的部分堆积深度较高，偏向上游的部分堆积深度较低，在弯道部位堆积深度也会出现增大的现象。

泥石流平均流速具有随着降雨重现周期的增大而增大的特征，流速较大位置均位于泥石流沟道中上部，靠近堆积区的泥石流流速相对较低，沟道中部的流速大于两侧的流速，沟道平缓位置处的流速通常小于沟道较陡的区段，弯道处流速明显小于出弯后的流速，流速分布总体受地形控制。

11.3.2.2　泥石流强度分布

现有的泥石流影响强度的判定主要是通过泥深或者泥深与流速相结合的方式完成的。本次分析将泥石流强度指数（I_d）定义为泥深（H）与流速（V）的乘积，即 $I_d=HV$，在泥石流泥深、流速、堆积范围模拟结果的基础上，得到泥石流强度分布图（图 11.11 ~图 11.13）。

图 11.11　泥石流强度分布（R=31.5mm，P=5%）

图 11.12　泥石流强度分布（R=40.7mm，P=2%）

图 11.13　泥石流强度分布（$R=56.1$mm，$P=1\%$）

泥石流强度的分布总体受泥石流流速、泥深和堆积范围控制，$P=5\%$ 降雨重现周期下，泥石流强度分布于 0.00～1.40 之间，平面空间上泥石流强度 0.50～0.70 左右占主导部分，强度较大的区域均呈现出三个集中区域，分别位于泥石流中部、中下部、中上部；$P=2\%$ 降雨重现周期下，泥石流强度介于 0.00～2.18 之间，平面空间上泥石流强度 1.00～1.20 分布范围较大，红椿沟强度较大的区域大于蔡胜沟和庙沟；$P=1\%$ 降雨重现周期下，泥石流强度介于 0.00～2.96 之间，泥石流强度在 1.50～1.70 区间内占有主导优势，在本次降雨条件下，南沟也产生了泥石流灾害，但泥石流强度相对较低，最大强度为 1.13。

泥石流强度随降雨强度的增加而增大，三种不同降雨条件下，泥石流最大强度从 1.40 增加到 2.96；泥石流强度较大区域主体上分布于泥石流堆积区域的中部位置，且沟道中央位置泥石流强度大于沟道两侧位置；泥石流强度的空间分布受泥石流沟道、流速、泥深的影响，其分布并非连续发育，而是断续集中发育，泥石流陡缓交接处强度相对较大，沟道转弯处泥石流强度也相对大于沟道平缓位置。

11.3.2.3　泥石流危险性评价

泥石流危险性评价主要考虑泥石流灾害发生频率、运动速度与特征、运移路径、致灾距离和影响范围。泥石流流速和堆积深度是泥石流危险性评价的 2 个基本参数，目前几乎所有的评价方法与理论均与这 2 个基本参数相关，这 2 个基本参数也涵盖了前述泥石流危险性评价考虑的灾害主体内容。本次通过不同降雨条件下泥石流的数值模拟，得到了泥石流流速、堆积深度以及泥石流强度的空间分布，强度概念的引入以及泥石流强度的空间分布为泥石流危险性评价取得了基础数据，本次泥石流危险性评价以不同降雨条件下泥石流的强度为划分依据，在数值计算的基础上，按照表 11.1 中泥石流危险性等级划分对泥石流危险性进行分级和评价。泥石流危险性共分为 5 个等级：极高危险性、高危险性、中等危险性、低危险性和极低危险性。

表 11.1　泥石流危险性等级划分表

危险性	极低危险性	低危险性	中等危险性	高危险性	极高危险性
泥石流强度（I_d）	0.00～0.50	0.51～1.00	1.01～1.50	1.51～2.00	2.01～3.00

泥石流危险性是泥石流灾害的本质属性，不同降雨条件下，泥石流的危险性也不尽相同。$P=5\%$ 降雨重现周期下，区内泥石流灾害的危险性主要为极低危险性和低危险性，中等危险性区域所占比例极小，从低到高不同危险性等级区域所占面积比例分别为：68.2%、21.7%、10.1%，仅在沟道较陡地段表现为中等危险性，这主要是因为降雨强度较小，泥石流规模相应较小，未造成大规模的致灾结果（图 11.14）。$P=2\%$ 降雨重现周期下，区内泥石流灾害以低危险性和中等危险性为主，高危险性和极高危险性区域在红椿沟和庙沟局部沟道地段展现，区域所占面积甚小，从低到高不同危险性等级区域所占面积比例分别为：19.3%、26.1%、36.5%、12.4%、5.7%，随着降雨强度的增大，泥石流规模也逐渐增大，灾害危险性也随之增大，不仅表现在危险性等级上，高危险性等级所占范围也有体现（图 11.15）。$P=1\%$ 降雨重现周期下，区内泥石流危险性主要表现为中等危险性和高危险性，从低到高不同危险性等级区域所占面积比例分别为：12.6%、10.9%、28.3%、34.4%、13.8%，泥石流致灾范围和强度均增大许多，其中红椿沟和庙沟两条泥石流沟道表现尤为突出，南沟虽在 $P=1\%$ 降雨工况下产生了灾害，但其规模相对较小，危险性以低危险性为主（图 11.16）。

泥石流危险性随降雨强度的增大而增大，危险范围也不断增大，危险性等级主导区域从 $P=5\%$ 降雨条件下的低危险性等级逐步过渡到 $P=1\%$ 降雨条件下的高危险性等级，泥石流危险性区域空间分布与泥石流强度空间分布保持协调统一。从危险性评价结果总体来看，区域内远程地质灾害以泥石流灾害为主，且在 $P=1\%$（$R=56.1$mm）降雨条件下泥石流灾害未能波及县城主城区，对沟道内人口、农田、居民房屋、采石厂矿以及简易道路具有较大的威胁，本次分析只对最大降雨强度为 $P=1\%$（$R=56.1$mm）工况下泥石流致灾可能性进行了分析，不排除在更为极端条件下其余沟道致灾的可能。

图 11.14　泥石流危险性分区（$R=31.5$mm，$P=5\%$）

图 11.15　泥石流危险性分区（$R=40.7\text{mm}$，$P=2\%$）

图 11.16　泥石流危险性分区（$R=56.1\text{mm}$，$P=1\%$）

11.3.3　远程地质灾害风险评估

城区范围内泥石流灾害风险意指在城区范围某一特定时间段内，由泥石流灾害引起的人民生命财产和经济活动损失的期望值。泥石流危险性是泥石流的自然属性，泥石流危害程度是泥石流的社会属性。泥石流风险评估是以泥石流的危险性和危害性评价为基础，从可能导致泥石流发生的危险因子入手，研究泥石流本身发生的可能性，并进一步考虑泥石流灾害发生后可能对承灾体造成的损失，将泥石流的自然属性和社会属性结合起来综合分析的半定量评价。国内外泥石流风险评估中，大多采用的是通过野外调查获取相关参数后再进行数值模拟，根据不同泥石流重现周期得到相应的泥石流流速、堆积深度，再根据泥石流的流域特征及淤积特征进行泥石流危险性划分，最后根据泥石流堆积范围内承灾体的数量、类型以及损失程度进行泥石流综合风险评价。本次借鉴前人研究成果，并充分结合泥石流强度、泥石流危险性以及泥石流堆积范围内承灾体的数量类型，依据国际通用的泥石流风险评估分级表（表 11. 2）进行城区范围内远程地质灾害的风险评估。

表 11. 2　泥石流风险评估分级表

泥石流危险性	泥石流危害程度			
	特大级（特重）	重大级（重）	较大级（中）	一般级（轻）
极高危险性	VH	VH	H	H
高危险性	VH	H	H	M
中等危险性	H	H	M	L
低危险性	M	M	L	VL
极低危险性	L	L	VL	VL

注：①VH 为极高风险，H 为高风险，M 为中等风险，L 为低风险，VL 为极低风险

②一般级：<10 人，<100 万元；较大级：10 ~ 100 人，100 万 ~ 500 万元；重大级：100 ~ 1000 人，500 万 ~ 1000 万元；特大级：>1000 人，>1000 万元

不同强度降雨条件下泥石流规模和致灾范围不尽相同，泥石流承灾体的数量和类型也存有差异，泥石流风险受上述条件影响也不同，城区远程灾害致灾范围内承灾体类型主要包括：人口、房屋建筑、道路、人工梯田以及采石厂矿等（图 11. 17）。通过野外调查与遥感识别，统计各个降雨条件下城区远程灾害承灾体的类型和数量（表 11. 3），在城区远程地质灾害危险性评价和承灾体统计的基础上，结合表 11. 2，开展不同降雨条件下城区范围内远程泥石流风险评估（图 11. 18 ~ 图 11. 20）。

(a) 房屋建筑

(b) 道路

(c) 人工梯田

(d) 采石厂矿

图 11.17　山阳县城区远程地质灾害承灾体类型

表 11.3　山阳县城区范围内泥石流灾害承灾体类型及数量统计表

承灾体数量及类型			红椿沟泥石流	蔡胜沟泥石流	庙沟泥石流	南沟泥石流
工况一（R=31.5mm，P=5%）	人口/个		5	6	3	—
	房屋/间	土坯	3	5	2	—
		砖混	—	—	—	—
	道路/m	土石路	600	480	550	—
		硬化路	—	—	—	—
	农田/m^2		—	2440	2100	—
	财产/万元		40	50	45	—
工况二（R=40.7mm，P=2%）	人口/个		12	18	—	—
	房屋/个	土坯	6	8	3	—
		砖混	—	—	3	—
	道路/m	土石路	890	800	300	—
		硬化路	260	—	1200	—
	农田/m^2		24500	26000	14500	—
	财产/万元		300	280	350	—
工况三（R=56.1mm，P=1%）	人口/个		70	38	32	2
	房屋/个	土坯	6	9	7	1
		砖混	18	3	4	—
	道路/m	土石路	890	1120	300	800
		硬化路	800	—	1600	—
	农田/m^2		58000	33500	44600	—
	财产/万元		1800	950	1550	15

图 11.18　泥石流风险分布图（R=31.5mm，P=5%）

图 11.19　泥石流风险分布图（R=40.7mm，P=2%）

图 11.20　泥石流风险分布图（R=56.1mm，P=1%）

城区范围内泥石流灾害风险受泥石流危险性分布、承灾体空间分布的直接影响，充分考虑泥石流强度、危险范围以及承灾体类型与分布，分析并编绘了城区范围内不同降雨强度下泥石流灾害风险评估图，评估结果显示：

（1）$P=5\%$ 降雨重现周期下，受泥石流强度和规模的影响，其风险以极低风险和低风险为主，仅在沟道内分布房屋建筑承灾体处（红椿沟、蔡胜沟沟道中部）风险为中等。

（2）$P=2\%$ 降雨重现周期下，泥石流强度和规模均有所增大，风险等级也相应提高，以低风险和中等风险等级为主，庙沟沟口、红椿沟沟道中上部有小范围的高风险等级区域分布。

（3）$P=1\%$ 降雨重现周期下，泥石流致灾范围和强度进一步增大，中等风险和高风险等级区域占主导，红椿沟沟口由于威胁居民和财产多，该区域成为本次评估极高风险区唯一区域。本降雨频率下虽然南沟也发生了泥石流灾害，但考虑到灾害规模、强度以及承灾体的数量，南沟沟道范围内以低风险为主。

（4）城区范围内泥石流灾害优势区域风险等级随着降雨强度的增大，逐步由低风险等级向高风险等级过渡，区内极高风险等级仅在 $P=1\%$ 降雨条件下红椿沟沟口位置出现，红椿沟也是本次评估危险性和风险最高的泥石流灾害沟道。

（5）地质灾害是动态演变的一个载体，其致灾过程随机性较强，城区范围内承灾体的类型和数量随着人类活动强度的增大而不断变化，本次仅针对前述三种降雨工况下的泥石流灾害进行风险评估，承灾体数量和类型的统计仅代表 2013 年的情况。在更为极端的降雨条件下，泥石流致灾范围和强度势必增大，城南其余沟道致灾可能性也大大增加，风险等级也相应提高。

11.4　城区斜坡地质结构与风险评估

以城区斜坡与地质灾害测绘数据为基础，采用定性与定量相结合的方法，对山阳县城区范围内开展城区地质灾害危险性评价与风险评估。

11.4.1　城区斜坡工程地质测绘

根据山阳县城区周边斜坡结构特征与斜坡区地形地貌特征，将山阳县城区周边斜坡划分为 5 个斜坡带（图 11.21），对各斜坡段斜坡进行逐一排查，评价斜坡危险性和危害程度。

11.4.1.1　1#斜坡带工程地质测绘

1#斜坡带位于山阳县城城南、西南部位，县河南岸，斜坡带包含 8 个单体斜坡单元，即 1-1# ~1-8#斜坡（图 11.22，图 11.23），斜坡影响区主要为山阳县城关镇居民生活区。斜坡带范围内地层岩性较为单一，主要为古近系（E）砖红色砂砾岩夹含砾细粒长石岩屑砂岩与第四系冲洪积层（Q_4^{al+pl}），砂砾岩岩层产状为 195°~200°∠5°~10°。斜坡带内单体斜坡总体较为高陡，整体完整性较好，坡脚人类工程活动较为强烈，以人工修建房屋为主。单体斜坡主要由砂砾岩构成，1-1#、1-4# ~1-7#斜坡坡体结构属于平缓倾内层状碎屑岩斜坡，1-2#、1-3#斜坡属于缓倾内逆向层状碎屑岩斜坡，1-8#属于堆积层斜坡，整体稳

图 11.21　山阳县城区及周边斜坡带分布图

定性状况良好，但砂砾岩抗风化能力较差，坡体表层 2 ~ 5m 范围内为强风化层，表面易产生剥落、掉块等不良地质现象。此外，斜坡坡脚处第四系冲洪积层强度较低，在暴雨等工况下易产生局部垮塌、滑动等现象，1–8#斜坡坡脚处均发育第四系冲洪积土层，该层土体为区内浅层滑坡产生的主要载体，且斜坡前缘浅表层滑动直接威胁到砖厂及居民房屋。1#斜坡带单体斜坡工程地质测绘简表见表 11.4。

图 11.22　山阳县城区周边 1#斜坡带西段三维可视图

图 11.23　山阳县城区周边 1#斜坡带东段三维可视图

表 11.4　1#斜坡带单体斜坡工程地质测绘简表

斜坡编号	坐标（经纬度）	结构类型	斜坡结构特征					稳定性状况
			坡高/m	坡度/(°)	坡向/(°)	长度/m	宽度/m	
1-1#	109°53′10.2″E 33°31′26.3″N	平缓倾内层状碎屑岩斜坡	53	38.4	19	152	287	基本稳定
1-2#	109°52′55.1″E 33°31′35.7″N	缓倾内逆向层状碎屑岩斜坡	56	35.3	10	148	337	稳定
1-3#	109°52′16.4″E 33°31′39.1″N	缓倾内逆向层状碎屑岩斜坡	38	27.9	8	113	134	稳定
1-4#	109°52′03.6″E 33°31′39.1″N	平缓倾内层状碎屑岩斜坡	43	25.9	6	97	63	稳定
1-5#	109°51′53.8″E 33°31′39.3″N	平缓倾内层状碎屑岩斜坡	45	27.2	5	119	213	稳定
1-6#	109°51′43.3″E 33°31′01.5″N	平缓倾内层状碎屑岩斜坡	40	32.1	0	65	115	稳定
1-7#	109°51′35.7″E 33°31′39.4″N	平缓倾内层状碎屑岩斜坡	42	21	305	67	104	稳定
1-8#	109°51′18.3″E 33°31′30.3″N	堆积层斜坡	49	18	330	193	174	欠稳定

11.4.1.2　2#斜坡带工程地质测绘

2#斜坡带位于山阳县城东北部，县河北岸，斜坡带共包含2-1# ~2-5#共5个单体斜坡单元（图 11.24），斜坡影响区主要为县城副中心（规划区）-山阳县鬲家村移民安置小区和山阳县人民医院。斜坡带范围内主要出露的地层为古近系（E）砖红色砂砾岩夹含砾细粒长石岩屑砂岩、第四系残坡积层（Q_4^{dl+el}）与第四系冲洪积层（Q_4^{al+pl}），砂砾岩岩层产状为200°~210°∠5°~10°。2#斜坡带内单体斜坡剖面形态总体呈凸型，平均坡度20°~30°，局部斩坡建房处可达60°，总体坡高在60~90m。2#斜坡带内单体斜坡整体较缓，斜坡坡面完整性差，坡体中上部坡面覆盖有2~3m厚的残坡积土，主要成分为黏土，偶夹碎石、砾石，坡脚处人类工程活动较为强烈，以人工斩坡修建房屋为主。2#斜坡带内单体斜坡由砂砾岩构成，2-1#、2-5#斜坡坡体结构属于斜向倾外层状碎屑岩斜坡，2-2# ~2-4#属于平缓倾外层状碎屑岩斜坡，整体稳定性状况良好，但由于坡脚处人类工程活动强烈，加之砂砾岩抗风化能力较差，坡脚处人工切坡段直立坡体表面易产生剥落、掉块等不良地质现象，威胁坡脚处鬲家村居民。2#斜坡带单体斜坡工程地质测绘简表见表 11.5。

图 11.24　山阳县城区周边 2#斜坡带三维可视图

表 11.5　2#斜坡带单体斜坡工程地质测绘简表

斜坡编号	坐标（经纬度）	结构类型	斜坡结构特征					稳定性状况
			坡高/m	坡度/(°)	坡向/(°)	长度/m	宽度/m	
2-1#	109°54′56.9″E 33°31′47.5″N	斜向倾外层状碎屑岩斜坡	49	16	163	227	355	稳定
2-2#	109°54′56.5″E 33°31′50.7″N	平缓倾外层状碎屑岩斜坡	56	19	166	231	255	稳定
2-3#	109°55′06.2″E 33°31′51.5″N	平缓倾外层状碎屑岩斜坡	69	18	163	220	255	基本稳定
2-4#	109°55′12.4″E 33°31′52.4″N	平缓倾外层状碎屑岩斜坡	73	32	156	157	171	稳定
2-5#	109°55′22.4″E 33°31′56.7″N	斜向倾外层状碎屑岩斜坡	79	35	178	178	104	稳定

11.4.1.3　3#斜坡带工程地质测绘

3#斜坡带位于山阳县城北部，县河北岸，斜坡带共包含 3-1# ~3-14#共 14 个单体斜坡单元（图 11.25 ~图 11.27），斜坡影响区为山阳县城主城区，包括：山阳县政府、山阳中学、山阳县公安局等重要场地设施。斜坡带内主要出露地层为古近系（E）砖红色砂砾岩夹含砾细粒长石岩屑砂岩、第四系残坡积层（Q_4^{dl+el}）与第四系冲洪积层（Q_4^{al+pl}），砂砾岩岩层产状为 175° ~185°∠10° ~20°。斜坡坡面形态多呈直线型，个别呈凸型、复合型，斜坡坡度总体在 25° ~35°，坡高为 60 ~90m。斜坡带内单体斜坡坡面整体完整性较好，坡脚人类工程活动较为强烈，以人工修建房屋为主。3#斜坡带内单体斜坡主要由砂砾岩构成，3-1# ~3-2#斜坡结构类型属于堆积层斜坡，3-3#、3-6#、3-7#斜坡属于斜向倾外层状碎屑岩斜坡，3-4#、3-5#斜坡属于缓倾外顺向层状碎屑岩斜坡，3-8#斜坡属于中倾外顺向层状碎屑岩斜坡，3-9#、3-11# ~3-14#斜坡属于斜向倾内层状碎屑岩斜坡，3-10#斜坡属于横向层状碎屑岩斜坡，由于砂砾岩抗风化能力较差，坡体表层 2 ~ 5m 范围内为强风化层，表面易产生剥落、掉块等不良地质现象。斜坡前缘斩坡建房导致局部地段形成高 3 ~ 5m 的陡立临空面，影响斜坡整体稳定性，同时，由于古近系砂砾岩成岩程度较低，抗风化能力差，在暴雨等工况下前缘陡立坡易产生局部垮塌、滑动等现象。3#斜坡带单体斜坡工程地质测绘简表见表 11. 6。

图 11. 25　山阳县城区周边 3#斜坡带西段三维可视图

图 11. 26　山阳县城区周边 3#斜坡带中段三维可视图

图 11. 27　山阳县城区周边 3#斜坡带东段三维可视图

表 11.6　3#斜坡带单体斜坡工程地质测绘简表

斜坡编号	坐标（经纬度）	结构类型	斜坡结构特征					稳定性状况
			坡高/m	坡度/(°)	坡向/(°)	长度/m	宽度/m	
3-1#	109°53′33. 2″E 33°31′05. 3″N	堆积层斜坡	67	30. 2	198	112	150	基本稳定
3-2#	109°53′18. 2″E 33°31′59. 9″N	堆积层斜坡	63	28	205	127	231	基本稳定
3-3#	109°53′00. 1″E 33°32′13. 0″N	斜向倾外层状碎屑岩斜坡	60	27	130	140	202	稳定
3-4#	109°52′41. 6″E 33°32′09. 2″N	缓倾外顺向层状碎屑岩斜坡	70	31	193	211	331	稳定
3-5#	109°52′36. 6″E 33°32′13. 4″N	缓倾外顺向层状碎屑岩斜坡	69	28	190	171	188	基本稳定
3-6#	109°52′30. 5″E 33°32′10. 1″N	斜向倾外层状碎屑岩斜坡	72	34	169	158	180	稳定
3-7#	109°52′22. 9″E 33°32′08. 0″N	斜向倾外层状碎屑岩斜坡	61	28	178	165	97	稳定
3-8#	109°52′19. 1″E 33°32′07. 7″N	中倾外顺向层状碎屑岩斜坡	43	37	195	95	130	稳定
3-9#	109°52′10. 9″E 33°32′10. 4″N	斜向倾内层状碎屑岩斜坡	62	23	332	168	220	稳定
3-10#	109°52′16. 4″E 33°32′17. 1″N	横向层状碎屑岩斜坡	65	24	312	191	208	稳定
3-11#	109°52′21. 7″E 33°32′24. 3″N	斜向倾内层状碎屑岩斜坡	55	29	315	120	103	稳定
3-12#	109°52′24. 2″E 33°32′24. 7″N	斜向倾内层状碎屑岩斜坡	53	25	315	147	279	稳定
3-13#	109°52′29. 6″E 33°32′35. 1″N	斜向倾内层状碎屑岩斜坡	50	27. 2	303	90	138	稳定
3-14#	109°52′34. 0″E 33°32′37. 0″N	斜向倾内层状碎屑岩斜坡	49	29. 4	303	88	129	稳定

11. 4. 1. 4　4#斜坡带工程地质测绘

4#斜坡带位于山阳县城北部，卜吉沟中游段，斜坡带共包含 4-1# ~4-5#共 5 个单体斜坡单元（图 11. 28，图 11. 29），斜坡影响区主要为山阳县城关镇卜吉沟移民小区与卜吉沟村一组。斜坡带内主要出露地层为古近系（E）砖红色砂砾岩夹含砾细粒长石岩屑砂岩与第四系冲洪积层（Q_4^{al+pl}），砂砾岩岩层产状为 240°～245°∠10°～13°。斜坡坡面形态多为直线型，局部呈凹凸型，斜坡坡度总体在 20°～30°，坡高多为 50～70m。斜坡带内单体斜坡坡面整体完整性较好，坡脚人类工程活动较为强烈，以人工修建房屋为主。单体斜坡主要由砂砾岩构成，4-1#、4-2#、4-4#、4-5#斜坡坡体结构属于横向层状碎屑岩斜坡，4-3#斜坡属于平缓倾外层状碎屑岩斜坡。单体斜坡整体稳定性状况良好，但砂砾岩抗风化能力较差，表面易产生剥落、掉块等不良地质现象。斜坡前缘斩坡建房致使局部地段陡立，影响斜坡整体稳定性。卜吉沟移民安置小区直接修建于卜吉沟沟道中央，挤占卜吉沟行洪通道，现有行洪沟渠过水能力在特大暴雨工况下严重不足，严重威胁移民安置小区内居民安全。4#斜坡带单体斜坡工程地质测绘简表见表 11.7。

图 11.28　山阳县城区周边 4#斜坡带东段三维可视图

图 11.29　山阳县城区周边 4#斜坡带西段三维可视图

表 11.7　4#斜坡带单体斜坡工程地质测绘简表

斜坡编号	坐标（经纬度）	结构类型	斜坡结构特征					稳定性状况
			坡高/m	坡度/(°)	坡向/(°)	长度/m	宽度/m	
4-1#	109°53′30.1″E 33°32′38.6″N	横向层状碎屑岩斜坡	43	29	143	313	182	基本稳定

续表

斜坡编号	坐标（经纬度）	结构类型	斜坡结构特征					稳定性状况
			坡高/m	坡度/(°)	坡向/(°)	长度/m	宽度/m	
4-2#	109°53′20.6″E 33°32′35.0″N	横向层状碎屑岩斜坡	45	26	145	118	139	稳定
4-3#	109°53′38.3″E 33°32′35.8″N	平缓倾外层状碎屑岩斜坡	48	23	322	90	121	稳定
4-4#	109°53′31.9″E 33°32′32.0N	横向层状碎屑岩斜坡	45	28	309	98	130	稳定
4-5#	109°53′29.8″E 33°32′23.9″N	横向层状碎屑岩斜坡	39	9	329	297	181	稳定

11.4.1.5　5#斜坡带工程地质测绘

5#斜坡带位于山阳县城西北部，安武河与县河交汇处西北侧，斜坡带共包含 6 个单体斜坡单元，即 5-1# ~ 5-6#斜坡（图 11.30），斜坡影响区主要为山阳县城关镇西河新区与城关镇西河村。斜坡带内主要出露地层为古近系（E）砖红色砂砾岩夹含砾细粒长石岩屑砂岩、第四系残坡积层（Q_4^{dl+el}）与第四系冲洪积层（Q_4^{al+pl}），砂砾岩岩层产状为 200° ~ 210°∠5° ~ 10°。5-1# ~ 5-3#斜坡较陡，坡面形态多为直线型，坡度均在 35°左右；5-4# ~ 5-6#斜坡较缓，坡面形态多为复合型，坡度 20° ~ 30°，坡高 50 ~ 100m。斜坡带内单体斜坡坡面整体完整性较好，坡脚人类工程活动较为强烈，以人工斩坡修建房屋为主。5-1# ~ 5-3#单体斜坡主要由古近系层状砂砾岩构成，斜坡坡体结构属于平缓倾外层状碎屑岩斜坡，斜坡整体稳定性状况良好，但砂砾岩抗风化能力较差，表面易产生剥落、掉块等不良地质现象，且坡脚堆积有第四系冲洪积层砂卵砾石土，在暴雨等工况下斜坡前缘易产生局部垮塌、滑动；5-3#斜坡前缘有一处小规模滑坡，直接威胁西河村居民；5-4#、5-6#斜坡表面覆盖有 3 ~ 10m 的坡残积层，在降雨工况下可能产生小范围的滑塌。5#斜坡带单体斜坡工程地质测绘简表见表 11.8。

表 11.8　5#斜坡带单体斜坡工程地质测绘简表

斜坡编号	坐标（经纬度）	结构类型	斜坡结构特征					稳定性状况
			坡高/m	坡度/(°)	坡向/(°)	长度/m	宽度/m	
5-1#	109°51′24.7″E 33°32′09.6″N	平缓倾外层状碎屑岩斜坡	54	54	145	112	243	稳定
5-2#	109°51′34.0″E 33°32′17.3″N	平缓倾外层状碎屑岩斜坡	67	36.8	105	138	498	稳定

续表

斜坡编号	坐标（经纬度）	结构类型	斜坡结构特征					稳定性状况
			坡高/m	坡度/(°)	坡向/(°)	长度/m	宽度/m	
5-3#	109°51′44.8″E 33°32′28.4″N	平缓倾外层状碎屑岩斜坡	63	28.5	137	206	482	稳定
5-4#	109°52′01.4″E 33°32′41.5″N	堆积层斜坡	78	19	138	335	398	基本稳定
5-5#	109°52′15.7″E 33°32′50.9″N	平缓倾内层状碎屑岩斜坡	55	27.7	101	191	320	稳定
5-6#	109°52′15.1″E 33°33′00.1″N	堆积层斜坡	93	23.5	103	252	220	基本稳定

图 11.30　山阳县城区周边 5#斜坡带三维可视图

11.4.2　斜坡结构类型及特征

斜坡结构类型及特征通常决定着斜坡变形破坏的类型、数量和规模，堆积层斜坡基覆界面起伏状况及其展布、岩质斜坡优势结构面与坡面组合关系等因素成为斜坡转化为灾害的重要因素。山阳县城区及周边区域斜坡类型主要包括堆积层斜坡（S）和层状碎屑岩斜坡（R），其中层状碎屑岩斜坡根据岩层倾角（α），岩层倾向和岸坡倾向间的夹角（β）的组合关系，将其坡体结构类型划分为 5 个大类，11 个小类（图 11.31）。

根据各斜坡段地貌及地质特征，结合野外单体斜坡工程地质测绘结果，按照上述斜坡结构类型划分说明，将山阳县城区及周边区域 5 个斜坡带（共计 38 个单体斜坡）进行斜坡结构类型划分，山阳县城区及周边区域斜坡结构类型统计表和分布图见表 11.9 和图 11.32。

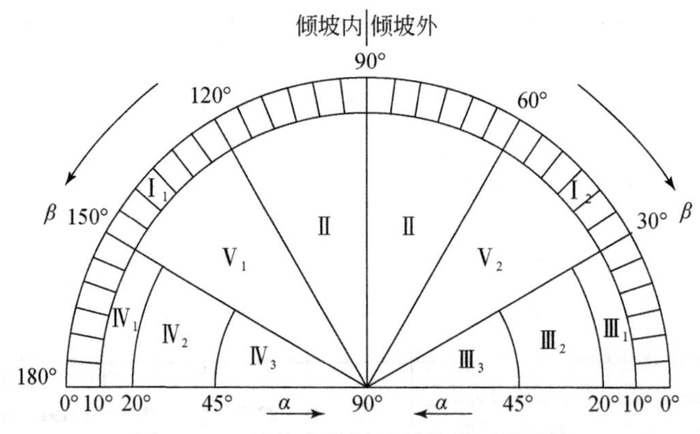

图 11.31　层状岩体斜坡结构类型分类图

Ⅰ-平缓层状岸坡（$\alpha<10°$，$0°\leqslant\beta\leqslant180°$）：$Ⅰ_1$-平缓倾内层状岸坡（$90°\leqslant\beta\leqslant180°$），$Ⅰ_2$-平缓倾外层状岸坡（$0°\leqslant\beta\leqslant90°$）；Ⅱ-横向岸坡（$60°\leqslant\beta\leqslant120°$，$10°\leqslant\alpha\leqslant90°$）；Ⅲ-顺向层状岸坡（$0°\leqslant\beta\leqslant30°$）：$Ⅲ_1$-缓倾外顺向层状岸坡（$10°\leqslant\alpha\leqslant20°$），$Ⅲ_2$-中倾外顺向层状岸坡（$20°<\alpha\leqslant45°$），$Ⅲ_3$-陡倾外顺向层状岸坡（$\alpha>45°$）；Ⅳ-逆向层状岸坡（$150°<\beta\leqslant180°$：$Ⅳ_1$-缓倾内逆向层状岸坡（$10°\leqslant\alpha\leqslant20°$），$Ⅳ_2$-中倾内逆向层状岸坡（$20°<\alpha\leqslant45°$），$Ⅳ_3$-陡倾内逆向层状岸坡（$\alpha>45°$）；Ⅴ-斜向层状岸坡（$10°\leqslant\alpha\leqslant90°$）：$Ⅴ_1$-斜向倾内层状岸坡（$120°\leqslant\beta\leqslant150°$），$Ⅴ_2$-斜向倾外层状岸坡（$30°\leqslant\beta\leqslant60°$）

表 11.9　山阳县城区及周边区域斜坡结构类型统计表

斜坡带编号	斜坡编号	坡向/(°)	岩层产状	α/(°)	β/(°)	斜坡结构类型	代号
1#斜坡带	1-1#	19	195°∠4°	4	176	平缓倾内层状碎屑岩斜坡	$Ⅰ_1$
	1-2#	10	195°∠10°	10	175	缓倾内逆向层状碎屑岩斜坡	$Ⅳ_1$
	1-3#	8	196°∠10°	10	172	缓倾内逆向层状碎屑岩斜坡	$Ⅳ_1$
	1-4#	6	200°∠5°	5	166	平缓倾内层状碎屑岩斜坡	$Ⅰ_1$
	1-5#	5	200°∠7°	7	165	平缓倾内层状碎屑岩斜坡	$Ⅰ_1$
	1-6#	0	200°∠6°	6	160	平缓倾内层状碎屑岩斜坡	$Ⅰ_1$
	1-7#	305	200°∠6°	6	105	平缓倾内层状碎屑岩斜坡	$Ⅰ_1$
	1-8#	330	198°∠5°	5	132	堆积层斜坡	*R*
2#斜坡带	2-1#	165	215°∠11°	11	50	斜向倾外层状碎屑岩斜坡	$Ⅴ_2$
	2-2#	166	215°∠8°	8	49	平缓倾外层状碎屑岩斜坡	$Ⅰ_2$
	2-3#	163	210°∠7°	7	47	平缓倾外层状碎屑岩斜坡	$Ⅰ_2$
	2-4#	156	210°∠7°	7	54	平缓倾外层状碎屑岩斜坡	$Ⅰ_2$
	2-5#	178	235°∠11°	11	57	斜向倾外层状碎屑岩斜坡	$Ⅴ_2$
3#斜坡带	3-1#	198	178°∠10°	10	20	堆积层斜坡	*R*
	3-2#	205	180°∠11°	11	25	堆积层斜坡	*R*
	3-3#	130	183°∠13°	13	53	斜向倾外层状碎屑岩斜坡	$Ⅴ_2$
	3-4#	193	185°∠15°	15	8	缓倾外顺向层状碎屑岩斜坡	$Ⅲ_1$
	3-5#	190	210°∠14°	14	20	缓倾外顺向层状碎屑岩斜坡	$Ⅲ_1$

续表

斜坡带编号	斜坡编号	坡向/(°)	岩层产状	α/(°)	β/(°)	斜坡结构类型	代号
3#斜坡带	3-6#	169	207°∠15°	15	38	斜向倾外层状碎屑岩斜坡	V_2
	3-7#	178	209°∠17°	17	31	斜向倾外层状碎屑岩斜坡	V_2
	3-8#	196	210°∠20°	20	14	中倾外顺向层状碎屑岩斜坡	III_2
	3-9#	332	205°∠25°	25	127	斜向倾内层状碎屑岩斜坡	V_1
	3-10#	312	205°∠24°	24	107	横向层状碎屑岩斜坡	Ⅱ
	3-11#	315	180°∠22°	22	135	斜向倾内层状碎屑岩斜坡	V_1
	3-12#	315	173°∠21°	21	142	斜向倾内层状碎屑岩斜坡	V_1
	3-13#	303	170°∠20°	20	133	斜向倾内层状碎屑岩斜坡	V_1
	3-14#	303	167°∠20°	20	136	斜向倾内层状碎屑岩斜坡	V_1
4#斜坡带	4-1#	143	239°∠14°	14	96	横向层状碎屑岩斜坡	Ⅱ
	4-2#	145	240°∠13°	13	95	横向层状碎屑岩斜坡	Ⅱ
	4-3#	322	246°∠8°	8	76	平缓倾外层状碎屑岩斜坡	I_2
	4-4#	309	241°∠11°	11	68	横向层状碎屑岩斜坡	Ⅱ
	4-5#	329	245°∠12°	12	84	横向层状碎屑岩斜坡	Ⅱ
5#斜坡带	5-1#	145	210°∠4°	4	65	平缓倾外层状碎屑岩斜坡	I_2
	5-2#	139	210°∠5°	5	71	平缓倾外层状碎屑岩斜坡	I_2
	5-3#	137	195°∠5°	5	58	平缓倾外层状碎屑岩斜坡	I_2
	5-4#	138	195°∠5°	5	57	堆积层斜坡	*R*
	5-5#	101	200°∠5°	5	99	平缓倾内层状碎屑岩斜坡	I_1
	5-6#	103	198°∠6°	6	95	堆积层斜坡	*R*

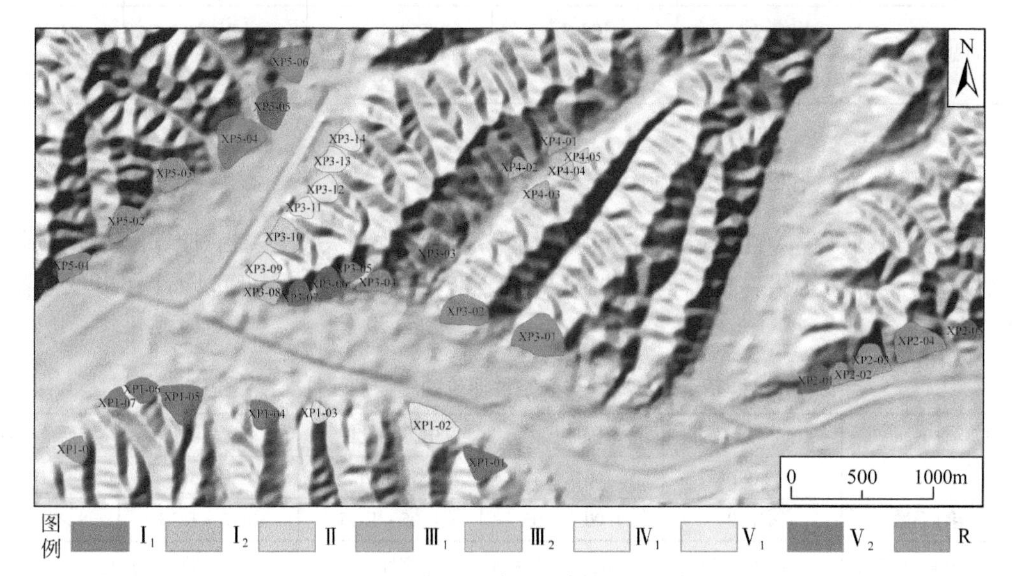

图 11.32　山阳县城区及周边区域斜坡结构类型分布图

11.4.3 城区斜坡危险性评价

山阳县城区斜坡危险性评价基于多种斜坡稳定性极限平衡算法，采用目前计算失稳概率相对精确的蒙特卡洛法对城区周边每一个单体斜坡进行平均稳定性系数和失稳概率计算，以平均稳定性系数和失稳概率为基础制定危险性评价判定准则，划分斜坡危险性等级，对城区周边单体斜坡危险性进行综合判定与区划。

11.4.3.1 失稳概率计算随机变量的确定

对于山阳县城区周边斜坡来说，影响斜坡稳定性最主要的因素是降雨，而降雨直接影响斜坡的岩土体强度，因岩土材料具各向异性和不确定性，其物理力学参数是一个随机变量，本次计算随机变量的选取主要考虑岩土体的参数取值。

在影响斜坡稳定性的各岩土参数中，对可靠度分析影响最大的主要是岩土体的强度指标参数，即抗剪强度指标黏聚力 C 和内摩擦角 φ，而土体的重度 γ 变异系数较小，故将其作为常量来处理，因此最后选取黏聚力 C 和内摩擦角 φ 作为随机变量。

假设随机变量黏聚力 C 和内摩擦角 φ 服从正态分布或对数正态分布，由滑坡现场勘查数据统计出各随机变量的均值 μ、方差 σ 作为可靠度计算数据（表 11.10）。

表 11.10 山阳县城区及周边斜坡岩土体物理力学参数表

岩土类型	类别	黏聚力 C/kPa		内摩擦角 φ/(°)	
		天然状态	饱和状态	天然状态	饱和状态
黏性土	均值（μ）	54.6	25.2	28.1	17.4
	方差（σ）	1.93	2.20	1.32	2.05
砂砾岩	均值（μ）	108.3	50.4	35.3	21.6
	方差（σ）	2.65	1.96	3.21	1.22

11.4.3.2 危险性判定标准制定

城区周边斜坡危险性判定综合考虑平均稳定性系数和失稳概率的计算结果，将斜坡危险性划分为 5 个等级：极高危险性、高危险性、中等危险性、低危险性和极低危险性（表 11.11）。

表 11.11 基于失稳概率与稳定性评价的斜坡危险性综合评价表

危险性等级	极高危险性	高危险性	中等危险性	低危险性	极低危险性
失稳概率/%	≥90	60～90	30～60	10～30	≤10
稳定性系数	<1.00	1.00～1.05	1.05～1.15	1.15～1.25	>1.25

注：危险性等级判定采用“就高不就低”的原则，失稳概率与稳定性系数只要有一项达到即可为相应危险性等级

11.4.3.3　城区斜坡危险性评价

斜坡带危险性评价利用 Geostudio 软件中的 Slope 模块，采用工程地质概化剖面作为计算剖面，1# ~ 5#斜坡带中各典型斜坡工程地质剖面和数值计算模型如图 11.33 所示。结合山阳县城区及周边斜坡的特征与实际工程地质情况，考虑天然工况和降雨工况，分别采用极限平衡分析法中的瑞典条分法、Bishop 法、、Janbu 条分法、Morgenstern-Spencer 法对每个斜坡单元进行抽样 10000 次的 Monte-Carlo 失稳概率分析，计算各个工况下斜坡稳定性系数和失稳概率（表 11.12）。

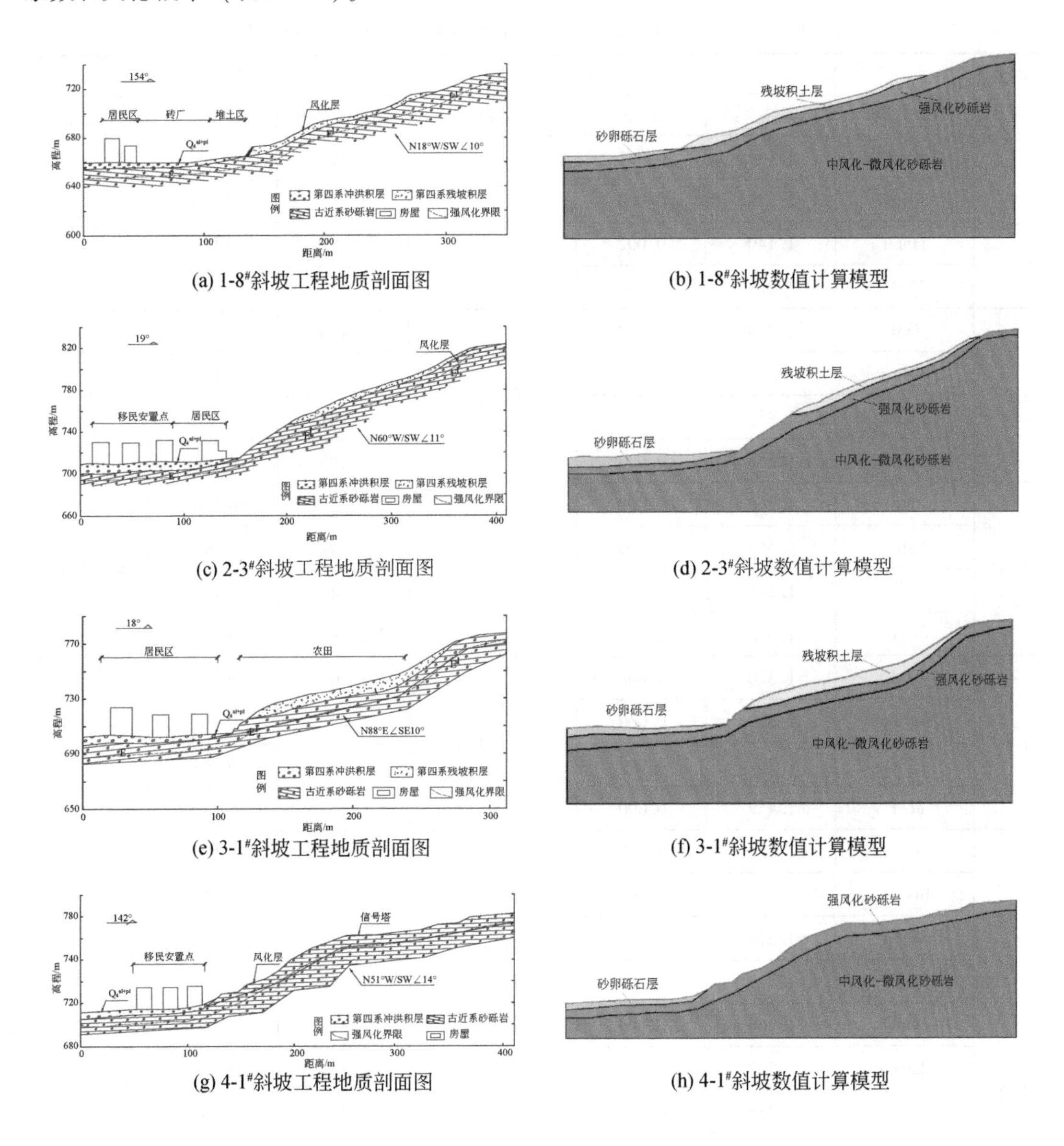

(a) 1-8#斜坡工程地质剖面图

(b) 1-8#斜坡数值计算模型

(c) 2-3#斜坡工程地质剖面图

(d) 2-3#斜坡数值计算模型

(e) 3-1#斜坡工程地质剖面图

(f) 3-1#斜坡数值计算模型

(g) 4-1#斜坡工程地质剖面图

(h) 4-1#斜坡数值计算模型

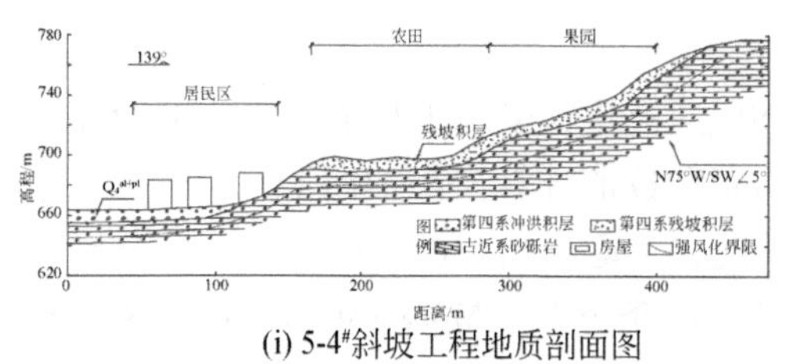

(i) 5-4#斜坡工程地质剖面图

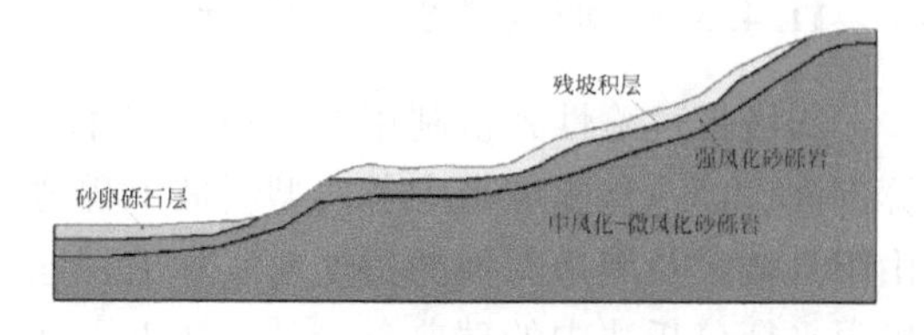

(j) 5-4#斜坡数值计算模型

图 11.33　斜坡工程地质剖面与数值计算模型

表 11.12　山阳县城区及周边斜坡带单体斜坡危险性综合评价表

斜坡编号	算法	天然工况			降雨工况		
		稳定性系数	失稳概率	危险性	稳定性系数	失稳概率	危险性
1-1#	Ord	1.144	0.001	低危险性	1.115	0.004	低危险性
	Bishop	1.247	0.000		1.209	0.000	
	Janbu	1.140	0.002		1.102	0.009	
	M-P	1.235	0.000		1.153	0.003	
1-2#	Ord	1.238	0.000	极低危险性	1.186	0.000	极低危险性
	Bishop	1.591	0.000		1.327	0.000	
	Janbu	1.237	0.000		1.181	0.001	
	M-P	1.353	0.000		1.265	0.000	
1-3#	Ord	1.262	0.000	极低危险性	1.157	0.001	低危险性
	Bishop	1.357	0.000		1.241	0.000	
	Janbu	1.245	0.001		1.143	0.003	
	M-P	1.332	0.000		1.198	0.000	
1-4#	Ord	1.320	0.000	极低危险性	1.209	0.000	极低危险性
	Bishop	1.553	0.000		1.294	0.000	
	Janbu	1.307	0.000		1.157	0.001	
	M-P	1.459	0.000		1.218	0.000	
1-5#	Ord	1.278	0.000	极低危险性	1.131	0.002	低危险性
	Bishop	1.417	0.000		1.274	0.000	
	Janbu	1.270	0.002		1.126	0.004	
	M-P	1.323	0.000		1.195	0.000	
1-6#	Ord	1.366	0.000	极低危险性	1.215	0.000	极低危险性
	Bishop	1.502	0.000		1.354	0.000	
	Janbu	1.356	0.000		1.209	0.000	
	M-P	1.407	0.000		1.262	0.000	

续表

斜坡编号	算法	天然工况			降雨工况		
		稳定性系数	失稳概率	危险性	稳定性系数	失稳概率	危险性
1-7#	Ord	1. 297	0. 000	极低危险性	1. 254	0. 000	极低危险性
	Bishop	1. 434	0. 000		1. 332	0. 000	
	Janbu	1. 289	0. 000		1. 195	0. 001	
	M-P	1. 340	0. 000		1. 259	0. 000	
1-8#	Ord	1. 101	0. 009	低危险性	1. 092	0. 012	中等危险性
	Bishop	1. 199	0. 003		1. 185	0. 001	
	Janbu	1. 096	0. 017		1. 077	0. 037	
	M-P	1. 155	0. 009		1. 130	0. 002	
2-1#	Ord	1. 283	0. 000	极低危险性	1. 209	0. 000	极低危险性
	Bishop	1. 394	0. 000		1. 286	0. 000	
	Janbu	1. 259	0. 000		1. 193	0. 001	
	M-P	1. 311	0. 000		1. 247	0. 000	
2-2#	Ord	1. 341	0. 000	极低危险性	1. 263	0. 000	极低危险性
	Bishop	1. 568	0. 000		1. 425	0. 000	
	Janbu	1. 294	0. 000		1. 229	0. 000	
	M-P	1. 446	0. 000		1. 387	0. 000	
2-3#	Ord	1. 164	0. 001	低危险性	1. 134	0. 017	低危险性
	Bishop	1. 302	0. 000		1. 250	0. 003	
	Janbu	1. 157	0. 003		1. 099	0. 040	
	M-P	1. 212	0. 001		1. 158	0. 004	
2-4#	Ord	1. 273	0. 000	极低危险性	1. 195	0. 000	极低危险性
	Bishop	1. 410	0. 000		1. 324	0. 000	
	Janbu	1. 239	0. 000		1. 136	0. 001	
	M-P	1. 275	0. 000		1. 167	0. 000	
2-5#	Ord	1. 183	0. 001	极低危险性	1. 107	0. 011	低危险性
	Bishop	1. 268	0. 000		1. 182	0. 002	
	Janbu	1. 156	0. 002		1. 097	0. 021	
	M-P	1. 204	0. 000		1. 149	0. 009	
3-1#	Ord	1. 157	0. 004	低危险性	1. 088	0. 020	中等危险性
	Bishop	1. 246	0. 000		1. 189	0. 004	
	Janbu	1. 152	0. 009		1. 083	0. 029	
	M-P	1. 207	0. 001		1. 143	0. 010	

续表

斜坡编号	算法	天然工况			降雨工况		
		稳定性系数	失稳概率	危险性	稳定性系数	失稳概率	危险性
3-2#	Ord	1.172	0.002	低危险性	1.147	0.013	低危险性
	Bishop	1.345	0.000		1.259	0.001	
	Janbu	1.151	0.004		1.087	0.026	
	M-P	1.238	0.001		1.163	0.006	
3-3#	Ord	1.468	0.000	极低危险性	1.329	0.000	极低危险性
	Bishop	1.613	0.000		1.453	0.000	
	Janbu	1.421	0.000		1.295	0.000	
	M-P	1.459	0.000		1.318	0.000	
3-4#	Ord	1.304	0.000	极低危险性	1.261	0.000	极低危险性
	Bishop	1.452	0.000		1.344	0.000	
	Janbu	1.296	0.000		1.185	0.001	
	M-P	1.354	0.000		1.256	0.000	
3-5#	Ord	1.216	0.000	极低危险性	1.124	0.003	低危险性
	Bishop	1.308	0.000		1.229	0.000	
	Janbu	1.186	0.001		1.113	0.006	
	M-P	1.243	0.000		1.145	0.000	
3-6#	Ord	1.279	0.000	极低危险性	1.258	0.000	极低危险性
	Bishop	1.364	0.000		1.359	0.000	
	Janbu	1.273	0.000		1.256	0.000	
	M-P	1.327	0.000		1.317	0.000	
3-7#	Ord	1.321	0.000	极低危险性	1.304	0.000	极低危险性
	Bishop	1.436	0.000		1.392	0.000	
	Janbu	1.323	0.000		1.300	0.000	
	M-P	1.389	0.000		1.355	0.000	
3-8#	Ord	1.246	0.000	极低危险性	1.167	0.001	低危险性
	Bishop	1.390	0.000		1.243	0.000	
	Janbu	1.221	0.001		1.141	0.002	
	M-P	1.268	0.000		1.154	0.001	
3-9#	Ord	1.284	0.000	极低危险性	1.257	0.000	极低危险性
	Bishop	1.385	0.000		1.359	0.000	
	Janbu	1.272	0.000		1.244	0.000	
	M-P	1.332	0.000		1.305	0.000	

续表

斜坡编号	算法	天然工况			降雨工况		
		稳定性系数	失稳概率	危险性	稳定性系数	失稳概率	危险性
3-10#	Ord	1.307	0.000	极低危险性	1.246	0.000	极低危险性
	Bishop	1.401	0.000		1.318	0.000	
	Janbu	1.294	0.000		1.251	0.000	
	M-P	1.351	0.000		1.293	0.000	
3-11#	Ord	1.453	0.000	极低危险性	1.309	0.000	极低危险性
	Bishop	1.582	0.000		1.415	0.000	
	Janbu	1.398	0.000		1.290	0.000	
	M-P	1.425	0.000		1.323	0.000	
3-12#	Ord	1.254	0.000	极低危险性	1.195	0.000	低危险性
	Bishop	1.336	0.000		1.263	0.000	
	Janbu	1.183	0.000		1.146	0.001	
	M-P	1.208	0.000		1.184	0.000	
3-13#	Ord	1.320	0.000	极低危险性	1.261	0.000	极低危险性
	Bishop	1.413	0.000		1.358	0.000	
	Janbu	1.307	0.000		1.246	0.000	
	M-P	1.364	0.000		1.303	0.000	
3-14#	Ord	1.287	0.000	极低危险性	1.246	0.000	极低危险性
	Bishop	1.384	0.000		1.346	0.000	
	Janbu	1.273	0.000		1.231	0.001	
	M-P	1.334	0.000		1.293	0.000	
4-1#	Ord	1.167	0.000	低危险性	1.103	0.018	低危险性
	Bishop	1.276	0.000		1.212	0.003	
	Janbu	1.165	0.001		1.094	0.035	
	M-P	1.230	0.000		1.163	0.009	
4-2#	Ord	1.331	0.000	极低危险性	1.271	0.000	极低危险性
	Bishop	1.425	0.000		1.394	0.000	
	Janbu	1.316	0.000		1.269	0.000	
	M-P	1.382	0.000		1.340	0.000	
4-3#	Ord	1.293	0.000	极低危险性	1.237	0.000	极低危险性
	Bishop	1.371	0.000		1.352	0.000	
	Janbu	1.256	0.000		1.183	0.001	
	M-P	1.320	0.000		1.284	0.000	

续表

斜坡编号	算法	天然工况			降雨工况		
		稳定性系数	失稳概率	危险性	稳定性系数	失稳概率	危险性
4-4#	Ord	1. 295	0. 000	极低危险性	1. 205	0. 000	极低危险性
	Bishop	1. 443	0. 000		1. 332	0. 000	
	Janbu	1. 259	0. 000		1. 158	0. 001	
	M-P	1. 287	0. 000		1. 194	0. 000	
4-5#	Ord	1. 351	0. 000	极低危险性	1. 204	0. 000	极低危险性
	Bishop	1. 499	0. 000		1. 338	0. 000	
	Janbu	1. 326	0. 000		1. 196	0. 000	
	M-P	1. 397	0. 000		1. 253	0. 000	
5-1#	Ord	1. 279	0. 000	极低危险性	1. 258	0. 000	极低危险性
	Bishop	1. 364	0. 000		1. 359	0. 000	
	Janbu	1. 273	0. 000		1. 256	0. 000	
	M-P	1. 327	0. 000		1. 317	0. 000	
5-2#	Ord	1. 321	0. 000	极低危险性	1. 304	0. 000	极低危险性
	Bishop	1. 436	0. 000		1. 392	0. 000	
	Janbu	1. 323	0. 000		1. 300	0. 000	
	M-P	1. 389	0. 000		1. 355	0. 000	
5-3#	Ord	1. 216	0. 000	极低危险性	1. 124	0. 003	低危险性
	Bishop	1. 308	0. 000		1. 229	0. 000	
	Janbu	1. 186	0. 001		1. 113	0. 006	
	M-P	1. 243	0. 000		1. 145	0. 000	
5-4#	Ord	1. 142	0. 006	低危险性	1. 079	0. 034	中等危险性
	Bishop	1. 247	0. 000		1. 180	0. 006	
	Janbu	1. 125	0. 004		1. 063	0. 089	
	M-P	1. 191	0. 000		1. 122	0. 004	
5-5#	Ord	1. 295	0. 000	极低危险性	1. 205	0. 000	极低危险性
	Bishop	1. 443	0. 000		1. 332	0. 000	
	Janbu	1. 259	0. 000		1. 158	0. 001	
	M-P	1. 287	0. 000		1. 194	0. 000	
5-6#	Ord	1. 157	0. 004	低危险性	1. 088	0. 020	中等危险性
	Bishop	1. 246	0. 000		1. 189	0. 004	
	Janbu	1. 152	0. 009		1. 083	0. 029	
	M-P	1. 207	0. 001		1. 143	0. 010	

危险性等级划分主要依据稳定性系数和失稳概率的计算结果，根据前述危险性判定表确定不同工况下斜坡单位危险性等级。

1#斜坡带：天然工况下 1-1#和 1-8#单体斜坡为低危险性，其余单体斜坡均为极低危险性；降雨工况下 1-8#斜坡为中等危险性，1-1#、1-3#、1-5#为低危险性，其余斜坡均为极低危险性（图 11.34）。

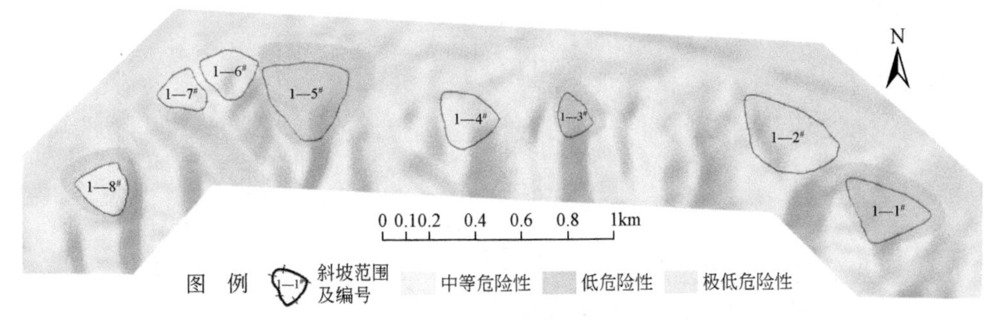

图 11.34　1#斜坡带单体斜坡危险性综合评价图

2#斜坡带：天然工况下 2-3#单体斜坡为低危险性，其余单体斜坡均为极低危险性；降雨工况下 2-3#、2-5#为低危险性，其余斜坡均为极低危险性（图 11.35）。

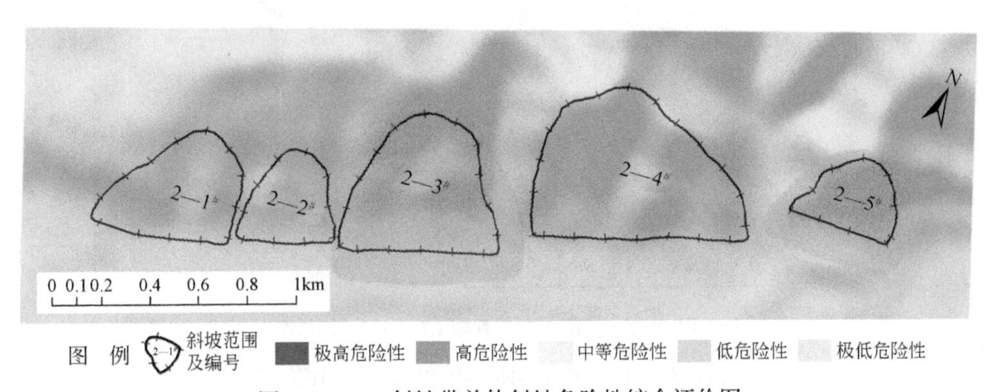

图 11.35　2#斜坡带单体斜坡危险性综合评价图

3#斜坡带：天然工况下 3-1#、3-2#单体斜坡为低危险性，其余单体斜坡均为极低危险性；降雨工况下 3-1#斜坡为中等危险性，3-2#、3-5#、3-8#和 3-12#斜坡为低危险性，其余斜坡均为极低危险性（图 11.36）。

4#斜坡带：天然工况下 4-1#单体斜坡为低危险性，其余单体斜坡为极低危险性；降雨工况下 4-1#斜坡为低危险性，其余斜坡为极低危险性（图 11.37）。

5#斜坡带：天然工况下 5-4#、5-6#单体斜坡为低危险性，其余单体斜坡为极低危险性；降雨工况下 5-4#、5-6#斜坡为中等危险性，5-3#斜坡为低危险性，其余斜坡为极低危险性（图 11.38）。

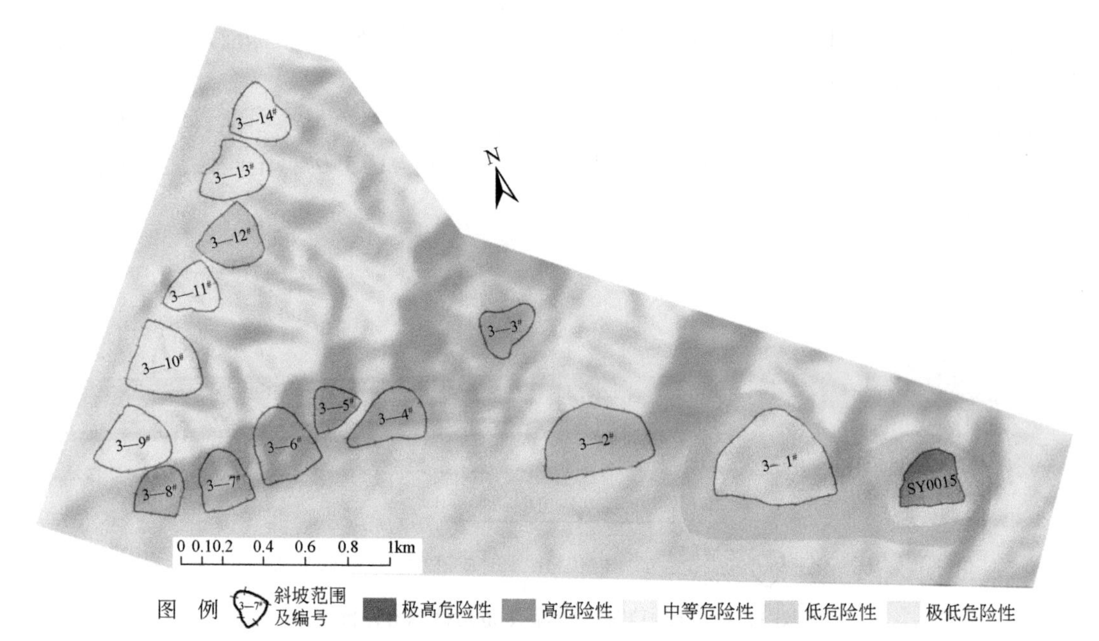

图 11.36 3#斜坡带单体斜坡危险性综合评价图

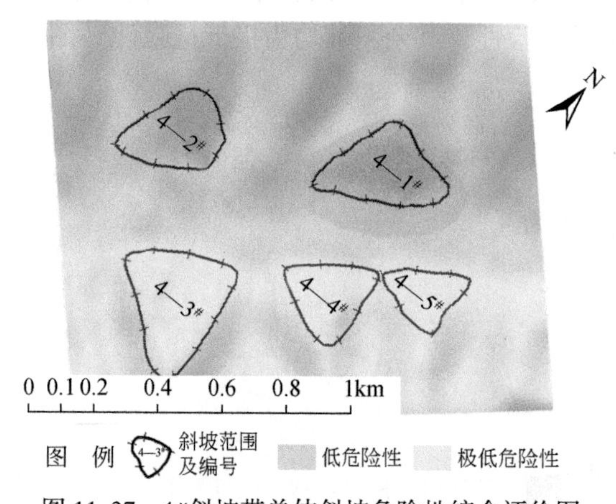

图 11.37 4#斜坡带单体斜坡危险性综合评价图

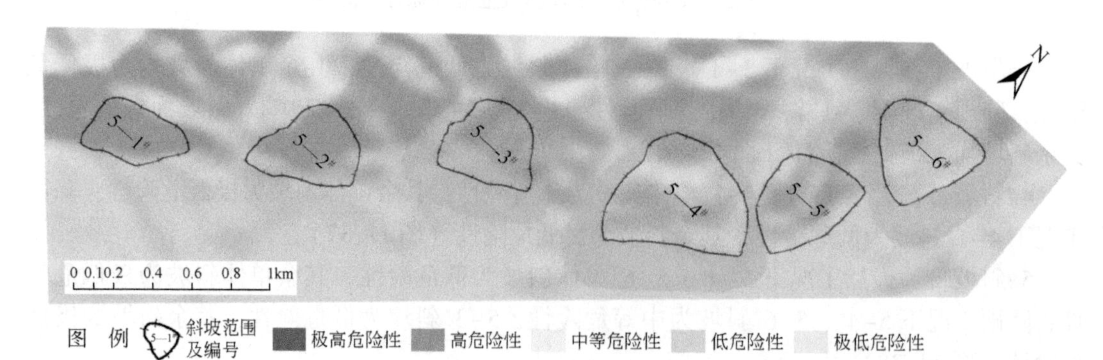

图 11.38 5#斜坡带单体斜坡危险性综合评价图

11.4.4　城区斜坡风险评估

11.4.4.1　斜坡风险评估内容

城区斜坡风险评估主要是从斜坡的危险性和危害性入手，采用滑坡滑距预测模型计算斜坡致灾距离，统计斜坡致灾范围内承灾体的数量、类型及经济损失，确定单体斜坡危害性等级，同时以危险性评价结果为基础进行城区范围内斜坡的风险评估。

1. 斜坡可能致灾距离预测

针对山阳县城区及周边区域斜坡的特点以及已发生地质灾害的特征，选取前后缘高程模型和斜坡力学参数模型进行斜坡可能致灾距离的预测。

模型一，基于前后缘高程的经验公式方法：

$$L=2\ (H_1-H_2) \tag{11.4.1}$$

式中，L 为可能致灾距离（m）；H_1为斜坡后缘高程（m）；H_2为斜坡前缘高程（m）。

模型二，基于斜坡物理力学参数的模型：

$$L=n\times\Delta H/\ (0.5\tan\varphi) \tag{11.4.2}$$

式中，L 为可能致灾距离（m）；ΔH 为斜坡前后缘高差（m）；n 为斜坡滑出条件系数，根据经验取 0.25；φ 为斜坡岩土体内摩擦角。

2. 承灾体识别与类型

城区斜坡承灾体识别主要依靠野外调查以及 1：10000 航空影像数据提取获得，由于承灾体的复杂性，所以在风险评估中不能逐一核算它们的价值损失，只能将承灾体划分为若干类型，然后进行分类统计分析。

人员：流动人员与固定人员；

建筑：居民住宅、学校、医院、商厦等，或者分为钢混结构、砖结构、简易结构；

道路：高速公路、省县道路、乡村道路；

土地资源：城镇土地、农村耕作用地、林业用地、荒地等。

3. 易损性分析

山阳县城区斜坡承灾体主要分为人员、建筑基础设施和土地资源三大类，本次评价主要考虑综合易损性。人员包括直接人员、间接人员和流动人员，直接人员指灾害发生时可直接造成伤亡的影响范围内居民人员，间接人员指灾害损坏基础设施建筑造成间接伤亡的人员，流动人员指灾害发生时途经该区域伤亡的人员，人员在抵抗自然灾害能力方面其易损性相对较大，人员易损性为 0.65～1；建筑基础设施包括居民建筑、交通道路等，斜坡变形对建筑基础设施的危害相对于人员来说较小，且建筑基础设施抵抗灾害能力较强，建筑基础设施易损性为 0.3～0.65；土地资源在地质灾害事件中损失相对较小，且农田、林地等对地质灾害的易损性较低，易损性为 0～0.3。

4. 危害性评估

基于斜坡承灾体数量类型和易损性，结合斜坡危害程度分级标准（表 11.13），确定斜坡危害程度等级。

表 11.13　斜坡危害程度与灾情分级标准

灾害程度分级	受威胁人数/人	潜在经济损失/万元	死亡人数/人	直接经济损失/万元
一般级	<100	<500	<3	<100
较大级	100 ~ 500	500 ~ 5000	3 ~ 10	100 ~ 500
重大级	500 ~ 1000	5000 ~ 10000	10 ~ 30	500 ~ 1000
特大级	>1000	>10000	>30	>1000

注：威胁人数或威胁资产二者只需其一达到标准即可判定相应的级别

5. 风险评估

综合考虑斜坡危险性评估和危害性评估结果，根据斜坡风险评估等级矩阵（表 11.14），将山阳县城区及周边区域斜坡风险划分为 5 个等级：极高风险（VH）、高风险（H）、中等风险（M）、低风险（L）和极低风险（VL）。

表 11.14　城区斜坡风险评估分级表

斜坡危险性	特大级（特重）	重大级（重）	较大级（中）	一般级（轻）
极高危险性	VH	VH	H	H
高危险性	VH	H	H	M
中等危险性	H	H	M	L
低危险性	M	M	L	VL
极低危险性	L	L	VL	VL

注：①VH 为极高风险，H 为高风险，M 为中等风险，L 为低风险，VL 为极低风险

②一般级：<100 人，<500 万元；较大级：100 ~ 500 人，500 万 ~ 5000 万元；重大级：500 ~ 1000 人，5000 万 ~ 10000 万元；特大级：>1000 人，>10000 万元

11.4.4.2　城区斜坡风险评估

根据野外调查以及承灾体遥感解译结果，对 1# ~ 5#斜坡带内单体斜坡承灾体进行统计，结合斜坡危害程度分级标准，对各斜坡带内单体斜坡危害性进行判定（表 11.15）。综合斜坡危害性和危险性等级，根据斜坡风险评估矩阵，并结合斜坡可能致灾距离和单体斜坡勘查结果，评估斜坡带内单体斜坡风险（图 11.39 ~ 图 11.43）。

表 11.15　1# ~ 5#斜坡带内单体斜坡承灾体统计与危害性判定表

斜坡编号	可能致灾距离		承灾体							危害性
	模型一/m	模型二/m	人员/个	房屋/间		道路/m		农田/m^2	财产/万元	
				钢混结构	砖结构	硬化路	土石路			
1-1#	106	89	550	20	5	240	180	3000	600	重大级
1-2#	112	94	23	—	16	50	260	1600	50	一般级
1-3#	76	63	260	75	22	375	150	800	180	较大级
1-4#	86	72	120	60	13	180	50	500	120	较大级
1-5#	90	75	115	10	29	150	90	—	135	较大级
1-6#	80	67	55	15	30	120	30	1200	75	一般级
1-7#	84	70	62	18	35	100	45	750	90	一般级
1-8#	106	89	550	20	5	240	180	3000	600	重大级
2-1#	98	82	30	—	8	120	80	900	50	一般级
2-2#	112	94	20	—	6	100	75	1200	60	一般级
2-3#	138	115	100	—	27	150	50	1600	50	较大级
2-4#	146	122	20	—	4	200	150	1100	180	一般级
2-5#	158	132	600	120	8	230	80	—	3000	重大级
3-1#	134	103	145	—	40	400	320	1200	350	较大级
3-2#	126	97	120	6	32	260	280	1600	300	较大级
3-3#	120	100	80	5	20	180	110	800	100	一般级
3-4#	140	117	160	15	35	230	100	—	400	较大级
3-5#	138	115	150	10	15	150	160	—	600	较大级
3-6#	144	120	135	8	30	180	90	—	180	较大级
3-7#	122	102	65	3	18	150	50	—	100	一般级
3-8#	86	72	102	6	25	120	60	—	130	较大级
3-9#	124	104	500	18	60	200	150	—	2000	重大级
3-10#	130	109	143	8	30	213	130	—	160	较大级
3-11#	110	92	60	3	18	135	53	—	70	一般级
3-12#	106	89	104	6	25	120	30	—	90	较大级
3-13#	100	84	160	11	23	150	80	—	5000	重大级
3-14#	98	82	230	8	38	140	50	—	120	较大级
4-1#	86	72	200	—	50	240	90	500	190	较大级
4-2#	90	75	800	45	8	150	70	350	300	重大级
4-3#	96	80	35	—	15	150	80	—	50	一般级

续表

斜坡编号	可能致灾距离		承灾体							危害性
	模型一/m	模型二/m	人员/个	房屋/间		道路/m		农田/m^2	财产/万元	
				钢混结构	砖结构	硬化路	土石路			
4-4#	90	75	200	—	50	240	90	500	190	较大级
4-5#	78	65	800	45	8	150	70	350	300	重大级
5-1#	108	90	160	5	40	320	150	1000	5000	重大级
5-2#	134	112	260	3	35	150	130	1200	180	较大级
5-3#	126	105	85	—	45	200	80	800	120	一般级
5-4#	156	120	130	60	20	300	330	2300	150	较大级
5-5#	110	92	25	—	12	150	120	500	50	一般级
5-6#	186	143	140	12	60	160	350	3500	300	较大级

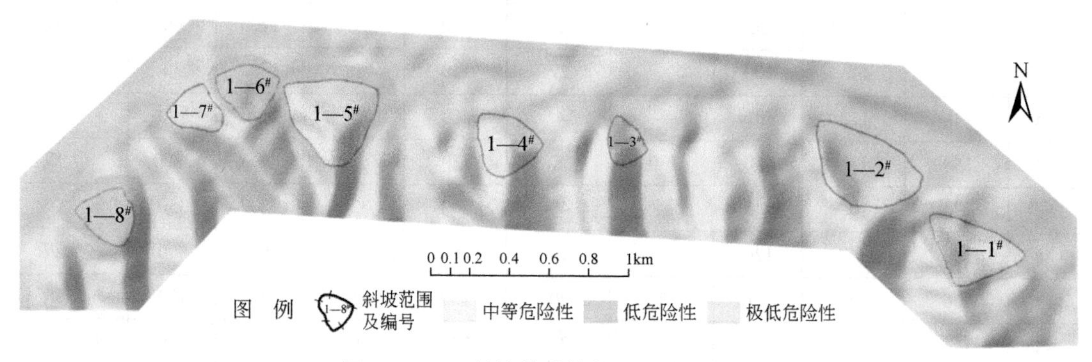

图 11.39 1#斜坡带单体斜坡风险评估图

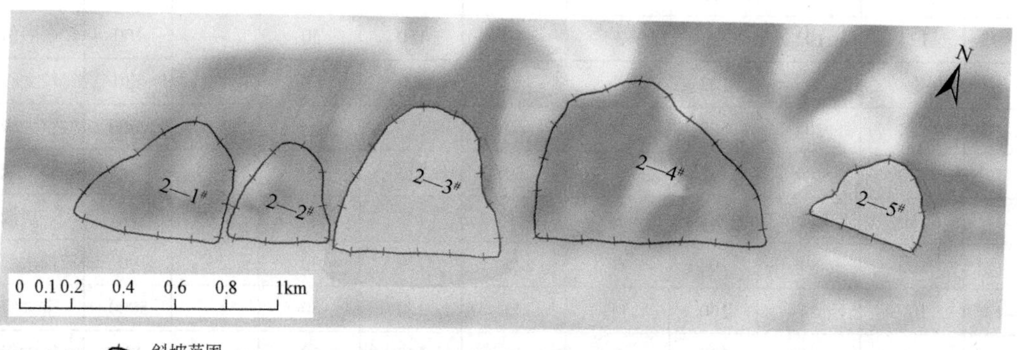

图 11.40 2#斜坡带单体斜坡风险评估图

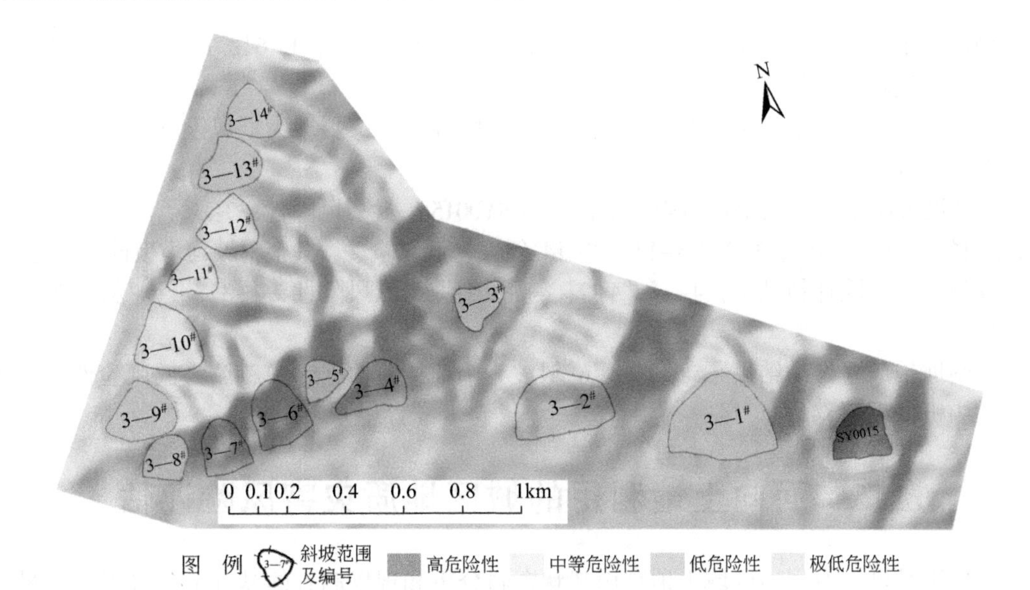

图 11.41　3#斜坡带单体斜坡风险评估图

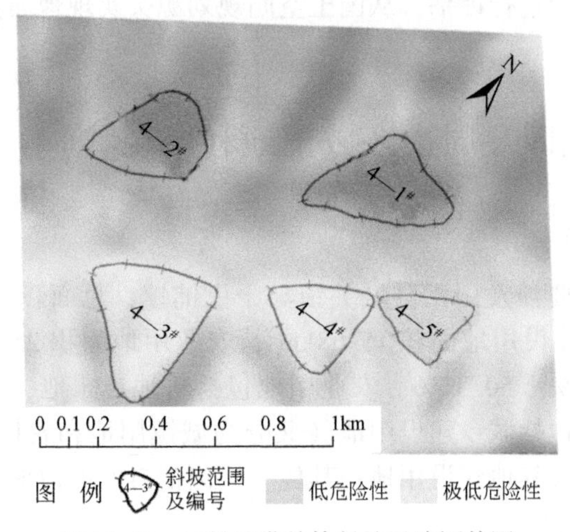

图 11.42　4#斜坡带单体斜坡风险评估图

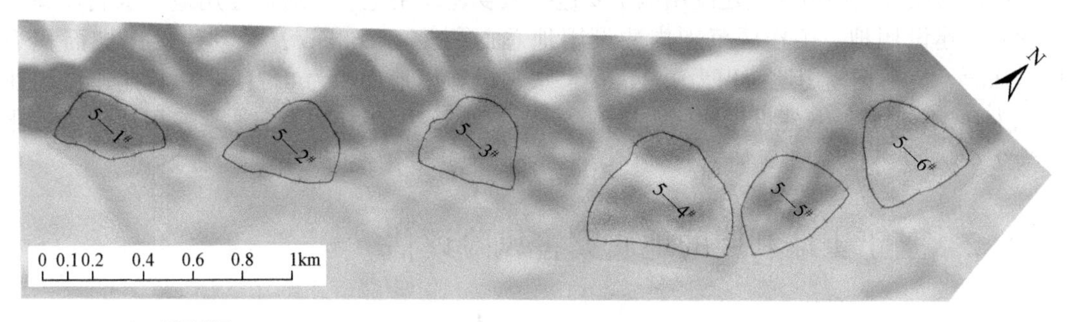

图 11.43　5#斜坡带单体斜坡风险评估图

1#斜坡带风险评估结果：1-1#、1-5#斜坡为中等风险性，1-6#、1-8#斜坡为低风险性，其余斜坡均为极低风险性。

2#斜坡带风险评估结果：2-5#斜坡为中等风险性，2-3#斜坡为低风险性，其余斜坡均为极低风险性。

3#斜坡带风险评估结果：山阳中学滑坡（SY0015）为高风险性，3-3#斜坡为中等风险性，3-1#、3-5#、3-8#、3-9#、3-13#、3-14#斜坡为低风险性，其余斜坡均为极低风险性。

4#斜坡带风险评估结果：4-1#、4-2#、4-5#斜坡为低风险性，4-3#、4-4#斜坡为极低风险性。

5#斜坡带风险评估结果：5-4#、5-6#斜坡为中等风险性，5-1#斜坡为低风险性，其余斜坡均为极低风险性。

11.5 面向土地利用的城区地质灾害风险评估

在山阳县城区及周边区域土地利用现状资料分析和现场调查的基础上，采用信息量模型法在 ArcGIS 平台上对山阳县城区周边斜坡的易发性、危险性进行评价，基于土地利用现状对城区地质灾害风险进行评估，从国土空间规划源头实现地质灾害的防灾减灾和土地资源的合理利用。

11.5.1 山阳县城区及周边区域土地利用现状

1. 土地利用总体特征

本次工作区范围主要涉及山阳县城关镇与十里铺镇，总面积为 50.45km²，其中未利用土地面积 9.36km²，建设用地面积 15.68km²，农业用地面积 25.41km²，分别占土地总面积的 18.55%、31.08%、50.37%。农业用地包括耕地、园地、林地、设施农用地及其他农业用地；建设用地包括城乡建设用地（又分为城镇用地和农村居民点用地）、交通运输用地、水利设施用地及其他建设用地；其他土地包括自然保留地和水域用地等。

2. 建设用地空间格局

山阳县城区及周边区域建设用地主要包括城乡建设用地、交通运输用地、水利设施用地和其他建设用地。工作区范围内建设用地总面积为 15.68km²，城乡建设用地面积为 13.39km²，交通运输用地面积为 1.24km²，水利设施用地面积为 0.71km²，其他建设用地面积为 0.34km²。城乡建设用地所占比例最大，为 85.4%；其次为交通运输用地，所占比例为 7.9%；水利设施用地所占比例为 4.5%；其他建设用地所占比例为 2.2%。

11.5.2 基于土地利用的地质灾害风险评估

11.5.2.1 城区地质灾害易发性评价

山阳县城区地质灾害易发性评价选用信息量模型分析法，评价因子选取坡度、坡高、坡型、工程地质岩组、人类工程活动强度作为评价指标。在城区地质环境和地质灾害形成条件分析的基础上，结合前人研究成果，分析确定了山阳县城区地质灾害易发性评价中各个指标的权重（表 11.16）。

表 11.16　山阳县城区地质灾害易发性评价指标权重分配表

指标	坡度	坡高	坡型	工程地质岩组	人类工程活动强度
权重	0.30	0.20	0.10	0.25	0.15

1. 评价指标分析与赋值

本次山阳县城区易发性评价主要为城区周边一级斜坡带，总面积约 26.79km²。以城区 1∶10000 DEM 数据为基础，将全区离散为 2122 列、951 行，共 2018022 个 5m×5m 的网格，采用 ArcGIS 软件的分析功能，分别获取坡度、坡高、坡型、工程地质岩组、人类工程活动强度指标，根据各评价指标对地质灾害的影响程度按表 11.17 进行分类赋值。

表 11.17　山阳县城区斜坡地质灾害易发性因子赋值与权重分配表

类别	易发性因子	赋值	权重
坡度	<10°	0.10	0.30
	10°~30°	0.30	
	30°~45°	0.50	
	>45°	0.10	
坡高	0~20m	0.10	0.20
	20~50m	0.25	
	50~80m	0.45	
	>80m	0.20	
坡型	坡率<0	0.10	0.10
	坡率>0	0.90	
工程地质岩组	块状坚硬侵入岩岩组	0.05	0.25
	中厚层状坚硬浅变质岩岩组	0.05	
	薄-中层状软弱碎屑岩岩组	0.25	
	第四系冲洪积黏土层	0.60	
	第四系冲积砂卵砾石层	0.05	
人类工程活动强度	强度强	0.60	0.15
	强度中等	0.25	
	强度弱	0.15	
	无	0.00	

1）地形指标

利用城区 1∶10000 DEM 数据获取地形指标。将坡度指标划分为<10°、10°~30°、30°~45°、>45°四类（图 11.44），其中坡度 10°~45°斜坡属于地质灾害易发坡段；将坡高指标划分为 0～20m、20～50m、50～80m、>80m 四类（图 11.45），其中坡高 20～80m 斜坡属于地质灾害易发坡段；将坡型指标划分为坡率>0 和坡率<0 两类（图 11.46），其中坡率>0 的斜坡为直线型或凸型斜坡，地质灾害易发程度较高，坡率<0 的斜坡为凹型或阶梯型斜坡，地质灾害易发程度低。

图 11.44　山阳县城区坡度分析结果图

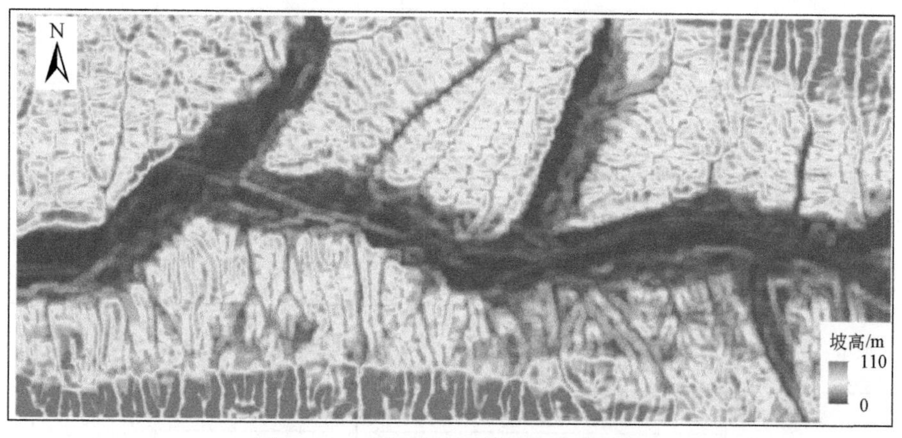

图 11.45　山阳县城区坡高分析结果图

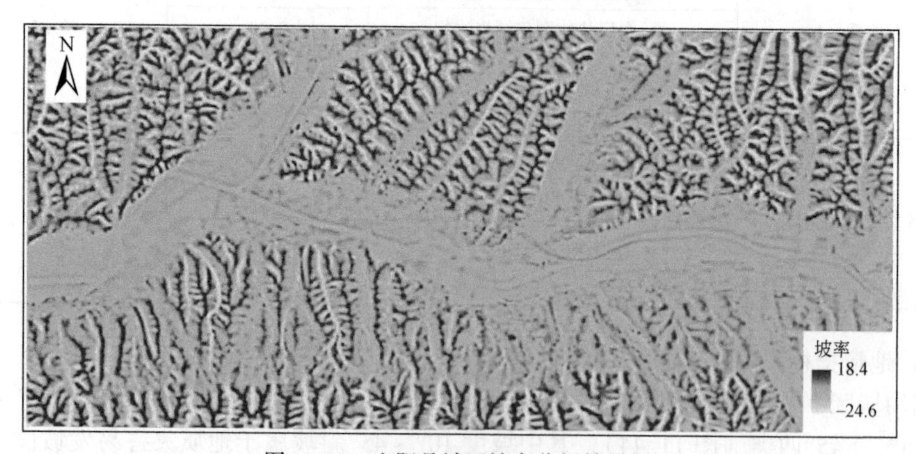

图 11.46　山阳县城区坡率分析结果图

2）工程地质岩组指标

在地质灾害野外调查及 1∶50000 基础地质图的基础上，根据岩土体的生成条件、工程特性、结构组合特征，将山阳县城及周边工程地质岩组划分为 5 类：块状坚硬侵入岩岩组、中厚层状坚硬浅变质岩岩组、薄-中层状软弱碎屑岩岩组、第四系冲洪积黏土层、第四系冲积砂卵砾石层，其中第四系冲洪积黏土层为易滑工程地质岩组（图 11.47）。

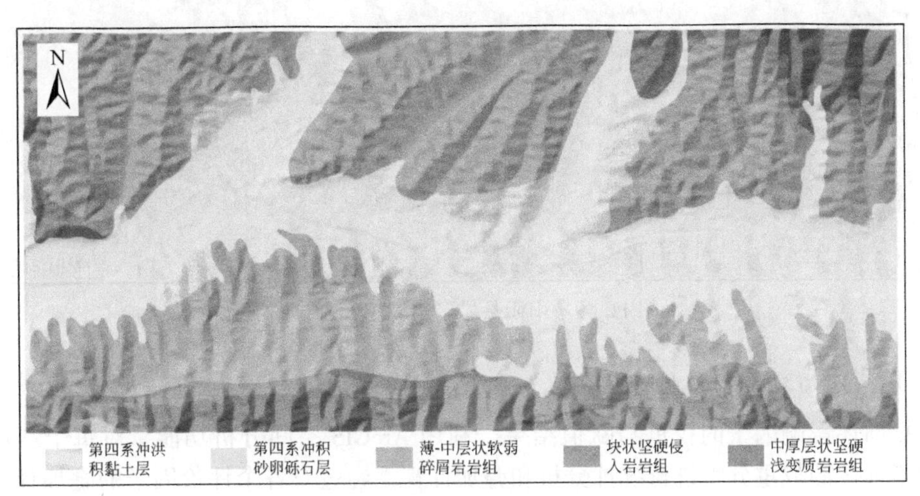

图 11.47　山阳县城区工程地质岩组分布图

3）人类工程活动强度指标

山阳县城区主要的人类工程活动包括人工采石、修建房屋及城镇基础设施的修建，本次人类工程活动主要按照城区周边人类工程活动范围和强度划分为强度强、强度中等、强度弱和无人类工程活动 4 类，人类工程活动基本集中在河谷及两侧岸坡（图 11.48）。

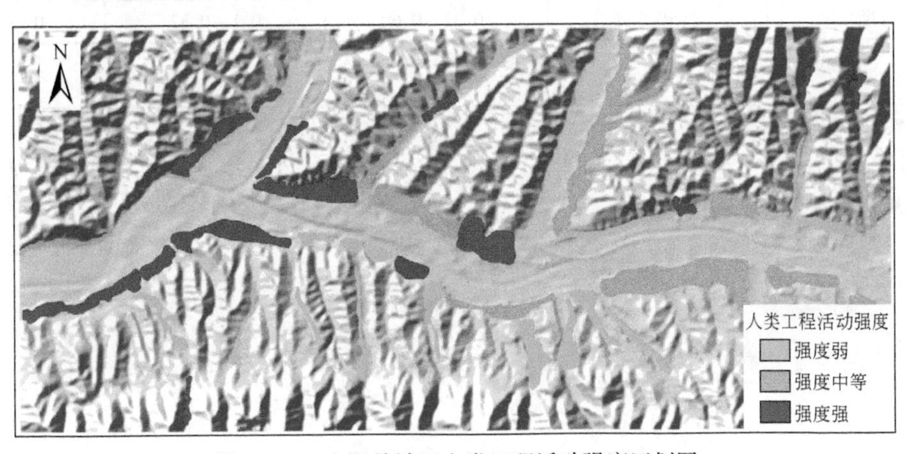

图 11.48　山阳县城区人类工程活动强度区划图

2. 斜坡单元划分

根据水文学方法，基于 DEM 数据借助计算机自动实现斜坡单元的划分。本次以山阳县城区 1∶10000 比例尺 DEM 数据为基础，以幼年期沟谷中的 4 级、5 级支流干沟和细沟划分为 518 个斜坡单元（图 11.49）。

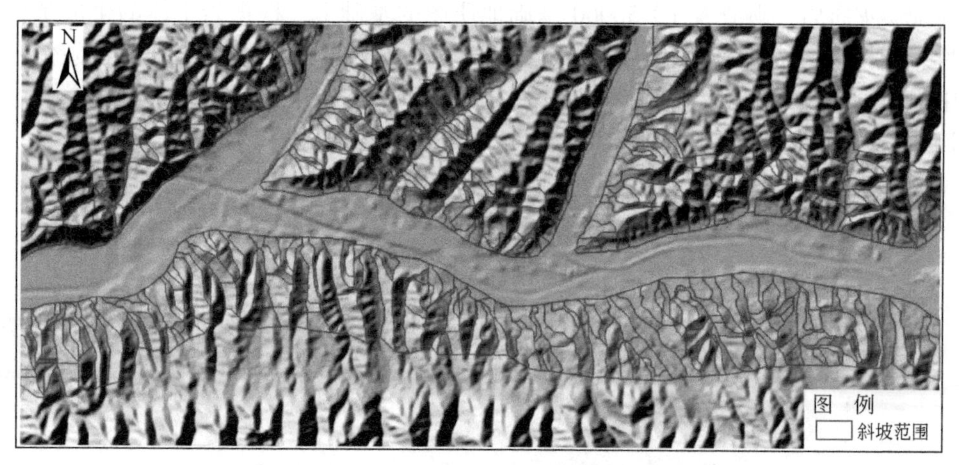

图 11.49　山阳县城区斜坡单元划分图

3. 城区地质灾害易发性分区

根据前述影响因子的权重与赋值结果，利用 ArcGIS 空间分析功能，对每个斜坡单元的评价指标按照权重分配进行统计分析和叠加计算。经过对各个评价因子的叠加计算，以表 11.18 为易发性分区标准，可得到城区地质灾害易发性评价结果。将山阳县城区地质灾害易发性分为高易发区、中易发区、低易发区与极低易发区 4 个级别，城区地质灾害易发性评价结果如图 11.50 所示。

表 11.18　山阳县城区地质灾害易发性评价标准表

等级	高易发区	中易发区	低易发区	极低易发区
标准	>0.6	0.32 ~ 0.6	0.1 ~ 0.32	0 ~ 0.1

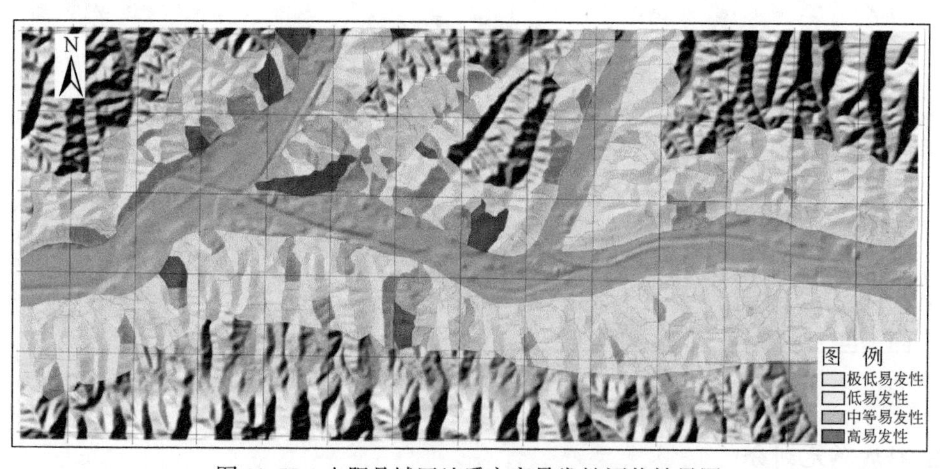

图 11.50　山阳县城区地质灾害易发性评价结果图

高易发区面积为 2.60km^2，占全区面积的 9.705%，共分布地质灾害点 8 处，均为滑坡灾害。地质灾害高易发区主要分布于县河中北部卜吉沟沟口两侧，甘沟沟口下游侧，张家湾村后斜坡地段，五里桥村后土质斜坡，红椿沟、庙沟沟口与断裂相交位置地段，刘氏沟沟内局部地段。

中等易发区面积为 5.78km^2，占全区面积的 21.575%，共分布地质灾害点 5 处，均有滑坡灾害。地质灾害中等易发区主要分布于县河中部北侧岸坡，安武河两侧岸坡以及城南沟道与断裂带横交地段，刘氏沟沟内局部地段也为中等易发区。

低易发区面积为 10.36km^2，占全区面积的 38.671%，无地质灾害点分布，该区的分布与城区古近系砂砾岩的分布有较好的一致性，本区内砂砾岩胶结程度好，强度相对较高，地质灾害易发性相对较低。

极低易发区面积为 8.05km^2，占全区面积的 30.049%，无地质灾害发育，该区主要分布于县河和安武河河谷地段，地势平坦，岩性单一，主要为第四系冲洪积砂卵砾石，地质灾害易发性极低。

11.5.2.2　城区地质灾害危险性评价

山阳县城区周边斜坡主要为堆积层斜坡和古近系砂砾岩层状碎屑岩斜坡，其中层状碎屑岩斜坡稳定性较高，堆积层斜坡稳定性较低，目前查明的灾害点均处于堆积层斜坡范围内，其主要的诱发因素为降雨和人类工程活动，人类工程活动在前述易发性评价内容中已考虑，本次危险性评价主要针对降雨诱发作用下斜坡单元的稳定性，稳定性计算参数见表 11.19。

表 11.19　斜坡单元稳定性岩土体物理力学参数表

岩土类型	类别	黏聚力 C/（kPa）		内摩擦角 φ/(°)	
		天然状态	饱和状态	天然状态	饱和状态
黏性土	均值（μ）	54.6	25.2	28.1	17.4
	方差（σ）	1.93	2.20	1.32	2.05
砂砾岩	均值（μ）	108.3	50.4	35.3	21.6
	方差（σ）	2.65	1.96	3.21	1.22

斜坡单元稳定性计算岩土体本构模型服从莫尔-库仑屈服条件的弹塑性本构模型，选用瑞典条分法、Bishop 法、Janbu 条分法、Morgenstern-Spencer 法 4 种传统的条分法对山阳县城区 518 个斜坡单元按照不同坡度、不同坡高、不同斜坡结构类型分别进行稳定性计算，依据稳定性计算结果对斜坡单位危险性进行划分（表 11.20）。

表 11.20　基于稳定性计算结果的斜坡单位危险性划分表

危险性等级	极高危险性	高危险性	中等危险性	低危险性	极低危险性
稳定性系数	<1.00	1.00～1.05	1.05～1.15	1.15～1.25	>1.25

注：危险性等级判定采用“就高不就低”的原则

山阳县城区及周边斜坡单元地质灾害危险性评价如图 11.51 所示。评价结果显示：极低危险性和低危险性斜坡单元占明显优势，极低危险性斜坡单元 368 个，面积 17.35km²，占评价单元总面积的 64.8%，极低危险性分布范围较广，在十里铺镇芦家湾和高家村以东分布相对集中；低危险性斜坡单元 114 个，面积 6.93km²，占评价单元总面积的 25.9%，分布相对零散，未出现集中分布现象，整个评价区均有出现；中等危险性斜坡单元 23 个，面积 1.59km²，占评价单元总面积的 5.9%，主要分布于西河村以南，张家湾、申家湾以及丰阳塔景区以东；高危险性斜坡单元 13 个，面积 0.92km²，占评价单元总面积的 3.4%，主要分布于山阳中学、西河村、崔家场以及李家洼后山斜坡处。

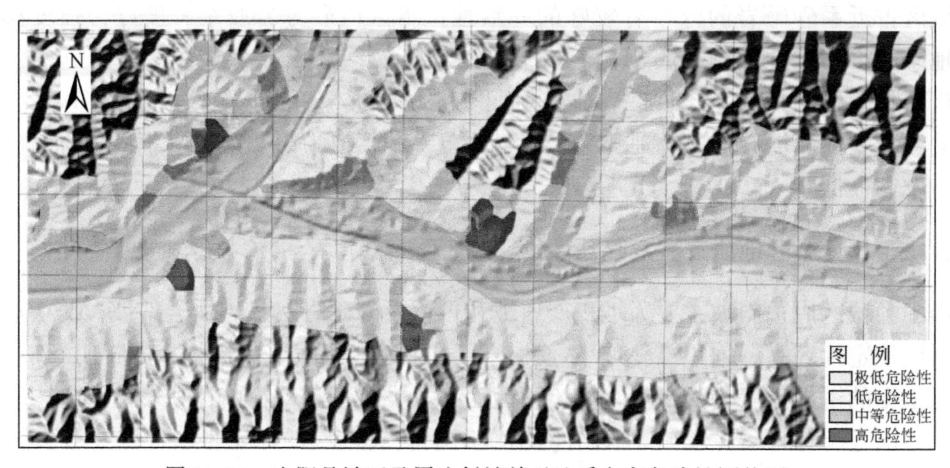

图 11.51　山阳县城区及周边斜坡单元地质灾害危险性评价图

11.5.2.3　基于土地利用的城区地质灾害风险评估

1. 城镇土地利用及承灾体识别

评价区范围内土地利用类型主要有建设用地、农业用地以及其他土地，土地利用形式以及用地分布直接影响着城区及周边区域承灾体的分布与数量。在一个地区内可能受到地质灾害威胁的有人口、建筑、工程、经济活动、公共服务设施、基础设施以及环境等。评价区范围内承灾体类型主要包括：人口、居民建筑、道路、农田以及财产等。本次城镇土地利用空间展布以及承灾体的识别主要是在现场调查基础上，采用无人机航空摄影技术获取的 1∶10000 遥感影像数据进行解译分析，承灾体类型分布如图 11.52 所示。

2. 承灾体易损性分析

评价区范围内承灾体主要分为人员、建筑基础设施和土地资源 3 大类，本次评价主要考虑综合易损性。人员包括直接人员、间接人员和流动人员，直接人员指灾害发生时可直接造成伤亡的影响范围内居民人员，间接人员指灾害损坏建筑基础设施造成间接伤亡的人员，流动人员指灾害发生时途经该区域伤亡的人员。人员在抵抗自然灾害能力方面其易损性相对较大，人员易损性定义为 0.65 ~ 1。建筑基础设施包括居民建筑、交通道路等，斜坡变形对建筑基础设施的危害相对于人员来说较小，且建筑基础设施抵抗灾害能力较强，建筑基础设施易损性定义为 0.3 ~ 0.65。土地资源在地质灾害事件中损失相对较小，且农

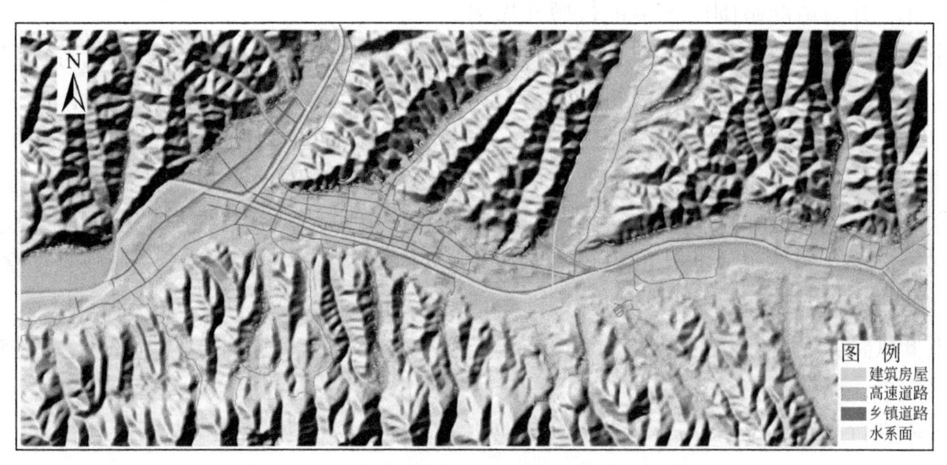

图 11.52　山阳县城区承灾体类型空间分布图

田、经济林等对地质灾害的易损性较低，易损性定义为 0～0.3。

3. 危害性评估

基于前述城区范围内土地利用空间分布、承灾体数量类型统计分析以及易损性定性统计值，结合地质灾害危害程度分级标准，确定斜坡单元危害程度等级。

4. 城区地质灾害风险评估

在城区地质灾害易发性和危险性评价基础上，结合城区土地利用空间分布、承灾体数量类型以及斜坡单元危害性结果，将山阳县城区地质灾害风险划分为：高风险、中等风险、低风险以及极低风险 4 类（图 11.53）。

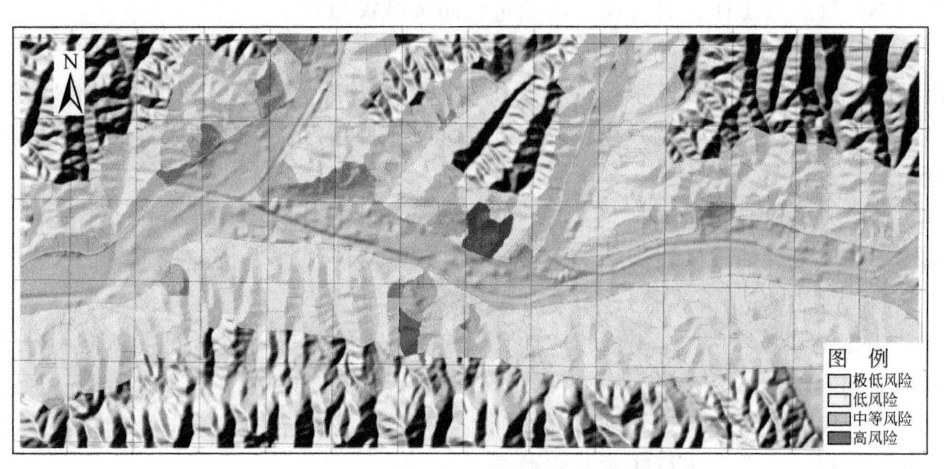

图 11.53　山阳县城区地质灾害风险区划图

高风险：主要分布于山阳中学与李家洼后山斜坡，斜坡结构类型为堆积层斜坡，堆积层主要为第四系冲洪积黏土和粉质黏土，斜坡单元共包含 11 个，面积 0.57km²，区内包含山阳中学滑坡和李家洼滑坡两个中型滑坡，主要威胁山阳中学宿舍、仓库、教学楼、教职工、学生以及居民建筑物。建议该区内进行地质灾害隐患勘查，以及支护治理，开展监测预警工作，并对威胁范围内人员进行搬迁撤离。

中等风险：主要分布于丰阳塔至县政府、新建的县医院、申家湾、张家湾等区段后山斜坡，斜坡结构类型包含堆积层斜坡和层状砂砾岩碎屑岩斜坡，斜坡单元共计 31 个，面积 1.60km²，区内包含 14 处滑坡灾害，均为小型滑坡，主要威胁山阳县城区周边居民建筑。建议该区加强日常巡查，局部陡坡地段进行必要清理，注意人员避让灾害风险源。

低风险：主要分布于县河与安武河河道两侧斜坡单元，斜坡结构类型以砂砾岩层状碎屑岩斜坡为主，斜坡单元共计 152 个，面积 7.86km²，该区内地质灾害发育极少，多为坡表小型的滑塌崩落现象。建议区内开展雨季巡查，加强防灾教育和宣传。

极低风险：其分布相对零散，斜坡结构类型以砂砾岩层状碎屑岩斜坡为主，斜坡单元共计 324 个，面积 16.76km²，占评价区面积的 62.6%，区内地质灾害发育甚微或不发育。建议区内进行不定期巡查，尤其注意汛期地质灾害排查，加强防灾减灾宣传教育。

5. 现状规划与地质灾害风险评估结果对比

区域风险评估结果显示，山阳县城区范围内地质灾害风险以低风险区和极低风险区为主，城区与规划区范围内城镇现状规划总体合理，暂无城镇规划建设造成地质灾害的事件发生，但局部区域仍存在规划建设与地质灾害相抵触的情况。

（1）山阳中学后山区域：斜坡区段发育山阳中学滑坡，发生过数次滑动，风险评价该区域为高风险区，滑坡影响范围内有山阳中学操场、库房以及教学楼，建议对山阳中学滑坡进行支护治理，滑坡周缘修筑截排水沟，前缘修筑重力挡墙，定期尤其是在雨季开展巡查工作，对学生、教职工以及周边群众加强地质灾害防灾减灾与逃生教育。

（2）寨城沟沟口区域：斜坡区段发育李家洼滑坡和游家院子滑坡，风险评价该区域为高风险区，主要威胁寨城村居民与房屋建筑，建议对两处滑坡进行简易坡面防护，定期尤其是在雨季开展巡查工作，对村民、群众进行防灾减灾教育。

（3）卜吉沟沟口区域：卜吉沟沟口建筑密集，建筑物挤占行洪通道严重，2010 年特大暴雨期间，沟内曾经暴发过水石流，淤积掩埋街道及部分建筑，建议扩建沟口排水渠，对沟口年久失修以及违规建筑分步、有序进行拆除，保证在极端降雨条件下卜吉沟沟口的行洪能力。

（4）丰阳塔周边区域：丰阳塔周边区域切坡建房现象比较严重，且削方后陡立边坡未经任何支护，风险评估该区域为中等风险区，建议对高陡边坡进行混凝土喷护，进行不定期巡查，对斜坡影响范围内居民、群众开展地质灾害防灾减灾教育和宣传。

（5）申家湾斜坡段区域：申家湾斜坡区段主要分布有较厚的第四系黏土、粉质黏土层，强降雨期表层土体易产生蠕滑变形，2010 年特大暴雨期间曾产生明显变形，风险评估该区域为中等风险区，建议对斜坡局部变形段开展简易支挡治理，定期尤其是在雨季开展巡查工作，对村民、群众进行防灾减灾教育。

11.6　地质灾害风险管控措施建议

山阳县城区及周边区域地质灾害主要类型为滑坡和泥石流，滑坡灾害发育数量较少、规模较小，泥石流灾害主要为城南中山区沟道。地质灾害风险评估结果显示区内地质灾害风险以低和中等风险为主，但在极端因素诱发条件下，区内多处地质灾害存在致灾的可能性。根据前述山阳县城区及周边地质灾害风险评价结果，将地质灾害风险归类为可接受风险、可容忍风险和不可接受风险 3 类，据此开展风险管控措施的分析及建议。

1. 可接受风险区管控措施

可接受风险是确信灾害事件发生可能性微乎其微，或是灾害事件发生后造成的后果极小，愿意接受该风险。可接受风险区在山阳县城区及周边分布范围较广，为整体调查评价区的主导区域，主要为风险评估低风险和极低风险区域，该区内斜坡结构类型以砂砾岩缓倾层状碎屑岩斜坡为主，稳定性状况良好。据调查，可接受风险区内无地质灾害致灾史，斜坡范围内无明显变形迹象。

风险管控措施：建立完善地质灾害群测群防体系，开展地质灾害科普宣传、防范教育及应急逃生训练，汛期针对单体斜坡进行巡查。

2. 可容忍风险区管控措施

可容忍风险是在诱发因素作用下灾害事件发生概率较大，将影响到正常生产生活，但不至于造成大的伤害和损失，该风险属于可容忍范围内。可容忍风险区主要为中等风险区，分布于丰阳塔至县政府、新建的县医院、申家湾、张家湾等区段后山斜坡，第四系冲洪积黏土、粉质黏土分布区段以及城南老沟、南沟、乔家沟和高家沟流域范围内。该区内滑坡、泥石流产生灾害的可能性相对较大，其工程地质岩土体组合类型、地貌特征、人类工程活动等因素的叠加均为地质灾害的产生提供了有利条件，现场调查表明该区内局部地段存在小规模的崩滑现象。

风险管控措施：建立专群结合的地质灾害监测预警体系，开展降雨量、地表位移等监测；针对人类工程活动较强的高陡削坡段、人工采石区段以及易滑岩土组合段，开展简易护坡、绿化、截排水等措施，局部可实施居民搬迁规避措施。

3. 不可接受风险区管控措施

不可接受风险是指在强诱发因素作用下灾害事件发生概率很大，或已经发生过灾害且今后仍有较大安全隐患，致灾结果能够造成很大的人员和财产损失，该风险属于不可接受风险，该灾害事件影响范围内通常不考虑经济和技术因素，必须进行风险减缓和降低。不可接受风险区为风险高区和极高风险区，包含山阳中学滑坡、李家洼滑坡以及红椿沟、蔡胜沟、庙沟三条泥石流可能致灾沟道。该区内不利的岩土类型组合、高强度的人类工程活动、切割深度和坡降大的地形条件等导致地质灾害极易发生，区内多处区段均有灾害史，且现今仍有明显变形迹象。

风险管控措施：搬迁灾害体影响范围内居民及重要设施；建立地质灾害专业监测预警体系；开展截排水、支挡、排导等工程措施进行灾害治理；建立地质灾害应急体系，定期组织防灾演练，增强地质灾害防灾减灾意识以及应急逃生能力。

参考文献

艾南山 . 1987. 侵蚀流域系统的信息熵 . 水土保持学报，1（2）：1-8.

陈强 . 2006. 基于永久散射体雷达差分干涉探测区域地表形变的研究 . 成都：西南交通大学 .

程根伟 . 2003. 山区暴雨泥石流风险估计及其发生规模预测 . 中国科学 E 辑：技术科学（S1）：10-16.

程滔，单新建，董文彤，等 . 2008. 利用 InSAR 技术研究黄土地区滑坡分布 . 水文地质工程地质，35（1）：98-101.

崔宗培 . 1991. 中国水利百科全书 . 北京：水利电力出版社 .

董晓燕，丁晓利，李志伟，等 . 2011. 一种新的 SAR 像素偏移量估计流程及其在同震形变监测中的应用 . 武汉大学学报（信息科学版），36（7）：789-792.

董秀军，王栋，冯涛 . 2019. 无人机数字摄影测量技术在滑坡灾害调查中的应用研究 . 地质灾害与环境保护，30（3）：77-84.

杜榕桓，李德基，祁龙 . 1992. 我国山区城镇泥石流成灾特点与防御对策研究 . 武汉：湖北科学技术出版社.

段永侯 . 1997. 中国分省地质灾害图集与主要地质灾害类型 . 水文地质工程地质，（4）：49-52.

高克昌，崔鹏，赵纯勇，等 . 2006. 基于地理信息系统和信息量模型的滑坡危险性评价——以重庆万州为例 . 岩石力学与工程学报，（5）：991-996.

葛大庆，戴可人，郭兆成，等 . 2019. 重大地质灾害隐患早期识别中综合遥感应用的思考与建议 . 武汉大学学报（信息科学版），44（7）：949-956.

郭华东，等 . 2000. 雷达对地观测理论与应用 . 北京：科学出版社 .

韩守富，赵宝强，殷宗敏，等 . 2020. 基于 PSInSAR 技术的黄土高原地质灾害隐患识别 . 兰州大学学报（自然科学版），56（1）：1-7.

何春艳，刘伟 . 2012. 风险管理研究综述 . 经济师，（3）：17-19.

洪锡熙 . 1999. 风险管理 . 广州：暨南大学出版社 .

黄润秋，许向宁，唐川，等 . 2008. 地质环境评价与地质灾害管理 . 北京：科学出版社 .

巨袁臻 . 2017. 基于无人机摄影测量技术的黄土滑坡早期识别研究——以黑方台为例 . 四川：成都理工大学.

李德仁 . 2012. 论空天地一体化对地观测网络 . 地球信息科学学报，14（4）：419-425.

李德仁，眭海刚，肖志峰，等 . 2004. 基于 GIS 的海图生产与管理信息系统 HYPAMIS 的设计与实现 . 海口：中国科协 2004 年学术年会 14 分会场（海洋开发与可持续发展）.

李铁锋 . 2010. 加强科普宣传主动防范地灾 . 水文地质工程地质，37（4）：2.

廖明生，王腾 . 2014. 时间序列 InSAR 技术与应用 . 北京：科学出版社 .

廖明生，张路，史绪国，等 . 2017. 滑坡变形雷达遥感监测方法与实践 . 北京：科学出版社 .

刘传正 . 2017. 论地质灾害风险识别问题 . 水文地质工程地质，44（4）：1-7.

刘传正 . 2019. 崩塌滑坡灾害风险识别方法初步研究 . 工程地质学报，27（1）：88-97.

刘传正，温铭生，唐灿 . 2004. 中国地质灾害气象预警初步研究 . 地质通报，（4）：303-309.

刘广润，晏鄂川，练操 . 2002. 论滑坡分类 . 工程地质学报，（4）：339-342.

刘希林 . 1995. 泥石流平面形态的统计分析 . 海洋地质与第四纪地质，（3）：93-104.

罗小军 . 2007. 永久散射体雷达差分干涉理论及在上海地面沉降监测中的应用 . 成都：西南交通大学 .
彭建兵，林鸿州，王启耀，等 . 2014. 黄土地质灾害研究中的关键问题与创新思路 . 工程地质学报，22（4）：684-691.
彭建兵，王启耀，门玉明，等 . 2019. 黄土高原滑坡灾害 . 北京：科学出版社 .
尚志海，刘希林 . 2010a. 国外可接受风险标准研究综述 . 世界地理研究，19（3）：72-80.
尚志海，刘希林 . 2010b. 可接受风险与灾害研究 . 地理科学进展，29（1）：23-30.
史培军，耶格 · 卡罗，叶谦，等 . 2012. 综合风险防范——IHDP 综合风险防范核心科学计划与综合巨灾风险防范研究 . 北京：北京师范大学出版社 .
史绪国，张路，许强，等 . 2019. 黄土台塬滑坡变形的时序 InSAR 监测分析 . 武汉大学学报 · 信息科学版，44（7）：1027-1034.
水源邦夫 . 1997. 关于泥石流规模预测的研究 . 水土保持科技情报，1（1）：29-33.
宋海平，卢战伟，赵松 . 2011. Boxcar 滤波器和极化 Refined Lee 滤波器对极化 SAR 分类精度影响的评估 . 影像技术，23（5）：13，39-44.
王恭先，徐峻龄，刘光代，等 . 2004. 滑坡学与滑坡防治技术 . 北京：中国铁道出版社 .
王晓群 . 2003. 风险管理 . 上海：上海财经大学出版社 .
吴树仁，石菊松，王涛，等 . 2012. 滑坡风险评估理论与技术 . 北京：科学出版社 .
徐潇宇 . 2013. 三峡库区地质灾害防治系统运行机制研究 . 北京：中国地质大学 .
许强 . 2020a. 对地质灾害隐患早期识别相关问题的认识与思考 . 武汉大学学报（信息科学版），45（11）：1651-1659.
许强 . 2020b. 对滑坡监测预警相关问题的认识与思考 . 工程地质学报，28（2）：360-374.
许强，陈伟 . 2009. 单体危岩崩塌灾害风险评价方法——以四川省丹巴县危岩崩塌体为例 . 地质通报，28（8）：1039-1046.
许强，董秀军，李为乐 . 2019. 基于天-空-地一体化的重大地质灾害隐患早期识别与监测预警 . 武汉大学学报（信息科学版），44（7）：957-966.
许强，彭大雷，何朝阳，等 . 2020. 突发型黄土滑坡监测预警理论方法研究——以甘肃黑方台为例 . 工程地质学报，28（1）：111-121.
薛强，张茂省，唐亚明，等 . 2013. 基于变形监测成果的宝塔山滑坡稳定性评价 . 水文地质工程地质，40（3）：110-114，120.
薛强，唐亚明，孙萍萍，等 . 2014. 降雨入渗对黄土斜坡土体含水率时空分布特性的影响 . 水土保持通报，34（2）：53-56.
薛强，张茂省，李林 . 2015. 基于斜坡单元与信息量法结合的宝塔区黄土滑坡易发性评价 . 地质通报，34（11）：2108-2115.
薛强，张茂省，高波，等 . 2018. 陕西省绥德县城区地质灾害风险评估 . 工程地质学报，26（3）：711-719.
殷跃平 . 2004. 中国地质灾害减灾战略初步研究 . 中国地质灾害与防治学报，15（2）：1-9.
殷跃平 . 2013. 加强城镇化进程中地质灾害防治工作的思考 . 中国地质灾害与防治学报，24（4）：5-8.
殷跃平，李媛 . 1996. 区域地质灾害趋势预测理论与方法 . 工程地质学报，（4）：75-79.
殷跃平，吴树仁，等 . 2012. 滑坡监测预警与应急防治技术研究 . 北京：科学出版社 .
殷跃平，张颖，康宏达，等 . 1996. 全国地质灾害趋势预测及预测图编制 . 第四纪研究，（2）：123-130.
张丽君 . 2006. 法国滑坡灾害风险预防管理政策 . 国土资源情报，（10）：13-18.
张梁，张业成 . 1994. 关于地质灾害涵义及其分类分级的探讨 . 中国地质灾害与防治学报，（S1）：398-401.

张茂省 . 2011. 地灾调查评估是移民搬迁的关键 . 水文地质工程地质，38（5）：143.
张茂省，唐亚明 . 2008. 地质灾害风险调查的方法与实践 . 地质通报，27（8）：1205-1216.
张茂省，李林，唐亚明，等 . 2011. 基于风险理念的黄土滑坡调查与编图研究 . 工程地质学报，19（1）：43-51.
张茂省，董英，张新社，等 . 2013. 地面沉降预测及其风险防控对策——以大西安西咸新区为例 . 中国地质灾害与防治学报，24（4）：115-118，126.
张茂省，胡炜，孙萍萍，等 . 2016. 黄土水敏性及水致黄土滑坡研究现状与展望 . 地球环境学报，7（4）：323-334.
张茂省，贾俊，王毅，等 . 2019. 基于人工智能（AI）的地质灾害防控体系建设 . 西北地质，52（2）：103-116.
张毅 . 2018. 基于 InSAR 技术的地表变形监测与滑坡早期识别研究——以白龙江流域中游为例 . 兰州：兰州大学 .
张毅 . 2020. 基于图像理解的典型气象灾害风险识别方法研究 . 环境科学与管理，45（2）：186-190.
张倬元，王士天，王兰生，等 . 2009. 工程地质分析原理 . 北京：地质出版社 .
章书成，余南阳 . 2010. 泥石流早期警报系统 . 山地学报，28（3）：379-384.
周志伟，鄢子平，刘苏，等 . 2011. 永久散射体与短基线雷达干涉测量在城市地表形变中的应用 . 武汉大学学报（信息科学版），36（8）：928-931.
Alestalo J. 1971. Dendrochronological interpretation of geomorphic processes. Fennia-International Journal of Geography，105（1）：1-139.
ANCOLD. 2003. Guidelines on risk assessment. Tatura：Australian National Committee On Large Dams.
Arnold M，Chen R S，Deichmann U，et al. 2006. Natural Disaster Hotspots Case Studies. Washington D. C.：Hazard Management Unit，World Bank：1-181.
Australian Geomechanics Society. 2000. Landslide risk management concepts and guidelines. Australian Geomechanics，35（1）：1-214.
Australian Geomechanics Society. 2007. Practice note guidelines for landslide risk management 2007. Australian Geomechanics，42（1）：64-114.
Azzoni A，Barbera G，Zaninetti A. 1995. Analysis and prediction of rockfalls using a mathematical model. International Journal of Rock Mechanics and Mining Sciences and Geomechanics Abstracts，32（7）：709-724.
Baran I，Stewart M P，Kampes B M，et al. 2003. A modification to the Goldstein radar interferogram filter. IEEE Transactions on Geoscience and Remote Sensing，41（9）：2114-2118.
Bardi F，Frodella W，Ciampalini A，et al. 2014. Integration between ground based and satellite SAR data in landslide mapping：The San Fratello case study. Geomorphology，223：45-60.
Bayer B，Simoni A，Schmidt D，et al. 2017. Using advanced InSAR techniques to monitor landslide deformations induced by tunneling in the Northern Apennines，Italy. Engineering Geology，226：20-32.
Bieniawski Z T. 1976. Rock mass classification in rock engineering// Proceedings Symposium on Exploration for Rock Engineering. Rotterdam：A. A. Balkema Publishers：97-106.
Braam R R，Weiss E E J，Burrough P A. 1987. Spatial and temporal analysis of mass movement using dendrochronology. CATENA，14（6）：573-584.
Brand E W，Premchitt J，Phillipson H B. 1984. Relationship between rainfall and landslides in Hong Kong//Proceedings 4th International Symposium on Landslides，Toronto，Canada. Vancouver：BiTech Publishers.
Bromhead E N，Dixon N. 1984. Pore water pressure observations in the coastal clay cliffs at the Isle of Sheppey，

England. Toronto: 4th International Symposium on Landslides.

Caine N. 1980. The rainfall intensity-duration control of shallow landslides and debris flows. Geografiska Annaler, 62 (1-2): 23-27.

Cardona O D, Hurtado J E, Chardon A C, et al. 2005. Indicators of disaster risk and risk management main technical report: Program for Latin America and the Caribbean IADB-UNC/IDEA. Washington D. C.: World Bank.

Cascini L, Bonnard C, Corominas J, et al. 2005. Landslide hazard and risk zoning for urban planning and development//Hunger O, Fell R, Couture R, et al. Landslide Risk Management. London: Taylor and Francis: 199-235.

Chau K T, Wong R H C, Liu J, et al. 2003. Rockfall Hazard Analysis for Hong Kong Based on Rockfall Inventory. Rock Mechanics and Rock Engineering, 36 (5): 383-408.

Chowdhury R N, Flentje P N. 1998. A landslide database for landslide database for landslide hazard assessment. Wollongong: Second International Conference on Environmental Management.

Christian J T. 2004. Geotechnical engineering reliability: how well do we know what we are doing? Journal of Geotechnical and Geoenvironmental Engineering, 130 (10): 985-1003.

Cigna F, Bateson L B, Jordan C J, et al. 2014. Simulating SAR geometric distortions and predicting Persistent Scatterer densities for ERS-1/2 and ENVISAT C-band SAR and InSAR applications: Nationwide feasibility assessment to monitor the landmass of Great Britain with SAR imagery. Remote Sensing of Environment, 152: 441-466.

Cilliers F P. 1999. Complexity and Postmodernism: Understanding Complex Systems (Chinese translation). New York: Routledge.

Conversini P, Salciarini D, Felicioni G, et al. 2005. The debris flow hazard in the Lagarelle Creek in the eastern Umbria region, central Italy. Natural Hazards and Earth System Sciences, 22 (3): 16-20.

Copons R, Vilaplana J M, Linares R. 2009. Rockfall travel distance analysis by using empirical models (Solà d'Andorra la Vella, Central Pyrenees). Natural Hazards and Earth System Sciences, 9 (6): 365-372.

Corominas J. 1996. The angle of reach as a mobility index for small and large landslides. Canadian Geotechnical Journal, 33 (2): 260-271.

Corominas J, Westen C V, Frattini P, et al. 2014. Recommendations for the quantitative analysis of landslide risk. Bulletin of Engineering Geology and the Environment, 73 (2): 209-263.

Crichton D. 1999. The risk triangle//Ingleton J. Natural Disaster Management. London: Tudor Rose: 102-103.

Crovelli R A. 2000. Probabilistic Models for Estimation of Number and Cost of Landslides. Reston: U. S. Geological Survey.

Cruden D M, Varnes D J. 1996. Landslide types and processes//Turner A K, Schuster R L. Investigation and Mitigation. Washington D. C.: National Academy Press: 36-75.

Cundall P A. 1971. A computer model for simulating progressive large-scale movements in blocky rock systems. Proceedings International Symposium on Rock Fracture, 1 (Ⅱ-b): 11-8.

Dewitte O, Jasselette J C, Comet Y, et al. 2008. Tracking landslide displacement by multi-temporal DTMs: A combinedaerial stereophotogrammetric and LiDAR approach in Belgium. Engineering Geology. 99 (1-2): 11-22.

Deyle R E, French S P, Olshansky R B. 1998. Hazard Assessment: the Factual Basis for Planning and Mitigation. Washington D. C.: Joseph Henry Press.

Dilley M, Chen R S, Deichmann U, et al. 2005. Natural Disaster Hotspots: A Global Risk Analysis. Washington

D. C. : Hazard Management Unit, World Bank.

Downing T E, Butterfield R, Cohen S, et al. 2001. Vulnerability Indices: Climate Change Impacts and Adaptation. Nairobi: United Nations Environment Programme.

Dussauge-Peisser C, Guzzetti F, Wieczorek G F. 2002. Frequency-volume Statistics of Rock Falls: Examples From France, Italy and California. EGS General Assembly Conference Abstracts.

Einstein H H. 1988. Landslide risk assessment//Proceedings 5th International Symposium on Landslides, Lausanne, Switzerland. Rotterdam: A. A. Balkema Publishers.

Einstein H H. 1997. Landslide risk-Systematic approaches to assessment and management//Cruden D M, Fell R. Landslide Risk Assessment. Rotterdam: A. A. Balkema Publishers.

Fell R. 1994. Landslide risk assessment and acceptable risk. Canadian geotechnical journal, 31 (2): 261-272.

Fell R, Hartford D. 1997. Landslide risk management//Cruden D, Fell R. Proceedings of the international workshop on landslide risk assessment. Honolulu: the international workshop on landslide risk assessment.

Fell R, Mostyn G, O'Keeffe, et al. 1988. Assessment of the probability of rain induced landsliding. Sydney: Fifth Australia-New Zealand Conference on Geomechanics.

Fell R, Finlay P J, Mostyn G R. 1996. Framework for assessing the probability of sliding of cut slopes. Trondheim: 7th International Symposium on Landslides.

Fell R, Ho KK S, Lacasse S, et al. 2005. A framework for landslide risk assessment and management//Hunger O, Fell R, Couture R, et al. Landslide Risk Management. London: Taylor and Francis.

Fell R, Corominas J, Bonnard C, et al. 2008. Guidelines for landslide susceptibility, hazard and risk-zoning for land use planning. Engineering Geology, 102 (3-4): 85-98.

Fell R, Hungr O, Leroueil S, et al. 2018. Keynote lecture-Geotechnical engineering of the stability of natural slopes, and cuts and fills in soil. Melbourne: ISRM International Symposium 2000.

Ferretti A, Prati C, Rocca F. 2000. Nonlinear subsidence rate estimation using permanent scatterers in differential SAR interferometry. IEEE Transactions on Geoscience and Remote Sensing, 38 (5): 2202-2212.

Ferretti A, Fumagalli A, Novali F, et al. 2011. A new algorithm for processing interferometric data-stacks: squee-SAR. IEEE Transactions on Geoscience and Remote Sensing, 49 (9): 3460-3470.

Finlay P J. 1996. The risk assessment of slopes. Sydney: University of New South Wales.

Finlay P J, Mostyn G R, Fell R. 1999. Landslide risk assessment: prediction of travel distance. Canadian Geotechnical Journal, 36 (3): 556-562.

Fischhoff B. 1981. Acceptable Risk. New York: Cambridge University Press.

Griffiths D V, Lane P A. 1999. Slope stability analysis by finite elements. Geotechnique, 49 (3): 387-403.

Guthrie R H, Evans S G. 2004. Magnitude and frequency of landslides triggered by a storm event, Loughborough Inlet, British Columbia. Natural hazards and earth system sciences, 4 (3): 475-483.

Guzzetti F, Crosta G, Detti R. 2002. STONE: a computer program for the three-dimensional simulation of rock-falls. Computers and Geosciences, 28 (9): 1079-1093.

Haneberg W C. 2004. A rational probabilistic method for spatially distributed landslide hazard assessment. Environmental and Engineering Geoscience, 10 (1): 27-43.

Haynes J. 1895. Risk as an Economic Factor. The Quarterly Journal of Economics, 9 (4): 409-449.

Ho K K. 2004. Recent advances in geotechnology for slope stabilization and landslide mitigationperspective from Hong Kong, in Landslides: evaluation and stabilization. London: Taylor and Francis Group: 1507-1560.

Hooper A, Zebker H A. 2007. Phase unwrapping in three dimensions with application to InSAR time series. Journal of Optical Society of America, 24 (9): 2737-2747.

Hooper A, Segall P, Zebker H. 2007. Persistent scatterer interferometric synthetic aperture radar for crustal deformation analysis, with application to Volcán Alcedo, Galápagos. Journal of Geophysical Research Solid Earth, 112: B07407.

Hovius N, Stark C P, Allen P A. 1997. Sediment flux from a mountain belt derived by landslide mapping. Geology, 25: 231-234.

Hovius N, Stark C P, Chu H T, et al. 2000. Supply and Removal of Sediment in a Landslide- Dominated Mountain Belt: Central Range, Taiwan. Journal of Geology, 108 (1): 73-89.

Hungr O. 1995. A model for the runout analysis of rapid flow slides, debris flows, and avalanches. Canadian Geotechnical Journal, 32 (4): 610-623.

Hungr O, Morgenstern N R. 1984. Experiments on the flow behaviour of granular materials at high velocity in an open channel. Geotechnique, 34 (3): 405-413.

Hungr O, Evans S G, Hazzard J. 1999. Magnitude and frequency of rock falls and rock slides along the main transportation corridors of southwestern British Columbia. Canadian Geotechnical Journal, (36): 224-238.

Hungr O, Corominas J, Eberhardt E. 2005. Estimating landslide motion mechanisms, travel distance and velocity//Hunger O, Fell R, Couture R, et al. Landslide Risk Management. London: Taylor and Francis.

Hungr O, Leroueil S, Picarelli L. 2014. The Varnes classification of landslide types, an update. Springer Berlin Heidelberg, 11 (2): 167-194.

Hupp C R. 1987. Botanical Evidence of Floods and Paleoflood History// Singh V P. Regional Flood Frequency Analysis. Boston: D. Reidel.

IUGS Working Group on Landslides, Committee on Risk Assessment. 1997. Quantitative risk assessment for slopes and landslides// Cruden D M, Fell R. Landslide risk assessment. Rotterdam: A. A. Balkema: 3-12.

Jibson R W, Harp E L, Michael J A. 2000. A method for producing digital probabilistic seismic landslide hazard maps. Engineering Geology, 58 (3-4): 271-289.

Kim S K, Hong W P, Kim Y M. 1992. Prediction of rainfall- triggered landslides in Korea. Proceedings 6th International Symposium on Landslides, Christchurch, New Zealand. Rotterdam: A. A. Balkema.

Koirala N P, Watkins A T. 1988. Bulk appraisal of slopes in Hong Kong. Proceedings of the Fifth International Symposium on Landslides, Lausanne, Switzerland. Rotterdam: A. A. Balkema, 2: 1181-1186.

Leroi E. 1996. Landslide hazard risk maps at different scales: Objectives, tools and developments. Trondheim: 7th International of the Symposium of Landslides.

Li T. 1983. A mathematical model for predicting the extent of major rockfall. Zeitschrift Fur Geomorphologie, 27: 1601-1609.

Lowrance W W. 1976. Of Acceptable Risk: Science and the Determination of Safety. Journal of the American Statistical Association, 123 (11): 192.

Lumb P. 1975. Slope failures in Hong Kong. Quarterly Journal of Engineering Geology, 8: 31-65.

Malamud B D, Turcotte D L, Guzzetti F, et al. 2004. Landslide inventories and their statistical properties. Earth Surface Processes and Landforms, 29 (6): 687-711.

MarcelH, Rickenmann D, Medina V, et al. 2008. Evaluation of approaches to calculate debris-flow parameters for hazard assessment. Engineering Geology, 102 (3-4): 152-163.

Maskrey A. 1989. Disaster mitigation: a community based approach. Oxford: Oxfam.

Mcardell B W, Bartelt P, Kowalski J. 2007. Field observations of basal forces and fluid pore pressure in a debris flow. Geophysical Research Letters, 34 (7): L07406.

McClung D M, Mears A I. 1991. Extreme value prediction of snow avalanche runout. Cold Regions Science & Technology, 19 (2): 163-175.

McClung D M. 2001. Extreme avalanche runout: a comparison of empirical models. Canadian Geotechnical Journal, 38 (6): 1254-1265.

Morgan M G, Henrion M. 1990. Uncertainty: A Guide to Dealing with Uncertainty in Quantitative Risk and Policy Analysis. London: Cambridge University Press.

Nadim F, Einstein H, Roberds W. 2005. Probabilistic stability analysis for individual slopes in soil and rock//Hungr O, Fell R, Couture R, et al. Landslide Risk Management. London: Taylor and Francis: 63-98.

Nicoletti P G, Sorriso-Valvo M. 1991. Geomorphic controls of the shape and mobility of rock avalanches. Geological Society of America Bulletin, 103 (10): 1365-1373.

Notti D, Davalillo J C, Herrera G, et al. 2010. Assessment of the performance of X-band satellite radar data for landslide mapping and monitoring: Upper Tena Valley case study. Natural hazards and earth system sciences, 10 (9): 1865-1875.

Panizza M. 1996. Environmental geomorphology. Amsterdam: Elsevier.

Pelletier J D, Malamud B D, Blodgett T, et al. 1997. Scale invariance of soil moisture variability and its implications for the frequency-size distribution of landslides. Engineering Geology, 48: 255-268.

Pelling M, Maskrey A, Ruiz P, et al. 2004. A global report reducing disaster risk: A challenge for development. NewYork: United Nations Development Programme.

Petrascheck A, Kienholz H. 2003. Hazard assessment and mapping of mountain risks in Switzerland//Rickenmann D, Chen C L. Proceedings of the 3rd International Conference on Debris-Flow Hazards Mitigation. Rotterdam: Mill Press.

Picarelli L, Oboni F, Evans S G, et al. 2005. Hazard characterization and quantification//Hungr O, Fell R, Couture R, et al. Landslide Risk Management. London: Taylor and Francis: 27-61.

Premchitt J, Brand E W, Chen P Y M. 1994. Rain-induced landslides in Hong Kong 1972-1992. Asia Engineer, 6: 43-51.

Reid S G. 1989. Risk assessment research report. Sydney: School of Civil and Mining Engineering, University of Sydney: 1-46.

Rickenmann D. 1999. Empirical Relationships for Debris Flows. Natural Hazards, 19 (1): 47-77.

Rickenmann D. 2005. Debris-flow Hazards and Related Phenomena. Heidelberg: Springer: 305-324.

Roberds W. 2005. Estimating temporal and spatial variability and vulnerability//Hungr O, Fell R, Couture R, et al. Landslide Risk Management. London: Taylor and Francis: 129-157.

Romana M. 1985. New adjustment ratings for application of Bieniawski classification to slopes. Zacatecas: International Symposium on the Role of Rock Mechanics.

Romeo R, Floris M, Veneri F. 2006. Area-scale landslide hazard and risk assessment. Environmental Geology, 51 (1): 1-13.

Scheidegger A E. 1973. On the prediction of the reach and velocity of catastrophic landslides. Rock Mechanics and Rock Engineering, 5 (4): 231-236.

SHI G H. 1988. Discontinuous deformation analysis: a new numerical model for the statics and dynamics of block system. Berkeley: Department of Civil Engineering, University of California.

Shroder J F. 1978. Dendrogeomorphological analysis of mass movement on Table Cliffs Plateau, Utah. Quaternary Research, 9 (2): 168-185.

Smith K. 1996. Environmental Hazards: Assessing Risk and ReducingDisaster. London: Routledge: 12-38.

Stark C P, Hovius N. 2001. The characterization of the landslide size distributions. Geophysical Research Letters,

28: 1091-1094.

Starr C. 1969. Social Benefit versus Technological Risk. Science, 165 (3899): 1232-1238.

Stewart I E, Baynes F J, Lee I K. 2002. The RTA guide to slope risk analysis version 3. 1. Australian Geomechanics, 37 (2): 115-149.

Tobin G. 1997. Natural Hazards: Explanation and Integration. New York: The Guilford Press.

United Nations, Department of Humanitarian Affairs. 1991. Mitigating Natural Disasters: Phenomena, Effects and Options – A Manual for Policy Makers and Planners. New York: United Nations.

Uzielli M, Nadim F, Lacasse S, et al. 2008. A conceptual framework for quantitative estimation of physical vulnerability to landslides. Engineering Geology, 102 (3-4): 251-256.

Varnes D J. 1978. Slope Movement Types and Processes//Schuster R L, Krizek R J. Landslides: Analysis and Control. Washington D. C.: National Research Council.

Varnes D J. 1984. Landslide hazard zonation: a review of principles and practice. Natural Hazards, 3: 1-63.

Wang Y, Zhang M S, Xue Q, et al. 2018. Risk-based evaluation on geological environment carrying capacity of mountain city- A case study in Suide County, Shaanxi Province, China. Journal of Mountain Science, 15 (12): 2730-2740.

Whitman R V. 1984. Evaluating Calculated Risk in Geotechnical Engineering. Journal of Geotechnical Engineering, 110 (2): 143-188.

Wilson R, Grouch E A C. 1987. Risk assessment and comparison: an introduction. Science, 236 (4799): 267-270.

Wilson R C, Wieczorek G F. 1995. Rainfall thresholds for the initiation of debris flows at La Honda, California. Environmental and Engineering Geoscience, 1: 11-27.

Wu T H, Abdel- Latif M A. 2000. Prediction and mapping of landslide hazard. Canadian Geotechnical Journal, 37 (4): 781-795.

Wu T H, Tang W H, Einstein H H. 1996. Landslide hazard and risk assessment//Turner A T, Schuster R L. Landslides – Investigation and Mitigation. Washington D. C.: National Academy Press.